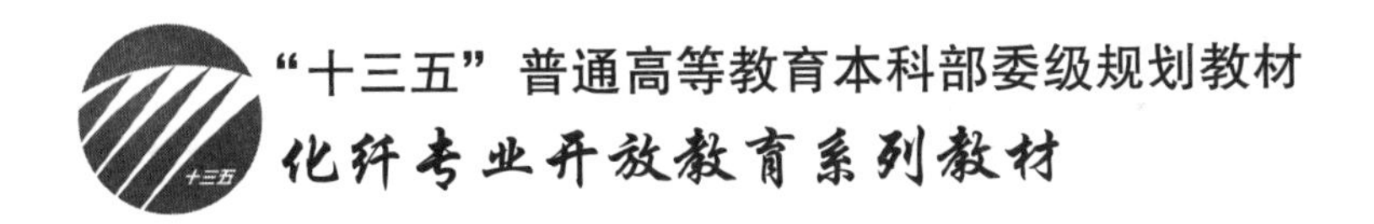

生物基化学纤维生产及应用

任　杰　主　编

孙玉山　程博闻　李乃强　副主编

赵庆章　顾书英　主　审

中国化学纤维工业协会　组织编写

中国纺织出版社

内 容 提 要

本书内容主要包括聚乳酸纤维、纤维素纤维、壳聚糖纤维、海藻纤维、醋酸纤维、生物基聚酰胺纤维、PTT 纤维、蛋白改性纤维的分类、基础知识、制备原理、生产工艺、结构、性能与应用以及发展前景。

本书力求集科学性、知识性、系统性和可操作性于一体，将最新的生物基化学纤维的信息和动态纳入其中，不仅适用于从事化纤、材料等相关领域的科研人员，也适合高分子材料科学与工程等相关专业的师生参考阅读。

图书在版编目（CIP）数据

生物基化学纤维生产及应用/任杰主编. —北京：中国纺织出版社，2018.6

“十三五”普通高等教育本科部委级规划教材. 化纤专业开放教育系列教材

ISBN 978-7-5180-5090-1

Ⅰ. ①生… Ⅱ. ①任… Ⅲ. ①生物材料—化学纤维—高等学校—教材 Ⅳ. ①TQ34

中国版本图书馆 CIP 数据核字（2018）第 115515 号

策划编辑：范雨昕　　责任编辑：朱利锋　范雨昕　沈　靖
责任校对：王花妮　　责任印制：何　建

中国纺织出版社出版发行
地址：北京市朝阳区百子湾东里 A407 号楼　邮政编码：100124
销售电话：010—67004422　传真：010—87155801
http://www.c-textilep.com
E-mail:faxing@c-textilep.com
中国纺织出版社天猫旗舰店
官方微博 http://weibo.com/2119887771
北京玺诚印务有限公司印刷　各地新华书店经销
2018 年 6 月第 1 版第 1 次印刷
开本：787×1092　1/16　印张：24.25
字数：533 千字　定价：98.00 元

丛书编写委员会

序

党的十九大报告指出“中国特色社会主义进入了新时代，我国经济发展也进入了新时代”，我国经济已由高速增长阶段转向高质量发展阶段。高质量发展根本在于经济活力、创新力和竞争力的持续提升，这都离不开高质量人才的培养。

近年来，化纤科技进步快速发展，高性能化学纤维研发、生产及应用技术均取得重大突破，生物基化学纤维及原料核心生产技术取得新进展，再生循环体系建设成效显著，化纤产品高品质和差异化研发创新成果不断涌现，随着化纤行业的科技进步，专业知识爆炸性的增长亟须相适应人才的培养以及配套的化纤教材和图书作支撑，专业人才和专业知识是保证行业科技持续发展的源泉。为此，中国化学纤维工业协会携手“恒逸基金”和“绿宇基金”与中国纺织出版社共同谋划组织编写出版“化纤专业开放教育系列教材”，为促进化纤行业技术进步，加快转型升级，实施行业高质量发展和提高人才培养质量等提供智力支持。

该系列教材力求贴近实际，突出体现化纤领域的新技术、新工艺、新装备、新产品、新材料及其应用。这是一套开放式丛书，前期先从《高性能化学纤维生产及应用》《生物基化学纤维生产及应用》《循环再利用化学纤维生产及应用》三本书开始编写，将根据化纤行业技术进步和图书市场的需要，适时增编其他类化学纤维生产技术及应用分册。

该系列教材由纺织化纤领域的专家、学者以及企业一线技术人员共同编写，详细介绍高性能化学纤维、生物基化学纤维、循环再利用化学纤维的原料、生产工艺、装备及其应用，内容翔实，与生产实践结合紧密，具有很强的行业权威性、专业性、指导性和可读性，是一套指导生产及应用拓展的实用教材。

在该系列教材的编写过程中，得到了行业内知名专家、学者和行业领导的指导和帮助，同时，得到业内龙头企业的大力支持，在此一并表示衷心的感谢！

中国化学纤维工业协会

2018 年 6 月

前　言

生物质是指动植物和微生物中存在或者代谢产生的各种有机体，比如糖类、纤维素以及一些酸、醇、酯等有机物。生物基纤维是指由这些生物质制成的纤维，根据原料来源和生产过程基本可划分为生物质原生纤维、生物基再生纤维、生物基合成纤维三大类。

生物质原生纤维是用自然界的天然动植物纤维经物理方法处理加工成的纤维，常被称为天然纤维。棉、麻、丝、毛作为传统的四大天然纤维，见证了人类挣脱蒙昧，由茹毛饮血开始发展成为能够制作工具，学会捕猎、采集、种植和建造等技巧，最终进化成为具有复杂社会形态和浩瀚文化传承的生物群体的波澜壮阔的发展历史。远古智人偶然发现，动物的皮毛和植物纤维鞣制编织之后的织物穿在身上可以御寒，于是有了最早的麻和毛的“服装”。现代考古发现，7000 多年前印度河流域的人类就已经成功种植棉花和纺织棉织物；公元前 5000 年，亚麻已经成为古埃及的主要服装面料；美索不达米亚平原的古巴比伦人使用绵羊的羊毛作为纺织面料；而在石器时代的末期，中国已经开始了养蚕、抽丝和织绸，汉唐时期东西方贸易、文化和技术交流的频繁和深入，让中国丝绸随着“丝绸之路”大量远销到中亚、西亚、地中海和欧洲，举世闻名。

天然纤维作为衣物面料已有几千年的历史，至今仍广泛应用于现代服装制品中。然而，现代化学纤维合成和制造技术的发展对传统的天然纤维市场造成了巨大的冲击。19 世纪末至 20 世纪初，欧洲人为仿制昂贵的丝绸开始了人造化学纤维的探索发展道路。早期研究和生产的硝酸纤维等都各自因其某些缺陷，如纤维强度低或者生产成本过高未能得到推广应用。直到 20 世纪 30 年代左右，随着有机化学和高分子化学的发展，一些性能优异，生产成本低廉且生产稳定高效的化学纤维应运而生，如涤纶、锦纶、腈纶、丙纶、氨纶等，它们被合称为合成纤维，都拥有着各自的优异性能特点，比如涤纶弹性好，强度高，耐磨不易变形；锦纶贴身附体，强度和耐磨性居所有纤维之首；腈纶手感柔软，蓬松卷曲，酷似羊毛，被称为“合成羊毛”；丙纶质轻、抗酸碱，被广泛应用于产业用领域；氨纶弹性高、回复率好、保型性好，用于健美服、高端弹力面料。这些化学纤维的性能往往比天然纤维高，且成本低廉，常纯纺或者与传统天然纤维混纺、交织，应用于各种织物面料中，目前其总用量已经大大超过传统的天然纤维。

然而，化学纤维的大量使用也给当前资源、环境带来了一系列问题。首先，化学纤维的原料来源于石油，石油是一种不可再生的资源，并且目前由于过度开采，石油储量急速下降，已经出现了“能源危机”；此外，化学纤维是相对分子质量成千上万甚至几十万的高聚物，天然界中几乎不存在能够分解它们的动植物或者菌类，在自然环境下它们的废弃物被直接排放到自然界中，对自然界原有的循环系统造成毁灭性的影响。目前，还缺少能够完全处理这些化学纤维废弃物的方法，放任不管会造成“白色污染”和“海洋污染”，传统的处理方法均没有非常好的效果，直接填埋会造成土地和水污染，堆肥环境下难以被降解，而燃烧又会产生污染性气体。

在当今“保护环境、杜绝污染、构建可持续发展社会”的大背景下，高分子材料科技工作者正孜孜不倦地努力研究和发展各种可再生、无污染、可降解的纤维。研究人员从自然界中无污染的天然纤维上得到启发，结合现代高分子化学的技术手段，利用生物体内存在或者代谢产生的一些高分子物质，研究开发出性能优良的生物基合成纤维和生物基再生纤维。这些生物基再生或者合成纤维具有和天然纤维一样，来源广泛，无污染和可降解的特性，且各自具有独特的特点和应用价值。比如利用生物质原料（如淀粉、糖、纤维素）经生物发酵生产乳酸、再经聚合生产聚乳酸及其纤维，在具有可再生、无污染、可降解特点的同时，还具有非常好的生物相容性和一定的抑菌性，可以用于制造可吸收手术缝合线和一次性医疗卫生用品。又如用海洋中蕴含量巨大的海藻提取物制备的生物质再生纤维，来源广泛、环保无毒，还具有能够吸附金属离子和防辐射的特殊性质。我们相信，这些安全环保和具有特殊性能的生物基纤维，一定会在未来得到广泛应用，替代石油基化学合成纤维，在各大产业领域大放异彩，给这个世界带来绿色与健康。

本书阐述了近十几年来各种生物基纤维的研究现状以及未来发展方向，特别是各种生物基纤维的性能特点、制备工艺以及应用领域，对生物基纤维的开发具有一定的启迪和帮助。本书力邀生物基纤维研究领域的各位专家学者共同执笔，集众家之长，打造出一本适合生物基高分子材料及其相关领域的研发人员、管理与生产技术人员、材料应用者等阅读，也适合高分子材料科学与工程相关专业的师生参考使用。本书由任杰担任主编，孙玉山、程博闻、李乃强担任副主编，赵庆章、顾书英担任主审，陈文兴、叶光斗、兰建武、姚菊明等参与了编审。具体编写分工如下：第一章由任杰负责编写，钱程、曹建达、傅忠君等参与了编写；第二章由孙玉山、程博闻负责编写，程春祖、蔡剑、张东、黄伟、李婷、周运安、宋俊、尹翠玉等参与了编写；第三章由陈龙负责编写，孙均芬、潘丹等参与了编写；第四章由夏延致负责编写，王兵兵、薛志欣、田星等参与了编写；第五章由杨占平负责编写，张丽、王宏等参与了编写；第六、第七章由徐晓辰负责编写，李乃强、秦兵兵、郑毅、孙朝续等参与了编写；第八章由尹翠玉负责编写。此外，同济大学材料科学与工程学院纳米与生物高分子材料研究所的研究生金幸、王蛟、李一晗、花翘楚和季诺等也参与了文字排版与校对、图表整理等工作。本书还得到了上海凯赛生物科技有限公司、安徽恒鑫环保新材料有限公司、天津工业大学研究生课程优秀教材建设项目（2017—39）的支持。在此一并表示感谢！

在本书的编写过程中，得到国内外众多同行的关心、支持和帮助，尤其得到了中国化学纤维工业协会副会长王玉萍、生物基化学纤维专业委员会秘书长李增俊等的悉心指导与帮助，在此深表谢意！

由于编著水平有限，本书在内容的选择和文字表述上均可能存在不足，敬请读者和同行不吝指正。

任杰　于同济大学

2018年5月

目录

第一章　聚乳酸纤维

第一节　概述

聚乳酸（Polylactic Acid）是由生物质原料（木薯、甜菜、蔗糖、秸秆纤维素等）经微生物发酵而成的小分子乳酸（Lactic Acid）聚合而成的高分子材料，英文简写 PLA。聚乳酸纤维是由聚乳酸原料通过熔融纺丝等方法制备的新型绿色纤维，俗称“乳丝”。

聚乳酸的原料来源于玉米、木薯、甘蔗、稻草、秸秆等含淀粉、糖、纤维素的生物质原料，聚乳酸的聚合生产和纺丝过程无污染，与使用不可再生石油资源生产的化学纤维相比，更符合循环经济和可持续发展的理念。而且聚乳酸纤维产品使用后，在堆肥条件下可快速降解成为二氧化碳和水，产物完全无毒，不污染环境，从而缓解目前“垃圾围城”和“白色污染”的问题。聚乳酸降解最终完全转变为二氧化碳和水，能够被植物吸收，经植物“光合作用”重新形成植物淀粉、葡萄糖或纤维素，这些原料又可以被用来合成聚乳酸，形成了一个闭合的碳循环。从生产到使用整个过程中，聚乳酸都不会向大气中排出多余的二氧化碳，属于典型的低碳足迹的聚合物。

聚乳酸纤维温润柔滑，弹性好，具有生物相容性、亲肤性、柔软性，且具有良好的芯吸效应，有很好的导湿作用。纤维加工的产品有丝绸般的光泽及舒适感，悬垂性佳。由于聚乳酸纤维初始原材料是生物质材料，又可以在自然界完全分解，对环境极其友好，故被认为是未来替代石油基化纤的主要材料。

一、聚乳酸纤维的发展历史

聚乳酸纤维的发展历史是伴随着聚乳酸合成制造技术的发展成熟和大规模工业化而推进的。

聚乳酸是由小分子乳酸单体聚合而成。乳酸是一种有机小分子物质，分子式为 $C_3H_6O_3$，化学名称为 2-羟基丙酸（2-hydroxypropanoic acid）。它是一种 α-羟基酸，即分子中含有一个羟基（—OH）的羧酸（R—COOH）。在水溶液中，它的羧基（—COOH）会释放出一个质子，而产生乳酸根离子 $CH_3CHOHCOO^-$，因而显出弱酸性。乳酸有手性，有两个旋光异构体：一个被称为 L-（+）-乳酸或（*S*）-乳酸，另一个被称为 D-（-）-乳酸或（*R*）-乳酸，如图 1-1 所示。L-乳酸存在于汗、血、肌肉、肾和胆中，混合的乳酸来自酸奶制品、番茄汁、啤酒、鸦片和其他高等植物[1]。

（一）乳酸的发展历史

乳酸的发现和研究开发，经历了一个漫长的过程。早在 1780 年，瑞典化学家 Carl Wilhelm Scheele 从酸奶中发现并分离出来了一种有机酸，并将其命名为“乳酸”（Lactic Acid，

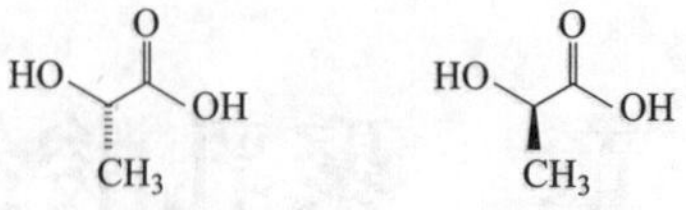

(S)-乳酸
L-(+)-乳酸

(R)-乳酸
D-(-)-乳酸

图 1-1　乳酸的两种对映异构体

图 1-2　Carl Wilhelm Scheele（1742—1786）

早期也称之为 Milk Acid）[2,3]。随后在 1808 年，瑞典化学家 Jöns Jacob Berzelius（现代化学的奠基人之一）发现动物疲劳的肌肉中会产生乳酸，并且其浓度与肌肉的活动程度成比例。1907 年，Fletcher 与 Hopkins 报道了肌肉疲劳以及缺氧导致的乳酸堆积现象，并且发现在有氧气存在的情况下堆积的乳酸可以消失。1924 年，A. V. Hill 等以 Fletcher 与 Hopkins 的研究为基础，提出的著名的"氧债学说"的基础。

然而直到 Carl Wilhelm Scheele（图 1-2）发现了乳酸 70 多年后，19 世纪 50 年代后期，法国微生物学家 Louis Pasteur 以严谨、科学的方法开展研究，发现乳酸的产生源自于酸奶中的某些微生物。1873 年，英国医生 Joseph Lister 从酸奶中分离并提取出此种微生物，即为乳酸菌（Bacteriumlactis）。同年，德国化学家 Johannes Wislicenus 明确了乳酸的分子结构。

此后的 1883 年，美国的阿伏利公司（Charles E. Avery）率先实现了乳酸的工业化生产。德国人随后在 1895 年也建立了一家小型的乳酸生产工厂 Boehringer Ingelheim，开始了乳酸的工业化生产[4]。然而直到 40 年后的 1936 年，随着荷兰人建立了迄今为止世界上最大的乳酸生产工厂 Schiedamse Melkzuur　Fabriek，即现在的 Purac 公司，乳酸大规模工业化生产的时代才真正来临。

乳酸的生产，最早是通过从微生物的发酵产生乳酸，再经分离提纯实现的。发酵法自 100 多年前乳酸工业化生产以来，直到现在仍然是乳酸生产的主流方法。其优点是原料充足，工艺简单，成本低而产量高；但存在着生产周期较长，只能间歇或者半连续化生产等缺点，生产效率有待进一步提高。此外，在 1950 年，日本学者首先用化学合成法实现了乳酸的工业化生产[5]。此方法使用石油基化工原料，先通过乙醛和氢氰酸制备乳酸腈，然后将其在第二阶段水解为乳酸。化学法的优点在于能够实现连续化生产，且产品也得到了美国食品和药品管理局（FDA）的认可；但该方法所用的原料乙醛和氢氰酸有毒，成本也高，不符合绿色环保的发展理念，极大地限制了其发展。近年来还有科研工作者正在探索通过酶化法制备乳酸[6]，此方法工艺复杂，尚未得到工业化应用。

（二）聚乳酸的发展历史

聚乳酸在高分子学科诞生之初就已经被发现，然而相对于同时期发现的其他高分子材料顺利的发展道路，聚乳酸的发展经历了一个漫长而曲折的过程。

早在1845年，法国化学家Théofile-Jules Pelouze在高温（130℃）下蒸馏乳酸脱水，首次发现了乳酸线型二聚体——乳酰乳酸的形成[7]。直到1913年，美国科学家Nef首先在低压（133.322 MPa）和高温（90℃）条件下，采用乳酸直接脱水缩合的方法，合成了3~7个聚合度的低相对分子质量聚乳酸，这是一种黏稠体或质脆的玻璃体[8]。这实际上就是目前使用的缩聚法（也称“一步法”）制备聚乳酸技术的起源，此时，乳酸已经工业化生产18年。1932年，DuPont公司的Carothers等采用乳酸的环状二聚体——丙交酯开环聚合的方法，首次得到了相对分子质量达到几千的聚乳酸，但其机械性能仍然很差，不具有实用价值[9]。1954年，DuPont公司的Lowe又对这一技术进行了进一步的完善，得到了相对分子质量较高的聚乳酸[10]。这也就是目前聚乳酸生产企业广泛采用的开环聚合技术（也称“二步法”）。

1962年，美国Cyanamid公司首先使用聚乳酸制作可吸收的手术缝合线，这种缝合线具有良好的生物相容性和可生物降解性，克服了以往用多肽制备的缝合线具有过敏性的缺点。1966年，Kulkarni等发现，高相对分子质量的聚乳酸在人体内也是可降解的，从此聚乳酸作为生物医用材料开始被广泛深入地研究[11]。1970年前后，美国Ethicon公司用丙交酯与乙交酯制备了一种PLA共聚物（PLGA），用作能够被人体吸收的手术缝合线[12,13]，这是世界上第一种真正具有实用价值的聚乳酸纤维。1975年起，使用该材料的缝合线开始以“Vicryl”的商品名出售，其改进型的产品直到40年后的今天仍在市场上热销。1987年，Leenslag等研制出高相对分子质量的PLA，其机械强度有了很大改善，PLA作为可吸收骨折内固定材料的研究开始显示出广阔的前景[14]。此时的聚乳酸仍比较局限地被用于附加值较高的医疗领域。

直到1997年，Cargill-Dow公司（即现在的NatureWorks公司）正式实现了聚乳酸的大规模工业化生产。该公司向市场提供的廉价、高纯度、高相对分子质量的聚乳酸树脂，使人们对聚乳酸加工和应用技术的大规模研究成为可能，日本的东丽公司、钟纺公司等开始对聚乳酸纤维的工业化规模生产进行开发，促进了聚乳酸在纤维领域的发展和应用。至此聚乳酸纤维的研究正式进入工业化开发生产阶段。

二、聚乳酸纤维的品种分类

常用的聚乳酸纤维可以分为聚乳酸长丝、聚乳酸短纤维及聚乳酸复合纤维等。

1. 聚乳酸长丝

聚乳酸长丝是由多根长单丝经过拉伸、加捻或者变形工序形成的纤维集合体，其生产是单锭生产方式，一根丝条有几十根单丝，通过物理化学变形的方法，可以纺制差别化聚乳酸纤维。比如，通过假捻、空气变形、复合等方法，使长丝具有毛型风格；通过改变喷丝孔的形状或者捻度的强弱，纺制纺丝型纤维；通过拉伸丝和预取向丝的混纤变形，制得仿麻竹节丝；通过各种空气喷射或加捻技术，可以纺制网络丝、网络变形丝、空气变形丝和包芯丝等。

2. 聚乳酸短纤维

聚乳酸短纤维是由若干根聚乳酸短纤维（十几根到几十根，直至上百根），加工成连续、细长、纤维间结合紧密，具有一定的强力、弹性等力学性能的产品。目前，聚乳酸纤维有多种加工方式，可以在棉纺系统、毛纺系统和各种新型纺纱设备上进行纺纱加工；产品种类有纯纺，与棉、毛、麻、天丝、莫代尔等纤维的混纺。

3. 聚乳酸复合纤维

聚乳酸复合纤维，主要是一些特殊用途的聚乳酸与其他高分子材料的共聚或复合纤维[15]，比如LA和GA（乙醇酸）共聚用作能够被人体吸收的手术缝合线等材料，改变LA和GA的比例可改变纤维的降解速率和强度保持期[16]。又如具有良好导热性的聚乳酸/碳纤维复合纤维[17]，用于电子包装的聚乳酸/天然洋麻纤维复合纤维等。通过熔融纺丝纺制出的PLLA/PGA皮芯结构复合纤维，复合比分别为85/15、70/30的PLLA/PGA复合纤维分别在97℃拉伸7倍和80℃拉伸5倍时，其强度和模量比较高。复合纤维的初生纤维结晶度比较低，纤维为无定形结构，通过热拉伸，PLLA和PGA的结晶取向均得以提高。复合纤维皮芯之间结合紧密，没有发现裂隙和孔洞[18]。

三、聚乳酸纤维的产地、产能及商品名称

目前全球聚乳酸纤维原料主要的产地集中在美国和中国。

日本的钟纺公司（Kanebo）是世界上最早开展聚乳酸纤维开发研究工作的企业，早在1989年就开始了聚乳酸材料的研究，该公司在1994年确定了聚乳酸纤维的工业化生产技术，并推出商品名为“Lactron”的聚乳酸纤维产品。1998年开始，钟纺公司与岛津制作所合作开发以玉米为原料的聚乳酸纤维，同年推出以“Lactron”为商品名的聚乳酸系列服饰产品，并在当年长野冬奥会上展示了用聚乳酸纤维纯纺或混纺制作的服装。目前钟纺公司的聚乳酸纤维年产量在700吨以上。

尤尼吉卡（Unitika）公司采用美国CDP公司的聚乳酸原材料，通过熔融纺丝技术，成功生产推出了商品名为“Terramac”的聚乳酸纤维、薄膜和纺粘非织造布系列产品，目前该种产品的纤维系列产品年产量在1万吨以上。

此外，日本其他研发机构也积极参与聚乳酸和聚乳酸纤维系列产品的开发，三井化学公司曾以玉米、甜菜、马铃薯等为原料，经过固相缩聚直接合成了聚乳酸低聚物，并在惰性气体中制得相对分子质量较高的聚乳酸，其商品名为“Lacea™”。帝人（Teijin）公司于2009年推出商品名为“Biofront”的高耐热聚乳酸纤维级产品，这种聚乳酸具有立体络合结晶结构，其熔点在210℃左右，远高于普通聚乳酸的170℃左右，能够经受住高温高压的染色加工，具有更好的染色性能。

美国的Nature Works公司是目前全球最大的聚乳酸生产公司。早在1997年，美国陶氏化学（Dow Chemical）和四大粮商之一的Cargill公司各自出资50%合作成立了Cargill Dow Polymers（简称CDP公司），正式开始PLA的大规模商业化生产，当时建成的聚乳酸装置生产能力仅为1.6万吨/年，商品名为“Nature Works”。2001年该公司又增资3亿美元在美国内布拉斯加州布莱尔市建立了14万吨/年的生产装置，这是目前为止世界上规模最大的聚乳酸生产线之一。该公司花费十年时间从事聚乳酸的工业化放大，使得采用玉米淀粉为原料的“二步法”聚乳酸生产技术成功实现了大规模产业化，成功地将聚乳酸价格降到约2200美元/吨，极大地推动了聚乳酸及其上下游产品市场的发展。2005年CDP公司改名为Nature Works LLC公司，并于2008年推出了商品名为“Ingeo™”的聚乳酸树脂。Nature Works公司在2009年召开的国际非织造布技术会议（INTC）上宣布两种新型的Ingeo™生物基PLA切片（6252 D

和 6201 D）正式商业化面市，它们能够提供较宽的加工窗口，从而制造出满足不同用途要求的熔喷产品。2014 年 Nature Works 增加了 1 万吨高光纯度聚乳酸生产线，目前 Nature Works 公司是产能可达到 15 万吨级的聚乳酸生产商。

我国的一些企业和高校等研究机构也在积极参与聚乳酸合成与纤维材料的研究。

上海同杰良采用同济大学开发的“一步法”工艺，建成了千吨级中试生产线，2013 年已在安徽马鞍山建成了年产万吨级的聚乳酸生产线，开发出纤维级聚乳酸树脂产品，并建成了聚乳酸纤维中试生产线。同杰良公司还着力开发生产聚乳酸纤维制品，如聚乳酸纤维制卫生巾品牌“爱加倍”，目前已在市场上热销。同时，在百度上撰写了“乳丝”词条，将绿色环保的聚乳酸纤维及其制品推广向社会，造福广大人民大众。

此外，东华大学、浙江嘉兴学院、青岛大学等高校已经在聚乳酸的制备、纤维纺丝成型、非织造布制造等方面取得了不少的科研成果。为了加快聚乳酸纤维在国内的推广和应用，上海纺织科学研究院、同济大学、上海同杰良生物材料有限公司、上海德福伦化纤有限公司于 2007 年一起承担了上海市科委的“聚乳酸短纤维工业化生产技术研究及应用开发”科技计划项目的研究，并取得了丰硕的科研成果，成为国内较早开发生产聚乳酸纤维的企业。另外也涌现了一些像长江化纤、河南龙都等聚乳酸纤维的生产企业。

四、聚乳酸纤维的应用领域

聚乳酸纤维有较好的物理力学性能，热塑性好，柔滑透气，可生物降解，有生物相容性，使其在生物医用材料、服用织物及非织造物方面得到了广泛的应用。

（一）生物医药

聚乳酸在人体内能够完全降解生成 CO_2 和 H_2O，且聚乳酸的降解中间产物乳酸也是人体内葡萄糖代谢的产物，能够被人体吸收，不会在人体内富集，不会对人体产生危害。这些特性使聚乳酸纤维适宜在医疗方面使用，如手术缝合线。

聚乳酸纤维材料的手术缝合线在伤口愈合后能自动降解并被人体吸收，术后无须拆线，同时，因为它具有较强的抗张强度，可以有效控制降解速度，使缝合线随着伤口的愈合自动缓慢降解[19-21]。从 1975 年聚乳酸材料的手术缝合线问世至今，聚乳酸纤维缝合线以其独特的特点和优势一直受到广大医疗工作者的喜爱与青睐，为许许多多患者带来健康与便利。

（二）服用织物

聚乳酸纤维独特的结构，使其具有良好的柔软性、优良的形态稳定性，和棉混纺后与涤棉具有同等的性能，处理方便，光泽比涤纶更优良，且有蓬松的手感，与涤纶有同样的疏水性。聚乳酸纤维还具有优良的导湿性，对皮肤不发黏，聚乳酸混纺织物用做内衣面料，有助于水分的转移，不仅接触皮肤时有干爽感，还具有优良的形态稳定性和抗皱性。另外，聚乳酸纤维是以人体内含有的乳酸作原料合成的乳酸聚合物，不会刺激皮肤，对人体健康有益，非常适合做内衣的原料[22]。

聚乳酸纤维与棉纤维混纺的针织内衣面料手感柔软，亲水性好，悬垂性佳，舒适性和回弹性好，收缩率可控制，有较好的卷曲性和卷曲持久性，抗紫外线性能优异，密度小。吸湿排汗性能良好，抗起球性佳，弹性回复性好，抗皱性佳，亲和无毒性。

此外，聚乳酸纤维具有优良的弹性、良好的保型性、悬垂性以及染色性能。由聚乳酸纤维纯纺纱或与毛纤维混纺纱加工制成的服装织物毛型感强、抗皱性好。同时，由于聚乳酸纤维初始模量适中，织物具有良好的悬垂性和手感。因此，聚乳酸纤维是开发外衣服装织物较为理想的原料。

（三）非织造物

聚乳酸纤维采用干法、纺粘法和熔喷法等成网，用水刺、针刺或热黏合等方法加固，可制成各种非织造产品。由于聚乳酸具有较低的熔点，不同聚乳酸纤维的熔点范围很宽（120~170℃），而且具有很好的黏结作用，很适合制成复合纤维，应用在非织造布领域。

聚乳酸纤维的生物相容性、亲肤性、柔软性以及吸湿透气性使得它特别适合用于生产对人体安全性要求较高，而对环境危害又较大的一次性医疗卫生用品[23,24]，如卫生巾、护垫、纸尿裤、成人失禁用品、医用纱布、绷带、医用床单、高档抑菌抹布等产品。不仅能够很好地解决一次性医疗和卫生用品的抑菌需求，而且其可降解特性又能解决一次性医疗和卫生用品导致的“白色污染”问题。

五、聚乳酸纤维的发展前景展望

随着“白色污染”的日益严重和石油资源的短缺，许多国家都越来越重视生物基材料的发展。聚乳酸纤维的初始原料为玉米、木薯、甘蔗等含淀粉、糖等的非粮农作物和农业废弃物（如稻草、秸秆等）生物质资源，具有可再生、循环使用、无公害的特点。如能替代石油基的合成纤维和塑料，将有不可估量的经济效益和环境意义。聚乳酸纤维具有较高的力学性能和完全生物降解性能，在纺织品等工农业、组织工程等生物医学领域有着巨大的发展潜力。尤其聚乳酸本身的生物降解特性，使其作为环保材料取代了现有的不可降解的织物与非织造布产品，对推进绿色环保起到巨大的作用，它将成为21世纪织物与非织造布中的一种重点发展的产品之一。

目前，国外聚乳酸年生产能力超过15万吨，产量超过12万吨，其中北美作为世界最大的聚乳酸产地之一，占全球总产量的2/3，生产企业主要是美国Nature Works公司，产能达15万吨，其他生产企业均为万吨左右的生产规模。欧洲和北美是聚乳酸纤维最大的市场，而亚太地区是增长最快的市场之一。随着社会的发展，国民的环保意识不断提高，消费观念不断改变，聚乳酸纤维在中国市场的需求必将迅猛增长。大力推进聚乳酸纤维的加工及应用技术的发展，有助于我国紧跟时代的步伐，掌握核心技术，提高竞争力，是一项功在当代、利在千秋的急迫工作。

在聚乳酸纤维的加工方面，针对聚乳酸纤维均匀性较差、细旦化程度较低、耐热性较差等问题，通过研制耐热型聚乳酸切片、开发新型纺丝组件、冷却吹风系统等纺丝关键装置，研究聚乳酸纤维纺丝成型过程中纤维结构的演变过程及纤维结构对纤维性能的影响规律，形成高品质细旦、耐温型聚乳酸纤维的纺丝成型技术。开发聚乳酸非织造布示范线，实现由聚乳酸切片到短纤、长丝、混纺、非织造布完整应用产业链，并根据应用需求实现聚乳酸纤维产品的系列化和差异化。

在聚乳酸纤维的应用方面，针对聚乳酸纤维在各类纺织面料开发、加工及服用安全性能评价的迫切需求以及其在染色整理中的瓶颈问题，开发高支聚乳酸纤维纯纺与混纺系列纱线，以此为基础研究开发机织、针织和非织造布系列面料产品，满足纺织家纺及服装饰品等行业对聚乳酸面料的不同需求；根据聚乳酸面料特性及市场要求，研究建立聚乳酸面料风格及服用性能安全评价体系，并针对聚乳酸纤维材料设计新颖风格面料、服装及家纺产品；研究聚乳酸纤维专用染料及乳酸纤维原浆着色工艺以突破聚乳酸难于染色加工的瓶颈问题，建立聚乳酸纤维纺纱、面料染色整理、服装加工生产示范装置。对高品质聚乳酸纱线工艺技术进行研究，建设高品质聚乳酸纱线产业化示范线。开发新型聚乳酸纤维三元色专用染料，满足产业化要求。形成聚乳酸纤维纯纺、混纺等各类衬衣等服装、家纺工艺等关键技术，建成高品质聚乳酸纤维纺织品的产业化生产机织面料、染整示范线。开发聚乳酸纤维针织、机织面料新技术，实现在内衣、运动衣、家居、衬衫等聚乳酸纤维的产业化应用。

第二节　聚乳酸的合成及产业化

聚乳酸是以乳酸为主要原料聚合而得到的聚合物，其原料来源充分并且可再生。聚乳酸的生产制造过程无污染，同时产品可以充分进行生物降解，实现其在自然界中的循环，因此聚乳酸是具有良好应用前景的理想绿色环保高分子材料。

聚乳酸不仅具有可降解性和优良的生物相容性，同时还可以利用大部分的通用加工设备进行加工生产。通过改变左旋聚乳酸和右旋聚乳酸两种立构复合物或者共聚单体的比例及其分布，可以在很大范围内调节基于聚乳酸的聚合物的性能[25]。

一、聚乳酸的合成制备方法

聚乳酸的合成与利用过程是自然界碳循环的重要组成部分，如图 1-3 所示。聚乳酸可以通过以下方法进行制备：缩聚法、扩链法以及丙交酯的开环聚合法。通常来说，高相对分子质量聚乳酸基聚合物商业产品主要是采用丙交酯开环聚合法生产。

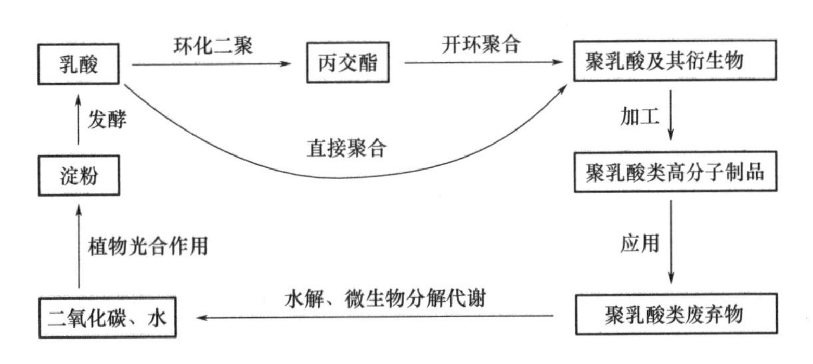

图 1-3　聚乳酸类高分子合成降解过程[26]

由于直接缩聚法只能得到低聚物（数均分子量低于 5000，相对分子质量分布约为 2.0），不适合作为强度要求高的材料。但是随着聚乳酸在生物医用高分子材料上的广泛应用，要求在体内迅速降解的药物缓释载体方面需要低相对分子质量聚乳酸，对直接聚合法合成制备聚乳酸的研究在国内外诸多文献中有广泛的研究及报道[27-29]。

图 1-4 所示为聚乳酸的合成过程。

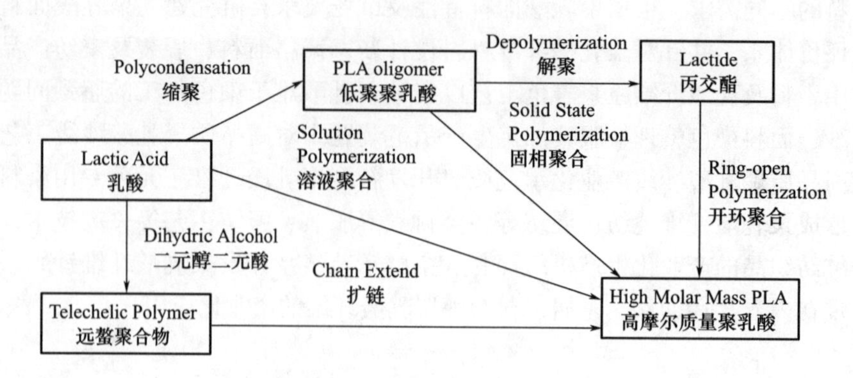

图 1-4　聚乳酸的合成过程

（一）缩聚法

1. 直接缩聚法

聚乳酸的直接缩聚法就是利用乳酸（LA）直接脱水缩合反应合成聚乳酸（PLA），反应过程如图 1-5 所示。直接缩聚法最主要的特点是合成的聚乳酸（PLA）中不含催化剂，但该过程反应条件相对苛刻。

$$n\,HOCHCH_3COOH \xrightarrow[\text{脱水缩合-缩合聚合}]{\text{氮气室温/常压-220～260℃/133Pa}} \left[OCHCH_3CO\right]_n + n\,H_2O$$

图 1-5　直接缩聚法合成聚乳酸[30]

乳酸的直接缩聚属于本体聚合，聚合的同时蒸馏除去副产物缩聚水。根据反应需要，也可添加合适的催化剂。随着反应的进行，真空度和聚合温度逐步提高。由于很难将水分子从高黏性的反应混合物中完全除去，此方法只能获得相对分子质量较低的聚合物，通常最高只能达几万。直接缩聚法的这一缺点限制了它的应用。此外，聚合过程中有规立构聚合的不可控性导致聚合物的机械性能较差。因此，通常只有在需要获得较低相对分子质量聚乳酸的情况下才使用直接缩聚法[1]。

另外，在聚乳酸基共聚物方面，直接缩聚法与间接法有很大区别，例如，由直接缩聚法合成得到的共聚物是由一个乳酸和一个乙醇酸随机排列，然而间接法聚合而成的共聚物则是由两个乳酸及两个乙醇酸排列而成的聚合物链。也就是说，直接缩聚法可以制备得到不同结构和特性的共聚物，因此研究各种反应条件和催化体系对直接缩聚法制备聚乳酸的影响具有十分重要的意义[31]。

乳酸直接缩聚制备聚乳酸工艺可以分为以下三个基本阶段[1]：脱除乳酸原料中的自由水，低相对分子质量聚乳酸的缩聚和高相对分子质量聚乳酸的熔融缩聚。

直接缩聚法主要有溶液缩聚法和熔融缩聚（本体聚合）法。

总体而言，溶液聚合易于获得相对分子质量过万的聚乳酸，而且对单体的要求不高，有利于用外消旋乳酸为原料进行合成。但是，其对脱水的要求高，操作复杂。同时，由于一般要用有机溶剂共沸脱水，也使成本增加。而且某些高沸点的溶剂在聚乳酸的提纯时难以除尽，影响产品纯度。基于以上原因，人们逐渐更多关注不使用溶剂的乳酸直接缩聚法[26]。

乳酸的熔融聚合也可以获得相对分子质量过万的聚乳酸，且操作简单。但对乳酸单体的纯度要求高。目前，乳酸熔融聚合方面国内的研究报道还不多，要赶超国外技术水平还有相当长的路程。目前，国产的L-乳酸质量难以保证，这一重要原料的质量问题制约着该领域的发展[26]。

2. 固态缩聚

直接缩聚法制备的聚乳酸通常有相对分子质量低和产率低的缺点。通过连续熔融/固态缩聚可以提高聚乳酸的相对分子质量[32]。

在连续熔融/固态缩聚中，除了具有直接缩聚过程的三个阶段以外，还要经历第四阶段。在第四阶段，熔融缩聚的聚乳酸被冷却到熔点以下，通常形成凝固的颗粒。固体颗粒再进行重结晶，此时可以观察到结晶相与无定形相两相。活性末端官能团与催化剂集中在被晶体包围的无定形相中，所以虽然缩聚过程是在低温（低于聚合物的熔点）的固态进行，缩聚速率却可以得到极大的提高。金属催化剂既可以在无定形态相中催化固态缩聚，也可以催化熔融缩聚。此类催化剂可以是金属，也可以是锡、钛、锌的金属盐[1]。

3. 脱水技术

共沸脱水具有和直接熔融缩聚相同的基本步骤，只是没有最后高黏性的熔融缩聚，因为此时的缩聚反应是在溶液中进行的。这种方法易于除去反应体系中生成的水，因而制备的聚乳酸也具有更高的相对分子质量。

在聚乳酸直接聚合法中，脱水技术是提高相对分子质量的关键步骤。因此，虽然有一些耐水催化剂可以提高聚乳酸（PLA）的相对分子质量[33]，但是仍然需要一些脱水技术辅助合成聚乳酸。其中常见的方法是在锡盐类催化剂[34]的作用下，使用有机溶剂（如二苯醚、二甲苯、均三甲苯、十氢化萘等）[35]共沸技术和干燥剂（如分子筛）[36]。

实验表明，逐步减压缩聚对于LA直接聚合的脱水至关重要，可以获得重均分子量达到12万的左旋聚乳酸（PLLA）[35]。其实，在直接缩聚法制备聚乳酸的后期，也就是我们通常所说的固相聚合中，也曾出现过利用各种干燥剂（例如氧化钙、硫酸镁和硅胶等）来达到打破密闭体系中脱水平衡的目的，进而合成相对分子质量为2.3万~19.2万的聚乳酸的报道[37]。

乳酸的共沸脱水缩聚法似乎可以通过提高成本来实现高分子量聚乳酸的制备，然而溶剂（如聚苯醚）的使用导致生产工艺与控制设备更加复杂，并且从粗产物中除去溶剂也并非易事，因此共沸脱水缩聚这一方法并非理想的选择[1]。

（二）扩链法

提高相对分子质量的重要方法之一是采用快捷、有效的扩链反应，在高分子合成中，通常是指使用加入扩链剂等手段，在短期内通过两个聚合物的基团（通常在末端）相连接而增加聚合物相对分子质量的反应。由于缩聚反应一般在反应后期小分子（如水）脱除困难，聚合物不易达到所需要的相对分子质量，此时扩链反应尤为重要。这种重要性在聚乳酸类生物降解材料的合成中尤其明显，并且已经使聚乳酸衍生物的直接法合成有了较大的进展[38]。同时，无论是直接法还是丙交酯开环法合成聚乳酸及其衍生物，利用扩链反应进行改性，还可得到生物降解型聚氨酯[39]。因此，聚乳酸类生物降解材料的扩链法合成具有重要的意义。

在聚乳酸类聚合物的扩链法制备中，一般先由丙交酯或乳酸出发合成预聚体，再用二异氰酸酯、二噁唑啉等扩链剂进行扩链以提高其相对分子质量。

1. 二异氰酸酯扩链法

二异氰酸酯扩链法是制备脂肪族聚酯最常用的方法。大量的二异氰酸酯作为连接分子被用于制备脂肪族聚（酯—氨酯）。

一般用含有两个羟基以上的化合物使丙交酯开环，合成羟基封端的聚丙交酯预聚体（聚丙交酯醇）后，再使用不同的二异氰酸酯类扩链剂进行扩链，合成制备得到所需的医用生物降解材料。其中，较为常用的二异氰酸酯有二苯基甲烷二异氰酸酯（MDI）、4,4′-二环已基甲烷异氰酸酯（DES）、2,4-甲苯二异氰酸酯（TDI）、异佛尔酮二异氰酸酯（IPDI）、六亚甲基二异氰酸酯（HDI）和赖氨酸二异氰酸酯（LDI）等，其结构如图1-6所示。

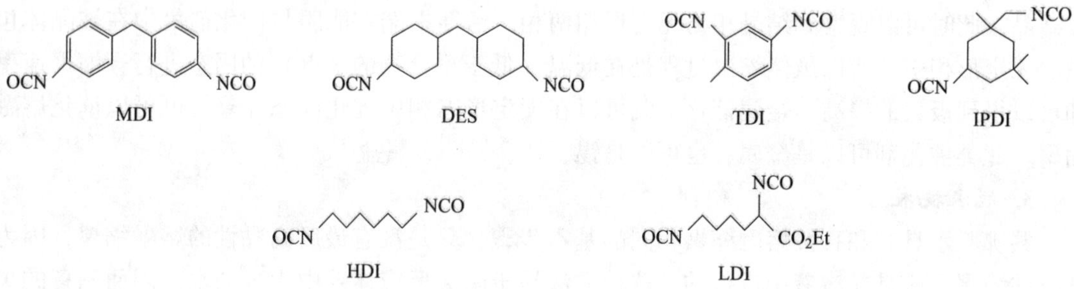

图1-6　常用二异氰酸类扩链剂结构[39]

上述二异氰酸酯的扩链产物虽然力学性能、降解性能等符合医用材料的要求，但是在生理安全方面考虑不足，因为聚乳酸衍生物中的二异氰酸酯扩链部分降解时最终产物是二异氰酸酯对应的二胺，故而或多或少都具有生物毒性，如用MDI时生成的4,4′-亚甲基二苯胺在人体内能导致肝炎，严重威胁人体健康[40]。目前，人们使用的二异氰酸酯中，仅LDI可以被认为是“绿色试剂”，因为LDI的扩链部分最终得到的降解产物是乙醇、赖氨酸等，是无毒且生物相容的[40]。

2. 二嗯唑啉扩链剂

二异氰酸酯扩链适用于羟基封端的预聚体，而二嗯唑啉则适用于末端为羧基化合物的扩链，且二嗯唑啉选择性高，仅对—COOH发生作用，对—OH显惰性，对具有羧基端的乳酸熔融聚合的预聚体，可以用二嗯唑啉扩链法合成聚乳酸衍生物[38]。

目前，对二嗯唑啉类扩链剂与聚乳酸类预聚体扩链反应的研究刚起步，但二嗯唑啉反应选择性高，生成物热稳定性好的优势将会使其在聚乳酸衍生物合成中具有良好的应用，特别是用简单易行的熔融聚合制备预聚体的乳酸直接聚合/二嗯唑啉扩链法。但美中不足的是，二嗯唑啉类扩链剂的来源不及二异氰酸酯容易[38]。

3. 双偶合过程[1]

嗯唑啉的反应选择性为二异氰酸酯与嗯唑啉联用的双偶合过程提供了可能性。偶合剂的添加顺序对反应和聚合物的结构都有影响。同时添加2,2-双（2-唑啉）和1,6-已二异氰酸酯与依次添加法相比，聚合物相对分子质量的增长更加缓慢。这一方法对连接完全由乳酸缩聚而成的预聚物很有用。不用添加二元醇就可以制备具有较高相对分子质量和较低酸值的预聚物。与嗯唑啉连接可以在提高相对分子质量的同时降低酸值，这还可以使随后与二异氰酸酯的连接更加成功，此外产物相对分子质量更高，热降解更少，反应时间也更短[41]。二异氰酸酯与噁唑啉联用的双偶合过程使得制备的聚乳酸同时具有聚（酯—酰胺）和聚（酯—氨酯）的性能。同时，双偶合过程还可以控制支化度，这为人们提供了更加广泛的应用范围，例如控制熔融流动特性或者水解过程。

4. 其他扩链法

除二异氰酸酯可以对羟基封端的聚合物扩链外，二酰卤也可以扩链。有文献研究了酰卤扩链的聚乳酸衍生物[42,43]，使用二醇，如聚乙二醇或双羟基封端的聚己内酯 D 的二氯甲酸酯，与乙醇酸和乳酸共聚的 PL—GA 低聚物反应，可以得到高相对分子质量的多嵌段共聚物，通过改变起始二醇的种类和长度以及 PLGA 中的单体比，可以合成具有不同亲水性的产物，有利于适应生物医学领域产品设计的特别需要。

环状含氧化合物也可使聚丙交酯扩链。有文献报道称，双环氧树脂可以用于聚乳酸的扩链。环氧基团可以与羟基、羧基官能团反应，其中后一反应具有更高的反应速率。虽然环氧官能团开环后生成了羟基，但这一类羟基并不与残留的环氧基团进一步反应[1]。

还有文献报道[44]，为了寻找骨科固定材料，使用四官能团的二环二碳酸酯 spiro-bis-DMC（其结构如图 1-7 所示）与聚 L-丙交酯进行开环聚合，合成了均匀的生物降解 PLLA 聚酯网状材料，可作为生物医学领域的植入材料。由于 spiro-bis-DMC 合成的网状材料与线型 PLLA 相比，具有高拉伸强度和冲击强度以及较低的结晶度，因此由半结晶的和无定形的聚丙交酯网状物可方便地获得纤维，其强度超过了类似的线型聚合物的熔融纺丝法制得的纤维[45]。值得指出的是，spiro-bis-DMC 也是一种绿色试剂，其聚合后高分子的水解降解产物为二氧化碳、季戊四醇，都是水溶性的和无毒的，不足的是 spiro-bis-DMC 的合成比较难。

图 1-7　Spiro-bis-DMC[38]

扩链反应的目的是提高相对分子质量，得到更理想的聚乳酸类材料，因此某些光照是使不饱和链交联固化的手段，也可以作为扩链法合成的扩展而引起关注。扩链法合成聚乳酸类高分子已经取得了明显的进展，可以合成线型或交联的聚乳酸类生物降解材料，如生物降解聚氨酯材料，或使聚乳酸类材料改性以满足不同应用的需要，尤其可以使熔融聚合法直接合成的低相对分子质量聚乳酸类预聚体进一步提高相对分子质量。但是，目前除二异氰酸酯类扩链剂研究较多外，二噁唑啉类扩链剂在聚乳酸类生物降解材料合成中的应用还刚刚开始。此外，选择价廉而无毒的扩链剂/单体和催化剂等进行扩链法研究，对广泛应用于医学领域的聚乳酸类材料的合成也很必要，符合当今“绿色化学”的潮流[38]。

（三）开环聚合法

虽然乳酸的直接缩聚法是制备聚乳酸最廉价的方式，但在商业上通常利用丙交酯的开环聚合来制备聚乳酸。早在 1932 年，人们就开始研究丙交酯的开环聚合过程，但在 1954 年杜邦公司发明丙交酯的提纯技术以前，人们所制备的都还只是低相对分子质量的聚合物产品。

在过去的数十年，众多科研工作者探索了丙交酯的开环聚合方法并且申请了大量的专利。开环聚合制备聚乳酸通常包括三个阶段：缩聚、丙交酯的生产以及开环聚合。这三个化学反应过程很久以前就被人们所理解。Carothers 等[9] 第一次观察到端羟基酸的环状二聚体的形成过程，而乳酸自缩合能力的发现则要更早[46]。

目前，合成手性或非手性的高相对分子质量聚乳酸以及聚乳酸的共聚物基本上都采用高纯度的丙交酯在熔点以上开环聚合。其具体过程为乳酸脱水先制得中间体丙交酯（Lactide），即3,6-二甲基-1,4-二氧杂环已烷-2,5-二酮，丙交酯再在一定的催化体系开环聚合制得聚乳酸（PLA），该合成过程如图1-8所示。

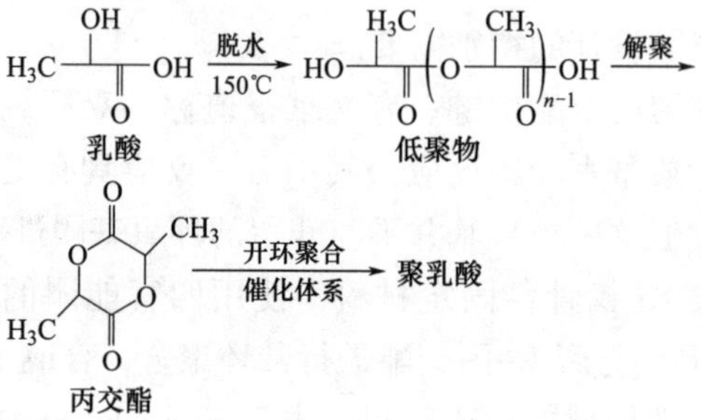

图1-8 丙交酯开环聚合制备聚乳酸过程[31]

1.“中间体”丙交酯的制备

乳酸缩聚物的可逆丙交酯形成过程是由 Carothers 率先发现的，他还进一步发现通过控制温度和压力可以推动平衡向丙交酯产物的方向进行，这一发现后来被用于生产丙交酯。但是其他化合物（乳酸、水、较高的低聚物等）的存在使得必须先对丙交酯粗产物进行提纯才可将其用于开环聚合。

丙交酯的制备，实验室长期以来采用的是减压法，先将含量为85%~90%的乳酸在150℃下脱水6h，生成乳酸低聚物（Oligomer），除去约90%的自由水和生成水。然后加入催化剂，低聚物分解生成丙交酯，在220℃以上真空将其抽出。丙交酯蒸出过程中温度较高，反应后期存在氧化和变色严重的现象。由于丙交酯的收率低，目前还没有完全实现工业的规模化生产，造成高相对分子质量聚乳酸成本高，故暂不能比较经济地用于生物可降解材料[31]。

国内外对丙交酯制备工艺的改进，主要有常压气流法和减压气流法。常压气流法具有技术难度低、反应易控制的优势。它利用对反应物为惰性的气体流，如 CO_2 和 N_2 等，来降低丙交酯在蒸气中的分压，使解聚反应向右进行，并将丙交酯从反应区带走。减压气流法，即在减压的同时向反应容器通入流动的汽化溶剂如甲苯和 N_2 等，将生成的丙交酯蒸气带走，减少其在高温反应容器里的停滞时间，避免被氧化的可能[31]。

2. 丙交酯开环聚合

L-丙交酯的开环聚合是制备高相对分子质量聚乳酸的最佳方法，因为它具有化学精确控制的可能性，这让人们可以通过更加可控的方式改变最终聚合物的性质。开环聚合的这一特征使其适合于大规模生产。丙交酯的聚合方法包括熔融聚合、本体聚合、溶液聚合以及悬浮聚合，这些方法都各有其优缺点，但熔融聚合是最简单、重复性最好的方法。

现阶段，高相对分子质量的聚乳酸（PLA）主要通过高纯丙交酯在一定催化体系的催化下开环聚合制得，这些体系大体分为三类：第一类是正离子催化体系，包括质子酸型（如对甲基苯磺酸、FSO_3H）和卤化物型（如 $Zn-Cl_2$、$SnCl_2$）。第二类是负离子催化体系，具有代表性的是碱金属的有机物，如环戊二烯钠。使用正离子催化剂，反应温度高，只能进行本体聚合，由于反应涉及烷氧键的断裂，链增长在手性碳原子上，不能得到手性聚合物，并且不能用来引发制备共聚物，如 PLGA。而使用负离子催化普遍存在副反应，也不利于制备高相对分子质量的聚乳酸。目前应用最广泛的还是第三类，即配位催化体系。这类催化剂种类多，效率高，是高相对分子质量聚乳酸及其共聚物制备的主要催化体系[31]。

大量的催化剂被应用于丙交酯的开环聚合，其中研究最多的是锡和铝的羧酸盐、酚盐，辛酸亚锡的研究最为普遍。Stridsberg 等[47] 综述了关于锡催化和铝催化开环聚合，并且介绍了相关的动力学研究。但是基于锡化合物的高效催化剂具有毒性，因此研究人员又开发了基于钙、铁、镁、锌的低毒高效催化剂用于丙交酯和内酯的聚合，但这些催化剂可能会造成聚乳酸的消旋，尤其是在高温聚合条件下。

研究人员还开发了用于丙交酯的立构选择性开环聚合的催化剂。利用包含大量配合基的手性铝催化剂，可以从内消旋丙交酯（生成间同立构聚乳酸）或外消旋丙交酯（生成立构嵌段聚乳酸）制备半结晶的聚乳酸。退火后可获得熔点为 152℃ 的间同立构聚乳酸，而外消旋聚乳酸的熔点为 191℃，后者具有高熔点的原因是合成的立构嵌段聚乳酸形成了立构复合物。文献还报道了铝催化剂的立构选择性聚合[48] 及其他金属混合物催化剂的例子[49] 与大部分研究都是在溶液中进行聚合的，所以催化剂在熔融聚合中的选择性仍不明朗。最近关于开环聚合的非金属催化剂也有报道[50]，如有机催化与酶催化两种方法。

开环聚合制备的聚乳酸的后处理与其加工过程和可加工性密切相关。与通用塑料相比，聚乳酸由于具有较高的吸湿性，更容易水解，熔体稳定性有限，所以聚乳酸更需要后加工处理。聚乳酸的后处理可以分为两类：一是在熔融状态进行的后加工，二是后续的独立加工过程。在熔融状态进行的加工过程主要是为了提高熔体稳定性和可加工性。催化剂失活是应用于聚乳酸的一个重要技术，常用的失活剂包括含磷化合物、抗氧化剂、丙烯酸类衍生物以及有机过氧化物。催化剂失活通常与除去剩余的丙交酯（脱挥）同时进行：在低压高温条件下蒸馏除去低相对分子质量组分。增加惰性气流，可以更好地除去未反应的丙交酯。丙交酯的回收可以与聚乳酸的制备过程相结合，这样可以提高生产线的效率。除去聚乳酸中丙交酯组分的方法是在聚乳酸的熔点下进行残留丙交酯的固相聚合，这样可以在减少残留丙交酯组分的同时增加聚合物的相对分子质量。

聚乳酸合成方法未来发展的方向应该是开发高效催化剂，能快速促进脱水，加快反应达到平衡，降低反应的活化能。另外，还可采用合适的单体（如光气）使乳酸低聚物进行缩合，以提高其相对分子质量[31]。

二、聚乳酸的产业化

（一）国外聚乳酸产业化现状

美国的 Nature Works 公司是聚乳酸行业的巨头，拥有全球 85% 的 PLA 产量，目前年产量 15 万吨。与传统的聚合物（如 PET 和 PS）相比，以玉米淀粉为原料制备的 Ingeo 聚合物具有良好的环境效益：更少的温室气体排放和更低的能源消耗。而且，Ingeo 生物塑料同样具有良好的性能。从食品包装材料到电子器件的涂层材料，根据应用的不同，Ingeo 聚合物提供了多个系列供用户选择。表 1-1～表 1-4 列出了不同级别 Ingeo 聚合物的性能。表 1-5 列举了乳酸的主要生产厂家及生产概况。

表 1-1　挤出/注射成型/热成型用 Ingeo 的性能[1]

性能			ASTM 测试方法	级别				
				2003D	3001D	3052D	3251D	3801X
物理性能	密度（g/cm³）		D792	1.24	1.24			1.25
	熔融指数	g/10min[a]	D1238	6	22	14	80	
		g/10min[b]	D1238				35	8
	清晰度			透明	透明			不透明
	相对黏度		D5225	4.0	3.1	3.3	2.5	3.1
	熔点（℃）		D3418	145～160	155～170	145～160	155～170	155～170
	玻璃化温度（℃）		D3418	55～60	55～60			45
机械性能	拉伸屈服强度［psi（MPa）］			8700（60）[c]	9000（62）[d]			3750（26）[d]
	断裂拉伸强度［psi（MPa）］			7700（53）[c]	7800（54）[d]			3060（21）[d]
	拉伸模量［kpsi（GPa）］			524（3.6）[c]	540（3.7）[d]			432（3.0）[d]
	拉伸伸长率（%）			6[c]	3.5[d]			8.1[d]
	缺口冲击试验［Ft-lb/in（J/m）］		D256	0.3（16）	0.3（16）			2.7（144）
	弯曲强度［psi（MPa）］		D790	12000（83）	15700（108）			6400（44）
	弯曲模量［kpsi（GPa）］		D790	555（3.8）	515（3.6）			413（2.9）
	热变形温度（66psi）（℃）		E2092	55	55			65

注　[a] 210℃/2.16kg，[b] 190℃/2.16kg，[c] ASTM D882，[d] ASTM D638。

表 1-2　薄膜/片材用 Ingeo 的性能[1]

物理性能	ASTM 测试方法	级别		
		4032D	4043D	4060D
密度（g/cm³）	D792	1.24		
熔体密度（g/cm³）		1.08（230℃）		
玻璃化温度（℃）	D3418	55～60℃		
熔融指数[a]（g/10min）	D1238	7	6	10
相对黏度	D5225	4.0		3.4
结晶性		半结晶		无定形
熔点	D3418	155～170℃	145～160℃	无

注　[a] 210℃/2.16kg。

表 1-3　纤维/非织造布用 Ingeo 的性能[1]

物理性能	ASTM 测试方法	级别						
		6060D	6201D	6202D	6252D	6302D	6400D	6752D
密度（g/cm³）	D792	1.24						
相对黏度	D5225	3.3	3.1		2.5	3.0	4.0	3.3
熔融指数（g/10min，210℃）	D1238	8	23		80	16	7	14
熔体密度（230℃）		1.08						
结晶熔融温度（℃）	D3418	125~135	155~170			125~135	155~170	145~160
玻璃化温度（℃）	D3417	55~60						

表 1-4　注射拉伸吹塑成型用 Ingeo 的性能[1]

物理性能	ASTM 测试方法	级别	
		7001D	7032D
密度（g/cm³）	D792	1.24	
清晰度	D1746	透明	
相对黏度	D5225	4.0	
熔点（℃）	D3418	145~160	155~170
玻璃化温度（℃）	D3418	55~60	

表 1-5　乳酸厂家生产情况[1]

乳酸生产企业	产能（万吨/年）	企业描述
河南金丹	10	乳酸及系列产品制造企业之一，产能 10 万吨/年，产品主要集中在食品级等
普拉克 Purac	20	在美国、巴西、西班牙、泰国和荷兰都设有工厂，全球总产量为 20 万吨/年，泰国工厂直接生产聚乳酸制备的中间体丙交酯，产量为 10 万吨/年
中粮格拉特	4.5	国内乳酸行业的领导者，产能为 4.5 万吨/年，以各种品级的乳酸产品为主，行业中其技术优势明显，产品的附加值高（注：该合资企业于 2018 年合资到期并解约）
日本武藏野	1.5	日本工厂乳酸年产量为 1 万吨，中国江西的工厂年产量 5000 吨，采用化工合成的工艺，价格昂贵
比利时格拉特 Galactic	1	在比利时拥有万吨级的生产设备，未实际生产

（二）国内聚乳酸产业化现状

聚乳酸在中国的开发和产业化步伐也在加速。中科院长春应化所和浙江海正集团合作攻关，于 2008 年建成了年产 5000 吨 PLA 树脂工业示范生产线，并实现批量生产，所得产品各项性能指标均全面达到或部分超过美国同类产品水平，装置保持平稳运行，可以稳定生产[51]。2011 年海正通过在原 REVODE 系列产品中添加石油基塑料的方法，成功开发出名为

PLABIOS 的新产品。PLABIOS 在加工性能、机械性能和耐热性能方面都有了较大的提升。根据产品中生物碳含量的不同，PLABIOS 分为 30、50、70 三个牌号。

上海同杰良生物材料有限公司成立于 2005 年 1 月，是由上海市创业投资有限公司、同济大学和同济大学研发团队等股东共同发起，专门从事聚乳酸及其制品的研发、生产和销售的高科技公司。同杰良公司成功开发出具有我国自主知识产权的技术——直接缩聚法制备聚乳酸（也称一步法），缩短了工艺流程、简化了生产工艺，并于 2006 年在上海建成了中试生产线。之后同杰良公司在安徽马鞍山成立全资子公司，于 2013 年建成了年产万吨级聚乳酸生产线，开发出注塑级、片材级、薄膜级、纤维级等系列化聚乳酸树脂切片。公司拥有自主知识产权，获国内外专利授权 30 余项，公司生产的聚乳酸树脂的生物降解性能获欧盟等国际认证。

第三节　聚乳酸纤维的成型加工

聚乳酸是一种具有良好溶解性的热塑性高分子材料，其结晶性、透明性和耐热性都较好，并且具备良好的可纺性，可以生产可生物降解的聚乳酸纤维。聚乳酸是线型直链大分子，没有大侧基，由于结构单元存在手性碳原子，聚乳酸大分子有多种立体结构，可分为聚右旋乳酸（PDLA）、聚左旋乳酸（PLLA）和聚外消旋乳酸（PDLLA）。一般来说，生产聚乳酸纤维采用的是 PLLA，其分子结构为等规立构，具有很强的结晶性，而另外两种聚乳酸的结构和性质不适合纺丝成型。

聚乳酸纤维具备较高的强度、良好的生物相容性和生物降解性，可应用领域广泛，具有良好的发展前景。聚乳酸纤维的形态主要有长丝和短纤，也可以根据最终用途需要，加入不同程度的卷曲。此外，聚乳酸还可以制成异形纤维和功能性纤维。聚乳酸纤维加工方式比较多，可以采用传统的溶纺和熔纺工艺，将 PLA 制备成胶体溶液或熔融成熔体，经喷丝口挤压成细流，在合适的介质中固化成纤维。虽然溶纺纤维的力学性能优于熔纺纤维，但是，溶纺的工艺复杂，溶剂回收困难，纺丝环境恶劣，成本较高，不适合工业化生产。故聚乳酸纤维的商品化生产都是采用熔融纺丝工艺。

一、熔融纺丝

熔融纺丝具有设备简单、污染小、投资少等优点，与其他纺丝方法相比，具有更强的工业化、商品化竞争力。目前，工业化生产的聚乳酸纤维主要是采用熔融纺丝法加工成型，并且熔融纺丝生产聚乳酸纤维的工艺及设备也在不断完善。

（一）工艺过程

目前工业化生产聚乳酸纤维，通常采用高速纺丝一步法或者纺丝—拉伸两步法。这两种方法各有特点，高速纺丝产率高，是两步法的 6~15 倍；而两步法得到的纤维力学性能优于高速纺丝纤维。聚乳酸两步法熔融纺丝的工艺流程见图 1-9。

（二）原料预处理及干燥

聚乳酸纤维成型过程中，水的存在容易使聚乳酸分子链上的酯键断裂，发生水解降解，

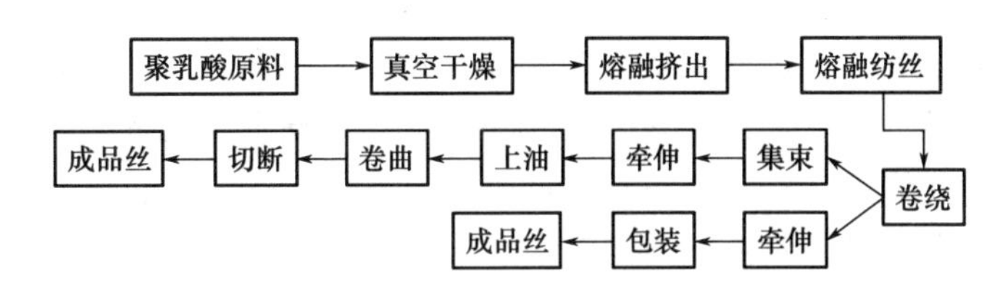

图 1-9　聚乳酸纤维两步法熔融纺丝流程图

相对分子质量急剧下降，严重影响成纤的品质，因此，纺丝前必须严格控制聚乳酸的含水率。通常，原料会在高度真空下进行干燥，将含水率控制在 50mg/kg 以下。由于上述的水解反应，在温度较高的情况更容易发生，即使是经过充分干燥的原料，在熔融纺丝时，也会发生受热水解，相对分子质量损失可以达到 15%以上。有研究表明，通过加入少量抗氧剂亚磷酸三壬基苯酯（TNPP），聚乳酸熔纺时的热水解得到有效的抑制，该研究认为，TNPP 很有可能通过酯交换反应，对聚乳酸产生扩链作用[52]。

含水率高不仅使得聚乳酸在熔纺过程中易发生热降解，水分还容易在高温下形成气泡，出现断头、毛丝等影响纺丝的现象。如果原料真空干燥时间过长或者温度设置过高，原料切片也容易降解，相对分子质量降低，单体偏多，影响纺丝和纤维品质。因此，聚乳酸原料的预处理必须在合适的温度和干燥时间下进行。聚乳酸切片在不同温度、不同干燥时间条件下的含水率见表 1-6（真空度高于 30Pa）[53]。

表 1-6　聚乳酸切片在不同温度、不同干燥时间条件下的含水率[53]　　单位：mg/kg

干燥温度（℃）	干燥时间（h）			
	0	12	24	36
70	2300	159	101	72
100	2300	93	65	47

从表 1-6 中可以看出，干燥初期，切片的含水率急剧下降，因为除去的是切片中的大量非结合水。干燥中后期，除去结合水速率较慢，随着时间延长，会最终达到一个平衡水分。在 70℃ 干燥 24h 和 100℃ 干燥 12h 后，含水率基本在 10^{-4} 以内，基本满足纺丝要求。在 100℃ 干燥，可以大幅缩短干燥时间，并且可以进一步提高结晶度，使结晶更充分，软化点提高，有利于纺丝。

（三）纺丝温度

聚 L-乳酸（PLLA）对温度非常敏感，在熔融升温过程中，其特性黏度随着温度升高大幅降低，并且温度越高，特性黏度的降幅越大，见表 1-7[54]。

表 1-7　PLLA 的特性黏度与温度的关系[54]

温度（℃）	特性黏度（η）	$\Delta\eta$
室温	1.35	0
205	1.16	0.19
215	0.89	0.46
225	0.82	0.53

从表 1-7 中可以看出，温度对聚乳酸熔体流动性能影响非常大，如果温度过高，发生热降解，从而使熔体黏度大幅下降，容易出现断头、毛丝等现象。而聚乳酸由于本身熔体黏度较大，需要较高的纺丝温度，使其在纺丝成型时具有良好的流动性，获得表面光滑、成型良好的纤维。否则，温度过低，物料流动不通畅，从喷丝口流出的物料不能满足纺丝的要求。因此，PLA 纺丝成型的温度范围非常小。纺丝温度对聚乳酸切片相对分子质量和降解率的影响如表 1-8 所示[55]。

表 1-8　不同纺丝温度下聚乳酸切片相对分子质量变化和降解率[55]

纺丝温度（℃）	200	210	220	230	240
剩余相对分子质量（原相对分子质量 64936）	62597	56315	55200	55197	52749
降解率（%）	3.6	13.3	15.0	15.0	18.8

从表 1-8 可见，从 200℃到 210℃，聚乳酸相对分子质量降低幅度很大，降解速率很快，而达到 220℃，降解度已经达到 15%。当纺丝温度设置为 200℃时，虽然已经超过 PLA 熔点 20℃以上，但是熔体流动性依然较差，不可纺；若纺丝温度在 210~220℃，熔体流动性有所提高，但仍然不能满足纺丝条件，如果用提高剪切速率的方式增加熔体流动性，会造成丝条容易破裂，并且表面粗糙。只有在 230℃时，挤出熔体形成连续的细流，具有良好的可纺性。再继续升高温度，熔体流动性有所提高，然而纤维色泽由白变黄，已接近聚乳酸分解温度（240℃）。综合来看，聚乳酸的纺丝温度，应该控制在 235℃以下，以防分解严重；225℃以上，以防熔体流动性不佳。

纺丝温度不仅影响熔体的流动性，同时也影响初生纤维的自然拉伸比和最大拉伸比。表 1-9 是不同纺丝温度下 PLA 纤维取向性能指标的比较[53]。纺丝温度从 205℃提升到 222℃时，双折率降低了 39.9%，表明取向度随着温度升高而降低，因为熔体黏度降低，PLA 的相对分子质量也有所降低。由于取向度的降低，纤维的自然拉伸比和最大拉伸比有明显的提高，说明在保证 PLA 相对分子质量的前提下，适当提高纺丝温度，有利于后拉伸工序的进行，也有利于成品纤维具有良好的取向度。

表 1-9　不同纺丝温度下 PLA 纤维取向性能指标的比较[53]

纺丝温度（℃）	自然拉伸比	最大拉伸比	双折射率（Δn）（$\times 10^3$）
205	2.27	3.47	1.38
222	2.97	4.47	0.83

（四）纺丝气氛

纺丝的气氛对聚乳酸熔体的稳定性有很大影响，由表 1-10 可知，没有氮气保护的熔融纺丝过程，聚乳酸降解率高达 76.4%，而经过氮气保护，降解率明显降低，只有 25.6%。因此，推荐在氮气气氛保护下，进行聚乳酸熔融纺丝。经过氮气保护的初生纤维，特性黏度降低较少，而没有氮气保护生产的初生纤维，特性黏度降低非常大。因为在空气气氛下熔融纺丝的聚乳酸，发生严重降解，相对分子质量大幅降低，从而使特性黏度明显降低。

表 1-10　不同纺丝气氛下聚乳酸的降解率[56]

纺丝气氛	原料特性黏度（dL/g）	初生纤维特性黏度（dL/g）	降解率（%）
空气	4.45	1.05	76.4
氮气	4.45	3.36	25.6

聚合物的相对分子质量影响其流动性能，相对分子质量越大，其特性黏度越高，为了满足纺丝所需的熔体流动性，需要设置的挤出温度越高。因此，不同相对分子质量的聚乳酸，需要设置的挤出温度不尽相同（表 1-11）。

表 1-11　聚乳酸的特性黏度和合适的挤出温度[56]

原料特性黏度（mL/g）	189	175	161
挤出温度（℃）	245	220	215

（五）纺丝速率

纺丝速率是影响卷绕丝预取向度的重要因素，对纤维最终性能起关键作用。纺丝速率对初生纤维的结晶度和力学性能有很大影响。研究表明，纺丝速率（0~5000m/min）越大，初生纤维的结晶度越高，在 3000m/min 时达到最大值 43%，并且得到了最佳的力学性能：杨氏模量为 6GPa、屈服强度为 160MPa、拉伸强度为 385MPa。而后继续增大纺丝速率，初生纤维的结晶度和力学性能有所下降。高纺丝速率下，聚乳酸分子链取向，纤维产生诱导结晶，结晶度和力学性能得到提升。如果纺丝速率过高，结晶时间偏短，结晶不完全，因此，结晶度和力学性能相对降低[57]。高速纺丝由于纺丝线上的速度梯度较大，产生冷却空气和丝束间摩擦阻力较大，使得卷绕丝的分子链具有较高的取向度，卷绕丝具有非常高的强度，后拉伸倍数可以相对降低。

在纺丝温度为 195℃的条件下，制备聚乳酸长丝，其纺丝速率对初生纤维相对分子质量和取向度的影响见表 1-12。

表 1-12　纺丝速率对初生纤维降解率和取向度的影响[58]

纺丝速度（m/min）	剩余相对分子质量	降解率（%）	取向因子（f_s）
600	34177	29.7	0.2611
700	37192	23.5	0.2688
800	39351	19.1	0.2867
900	39534	18.7	0.2908
1000	42229	13.1	0.2981

由表 1-12 所见，纺丝速率越小，初生纤维的降解率越高，PLA 相对分子质量降低越多。主要原因是从喷丝孔挤出的高温纺丝熔体，接触到空气中的氧气和水分，发生热水解和降解，导致相对分子质量下降。纺丝速率越慢，纺丝熔体接触空气的时间越长，相对分子质量损失越大。因此，提高纺丝速率是必要的，而且纺丝速率越大，熔体冷却速率变大，丝条表面温

度低，发生热降解和水解的可能性减小，降低相对分子质量损失。

纺丝速率对纤维性能影响非常关键，有实验研究：利用 PLA 与多壁碳纳米管 MWNT 共混后采用双螺杆挤压机熔融纺丝制备特殊的液体泄漏检测材料。当 MWNT 用量在 0.5%~5.0%（质量分数）时，能够在聚乳酸熔体中均匀分布。通过液体（水、正己烷、乙醇、甲醇）实验表明，随着 MWNT 的含量增加，液体传感响应的效果变差，溶剂不同，响应强度也不同；当卷绕速度增加时，大部分 MWNT 会沿着纤维轴向排列，响应减弱。最后得出 MWNT 为 2%（质量分数）是最佳用量，可以取得最好的液体测漏效果[59]。

（六）拉伸条件

聚乳酸初生纤维的取向度和结晶度都比较低，并存在内应力，其强度低、伸长大、尺寸不稳定。拉伸可以有效提升初生纤维的性能，如断裂强度和耐磨性得到提高，产品的伸长率降低。拉伸倍数和 PLA 纤维力学性能的关系如表 1-13 所示。从表中数据可以看到，经过拉伸后的初生纤维断裂强度提高，断裂伸长率降低，单丝断裂强度最大可达 4.1 cN/dtex，断裂伸长率为 21%，初始模量达到了 72.20 cN/dtex。随着拉伸倍数的提高，初生纤维取向，诱导结晶，部分折叠链转变成伸直链，使得晶片之间的连接点增多，强度有所提高，伸长率降低。

表 1-13　拉伸倍数与 PLA 纤维的力学性能关系[55]

拉伸倍数	断裂强度（cN/dtex）	断裂伸长率（%）	初始模量（cN/dtex）
2	1.72	71.44	28.08
2.5	2.27	42.85	40.17
3	3.67	32.17	52.77
3.5	4.1	21	72.20

拉伸倍数对纤维结晶性能和结构也有很大影响，见表 1-14。随着拉伸倍数的提高，初生纤维的结晶度相应提高，晶区的取向度也有所提高，表明拉伸可以使大分子进一步结晶，并且分子链在晶区和非晶区都沿着拉伸方向进一步取向排列，取向度提高，分子结构单元排列更加规整。尤其是拉伸倍数为 3.8 时，结晶度已经接近 45%。

表 1-14　初生纤维在不同拉伸倍数条件下的结晶性能[60]

结晶性能	拉伸倍数		
	3.2	3.5	3.8
结晶度（%）	37.30	41.17	44.58
晶区取向度（%）	84.9	87.3	87.5
双折射率（Δn）	0.02036	0.02157	0.02546

拉伸倍数越大，纤维的取向规整度越高，此时稍加合适的拉伸温度（T_g 以上），纤维的结构单元便可以发生热运动，降低分子间的内应力。PLA 本身黏度较大，大分子活动性较差，提高拉伸温度，可以给分子间的结构单元提供足够的热运动能量，有利于链段运动，但是拉伸温度不宜过高或者过低，否则会降低纤维的力学性能，并且不利于形成均匀的拉伸丝。拉

伸温度对聚乳酸纤维的力学性能和结构的影响见表1-15。聚乳酸纤维的一道拉伸温度宜控制在85~95℃。纤维断裂强度随着拉伸温度的升高而增大，拉伸温度在80℃以上时，基本不会出现冷拉时的脆性断裂现象。如果拉伸温度太高，比如超过100℃，容易出现丝条断裂，因为此时已经发生解取向现象，有效取向度降低。

表1-15 拉伸温度对聚乳酸纤维的力学性能和结构的影响[61]

拉伸温度（℃）	断裂强度（cN/dtex）	断裂伸长率（%）	取向因子（f_s）
80	2.31	25.9	0.91
85	2.71	31.2	0.95
90	2.74	25.6	0.93
95	2.95	28.3	0.67

拉伸速率的变化会影响拉伸温度（表1-16）。因为拉伸速率变快，纤维束在热盘上的停留时间变短，纤维的屈服应力和拉伸应力增大，纤维的拉伸温度需适当增加，但过高的拉伸温度会使分子解取向作用增强，从而产生不良的结晶形态，引起纤维断裂，导致纤维强度的损失。

表1-16 拉伸速率对PLA纤维拉伸性能的影响[62]

拉伸速率（m/min）	370	420	420
拉伸温度（℃）	105	108	115
强度（cN/dtex）	3.95	4.08	3.77
外观	好	好	少量毛丝

（七）卷曲和热定型工艺

聚乳酸纤维表面光滑，纤维之间抱合性较差，不利于后续加工。用物理、化学等方法对纤维卷曲变形加工，使纤维具有一定的卷曲度，可以有效改善纤维的抱合性，并增加其蓬松性和弹性。研究发现，在保持卷曲温度条件下，随着卷曲板压力增大，PLA纤维卷曲度和卷曲回复率明显提高，而卷曲弹性率逐步减小（表1-17）。

表1-17 不同卷曲压力下PLA短纤维卷曲性能指标[63]

卷曲板压力（N）	卷曲度（%）	卷曲弹性率（%）	卷曲回复率（%）
15	5.15	86.81	4.44
20	7.64	82.47	6.21
25	9.07	70.51	6.37

如果适当提高卷曲温度，可以很好地改善PLA纤维的卷曲性能（表1-18）。但温度提高过多，聚乳酸纤维会出现变硬、板结的现象。控制卷曲温度在90~110℃，可以得到卷曲性能较好的聚乳酸纤维。

表 1-18　不同卷曲温度时聚乳酸短纤维的卷曲性能[63]

卷曲温度（℃）	卷曲率（%）	卷曲弹性率（%）	卷曲回复率（%）
95	6.59	78.35	5.14
105	8.18	82.20	6.78

热定型也是聚乳酸纤维生产过程中的一道重要工序。聚乳酸纤维经过拉伸、卷曲，其纤维结构并不稳定，存在较大内应力。热定型可以消除纤维内应力，防止纤维发生较大蠕变，降低沸水收缩率，提高结晶度，增加纤维的尺寸稳定性。实验研究表明，PLA 纤维热定型温度不能超过 120℃，否则其力学性能会明显变差，影响后加工。最佳定型温度为 110~120℃，随着热定型时间增加，PLA 纤维的卷曲度和回复率都得到明显提高[64]。热定型主要影响纤维大分子的取向，研究发现，以 500m/min 速率纺丝得到的 PLA 纤维基本上是无定形态，以 1850m/min 速率纺丝得到的纤维结晶度可达 60%，但是两者大分子取向度都很低，而后续的牵伸和热定型工序显著提高了纤维的取向度[65]。

（八）冷却固化

熔融纺丝过程中，熔体细流和周围介质传热传质、冷却固化形成初生纤维，热交换主要是以传导和强制对流的形式进行。冷却的过程中，熔体黏度不断提高，直到卷绕张力不足以使纤维细流继续变细，就达到固化点。聚乳酸初生纤维结构与喷丝口到固化点的距离有非常大的关系。工业化生产中，通常采用风环冷却。风环冷却温度对卷绕丝的拉伸性能和折射率有很大的影响（表 1-19）。双折射率随着冷却风温度上升而下降，自然拉伸比和最大拉伸比随着风温上升而稍增。这是因为冷却风温上升，冷却强度减弱，丝束固化速度变慢，凝固点变低，在纺丝线上流动取向和轴向速度梯度变小，丝束取向度也减小，双折射率降低；同时塑性区延长，有利于丝束拉伸，自然拉伸比和最大拉伸比变大[53]。因此，聚乳酸熔融纺丝过程中，风环冷却温度应该控制在 25℃左右为宜。

表 1-19　不同冷却风温度下初生纤维的拉伸性能和双折率指标[53]

冷却风温度（℃）	自然拉伸比	最大拉伸比	双折射率（Δn）（$\times 10^3$）
20	2.63	3.93	0.87
22	2.65	3.98	0.82
25	2.87	4.21	0.73

目前，随着熔融纺丝工艺越来越成熟，通过多种方式改性聚乳酸，获得优良性能的纤维是比较热门的研究趋势。比如异形截面的聚乳酸纤维，皮芯结构的聚乳酸纤维，用纳米晶须作为增强剂和 PLA 共混熔融纺丝等。熔融纺丝以其污染小、成本低、便于自动化生产等优点，成为聚乳酸纤维工业化生产的主流纺丝方式，并在生产过程中，不断完善生产聚乳酸纤维的工艺和设备，具有优良的市场前景。

二、聚乳酸长丝的加工

（一）聚乳酸长丝的分类和特点

长丝纱线是由多根长单丝经过拉伸、加捻或者变形工序组合形成的纤维集合体。通过改变聚乳酸长丝的生产工艺、生产路线，可以生产出很多品种的聚乳酸长丝。按照不同加工方法，可以将聚乳酸长丝进行分类，见表1-20。

表1-20　聚乳酸长丝种类

初生丝	常规纺丝	UDY
	中速纺丝	MOY
	高速纺丝	POY
拉伸丝	拉伸丝（低速拉伸丝）	DY
	部分拉伸丝	TY
	全拉伸丝	FDY
变形丝	常规变形丝	TY
	纺丝—拉伸—假捻弹力丝	DTY
	纺丝—拉伸—网络丝	NSY
	纺丝—拉伸—空气变形丝	ATY
复合变形	纺丝—拉伸—加弹—网络丝	DTY NSY
	纺丝—拉伸—加弹—空变丝	DTY ATY
多重加工混纤复合	（FDY+POY）空气变形	（FDY+POY）ATY
	（FDY+POY）网络变形	（FDY+POY）NSY
	（DTY+POY）空气变形	（DTY+POY）TAY
	（DTY+POY）网络变形	（DTY+POY）NSY

聚乳酸长丝和短纤维相比，有以下特点[1]：

（1）聚乳酸长丝生产是单锭生产方式。一根丝条有几十根单丝，从纺丝到变形的过程中，会经过几十个摩擦点，产生毛丝。若长丝在多锭位、多机台生产，由于设备、工艺、操作差异等因素，不同锭位的长丝性能上会存在一定差异。

（2）通过物理化学变形的方法，可以纺制差别化聚乳酸纤维，通过假捻、空气变形、复合等方法，使长丝具有毛型风格；通过改变喷丝孔的形状或者捻度的强弱，纺制仿丝型纤维；通过拉伸丝和预取向丝的混纤变形，制得仿麻竹节丝；通过各种空气喷射或加捻技术，可以仿制网络丝、网络变形丝、空气变形丝和包芯丝等。

（二）聚乳酸长丝的后加工工艺

从喷丝口挤出后冷却固化成型的初生纤维，存在较大的分子内应力，分子链没有充分伸展，取向度和结晶度也较低。因此初生纤维强度低、伸长大并且沸水收缩率高，不能直接纺织加工，必须经过一系列后加工，才能用于纺织生产。初生纤维通常需要经过集束拉伸、上油、加弹、热定型、消光、成筒等工艺。其中，集束拉伸和热定型最为重要[66]。

高分子熔体从喷丝板上的喷丝孔流出后，形成若干单丝束，集束拉伸过程就是用均匀的张力将这些丝束集合成规定规格的大丝束，然后再将大丝束按照一定倍数进行拉伸。集束拉伸工艺主要参数有拉伸温度、拉伸倍数及其分配比例、拉伸速率等，对聚乳酸长丝的力学性能有非常大的影响。因此，集束拉伸工艺非常关键。

上油可以提高聚乳酸长丝的柔软性、润滑性和抗静电性。热定型主要是为了消除聚乳酸

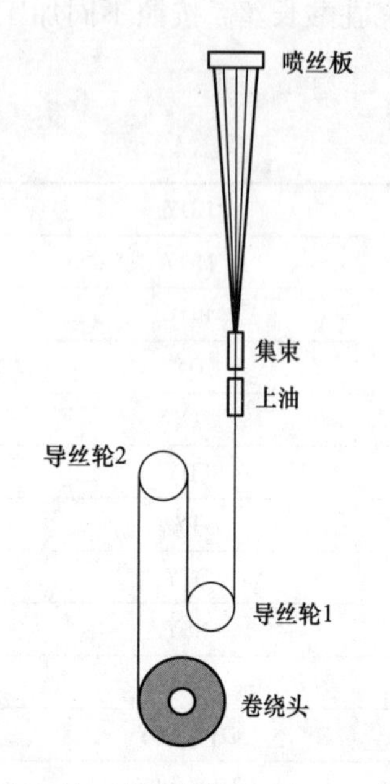

图 1-10　聚乳酸长丝后加工工艺

长丝中的内应力，提升其结构稳定性和尺寸稳定性，并且对长丝的力学性能有所改善。消光主要是添加消光剂，根据需要，控制聚乳酸长丝的光泽度。

常见的带有导丝轮的纺丝设备示意如图 1-10 所示。其主要工艺流程是集束、上油、导丝轮转向，最后在卷绕头卷绕成型。卷绕头的速率即为纺丝速率。

（三）聚乳酸长丝的后加工技术流程

聚乳酸长丝的生产主要是经过纺丝→拉伸→变形的工艺流程，按照纺丝速率分类，可以分为：低速纺丝（常规纺丝）、中速纺丝和高速纺丝。所得长丝的取向结晶、力学性能和沸水收缩率存在很大差异。

1. 低速纺丝原丝的后加工技术

常规纺丝工艺成熟、设备稳定、技术易掌握，通常可以纺制 33~167dtex 的长丝。

（1）工艺流程如下。

纺丝卷绕→拉伸加捻→假捻变形（UDY→DY→TY）三步法工艺路线

（2）主要工艺参数。纺丝速率：$v \leqslant 1200$m/min，后加工拉伸倍数：2.5~3.2 倍，拉伸加捻速率：200~600m/min，变形加工速率：120~160m/min。

（3）原丝特点。通过低速纺丝制备的聚乳酸长丝（UDY），其结晶和凝固速率大于分子链被拉伸取向速率，所以 UDY 的分子链取向程度极低，称为未取向丝或卷绕丝。成丝的强度低，断裂伸长率大，尺寸稳定性差，不能直接用作纺织物原料。

（4）变形纱特点。原丝（UDY）经过拉伸加捻形成低捻的普通牵伸长丝纱（DY），再经过变形加工形成变形长丝纱（TY）。可用的变形加工方法有假捻变形、空气变形、网络和花式纱变形等。

2. 中速纺丝原丝的后加工技术

中速纺丝可以纺制 33~167dtex 的长丝，常见规格是 50dtex 和 75dtex，生产效率低于高速纺丝，产品质量比常规纺丝差。

（1）工艺流程。中速纺丝为两步法工艺，有 MOY—DY 和 MOY—DTY 两种工艺路线。

通过中速纺丝工艺形成原丝（MOY）⟶ { 经低速拉伸变形工艺形成 DY 丝；经高速拉伸变形工艺形成 DTY 丝 }

（2）主要工艺参数。纺丝速率：1500~2500m/min，后加工拉伸倍数：2.1~2.4 倍，拉伸加捻速度：800~1200m/min，拉伸变形加工速度：400~500m/min。

（3）原丝特点。通过中速纺丝制备的原丝，称为中等预取向丝（MOY），纺丝过程中拉伸作用大于常规纺丝，聚乳酸分子链被拉伸取向的速率略高于聚乳酸结晶和凝固速率，相比于 UDY、MOY 的大分子链有少量取向。由于取向度依然较低，长丝结构也不够稳定，仍存在低强度、高伸长、尺寸稳定性差等缺陷，不能直接作为织物原料使用。

（4）变形纱特点。MOY 经过低速拉伸变形得到普通拉伸丝（DY），而经过高速拉伸变形，可以形成多种变形纱（DTY）。高速变形加工比低速变形加工的产量高，并且使长丝的取向更大。

3. 高速纺丝原丝的后加工技术

（1）工艺流程。高速纺丝的后加工工艺路线有三种：

采用高速纺丝工艺形成原丝（POY）⟶ { 高速拉伸工艺形成全牵伸 FDY 丝；高速拉伸—假捻变形工艺形成 DTY 丝；拉伸加捻工艺形成 DY 丝 }

（2）主要工艺参数。纺丝速率：3000～5000m/min，后加工拉伸倍数：1.3～1.7 倍，拉伸加捻速度：600～1100m/min，拉伸变形加工速度：450～800m/min。

（3）原丝特点。通过高速纺丝制得的预取向丝（POY）由于拉伸作用较大，聚乳酸大分子链被拉伸取向速度明显高于聚乳酸结晶和凝固速度，长丝具有一定的取向度，结构也比 UDY 和 MOY 稳定。然而，聚乳酸长丝的取向度和结晶度还是比较低，分子结构仍然不够稳定，强度还较低，伸长也较大，尺寸稳定性也不够，一般也不直接用作织物原料。在特殊情况下，常用做复合长丝的高收缩组分。

（4）变形纱特点。通过高速纺丝制备得到的预取向丝（POY），经过不同的后加工技术处理，可以制备出不同的长丝纱线。本书仅介绍以下几种。

①FDY 丝：POY 丝经过高速拉伸，可以得到 55～165dtex 的全牵伸丝 FDY。具有较高的结晶度和取向度，分子结构稳定，无卷曲。高强低伸长，尺寸稳定，可以直接用作织物的原料。POY→FDY 这条工艺路线，成本低，产品质量稳定，染色均匀性好。

②DTY 丝：POY 丝经过高速拉伸、假捻加弹，得到低弹丝 DTY。具有较高的结晶度和取向度，有较大的卷曲甚至少量纤维缠结。具有高强度、高弹性伸长、纱线蓬松的优点，可以直接用作织物的原料。该工艺是典型的两步法工艺路线，是目前采用最多的生产变形丝的工艺路线，具有流程短、效率高、成本较低等优点。

③ATY 丝：POY 丝经过中速拉伸、空气变形得到空气变形丝 ATY。具有较高的结晶度和取向度，纱线内有大量卷曲纤维并且存在大量纤维缠结。ATY 丝外观与短纤纱线相似，具有强度高、弹性伸长大、蓬松等优点，可以直接用作织物的原料。

④NSY 丝：POY 丝经过中速拉伸、空气网络变形后，得到网络变形丝 NSY。具有较高的结晶度和取向度。长丝束内纤维每隔一定间隙会产生纤维缠结，即网络结。NSY 丝具有高强度、蓬松、织造免上浆等优点，可以直接用作织物的原料。

（四）聚乳酸长丝的后加工工艺参数控制

1. 拉伸温度

拉伸温度主要是影响聚乳酸长丝的热性能。拉伸温度对聚乳酸长丝的热性能影响见表 1-21、图 1-11 和图 1-12。

表 1-21　不同拉伸温度下聚乳酸长丝的热性能[67]

温度（℃）	结晶度（%）	玻璃化温度（℃）	松弛焓（J/g）	热容变化［J/（g·℃）］
80	21.5	65.1	5.8	0.49
110	38.5	69.2	0	0.39

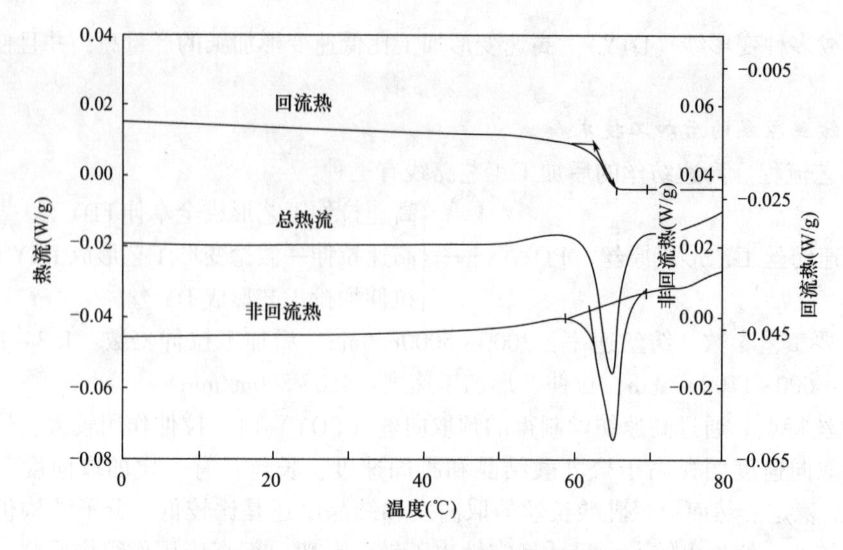

图 1-11　PLA 长丝玻璃化转变和松弛[67]

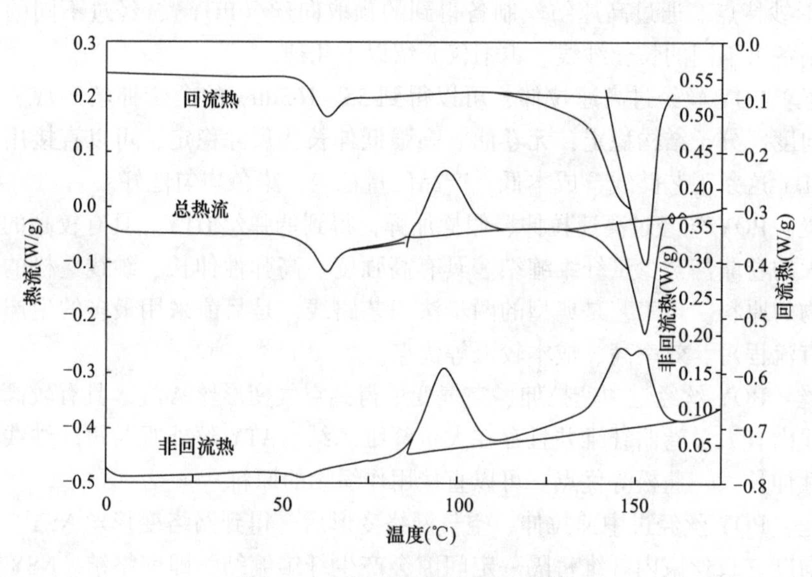

图 1-12　PLA 长丝结晶和熔融[67]

表 1-21 表明，在一定拉伸比下，拉伸辊温度上升会导致结晶度和玻璃化温度上升，而松弛焓和热容变化的程度在下降[18]。当拉伸温度很高时，分子取向度有所改善，因此结晶度得到提升，结晶度的提升，影响了分子的运动能力，从而影响了玻璃化转变温度和热容变化。

与 PET 相比，聚乳酸的主链上没有苯环，其链的柔性大，因此其玻璃化温度低，相比同规格的 PET 来说，应适当降低拉伸温度。但是拉伸温度过低（70℃时），由于链段未完全解冻，单丝表面容易破裂，内部可能出现空洞，产生毛丝和断头；若拉伸温度过高，分子链的活动能力太强，拉伸应力变小，长丝条的抖动加剧，影响拉伸的稳定性，容易导致毛丝的产生，大分子的取向度反而随温度的升高而降低，达不到提高强度的目的（图 1-13），因此，拉伸温度根据纤维细度及单丝细度的不同选择在 80~90℃较为适当[68]。

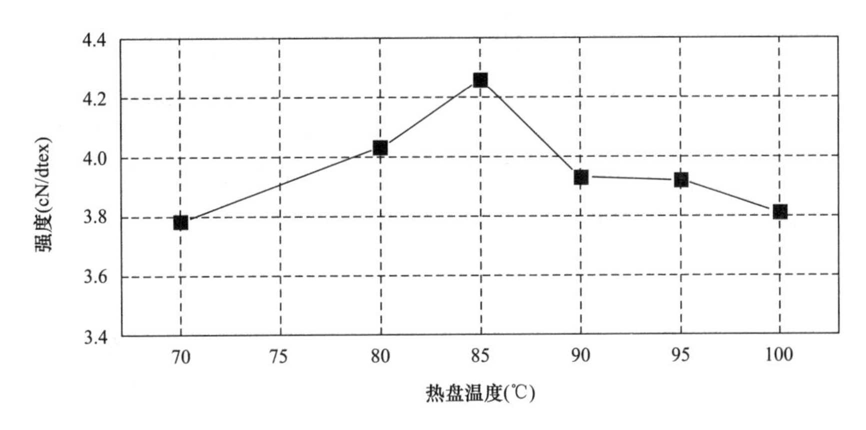

图 1-13　拉伸热盘温度对聚乳酸长丝强度的影响[68]

2. 拉伸倍数

拉伸倍数对长丝的取向度和结晶度有直接影响，取向度和结晶度的变化会引起长丝强度、伸长率等力学性能的变化。聚乳酸分子链有较好的柔性，可以进行较大倍数的拉伸。拉伸过程中，纤维的晶区和非晶区并非同时取向，非晶区往往比晶区先完成沿着拉伸方向的分子链取向，因此，拉伸倍数过大，纤维的应力变化较大，纤维各区域强度不均率和伸长不均率上升，造成毛丝，以致缠辊[68]。

由表 1-22 可知，随着拉伸倍数提高，聚乳酸长丝的断裂强度提高，断裂伸长率降低，取向因子变大。在牵伸过程中，聚乳酸长丝内大分子沿着轴向取向，取向度会提高。同时，拉伸诱导大分子结晶，致使长丝的结晶度提高。取向和结晶度的提高，使长丝的断裂强度增加。取向和结晶的增加，会导致长丝中无定形区减小，导致断裂伸长率降低。因此，提高拉伸倍数可以有效改善聚乳酸长丝的取向结构，提高强度。然而，拉伸倍数主要还是取决于对长丝成品的性质要求，如果要求高强度低伸长率的长丝，那么选择较大的拉伸倍数，反之则小。另外，拉伸倍数的确定还与原丝的质量以及纺丝速率有关。通常来说，聚乳酸长丝需要经过两次拉伸工艺，拉伸倍数需要在这两次拉伸过程中合理分配。第一次拉伸是最重要的，其拉伸比占总拉伸比的 80%~90%，通常大于自然拉伸比，此时拉伸细颈基本消失。

表 1-22　不同拉伸倍数下 PLA 长丝的力学性能和取向度[69]

拉伸倍数	断裂强度（cN/dtex）	断裂伸长率（%）	取向因子（f_s）
1.5	1.03	108.9	0.1025
2.0	1.95	100.1	0.1675
2.5	2.01	50.3	0.4012
3.0	2.35	40.59	0.5012

3. 热定型

热定型的作用是消除聚乳酸长丝在拉伸工艺中形成的内应力，提高结构稳定性和尺寸稳定性，降低沸水收缩率。经过拉伸工艺的聚乳酸长丝，其断裂伸长率降低，经过热定型后，伸长率有所提高，并且随着定型温度的升高，聚乳酸长丝解取向程度升高，表现出伸长率随着定型温度的升高而增加（图 1-14）。研究发现，聚乳酸可以在 5000m/min 的高速下纺丝制备长丝，只有当纺丝速率为 2000~3000m/min 时，聚乳酸长丝的结晶、双折射率、力学性能等指标才能达到最佳值，此时沸水收缩率也最低[70]。通常来说，聚乳酸长丝的沸水收缩率较高，明显高于聚酯，因此，通过热定型降低聚乳酸长丝的沸水收缩率非常重要。如图 1-15 所示，随着热定型温度升高，聚乳酸长丝的沸水收缩率明显降低。

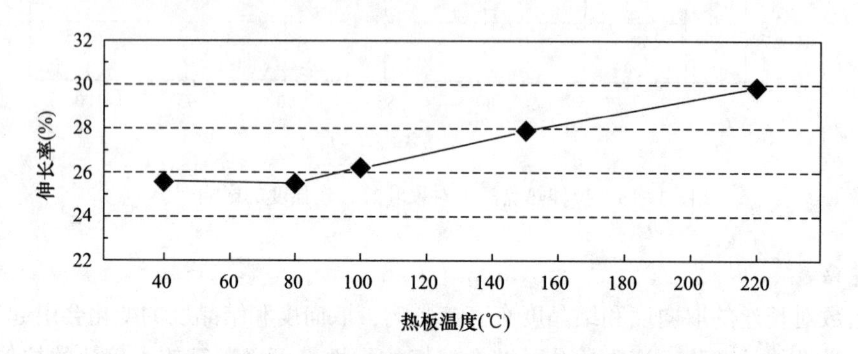

图 1-14　定型热板温度对聚乳酸长丝伸长率的影响[68]

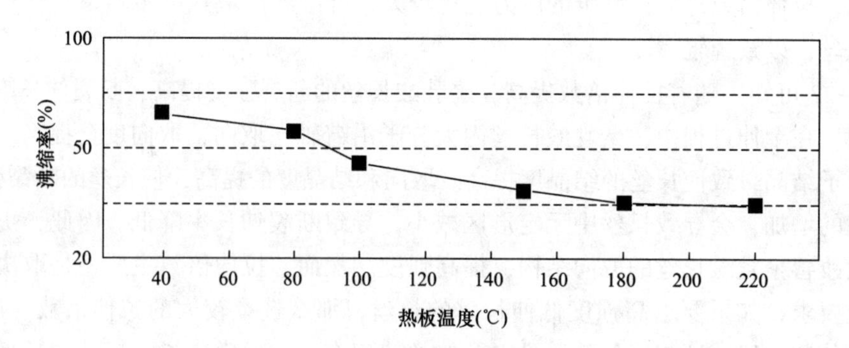

图 1-15　定型热板温度对聚乳酸长丝沸水收缩率的影响[68]

三、聚乳酸短纤维纱线的加工

通常所谓的“纱线”，其实是“纱”和“线”的统称，“纱”是将许多短纤维或长丝排列成近似平行状态，并沿轴向旋转加捻，组成具有一定强力和线密度的细长物体；而“线”是由两根或两根以上的单纱捻合而成的股线。

聚乳酸短纤维纱线是由若干根聚乳酸短纤维（十几根到几十根，直至上百根），加工成连续、细长、纤维间结合紧密，具有一定的强力、弹性等力学性能的产品，可以用于制线、制绳、织布、针织和刺绣等[1]。

（一）聚乳酸短纤维的性能特点和可纺性

影响聚乳酸纤维纺纱的主要因素有长度、线密度、回潮率、摩擦因数和质量比电阻等[71]。熔融纺丝制得的聚乳酸纤维特点是高强度、中伸长率和低模量，聚乳酸纤维和常用纤维的物理性能比较见表 1-23。

表 1-23 聚乳酸纤维和其他纤维的物理性能比较[72]

性能	竹纤维	莫代尔	细特涤纶	大豆蛋白纤维	聚乳酸纤维
密度（g/cm^3）	1.34	1.50~1.48	1.47	1.28	1.29
线密度（dtex）	1.65	1.40	1.38	1.34	1.50
长度（mm）	38.00	38.00	38.00	38.00	38.00
干强（cN/dtex）	4.40	3.20	5.57	4.21	3.67
湿强（cN/dtex）	3.90	3.00	5.49	3.51	3.43
回潮率（%）	11.80	9.80	0.40	6.78	0.43
质量比电阻（g/cm^2）	8.8	7.9	8.1	10.1	8.4
干伸长率（%）	19.80	14.00	17.90	17.69	25.54
湿伸长率（%）	22.40	14.60	17.90	19.89	25.54

聚乳酸纤维手感好，有较好的回弹性、卷曲性和卷曲持久性，纤维强度高，模量较低，容易弯曲，这些特点使聚乳酸纤维具有良好的可纺性。然而，聚乳酸纤维存在一些不利于纺纱的性能特点。比如，其质量比电阻高，易产生静电；吸湿性、回潮率都较差，容易受到纺丝环境温度、湿度的干扰，影响纤维品质；耐热性差；纤维平直光滑，摩擦力小，抱合力差，单独纺纱比较困难；蓬松性大，容易粘卷，且成网困难。为了提高聚乳酸的可纺性，要从纺纱各工序着手，改善纤维的物理及力学性能，并采取一定的技术措施，使纺纱加工得以顺利进行[71]。

目前，聚乳酸可以在棉纺系统、毛纺系统和各种新型纺纱设备上进行纺纱加工；产品种类有纯纺，与棉、毛、麻、天丝、莫代尔等纤维的混纺。

（二）聚乳酸短纤纯纺

聚乳酸短纤维的规格主要有 1.1dtex×38mm、1.1dtex×51mm、1.5dtex×38mm、1.7dtex×38mm、1.7dtex×51mm、2.0dtex×70mm 等。

聚乳酸纤维纯纺纱线线密度品种有 9.8tex、11.5tex、14.7tex、19.7tex、27.8tex、29.5tex 等[16]。

1. 聚乳酸纤维纯纺工艺流程

（1）原料：长度 38mm，线密度 1.5dtex，强度 35cN/dtex，回潮率 0.7%，色泽精白，其弹性中上，含油程度一般[73]。

（2）工艺流程：

A002C 型抓棉机→A006B 型混棉机→A036C 型开棉机→A092A 型双棉箱给棉机→A076C 型成卷机→A186D 型梳棉机→FA303 型并条机（三道）→FA481 型粗纱机→FA506 型细纱机→ESPERO 型自动络筒机[73]

2. 各工序工艺配置和技术参数

（1）清花工序工艺要点：为保证棉卷的内在质量和外观质量，应遵循“勤抓少抓、多松少打、以梳代打、多混少落、速度降低、适当隔距”的工艺原则。

聚乳酸纤维表面光滑平直、整齐度好、蓬松性大、抱合力差、易黏附罗拉等机件，因此，生产前先要使聚乳酸纤维达到纺纱条件，通过加入适量的抗静电油剂、防滑剂等，增加纤维的抗静电能力，改善纤维之间的抱合力，车间相对湿度适当控制，以便后道工序能够顺利进行。由于纤维长度长，不含杂质，清花工序要以开松、均匀混合为主，减少打击力度和打击次数，尽量少损伤纤维，并尽量少落多松，各部件打手速度降低7%左右，为防止粘卷，卷中两层之间夹3~5根粗纱，或者采用防粘罗拉，或增大紧压罗拉的压力。成卷后用塑料薄膜包好，严防水分和油剂挥发。由于聚乳酸纤维疵点和杂质极少，清花工序要采用短流程，使用梳针打手，增加开松点，减少打击点，加强开松梳理，减少纤维损伤和散失，通过强调轻梳少伤、低速度、大隔距、薄喂入、多混和、少翻滚的技术措施，能提高卷子外观质量和内在质量[71]。

主要工艺参数：卷子质量398~420g/m，A036C打手转速418r/min，A036C给棉罗拉打手隔距13~14mm，棉卷罗拉转速12r/min，伸长率1.3%，卷子质量不匀率0.8%，温湿度：20℃、60%。

（2）梳棉工序工艺要点：梳棉机的主要工艺原则是轻打多梳，少伤纤维，多排除纤维疵点，增加转移，低速度，大隔距和小张力牵伸。梳棉过程中要注意搞好棉网转移，减少棉结形成，使棉网清晰，无破洞，还需防止纤维充塞梳理区损伤纤维[74]。

由于聚乳酸纤维具有良好的弹性和弹性恢复性，纤维蓬松，因此梳棉工序各部隔距应较大掌握，梳棉针布合理选配，以顺利完成分梳、转移的作用为主要目的，除杂、均匀混合的作用可适当降低，大小漏底、除尘刀的设置以减小落率为目的。梳棉机是去除棉结和杂质的主要设备，但它既排除短绒，同时也产生短绒。纤维在梳理过程中要考虑梳理度、梳理强度和转移率的关系，只有三者配置恰当，纤维才能获得充分梳理，减少损伤，均匀混合，顺利转移[72]。

主要工艺参数：生条定量19.6~21.8g/5m，锡林转速320r/min，道夫转速22.5r/min，刺辊转速795r/min，锡林与盖板间隔距为0.28mm、0.25mm、0.23mm、0.23mm、0.25mm，锡林与道夫隔距0.13mm，刺辊与锡林隔距0.18mm，生条质量不匀率2.5%，温湿度：25℃、68%。

（3）并条工序工艺要点：针对聚乳酸纤维弹性及弹性回复性好、导电性较差、纤维蓬松等特点，并条工序采用“重加压、中定量、低速度”的工艺原则，减少生产中的“三绕”和堵塞现象，同时合理配置牵伸，既要保证熟条中纤维的伸直平行，又要提高熟条的条干均匀度[72]。

聚乳酸纤维回潮率低、易起静电、纤维蓬松，因此张力控制要适当，喇叭口大小要适当，能够提高条子抱合力并且减少条子的不必要意外牵伸为宜，要保证在牵伸过程中对纤维的有效控制，以提高条干均匀度[74]。如果因为聚乳酸纤维的轻微静电，产生缠绕罗拉胶辊问题，可以采取的措施有：

①在胶辊表面涂料。

②适当降低车速，缩小喇叭口径，提高条子抱合力。

③将满筒长度由2km改为1.6km，以减轻条子与上圈条器表面的摩擦。

主要工艺参数：前罗拉线速160m/min，喇叭口2.4mm，熟条定量9.0g/5m，罗拉隔距15mm×20mm，温湿度：25℃、60%~63%。

(4) 粗纱工序工艺要点：合理选择粗纱捻系数，既要提高纤维间抱合力，又要防止细纱出硬头；粗纱的张力偏小掌握，以减少纱条的意外伸长[75]。

由于聚乳酸纤维较蓬松，抱合力差，粗纱捻系数要适当选择，保证细纱牵伸顺利，不易断头。导条张力适当减小，可减少意外伸长而产生的细节。粗纱工序在工艺配置上仍以提高纤维的分离度和伸直平行度、改善纱条内在结构为原则，采用集中前区牵伸的工艺。因熟条极易分叉散开，操作时要严防条子起毛，破坏条子结构，生产中要求粗纱成形良好，条干均匀，提高粗纱的内在质量。生产中粗纱工序采用“低速度、重加压、轻定量、稳握持、适当大的径向和轴向卷绕密度、小伸长”的工艺原则[71]。

主要工艺参数：粗纱定量 4.206~3.86g/10m，捻度 4.52~4.86 捻/10cm，罗拉隔距 20mm×28mm，加压 255N/双锭、147N/双锭、196N/双锭，质量不匀率 0.9%，乌斯特条干 *CV* 为 4.0%，温湿度：25℃、60%~63%。

(5) 细纱工序工艺要点：合理选择各工艺参数，在采用大隔距、重加压的工艺基础上优选粗纱捻系数与细纱后区牵伸的匹配。

细纱工序要采取集中前区的牵伸工艺，后区隔距适当放大，在保证牵伸正常的前提下，适当减小后区牵伸和钳口隔距。细纱工序采用“强控制、稳握持、匀牵伸、重加压、小钳口、低速度”的工艺原则。

主要工艺参数：后区牵伸 1.29~1.32 倍，前罗拉速度 174~184r/min，罗拉隔距 19mm×30mm，罗拉加压 147N/双锭、98N/双锭、137N/双锭，钳口隔距 2.5~3.0mm，温湿度：29.5℃、63%。

(6) 络筒工序工艺要点：针对聚乳酸纤维弹性较好以及成纱表面毛羽较多的特点，络筒工序在保证成形良好的前提下，采用了较低的络筒速度和较小的张力，以利于减少毛羽，提高纱线的外观质量，并降低筒子的卷装硬度[72]。

络筒采取低速小张力，以减轻对单纱条干 *CV* 值、毛羽的恶化程度，同时也可确保筒纱成形良好，减少后工序断头，保证筒纱内在及外观质量良好[75]。

主要工艺参数：络筒线速 800m/min，温湿度：27℃、75%。

3. 聚乳酸短纤维纯纺纱质量

聚乳酸短纤维纯纺纱质量如表 1-24 所示。

表 1-24 纯聚乳酸纤维纱线产品质量情况[71]

项目	27.8tex	19.7tex	14.7tex	11.5tex	9.8tex
条干 *CV*（%）	14.52	15.02	15.22	15.30	15.62
细节（个/km）	10	7	9	11	8
粗节（个/km）	17	21	14	13	14
棉结（个/km）	25	31	21	18	20
质量偏差（%）	+0.3	-0.2	+0.15	-0.18	+0.18
百米质量 *CV*（%）	0.92	0.78	1.0	1.2	0.65
捻度不匀率（%）	1.2	0.8	1.1	1.5	0.9
单强 *CV* 值（%）	7.8	8.1	9.2	10.1	8.9

（三）聚乳酸短纤维的混纺

1. 混纱纺线工艺流程

PLA 混纱纺线品种较多，可以与棉、毛、麻、天丝、莫代尔等纤维进行混纺。本书仅以聚乳酸纤维和棉纤维混纺为例，对混纱纺线工艺流程进行介绍。

聚乳酸纤维与棉混纺[73]：PLA/JC（60/40），14.7tex；PLA/JC（60/40），9.8tex。

（1）原料选用。

聚乳酸纤维：长度 38mm，线密度 1.5dtex，强力 3.9cN，回潮率 0.5%，色泽精白，其弹性中上，含油程度一般。

棉纤维：精梳棉。

（2）工艺流程。

JC：清钢联 DK760→预并 FA302→条卷 E5/3→精梳 E7/6

PLA：A002 抓棉机→A006 混棉机→A036C 开棉机→A092 棉箱→A076C 成卷机→梳棉 1181C→预并 FA302→头并 FA302（与精梳棉条混合）→二并 FA311→三并 FA311→粗纱 A454G→细纱 FA506→自动络筒 MCN0-2

2. 主要工序工艺和参数研究

（1）并条工序工艺要点：并条工序是提高纺纱质量的关键工序。因两种纤维长度差异较大，隔距应合理控制。聚乳酸纤维回潮率低，易起静电，纤维蓬松，因此张力控制要适当，喇叭口大小要适当，以能够提高条子抱合力并且减少条子的不必要意外牵伸为宜，要保证在牵伸过程中对纤维的有效控制，以提高条干均匀度。宜采用“重加压、中定量、低速度”的工艺原则。车速应偏低掌握，通道要光洁，保持绒板的运转良好，减少压力棒的短绒积聚，做好纱疵的控制工作[75]。

工艺参数：前罗拉线速 150m/min，喇叭口 3.0mm，棉条干重 15.0g/5m，罗拉隔距 13mm×15mm，温湿度：25℃、60%。

（2）粗纱工序工艺要点：为防止意外牵伸而带来的条干恶化，在粗纱工序采用“大隔距，重加压”的工艺原则，同时适当加大粗纱的捻系数，这样既可保证粗纱成形与细纱退绕时不至于产生意外牵伸，又有利于细纱后区牵伸中纤维的控制。但要注意避免细纱出“硬头”现象。隔距的选择应考虑到原料性质和纤维长度、纺纱线密度、牵伸倍数等参数，聚乳酸纤维纯纺纱与棉混纺品种采用了 22.5/35mm 的隔距。适当降低粗纱前罗拉速度，注意大、中、小张力及断头的逐步调整，张力偏小掌握，以减少粗纱飘头、防止粗纱意外牵伸为原则。

粗纱工序主要工艺参数：粗纱定量为 3.6~4.2g/10m，后区牵伸为 1.30 倍，主牵伸为 7.7~8.1 倍，牵伸区隔距与棉混纱为 22.5/30，粗纱捻系数 68~70，温湿度：25℃、63%。

（3）细纱工序工艺要点：常用的牵伸倍数在 1.25 倍左右，由于聚乳酸纤维纱存在良好的弹性和弹性回复性，在设计牵伸倍数时还应该考虑到其回缩，根据实际经验在设计时略大 5~15 掌握。适当放大后牵伸倍数，以便降低牵伸力，减小牵伸力的波动，利于减少出硬头，但后牵伸倍数过大对条干的均匀度有影响，即较小的后区牵伸隔距可提高纱线的均匀度。隔距的选择应考虑到原料性质和纤维长度、纺纱线密度、牵伸倍数等参数。适当降低前罗拉速度，注意大、中、小气圈及断头的逐步调整，以减少细纱断头为原则。另外由于聚乳酸纤维熔点低，防止纺纱时速度过高导致钢领与钢丝圈温度过高。根据纱的最终用途选择不同的捻系数，纺低支纱时捻系数适当降低，纺高支纱时捻系数适当提高。

细纱工序主要工艺参数：总牵伸 28.57 倍，后牵伸 1.25 倍，捻系数 330~336，前罗拉转速 130r/min，罗拉隔距 18mm×24mm，钳口隔距块 2.5mm，温湿度：29.5℃、63%。

3. 聚乳酸纤维混纱纺的质量

聚乳酸纤维混纱纺与其他纱线的成品质量数据对比见表 1-25。

表 1-25 聚乳酸纤维混纱纺与其他纱线的质量对比[76]

项目	聚乳酸/竹纤维	聚乳酸/棉纤维	精梳纯棉纱	涤纶/棉纤维
混纺比	60/40	50/50	—	65/35
线密度（tex）	14.5	14.5	14.5	14.5
百米质量 *CV*（%）	1.68	1.77	1.62	1.52
断裂强度（cN）	14.8	13.9	16.56	20.76
单强 *CV* 值（%）	9.8	9.91	8.48	7.96
条干 *CV*（%）	14.35	14.72	13.19	14.29
细节（个/km）	16	18	5	3
粗节（个/km）	39	46	37	30
棉结（个/km）	55	67	78	46
3mm 毛羽指数	4.12	4.53	4.37	3.31

聚乳酸纤维与绵混纺纱线的成品质量数据见表 1-26。

表 1-26 PLA/棉纱线产品质量情况[53]

项目	14.8tex	19.7tex	11.5tex	18.3tex
混纺比	60/40	60/40	67/33	67/33
条干 *CV*（%）	11	12	9	14
细节（个/km）	15.42	14.72	15.92	14.42
粗节（个/km）	27	31	19	25
棉结（个/km）	37	41	46	34
质量偏差（%）	+0.3	+0.15	-0.21	+0.21
百米质量 *CV*（%）	1.0	0.9	1.2	0.85
单强 *CV* 值（%）	9.72	8.79	7.69	10.01

（四）聚乳酸纤维的新型纺纱技术

自 20 世纪 60 年代开始，出现了多种新型纺纱方法，如转杯纺、喷气纺、静电纺、摩擦纺等。新型纺纱技术突破了传统环锭纺纱方法的加捻卷绕方式，有的还在纤维牵伸、凝聚、排列等方面实现了大的突破，也由此使得新型纺纱技术共同具有产量高、卷装大、纺纱工艺流程短等特点。新型纺纱方法的纺纱原理、生产效率、产品质量、纱线结构以及织物风格等均与环锭纺纱方法有很大的区别[77]。与传统的环锭纺相比，新型纺纱方法具有以下特点[78]。

（1）工序短：新型纺纱如转杯纺、喷气纺、摩擦纺等都采用条子喂入纺纱，并在纺纱机上直接卷绕成筒，省略了粗纱与络筒两道工序。

（2）效率高：由于新型纺纱多数为自由端纺纱，依靠高速回转气流或喷嘴直接成纱，取消了环锭纺纱中钢领、锭子等加捻卷绕部件对纺纱速度提高的束缚，故纺纱速度均高于环锭纺纱。

（3）质量优：各新型纺纱方法的成纱条干均优于环锭纱；成纱直径更粗，染色性较好；成纱强力低于环锭纱，但强力不匀率比环锭纱好；纱线毛羽少；耐磨性更好；抗起球性更好。

（4）用工省：由于新型纺纱方法缩短了工序流程，减少了机台配置，提高了装备自动化程度，不但改善了工人劳动强度，而且减少了用工。

（5）成本降低：采用新型纺纱技术后，在相同的产量下，因设备配台减少，厂房面积节约，从而可降低纺纱成本。

1. 转杯纺纱

转杯纺又称气流纺，是目前使用最多的一种新型纺纱方法，其发展趋势是提高速度、改善排杂效果、增加头数和卷装、提高自动化程度。与其他新型纺纱方法相比较而言，其技术最成熟、发展速度最快。

转杯纺纱机主要有自排风和抽气式两种形式。转杯纺属于自由端纺纱，其纺纱原理是棉条经分梳辊梳理成单纤维状态，在气流负压及高速转杯的作用下凝聚并加捻成纱。由于纺纱机理不同，转杯纱与环锭纱结构有显著的差异。环锭纱没有纱芯，纤维在纱中大多呈螺旋状排列。转杯纱由芯纱与外包纤维两部分组成，内层的纱芯比较紧密，外层的包缠纤维结构松散。内层圆锥型和圆柱型螺旋线纤维比环锭纺少，而弯钩、对折、打圈、缠绕纤维比环锭纺多得多。与同线密度环锭纱相比，强力低10%~20%；为提高纺纱强力，捻度配置要高20%~30%，因而成纱手感偏硬，这些都在较大程度上限制了转杯纱的应用。然而转杯纺成纱强力不匀率较低，对提高织机效率有利；条干 *CV* 值能够降低1~2个百分点，纱疵数只有环锭纱的1/3~1/4，耐磨性提高10%~15%，蓬松度高出10%~15%，弹性好、伸长大、染色性能好，形成了转杯纱独特的性能优势[77]。

2. 喷气涡流纺（MVS）

喷气涡流纺原理[80]：经牵伸单元牵伸后的纱条在纺纱喷嘴轴向气流的牵引作用下，通过螺旋曲面的引导作用到达针固定器上的导纱针，并沿此下滑，纤维头端进入喷气涡流纱尾中心。脱离前罗拉钳口后并倒伏在纺锭表面的纤维尾端在旋转气流的作用下对内层平行芯纤维束缠绕加捻，形成喷气涡流纱，纱体结构呈现中心部分为无捻或弱捻的芯纤维，外层为螺旋状加捻纤维。

以开发14.7tex 55 /45 麻赛尔与玉米纤维 MVS 混纺纱为例[79]，分析研究影响成纱性能的主要工艺参数有纺纱速度 v，前罗拉钳口至纺锭距离 L，喷嘴压力 p，纺锭内径 Φ 及喷嘴型号等。主要以纱线强力、断裂伸长率、条干不匀及耐磨性为评价指标对工艺进行优化。研究结果表明：v 为280m/min、L 为20mm、p 为0.55MPa、Φ 为1.1mm，采用四孔喷嘴纺纱得到的14.7tex 55/45 麻赛尔与玉米纤维 MVS 混纺纱断裂强力大，条干好，耐磨性优良。

四、聚乳酸纤维的染整加工

（一）染色原理

聚乳酸纤维内有较多的酯基和甲基，没有亲水性的极性基团和反应性基团，属疏水性纤维，目前主要采用非离子型疏水分散染料进行染色。聚乳酸纤维具有很高的结晶度时，分子结构比较紧密，应选择扩散性能好、分散稳定且分子呈直线型和共面性较强的分散染料，此类染料透染性和匀染性较佳，染色过程通过染料分子在纤维表面聚集，染料分子由纤维表面向内部扩散，符合自由体积模型扩散[80]。高温高压染色时，为了使染料有良好的分散稳定性、匀染性，需添加适量的耐高温分散剂、匀染剂。聚乳酸纤维的染色对温度比较敏感[81]，该染色过程与涤纶染色过程类似。

聚乳酸纤维染色过程分四个阶段：

（1）流动的染液把染料输送到纤维表面扩散边界层。

（2）扩散边界层中存在染料浓度梯度，染料从扩散边界层扩散到达纤维表面。

（3）到达纤维表面附近的染料立刻被纤维表面吸附。

（4）在纤维内外染料浓度梯度推动下，纤维表面的染料再扩散到内部，最后内外平衡，完成上染过程。上染过程如图 1-16 所示。

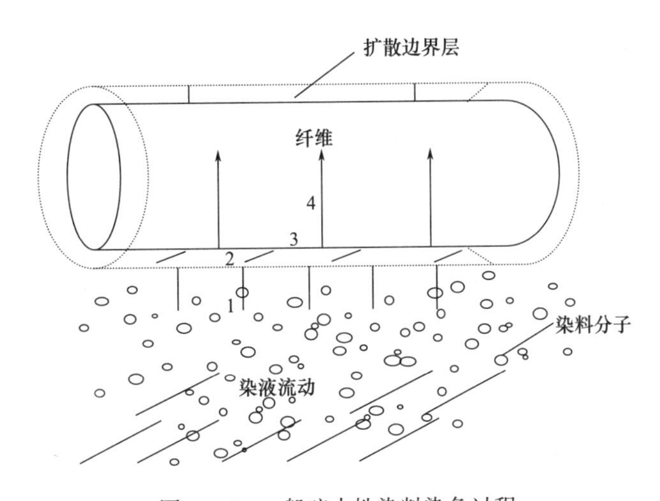

图 1-16　一般疏水性染料染色过程

上述上染过程对常用染料都是适用的，但不同染料性质不同，其上染性能也不同。非离子型分散染料，溶解度低，染料在染液中分散剂的作用下形成稳定的悬浮液，此时染料以单分子、结晶状态和胶团状态存在，这三种状态保持平衡，在聚乳酸纤维染色时，既有单分子上染，也有染料胶团同时上染的可能。

（二）聚乳酸纤维织物的前处理

工业生产中织物前处理通用方法一直是碱性煮练工艺。由于聚酯类纤维不耐高温强碱，所以只能采用低温弱碱的条件。常用的退浆方法较多，有酶、碱、酸和氧化剂退浆等。退浆后，必须即时用热水洗净，因为淀粉的分解产物等杂质会重新凝结在织物上，严重妨碍以后的加工过程。在前处理练漂中，练漂质量取决于润湿渗透效果。所以，除煮练剂和氧化剂双氧水外，还要加入渗透剂。在漂白过程中，为了提高漂白效果，同时为了使漂白液稳定，一般需加入稳定剂（如硅酸钠）。另外还有乳化剂（肥皂、合成洗涤剂等）、匀染剂等。PLA/棉/Polynosic/ 竹纤维混纺织物在织造中以变性淀粉浆为主，并含有 PVA 或少量聚丙烯酸酯等化学浆料。

聚乳酸纤维的熔点为160~175℃，比聚酯（265℃）和锦纶6（215℃）低得多，前处理时应该严格控制加工温度，不宜超过100℃。聚乳酸属于脂肪类聚酯，纤维本身柔顺性较好，无须进行碱减量加工，在55℃以上的碱性条件下容易水解。由于目前许多织造厂家采用淀粉和PVA复合浆料对聚乳酸交织物或混纺织物浆纱处理，所以有时仍需进行适量的碱处理，以保证织物退浆和煮练效果。碱处理时要考虑织物的失重和收缩，根据聚乳酸纤维和织物组织特点，结合实际生产设备状况，可采用低碱、低温（<70℃）的前处理工艺。室温条件下，25g/L的NaOH可使聚乳酸纤维溶解；在12g/L的NaOH条件下沸煮15min可使聚乳酸织物严重降强。实际生产表明，对于聚乳酸纤维与棉交织物在95℃时用10g/L的NaOH进行前处理，效果可以达到要求，有采用生物酶法前处理，避免浓碱损伤聚乳酸纤维的相关研究及应用实例[85,86]。

（三）聚乳酸纤维的染色工艺

纯聚乳酸纤维织物性能类似于涤纶织物，但由于聚乳酸纤维比涤纶强度低，且耐碱性差，纤维对于染色温度比较敏感，适宜的PLA纤维及其混纺织物染色温度为70℃左右，染浴温度达到80℃后要控制升温速度（1℃/min），染色在110~120℃之间保温一段时间后，上染趋于平缓，继续延长保温时间对上染率影响不大，染中浅色时保温时间在30~40min为宜。染色温度不要过高，温度超过130℃对纤维有损伤，以115~120℃为宜，可达到较好的上色率及匀染效果。

杨栋梁[82] 综述了用偶氮染料和蒽醌染料按照1/1标准浓度染色PLA织物性能，其染色及光褪色机理与涤纶近似，但褪色速度比涤纶较快，耐晒牢度也要相差1~2级。建议PLA纤维染色应选用高浓度、高耐晒牢度的中温型分散染料。杨文芳[83] 等用四种类型的分散染料对PLA纤维染色，通过对染色速率和各项色牢度进行研究分析表明，选用S型分散染料得色浅，E型、SE型分散染料和醋酸纤维专用染料染PLA纤维能够获得深色，并指出还原清洗对提高染料的耐皂洗色牢度和耐干熨烫色牢度有利。胡玲玲[84] 等在不同pH、温度和时间条件下，选用不同分散染料对PLA纤维染色，研究结果表明，当pH为5，浴比为1/20时，在110℃染色30~40min后，PLA纤维可以获得稳定的染色效果，为了保证皂洗沾色牢度，需小心控制还原清洗条件，否则会造成色相和色深明显变化。为了获得高上染率和较好的染色牢度，一般用高温高压染色法染PLA纤维及其混纺面料；为了提高分散染料的上色率和染色过程稳定性，在一定浴比条件下加入耐高温分散剂或促染剂[85]；为了获得色光及匀染性好的染色效果，在染色过程中会加入匀染剂。

PLA纤维及面料染色工艺技术条件为：使用醋酸/醋酸钠缓冲溶液调配染浴pH为4~5，染浴从40℃时加入染色助剂、染料及试样，浴比在1∶10左右，染料染色深度1%~3%根据色深要求配置。控制高温高压染样机程序升温，染液以2~3℃/min的升温速度升温至70℃，然后再以1~2℃/min的升温速度升温至100~115℃，保温染色20~30min。染色保温后，以2℃/min的降温速度降温至50℃，然后排液，对已染色PLA纤维及面料进行还原清洗、水洗。还原清洗时，一般保险粉用量为2g/L，还原清洗温度为60~65℃[87]。推荐的PLA纤维及面料染色工艺曲线见图1-17。

聚乳酸纤维织物染色问题主要在染料上色率低，染色后纤维力学性能保持性较差，采用浸染的方式很难将PLA纤维染得深色。因为它的折射系数并不高，以致染得的服装浅色多，

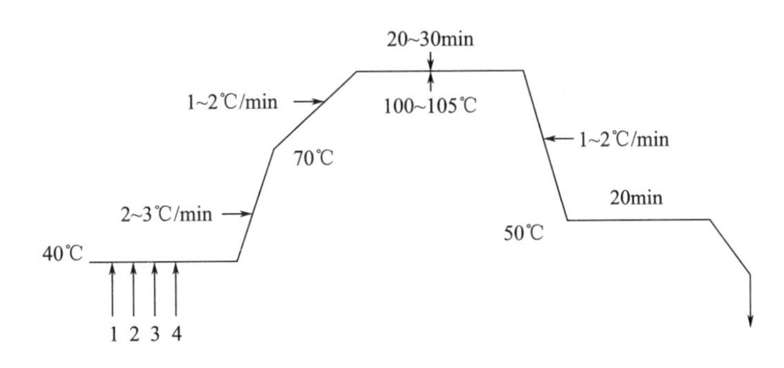

图 1-17　聚乳酸纤维及面料染色工艺曲线图

1—醋酸钠/醋酸缓冲溶液　2—分散染料　3—分散剂、匀染剂　4—硫酸钠

深色少，颜色鲜艳亮丽的更少；纤维染色中的两个主要自身障碍是纤维低熔点和遇碱降解性问题。染色过程中，易受温度、酸度、各种助剂以及染料结构和粒度等因素的影响[87]。

（四）聚乳酸纤维及面料染色主要影响因素

1. 染色温度及时间

纯聚乳酸纤维入染温度以 70℃左右为宜，80℃后要控制升温速度（1℃/min），以达到较好的匀染效果。染色于 100~110℃后上染趋于平缓，保温时间对上染率影响不大，中浅色保温时间一般以 30~40min 为宜。染色温度不宜太高，温度超过 130℃对纤维有损伤，以 110℃最为适宜。PET 纤维随染色温度的上升，上染率增加很快，而聚乳酸纤维随着染色温度的提高，上染率增加较为缓慢，而且上染率的增加并不随染色时间的延长而上升，一旦出现色差或染花现象很难通过染色时间的延长来纠正，所以，在实际染色过程中，须严格控制染色温度及时间。

2. 浴比及 pH

分散染料染聚乳酸纤维受浴比影响不大，从经济效益和设备适应性，以及节能减排考虑，浴比通常为 1∶8~1∶20。聚乳酸纤维织物在酸性浴和碱性浴中染色时，纤维均会发生明显的水解损伤，纤维的强力和延伸性均会降低；同时酸碱度对染料的影响有时也较大，聚乳酸纤维耐一定酸性，但耐碱性较差。

（五）聚乳酸纤维染色面料的后整理及其对性能的影响

聚乳酸纤维及面料在后整理过程容易水解，从而使强力降低，同时因整理过程受热也会造成纤维上已上染的染料流失，因此，需注意染色后面料要还原清洗。碱剂种类对还原清洗效果有较大影响，由聚乳酸分解生成的乳酸会使还原液的碱度迅速降低，成为还原清洗不稳定的因素。例如聚乳酸织物在质量浓度为 1g/ L 的碳酸氢钠溶液中于 60℃处理 15min 后，处理液的 pH 也会降至 5.0 以下。综合考虑，适宜的清洗条件是（60~65℃）×15min，清洗液的组成为纯碱、保险粉和非离子表面活性剂。随着聚乳酸纤维的广泛应用，其部分性能还不能完全满足实际应用要求，需对其进行功能性及定型整理加工。

1. 抗菌整理

聚乳酸纤维面料具有一定抗菌性，通过对其抗菌性能研究，主要是利用聚乳酸纤维可生物降解，对抗菌药物的缓释性，并且缓释性大小可以通过控制聚乳酸的相对分子质量的方式来控制纤维降解率。近年来，包含银纳米颗粒的静电纺微纤维的抗菌性研究取得了较好的效果。它的作用原理是在静电纺丝时，在纺丝溶液中加入一定量的 $AgNO_3$，利用聚乳酸纤维的降解和随后的氢还原作用生成纳米级活性银颗粒（粒径在 30 nm 左右），从而使织物具有抗菌性。聚乳酸纤维的缓释银离子对葡萄球菌和埃希氏属菌的抗菌率分别达到了 98.5%和 94.2%。

2. 抗紫外线整理

聚乳酸纤维受日光照射影响较小，日光照射后纤维的强度损失明显小于涤纶，这是因为聚乳酸纤维对紫外线的吸收率低，对紫外线的透射率高，而纤维吸收的紫外线越多越容易降解损伤。为了减少紫外线对人体的危害，有必要对聚乳酸纤维的夏季服饰面料进行抗紫外线整理。整理方法通常是在不损伤或较轻损伤纤维的情况下，浸渍紫外线吸收剂，以减少紫外线的透过率。有人采用苯并噻唑型紫外线吸收剂整理聚乳酸织物，其抗紫外线效果显著，并且具有良好的耐久性。

3. 阻燃整理

聚乳酸纤维本身具有一定的阻燃性，具有自灭火性好、发烟量低、不产生有毒气体等性质，适合于制作窗帘等家用纺织品，但还不能完全满足公共场所使用纺织品的阻燃性能要求，需要进行阻燃整理。将溴系及磷系阻燃剂应用于聚乳酸织物，并对整理前后聚乳酸的性能变化进行探讨，用磷酸三苯酯（TPP）等磷系阻燃剂对聚乳酸织物进行阻燃处理，吸收量较高，具有比较显著的阻燃效果，但处理后织物强力稍有下降。有报道称，日本生产商尤尼吉卡不使用任何阻燃剂，而是利用聚乳酸纤维自身的阻燃性已成功开发出具有一定阻燃性能的聚乳酸新产品（纤维和非织造布的极限氧指数为 28%~30%），并已获生产许可，产品主要用于床上用品和衬里的填充材料，并推广到汽车内饰等应用领域。

4. 聚乳酸面料定形整理

聚乳酸纤维面料在整理加工过程易于变形，作为商品进行功能性整理，或直接作为商品销售均需要定形整理，满足商品化实际应用要求。整理过程如温度高或工艺条件变化，可能使面料变硬变脆，发生降解或泛黄，失去商品性能，因此，后加工及定形过程需要确定严格的工艺技术条件，防止面料变质，防止面料变质主要是防止高温或局部过热，当使用传统涤纶定形设备时应对原设备进行认真改造，避免局部高温过热造成面料损害。

（六）聚乳酸混纺织物染色

1. 聚乳酸混纺织物两浴两步法染色

聚乳酸纤维/棉（PLA/C）织物性能类似于涤/棉织物，但由于聚乳酸纤维比涤纶强度低，且耐碱性差，不是所有适合涤/棉织物染色的分散染料及染色工艺均适合 PLA/棉织物染色。该纤维对于染色温度比较敏感，PLA 纤维及其混纺织物比涤/棉织物染色温度要低，染浴温度达到 80℃后要控制升温速度（1℃/min），染色在 110~120℃之间保温一段时间后，上染趋于平缓，继续延长保温时间对上染率影响不大，染中浅色时保温时间在 30~40min 为宜。染色温度不要过高，以 115~120℃为宜，可达到较好的上色率及匀染效果。参照涤/棉织物传统两步两浴法染色，聚乳酸/棉织物染色大部分仍需采用两步两浴法。分散染料在弱酸性条件下首先高温高压上染混纺织物中的聚乳酸纤维，清洗后在第二染浴弱碱性条件下用活性染料染混纺织物中的棉纤维，两步两浴染色流程如图 1-18 所示。

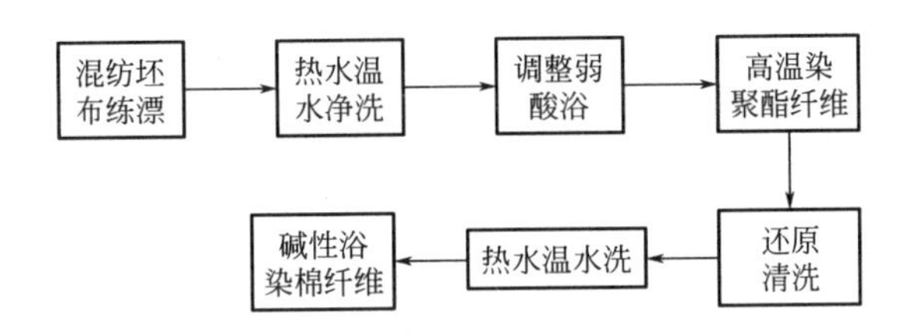

图 1-18　两步两浴法染色流程示意图

两步两浴法染色工艺成熟，但因耗水耗能大，加工时间长，经济效益低，对环境排放废水量大，虽然很多企业现在采用这种工艺，但因成本和生态环保的压力影响，未来适合聚乳酸混纺织物“一浴一步”的染色新工艺及染料将得到快速发展。目前，已开发了一浴两步法和一浴一步法染色新工艺技术[88]。由于近年来国家在节能减排、环境保护方面的强制性推广，涤/棉织物染色一浴两步或一浴一步法研究报道较多[89]。

聚乳酸纤维玻璃化温度低，结构致密，结晶度较低，虽升高染色温度有利于提高分散染料对涤纶的上染及染色牢度。但高温染色时聚乳酸纤维会受到损伤，影响织物的手感及物理性能。因此，棉/聚乳酸织物采用两浴法，染色温度降至 105~125℃。随着涤/棉织物染色研究向小浴比、低污染、低能耗及一浴一步法新技术发展，免保险粉及还原清洗新技术、棉织物少盐染色在混纺织物染色研究方面也成为染整科技工作者努力的方向。

2. PLA/棉一浴一步法染色

一浴法染色与两浴法染色分散染料对聚乳酸纤维、活性染料染棉纤维的无论是一浴法染色还是两浴法染色，其染色机理相同，要求在染两种纤维前后必须进行净洗，以保证良好的上染率和固色牢度。

一浴两步法染色工艺比两浴法染色少了还原清洗，对分散染料提出了要求，要求染料对织物沾色必须容易清洗，并且在活性染料固色的热碱性条件下浮色容易被洗掉，且对盐的稳定性好，在染色过程中不会发生凝聚、沉淀，对棉的沾污少。一浴法工艺要求活性染料在高温高压下或热熔条件下稳定性好，与分散染料及染色助剂具有良好相容性。Sumitomo 化学公司在 20 世纪 90 年代提出一浴两步法（RPD Surpra）的派生方法。该工艺提出，初始碱性染液中加入某些可以水解的酯，由于酯水解作用引起温度的略微升高并使 pH 下降，使染浴在碱性条件以及温度一直到 80~90℃时，活性染料能够对棉纤维上染。

日本大和化学的 Triden 法以及日本化药的 Kayacelon E/Kayacelon React 法[90] 被借鉴引入 PLA/棉织物染色，获得良好效果，该类染料分子结构中吡啶阳离子为强吸电子性，使均三嗪环上的电子云密度大大降低，染料的反应性增强，可在中性条件下与纤维素纤维发生反应。因此这类染料可以与分散染料同浴，可实现一浴一步法对涤/棉织物和纤维同时进行染色。随着新型染料和助剂品种的不断开发及应用，国内对涤/棉织物一浴一步法染色技术研究文献多有报道，但仅限于染中浅色，对于 PLA 纤维/棉织物染深色还是一个具有挑战性的技术问题。

国内染色科技工作者对 PLA/棉一浴一步法染色工艺技术进行了系统研究。宋新远教授[91] 研究提出 PLA 纤维的多组分纺织品一浴染色时，要注意湿热处理条件，pH 越高，湿热处理后纤维力学性能下降越严重。在 130℃染色 60min，虽然得色很深，但机械强力几乎完全损失；在 110℃处理 60min，强力损失也达 30%左右，通常染色温度不应高于 120℃，PLA 纤维在 pH 为 5 左右最稳定。由于耐碱性很差，所以 PLA 纤维的多组分纺织品一浴法染色适合弱酸性或中性一浴法染色加工，不适合通常的碱性高温浴染色，染色后的水洗温度也不能过高，也不适合用碱性皂洗液水洗。

一浴一步法染聚乳酸纤维及面料，染液中有活性染料、分散染料、pH 缓冲试剂、无机盐等，染液 pH 在 7 左右。染色时，始染温度为 40℃，染色 10min 后，将染液逐渐升温至 100℃，在 110~120℃染色，保温染色 30min。可解决 PLA 纤维混纺织物不耐碱，在中性条件染色的要求。染色后进行水洗、皂洗、水洗等后处理。染浓色时，为提高染色产品的湿处理牢度，可采用聚酰胺类或季铵盐类固色剂进行固色处理。英国 ICI 公司的 Procion T 型活性染料、国产 P 型活性染料等属于膦酸基型活性染料。在氰胺或双氰胺的催化作用下，这些染料可在高温、弱酸性条件下与纤维素纤维发生反应，固着在纤维上。

刘昌龄[92] 等研究一氯均三嗪型活性染料（国产 K 型染料）能在受热条件下与烟酸钠迅速发生反应，在 K 型活性染料染浴中加入烟酸钠，然后在一定温度下使之成为一羧基吡啶基活性染料，而达到中性固色的目的，反应式如下所示：

D—NH—(三嗪环, NH)—Cl + 烟酸钠(吡啶-COONa) —高温→ D—NH—(三嗪环, NH)—N⁺(吡啶-COONa) + Cl⁻

D—NH—(三嗪环, NH)—N⁺(吡啶-COONa) + 纤维素—O⁻ —中性→ D—NH—(三嗪环, NH)—O—纤维素 + 烟酸钠(吡啶-COONa)

从以上反应式中可以看出，在染色过程中烟酸钠并没有参加反应，只是起到催化的作用，由于 K 型活性染料品种很多，所以根据以上反应原理，染料的选择比较方便。在加烟酸钠的基础上还向染液中加入双氰胺以提高固色率。这种方法可以使活性染料获得和碱性工艺相当的固色率，在中性条件下染色，基本解决了棉织物碱性高温条件下泛黄的问题，鲜艳度有明显的改善。该类型染料有可能成为聚乳酸纤维混纺织物在中性或弱碱性"一浴染色"高上染率染料。但是烟酸钠成本比较高，其循环使用有待进一步研究。

3. PLA/棉一浴两步法染色

聚乳酸混纺织物也可采用一浴两步法染色工艺，染色工艺流程如图 1-19 所示。

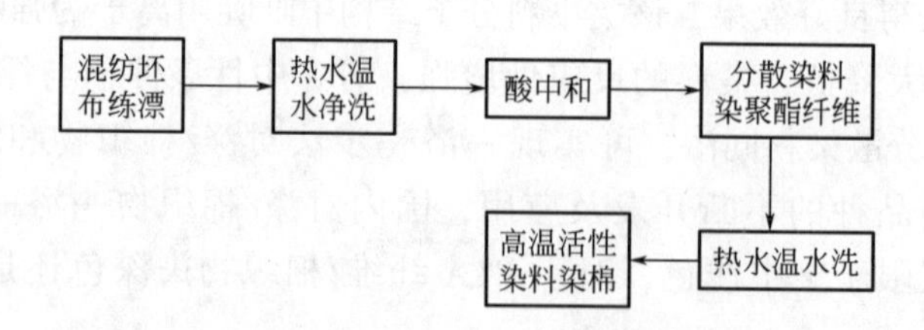

图 1-19　一浴两步法染色工艺流程

由图 1-19 工艺流程示意图可以看出，聚乳酸混纺织物一浴两步法比两浴法染色少了还原清洗一步，这样就对分散染料提出了要求，要求对盐的稳定性好，不发生凝聚、沉淀，对棉的沾污少。一浴两步法染色比两浴法工艺步骤缩短，节约工时，并且节水、节能。但目前筛选染料有局限性，需要聚乳酸混纺织物一浴染色专用染料及应用技术创新，该工艺一般条件下只能染得中浅色织物，很难染得深色织物。

近年来，在耐碱性分散染料对聚乳酸混纺织物同浴染色方面已有染料及应用技术报道，未来有望实现聚乳酸混纺织物一浴一步或同浴混纺织物直接染色。

第四节 聚乳酸纤维的结构与性能

聚乳酸纤维具有较好的力学性能，具有吸湿透气的特性。聚乳酸纤维具有一般化学纤维所不具有的可生物降解性和生物相容性，这些特性使聚乳酸纤维具有绿色环保和节能减排的功效。此外聚乳酸纤维还具有一定的抗紫外性和抗菌性，以上的优点使聚乳酸纤维能够广泛应用于服装面料和一次性卫生用品等领域。聚乳酸纤维的耐热性和阻燃性能较差，这是阻碍聚乳酸纤维应用的主要缺点。如果能够利用各种手段方法弥补聚乳酸纤维这方面的缺陷，那么将能够促进聚乳酸纤维在汽车、航空、电子电器等领域的广泛应用。

一、聚乳酸纤维的结构和结晶性

聚乳酸纤维的分子式为（$C_3H_4O_2$）$_n$，分子结构中的重复单元如图 1-20 所示。

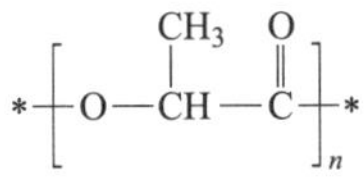

$$*\!\left[O-\overset{\overset{\displaystyle CH_3}{|}}{CH}-\overset{\overset{\displaystyle O}{\|}}{C}\right]_n\!*$$

图 1-20 聚乳酸纤维的化学结构

聚乳酸纤维为全芯层结构，横截面近似圆形，纵向表面呈现无规律斑点和不连续的条纹，这些不连续的条纹和无规律的斑点形成的主要原因是聚乳酸存在着大量的较疏松的非结晶区域，纤维表面的非结晶区在氧气、水及细菌作用下部分分解而形成的。聚乳酸纤维横纵截面电镜照片如图 1-21 和图 1-22 所示。

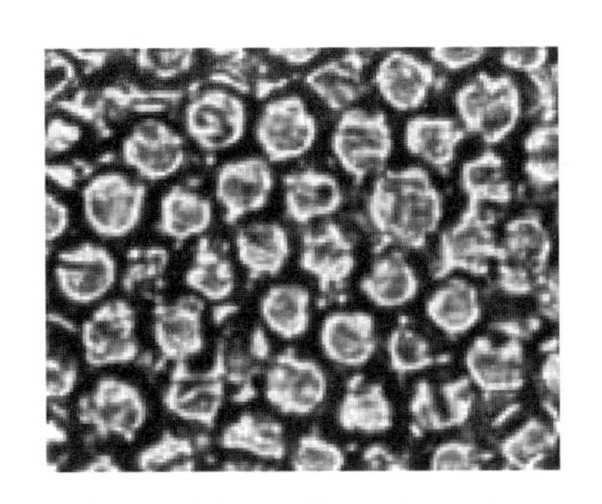

图 1-21 PLA 纤维的横截面

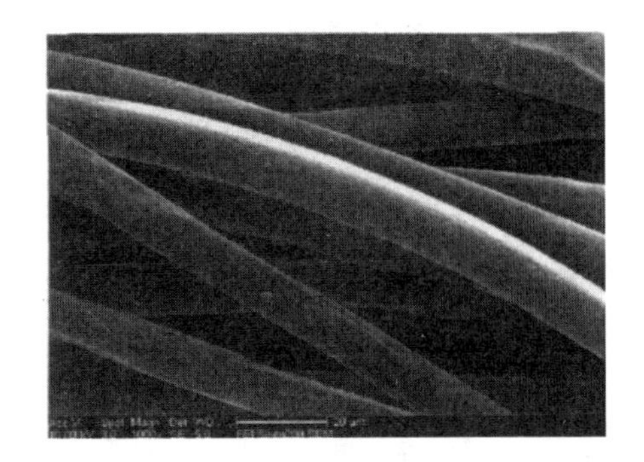

图 1-22 PLA 纤维的纵截面

聚乳酸纤维具有较高的结晶度和取向度，具有一定力学强度及耐热性。由于乳酸分子中存在手性碳原子，有 D 型和 L 型之分，使丙交酯、聚乳酸的种类因单体的立体结构不同而有多种，如聚右旋乳酸（PDLA）、聚左旋乳酸（PLLA）和聚外消旋乳酸（PDLLA）。由淀粉发酵得到的乳酸有99.5%的是左旋乳酸，聚合得到的PLLA结晶度较高，适合于生产纤维等制品，因此，人们对聚乳酸纤维结构的研究主要集中于PLLA。

PLA纤维的结晶结构随纺丝方法和工艺的不同而呈现出差异。其中拉伸温度、拉伸倍率等因素对其结晶度和结晶类型影响较大。研究发现，染色、热定型等热加工过程对聚乳酸纤维的结晶区有一定的影响，差热扫描分析研究表明，染色后聚乳酸纤维的结晶区有所增加，且变得规整，熔点升高。

二、聚乳酸纤维的力学性能

聚乳酸纤维力学性能和其他纤维相比较，如表1-27所示[1]。

表1-27 聚乳酸纤维和其他纤维力学性能比较

纤维	竹	莫代尔	涤纶	大豆	聚乳酸
密度（g/cm^3）	1.34	1.50~1.48	1.47	1.28	1.29
线密度（dtex）	1.65	1.40	1.38	1.34	1.50
长度（mm）	38.00	38.00	38.00	38.00	38.00
干态断裂强度（cN/dtex）	4.40	3.20	5.57	4.21	3.67
干态断裂伸长率（%）	19.80	14.00	17.90	17.69	25.54
湿态断裂强度（cN/dtex）	3.90	3.00	5.49	3.51	3.43
湿态断裂伸长率（%）	22.40	14.60	17.90	19.89	25.54
回潮率（%）	11.80	9.80	0.40	6.78	0.43
电阻（g/cm^2）	8.8	7.9	8.1	10.1	8.4

注 $1tex=10^{-6}kg/m$。

由表1-27可以看出，聚乳酸纤维的密度为$1.29g/cm^3$，介于腈纶和羊毛之间，比天然纤维棉、丝、毛都轻[93]。乳丝的断裂强度3.2~4.9cN/dtex，比天然纤维棉高[94]。干态时的断裂伸长率大于涤纶以及黏胶、棉、蚕丝和麻纤维，与锦纶和羊毛纤维相近，且在湿态时伸长率还出现了增加，表明乳丝制品具有高强力、延伸性好、手感柔软、悬垂性好、回弹性好等优点，聚乳酸纤维制成的服装质量较轻，对人体造成的压力更小。但在聚乳酸纤维加工时需要注意调整纤维易伸长所引起的工艺参数的变化。对PLLA聚乳酸初生纤维（纺速1000m/min）的拉伸性能研究发现，随着拉伸倍率的提高，PLLA纤维的断裂强度逐渐增大，而断裂伸长率不断减小，拉伸倍率为3时，纤维的综合力学性能最佳[95]。

此外，为提高聚乳酸纤维的力学性能，除了调控纺丝工艺，还可以采用与其他高分子原料物理或者化学共混纺丝的方式。R. Hufenus等[96]将PLLA与3-羟基丁酸酯和3-羟基戊酸酯的共聚物（PHBV）共混制备皮芯结构纤维，以PHBV作为纤维皮层，PLLA作为纤维芯层，熔融纺丝制成皮芯结构双组分纤维，这种双组分纤维综合了两种原料的特点，可以同时提高PLLA的韧性和PHBV强力。W. J. Grigsby等[97]研究了PLLA和单宁酸（TanAc）的共混熔融纺丝体系，发现TanAc质量分数为25%时，得到的PLLA/TanAc共混纤维力学性能最佳，PLLA 纤维的力学性能得到有效提高。

三、聚乳酸纤维的耐热性

由于 PLA 玻璃化转变温度较低，受热影响较大，聚乳酸纤维耐热性较差，加热到 140℃时即会发生收缩[73]，因此聚乳酸纤维产品在加工过程中的温度不能太高。聚乳酸纤维热收缩率比聚酯纤维略高，尺寸稳定性稍差。故在纺纱织造后整理加工过程中及服装的熨烫与烘干过程中需要特别注意温度的控制。

对聚乳酸纤维进行耐热性改性已经是当前聚乳酸纤维研究的一个重要课题。从成型加工的角度，通过提高纺丝速度或加入成核剂，加大取向及结晶程度，是提高纤维的耐热性的改进方向。通过共混改性可有效提高聚乳酸纤维的耐热性能[98]。刘淑强等[95] 在 PLLA 中加入纳米 SiO_2 共混纺丝，纤维的结晶度、取向度和断裂强度分别提高了 15%、11.8%和 6.8%，同时热分解温度升高了 8.2℃，最终得到耐热性能优良的纤维长丝。杨革生等[99] 将干燥的 PLA 切片与 PDLA 切片按 20∶80~80∶20 重量比混合，再加入 0.01%~5%（质量分数）的有机磷酸酯金属盐与水滑石的组合物共混，熔融纺丝制成耐热性好、力学性能优良的聚乳酸纤维。李颖等[100] 以异氰尿酸三缩水甘油酯（TGIC）、三烯丙基异氰脲酸酯（TAIC）作为 PLLA 纤维的耐热改性剂，改性后的 PLLA 纤维在 310℃左右才开始分解，较改性前提高了 40℃左右，而熔点从 150℃左右提高到 170℃左右。PydaMarek 等[101] 通过烷基二元醇或双酚 A 诱导体共聚的 PET 或者和长链羧酸共聚的 PET 与 PLA 共混纺丝，制备耐热的 PLA 长丝。Touny Ahmed 等[102] 在 PLA 中加入三斜磷钙石，三斜磷钙石作为成核剂，加快了 PLA 的结晶速度，提高了结晶度，最终提高纤维耐热性。

此外，若将具有不同构象及立构规整度的聚合物 PLLA 和 PDLA 等量共混，此时 PLLA 和 PDLA 间的作用力大于相同构象及立构规整度的聚合物间的作用力，即不同构象及立构规整度的两种聚合物间可发生立体选择性结合形成立构复合物，并且形成一种新的结晶结构——立构晶。这种立构晶是三斜或者三方晶系[103,104]，其熔点要比均聚 PLLA 或者 PDLA 中的正交晶系 α 晶系高 50℃[105]，耐热性和力学性能均得到提高[106-110]。同济大学任杰课题组将 PLLA 和 PDLA 立构复合制成 SC-PLA，测试表明，SC-PLA 的熔点确实比单一均聚 PLA 提高了 50℃。证实了以上理论。

四、聚乳酸纤维的生物降解性

聚乳酸是使用生物质为原料发酵成乳酸再经聚合而成的，其纤维制品最大的特点是可以在自然环境中降解。而且这种降解的最终产物为 H_2O 和 CO_2，不但不会对环境造成污染，而且产物还能再次被环境吸收回归自然，不会造成温室效应，既符合绿色环保要求又节能减排。

在正常的温度与湿度下，聚乳酸及其产品相当稳定。当处于有一定温、湿度的自然环境（如沙土、淤泥、海水）中时，聚乳酸会被微生物完全降解成水和二氧化碳[94]。

聚乳酸降解的机理不同于天然纤维素类。首先在降解环境中主链上不稳定的 C—O 链水解生成低聚物，水解作用主要发生在聚合物的非晶区和晶区表面，使聚合物相对分子质量下降，活泼的端基增多。而末端羧基对整个过程的水解产生了一种自催化的作用，使得降解加快，聚合物的规整结构进一步受到破坏（如结晶度、取向度下降，促使水和微生物容易渗入，内部产生生物降解），最后在酶的作用下降解成二氧化碳和水。表 1-28 是四种纤维降解前后的质量变化[111]。

表 1-28 四种纤维降解前后质量变化

纤维	聚乳酸	大豆	蚕蛹蛋白	涤纶
降解前（m/g）	0.060	0.500	0.900	0.080
降解后（m/g）	0.048	0.415	0.605	0.080
损耗比（%）	20.0	16.0	32.8	—

影响聚乳酸水解的因素众多，主要是水解液的 pH、温度、水解缓冲液的浓度等。一般情况下，聚乳酸在碱性条件下降解速率>酸性条件下降解速率>中性条件下降解速率；缓冲剂的含量大于 5%时聚乳酸降解速率就会变慢[112]。

聚乳酸降解速率在很大程度上依赖于外部环境。聚乳酸在自然界中除了自身的水解，还会受到微生物（主要指真菌、细菌等）的降解作用。首先，聚乳酸纤维的表面被微生物黏附，在微生物黏附在纤维表面上所分泌的酶作用下，通过水解和氧化等反应将高分子断裂成低相对分子质量的碎片[113]，最后这些碎片低分子聚乳酸被逐渐氧化成 CO_2 和 H_2O。这种降解过程兼具生物物理作用和生物化学作用。生物物理作用即是由于生物细胞的增长而使聚乳酸纤维发生机械性的毁坏，而生物的化学作用即是微生物对聚乳酸纤维的作用而产生新的物质。这个过程中微生物分泌的一些生物酶起到了侵蚀部分导致纤维分裂或氧化崩裂的作用。

然而实际上，在自然界中，可直接分解 PLLA 的微生物及酶很少，而且聚乳酸纤维吸潮和吸湿率较低，不容易吸附霉菌，如果直接将 PLLA 纤维埋入土中，自然降解时间为 2~3 年，而若将 PLLA 纤维与有机废弃物混合掩埋，则几个月就会分解。国内外已经有一些科研工作者对如何加快聚乳酸的降解，缩短降解时间进行了研究。D. Cohn 等[114] 在 L-丙交酯开环聚合中，采用羟基封端的聚己内酯（PCL）链引发，继而扩大链段形成聚酯共聚物，得到的共聚物的降解速率比 PLLA 和 PCL 均聚物本身的降解速率快。

五、聚乳酸纤维的服用特性

（一）吸湿透气性

吸湿性强的材料能及时吸收人体排出的汗液，起到散热和调节体温的作用，使人体感觉舒适。吸湿性的指标一般用回潮率表示。表 1-29 是聚乳酸纤维和其他纤维的回潮率对比。

表 1-29 聚乳酸纤维和其他纤维的回潮率对比[115]

纤维	聚乳酸	涤纶	锦纶 6	腈纶	棉	毛
回潮率（%）	0.4~0.6	0.2~0.4	4~4.5	1.0~2.0	7~8	14~18

由表 1-29 可知，聚乳酸纤维的回潮率（0.4%~0.6%）与涤纶（0.2%~0.4%）类似，与其他化学纤维相比都较低，特别是远低于天然纤维，如棉、毛等。可见聚乳酸纤维的吸湿性能较差，疏水性能较好，制品使用时比较干爽。PLA 纤维和 PET 纤维均属于疏水性纤维，从 PET 和 PLA 的分子式中可以看出，大分子结构中只有端基存在亲水性基团，回潮率都不

大，其中 PLA 纤维的回潮率较 PET 纤维大些，因其端基在整个大分子中所占比例比 PET 纤维大些[116]。

聚乳酸纤维虽然不亲水，但聚乳酸纤维的极性碳氧键与水分子连接，引起纤维内许多的水蒸气转移，可以使水分很快从人体表面转移出去，具有很好的芯吸效应，因而具有很好的透气作用[22]。聚乳酸纤维的横向截面呈扁平圆状，中间近似圆形，纵向表面比较光滑，呈均匀柱状，但表面有少数深浅不等的沟槽。孔洞或裂缝使纤维很容易形成毛细管效应从而表现出非常好的芯吸和扩散现象，又由于聚乳酸纤维带有卷曲，其制品较为蓬松，也增加了织物的导湿能力，所以 PLA 纤维的芯吸和扩散作用非常好。而且水分芯吸特性是 PLA 纤维所固有的，不是通过后整理获得的，这种特性不会因时间而减弱。因此 PLA 纤维织物与聚酯纤维织物相比，拥有更优良的芯吸性能和强度保持性，从而赋予了织物良好的透气快干性[117]。空气透过织物有两种途径，一是织物纱线间的间隙，二是纤维间的孔隙。一般以纱线间的孔隙为主要途径。织物的透气性主要与织物经纬纱的直径、密度和厚度有关[82]，而织物经纬纱的直径和密度又决定了织物的总紧度。棉织物因其纤维密度较大，织物总紧度较小，因而透气性很好。聚乳酸纤维的密度较小，织物总紧度相对较大，织物透气性不如棉织物。

此外，如果改变纤维截面形状，能够对聚乳酸纤维的吸湿透气性进行改进。如严玉蓉[118] 等采用三叶异形喷丝板纺制三叶异形的 PLA 纤维，使纤维的吸湿透气性得到提高。

（二）折皱回复性

织物的折皱回复性主要受纤维性状、纱线结构、织物几何结构及后整理等因素的影响。在纱线结构、织物几何结构等因素相近时，纤维性状特别是纤维的拉伸变形回复能力，对织物抗折皱性起主要作用。聚乳酸纤维在 5%拉伸变形时，其弹性回复率高达 93%，从而使纯聚乳酸纤维织物的折皱回复性最好，说明纯聚乳酸纤维织物的保形性好，穿着过程中不易起皱。

（三）悬垂性能

影响织物悬垂性的因素包括纤维的刚柔性、纱线结构、纱线捻度和织物厚度等，其中纤维的刚柔性是一个主要影响因素。纤维的刚柔性可通过初始模量反映。纤维初始模量小，则弯曲刚度小，织物的悬垂性好。聚乳酸纤维的初始模量低于棉纤维和涤纶，因而其织物的悬垂系数最小，说明织物具有很好的悬垂性能。

（四）起毛起球性

聚乳酸纤维强度高，伸长能力好，弹性回复率高，耐磨性好，形成的小球不容易很快脱落，其织物和涤纶织物均有起毛起球现象。纯棉织物由于纤维强度低，耐磨性差，织物表面起毛的纤维被较快磨耗，因而抗起毛起球性能优良。

（五）耐磨性

在其他织物结构参数相近的条件下，纤维在反复拉伸中变形能力好的将具有较好的耐磨性。而纤维在反复拉伸中的变形能力决定于纤维的强度、伸长率及弹性能力[22]。尽管聚乳酸纤维的断裂强度小于涤纶，但其断裂伸长率、5%及 10%拉伸后的回复率均比涤纶大得多，故其织物耐磨性略优于涤纶织物。

六、聚乳酸纤维的生物相容性

20 世纪 60 年代，Kulkarni 等发现，高相对分子质量的聚乳酸在人体内也可以降解[11]。

聚乳酸纤维的主要原材料 PLA 是经美国食品药物管理局（FDA）认证可植入人体，具有100%生物相容性，安全无刺激的一种聚酯类物质[119]。聚乳酸在体内能够最终完全分解成为 CO_2 和 H_2O，再经人体循环排出体外，而这种分解过程的中间产物乳酸也是人体肌肉内能够产生的物质，可以被人体当作碳素源吸收，完全无毒性。早在 1962 年，美国 Cyanamid 公司发现用 PLA 做成的可吸收的手术缝合线，克服了以往用多肽制备的缝合线所具有的过敏性，且具有良好的生物相容性，这种缝合线及其改进型产品至今仍然在市场上热销。近年来，随着聚乳酸合成、改性和加工技术的日益成熟，聚乳酸纤维广泛应用于医用缝合线[20,21]、药物释放系统[120,121] 和组织工程材料[122,123] 等生物医用领域。

七、聚乳酸纤维的阻燃性

聚乳酸纤维本身的阻燃性能较差，其极限氧指数仅为 21%，为 UL-94HB 级，燃烧时只形成一层刚刚可见的炭化层，然后很快液化、滴下并燃烧[124]。为了克服这些缺陷，使其更好地满足在汽车、航空、电子电器等领域的某些应用需求，近年来对聚乳酸阻燃改性的研究已成为热点，NEC（日电）、尤尼吉卡、金迪化工等公司也相继开发出阻燃型聚乳酸产品。目前公开报道的关于聚乳酸阻燃改性的研究不多，并且从操作难易性和成本角度考虑而多采用添加型阻燃剂，主要使用的是卤系、磷系、氮系、硅系、金属化合物阻燃剂、纳米粉体以及多种阻燃成分的复配协效体系[125]。

目前，能在较少阻燃剂添加量下通过 UL-94 V0 级别并且能够克服熔滴的报道比较少，且还未有综合性能优异的材料。Kubokawa 等[126,127] 采用质量浓度为 4.98%的四溴双酚 A（TBP-A）溶液对聚乳酸纤维进行了阻燃改性。结果显示：经处理的乳丝极限氧指数值（LOI）达到 25.9%，并且无论在氮气还是氧气氛围下，其热分解过程明显加速而残渣量增加，具有良好的阻燃效果。李亚滨[128] 通过小型回转式染色试验机制备了四种分别经六溴环十二烷（HBCD）、四溴丁烷（TBB）、四溴双酚-A（TBP-A）和四溴双酚-A-双羟基乙醚（TBP-A-2EO）阻燃改性的聚乳酸纤维，LOI 值均有一定程度的提高。但是经过这样的处理之后，纤维的拉伸强力明显下降，综合力学性能受到一定影响。

近年来，研究人员发现，提高聚乳酸成炭性和抗熔滴性是提高聚乳酸纤维阻燃性能的关键。Nodera A 等[129] 研究发现，聚二甲基硅氧烷、聚甲基苯基硅树脂对提高 PLA 的阻燃性非常有效，使用日本信越硅公司的 X40-9850、道康宁硅公司的 MB50-315 等添加到 PLA 中，添加量在 3%~10%（质量分数）之间即可使 PLA 树脂阻燃性达 UL-94V-0 级。于涛[130] 等将阻燃剂聚磷酸铵加入黄麻和聚乳酸的复配体系中，当温度高于 400℃时，基体、纤维和阻燃剂形成热稳定的炭层结构，使热量和可燃物质的量明显减少，复合材料最后能达到 UL-94 V0 级。然而阻燃剂的加入仍然使复合材料的力学性能和维卡软化点受到明显影响而下降。

八、聚乳酸纤维的抗紫外线性能

聚乳酸纤维拥有良好的抗紫外线性能。聚乳酸纤维的分子结构中含有大量的 C—C 和 C—H 键，这些化学键一般不吸收波长小于 290nm 的光线，照射到地球表面的紫外线，对含有这些化学键的纤维几乎没影响。因此 PLA 纤维及其织物几乎不吸收紫外线。同时大部分聚乳酸纤维是由高纯度的 L-乳酸制成，所含杂质极少，这也赋予聚乳酸纤维优良的耐紫外线性能。

在紫外线的长期照射下，聚乳酸纤维强度和伸长的影响均不大。例如，聚乳酸纤维在室外暴露200h后，抗张强度可保留95%，明显高于涤纶（60%左右）；500h后，抗张强度可保留55%左右，优于涤纶，因此聚乳酸纤维可用于农业、园艺、土木建筑等领域[11]。

九、聚乳酸纤维的抑菌性能

聚乳酸纤维还有一定的抑菌性能。PLA降解初期发生的水解作用只导致聚合物相对分子质量的下降，而不产生任何的可分离物，并不造成物理重量的流失，这种水解产生的大分子也不能成为微生物的营养品而发生新陈代谢作用。当水解发生到一定程度时，才有微生物参与PLA的降解反应。而且聚乳酸纤维特有的超细纤维结构[131]可以极好地阻隔细菌以及微生物的入侵，且聚乳酸纤维不亲水、吸湿率低、透气性能优良，对微生物的生存和滋生有一定的抑制作用，非常适合用于医疗卫生领域，如用作超细纤维医用抗菌敷料[132]和一次性卫生用品等[23,24]。

第五节　聚乳酸纤维的应用

一、针织物

（一）针织面料

针织面料是由线圈相互串套而形成的，这一结构特点决定了针织物的一系列服用特性。线圈在织物中处于三维弯曲状态，使针织物具有机织物无可比拟的弹性和延伸度，但也影响了针织物的尺寸稳定性；孔状的线圈空隙使针织物具有较好的透气性，并且手感松软，这一特性使它具有成为功能性、舒适性面料的条件[133]；当纱线断裂或线圈失去串套联系后，线圈与线圈分离使针织物具有脱散性；弯曲的线圈具有使纱线伸直的内应力，纬平针等组织在自由状态下宜产生卷边现象，并且纵横向都可发生；针织机的多路编织及纱线捻向等原因造成的织物纬斜，使针织品洗涤后产生扭曲变形。

针织面料具有舒适宜人的高品质服用特性，也存在着由成布方式决定的固有弱点。随着科技的进步，新型材料不断涌出，针织机械功能更加完善，针织工艺、后整理工艺日趋成熟，针织面料已进入多功能和高档化的发展阶段。以高支棉、高品质再生纤维素纤维、羊毛、真丝、仿麻、聚乳酸纤维等为原料，采用树脂整理、超柔软整理、纳米技术整理等后整理工艺，使汗布、罗纹、棉毛等传统针织品的质量不断升级换代[134,135]。

聚乳酸纤维针织面料被不断开发，适应了21世纪服装向轻、柔、薄、挺、舒发展的方向。如采用细旦聚乳酸纤维，在细针距大圆机上获得的单、双面织物，赋予了传统组织针织品高品质的内涵，轻柔滑顺、具有丝绸般的手感，是高档外穿型内衣、休闲装的首选面料；在具有电子选针的双面提花圆机上，采用三角形截面的有光PLA长丝提花组织、高收缩的PLA/氨纶复合丝编织地组织，形成的大花型弹力面料，正面花形凸起、立体感强烈、极具闪光效应，而反面平整、柔软舒适，最适合用于体现人体曲线美的紧身女装，成衣极具艺术感染力；透明或半透明的经编提花织物、拉舍尔高弹花边、经编网眼织物、特里科稀薄织物都是典雅礼服及内外结合设计时装的理想用料[136]；用160捻以上强捻PLA长丝作地纱，竹节纱、结子纱等花式纱线作衬纬纱，结合集圈、添纱等工艺生产的仿麻针织外衣面料，改善了针织物柔软无身骨的特性，刚中带柔、挺括舒适、风格粗犷、返璞归真，可使简单款式休闲装的品位和价位倍增[137]；用质轻、柔软、具有疏水导湿功能的细旦PLA长丝作地纱、各种吸湿性高支纱作面纱编织的双面针织物，具有热湿舒适性和保健性，并改善了针织物易变形、易缩水的弱点，可用于制作各式女时装[138,139]；含氨纶弹力丝的交织面料，弹性好，布面平整，尺寸较稳定，是制作休闲装、运动装的高档面料。传统针织品向深、精加工发展，应用高新技术加工的针织面料因其优越的服用特性在服装中具有广阔的前景。

（二）聚乳酸舒适亲和内衣面料

1. 纬平针内衣织物

聚乳酸纤维与棉纤维混纺针织面料手感柔软，亲水性好，悬垂性佳，舒适性和回弹性好，收缩率可控制，有较好的卷曲性和卷曲持久性，抗紫外线好，密度小，吸湿排汗性能良好，抗起球性佳，抗皱性佳，亲和无毒性。

2. 无缝内衣织物

PLA为面纱的无缝内衣面料，不仅能够保持织物良好的弹性、透气性和舒适性，还能赋予织物更好的手感、耐污性、保暖性等优良特性，具有较好的悬垂性。

3. 空气层保暖内衣织物

空气层保暖内衣面料是在双面针织大圆机（多功能双面机或提花大圆机）上采用单面编织和双面编织相结合，在针盘织针和针筒织针上分别进行单面编织而形成的夹层中，衬入不参加编织或者部分参加编织的纬纱，然后再由双面编织成缝。该类面料由于中间具有较大的空气层，保暖性好，可用于婴幼儿保暖内衣内裤、爬服，很受消费者青睐。

4. 超轻薄运动内衣织物

PLA款超轻薄高档运动内衣针织面料，用超细针距圆纬机编织，使其质量减轻50%左右，手感细腻柔滑，面料高档。质量和厚度相对减小后面料的伸长和弹性回复性能均在80%以上。细旦PLA长丝的合理使用使该面料具有良好的吸湿排汗功能，穿着舒适，成品携带方便，满足人们户外运动的需求，市场前景广阔。

（三）聚乳酸干爽导湿针织运动面料

1. PLA长丝双面罗纹网眼织物

PLA DTY具有良好的放湿性和导湿性；同时网眼织物组织可以提高织物的放湿性和透气性，使织物同时获得较好的导湿性、透气性。坯布表面具有柔和的光泽，很少疵点，且织物手感柔软，具有较好的悬垂性[140]。

2. 棉盖PLA双层复合吸湿快干织物

采用PLA纱和棉纱设计成双层复合组织结构，可使棉纱处于面料的外层，PLA纱处于面料的里层，在双面大圆机上可顺利编织，生产的面料里外层有吸湿性差异，具有良好的导湿干爽性能[140]。

3. 纬编单面集圈组织导热排汗织物

单面集圈织物内外层形成的附加热、湿势能差越大，差动毛细效应越显著，织物的导湿和干燥就越快。在穿着时，排出的热湿汗液和汗汽能透过服装里层具有优良导湿性能的聚乳酸长丝，被输导到服装外层的吸湿性丝光棉中[134,140]。由于丝光棉与大气接触，热湿汗液和汗汽能很快被散发到大气中去。采用此种面料缝制的运动服装导热排汗、干爽舒适。

（四）聚乳酸经编运动服面料

PLA 长丝具有良好的芯吸性能、吸湿性能以及快干效应，体积、质量较小，强伸性、弹性与抗紫外线的性能优良；另外，经编针织物具有柔软、透气、富有弹性的线圈结构，适合用作运动服面料。

（五）聚乳酸经编泳装面料

采用两把梳栉织造的弹力平布是最具代表性的经编弹力织物[141]，PLA/氨经平布前梳采用 44dtexPLA 长丝，后梳采用 44dtex 的氨纶，氨纶含量一般为 11%～14%。PLA/氨经编弹力织物色泽鲜艳、牢度好、挺括、强度高，弹力织物的市场前景会更加广阔。

二、机织物

（一）聚乳酸长丝丝绸型机织物

聚乳酸（PLA）纤维长丝机织物是丝绸型织物，产品将原料、配色、组织结构等设计元素进行了较为完美的设计组合。PLA 纤维的使用使面料兼有吸湿排汗、抗紫外线和舒适透气等优良性能。产品有着天然洁净的外观，高雅大方，适合制作夏季高档女装。

（二）聚乳酸轻薄舒适高档衬衫面料

轻薄舒适是高档面料的发展趋势[142]，近年来，衬衫面料开发采用更高的纱支与更大的密度，推动衬衫面料向高档化、多元化方向不断发展。高支高密 PLA 衬衫面料，经整理后织物手感轻柔舒适，布面具有真丝般的光泽，抗皱挺括，舒适性好，大大地提高了品质与档次。

（三）聚乳酸家纺面料

聚乳酸纤维家纺面料贴身舒适 、柔软性、抗菌和抗螨虫、耐水洗和抗污性能等，大大地提高了家纺面料的品质与档次。

三、非织造布

（一）非织造布的定义及分类

1. 非织造布的定义及特点

非织造布又称无纺布，是通过定向或随机排列的纤维通过摩擦、抱合或黏合，或者上述方法的组合，互相结合制成的薄片、纤网或絮垫，不包括纸，机织物、簇绒织物、带有缝编纱线的缝编织物以及湿法缩绒的毡制品。所用纤维可以是天然纤维或化学纤维；纤维形态可以是短纤维、长丝或直接形成的纤维状物[143]。

2. 非织造布的分类

非织造布可按照纤网成形及加固的方法、用途和使用次数进行分类。

按照纤网成形及加固的方法可以分为：干法成网、湿法成网和聚合物纺丝成网法。干法成网根据其加固的方法又可细分为机械加固法，包括针刺法、缝编法、水刺法；化学黏合法根据黏合剂施加形式的不同，可分为浸渍法、喷洒法、泡沫法、印花法、溶剂黏合法；热黏合法根据热源施加形式的不同，可分为热熔法、热轧法和超声波法三种方法。湿法成网法可分为圆网法和斜网法两种。聚合物纺丝成网法可分为熔喷法、纺黏法、闪纺法和膜裂法。

非织造布根据用途的不同可分为：家用装饰非织造布、医用卫生及保健用非织造布、服装与制鞋、皮革用非织造布、过滤材料、绝缘等工业用非织造布；建筑、土木工程、水利用非织造布、包装材料、农业及园艺用非织造布、汽车工业用非织造布以及军工国防用非织造布等。

非织造布按照使用次数可分为即弃型和耐用型产品两种。

聚乳酸纤维可纺性好，具备了良好的可机械加工性和缠结性能，特别地可以按照最终需要切成任意长度或以长丝的形式使用，因而可以采用多种方法加工成不同种类的非织造布，同时还能赋予聚乳酸纤维非织造布多种功能性以满足不同用途的需求。

（二）聚乳酸纤维干法成网非织造布

聚乳酸纤维干法成网非织造布是采用聚乳酸短纤维，通过采用梳理成网（图 1-23）[1] 或气流成网（图 1-24）的方法首先形成纤维网，然后经加固制得，产品包括聚乳酸纤维水刺非织造布、聚乳酸纤维针刺非织造布、聚乳酸纤维热黏合非织造布以及聚乳酸纤维化学黏合非织造布等。聚乳酸纤维干法成网非织造布主要工艺流程为：

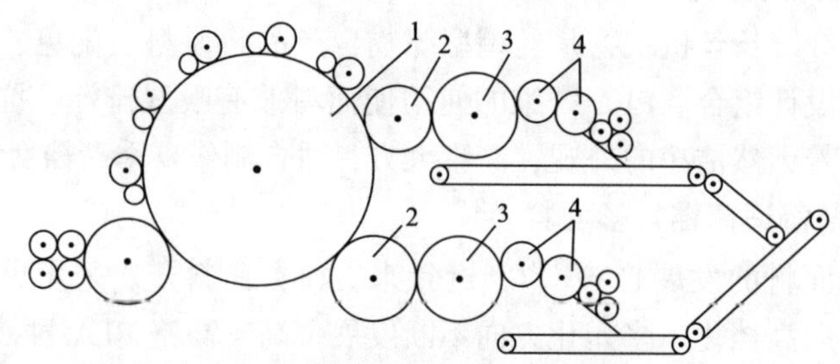

图 1-23　聚乳酸纤维机械梳理系统[143]

1—梳理机　2—杂乱辊　3—道夫　4—凝聚辊

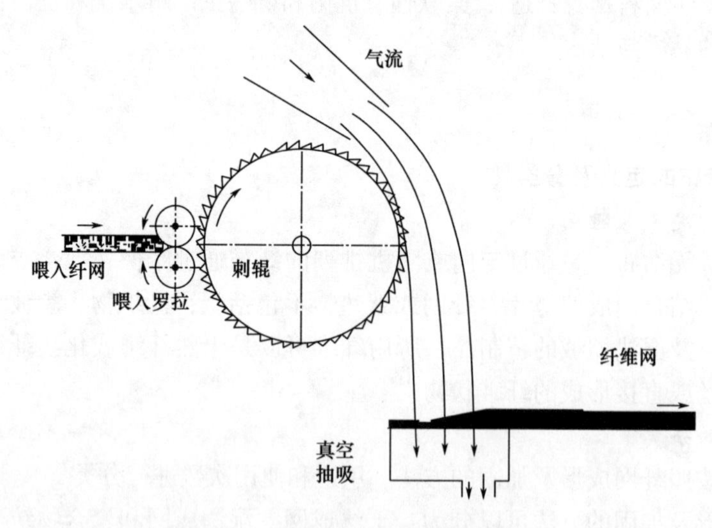

图 1-24　非织造布气流成网示意图

梳理成网：聚乳酸短纤维—开松—混合—梳理—铺网（气流成网）—加固（机械加固、热加固或化学黏合加固）—分切—卷取—成品

气流成网：聚乳酸短纤维—粗开松—精开松—气流成网—加固（机械加固、热加固或化学黏合加固）—分切—卷取—成品

1. 聚乳酸纤维水刺非织造布

水刺非织造布是利用高速、高压的水流射击经过梳理后的纤维网，使纤网中的纤维互相抱合缠绕，变成结构完整，具有一定强力的非织造布（图 1-25）。由于聚乳酸纤维强力介于天然和合成纤维之间，完全能够适应高压机械射流的加固作用。陈宽义等[144] 探讨了聚乳酸纤维水刺非织造布的加工可行性，表明通过合理控制开松、混合、梳理、水刺加固和烘干工艺，批量化生产能够完全顺利进行，制成品满足行业标准 FZ/T 64012. 2—2001 的要求。德国 Trevira 公司[145] 专门针对 PLA 纤维开发了水刺非织造布，用于湿巾和卫生材料。钱程[146] 首先制备了 100%聚乳酸水刺非织造材料，并以此为基础，以 100%聚乳酸纤维、纯黏胶纤维、纯涤纶和涤黏混纺纤维制成了四种不同的非织造材料，对其强力、吸湿透湿性、透气性、保温性、芯吸高度及可降解性等性能进行测试，结果表明，聚乳酸非织造材料具有优良的透气透湿性，良好的保暖性以及优异的生物可降解性能，在床上用品以及家纺领域具有巨大的应用前景。Sheng 等[147] 对聚乳酸水刺非织造布的三抗性能进行了研究，采用含有机氟基 FG-910 拒水剂进行处理，并测试了聚乳酸水刺非织造布的拒水性、抗酒精性以及耐血液性能，结果表明，处理后的产品在具有良好三抗（拒水、抗酒精和耐血液）性能的同时，在强度、透气和透湿性能并没有降低。

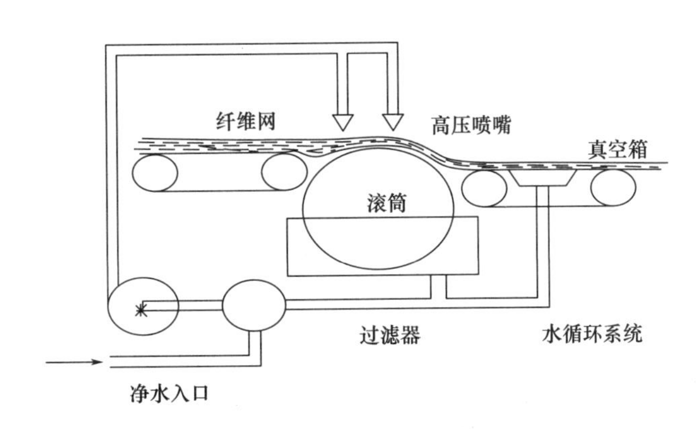

图 1-25　聚乳酸水刺非织造布加固示意图[1]

上述大量实验表明了聚乳酸纤维水刺非织造布具有强度高、悬垂性好、透气性好、不含有黏合剂，是所有非织造布生产方法中手感和外观最接近传统纺织品的加工方法，因此逐渐成为加工聚乳酸纤维非织造布的主流生产技术。

2. 聚乳酸纤维针刺非织造布

聚乳酸纤维针刺非织造布是利用截面为三角形且棱边带有钩刺的针，对蓬松的纤网进行上下反复针刺，使纤网中纤维之间相互缠结而产生抱合，形成具有一定厚度、一定强度的产品（图 1-26）。中国专利 ZL 20009100451931[148] 公开了一种绿色可完全降解型保暖材料，主要采用聚乳酸纤维原料，经抓棉、混棉、称重、开松、机械梳理、杂乱成具有一定密度、蓬松度和压缩弹性的三维立体网状结构后，经过针刺、热熔定型、冷却、卷绕等工序制成，该保暖材料所用原料完全可降解，整个生产过程无污染，产品具有良好的强度、蓬松、保暖和抑菌等多种功效。Jia 等[149] 采用天丝纤维、PLA 纤维和高吸收纤维 SAF，利用针刺加固的方法制备了 Tencel/PLA/SAF 三种纤维混合非织造布，平均克重为 $100g/m^2$，针刺密度为 300 刺/cm^2，经过测试结果表明，混合非织造布垂直机器方向（CD）的吸水高度为 5.0cm，透气性为 164.4mL（cm^2·s），是一次性卫生用品吸收芯体的理想材料。王思思等[150] 采用聚乳酸纤维和苎麻落麻纤维制成了针刺非织造布，探讨了两种纤维原料的不同混合比对非织造布的拉伸断裂强力、透气性、保暖性、芯吸效应和含液率等性能的影响，并将聚乳酸/苎麻落麻针刺非织造布作为无土栽培基质进行草坪种植试验，种植出的小麦草生长状况良好，发芽率高达 97.7%，表明聚乳酸/苎麻落麻是一种良好的无土栽培基质。文献[151] 也报道了比利时 Sommer Needlepunch 公司采用聚乳酸纤维生产针刺毡，用于铺设足球场地面，进而达到低碳环保的目的。

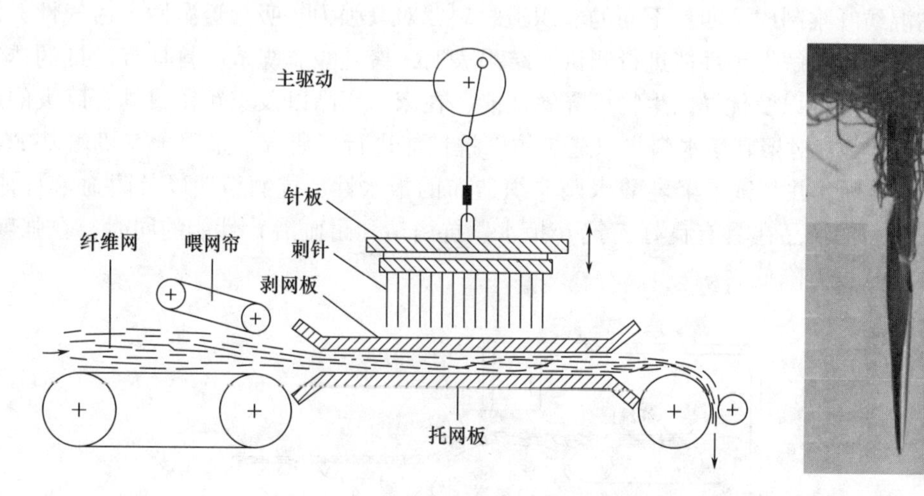

图 1-26 聚乳酸针刺非织造布加固示意图

聚乳酸水刺非织造布和针刺非织造布均具有较好的透气性、悬垂性、手感柔软、外观光滑、芯吸性、亲肤性、良好的可降解性及生物相容性等特点，其中水刺非织造布的抗起毛性更好，可用于制作一次性卫生材料的表层、吸收芯体、医用幕帘、医用包扎材料、纱布、手术服、手术罩布、伤口敷料、擦布、湿巾、化妆棉、窗帘、土工布及合成革基布等。

3. 热黏合加固聚乳酸纤维非织造布

聚乳酸纤维是一种热塑性纤维，通过采用热源加热的方法，使得经过开松梳理后的聚乳酸纤网中的纤维达到一定温度后，聚乳酸纤维会软化熔融，变成具有一定流动性的黏流体使纤维间产生粘连，冷却后纤维之间重新固化黏结在一起而制成有良好使用强度的聚乳酸非织造布。根据热源施加方式的不同，又分为聚乳酸热轧加固非织造布（图 1-27）和聚乳酸热熔黏合非织造布（图 1-28）。

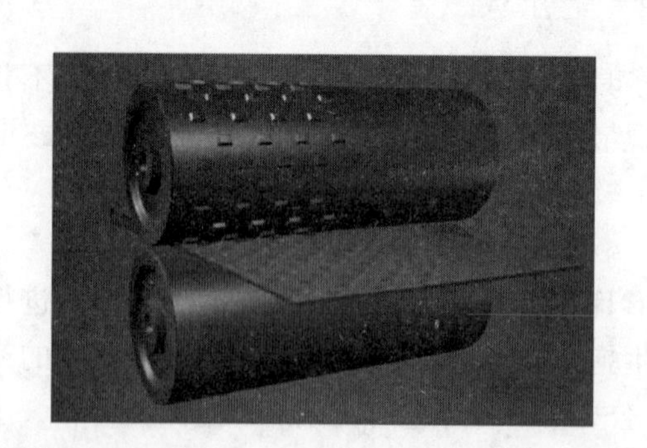

图 1-27 聚乳酸热轧黏合非织造布加工原理图

由聚乳酸纤维的 DSC 分析可知，PLA 纤维的玻璃化温度为 71.30℃，在 161.21℃ 与 168.68℃ 处分别存在较大的吸收峰，可推断温度低于 69℃ 纤维不会产生软化，而温度高于 158℃ 时会发生熔融，因此热轧加固时的温度小于 158℃ 比较合适。Bhat 等[152] 研究了热轧加

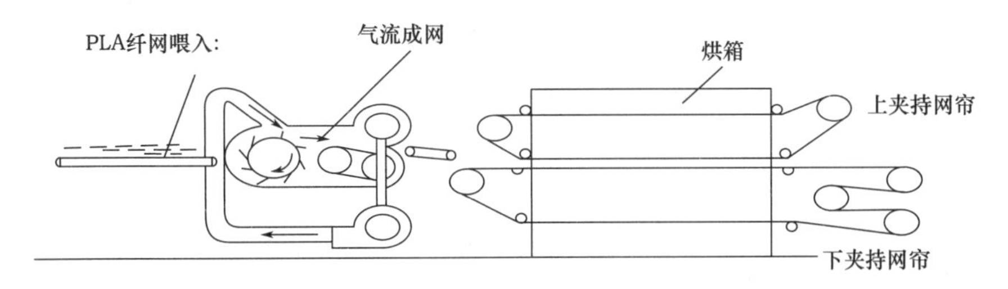

图 1-28　聚乳酸热风黏合加固非织造布生产原理图

固过程中聚乳酸短纤维网结构和性能的变化，发现热轧时的最佳温度为 145℃，温度过高，轧点处破坏形成孔洞（图 1-29），可能的原因是随热轧温度的提高，聚乳酸大分子的取向结构遭到破坏，结晶动力学过程减缓，从而导致结晶度的下降，因为轧点破洞的出现，纤网的透气性和强力都将受到影响。

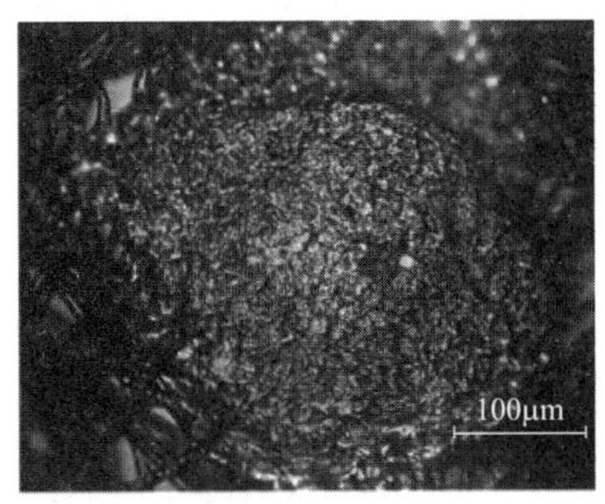

(a)热轧温度为137℃

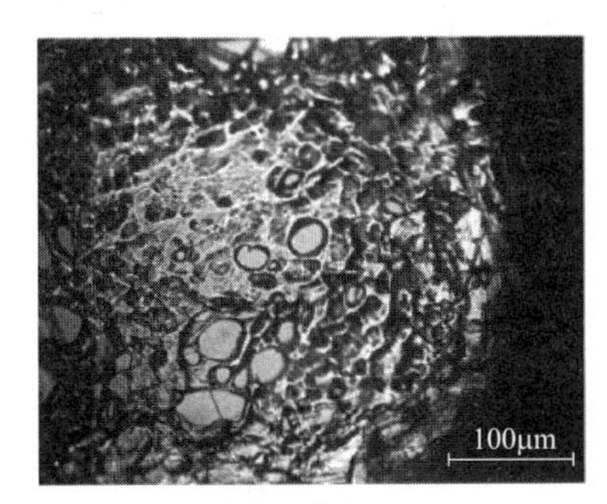

(b)热轧温度为145℃

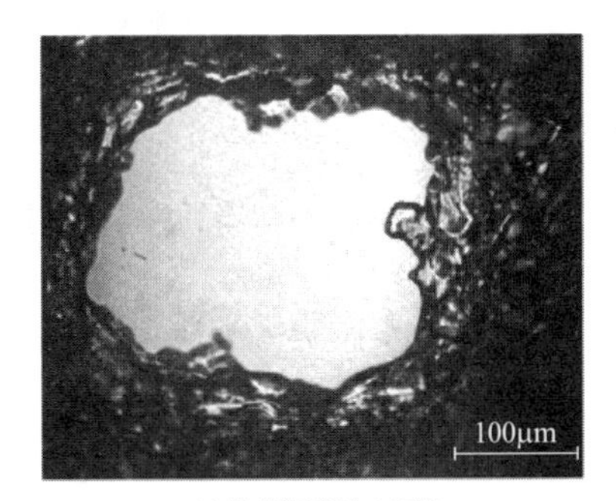

(c)热轧温度为150℃

图 1-29　聚乳酸热轧加固非织造布电镜图[153]

由此，在聚乳酸短纤维热熔非织造布生产实际操作时，要充分考虑聚乳酸纤维热加工窗口很窄的问题，通过精确控制温度，能够生产出具有良好使用强度的聚乳酸短纤维热轧非织造布。

如果将梳理后的聚乳酸纤维网经过烘箱设备，利用热风穿透纤网，使纤维受热而得以黏合加固，即可以制成蓬松保暖的纤维絮片，用于棉服和被褥的填料。

聚乳酸热黏合非织造布可广泛用做尿裤、卫生巾等一次性卫生材料、绝缘材料、服用保暖材料、家具填充材料、过滤材料、隔音和减震材料等。聚乳酸热黏合非织造布用于制作一次性卫生材料时可以充分发挥其良好的生物相容性和可降解性，在减轻大量不能降解的“白色垃圾”对环境污染的同时，为人们带来健康和舒适。

4. 聚乳酸化学黏合非织造布

利用化学黏合剂使干法成网后的聚乳酸纤维互相黏合而形成非织造布。根据黏合工艺的不同，主要分为喷洒法和浸渍法，加工原理见图 1-30。聚乳酸纤维黏合剂喷洒加固是采用黏合剂喷洒梳理后的聚乳酸纤网，黏合剂被均匀施加在纤网上，然后被送入烘箱中进行烘干，黏合剂产生固化而成；聚乳酸纤维泡沫浸渍加固是利用发泡剂和发泡装置将黏合剂涂覆于梳理成网后的聚乳酸纤网上，待泡沫破裂释放出黏合剂，经烘干后黏合剂在纤维交叉点沉积而制成。

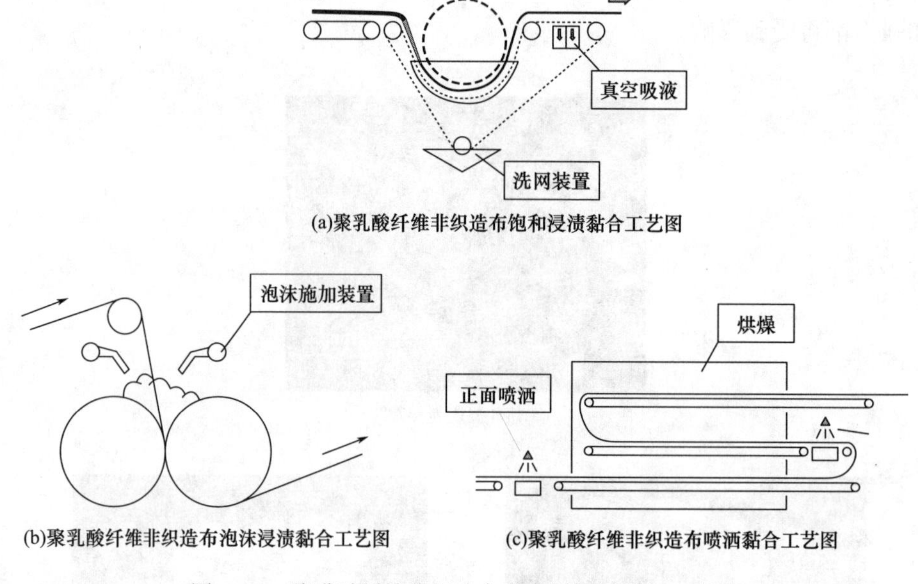

(a)聚乳酸纤维非织造布饱和浸渍黏合工艺图

(b)聚乳酸纤维非织造布泡沫浸渍黏合工艺图

(c)聚乳酸纤维非织造布喷洒黏合工艺图

图 1-30　聚乳酸纤维非织造布黏合剂加固黏合工艺图

由喷洒法制得的聚乳酸非织造布蓬松度较好，可广泛用作保暖絮片、装饰织物、防水材料基布和用即弃型过滤材料；泡沫浸渍加固中黏合剂均匀分布在聚乳酸纤维表面和内部，能制成硬挺手感的聚乳酸非织造布，可用做一次性医疗卫生材料、厨师帽、擦布、过滤材料和即弃型鲜花包布等。

（三）聚乳酸纺丝成网非织造布

充分利用聚乳酸切片具有良好纺丝成型性的原理，将聚乳酸树脂进行熔融纺丝和直接成网，纤网再经机械和热黏合加固后制成，属于从聚乳酸切片直接到聚乳酸非织造布的一步法生产工艺，具有流程短、高效和低成本的优势，其中聚乳酸纺粘非织造布和熔喷非织造布是近年来研究最多的技术[154-158]。美国田纳西大学非织造布研究中心在 1993 年就对 PLA 纺粘和熔喷进行过研究性开发，但最终受市场容量的限制而没有得出产业化的结果。日本 NKK 公司曾经开发出 15g/m^2 的 PLA 纺粘布，但最终并未形成产业化。日本中纺 Kanebo 研制出 LAC-TRON®（poly L-Lactide）纤维，并在 1994 年开发出 PLA 纺粘非织造布，声称纺粘布的产能可达 2000 吨/年，主要针对农业市场。日本 Shinwa 公司在 2000 年以商品名 Haibon®推出 PLA 纺粘非织造布，并宣称是一种天然的可降解非织造布。此外，可乐丽公司也对 PLA 的可降解性能进行了详细研究。法国 Fiberweb 公司（现在的 BBA）在 1997 年开发出 100% PLA 纺粘布，商品名称为 Deposa™，所用切片由 Neste Oy 公司提供，德国奥斯龙公司[159] 成功开发出聚乳酸长丝非织造布茶叶袋，既健康又环保，现在已经正式商品化。国内对 PLA 纺粘布的生产从 2008 年开始，由于受设备生产条件限制，国内仅有三四家企业具有能力生产，并且已经从研发阶段完全达到产业化的水平，并进入市场销售。

1. 聚乳酸纺粘非织造布

聚乳酸纺粘非织造布是由连续的聚乳酸长丝组成的纤维集合体，其加固方式可选择热轧、针刺或水刺，其中以热轧方法使用最为广泛，其主要工艺流程见图 1-31。

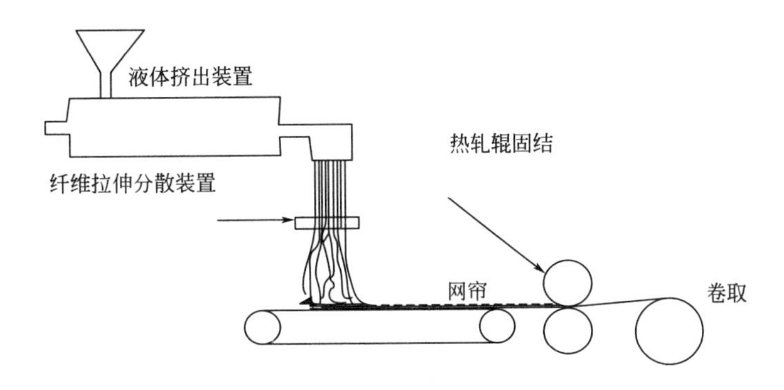

图 1-31　聚乳酸纺粘非织造布加工示意图

在生产工艺控制方面，首先将切片进行干燥，选用真空度为 30Pa，干燥温度为 100℃，干燥时间为 4h 时，控制聚乳酸切片含水率达到 50mg/kg；纺丝温度不宜太高，一般控制不要超过 230℃，牵伸速度一般达到 3500m/min 以上[160]，牵伸速度越快，纤维中大分子的取向越完全，制得的非织造布的强度越高，长丝纤维越细，越容易进行后续的热轧加固（图 1-32、

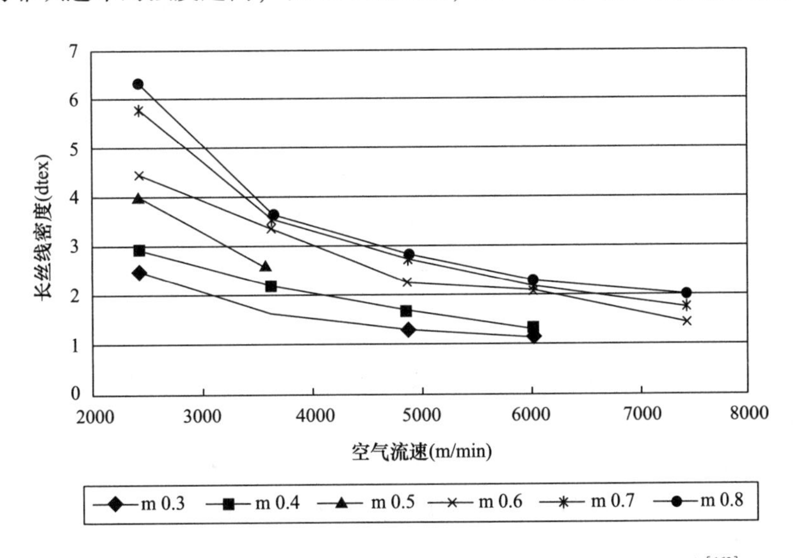

图 1-32　单孔挤出量和纺丝速度对 PLA 纺粘长丝线密度的影响[162]

图 1-33）[168]。聚乳酸在纺黏法工艺中采用空气冷却并通过开纤装置将纺出的丝条杂乱散落堆积在网帘上铺置成网，铺网时，网面速度 2～3m/min 可得到均匀纤网。在熔体泵供量恒定的情况下，调节网帘的移动速度可获得不同的纤网定重，一般为 20～150g/m²，然后再使用热轧辊加压热黏合，为避免聚乳酸纤维产生脆断，使纤网获得良好的力学性能及柔软手感，根据不同克重的产品，热轧温度掌握在 100～130℃，热轧压力在 50～70kg 范围内变化，即可得到各项指标满足使用要求的聚乳酸纺黏法非织造布[162]。聚乳酸纺粘非织造布的性能见表 1-30。

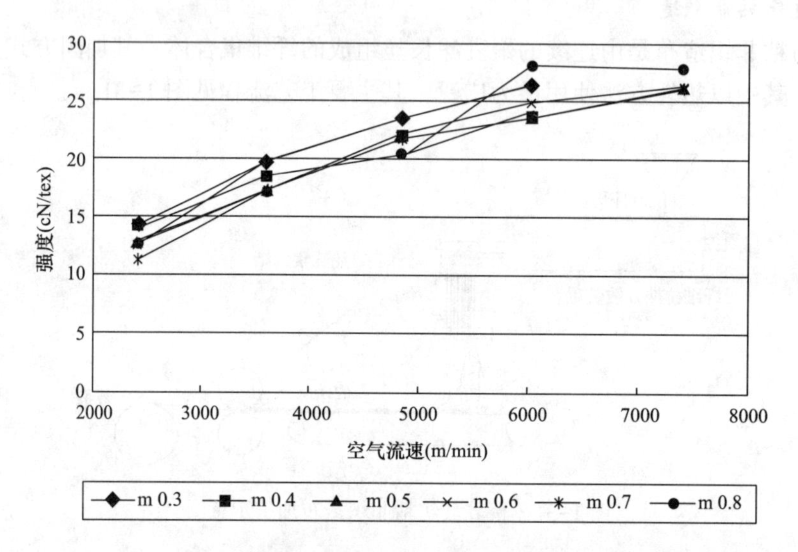

图 1-33　单孔挤出量和纺丝速度对 PLA 纺粘长丝强度的影响[162]

表 1-30　聚乳酸纺粘非织造布 Haibon 性能[163]

产品序号	面密度（g/m²）	厚度（mm）	拉伸强度（N/5cm）		断裂伸长率（%）		撕裂强度（N）	
			纵向	横向	纵向	横向	纵向	横向
6300-1B	100	0.50	127.4	78.4	35.0	35.0	18.6	18.6
6302-1B	120	0.55	147.0	98.0	40.0	40.0	24.5	24.5
6320-1B	20	0.18	29.4	17.6	15.0	15.0	3.9	3.9
6330-1B	30	0.2	58.8	34.3	25.0	22.0	5.9	4.9
6350-1B	50	0.3	107.8	78.4	30.0	30.0	7.8	7.8
6370-1B	70	0.4	117.6	78.4	30.0	30.0	12.7	12.7

聚乳酸纺粘长丝非织造布除了采用热轧法进行加固外，还可以采用机械针刺的方法加固，其加工工艺为：聚乳酸切片—螺杆挤出机—熔融纺丝—空气冷却—牵伸（真空牵伸或正压拉伸）—铺网—针刺加固—卷取—成品。相比 PLA 纺粘热轧非织造布，针刺加固法可制成具有更好的亲水性、可染色、手感柔软、抗皱耐用且具有良好光泽和悬垂性的产品。表 1-31 为聚乳酸长丝纺粘针刺非织造布的力学性能。

表 1-31　聚乳酸长丝纺粘针刺非织造布的力学性能[164]

克重 (g/m²)	厚度 (mm)	强力 (N/5cm)		伸长 (%)		撕裂强度 (N)		顶破强度 (N)
		MD	CD	MD	CD	MD	CD	
61	0.98	86	60	46	70	65	60	201
72	1.17	91	71	48	70	75	65	251
98	1.43	122	103	50	70	86	80	284
124	1.82	146	120	55	71	102	98	358
156	2.14	175	151	54	71	124	120	450

从表 1-31 可以看出，聚乳酸长丝纺粘非织造布通过热轧或针刺加固均可以获得较好拉伸强度、撕强和顶破强度，完全能够满足医疗卫生、过滤土工布及农用种子培植、育秧、防霜及除草用布等的要求。

2. 聚乳酸熔喷非织造布

聚乳酸熔喷非织造布是利用高速热空气对模头喷丝孔中挤出的聚合物熔体细流进行一定的牵伸，并形成超细纤维凝聚在滚筒或网帘上，依靠自身的黏合最终形成非织造布，其加工原理见图 1-34。

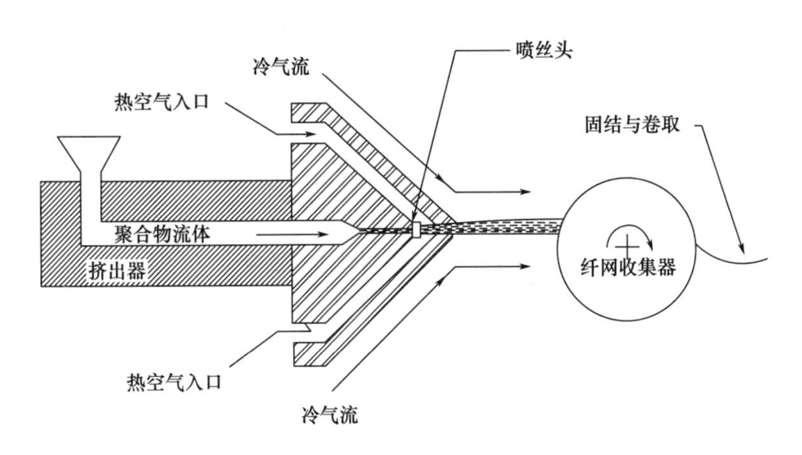

图 1-34　聚乳酸熔喷非织造布加工示意图

由于受聚乳酸流变性能的影响，目前聚乳酸熔喷非织造布尚处于实验阶段，其原料和工艺都需要进一步的研究。Dieter 等[165] 对聚乳酸熔喷非织造布进行了试验性研究，发现聚乳酸可以在较宽的温度范围内进行熔喷成型，但与普通 PP 熔喷布相比，得到的聚乳酸熔喷非织造布表面较粗糙，而且强度很低。2001 年美国田纳西大学进行的熔喷实验也证明了聚乳酸在熔喷工艺上应用的可行性[166]，随后经过多年研制，Nature Works 公司在 2009 年召开的国际非织造布技术会议（INTC）上宣布两种新型的 Ingeo™ 生物基 PLA 切片（6252D 和 6201D）正式商业化面市，它们能够提供较宽的加工窗口，从而制造出满足不同用途要求的熔喷产品[154]。公司下游合作伙伴熔喷设备制造商——Biax—Fiberfilm 在 2010 年年初对 Ingeo™ 材料进行了熔喷试验，美国田纳西大学非织造布中心研究人员的研究结果也验证了 Ingeo™ 适用于传统的熔喷设备，可用来生产熔喷非织造产品。日本的钟纺、尤尼吉卡等公司也相继进行开发，并拥有可生物降解 PLA 非织造布的专利技术。Kerem Durdag[167] 也报道了国际上非织造布 40 强企业，如 Fitesa、Ahlstrom 以及 Fiberweb/PGI 开发聚乳酸熔喷非织造布，并进一步拓展其工业用途。

刘亚等[168] 对聚乳酸熔喷非织造布进行了研究性试纺，发现 PLA 在 220℃时出丝效果最佳，随热空气温度的增加，纤维直径略微增加，随热空气压力（速度）的增大，纤维卷曲度下降，纤维直径随狭缝宽度的增大而增加，卷曲度下降，热空气参数对 PLA 熔喷布的过滤性能和透气性有较大影响。渠叶红等[158] 试制了 PLA 熔喷非织造材料，试制品除强度外性能基本上达到了工业生产的聚丙烯熔喷非织造材料的标准，具有良好的均匀性，纤维平均细度可达 2.6μm，驻极后的粉尘过滤效率达到 99.95%。张琦等[169] 研究了添加不同含量电气石的聚乳酸切片的性能，结果表明：改性切片中电气石颗粒的分散较为均匀，切片的结晶度从 27%提高到 36%，熔点基本不变；随温度的升高，熔体的表观黏度降低，非牛顿指数增大，并且在同一温度下，流体的表观黏度随电气石含量的增加呈现先减小后增大的趋势。针对聚乳酸熔喷非织造布中添加驻极体存在的纺丝不稳定以及驻极体易团聚等缺点，于斌等[170] 对加入驻极体制备 PLA 熔喷非织造布的热性能进行了研究，发现少量驻极体的添加有利于 PLA 材料结晶，在通过熔融结晶峰、过冷度和结晶温度区间表征 PLA 熔喷非织造布的可纺性时，得到了纯聚乳酸和含 5%驻极体聚乳酸复合材料都能够良好成型的结论。陈宁[171] 利用低温等离子体处理技术使聚乳酸非织造布表面首先产生一定程度的刻蚀，并将处理 3min 后的聚乳酸非织造布浸渍不同浓度的壳聚糖溶液制成抗菌材料，对抗菌性能测试的结果表明，经洗涤 20 次后，其抗菌耐久性能仍然良好。针对聚乳酸熔喷非织造布的性能，魏建斐等[173] 认为，PLA 和聚丙烯纤维断裂强度和断裂伸长率相近（表 1-32），因而，PLA 完全可以替代聚丙烯作为熔喷非织造布原料，且不会影响熔喷非织造布的力学性能。

表 1-32 PLA 纤维与聚丙烯纤维的性能比较[172]

项目	PP	PLA
密度（g/cm^3）	0.90~0.91	1.25
断裂强度（cN/dtex）	2~8	4~5
断裂伸长率（%）	40~80	30
透光率（%）	85~88	90~95

虽然聚乳酸熔喷非织造布具有与丙纶熔喷非织造布相比拟的特点，但截至目前为止国内外还没有企业规模化的生产聚乳酸熔喷非织造布，只有科研院所相关的研究性报道，距离产业化生产还有一定的距离。由于聚乳酸熔喷非织造布是 SMS（纺粘+熔喷+纺粘非织造布）以及过滤用品的必需材料，而这些材料又是对环境危害较大的一次性医疗和卫生用品的主要组成部分。因而在未来，聚乳酸熔喷非织造布完全有可能替代传统聚丙烯熔喷非织造布用于过滤、医疗卫生、环境保护、服装保暖材料、吸声隔音以及电池隔膜材料领域。

参考文献

[1] 任杰，李建波. 聚乳酸 [M]. 北京：化学工业出版社，2014.

[2] Abbott D. Biographical Dictionary of Scientists: Chemists [M]. New York: Peter Bedrick Books, 1983.

[3] Dobbin L. The Collected Papers of Carl Wilhelm Scheele [M]. London: G. Bell & Sons Ltd, 1931.

[4] Holten H, Muller A, Rehbinder D. Lactic Acid [M]. Verlag Chemie, Weinheim, 1971.

[5] Benninga H. A History of Lactic Acid Making [M]. Dordrecht: Kluwer Academic Publishers, 1990.

[6] Ren J. Biodegradable Poly (Lactic Acid): Synthesis, Modification, Processing and Applications [M]. New York: Springer Press, 2011.

[7] Pelouze J. Mémorie sur l'Acide Lactique [J]. Ann Chim, 1845, 13: 257-268.

[8] Nef JU. Dissoziationsvorgänge in der Zuckergruppe [J]. Justus Liebigs Ann Chim, 1914, 403 (2-3): 204-383.

[9] Carothers WH, Dorough GL, Van Natta F J. Studies of polymerization and ring formation. X. The reversible polymerization of six-membered cyclic esters [J]. J Am Chem Soc, 1932, 54 (2): 761-772.

[10] Lowe CE. Preparation of high molecular weight polyhydroxyacetic ester [P]. US2668162, 1954-02-02.

[11] Kulkarni RK, Pani KC, Neuman C, et al. Polylactic acid for surgical for surgical implants [J]. Arch Surg-Chicago, 1966, 93: 839-843.

[12] Michel YY. Suture preparation [P]. US3531561, 1970-09-29.

[13] Schneider AK. Polylactide sutures [P]. US3636956, 1972-01-25.

[14] Leenslag J W, Pennings AJ. Synthesis of high-molecular-weight poly (L-lactide) initiated with tin 2-ethylhexanoate [J]. Makromol Chem, 1987, 188 (8): 1809-1814.

[15] Krins B. PLA fibers: new technical applications [J]. Chem Fiber Int, 2010, 60 (2): 89.

[16] Pearce EM, Schaefgen JR. Contemporary Topics in Polymer Science [J]. US: Springer, 1997: 251.

[17] Viju S, Thilagavathi G. Recent developments in PLA fibers [J]. Chem Fiber Int, 2009, 59 (3): 154.

[18] 李亚滨，寇士军. 聚乳酸/聚乙醇酸复合纤维的性能探讨 [J]. 合成纤维工业, 2005, 28 (1): 20-22.

[19] Cutright DE, Hunsuck EE. Tissue reaction to the biodegradable polylactic acid suture [J]. J Oral Maxil Surg, 1971, 31: 134-139.

[20] Gupta B, Revagade N, Hilborn J. Poly (lactic acid) fiber: an overview [J]. Prog PolymSci, 2007, 32 (4): 455-482.

[21] Pang X, Zhuang XL, Tang ZH, et al. Polylactic acid (PLA): re-search, development and industrialization [J]. Biotechnol J, 2010, 5 (11): 1125-1136.

[22] Zhao RL, Wang SB, Yang MG, et al. Synthesize PLA for filature and the performance of PLA fibers [J]. Prog Text Sci Technol, 2006, (6): 15-16, 27.

[23] 钱程，许克强，陈瑞锋，等. 一种表层材料为三层结构的纸尿裤：中国 [P]. CN201420323176.6, 2014-12-17.

[24] 钱程，许克强，陈瑞锋，等. 一种防侧漏的卫生巾：中国 [P]. CN201420322880.X, 2014-12-17.

[25] Tsuji H, Ikada Y. Crystallization from the melt of poly (lactide)s with different optical purities and their blends [J]. Macromol Chem Phys, 1996, 197 (10): 3483-3499.

[26] 汪朝阳，赵耀明. 乳酸直接聚合法合成聚乳酸类生物降解材料 [J]. 化学世界, 2003, 6: 323-326.

[27] Woo SI, Kim BO, Jun HS, et al. Polymerization of aqueous lactic acid to prepare high molecule wight poly (lactic acid) by chain-extending with hexamethylene diisocyanate [J]. J Polym Bull, 1995, 35 (4): 415.

[28] Ajioka M, Enomoto K, Suzuki K, et al. Basic properties of polylactic acid produced by the direct condensation polymerization of lactic acid [J]. Bull Chem Soc Jpn, 1995, 68: 2125-2131.

[29] Sung I M, Chan W L, Masatoshi M. et al. Melt polycondensation of L-lactic acid with Sn (Ⅱ) catalysts activated by various proton acids: A direct manufacturing route to high molecular weight Poly (L-lactic acid)

[J]. J Polym Sci: Polym Chem, 2000, 38: 1673-1679.

[30] 林季，颜光涛. 聚乳酸的制备及应用研究进展 [J]. 北京生物医学工程. 2005，24（6）：464-467.

[31] 李曹，王远亮. 聚乳酸制备研究进展 [J]. 国外医学生物医学工程分册. 2002，25（6）：274-278.

[32] Moon S I, Lee C W, Taniguchi I, et al. Melt/solid polycondensation of l-lactic acid: an alternative route to poly (l-lactic acid) with high molecular weight [J]. Polymer, 2001, 42 (11): 5059-5062.

[33] Takasu A, Narukawa Y, Hirabayashi T. Direct dehydration polycondensation of lactic acid catalyzed by water-stable lewis acids [J]. J Polym Sci Pol Chem, 2006, 44 (18): 5247-5253.

[34] Shyamroy S, Garnaik B, Sivaram S. Structure of poly (L-lactic acid) s prepared by the dehydropolycondensation of L-lactic acid with organot in catalysts [J]. J Polym Sci Pol Chem, 2005, 43 (10): 2164-2177.

[35] Ma H Y, Tang C Q, Yu M H. Study on the preparation of the high molecular weight poly (L-lactic acid) by melt polycondensation with reducing the reaction pressure step by step [J]. J Mater Sci Eng, 2007, 25 (4): 554-557.

[36] Wang C Y, Zhao Y M. Synthesis of biodegradable material poly-lactic acid [J]. Chem Ind Eng Prog, 2003, 22 (7): 678-682.

[37] 周兴贵，朱凌波，袁渭康. 直接缩聚制备高分子量聚乳酸的方法：中国，01113146.2 [P]. 2003-12-31.

[38] 汪朝阳，赵耀明，王浚. 扩链法合成聚乳酸类生物降解材料 [J]. 合成化学. 2003，2：106-110.

[39] 邹新伟，杨淑英，陈立班，等. 生物降解型聚氨酯 [J]. 化学世界，1997，(9)：451-454.

[40] Storey R F, Wiggins J S, Puckett A D. Hydrolyzable Poly (ester-urethane) Networks from L-lysine Diisocyanate and D, L-lactide/ε-caprolactone homo-and copolyester triols [J]. J Polym Sci Pol Chem, 1994, 32: 2345-2363.

[41] Kylmä J, Tuominen J, Helminen A, et al. Chain extending of lactic acid oligomers. Effect of 2,2′-bis (2-oxazoline) on 1,6-hexamethylene diisocyanate linking reaction [J]. Polymer, 2001, 42 (8): 3333-3343.

[42] Penco M, Becattini M, Ferruti P, et al. Poly (ester-carbonates) Containing Poly (lactic-glycolic Acid) and Poly (ethylene glycol) [J]. Polym Advan Technol, 1996, 7: 536-542.

[43] Penco M, Ranucci E, Ferruti P. New Chain Extension Reaction on Poly (lactic-glycolic acid) (PLGA) Thermal Oligomers Leading to High Molecular Weight PLGA-based Polymeric Products [J]. Polym Int, 1998, 46 (3): 203-216.

[44] Grijpma D W, Kroeze E, Nijenhuis A J, et al. Poly (L-lactide) Crosslinked With Spiro-bis-Dimethylene-carbonate [J]. Polymer, 1993, 34 (7): 1496-1503.

[45] Penning J P, Grijpma D W, Pennings A J. Hotd-rawing of Poly (lactide) Networks [J]. J Mater SciLett, 1993, l2 (13): 1048-1051.

[46] Pelouze J. Ueber die Milchsäure [J]. Justus Liebigs Annalen der Chemie, 1845, 53 (1): 112-124.

[47] Stridsberg K M, Ryner M, Albertsson A C. Controlled Ring-Opening Polymerization: Polymers with designed Macromolecular Architecture [J]. Adv Polym Sci, 2002, 157: 41-65.

[48] Majerska K, Duda A. Stereocontrolled Polymerization of Racemic Lactide with Chiral Initiator: Combining Stereoelection and Chiral Ligand-Exchange Mechanism [J]. J Am Chem Soc, 2004, 126 (4): 1026-1027.

[49] Russell S K, Gamble C L, Gibbins K J, et al. Stereoselective Controlled Polymerization of dl-Lactide with [Ti (trisphenolate) O-i-Pr]$_2$ Initiators [J]. Macromolecules, 2005, 38 (24): 10336-10340.

[50] Bourissou D, Moebs-Sanchez S, Martin-Vaca B. Recent advances in the controlled preparation of poly (α-hydroxy acids): Metal-free catalysts and new monomers [J]. Comptes Rendus Chimie, 2007, 10 (9): 775-794.

[51] 钱伯章. 聚乳酸国内外发展现状 [J]. 化工新型材料，2008，36（11）：36-38.

[52] Cicero J A，Dorgan J R，Dec S F，et al. Phosphite stabilization effects on two-step melt-spin fibers of polylactide [J]. Polym Degrad Stabil，2002，78（1）：95-100.

[53] 顾进，薛敏敏，邹荣华，等. 聚乳酸短纤维工业化生产的前纺工艺研究 [J]. 合成纤维，2009，38（12）：41-44.

[54] 王胜东. 聚乳酸的合成与纤维成型 [D]. 上海：东华大学，2003.

[55] 张文，周静宜，陈玉顺. 聚乳酸切片的纺丝工艺研究 [J]. 聚酯工业，2008，21（6）：22-24.

[56] 张袁松. 新型纤维材料概论 [J]. 重庆：西南师范大学出版社. 2012.

[57] Mezghani K，Spruiell J E. High speed melt spinning of poly（L2lactic acid）filaments [J]. J Polym Sci Pol Phys，1998，36（7）：1005.

[58] 刘淑强，张蕊萍，贾虎生，等. 可生物降解聚乳酸长丝的熔融纺丝工艺 [J]. 纺织学报，2012，33（11）：11-14.

[59] Petra P，Timo A，Tobias V，et al. Liquid sensing properties of fibres prepared by melt spinning from poly（lactic acid）containing multi-walled carbon nanotubes [J]. Compos Sci Technol，2010，70（2）：343.

[60] 朱美芳，许文菊. 绿色纤维和生态纺织新技术 [J]. 北京：化学工业出版社. 2005.

[61] 王向冰. 聚乳酸的熔融纺丝研究 [D]. 上海：东华大学. 2006.

[62] 张黎，钱明球. 聚乳酸纤维拉伸性能研究 [J]. 合成技术及应用，2005，20（2）：15-18.

[63] 薛敏敏，邹荣华. 聚乳酸短纤维拉伸、卷曲工艺研究 [J]. 合成纤维，2008，3：41-44.

[64] 薛敏敏，邹荣华. 聚乳酸短纤维的热定形工艺研究 [J]. 合成纤维，2008，37（4）：46-48.

[65] Ghosh S，Vasanthan N. Structure development of poly（L-lactic acid）fibers processed at various spinning conditions [J]. Appl Polym Sci，2006，101（2）：1210-1216.

[66] 刘淑强，戴晋明，贾虎生，等. 纺长丝用聚乳酸切片的干燥工艺 [J]. 纺织学报，2012，33（7）：19-23.

[67] Samuel S，金磊，金立国. 拉伸辊温度对熔纺 PLA 长丝热性能和抗拉性能的影响 [J]. 合成纤维，2005，34（12）：46-47.

[68] 余晓华. 聚乳酸酯长丝的开发和探讨 [J]. 化纤与纺织技术，2006，（3）：12-15.

[69] 李旭明. 聚乳酸纺丝工艺的研究 [J]. 轻纺工业与技术，2013，（6）：21-22.

[70] 金立国，倪如青. 聚乳酸及其纤维研究开发现状 [J]. 合成纤维，2003，32（2）：25-27.

[71] 赵博. 聚乳酸纤维的可纺性研究及产品开发 [J]. 上海纺织科技，2005，6：50-51.

[72] 王素娟. 聚乳酸纤维性能及纺纱工艺的研究 [D]. 天津：天津工业大学纺织工程，2005.

[73] 谭震. 聚乳酸纤维混纺纱及其织物的力学性能研究 [D]. 青岛：青岛大学，2008.

[74] 单丽娟. 聚乳酸混纺纱工艺及性能研究 [D]. 天津：天津工业大学，2006.

[75] 张浩传，石淼，刘金辉. 玉米纤维纯纺纱的开发 [J]. 棉纺织技术，2005，33（1）：42-43.

[76] 杨元，周建萍，李永贵，等. 聚乳酸纤维及其混纺织物的性能研究 [J]. 上海纺织科技，2008，36（2）：54-56.

[77] 阎磊，宋如勤，郝爱萍. 新型纺纱方法与环锭纺纱新技术 [J]. 棉纺织技术，2014，42（1）：20-26.

[78] 赵连英，章友鹤. 新型纺纱技术的发展与传统环锭纺纱技术的进步——对纺纱加工技术进步与发展的分析（上）[J]. 现代纺织技术，2009，17（6）：48-50.

[79] 周双喜，刘艳斌，刘琳，等. 麻赛尔/玉米纤维喷气涡流纺工艺设计与优化 [J]. 上海纺织科技，2012，40（1）：11-13.

[80] 傅忠君. 聚乳酸纤维织物染色性能研究 [D]. 武汉：武汉理工大学，2008.

[81] 邵燕军. 聚乳酸纤维织物深色染色研究 [D]. 上海：东华大学，2006.

[82] 杨栋梁. 聚乳酸纤维的染色性能 [J]. 染料与染色，2003，40（3）：143-148.

[83] 杨文芳，赵越. PLA 纤维染色性能的探讨 [J]. 天津工业大学学报，2006，25（3）：51-54.

[84] 胡玲玲，王树根. 聚乳酸（PLA）纤维的染色性能 [J]. 印染，2004，（22）：1-4.

[85] 董瑛，李传梅，仲黎明，等. 聚乳酸纤维织物的印染前处理工艺 [J]. 印染，2004，30（19）：12-14.

[86] 徐丽娟，傅忠君，赵岩. 聚乳酸/丽赛/竹纤维混纺织物前处理工艺 [J]. 染整技术，2009，（3）：17-24.

[87] 李金宝，唐人成. 聚乳酸纤维染整加工的进展 [J]. 印染，2004，（9）：36-43.

[88] 宋建芳，傅忠君，孙云飞. PLA/棉混纺织物一浴一步法染色工艺研究 [J]. 染料与染色，2013，（1）：22-26.

[89] 赵武斌. 聚乳酸/棉混纺织物的染整工艺 [J]. 棉纺织技术，2008，（1）：4-6.

[90] 严菊珍. 涤棉针织物一浴一步法染色 [J]. 印染，1996，22（2）：15-19.

[91] 宋新远. 分散/活性染料一浴法染色近年进展 [C]. 上海：涂料染料行业协会年会暨涂料染料颜料信息发布，2009.

[92] 英国《J. S. D. C.》[M]. 刘昌龄，等，译. 北京：中国纺织出版社，1998.

[93] 侯瑞春. 聚乳酸纤维性能及产品开发研究 [D]. 青岛：青岛大学，2008.

[94] 蔡沈阳，胡广，任杰. 乳丝的加工，性能及其应用 [J]. 生物工程学报，2016，6：008.

[95] 刘淑强. 聚乳酸纤维的纳米 SiO_2 耐热改性研究 [D]. 太原：太原理工大学，2012.

[96] Hufenus R，Reifler F A，Maniura - Weber K，et al. Biodegradable Bicomponent Fibers from Renewable Sources：Melt-Spinning of Poly（lactic acid）and Poly [（3-hydroxybutyrate）-co-（3-hydroxyvalerate）] [J]. Macromol Mater Eng，2012，297（1）：75-84.

[97] Grigsby W J，Kadla J F. Evaluating poly（lactic acid）fiber reinforcement with modified tannins [J]. Macromol Mater Eng，2014，299（3）：368-378.

[98] 梁宁宁，熊祖江，王锐，等. 聚乳酸纤维的制备及性能研究进展 [J]. 合成纤维工业，2016，（1）：42-47.

[99] Yang G S，Shao H L，Hu X C，et al. Preparation method of polylactic acid fiber with high melting point：CN201010145777.9 [P]. 2010-08-18.

[100] 李颖，刘大伟，耿亮. 聚乳酸纤维耐热改性试剂研究 [J]. 纺织科技进展，2014，（1）：14-16.

[101] Chen H P，Pyda M，Cebe P. Non-isothermal crystallization of PET/PLA blends [J]. Thermochim Acta，2009，492（1/2）：61-66.

[102] Touny A H，Bhaduri S B. A reactive electrospinning approach for nanoporous PLA/monetitenanocomposite fibers [J]. Mater Sci Eng C，2010，30（8）：1304-1312.

[103] Tsuji H. Poly（lactide）stereocomplexes：formation，structure，properties，degradation，and applications [J]. Macromol Biosci，2005，5（7）：569-597.

[104] 熊祖江. 聚乳酸立构复合物结晶结构调控和性能研究 [D]. 北京：中国科学院大学，2013.

[105] De Santis P，Kovacs A J. Molecular conformation of poly（S-lactic acid）[J]. Biopolymers，1968，6（3）：299-306.

[106] Ikada Y，Jamshidi K，Tsuji H，et al. Stereocomplex formation between enantiomeric poly（lactides）[J]. Macromolecules，1987，20（4）：904-906.

[107] Monticelli O，Putti M，Gardella L，et al. New stereocomplex PLA-based fibers：effect of POSS on polymer functionalization and properties [J]. Macromolecules，2014，47（14）：4718-4727.

[108] Zhang P，Tian R，Na B，et al. Intermolecular ordering as the precursor for stereocomplex formation in the electrospun polylactide fibers [J]. Polymer，2015，60：221-227.

[109] Yamamoto M, Nishikawa G, Afifi A M, et al. Effect of the take-up velocity on the higher-order structure of the melt-electrospun PLLA/PDLA blend fibers [J]. Sen-I Gakkaishi, 2015, 71 (3): 127-133.

[110] Chen DK, Li J, Ren J. Crystal and thermal properties of PLLA/PDLA blends synthesized by direct melt polycondensation [J]. J Polym Environ, 2011, 19 (3): 574-581.

[111] 赵晓慧，靳向煜，陈旭炜. 聚乳酸非织造布的降解及其纤维的鉴别 [J]. 东华大学学报（自然科学版），2004，30（4）：84-88.

[112] 严冰，赵耀明. 聚丙交酯及可降解脂肪族聚酯类纤维的结构与生物降解性能 [J]. 合成纤维，2000，29（3）：16-19.

[113] 孙嘉. 含聚乳酸纤维针织物服用性能与降解性能研究 [D]. 上海：东华大学，2014.

[114] Cohn D, Salomon A H. Designing biodegradable multiblock PCL/PLA thermoplastic elastomers [J]. Biomaterials, 2005, 26 (15): 2297-2305.

[115] 孟颖. 聚乳酸纤维性能测试与比较研究 [D]. 天津：天津工业大学，2007.

[116] 蒋艳凤，董超萍，杨理. 聚乳酸纤维面料的性能初探 [J]. 浙江纺织服装职业技术学院学报，2006，5（3）：16-18.

[117] 朱兰芳，李亚滨. 聚乳酸纤维吸湿性能的研究进展 [J]. 轻纺工业与技术，2012，41（1）：49-51.

[118] 严玉蓉，赵耀明，詹怀宇，等. 三叶异形聚乳酸纤维的熔融纺丝及其性能研究 [J]. 合成纤维工业，2006，29（5）：11-13.

[119] Rasal R M, Janorkar A V, Hirt D E. Poly (lactic acid) modifications [J]. Prog Polym Sci, 2010, 35 (3): 338-356.

[120] Vasir J K, Labhasetwar V. Biodegradable nanoparticles for cytosolic delivery of therapeutics [J]. Adv Drug Deliv Rev, 2007, 59 (8): 718-728.

[121] Wang J P, Feng S S, Wang S, et al. Evaluation of cationic nanoparticles of biodegradable copolymers as siRNA delivery system for hepatitis B treatment [J]. Int J Pharm, 2010, 400 (1/2): 194-200.

[122] Hong Z K, Zhang P B, He C L, et al. Nano-composite of poly (L-lactide) and surface grafted hydroxyapatite: mechanical properties and biocompatibility [J]. Biomaterials, 2005, 26 (32): 6296-6304.

[123] Oh J K. Polylactide (PLA) -based amphiphilic block copolymers: synthesis, self-assembly, and biomedical applications [J]. Soft Matter, 2011, 7 (11): 5096-5108.

[124] 常少坤，任杰. 聚乳酸的阻燃改性研究进展 [J]. 塑料，2010（4）：85-88.

[125] Li S M, Yuan H, Yu T, et al. Flame-retardancy and anti-dripping effects of intumescent flame retardant incorporating montmorillonite on poly (lactic acid) [J]. Polym Adv Technol, 2009, 20 (12): 1114-1120.

[126] Kubokawa H, Hatakeyama T. Thermal decomposition behavior of polylactide fabrics treated with flame retardants [J]. Fiber, 1999, 55 (8): 349-355.

[127] Kubokawa H, Takahashi K, Nagatani S, et al. Thermal decomposition behavior of cotton/polyester blended yarn fabrics treated with flame retardants [J]. Soc Fiber Sci Technol, Jnp, 1999, 55 (7): 298-305.

[128] 李亚滨，寇士军. 阻燃处理对聚乳酸纤维性能的影响 [J]. 纺织学报，2006，27（4）：28-30.

[129] Nodera A, Hayata Y. Flame Retardant for polylactic acid, polylactic acid composition and molded article using the same [P]. JP 2006052239. 2006-02-23.

[130] 于涛，李岩，任杰. 阻燃级黄麻短纤维/聚乳酸复合材料的制备及性能研究 [J]. 材料工程，2009（S2）：294-297.

[131] Draper C. The management of malodour and exudate in fungating wounds [J]. Brit J Nurs, 2005, 14 (11): 4-12.

[132] 彭鹏，张瑜，张伟，等. 聚乳酸超细纤维医用抗菌敷料的制备 [J]. 上海纺织科技，2014，42（12）：

18-20.
[133] 王军梅，敬凌霄.玉米聚乳酸纤维针织产品的开发［J］.纺织科技进展，2006（5）：64-66.
[134] 刘艳，孟家光.绿色环保纤维 PLA 针织产品开发［J］.上海纺织科技，2006（1）：55-56.
[135] 宋艳辉.聚乳酸纤维针织面料的生产实践［J］.针织工业，2014（1）：7-8.
[136] 漆小瑾，黄小云，刘晓玲.PLA 多组分针织用混纺纱及其针织面料的开发［J］.针织工业，2007，（2）：11-17.
[137] 刘淑强，吴改红，孙卜昆，等.聚乳酸长丝与棉的 Sirofil 纺纱工艺及拉伸性能［J］.合成纤维，2013（9）：35-38.
[138] 张红霞，陈志蕾，李艳清，等.PTT/PLA/黏胶混纺织物的服用性能.纺织学报，2011（8）：41-45.
[139] 吴益峰.聚乳酸纤维针织物结构设计与生产实践［J］.纺织导报，2012（2）：78-80.
[140] 敬凌霄，欧永玲，王云等.PLA 纤维针织产品的开发［J］.针织工业，2006，（12）：33-34.
[141] 杜捷逻，赵俐.聚乳酸纤维纬编针织产品的研究及开发［J］.国际纺织导报，2011（5）：32-34.
[142] 吴兴群.一种天丝与聚乳酸交织斜纹面料：CN204825213U［P］.2015.
[143] 柯勤飞，靳向煜.非织造学［M］.2 版.上海：东华大学出版社，2010.
[144] 陈宽义，沈季疆.玉米纤维水刺非织造布的研究开发［J］.产业用纺织品，2009，27（7）：6-9.
[145] Trevira's Ingeo breakthrough［C］. Nonwovens report international，2011，（1）：523.
[146] 钱程.玉米纤维床品用非织造材料的性能研究［C］.2010 功能性家纺论坛论文集.2010：28-32.
[147] Jie Z S，Li H B. Three-anti Finishing For PLA Spunlace Non-woven Fabrics［C］. Adv Text Mater，Part 2. 2011：1243-1246.
[148] 钱程.一种绿色可完全降解型保暖材料及其生产方法，CN200910045193.1［P］.2009-8-19.
[149] Jia H L，An P C，Jan Y L，et al. Manufacturing Technique and Physical Properties of Environment-Protective Composite Nonwoven Fabrics［C］. Appl Eng Mater，Part 1. 2011：152-155.
[150] 王思思，韦炜，邹汉涛，等.无土栽培用聚乳酸/苎麻落麻非织造布基质的制备及性能研究［J］.产业用纺织品，2016，34（9）：25-29.
[151] Adrian W. PLA progress［J］. Future Mater，2010，（Sep.）：16-20.
[152] Bhat G S，Gulgunje P，Desai K. Development of structure and properties during thermal calendering of polylactic acid（PLA）fiber webs［J］. Express Polym Lett，2008，2（1）：49-56.
[153] Blechschmidt D，Fuchs H，Lindner R，et al. Biologically degradable spunbonded nonwovens from PLA-process and product parameters［J］. Tech Text，2004，47（3）：E115-E117.
[154] Chemical Fibers International Group. NatureWorks：PLA for meltblown nonwovens［J］. Chem Fiber Int，2009，59（4）：200.
[155] Bhat G S，Kokouvi A. Meltblown IngeoTM Submicron-fibers as Sustainable Filter Media（PPT）［C］. 25th American Filtration and Separations Society Annual Meeting 2012. 2012：1-39.
[156] Vasily T，Ryan M. Additive Formulations and Modification Chemistry for Meltspun Fibrous Structures from Renewable Biopolyesters［J］. Am Chem Soc，Div Polym Mater，2010：22-22.
[157] James H W，Aimin H. Bio-Based and Biodegradable Aliphatic Polyesters Modified by a Continuous Alcoholysis Reactio［J］. Green Polym Chem：Biocatal Biomater，2010：425-437.
[158] 渠叶红，柯勤飞，靳向煜，等.熔喷聚乳酸非织造材料工艺与过滤性能研究［J］.产业用纺织品，2005，23（5）：19-22.
[159] Nonwoven developed for tea-bags［J］. Technical textiles international，2009，18（4）：33-37.
[160] Farrington D W，Lunt J，Davies S，et al. Poly（lactic acid）fibers［J］. Biodegrad Sustain Fibres，2005，6：191-220.

[161] Blechschmidt D, Lindner R, Erth H, 等. 产业用聚乳酸纤维纺黏非织造布 [J]. 国际纺织导报, 2008 (12): 51-56.
[162] 邹荣华. 聚乳酸纺黏法非织造布设备及工艺技术研 [J]. 纺织导报, 2011 (10): 132-134, 136-137.
[163] 任元林, 焦晓宁, 程博闻, 等. 聚乳酸纤维及其非织造布的生产和应用 [J]. 产业用纺织品, 2005, 23 (4): 9-12.
[164] 张闯, 计建中, 段腊梅, 等. 聚乳酸纺黏针刺非织造布生产工艺探讨 [J]. 非织造布, 2007, 15 (6): 25-27.
[165] Dieter H M, Andreas K. Meltblown Fabrics out of Biodegradable Polymers [J]. Joint INDA-TAPPI Conference, 2000: 1-15.
[166] Jim L. 用于非织造材料的聚乳酸 [J]. 产业用纺织品, 2006, 24 (1): 18-22.
[167] Kerem D. Meltblown PLA Nonwoven Materials Push the Innovation Index Forward [J]. Nonwovens Ind, 2015, 46 (5): 130-132.
[168] 刘亚, 程博闻, 周哲, 等. 聚乳酸熔喷非织造布的研制 [J]. 纺织学报, 2007, 28 (10): 49-53.
[169] 张琦, 于斌, 韩建, 等. 电气石改性聚乳酸切片的制备及分析 [J]. 浙江理工大学学报, 2012, 29 (4): 480-483.
[170] 于斌, 韩建, 余鹏程, 等. 驻极体对熔喷用 PLA 材料热性能及可纺性的影响 [J]. 纺织学报, 2013, 34 (2): 82-85.
[171] 陈宁. 聚乳酸非织造布抗菌材料的制备及其性能研究 [D]. 天津: 天津工业大学, 2008.
[172] 魏建斐, 庞飞. 聚乳酸熔喷非织造布的产业化开发 [J]. 合成纤维, 2010, 39 (6): 11-14.

第二章 纤维素纤维

第一节 概述

一、纤维素纤维的生产方法

纤维素是自然界赐予人类的最丰富的天然高分子物质，它不仅来源丰富，而且是可再生的资源。自古以来，人们就懂得用棉花织布及用木材造纸，但直到 1838 年，法国科学家 Anselme Payen 对大量植物细胞经过详细的分析，发现它们都具有相同的一种物质，他把这种物质命名为纤维素（cellulose）。据科学家估计，自然界通过光合作用每年可产生几千亿吨的纤维素，然而，只有大约 60 亿吨的纤维素被人们所使用。纤维素可以广泛应用于人类的日常生活中，与人类生活和社会文明息息相关。利用纤维素生产再生纤维素纤维是纤维素应用较早和非常成功的应用实例。早在 1891 年，克罗斯（Cross）、贝文（Bevan）和比德尔（Beadle）等首先制成了纤维素黄酸钠溶液，由于这种溶液的黏度很大，因而命名为“黏胶”。黏胶遇酸后，纤维素又重新析出。1893 年由此发展成为一种最早制备化学纤维的方法。到 1905 年，Mueller 等发明了稀硫酸和硫酸盐组成的凝固浴，使黏胶纤维性能得到较大改善，从而实现了黏胶纤维的工业化生产。这种方法得到的再生纤维素纤维就是人们至今一直应用的黏胶纤维，黏胶纤维是一类历史悠久、技术成熟、产量巨大、用途广泛的化学纤维。目前，再生纤维素纤维的生产方法具体有如下几种：

（1）黏胶法：黏胶纤维。

（2）溶剂法：铜氨纤维、莱赛尔纤维等。

（3）纤维素氨基甲酸酯法（CC 法）：纤维素氨基甲酸酯（cellulose Carbamate）纤维。

（4）离子液体法：新型纤维素纤维。

（5）其他新型方法：新型纤维素纤维（闪爆法、增塑纺丝法、液晶溶液法等）。

开发环境友好型非黏胶法纤维素纤维绿色生产工艺受到了国内外专家的普遍关注，寻找少毒或无毒纺丝工艺；建立完善的回收体系；对“三废”进行综合治理；改造生产设备，提生产自动化、连续化；可使纤维素纤维生产更具活力。其中 NMMO（*N*-甲基吗啉-*N*-氧化物）溶剂直接溶解纤维素、纺制纤维素纤维的研究，从根本上改革黏胶体系并解决“三废”污染问题的生产工艺已在国内外实现了工业化，这是纤维素纤维工业的重大变革。尽管目前纤维素纤维的主要生产方法还是以黏胶法为主，产量占 90%以上，但是，由于环境的问题，终将被环境友好型方法生产的新型纤维素纤维所代替，所以，这一章将不再介绍传统的黏胶纤维，主要介绍新型的纤维素纤维，尤其是唯一工业化的 NMMO 溶剂法纤维素纤维——莱赛尔纤维。

二、莱赛尔纤维的品种与分类

根据国际人造丝及合成纤维标准局的定义，以天然纤维素为原料，用有机溶剂直接溶解纺丝工艺制备的纤维素纤维属名 Lyocell（莱赛尔）纤维[1]，现通常指 NMMO（*N*-甲基吗啉-*N*-氧化物）溶剂法再生纤维素纤维。莱赛尔（Lyocell）纤维是 20 世纪末实现工业化生产的一种新型再生纤维素纤维，它是将天然纤维素原料直接溶解在 NMMO 和水的混合溶剂中，通过干湿法纺丝制得，因此又被称为新溶剂法纤维素纤维。

莱赛尔纤维有普通型 Lyocell、交联型 Lyocell 和超细型 Lyocell 等纤维品种。

1. 普通型 Lyocell 纤维

普通型 Lyocell 纤维主要以木浆粕为原料，纺丝过程采用 NMMO 溶剂，溶剂回收率可达 99% 以上。主要品种包括 Lyocell 短纤（Tencel®、Alceru®、Co-cell®、Acell®与长丝（New-cell®）。

2. 交联型 Lyocell 纤维

Lyocell 纤维在湿态条件或有机械外力作用下会产生原纤化，为克服纤维的原纤化现象，Acordis、Lenzing 两公司均研制了交联型 Lyocell 纤维。Acordis 公司的商标名命名为 Tencel® A100、Tencel® A200；Lenzing 公司的商标名命名为 Lenzing Lyocell® LF[2]。

Tencel® A100 纤维采用添加交联剂的方法使大分子间产生交联作用，因而表面不会形成微纤，同时此法可保持纤维其他优良性能，可生产表面光洁及织纹清晰的面料，广泛应用于针织毛衫领域。Tencel® A200 在碱性条件下可以稳定存在，其与棉混纺织物可经受全丝光处理；染色亲和性与棉相似；甲醛释放几乎为 0，非常适合制作内衣与婴儿服。Lyocell® LF 的抗原纤化处理方法与 Tencel® A100 相似，均是在纤维素分子间添入键联结剂以防纤维出现原纤化[3]，故 Lyocell® LF 纤维在机械加工及织物整理过程中不会产生原纤化现象，纤维多次水洗也不会出现原纤化。

交联型 Lyocell 纤维的横截面形态与普通 Lyocell 纤维不一样，具有永久卷曲，但强度略有下降；纤维的耐晒性和耐湿性与 Lyocell 纤维差别不大，但与直接染料等一些染料的亲和力略低。

3. 超细型 Lyocell 纤维

Lenzing 公司在抗原纤化 Lyocell® LF 纤维基础上又开发出超细型 Lyocell 纤维（Micro Lyo-cell®），规格为 0. 9dtex×34mm，主要适用于女士外衣与针织内衣面料，但产量不大。

Lyocell 纤维产品目前主要用于针织服装、休闲服、内衣等领域，产业用的比例较小。今后，Lyocell 纤维扩大应用领域，向装饰用与产业用纺织品领域发展将会成为发展趋势。此外，开发功能性差别化 Lyocell 纤维也将会更受市场欢迎。

三、莱赛尔纤维的发展简史

Lyocell 纤维的发展历程见表 2-1 和表 2-2[1,4-6]。

从 1969 年公开的专利中提及 *N*-甲基吗啉-*N*-氧化物是合适的溶剂，直至 20 世纪 90 年代后期，荷兰、英国 、奥地利 、德国等国家开始其产业化开发。1980 年 Courtaulds 公司将 Lyocell 纤维产品命名为“Tencel”（我国音译为“天丝”），后归属英国阿考迪司公司。Lenz-ing 公司于 1997 年开始生产 Lyocell 纤维。英国阿考迪司公司生产的 Tencel 和奥地利兰精公司

表 2-1 Lyocell 纤维的发展历程（国外）

年份	人名、公司或研发机构	发展阶段
1939	Graenacher, G.; Sallmann, R.	三甲基、三乙基、二甲基环己基等叔胺氧化物为溶剂制备纤维素溶液的专利[5]
1969	Eastman Kodak	制备叔胺氧化物 *N*-甲基吗啉-*N*-氧化物（NMMO）作为纤维素溶剂的专利[6]
1976	Akzo	NMMO 溶解纤维素纺丝的基础研究
1976	Lenzing AG	开始 NMMO 溶解纤维素的研究工作
1979	Akzo	出现生产方法和产品专利
1980	Akzo	溶解过程稳定剂的专利
1981	Titk（图林根纺织和塑料研究院）	开始环保型纤维素纤维生产工艺的开发
1982	Akzo	工程开发
1982	Courtaulds	溶剂法纺丝工艺的研究开发
1983	Akzo	建立了纤维素短纤生产线，并开始长丝工艺和产品开发
1985	Lenzing AG	开始 Lyocell 纤维开发
1986	Courtaulds	在英国的试生产线试运行
1987	Akzo	专利授权给奥地利 Lenzing 公司
1989	Akzo	长丝可行性示范
1990	Akzo	专利授权给英国 Courtaulds 公司
1990	Courtaulds	宣布在美国 Mobile 建立大规模 NMMO 溶剂法纤维素短纤生产厂
1990	Lenzing AG	在奥地利 Lenzing 的试生产线试运行
1992	Courtaulds	在美国 Mobile 的大规模 Lyocell 纤维生产厂建设开工
1993	Courtaulds	在美国 Mobile 的第一家大规模 Lyocell 纤维生产厂投产
1994	Akzo	在德国 Obernburg 的长丝工艺开发试生产线试运行
1997	Lenzing AG	在奥地利建成 1.2 万吨/年 Lyocell 纤维生产线
1997	Russian Scientific and Research Institute of Polymer Fibers	可提供 NMMO 溶剂法纤维素纤维技术的生产线
1998	Titk and Zimmer AG	合作建立了 300 吨/年的短纤和长丝中试工厂
2004	Lenzing AG	收购 Tencel Lyocell 纤维公司，合计产能约 12 万吨（Tencel Lyocell 纤维公司约 8 万吨，Lenzing 公司约 4 万吨）
2007	Birla Viscose（India）	与连续薄膜蒸发不同的连续全混合蒸发溶解技术，5000 吨/年 Lyocell 纤维生产线（据称实际产能 3000 吨/年，商品名 Birla Excel）
2013	Lenzing AG	合计产能 15.5 万吨（美国和英国 9 万吨，奥地利 6.5 万吨）
2014	Lenzing AG	合计产能 22.2 万吨（奥地利新增 6.7 万吨）
2018	Lenzing AG	合计产能 24.7 万吨（奥地利新增 2.5 万吨）
2019	Lenzing AG	合计产能 33.7 万吨（美国新增 9 万吨）

表 2-2 Lyocell 纤维的发展历程（国内）

年份	公司或研发机构	发展阶段
1987	成都科技大学和宜宾化纤厂	开始 NMMO 新溶剂法纤维素纤维小试研究
1994	东华大学	开始 Lyocell 纤维溶解和纺丝等方面的基础理论研究
1998	中国纺织总会科技发展中心、中国纺织科学研究院、东华大学、四川联合大学	成立“983”科研课题组，在中国纺织科学研究院建立小试纺丝实验线，开展工艺和工程化的小试研究
2001	上海纺织控股（集团）公司	千吨级 Lyocell 纤维项目，被国家发展与改革委员会列入国家高技术产业化新材料专项计划
2001	天津工业大学、天津大学、东华大学、中国纺织科学研究院	开展抗菌 Lyocell 纤维、阻燃 Lyocell 纤维等功能化 Lyocell 纤维进行基础及应用研究，部分项目获国家基金委立项
2005	中国纺织科学研究院	项目重启，开始连续薄膜蒸发溶解技术路线研究
2006	上海纺织控股（集团）公司所属上海里奥公司	1000 吨/年 Lyocell 纤维试产成功（采用连续全混合蒸发溶解技术）
2008	中国纺织科学研究院	十吨级连续薄膜蒸发溶解—干喷湿纺技术工程化示范装置，通过中国纺织工业协会项目鉴定
2012	中国纺织科学研究院、新乡化纤股份有限公司	“千吨级 Lyocell 纤维产业化成套技术的研究和开发”项目，通过中国纺织工业联合会科技成果鉴定
2014	中国纺织科学研究院、新乡化纤股份有限公司	“十二五”国家科技支撑计划课题“Lyocell 纤维产业化成套技术的研究开发”通过科技部和中国纺织工业联合会组织的课题验收，完成万吨级 NMMO 溶剂法纤维素纤维连续薄膜蒸发溶解—干喷湿纺工艺软件包的编制
2013	天津工业大学、恒天集团海龙股份公司、中国纺织科学研究院	开展 NMMO 溶剂法熔喷纤维素非织造布的小试研究
2014	河北保定天鹅新型纤维制造有限公司	引进奥地利 ONE-A 公司技术（国外溶解和纺丝等主工艺设备）的一期 1.5 万吨/年 Lyocell 纤维项目正式开工生产，商品名“元丝”
2015	山东英利实业公司	引进奥地利 ONE-A 公司技术（国外溶解和纺丝等主工艺设备）的一期 1.5 万吨/年 Lyocell 纤维项目正式开工生产，商品名“瑛赛尔”
2016	中纺院绿色纤维股份公司	以提高技术经济性（省略活化工段、高浓凝固浴、机械蒸汽再压缩等系列新技术）为特征的新一代技术全国产业化 Lyocell 纤维生产线一次试车成功，实现正式生产和连续运行，商品名“希赛尔”

生产的 Lenzing Lyocell 形成两大品牌，在这两个品牌中，Tencel（天丝）成为全球最知名 Lyocell 纤维的品牌名称。2004 年 5 月兰精公司正式并购了天丝公司，使这两个品牌联合起来，成为世界规模最大的、独享“天丝”品牌的生产企业。

国内 Lyocell 纤维的研究起始于 1987 年，四川大学（原成都科技大学）和宜宾化纤厂开始 NMMO 新溶剂法纤维素纤维小试研究。1997 年在宜宾化纤厂建设了 50 吨/年的试验装置。东华大学于 1994 年起开始了 Lyocell 纤维的实验室研究。1997 年下半年，设立了 Lyocell 纤维的研究开发中心，在溶解和纺丝等方面的基础理论领域进行了探索。在上述前期工作的基础上，中国纺织总会科技发展中心、中国纺织科学研究院、东华大学、四川联合大学于1998年初成立了“983”科研课题组，在中国纺织科学研究院建立了小试纺丝实验线，开展了工艺和工程化的小试研究。2001年，由上海纺织控股（集团）公司承担年产千吨级Lyocell纤维项目，被国家发展与改革委员会列入国家高技术产业化新材料专项计划。2003年，年产千吨规模Lyocell纤维的工业化生产示范项目，在上海市奉贤星火开发区内启动。2006年，上海里奥公司1000吨/年Lyocell纤维试产成功（采用连续全混合蒸发溶解技术）。中国纺织科学研究院于2005年项目重启后开始连续薄膜蒸发溶解技术路线的研究。2014~2016年，国内分别通过引进消化吸收和自主研发创新不同技术途径，在河北、山东、河南先后建成三条万吨级Lyocell短纤维生产线（采用连续薄膜蒸发溶解技术）。

四、莱赛尔纤维的产业现状

（一）国外Lyocell纤维产业现状

荷兰Akzo公司于1980年取得Lyocell纤维的生产工艺和产品专利；英国Courtaulds公司和奥地利的Lenzing公司分别于1992年和1997年实现了纤维的工业化生产；1997年，Lenzing公司在奥地利Heiligenkreuz投产建成产能为1.2万吨/年的Lyocell短纤生产线，纤维商品名为“Lenzing Lyocell®”；1999年与Akzo Nobel公司合作，在德国Obernburg地区建立了一个产能为5000吨/年的Lyocell长丝工厂，纤维商品名为“Newcell®”；Lenzing公司在2000年、2004年相继投资的Lyocell生产线正式投入运营，其在Heiligenkreuz的生产线总产能达4万吨/年；同年，Lenzing收购Tencel集团公司，自此拥有12万吨/年的总产能；从2005年3月起，Lenzing公司决定将商品名“Tencel®”用于旗下所有的Lyocell短纤维。2008年，其位于Heiligenkreuz工厂的第二条生产线投产。2012年之后，又新建了单产6.7万吨/年的生产线。发展至今，Lenzing集团已成为全球最大的Lyocell纤维生产商。此外，1998年德国Rudolstadt地区的Titk Lyocell纤维投产，以短纤为主，商品名为“Alceru®”；韩国Hanil开发的Lyocell纤维商品名为“Acell®，以短纤为主；印度Birla（博拉）公司的短纤名义产能为0.5万吨/年；俄罗斯制造的Lyocell纤维商品名为“Orcel®”；日本也有小批量生产。

（二）国内Lyocell纤维产业现状

上海里奥化纤有限责任公司与东华大学和德国Titk合作，引进瑞士List公司连续全混合蒸发溶解和德国巴马格公司纺丝等关键设备，于2006年年底实现了1000吨/年生产线的正式投产。

中国纺织科学研究院从1998年开始Lyocell纤维的小试研究工作，2005年开始基于国产设备的工程化技术的研究开发，2008年在北京建成了十吨级连续薄膜蒸发溶解—干喷湿纺技术工程化示范装置，通过了中国纺织工业协会的项目鉴定。

2009年中国纺织科学研究院在十吨级工程化示范线的基础上，和新乡化纤股份有限公司合作，在新乡化纤建设了1000吨/年Lyocell纤维的生产线。2012年，中国纺织科学研究院和新乡化纤股份有限公司共同承担的“千吨级Lyocell纤维产业化成套技术的研究和开发”项目通过中国纺织工业联合会组织的科技成果鉴定。

2014年，由中国纺织科学研究院承担，新乡化纤股份有限公司参与的“十二五”国家科技支撑计划课题“Lyocell纤维产业化成套技术的研究开发”通过科技部和中国纺织工业联合会组织的课题验收，完成了万吨级 NMMO 溶剂法纤维素纤维连续薄膜蒸发溶解—干喷湿纺工艺软件包的编制。

2014 年，河北保定天鹅新型纤维制造有限公司引进奥地利 ONE-A 公司技术（国外溶解和纺丝等主工艺设备）的一期 1.5 万吨/年 Lyocell 项目正式开工生产；2016 年，其承担的“新溶剂法再生纤维素纤维产业化技术”项目通过科技成果鉴定。该项目开发了相关的配套工艺技术，据介绍可实现浆粕的高效溶解，有效控制纤维素降解和 NMMO 分解，并制备出了可纺性优良的纺丝原液；此外，研发了一种新型的复合无醛交联剂及其处理技术，可生产抗原纤化的交联型 Lyocell 纤维。

2015 年，山东英利实业公司引进奥地利 ONE-A 公司技术（国外溶解和纺丝等主工艺设备）的一期 1.5 万吨/年 Lyocell 纤维项目开工生产，2016 年通过科技成果鉴定。据介绍，该项目的新溶剂法纤维素纤维工艺技术路线合理、可靠，产品质量优良。

2015 年，中国纺织科学研究院、新乡化纤股份有限公司、甘肃蓝科石化高新装备股份有限公司共同投资设立中纺院绿色纤维股份公司，初期生产线拟建规模年产 3 万吨，一期 1.5 万吨/年的国产 Lyocell 纤维生产线于 2016 年年底试车成功，正式生产和连续运行。中纺院绿色纤维股份公司的 Lyocell 纤维项目不同于前两者，拥有完全自主知识产权，装备国产化率 100%。

五、莱赛尔纤维的发展展望

莱赛尔纤维与传统的黏胶纤维相比，在制造工艺和纤维性能上都有很大差异，其工艺过程简单，纺丝溶剂无毒性，并有高水平的溶剂回收技术，使溶剂法纤维素纤维成为世界上公认的“绿色”环保型再生纤维素纤维，由此可以预见，莱赛尔纤维工艺将开创再生纤维素纤维的新时代。

从技术的发展趋势看，主要围绕降低生产成本和控制原纤化展开。

扩大单线产能是降低生产成本的重要方向，在这方面国际龙头企业——奥地利兰精公司处于领先地位。

功能化莱赛尔纤维与功能黏胶纤维相比，功能化莱赛尔纤维具有无法比拟的优势，黏胶纤维在生产过程中使用大量的强酸强碱，使得用于纤维素功能化的改性剂容易受到强酸强碱的破坏，黏胶法严重影响了功能化黏胶纤维的开发，随着莱赛尔纤维的产业化发展，功能化莱赛尔纤维的产业化必将得到快速发展。

在省略浆粕预处理活化工段方面，国内中国纺织科学研究院开发成功了连续深度溶胀代替浆粕预处理活化的技术，即低浓溶剂与原料浆粕直接均匀混合、连续提浓充分溶胀，开发了平推流、负压搅拌加热式、物料停留时间可控的连续溶胀成套设备，解决了高浓 NMMO 充分溶胀活化与低浓 NMMO 均匀混合浸渍相矛盾的技术难题，省略了整个浆粕预处理活化工段，平行对比实验表明，活化效果优于浆粕预处理活化。由于该工段类似黏胶法的浸压粉碱化工段（浆粕浸渍活化过程中的浓度只有 4%~5%），从而省去了设备、厂房等投资和物耗、能耗、人工等运行成本，同时具有节水、减少污水、避免重复蒸发耗能，及降低回收溶剂蒸发浓缩浓度并提高其储存安全性等优越性[7]。

在开发高浓凝固浴纺丝技术方面，通过凝固浴双扩散和纺程丝路及张力等的调控，已实现了高浓度凝固浴纺丝，待回收凝固浴浓度已达36%以上，目标期望值50%[8,9]，缩小了溶剂待蒸发浓度差，大幅减少了蒸发水量。

在溶剂回收过程中的蒸发浓缩技术方面，已开发了MVR即机械式蒸汽再压缩装置的NMMO溶液高效低温蒸发浓缩技术：次生蒸汽利用率大于95%、上限温度降低38℃，比多效蒸发更高效、安全，利于提高回收率，每吨纤维成本大幅降低[10]。

在控制原纤化技术方面，已开发了通过非化学交联途径达到抗原纤化要求的新技术[11]。

从市场前景看，溶剂NMMO的合成有多种途径，NMMO可由过氧化氢氧化*N*-甲基吗啉制得，*N*-甲基吗啉可以从二氯乙醚、甲胺水溶液、液碱等原料一步合成，也可从吗啉的甲基化途径制得，吗啉可由二甘醇与氨反应制得，也可由二乙醇胺经硫酸脱水环合而得。随着Lyocell纤维的规模化量产，溶剂NMMO的成本会有大幅降低。

纤维素纤维是仅次于聚酯纤维的第二大纤维品种，2015年全球棉花产量约2500万吨，黏胶纤维约500万吨。世界上对棉花的需求由于人口的增加而增加，其中包括了对土地的要求，即种植棉花的土地要比种植粮食的土质要好。棉花的生长与加工需要大量的化学制品，比谷物的生产需用化学制品量多20倍。

Lyocell纤维以可再生纤维素为原料，它对土地和水资源的消耗远低于棉纤维，如表2-3所示[12]。

表2-3 棉与Lyocell纤维的生态学比较

生态参数	棉纤维	Lyocell纤维
土地使用	农耕地20000平方米/吨纤维（世界平均）	天然森林6700平方米/吨纤维（奥地利）
水耗量	29000立方米/吨纤维	100立方米/吨纤维

目前国内生产Lyocell纤维所用的原料木浆粕以进口为主。从我国的国情看，由于竹浆及麻浆、秸秆浆纤维素来源丰富且成本低，结合了我国林业及农业的产业特色，竹浆纤维及麻浆、秸秆浆及其与木浆共混的再生纤维素纤维后续必将会有较大的发展空间[13]。综上所述，从长远发展的角度，Lyocell纤维将从根本上解决粮棉争地的问题，其年生产规模可达到数百万吨级乃至千万吨级。

第二节　生产纤维素纤维的基本原料

一、植物纤维原料的来源及其化学成分

植物纤维是制造纤维素浆粕的原料，纤维素浆粕是生产再生纤维素纤维的原料。所谓植物纤维，是植物的一种细胞。植物细胞由细胞膜、细胞壁、细胞质和细胞核组成。在植物细胞形成过程中，首先是在原生质体的外表面形成细胞膜，细胞膜很快生长加厚形成细胞壁。当细胞壁形成后，其原生质体消失，在细胞的中心形成细胞腔，其中充满水和空气，这时细胞已变成了中空细长的形态，称为植物纤维。制造纤维素纤维的植物纤维原料主要有以下来源。

1. 木材纤维

木材纤维可分为针叶木和阔叶木两类。阔叶木如桦木、白杨、栗木、山毛榉等，针叶木如落叶松、鱼鳞松、云南松、云杉、铁杉、马尾松等。针叶木是制造纤维素纤维的优质原料，阔叶木也可以用于制造纤维素纤维。

木材的化学成分因品种、生长条件及生长部位的不同而有较大差异。我国几种木材的化学成分如表 2-4 所示。

表 2-4　几种木材的化学成分

成分＼品种		针叶木				阔叶木	
		鱼鳞松	冷杉	马尾松	云南松	白杨	桦木
水分（%）		9.32	11	8.17	11.60	13.35	—
灰分（%）		0.31	0.99	0.50	0.34	1.43	0.33
抽出物	冷水（%）	0.96	1.92	2.50	—	1.52	—
	热水（%）	2.35	4.56	2.80	3.39	3.19	2.61
	1% NaOH	10.68	14.51	14.67	14.43	—	25.06
有机溶剂抽出物（%）		0.89	0.21	3.06	3.95	3.59	3.93
蛋白质（%）		0.59	0.72	—	—	0.51	—
果胶质（%）		1.28	1.08	—	—	—	—
木质（%）		29.12	31.65	27.79	27.94	23.84	23.84
戊糖（%）		11.45	10.79	11.40	10.41	17.31	—
α-纤维素（%）		48.45	45.93	58.79	46.54	46.79	44.58
全纤维素（%）		—	—	58.79	—	60.33	59.97

2. 棉纤维

棉纤维属种子纤维，附着在棉籽壳上的短纤维为棉短绒，它不能直接作为纺织原料，而是制造纤维素纤维的优质原料。棉短绒和棉纤维的化学成分无多大差异，只是纤维素的含量稍低，灰分等杂质较多，如表 2-5 所示。

表 2-5　一般成熟的棉纤维和棉短绒的化学成分

成分	棉纤维	棉短绒
纤维素（%）	95~97	90~91
脂肪和蜡（%）	0.5~0.6	0.5~1.0
氮（%）	1.0~1.1	0.2~0.3
果胶质和戊糖（%）	1.2	1.9
灰分（%）	1.14	1.0~1.5

3. 禾本科植物纤维

禾本科植物纤维包括竹、芦苇、麦杆、甘蔗渣、高粱秆、玉米秆、棉秆等，这些也可以作为制造纤维素纤维的原料。目前我国已经有用甘蔗渣、竹子浆粕作黏胶纤维的原料。

甘蔗渣的化学成分与甘蔗的品种、生长时间和榨蔗的工艺条件有关，同一根甘蔗各部位的化学成分也有差异。甘蔗渣的化学成分如表 2-6 所示。

表 2-6　甘蔗渣化学成分分析表

名称 成分	灰分（%）	热水抽出物（%）	1%NaOH 抽出物（%）	木素（%）	树脂（%）	戊糖（%）	全纤维素（%）	铁质（mg/kg）
未除髓	2.47	2.74	33.73	20.12	1.68	27.13	43.31	168
除髓（45%）	1.49	2.57	31.59	20.01	1.63	27.60	43.58	127
蔗髓	4.67	2.84	39.31	19.53	2.22	26.89	38.15	483

注　全纤维素为已扣除灰分数字。

二、纤维素的结构与性能

1. 纤维素的结构

纤维素是一种由大量葡萄糖残基彼此按照一定的连接原则，即通过第一、第四个碳原子用β键连接起来的不溶于水的直链状大分子化合物。其分子通式为（$C_6H_{10}O_5$）$_n$，n 为聚合度。纤维素结构包括纤维素分子链结构及纤维素聚集态结构两方面。纤维素的化学结构式如下所示。

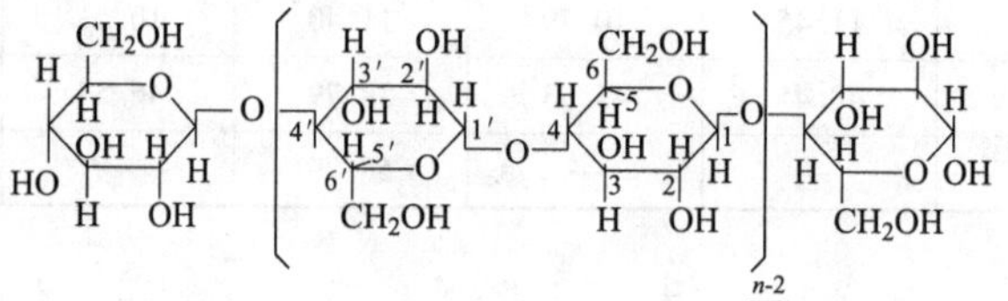

纤维素的聚集态结构和其他固体高聚物一样，是十分复杂的。早期的微胞结构理论认为，纤维素分子聚集成微胞，每个微胞都有严格整齐的界面，像砖块堆砌起来一样，而现代观点则认为这是不确切的。在此基础上发展而形成的缨状微胞结构和缨状原纤结构理论，是目前普遍采用的结构观点。

缨状微胞结构理论[14] 认为，纤维素结构存在两个相态，即所谓的结晶区和无定形区。认为纤维素的结构是许多大分子形成的连续结构，在大分子致密的地方，它们平行排列定向良好，并构成纤维素的高序部分。当致密度较小时，大分子彼此之间的结合程度较弱，有较大的空隙部分，分子链分布也不完全平行，构成纤维素的无定形部分。缨状微胞结构理论认为纤维素结构中包含结晶部分和无定形部分，这是目前普遍被承认的。但对结晶部分和无定形部分的分布，则没有一致的观点。例如，有人认为无定形部分是由结晶部分伸出来的分子链所组成，结晶部分和无定形部分之间由分子链贯穿，而两者之间没有严格的界面，如图 2-1 所示。有人则认为结晶部分是由折叠链构成的，如图 2-2 所示。缨状微胞结构是普通黏胶纤维的结构形式。

缨状原纤结构理论和缨状微胞结构理论都认为纤维素结构中包含结晶部分和无定形部分，

但两者的区别是，缨状微胞结构理论认为结晶区较短，而缨状原纤结构理论认为结晶区较长，晶区是长链分子的小片断构成的，长链分布依次地通过结晶的原纤和它们中间的非晶区，如图 2-3 所示。天然纤维素纤维、波里诺西克纤维、高温模量纤维和 Lyocell 纤维都具有缨状原纤结构。

图 2-1　纤维素的缨状微胞结构模型

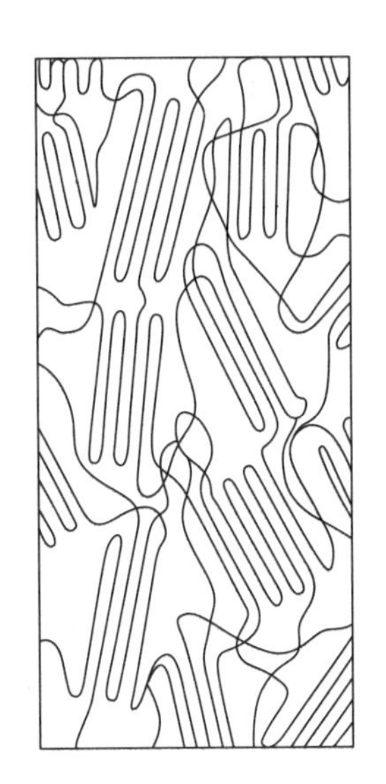

图 2-2　修正的缨状微胞结构模型

2. 纤维素的分类

纤维素不是一种均一的物质，而是一种不同相对分子质量的混合物。在工业上分为 α-纤维素、β-纤维素、γ-纤维素。后两种纤维素统称为半纤维素。

α-纤维素是植物纤维素在特定条件下不溶于 20℃ 的 17.5%NaOH 溶液的部分；溶解的部分称为半纤维素。β-纤维素是以上溶解部分用酯酸中和又重新沉淀分离出来的那一部分纤维素。不能沉淀的部分为 γ-纤维素。

聚合度越低纤维素越易溶解[15]，显然，α-纤维素的聚合度高于半纤维素的聚合度。α-纤维素的聚合度一般在 200 以上，β-纤维素为 140～200，而 γ-纤维素则为 10～140。浆粕的 α-纤维素含量越高越好。

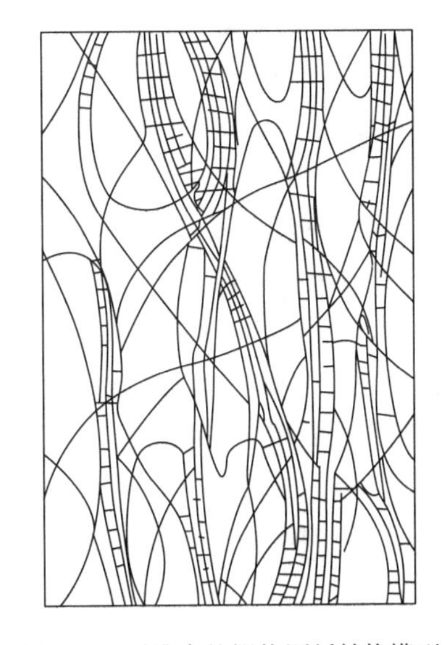

图 2-3　纤维素的缨状原纤结构模型

3. 纤维素的物理性质

纤维素是白色、无味、无臭的物质。密度为 1.50～1.56g/cm^3，比热容为 0.32～0.33，不溶于水、稀酸、稀碱和一般的有机溶剂，但能溶解在浓硫酸和浓氯化锌溶液中，同时发生一定程度的分子链断裂，使聚合度降低。纤维素能很好地溶解在铜氨溶液和复合有机溶液体系中[16]。

纤维素对金属离子具有交换吸附能力。纤维素中含杂质如木质素及半纤维素越多，其对金属离子的吸附能力越强。纤维素对金属离子的交换吸附能力与溶液的 pH 有关，pH 越高，交换吸附能力越强。

纤维素一般具有良好的对水或其他溶液的吸附性。吸附性的强弱与纤维素的结构及毛细管作用有关。

纤维素在 200℃以下热稳定性尚好；当温度高于 200℃时，纤维素的表面性质发生变化，聚合度下降。影响纤维素裂解的因素除温度和时间外，水分和空气的存在也有很大关系。

4. 纤维素的化学性质

在纤维素分子结构中，每个葡萄糖残基含有三个羟基及一个末端醛基，在某些化学试剂的作用下，纤维素可发生一系列化学反应。

（1）氧化反应：纤维素对氧化剂十分敏感。受氧化剂作用时，纤维素分子中的部分羟基被氧化成羧基（—COOH）或醛基（—CHO），同时分子链发生断裂，聚合度降低。

（2）与酸反应：纤维素与酸作用时，在适当的条件下会发生酸性水解。这是由于纤维素大分子的配糖连接对酸不稳定性引起的。纤维素的酸性水解，可分为多相及单相水解。多相水解时，水解后的纤维素形态仍保持固态，并不溶解，这种不溶解的纤维素称为水解纤维素。水解后，纤维素聚合度降低。单相水解时，纤维素首先溶解，然后发生水解，聚合度下降。如条件剧烈，则水解的最终产物为葡萄糖。

（3）与碱反应：纤维素与碱作用时，在适当条件下发生配糖连接碱性降解及端基的“剥皮”反应，导致纤维素的聚合度降低。纤维素与浓 NaOH 溶液作用，生成碱纤维素。碱纤维素是制备纤维素酯或醚的中间产物。

（4）酯化反应：纤维素与各种无机酸和有机酸反应，生成各种酯化物，如硝化纤维素、醋酸纤维素、纤维素磺酸酯等。

（5）醚化反应：纤维素与卤代烷、卤代酸或硫酸酯作用生成纤维素醚，比较重要的有纤维素甲基醚、乙基醚及羧甲基纤维素（CMC）等，用途广泛。

三、纤维素浆粕

1. 纤维素浆粕的制造

纤维素浆粕的生产过程与造纸工业的制浆过程区别不大，但对浆粕的化学纯度及反应性能要求严格，对机械强度等物理性质无特殊要求，因而生产工艺与造纸工业有所不同。其生产工艺流程可用图 2-4 表示。

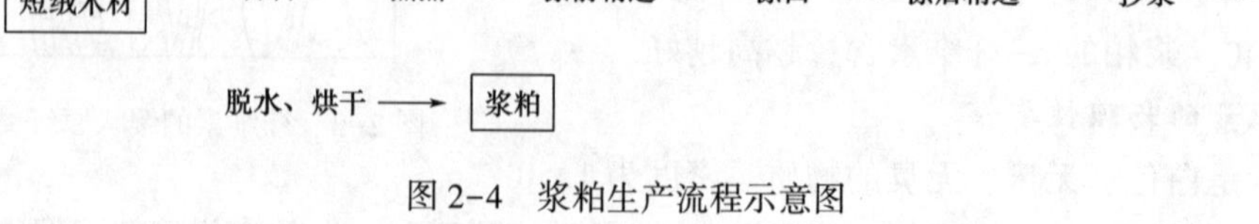

甘蔗渣棉短绒木材 → 备料 → 蒸煮 → 漂前精选 → 漂白 → 漂后精选 → 抄浆 →

脱水、烘干 → 浆粕

图 2-4 浆粕生产流程示意图

（1）备料：制浆原料要进行预处理。甘蔗渣原料要经过开松和除髓，除去其中的蔗髓及其他机械杂质；棉短绒则要进行开松、除尘，除去砂粒和矿物性杂质以及棉籽壳等；木材原料则要经过剥皮、除节、切片等处理。

（2）蒸煮：植物原料经过以上的预处理后与蒸煮药剂混合，在规定的温度与压力下进行蒸煮成为浆料。蒸煮工序是制浆中的重要工序之一。根据蒸煮药剂的不同，黏胶纤维浆粕生产的方法一般可分为三种，即亚硫酸盐法、预水解硫酸盐法及苛性钠法。其中亚硫酸盐法适用于结构紧密的纤维原料，如针叶木等。预水解硫酸盐法适用于树脂和多缩戊糖含量高的植物纤维原料，如落叶松、阔叶树及甘蔗渣等。苛性钠法适用于棉短绒制浆。对于禾本科植物原料也有采用预水解苛性钠法和亚硫酸盐法制浆。

在蒸煮过程中，纤维细胞发生膨润，初生壁被破坏，浆粕反应性能提高，大部分半纤维素及其他非纤维素化合物得以除去，浆粕的聚合度降低。蒸煮条件则视纤维原料的种类、化学组成、密度、水分、成熟程度及浆粕品质要求不同而异。

（3）精选：蒸煮后的浆料要经过洗涤、打浆、筛选、除砂、浓缩等过程，以提高其纯度和反应性能。

（4）漂白：除去浆料中的有色杂质和残存的木素、灰分、铁质，进一步提高纤维素的反应性能，并最终调节纤维素的聚合度。

漂白精选后的浆料送至抄浆机，在此成型、脱水、烘干、整理并成包，即为成品浆粕。

2. 浆粕的质量要求

浆粕的主要成分是纤维素，其次是非纤维素多糖，此外还有少量的灰分（含铁、钙、镁、锰、硅的化合物）和木质素、树脂等。由于浆粕生产原料不同，纤维素纤维品种及制造方法、工艺、设备不同，因此对纤维素浆粕的质量要求也不尽相同。但均应具有纯度高，聚合度分布窄等指标。浆粕的理想质量如表 2-7 所示。

表 2-7 浆粕的理想质量

指标名称	理想要求
纤维素	越高越好
杂度	越低越好
聚合度分布	均匀一致，分布带越窄越好
纤维长度分布	均匀
浆粕成分均一性	好

α-纤维素含量高、半纤维素含量低标志着浆粕纯度高，提高浆粕的 α-纤维素含量不仅可以提高成品纤维的得率，提高设备生产能力，还能降低化工原料的消耗量。而半纤维素则是包括浆粕中的非纤维素碳水化合物和浆粕中的短链（聚合度小于 200）纤维素。半纤维素含量高，影响纺丝原液的溶解质量，也降低成品纤维的品质（力学性能、抗原纤化能力）[17]。所以，制造新型纤维素纤维通常用 α-纤维素含量较高的浆粕，一般要求其 α-纤维素含量大于 92%。

浆粕中的杂质包括 SiO_2、铜、铁、镁等，它们既影响纤维素的溶解过程，如果灰分中铁、铜等金属离子含量过高，会影响纺丝原液的稳定性，纤维的强度和色泽，甚至为 Lyocell 纤维的生产带来安全隐患，因此要求浆粕中铁、铜等金属离子的含量比普通浆粕更低。杂质中的木质素具有特殊的结构及反应基团，可降低浆粕的润湿能力，影响溶解性能，影响纺丝性能，木质素含量过高，将最终导致纤维素纤维的柔软性变差。

纤维品种和生产方法的不同，对浆粕聚合度有不同的要求，但都要求聚合度分布均匀。聚合度大于1200及低于200的部分越少越好。较高聚合度的部分过多，其聚合度过高，容易造成溶解困难，且制备的纺丝原液黏度较大，使过滤困难，输送压力高，纺丝部件压力高等；聚合度低于200的部分过多，纤维素纤维的强度低，纤维品质差；新型纤维素纤维生产中的浆粕中纤维素的聚合度通常要求为500~700。

纤维素形态结构，即纤维长度及纤维初生壁破坏程度，以及植物纤维的生长条件等同样影响纤维素浆粕的溶解性能。

浆粕中的树脂含量少，则有利溶解；树脂含量多，则影响溶解的均匀性，影响可纺性和纤维品质。

第三节 NMMO法纤维素纤维

一、NMMO/纤维素纺丝原液的制备和性质

Lyocell纤维的品质很大程度上源于纤维素纺丝原液的质量，乃至纺丝原液制备的原料和工艺，因此，从原料选择到原液制备工艺的调控至关重要。

（一）NMMO溶剂与添加剂

1. NMMO溶剂的结构特点

NMMO（*N*-甲基吗啉-*N*-氧化物）是一种脂肪族环状叔胺氧化物，“脂肪族”是指这类化合物与芳香族（芳香杂环化合物）胺氧化物不同，在芳香族叔胺中，氮原子是芳环中的一部分。“环状”是指氮原子是脂肪族环状体系的成环原子，因此氮原子带有环结构，其余烷基和氧为取代基，如下式所示（R=烷基）。

脂肪族环状叔胺　　脂肪族叔胺　　芳香族叔胺

氮原子在成键时是通过 sp^3 杂化分子轨道形成四面体结构。NMMO最突出的特点是N—O键的强极性，其偶极矩为4.38mD，D为偶极矩，单位为德拜（Debye）的缩写，$1D=3.35\times10^{-30}C\cdot m$（库仑·米），在氧原子上有很高的电子云密度，N—O之间形成配价键，在NMMO分子式的写法中，这个键既可写成离子型的（即N原子带一个正电荷，氧原子带一个负电荷），也可以写成供电子型的（用一个箭头指向氧原子），或者只简单写成一个单键[18]。在较早的一些文献中，*N*-甲基吗啉-*N*-氧化物有好几种缩写形式[19]，如NMMNO、MMNO或NMO，后来随着它在有机合成中的广泛使用，逐渐形成以NMMO作为它的缩写形式，并得到国际理论及应用化学联合会（IUPAC）的认证。NMMO分子式的三种表示方法如下所示。

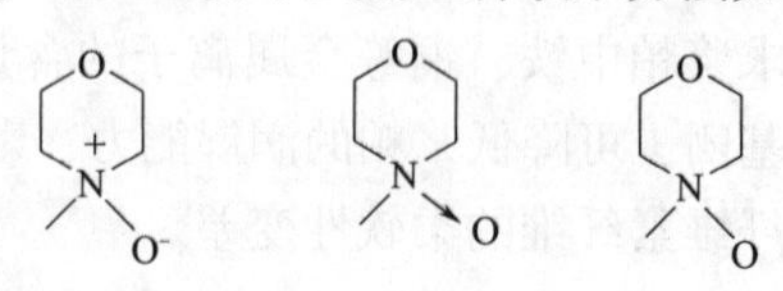

2. NMMO 的性质

NMMO 水溶液呈弱碱性，分子中 N—O 键具有很强的极性，氧原子上电子云密度很高，极易与水分子和纤维素分子中的羟基形成氢键，具有很强的亲水性。NMMO 在水中的溶解度很大，可以与水形成氢键，所以能与水以任何比例互溶，且 NMMO 具有很高的吸湿性也是因为此原因。N—O 键的键能较高，其离解能仅为 222kJ/mol[20]，因此易于断裂，热稳定性差，120℃易产生变色反应，175℃产生过热反应易气化分解。以上特点决定了 NMMO 具有以下三个重要性质：

（1）NMMO 具有热不稳定性，在催化剂的作用下极易导致 N—O 键的断裂。

（2）NMMO 具有弱碱性，带负电荷的环外氧原子是质子的接受体；NMMO 的碱性比 *N*-甲基吗啉（NMM）或吗啉（M）的碱性弱得多，对酚酞指示剂没有明显的变色现象。N—O 键的强极性（易于形成氢键）和 N—O 键的弱结合力这两个特点使 NMMO 目前广泛应用于有机合成和作为纤维素的溶剂。

（3）NMMO 具有很强的吸湿性。简单地通过加热 NMMO 水合物不能得到无水 NMMO，一般是将 NMMO 在有机溶剂中结晶后再恒沸干燥，或通过在真空下升华的方法得到无水 NMMO。NMMO 及其水合物的物理化学性质见表 2-8[18]。

表 2-8　NMMO 及其水合物的物化性质参数

物性参数	NMMO	NMMO · H_2O	NMMO · 2. $5H_2O$
分子式	$C_5H_{11}NO_2$	$C_5H_{13}NO_3$	$C_{10}H_{32}N_2O_9$
分子量（*M*）（g/mol）	117. 1	135. 2	324. 4
密度（ρ）（g/cm^3）	1. 25	1. 28	1. 33
颜色及外观	白色，晶体	白色，晶体	白色，晶体
熔点 T_p（℃）	184	76~78	39
晶型	单斜晶系，PZ_1/m	单斜晶系，PZ_1/c	单斜晶系，PZ_1/c
$a \times b \times c$/（nm^3）	98. 86×66. 21×51. 12	25. 48×60. 4×91. 86	128. 03×65×219. 13
β（°）	110. 54	99. 88	109. 99
溶解度（在水中）	易溶	易溶	易溶
CAS 登录号	7529-22-8	70187-32-5	80913-65-1

市场上销售的 NMMO 规格一般为含水 50%的水溶液，无色或浅黄色透明液体，分子式为 $C_5H_{11}NO_2$，通常有两种稳定的水合物形式：NMMO · H_2O（含水 13. 3%）和 NMMO · 2. $5H_2O$（含水 28%）。

3. NMMO 的制备

NMMO 是一种脂肪族环状叔胺氧化物，它可从不同途径合成，例如，由二甘醇与氨反应生成吗琳，再经甲基化和氧化得到，化学原理如下所示[21]。

$$O(CH_2CH_2OH)_2 + NH_3 \xrightarrow{-2H_2O} O(CH_2CH_2)_2NH \xrightarrow[-H_2O]{CH_3OH}$$

$$O(CH_2CH_2)_2N-CH_3 \xrightarrow[-H_2O]{H_2O_2} O(CH_2CH_2)_2N(CH_3)\rightarrow O$$

NMMO 的主要生产商有德国 Degussa 公司、BASF AG 公司、英国 Texaco 公司、印度 P&A 公司等。市售的50%的 NMMO 水溶液为无色或淡黄色液体，该状态下 NMMO 具有很高的化学稳定性。

4. 纤维素在 NMMO 溶剂中的溶解机理

由于 NMMO 中 N—O 键的强极性，表现出对纤维素很强的溶解能力。NMMO 与纤维素间的相互作用可解释为氢键络合物的形成以及离子相互作用，是通过断裂纤维素分子间的氢键而进行的，NMMO 具有很强的偶极 N^+O^-，该基团的氧原子可以与一些含羟基的物质如水和醇类形成1~2个氢键，也可以与纤维素形成氢键从而破坏原有氢键结构使其溶解。在温度高于85℃以上时可破坏纤维素的分子间氢键，同时 NMMO 的偶极 N^+O^-与纤维素的羟基作用形成络合物，这种络合作用先是在纤维素的非结晶区内进行，破坏了纤维素大分子间原有的氢键，由于过量的溶剂存在，络合作用逐渐深入结晶区内，继而破坏纤维素的聚集态结构，最终使纤维素溶解，NMMO 与纤维素的相互作用如下所示[22,23]。

纤维素—OH + (NMMO: CH_3—N→O 吗啉环) → 纤维素—OH···O←N(CH_3) 吗啉环

5. 添加剂

正如之前所述，NMMO 具有热不稳定性。NMMO 在125℃很容易发生变色反应；在175℃时会产生过热反应，并气化分解，分解成 *N*-甲基吗啉和吗啉等，如果体系中含有金属离子，尤其是铁、铜离子时，金属离子将是 NMMO 分解的催化剂，促进 NMMO 的分解。特别是当温度高于125℃时，不仅 NMMO 发生上述不良反应，纤维素也会发生降解，使纺丝原液黏度下降，颜色变深；当温度超过150℃，NMMO 就会快速分解，严重时可引发爆炸，因此在 Lyocell 纤维纺丝液制备过程中为了减少纤维素的氧化降解和 NMMO 分解，在溶解前需加入一定量的稳定剂、抗氧化剂等。目前文献报道采用的稳定剂和抗氧化剂主要有没食子酸丙酯、羟胺等[24]。

添加剂的加入量很小，并且需要与主物料（纤维素、溶剂）按比例同步加入，在实际生产过程中控制起来有一定难度，若添加剂是固体颗粒状，一般需要用溶剂将其溶解，然后再按比例加入主物料系统中。

（二）预溶解体的制备

1. 浆粕的准备和预处理

浆粕是 Lyocell 纤维生产的重要原料。浆粕在使用前，需要经过一个准备过程，通常要经过储存、调湿、开包等过程，有时还需混浆、切粕等。

天然纤维素分子链存有分子内和分子间氢键，在固态下聚集成不同水平的原纤结构，并通过多层次盘绕的方式构成高结晶性的纤维素，由于这样的形态和超分子结构，使溶剂难以浸入，影响纤维素的溶胀和溶解，所以需要通过物理或化学等方法对纤维素浆粕进行预处理（活化），方法主要有以下几种[25]。

（1）化学法对纤维素的预处理。

①NaOH 预处理法（碱活化法）：用稀碱溶液浸泡纤维素浆粕，使经过碱液处理的纤维素溶胀程度增加，中、低序区溶出，高序区向中、低序区转移，聚合度下降，纤维素微细结构发生变化，使纤维素反应性能提高。

②纤维素酶[26] 预处理法：纤维素酶是指对纤维素大分子的水解具有催化作用的一种蛋白质多水解酶组分的酶系，其主要成分包括内切葡聚糖酶、外切葡聚糖酶和β-葡萄糖苷酶。三种酶协同作用，首先作用于纤维素表面，然后扩散至纤维素内部，并作用于无定形区，使具有结晶结构的纤维素降解，并提高羟基的反应活性。

（2）物理法对纤维素的预处理。

①电子束辐射活化法：纤维素的大分子链受到高能电子束辐射时，使纤维素主链发生均匀的断裂降解，并且，分子链的断裂程度和产品聚合度可以根据电子束的能量以及辐射时间来控制。

②机械球磨法：纤维素经过机械球磨处理后，聚合度、结晶度可发生较大变化，球磨过程中能引起纤维素形态和微细结构的变化，使反应性能提高。

③蒸汽闪爆法：高温高压水蒸气对纤维素作用，水蒸气渗入微纤维束内部，同时发生快速膨胀，然后剧烈排放到大气中，导致纤维素超分子结构被破坏，使纤维素产生一定的降解，是一种有效的物理活化方法。

2. 浆粕与 NMMO 水溶液的混合

在关于 Lyocell 纤维工业化生产的专利中，浆粥（含水 NMMO 的纤维素悬浮液）连续制备方法中常见的设备主要有以下两种。

（1）单轴混合器。单轴混合器是一种卧式单轴设备[27-30]，如图 2-5 所示。在搅拌轴上有搅拌元件（螺旋、桨叶、犁刀等搅拌形式），并且搅拌元件与轴的轴线之间有一定的倾角，用于把纤维素和一定含水率的 NMMO 混合并推动物料前进。为了确保混合均匀，要求搅拌元件与设备内壁的径向距离不大于 20mm。在设备的上部，有纤维素和 NMMO 溶剂的进料口，下部有纤维素悬浮液的出口，并且有的设备在尾端出口附近设有挡板，挡板高度可以调整，这种设计有利于调整物料的混合时间，使物料混合更充分。

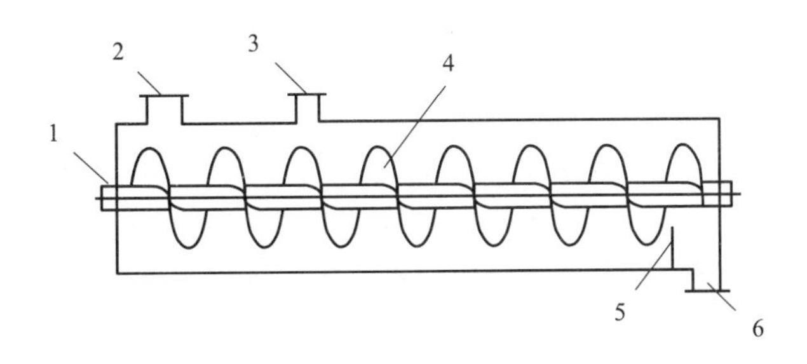

图 2-5　单轴混合器示意图

1—搅拌轴　2—浆粕/溶剂进料口　3—添加剂进料口　4—搅拌的元件　5—挡板　6—出料口

（2）双轴混合器。双轴混合器适用于干态纤维素以及含水纤维素与溶剂的混合，同时双轴结构可以消除纤维素的颗粒大小或含水量的变化对浆粥均匀性的影响。这种设备分为两个区域：第一剪切区 a 和第二剪切区 b，如图 2-6 所示。

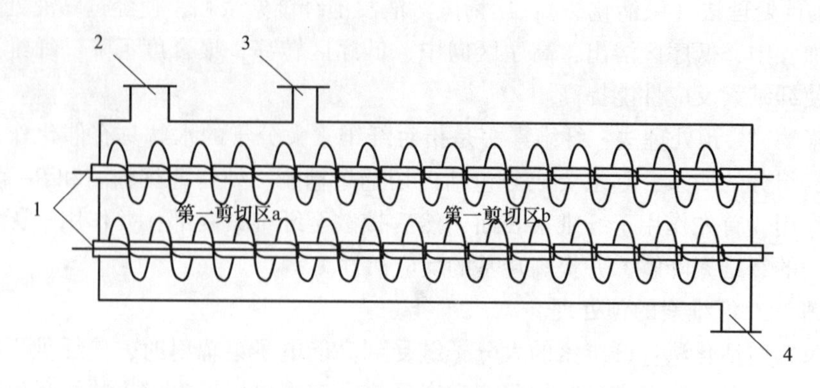

图 2-6 双轴混合器示意图

1—搅拌轴 2—浆粕/溶剂进料口 3—添加剂进料口 4—出料口

在第一剪切区内即使没有 NMMO 存在的情况下，纤维素也可以在此区域内剪切并加以匀化，然后在第二剪切区加入 NMMO 溶剂与纤维素混合剪切。也可在第一剪切区就使 NMMO 溶剂和纤维素混合。一般在第二剪切区加入添加剂，使其均匀地分散在纤维素悬浮液中。通过两个剪切区的相互配合，可以使制得的纤维素悬浮液中各组分均匀混合，并使含量得到控制，有利于下一步的溶解。

（三）纤维素的溶解与脱泡

莱赛尔纤维纺丝原液的制备包括纤维素的溶解、脱泡和过滤过程。

纤维素的结晶度较高，要溶解纤维素必然要破坏其结晶区，并且破坏其自身的氢键结构，这样大分子才能自由运动，从而形成均匀的溶液。而 Lyocell 纤维生产中的溶解过程是一种只有溶胀和溶解，没有化学反应的物理溶解过程，这一溶解机理称为直接溶解机理，没有纤维素衍生物生成。

1. 纤维素的溶解方法

对于无水的 NMMO 体系，尽管其对纤维素的溶解能力很强，但由于纯 NMMO 熔点高，纤维素在溶解过程中会发生降解，同时这种纤维素纺丝原液在纺丝过程中特别容易结晶，从而引起一系列的问题，因此适合溶解纤维素的 NMMO 溶剂体系为含有 1 个结晶水的 NMMO · H_2O（含水 13.3%）。

为了溶解纤维素，使 NMMO 中含水量达到 13.3%，一般采取的方法主要有以下两种[31]。

（1）直接溶解法。市场上购买的含水在 50%的 NMMO 水溶液，必须经过脱水，直到含水量低于 13.3%时才能溶解纤维素。通过减压脱水的方法先将溶剂的含水量将至 13.3%，然后将这种 NMMO 水合物在 90~105℃的条件下与纤维素接触，纤维素即可实现溶解，从而制备成一定浓度的纺丝原液。

（2）间接溶解法。高含水量的 NMMO 水溶液（其含水质量分数≥50%），先经过部分脱水，然后与纤维素混合，使纤维素先能够充分润湿和溶胀，然后将混合均匀的粥状纤维素/NMMO 混合悬浮液（或称预溶液）再经过减压脱水，直到溶剂的含水率降至 13%~15%，即可制得合适于纺丝或成膜的纤维素黏稠液。

目前第二种方法被普遍用于产业化 Lyocell 纤维生产的溶解过程。

2. 溶解工艺控制以及影响因素概述

溶解过程工艺控制的主要参数如下。

(1) 溶剂含水量。水和纤维素分子都可以与 NMMO 形成氢键，但是 NMMO 更容易与水形成氢键，这也说明了 NMMO · 2. 5H_2O 水合物不能溶解纤维素的原因。在 NMMO · 2. 5H_2O 中可形成氢键的位置已经完全被水分子占据，存在较多水的情况下，NMMO 中 N—O 基团更多地与极性水分子相互吸引，减弱了它与纤维素大分子的作用，并且容易与水先结合，导致没有足够的基团与纤维素结合，这样没有足够的作用力来破坏纤维素分子间的氢键结构，纤维素不能完全地溶解。无水 NMMO 对纤维素的溶解性最好，但是因其熔点过高（184℃），可导致纤维素发生降解。因此，NMMO 的含水量需要控制在一个合适的范围内。

随着 NMMO 水合物含水量增加，其对纤维素的溶解能力下降，NMMO 水溶液的含水量超过 17%，则失去溶解能力。含水量在 13. 3%左右时，其熔点约为 76℃，此温度条件下纤维素也不会降解，因此含水量 13. 3%的 NMMO 水溶液最适合溶解纤维素。该溶剂体系对纤维素的溶解速度快，所需温度也不高，溶解过程没有化学反应，而且 NMMO 毒性小于乙醇，确认为良性。图 2-7 中阴影位置是 NMMO/水/纤维素三元共溶区域。从相图中可以看到，纤维素只能溶解在高浓度的 NMMO/水二元混合溶剂体系中，并且纤维素在该溶剂体系中完全溶解的区域很小。因此在实际生产过程中控制 NMMO 的含水率为 13%～15%。

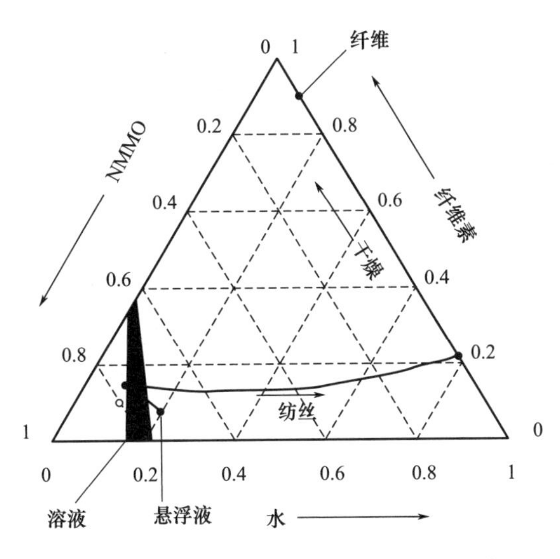

图 2-7 NMMO/水/纤维素三元相图[31,32]

(2) 温度。纤维素溶液的相平衡图具有在临界混溶温度时的特征，因此纤维素在温度低的时候有更大的膨化度。据报道，通过骤冷的方法，采用过冷的 NMMO 水溶液可以使纤维素高度溶胀，因此溶剂更容易浸入纤维素内，有利于纤维素的进一步溶解，有可能获得高强度纤维。但是低温溶解时，高浓度的 NMMO 水溶液容易结晶，溶剂化作用减弱，溶解速度慢，并且，低温溶解的能耗较高，因此适当提高体系温度，可以加快纤维素的溶解速度。但是 NMMO 在 125℃时容易发生变色反应；在 175℃时会产生过热反应，并气化分解，分解成 *N*-甲基吗啉和吗啉等，如果体系中含有金属离子，尤其是铁、铜离子时，金属离子将是 NMMO 分解的催化剂，促进 NMMO 的分解。特别是当温度高于 125℃时，不仅 NMMO 发生上述不良反应，纤维素也会发生降解或者发生链反应，使纺丝原液变质；温度超过 150℃，NMMO 会快速分解，可引发爆炸。因此在 Lyocell 纤维素溶解过程中，一定要严格控制温度，一般不宜超过 120℃，如果采用浓度为 50%的 NMMO 水溶液溶解纤维素时，温度最好控制在 80~90℃之间。

（3）剪切力。搅拌形式、搅拌速度也直接影响纤维素的溶解。搅拌产生的剪切力既有利于将颗粒研磨分散，也可以增加分子动能，提高溶液温度，从而提高纤维素溶解速度，并使纺丝原液更加均匀。因此在纤维素的溶解过程中应该施加速度较高的搅拌。

东华大学、韩国有关研究机构等曾经进行通过双螺杆挤出机溶解纤维素的研究，结果表明：由于双螺杆挤出机产生的剪切力大，溶解时间大幅减少（仅需 3~15min）。而且由于双螺杆的机头压力高，溶液中的气泡自动向后排出，因此还可以减少脱泡时间，这样减缓了纤维素和 NMMO 发生降解和分解，有利于改善 Lyocell 纤维性能和提高 NMMO 回收利用率。

通常溶解前的混合物中，NMMO 为 50%~60%，水为 20%~30%，纤维素为 10%~15%，溶解后得到的溶液中 NMMO 为 76%左右，水约占 10%，纤维素可达到 14%。溶解过程中影响因素见表 2-9[21]。

表 2-9　NMMO 水溶液溶解纤维素时的影响因素

影响因素	变化趋势	纤维素的溶解性能
溶解温度	增加	增大
混合物含水量	增加	减小
纤维素浓度	增加	减小
纤维素浆粕聚合度	增加	减小
外加机械能	增加	增加

在溶解温度为 72~120℃，纤维素浓度低于 21%时，可得到均匀、透明的纤维素溶液，溶液颜色呈琥珀色。增大剪切力不仅能使溶液黏度下降，并且可加速纤维素的溶解，使其均匀分散，这种机械外力的作用被认为是由于破坏了纤维素大分子内的氢键，并在溶剂和溶质之间形成新的氢键，从而加速了纤维的溶解。

3. 制备纺丝原液的设备

在关于 Lyocell 纤维工业化生产的专利中，连续溶解是在一系列设备中进行的，常见的溶解设备主要有以下两种。

（1）List 混合—溶解设备。制备 Lyocell 纤维的纤维素溶液黏度比较高，瑞士的 List 公司为此设计了一套混合—溶解设备，如图 2-8 所示。其中图 2-8（a）所示的是旋转混合器，用于含水量较高的 NMMO 和浆粕混合。浆粕的溶解是在图 2-8（b）所示的 List 溶解器中进行的，该设备在一定温度下逐渐减压脱水后，纤维素最终达到完全溶解。在混合器和溶解器之间还有一台缓冲器，整个溶解工序的流程见图 2-9，它既能将混合器送来的混合均匀的纤维素预溶液定量地喂入溶解器中，还能保证在喂料过程中溶解器内的真空度不受影响。另外，在溶解器的出料口还配置了一台螺杆出料机，使溶解完全的纺丝原液以一定的压力输出。

该溶胀溶解设备的特点是：

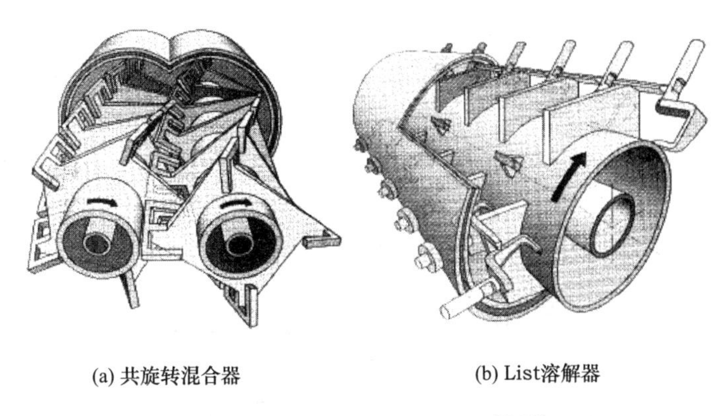

图 2-8 List 混合—溶解设备[33-34]

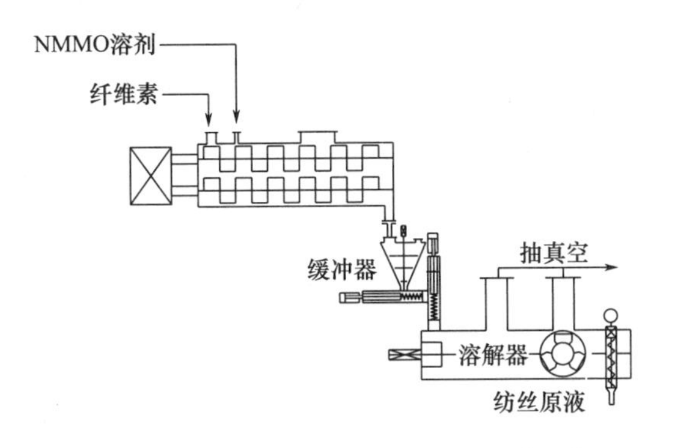

图 2-9 List 混合—溶解工序流程图[33,34]

①通过该设备单元能将不同形态的物料混合均匀；

②对浆料传热速度快，传热面积大，控温准确均匀等；

③有效地利用腔内静态和动态元件保证高剪切，从而使物料剪切均匀，并且具有自清洁功能以及搅拌轴附近无盲区；

④溶解能力强，停留时间范围广（从几十分钟到几小时），反向混合少，物料轴向传递速度与搅拌速度无关等。

该设备的溶解过程属连续全混合蒸发式溶解，由于在线持料量大，规模化放大时在生产安全性和搅拌推进功率方面受到一定限制。

（2）薄膜蒸发溶解设备。该设备一般为圆柱形构件，其基本原理如图 2-10 所示。纤维素/NMMO/水混合物，经过加热，通过分布环进入该设备。混合物在该设备内表面形成一层薄膜，在真空条件下薄膜中的水分迅速闪蒸出来，当薄膜混合物中的水含量降低到一定程度时纤维素开始溶解，最终形成完全溶解的纤维素纺丝原液。

在该设备内有许多侧向伸出的桨叶，用于混合、刮膜和输送料液。这种工艺适用于连续生产，易于扩大规模，物料在设备内停留时间短，有利于减少溶剂的分解和纤维素的降解，形成的纤维素溶解液质量也相对较好。但是闪蒸容易引起混合物的蒸汽雾化形成细颗粒，颗粒被薄膜蒸发器的真空抽气携带向上，会在蒸发器的上部区域积累，发生物料的降解而导致

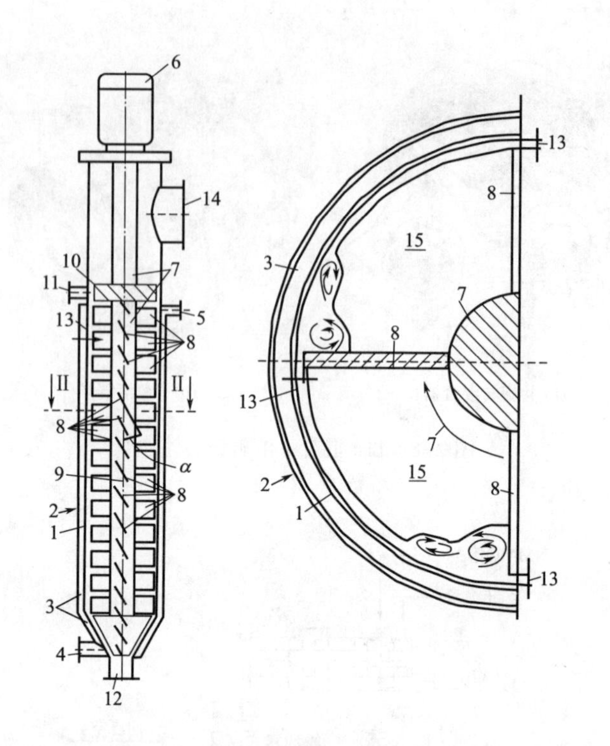

图 2-10 薄膜蒸发基本原理示意图[36]

1—圆筒形容器内壁 2—圆筒形容器 3—加热夹套 4—热媒入口 5—热媒出口 6—电动机
7—搅拌轴 8—搅拌叶 9—中央轴线 10—分布环 11—纤维素悬浮液入口 12—纤维素溶液出口
13—内壁至搅拌叶径向间距 14—抽真空和排出水蒸汽口 15—排出蒸汽空间

溶液颜色变深。另外该设备在设计时要避免出现死角，对物料出口和桨叶也有特殊的设计要求[35-40]，设计和加工难度比较高。

(3) 双螺杆溶解设备。根据文献报道[41]，韩国采用双螺杆工艺制备纤维素溶液。该溶解方法属于直接溶解法。采用的溶剂能直接溶解纤维素。具体为：将粉碎后的纤维素与融化的液态 NMMO 一同注入双螺杆挤压机中，在双螺杆中的熔化区，纤维素充分溶胀成浆糊后进一步溶解，然后将溶液在存储罐中稳定化。

该方法工艺简单，溶解时间短，纤维素和溶剂几乎没有分解，对改善纤维的性能和溶剂回收有利。并且生产灵活，每条双螺杆生产线可制造各自特色的纤维素纤维。但是该方法对浆粕粉碎程度有要求，当粉末浆粕超过一定的临界尺寸时，由于溶剂在浆粕周围形成高浓度溶液的凝胶层，导致浆粕不能完全溶解。另外高分子的松弛运动需要一定时间，而纤维素的溶解时间很短，可能存在一定的记忆效应，这样对纺丝不利，需要经过一段陈化时间。

(四) 纺丝原液的性质及表征

1. 纺丝原液的性质

(1) 流变性质。随着剪切作用的增加，纺丝原液表现出切力变稀的流动特征。纺丝原液的零切黏度值与其对应纤维素原料的聚合度成正比。随着纤维素聚合度的增加，切力变稀程度增加，临界剪切速率减小，且非牛顿指数减小。

随着温度的升高，纺丝原液的零切黏度和表观黏度均呈下降趋势，临界剪切速率则向高值方向移动。

随着纤维素聚合度的增加，纺丝原液的黏度对温度的变化更为敏感，溶液的结构化程度也更大，其可纺性逐渐变差。

（2）吸湿性。纺丝原液的易吸湿性是由溶剂 NMMO 的自身特性决定的，溶剂 NMMO 在高浓情况下极易吸收水分，所以纺丝原液中由于 NMMO 浓度很高，也具备很强的吸湿性。

（3）稳定性。通常胺氧化物都存在热稳定性问题，其热稳定性随结构而变。当纤维素与溶剂混合加热到一定温度时，溶剂 NMMO 会发生分解，释放出胺类化合物，如 *N*-甲基吗啉和吗啉。另外，当纤维素浆粕在较高的温度溶解于 NMMO 溶剂中时，纤维素的聚合度也会略有下降，尤其在体系中有金属离子（Fe^{3+}、Cu^{2+}）存在的情况下会导致纤维素大分子链断裂，发生明显降解。一旦发生降解行为，纺丝原液的黏度会降低，颜色会变深，这些都将导致纺制纤维时可纺性的下降和纤维品质的降低。

2. 纺丝原液质量的表征

纺丝原液的质量直接影响可纺性和纤维品质。根据文献报道，目前主要有以下四个方法对纺丝原液的质量进行表征[31,32,42]。

（1）偏光显微镜直接观察法。用偏光显微镜观察纺丝原液中是否存在没有完全溶解的纤维素。在溶解过程中，首先溶解的是无定形区的纤维素，然后溶剂渗入纤维的晶格中将纤维素彻底溶解，因此一般情况下，没有溶解的浆粕部分保留着它的结晶形态，在偏光显微镜下呈现亮点，很容易分辨出来。在偏光显微镜下，纺丝液呈均一状态，没有杂质、没有明亮小段状结晶物，说明溶解均匀彻底，纺丝液溶解性能较好。

（2）流变性能评价法。纺丝工艺参数与纤维素溶液流变性能密切相关。通过测定纺丝原液的流变性质，特别是动态流变性能，可以得到纺丝原液的黏弹性图谱，可为确定纺丝工艺提供有价值的参考。同时纺丝原液中纤维素的浓度、温度以及浆粕的种类等都决定了纺丝原液的流变性质。且流变性质与分子运动有关，它可以方便地得到关于浆粕的相对分子质量和相对分子质量分布等的信息，可用于区分不同种类和不同预处理的浆粕。

（3）激光散射评价法。对于浆粕的溶解而言，有可能存在未溶解的浆块或者凝胶状的粒子。这些粒子和黏胶纤维原液中的粒子一样对纺丝是不利的。一般通过显微镜只能观察到大粒径的没有溶解的纤维素，但是对于低于 25μm 的粒子或凝胶状透明粒子（结晶结构已解体）采用显微镜难以观察。而且凝胶粒子的折射率与溶液的折射率相近，用显微镜更加难以分辨。所以采用激光散射法可以很方便地测定纺丝原液中粒径更小的凝胶粒子，得到粒子的粒径含量和分布。另有研究发现，这种凝胶粒子会发生形变从而通过过滤器，进而继续影响纺丝。所以，必须选择更合适的溶解工艺才能减少凝胶粒子的含量。

（4）折射率评价法。纺丝原液的折射率是浆粕、NMMO 和水三者含量的函数。一般生产过程中浆粕的用量是确定的，但是溶解过程中水分会经减压蒸馏或者受热而损失，导致纺丝原液黏度发生变化。通过测定原液的折射率可以对原液的质量进行控制。另外，通过测定不同区域的折射率可以判断原液的均匀程度，暗区和亮区的分界线是否分明，可大体判断原液中是否存在较多的凝胶粒子。在工业生产中，这是一种十分简单有效的方法。

二、Lyocell 纤维的纺丝成型与后加工

莱赛尔纤维生产中，溶剂 NMMO 是一种对纤维素有着极强溶解性能的叔胺氧化物，它能

够使纤维素浆粕直接溶解，而后进行纺丝后处理。工业化生产中，采用干湿法纺丝工艺纺制 Lyocell 纤维，不仅可提高纺丝速度和生产效率，而且可提高纤维产品质量。因此，Lyocell 纤维的纺丝成型主要是研究纤维素原液的干喷湿法纺丝。

Lyocell 纤维的干喷湿法纺丝是指纤维素原液经喷丝孔挤出后，经气隙吹风，再进入凝固浴进行凝固相分离，在牵伸张力的作用下形成丝条。此过程为物理过程，也是相分离成纤的过程，期间发生了纤维素纺丝原液与凝固液之间的传质、传热和相平衡的移动，致使纤维素沉析，形成具有一定凝聚态结构的纤维。其优点是可以纺制较高黏度的纤维素原液，减少溶剂的消耗，成型速度较高，所得纤维结构更均匀。

按干喷湿纺的工艺特点[43]，可将 Lyocell 纤维的干喷湿法纺丝成型过程分为五个区域，如图 2-11 所示。

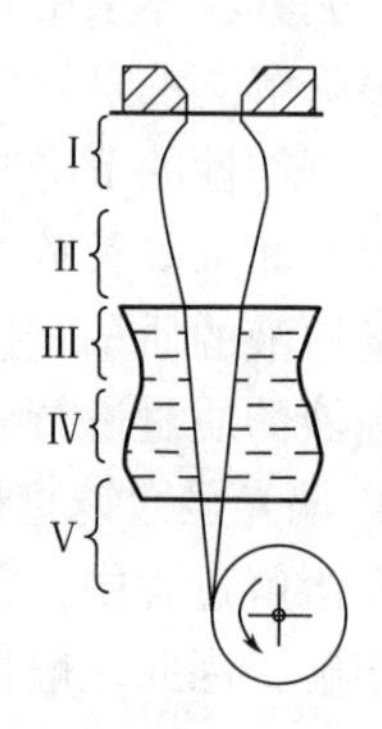

图 2-11　干喷湿法纺丝成型示意图

Ⅰ为液流胀大区。自喷丝孔流出的液流因受到在喷丝孔中流动时产生的应力作用而胀大至 2~4 倍。液流胀大程度主要取决于毛细孔长度和直径、原液黏度、弹性模量、松弛时间以及原液流动性。

Ⅱ为液流在气体层中的轴向形变区。在此区域内，胀大的液流受到拉伸，根据纺丝原液的黏弹性、表面张力和液流的形变速率可拉伸至一定的倍数。

Ⅲ为液流在凝固浴中的轴向形变区。进入凝固浴中的丝条并不是立即凝固完成的，凝固需要一定时间，这取决于凝固剂与溶剂双扩散条件和发生相变的诱导期。在纤维表面形成固体皮层以前，纤维能发生显著的纵向形变，特别是在凝固作用缓和的凝固浴中。

Ⅳ为纤维固化区。此区域长度取决于丝条的运动速度和凝固剂的扩散速度，此区结束时，扩散达到纤维中心，其凝固浴浓度等于临界过饱和浓度。在此区域内主要发生纤维结构的形成和各向异性结构的固定。

Ⅴ为已成型纤维导出区。丝条在此区域中运动时继续发生双扩散，而对于莱赛尔纤维纺丝过程来说，纤维的凝聚态结构已基本成型。

（一）纺丝原液的喷丝头挤出

纤维素原液是黏弹性流体，其流动以大分子的链段运动为基础，在喷丝孔入口及孔内流动过程中，大分子链受到剪切力作用而改变构象，使得大分子链伸展，产生剪切形变；当原液离开喷丝孔时，由于剪切形变而导致的法向应力差，在喷头处出现挤出胀大的现象，即图 2-11（Ⅰ区）。纺丝原液喷丝头挤出速率的高低取决于喷丝孔的直径和长度、喷丝孔入口收敛角度、原液的动态与稳态流变特性参数等多种因素。

针对 NMMO 溶剂法纤维素原液具有高黏度和温度敏感性、易降解等特性，需开发适于纤维素原液的干喷湿纺专用成套设备，主要包括原液输送及安全防护装置、过滤装置、纺丝箱体、纺丝组件（含喷丝板）、吹风系统、凝固浴系统等。在干喷湿纺喷丝阶段，最主要设备便是适合于高黏度纤维素原液的干喷湿纺喷丝组件（含喷丝板）。

Lyocell 纤维采用气隙吹风的干喷湿法纺丝路线，传统的熔纺喷丝组件满足不了工艺要求。据报道，现今研发的 Lyocell 纤维喷丝组件品种繁多，如插入式喷丝组件、组合式喷丝组件等，但国内外产业化应用的喷丝组件主要集中在长条形排布和环形排布两大类。其中，由于喷丝板孔数直接影响产能，如何在保证纺丝效果的情况下实现大容量单元位（即多孔数）的开发，关系到企业经济效益和生产竞争力，为此，工程技术开发工作者在喷丝结构的研究上付出了诸多努力。

此外，为了减少喷丝挤出原液细流在迎风面和背风面所受吹风效果差异的影响，喷丝组件（含喷丝板）需设计安装温度调控系统。对相同纤维素原液，喷丝板温度太高，影响拉伸成形；若过低，则造成纺丝组件内部压力升高过快。因此，通过喷丝板调温系统，可有效地控制喷丝板的温度变化，保证纺丝的连续稳定运行。

纺丝原液的喷丝头挤出效果直接反映为纤维的可纺性，受到诸多因素的影响。

（1）关于纤维素浓度的影响：随着纤维素浓度增加，纤维素原液越来越偏离牛顿流体，可纺性越来越差。但在实际生产中，溶液浓度越低，虽流动性好，易于加工，但生产效率低，产品质量较差，因此一般控制溶液浓度大于10%。

（2）关于纤维素浆粕聚合度的影响：随着聚合度的增加，溶液的非牛顿指数减小，稠度系数增大，零切黏度增加，结构黏度指数增加，可纺性越差；但在实际生产中，聚合度太低，纤维的物理性能指标较低，影响纤维的品质，因此聚合度控制在一定的范围内。

（3）关于α-纤维素含量的影响：纤维素的主要成分为α-纤维素，其余杂质主要为低分子量β、γ纤维素。浆粕中α-纤维素越低，低分子量的半纤维素含量相应越高。这种低分子量的半纤维素在纤维素溶液中，可起到增塑剂的作用，提高溶液的流动性能，可纺性提高。

（4）关于不同含水NMMO溶胀的影响：含水不同的NMMO主要影响纤维素能否充分溶胀，溶胀不充分的预溶液经过溶解后，溶液中可能含有凝胶粒子。凝胶粒子虽不影响溶液的流动性，但会影响纤维成型的稳定性，产生飘丝和断头。

（5）关于纺丝温度的影响：随着纺丝温度的提高，纺丝原液的可纺性有所提高，但过高时，会导致纤维素原液的黏度下降和喷丝组件压力分配不匀，造成纺丝不稳定和拉伸性能下降。

（6）关于喷丝板面温度影响：喷丝板面温度的变化直接影响纺丝过程，随着冷却吹风的连续进行，喷丝板面温度随之下降，可纺性随温度的变化而改变。有效地控制适宜板面温度及其均匀一致性，可保证纺丝稳定和纤维均一性。

（二）气隙吹风与喷头拉伸

干喷湿纺干段气隙层中，即图2-11中的Ⅰ区、Ⅱ区，由于空间溶剂含量为零，在浓度差和冷却风的作用下，纤维素原液细流中高浓度（一般为86%左右）NMMO水溶液向空间挥发，纤维素原液细流的温度降低，随着单向应力的作用，逐渐被拉伸而细化，纤维素分子链取向后进入凝固浴进行双扩散和相分离。在干喷湿纺中，单向拉力的作用主要集中在喷丝头和凝固浴液面之间的干段气隙层，相比湿法纺丝，这一过程更利于牵伸张力的施加，从而提高产能和降低成本。

在Lyocell纤维纺丝成型过程中，干段气隙层是发生物理变化的重要区域，纺丝细流在气隙中受到侧吹风和拉伸张力的作用，冷却的同时得到一定程度的拉伸取向，气隙长度、吹风条件、纺丝速度和拉伸比均对纤维性能有着显著影响。

1. 气隙吹风

在Lyocell纤维纺丝工艺中，气隙条件是很重要的工艺参数，气隙长度和空气的温湿度对纤维的性能有交叉影响。气隙长度较大时，空气温湿度的减小有利于纤维模量、强度和断裂伸长的提高；气隙长度较小时，空气温湿度的增加，有利于纤维模量、强度和断裂伸长的提高。所以，合理配置气隙长度与吹风条件有利于提高 Lyocell 纤维的性能。

此外，气隙吹风的风速、风湿和风温直接关系到丝束的成型，在无吹风的条件下，丝束会出现断头现象，随着风速增加，其拉伸性能逐渐改善。因此，研制与喷丝部件相匹配的气隙吹风设备，实现风场的均一性，才能保证丝束成型的均一性。

（1）气隙长度。从喷丝板面到凝固浴表面的气隙层影响着纤维素的纺丝成型，在此期间，丝条温度下降、丝条表面传质、丝条直径减小以及纤维素分子链取向。气隙长度一方面影响原液细流的流变态拉伸形变速率及其拉伸倍率；另一方面影响集束过程中的单丝间距，间距过小时单丝之间易相碰粘并，形成并丝。适当长度的气隙（如图 2-12 所示[44]，L 即为气隙长度，$0<L<60$mm，一般为 20~30mm）可使纺丝细流得到充分的冷却，取向结构也得到较好的调整，利于纤维均匀结构的形成。

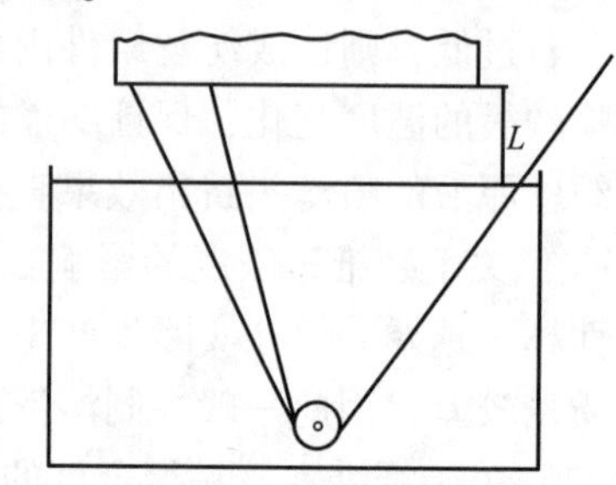

图 2-12　气隙结构示意图

L—喷丝板面到凝固溶液面之间的气隙高度

在 Lyocell 纤维纺丝过程中，纤维素分子链需要在气隙层中经过一定时间的取向。在相同纺速下，气隙太短时，分子链来不及排列；随着气隙长度的增大，大分子取向随之增加，有利于纤维强度的提高。另外，气隙大，丝条冷却充分，在凝固浴中成型缓慢，纤维内外结构较为均匀。但当气隙大到一定程度时，丝条因张力小开始抖动、趋于断裂，影响可纺性。

（2）吹风条件。吹风条件是 Lyocell 纤维制备工艺的一个关键参数，除包含风速、风湿和风温等吹风参数外，还包括吹风设备结构。

①吹风设备结构。Lyocell 纤维制备所需气隙吹风速度是常规熔融纺丝吹风速度的数倍乃至数十倍，开发与喷丝部位相匹配的气隙吹风设备尤为关键，现今国内普遍使用的气隙吹风窗结构主要为单层狭缝式、单排列管式等侧吹风窗式。

国外以奥地利兰精公司最为典型，其发明了环状吹风结构[45,46]（图 2-13），此结构使纤维素原液通过带有多个环状分布的纺丝孔的喷丝板流出，形成环状丝束，层流气流由环形纺丝板的中心提供并径向向外吹出，可以使所形成纤维具有更加均匀的纤度和强度。

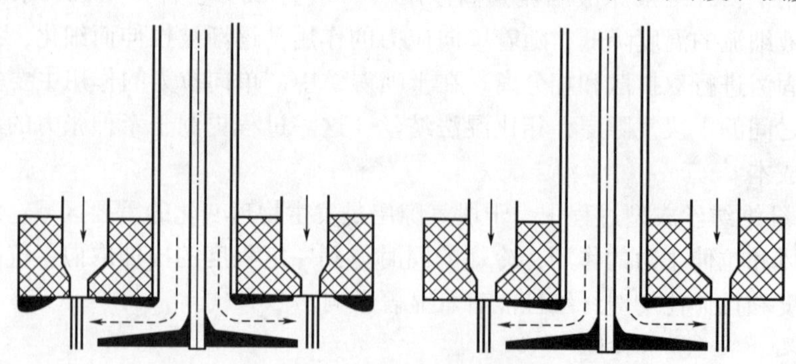

图 2-13　环吹风结构示意图

②吹风参数。Lyocell纤维干喷湿法纺丝成型过程中，纺丝细流经过一定温湿度的吹风进行冷却，控制吹风的风温、风湿和风速尤为重要，它们直接影响丝束的形成过程。表2-10列出了典型国外公司的吹风参数[47]。

表2-10 Lyocell纤维吹风参数表

专利公开号	专利申请日期	气体种类	风温（℃）	风湿（gH_2O/kg气）	专利申请人
WO9620300	1995.11.27	空气	12	5.0	奥地利Lenzing公司
WO0428218	1994.5.20	空气	0~50	5.5~7.5	英国Courtanlds公司
WO9617118	1997.6.3	空气	6~40	0.1~7.5	Akzo Nobel公司

若吹风含湿量高，由于含有一份结晶水的NMMO极易吸水，出喷丝孔的细流吸水后延伸性变差，拉断后易与相邻丝条发生粘连，从而产生并丝，甚至无法成形；若吹风含水低或者无水，则有利于纺丝液表面水分及时蒸发，保证纺丝成型的顺利进行。

若冷却吹风温度太高，会使丝束冷却效果不够，易造成拉伸性能下降和并丝；吹风温度过低，会使冷却速度过快的表层影响丝条在后续凝固浴中的双扩散速度，使纤维素大分子解取向。

若吹风速度过高，丝束会发生抖动，易吹断丝束；而吹风速度过低，则无法完成冷却过程，同样会造成拉伸性能下降和并丝的发生。

因此，在Lyocell纤维成型工艺中，吹风条件需严格控制。

2. 喷头拉伸

喷头拉伸取决于纤维素原液的挤出速度，拉伸效果受到纤维素原液特性和纺丝条件的影响。纤维素原液的特性受到纤维素浓度、浆粕聚合度、α-纤维素含量、溶胀条件等影响，进而影响喷头拉伸的效果，乃至纤维的成型和性能；当其他条件不变时，纤维素原液特性随纺丝温度变化而发生变化，在一定范围内提高纺丝温度，可提升纺丝原液的塑性，利于可纺性的提高。

喷头拉伸比对纤维成形中取向等结构的形成会产生较大影响，从而影响纤维的性能。随着喷头拉伸倍率的增加，纤维的序态可以得到改善，纤维纤度下降，纤维素大分子排列规整性变好，进而纤维晶区结构紧密并高度取向，强度提高；但随着拉伸比的继续增加，纤维初始模量和强度增加的同时，其断裂伸长也会有明显的减小。因此，过大的拉伸比会造成断丝，从而影响可纺性。

在相同泵供量下，纤维的断裂伸长率会随着纺丝速度的提高而下降；纤维的强度随纺丝速度的提高而增加，但纤维的强度达到一个峰值后，提高纺丝速度，纤维的强度反而会有所下降，如图2-14所示。

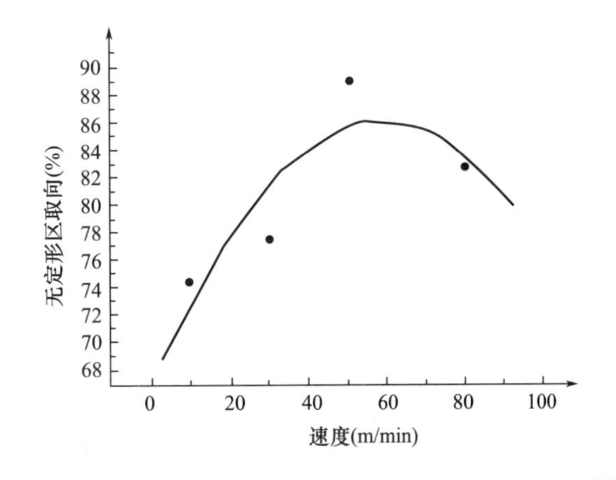

图2-14 纺丝速度对Lyocell纤维无定形区取向的影响[48]

（三）初生纤维的凝固

Lyocell纤维纺丝成形工艺中，纺

丝原液在计量泵的驱动下自喷丝孔挤出，经气隙层冷却后进入凝固浴，由于纺丝流体的组分和凝固浴的组分存在浓度差，势必会发生双扩散，细流中溶剂向凝固浴扩散，凝固液中凝固剂（一般为水）向细流中扩散。随着双扩散的进行，细流中溶剂浓度逐步降低、细流中水的浓度逐渐增加，当溶剂浓度达到临界值时，纤维素从溶剂中析出，形成纤维丝条，如图 2-11 中的Ⅲ区、Ⅳ区所示。

在此过程中，一般要求凝固浴的液面基本平稳，如果液面波动太大，会影响纤维的成型，产生并丝等，影响丝条 *CV* 值；凝固浴的流向应与丝条运行方向一致，这样的流动状态，丝条运行阻力较小，不易形成毛丝和断丝，为此，凝固水槽采用溢流设计，保持凝固液面基本平稳，降低线密度的 *CV* 值。

凝固过程的扩散系数与凝固条件直接相关，双扩散速度太大，丝条凝固较为剧烈而易于形成皮芯结构，使纤维结构不均匀，产生较多缺陷；双扩散速度太小，则凝固不充分，非晶区取向度和结晶度较低，进而影响纤维力学性能，同时易于导致并丝。所以，凝固浴条件的控制在 Lyocell 纤维成型过程中尤为重要。凝固浴的浓度和温度需实现自动稳定控制，以保证纤维成型的均一性；其中，凝固浴的浓度可通过检测折射率和密度得到。此外，如上所述，凝固浴纺丝流体牵伸张力对纤维成型起到了至关重要的作用。

1. 凝固浴温度

凝固浴温度是 Lyocell 纤维干喷湿法纺丝成型过程中的一个重要影响因素。凝固浴温度可根据其他纺丝参数进行调整，一般控制在 0~25℃温度范围内[49]。凝固浴温度过高或者过低都会对纤维的成型产生影响。

较高的凝固浴温度可以增大体系中凝固剂与溶剂的双扩散速度，使凝固过程变得迅速。在凝固过程中，进入凝固浴的纺丝流体在气隙层中已发生拉伸取向，当细流进入凝固条件十分剧烈的凝固浴中时，表面会立刻发生固化，并且达到一定厚度，固化的表层基本不能再被拉伸，以至于可抵消外加牵伸力；而此时，丝条内部仍处于流体状态，原来所受到的张力得到松弛，发生解取向；此条件下易出现严重的皮芯结构，不利于纤维的均一性。

若凝固浴温度过低，则生成的表层较软，不能完全抵消外力，进一步发生一定的形变，而内层的张力基本与外层一致，从而固化后丝条取向度较高。

此外，凝固浴温度还影响最大纺丝速度。高分子流体纺丝中，任何导致延长松弛时间的纺丝条件都会使最大纺丝速度减小。随着凝固浴温度的提高，丝条中大分子的松弛时间变短，最大纺丝速度得以提高，所以并非凝固浴温度越低越好，应采用适宜的凝固浴温度。

2. 凝固浴浓度

在 Lyocell 纤维成型过程中，凝固浴浓度会影响双扩散过程，从而影响最终纤维的强度和模量。

根据传质通量公式[50]：

$$J=-D\times(\Delta C/\Delta X)$$

式中：J——传质通量；

D——扩散系数；

$\Delta C/\Delta X$——扩散方向的浓度梯度。

凝固浴浓度适当增加时，结合 Fick 扩散定律及传质通量公式，扩散的驱动力浓度差越小，扩散系数越小，不利于纤维结构的快速形成，但是在一定程度上利于纤维结构的均一性形成。此外，初生丝在凝固浴中的凝固速度较慢时，纤维在未完全凝固前，大分子可以得到有效的拉伸，进而有利于提高纤维的取向。

当凝固浴浓度过高时，$\Delta C/\Delta X$ 较小，双扩散速度过慢，使凝固速度过慢，凝固还不充分的丝条在拉伸时容易发生分子间的滑移而断裂。另外，纤维的凝固速度太慢，会使初生丝在集束导丝时发生粘并。

当凝固浴浓度过低时，$\Delta C/\Delta X$ 很大，扩散速度随之增大，会使表层凝固过于剧烈而形成坚固的表皮，这层表皮不仅在拉伸过程中会产生应力集中，使纤维的可拉伸性能下降，同时过快凝固的表层阻碍了双扩散的进行，内层凝固速度变慢，使内层已经得到拉伸取向的纤维素大分子发生解取向，从而导致纤维强度下降。

因此，选择适宜的凝固浴浓度很重要，凝固浴中 NMMO 浓度一般为 10%~30%。

3. 凝固浴组成

现今，凝固浴多选用 NMMO 的低浓度水溶液，凝固剂一般为水，与纺丝液中 NMMO 溶剂浓度形成浓度差，以便进行双扩散。

凝固浴可选用水，但由于水做沉淀剂时，浓度差异大，扩散剧烈，内部多形成微孔，纤维强度也会受影响；凝固浴的组成也可是多成分溶液，据文献报道，吕阳成等[51]采用水、甲醇、乙醇和由它们配制的双组分溶液为凝固浴；张耀鹏等[52]采用乙醇、异丙醇和它们的水溶液作凝固浴等。不同凝固体系所形成的制品在形貌、结构上差异明显，这与不同凝固体系的凝固过程与机理有关。因此，通过改变凝固浴组成，可以达到调控结构的目的。

（四）普通 Lyocell 纤维的后加工

纤维素纺丝原液经干喷湿纺成纤后，经过一系列不同的后加工工序可制得不同规格不同特性的纤维成品。例如，通过在原液段添加功能助剂可制备如阻燃、抗菌等功能的纤维产品；通过控制纺丝工段的牵伸比可制备不同线密度、不同力学性能规格的产品；通过改变纤维的后加工工艺可制得卷曲、棉型、毛型、普通原纤化、抗原纤化等产品。

常见的 Lyocell 纤维后加工工艺流程如图 2-15 所示。其中，普通产品的加工过程中引入交联处理的工序即可获得抗原纤化的纤维产品；在水洗后直接上油，然后卷曲、烘干获得的产品为卷曲型产品。

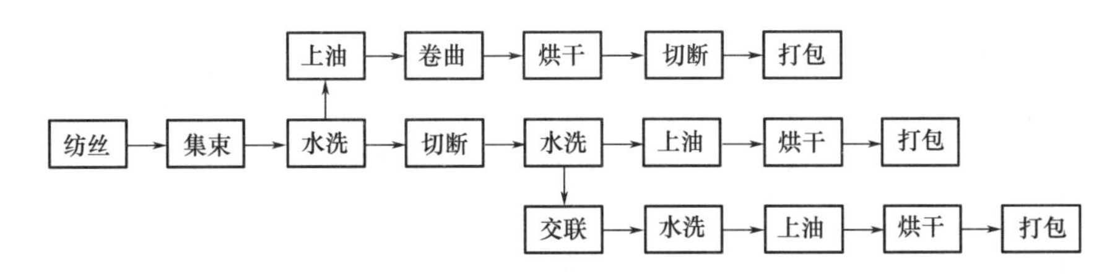

图 2-15　常见的 Lyocell 纤维后加工工艺流程

1. 集束

经纺丝机纺制成型的纤维，需通过集束将各个纺丝锭位的丝束汇集到一起进行水洗、切断等后道工序加工。集束工序通常由五辊或七辊牵引设备来完成。集束过程通常也施加去离子水辅助进行初步水洗。

Lyocell 纤维采用干喷湿法工艺纺制而成，纤维的牵伸取向主要在气隙段完成，而丝束出凝固浴后已固化成型，纤维性能也基本定型，所以不需要进行进一步的牵伸取向。因此，在集束工段纤维只需控制好纤维集束张力，使丝束处于伸展状态，同时控制丝束避免因张力过大、摩擦加剧造成不必要的损伤。

2. 水洗

经纺丝组件挤出的丝束，在经过凝固浴后基本成形，并洗去了大部分（80%左右，取决于凝固浴浓度）NMMO 溶剂，还有部分溶剂有待进一步水洗。在进行水洗时，工艺上需控制几个关键的因素。

纤维水洗过程中，根据洗涤目的的不同，对洗涤水质的要求也有所不同。洗去纤维中残留溶剂所用的洗涤水，为减轻溶剂回收蒸发过程中的离子交换的压力，需要用去离子水。而对于不需要回收的水，可采用软水进行（如交联水洗水）。一般不采用自来水，因为水质不同，硬度和离子含量不同，在后续上油等工序中，若硬度偏高，所用的油剂往往会与水中钙盐、镁盐作用，生成不溶性的钙皂或镁皂，黏附在纤维表面，影响纤维品质，所以纤维水洗过程中，水质的选择对产品质量和生产成本控制极为重要。

纤维水洗过程中，循环量及水温的控制直接关系到洗涤效果。水温一般控制为（50±5）℃。温度偏高，洗涤效率快，但热能消耗增多，车间散发的蒸汽雾也增大。另外，洗涤水的循环量也很重要，循环量过大，则纤维漂洗得较干净，但必然消耗更多水和蒸汽，需要找到平衡点。为了节约用水，各道水洗的水一般都经收集、处理和循环使用。

3. 切断

Lyocell 纤维通常可与棉、羊毛以及其他合成纤维混纺，根据混纺纤维品种和长度的要求，需将丝束切断成相应长度的短纤。棉型短纤维切段长度为 38mm，并要求均匀度好。中长纤维用来与黏胶纤维或其他纤维混纺，切段长度为 51~76mm，毛型短纤维则要求纤维较长，用于粗梳毛纺的切段长度为 64~76mm，用于精梳毛纺的切段长度为 89~114mm。

对于短纤产品来讲，切段长度直接关系着产品的性能指标，切断不彻底导致的超长、倍长纤维直接影响后续纺纱工艺及产品的质量。因此在切断过程中应根据所需产品的要求严格进行控制。Lyocell 纤维所用的切断机多为水流式切断机，单台的切断线密度最大可到 400 万分特。

4. 上油与漂白

纤维上油是为了调节纤维的表面摩擦力，使纤维具有柔软、平滑的手感，良好的开松性和抗静电性，适当的集束性和抱合力，改善纤维的纺织加工性能。油剂的组成包括润滑剂、乳化剂、抗静电剂，有时还加入消泡剂、防腐剂等。Lyocell 纤维油剂通常配成稳定的水溶液或水乳液，要求无臭、无味、无腐蚀，洗涤性好。Lyocell 纤维油浴浓度通常为 2~5g/L，纤维上油率一般控制在 0.15%~0.3%。

纤维白度是服用纤维的一个性能指标，应用场合不同对纤维白度要求也不同，当纤维自身白度达不到要求时，需对纤维进行漂白，提高纤维白度，从而改善织物外观。漂白剂通常采用次氯酸钠、过氧化氢和亚氯酸钠等。H_2O_2 的漂白机理为：H_2O_2 在碱性介质中分解，释出原子态氧，将纤维上的有色杂质氧化，生成淡色或无色物质。采用 H_2O_2 作为漂白剂通常控制漂白浴液中 H_2O_2 含量为 0.5~1.5g/L，pH 为 8~8.5，浴温 25~50℃。H_2O_2 漂白是在弱碱性介质（pH=8~8.5）中进行的，此时纤维素不发生分解。为了避免 H_2O_2 在碱性介质中分解过多，可在浴液内添加稳定剂，如水玻璃、磷酸盐、镁盐等。H_2O_2 的漂白作用较 NaClO

缓和，漂白后纤维的白度不会很高，但纤维的强度降低很少。采用 H_2O_2 漂白，可与上油过程同时进行，漂白后不需再进行水洗，纤维上残留的 H_2O_2 在干燥机中的高温下会分解。

NaClO 的漂白机理为：NaClO 能与纤维上不饱和的有色物质起加成反应，或使其氯化，从而达到漂白效果。通常控制漂白液的 pH 为 8～10，含活性氯 1～1.2g/L，通常只需在常温下漂白即可。使用 NaClO 做漂白剂的优点是，它在常温下进行，配制的方法也比较简单。缺点是，NaClO 溶液不稳定，在使用过程中 pH 容易发生变化。当 pH 小于 8，纤维易受到损伤，NaClO 会大量地分解，而且得到的纤维白度不高；当 pH 大于 10，纤维素虽不致受破坏，但有色物质不易被氧化。此外，NaClO 在弱碱性溶液中会腐蚀塑料、软橡胶等制成的机器零件。

5. 烘干

切断后的短纤维或丝束状长纤维在烘干前都要先经轧辊预脱水，使其含水率由 300%～400%降至 120%～150%。烘干后纤维含水率 6%～8%。经过回潮吸湿，产品回潮率为 11%～13%。

Lyocell 短纤维干燥可用多种形式，如循环热风干燥、热辊接触干燥、射频干燥等。一般多采用循环热风干燥烘干，烘干速度取决于热空气温度、湿度、循环速度、纤维层厚度和开松度，在生产上通常是调节热风温度。温度高则干燥快，但温度过高，会使部分纤维过热或烧焦，纤维强度、含油率、白度下降，故热空气通常不高于 120℃；由于湿纤维的实际温度大大低于热风温度，故烘干机中带有湿纤维的区域应保持较高的温度（70～110℃），而在干纤维的区域却保持较低温度（60～70℃）。

6. 打包

短纤维经烘干和干开棉后，借助气流或输送带送入打包机，打成一定规格的包，以便于运输和储存。每包纤维的重量，根据纺织厂的要求、运输的情况及打包设备的情况而定，包上应注明生产厂家、纤维规格等级、重量、批号、包号等。

（五）Lyocell 纤维的原纤化及调控

1. Lyocell 纤维的原纤化特性

原纤化是指纤维表面容易形成原纤的一种现象或倾向，当纤维外层开裂时，纤维会纵向分裂成直径为 1～4μm 的微细纤维（纤维的原纤化）[53]。纤维素纤维和再生纤维素纤维都存在不同程度的原纤化现象，而 Lyocell 纤维的原纤化程度更为明显。主要是由于 Lyocell 独特的高度结晶取向结构，微晶之间侧向连接较弱所致，原纤化主要在纤维湿态摩擦的条件下发生。Lyocell 纤维原纤化形貌见图 2-16 的显微照片。

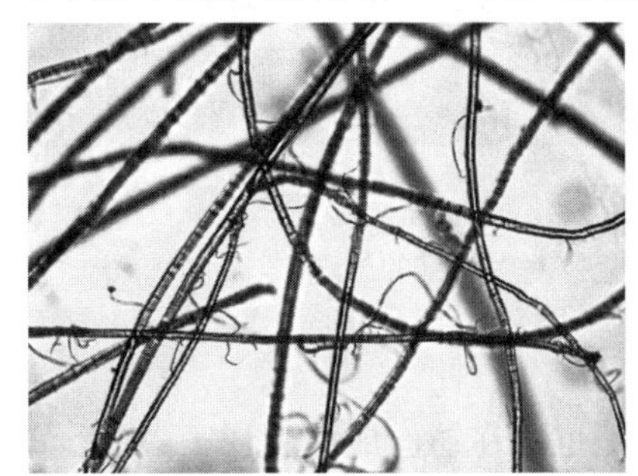

(a) 发生原纤化的Lyocell纤维

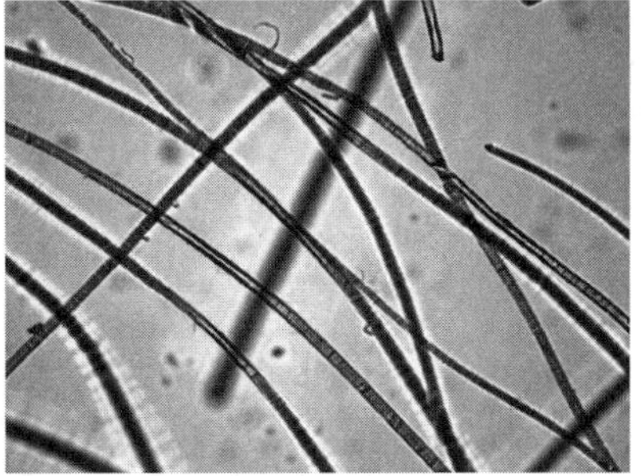

(b) 未原纤化的Lyocell纤维

图 2-16　Lyocell 纤维外观显微照片

2. Lyocell 纤维的原纤化调控

原纤化是 Lyocell 纤维的一个重要特性。通过合理的工艺技术控制可获得一系列性能各异的产品。原纤化控制技术主要包括原纤产生技术（初级原纤化和次级原纤化）、去原纤化技术和防原纤化技术。

（1）纤维的原纤化调控的意义。

①印染加工过程中可使纤维产生原纤。通过一定方法使织物产生均匀的、长短不一的微小纤维，充分从纤维上剥离出来，然后用化学或机械方法来去除，使织物表面光滑。

②根据产品加工风格要求，可选择不同印染加工路线。如加工桃皮绒风格产品时，应使纤维表面产生短且均匀的微小纤维，有类似结霜的外观。如加工光洁整理产品时，应彻底去除纤维表面的微小纤维。

③在服用和洗涤过程中防止或减少纤维原纤的产生，以免影响织物外观和降低使用性能。

（2）利用 Lyocell 纤维的原纤化特性，最主要的是进行仿桃皮和仿麂皮效果的加工，其加工过程一般包括三个阶段。

①将织物在湿碱性条件下进行机械摩擦处理，完成初级原纤化。

②用纤维素酶处理，降低表面毛羽强度，并在机械作用下使其断落除去，获得表面平整光洁的织物。

③在湿热条件下进行机械摩擦，完成次级原纤化，在织物表面生成较短原纤，通常再伴以进一步的滚筒处理，以使纤维表面的绒毛直立[54]。

Lyocell 纤维的原纤化控制过程中纤维的外观形貌见图 2-17。

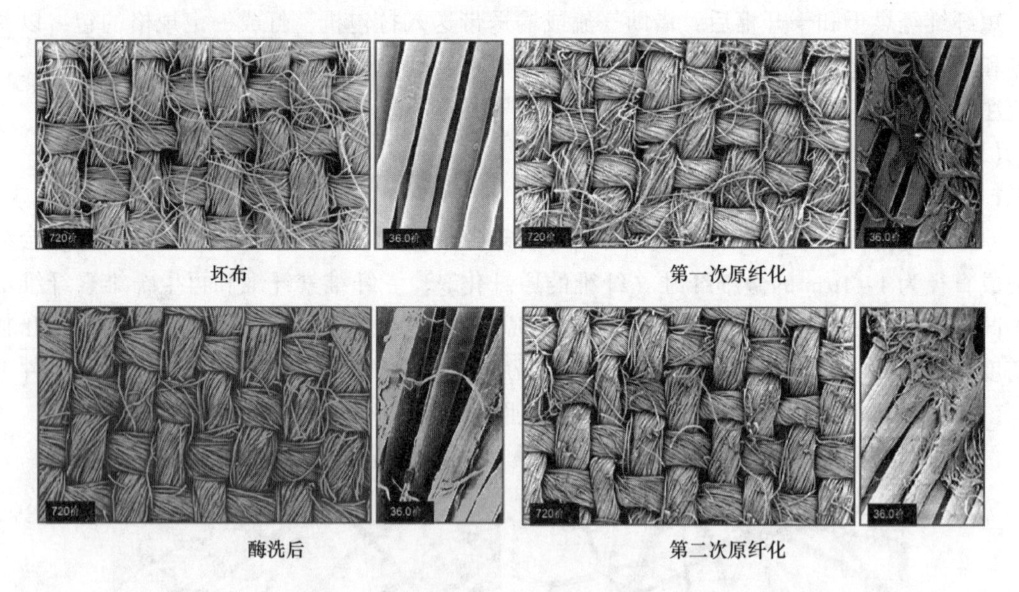

图 2-17　Lyocell 原纤化控制中纤维的外观

3. 非原纤化 Lyocell 纤维制备技术

原纤化虽是 Lyocell 纤维的一个基本特性，但也可在纺丝成型后加工中进行调整从而制备非原纤化的 Lyocell 纤维。常用的技术手段主要有通过交联剂对 Lyocell 纤维进行交联处理获得，或者通过外加整理剂来获得非原纤化产品。

（1）交联处理。Lyocell 纤维交联处理可有效防止原纤化的产生。其防止原纤化产生的作用机理为增强垂直于纤维轴方向的作用力，防止微原纤的劈裂，作用原理如图 2-18 所示。该法是目前最为成熟的制备非原纤化中 Lyocell 纤维的技术。目前已应用于工业化的交联剂有 1,3,5-三丙烯酰基-1,3,5-六氢均三嗪（TAHT），2,4-二氯-6-羟基-1,3,5-三嗪钠盐（DCHT-Na）两种。且采用在线交联技术制备非原纤化 Lyocell 纤维，其对应的商品名分别为 Tencel A100 和 Lyocell LF。该技术主要由奥地利兰精公司掌握，此外，戊二醛交联体系也可以实现 Lyocell 纤维的抗原纤化目的，目前国内有企业引进该技术进行过试生产。但戊二醛交联处理 Lyocell 纤维后，纤维有发黄的迹象，需对纤维进行漂白处理。

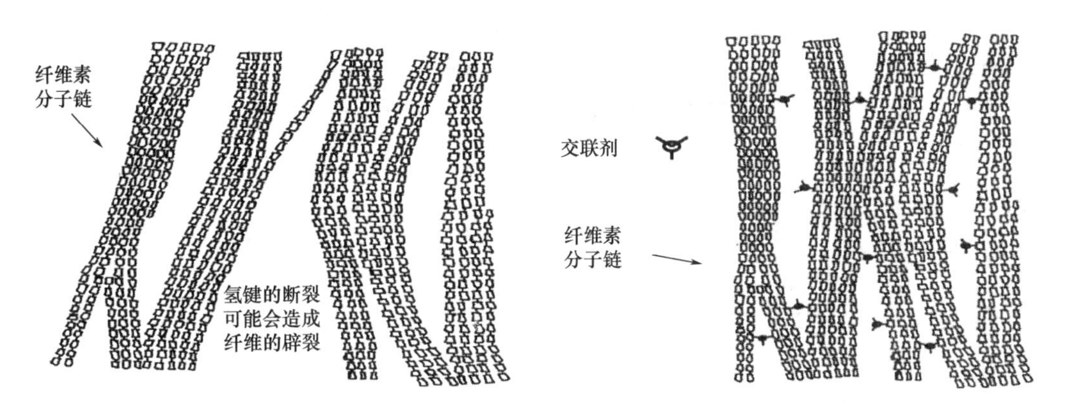

图 2-18　Lyocell 纤维原纤化及其纤维交联处理原理示意图

经 TAHT 交联处理后的 Lyocell 具有优异的抗原纤化性能和染色性能，其在线交联工艺流程如图 2-19 所示。湿态的纤维分别施加交联剂和碱剂后在堆置过程中进行气蒸处理，交联剂在气蒸条件下与纤维反应完全后，洗涤掉碱剂和未发生反应的交联剂，得到非原纤化 Lyocell 纤维[55]。控制交联剂浓度、碱剂浓度以及气蒸温度和时间可得到不同抗原纤化性能的产品。

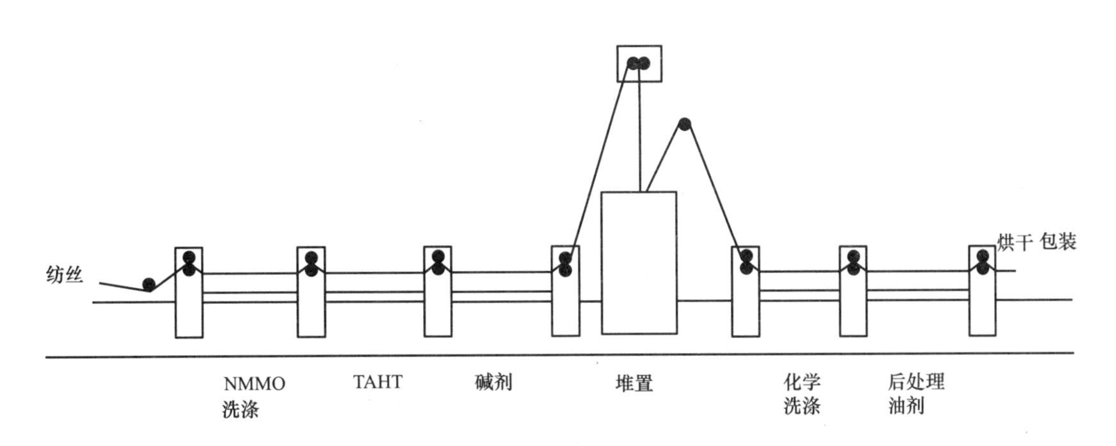

图 2-19　Lyocell 纤维 TAHT 交联工艺流程示意图

TAHT 与 Lyocell 纤维交联反应的原理如下式所示：

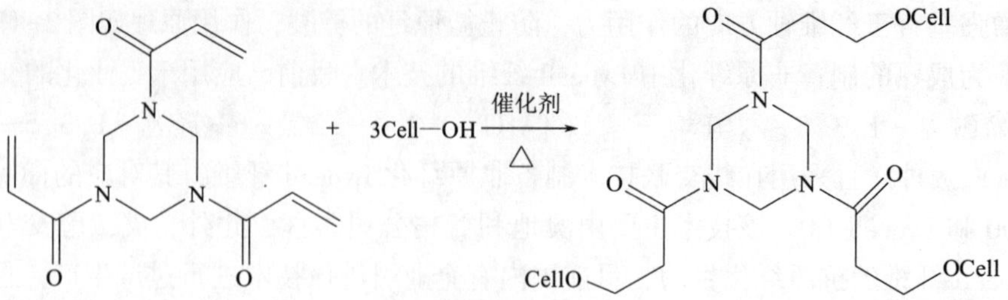

奥地利兰精公司以 DCHT-Na 为交联体系生产的 Lyocell 纤维商品名称为 Lyocell LF。其生产流程与普通 Lyocell 纤维生产流程相似，只是在后处理过程中增加了交流处理的工序。纺制成型的纤维经过水洗和切断后，湿态下的短纤维施加一定量的交联剂，并在特定反应条件下进行反应，获得具有抗原纤化性能的纤维。其生产流程如图 2-20 所示。

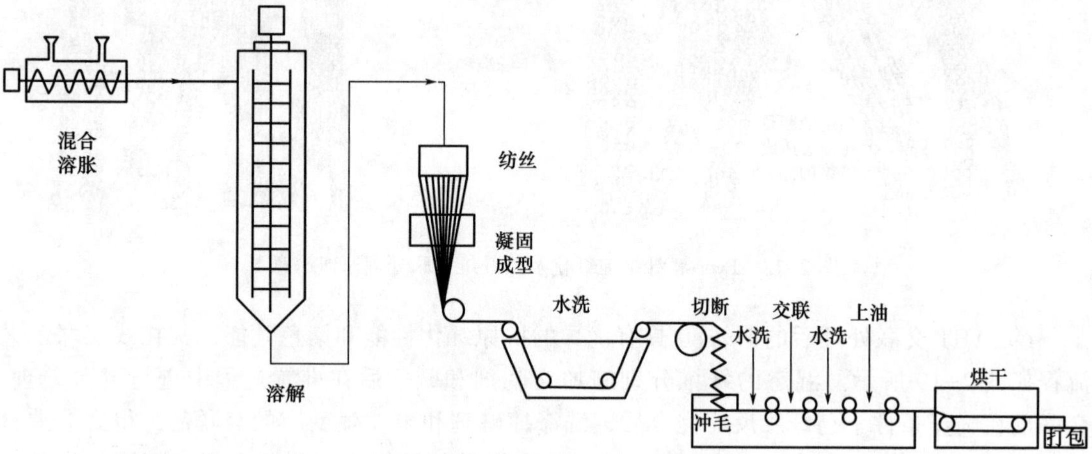

图 2-20　兰精公司 Lyocell LF 生产流程

DCHT-Na 在碱性条件下与纤维素上的羟基发生醚化反应[56]。其反应原理如下所示：

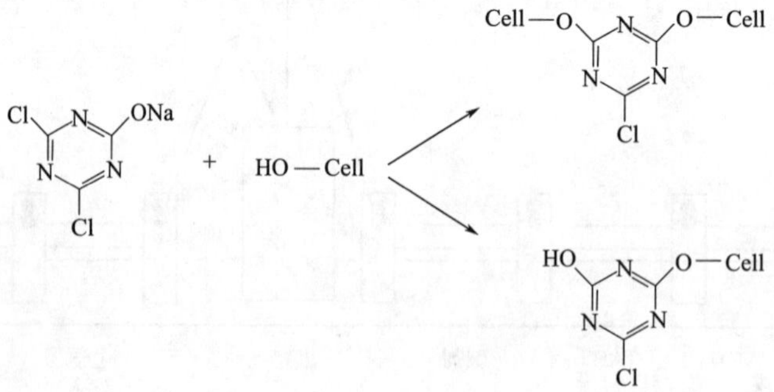

目前已经工业化的交联体系还存在一定的应用局限性，比如 DCHT-Na 交联处理的产品 Lyocell LF 不适用于酸性染整环境，在 pH≤6 条件下，随着 pH 的降低，非原纤化性能逐渐衰减直至消失。科研工作者也在不断开发新的交联体系和交联工艺，来提高抗原纤化效果和工

艺的便捷性。

王蕊等[57] 采用 N,N-二羟甲基二羟基乙基脲以及多元羧酸类交联剂丁烷四羧酸对 Lyocell 纤维进行处理，使 Lyocell 纤维获得了良好的抗原纤化性能。

祁兴超等[58] 针对 Lyocell 纤维出现的原纤化问题，尝试用氮丙啶基化合物作为 Lyocell 纤维的交联剂抑制原纤化趋势，试验证明有比较好的抗原纤化能力，并适合在线交联。经过摩擦试验等证明氮丙啶化合物能起到较好的交联作用，并且提高湿摩擦时间，对 Lyocell 纤维原有的力学性能影响不大。

叶金兴[59] 合成的用于防止 Lyocell 原纤化的交联剂 2,4-二丙烯酰胺苯磺酸，是一种新型的水溶性无色阴离子交联剂，纤维处理后具有良好的耐磨性，并在活性染料高温浸染条件下具有良好的键稳定性。但这种纤维与交联剂之间的键对涤纶酸性高温染色条件不很稳定，实验证明，这是由于磺酸基通过邻基参与机理使相邻的酰胺键发生了水解的缘故。

（2）Lyocell 纤维后整理。制备非原纤化的 Lyocell 纤维，除了采用交联剂在线交联处理外，还可通过对普通 Lyocell 纤维进行后整理制得。用树脂或交联剂整理 Lyocell 纤维，可有效降低纤维的溶胀和原纤化倾向，纤维的低溶胀和纤维原纤间的交联能有效阻止纤维表面微小纤维的再形成，是有效地控制（防止）原纤化的方法。

许炯等[60] 采用丁烷四酸作为无甲醛整理剂对绿色环保 Tencel 织物进行处理，结果证明，丁烷四酸能有效提高纺织品的抗皱性，削弱 Tencel 纤维原纤化倾向、起毛起球性和湿膨胀，改善手感，取得了较理想的效果。

一些其他整理剂对 Tencel/真丝交织物防原纤化也有影响。朱亚伟等[61] 用柔软剂、蛋白质水解液和改性 2D 树脂处理 Tencel/真丝交织物，用原纤化等级评价纤维水洗后表面原纤化的程度，发现交联型或缩聚型整理剂能在纤维表面形成覆盖层或交联反应，有效防止 Tencel/真丝交织物原纤的产生。而柔软剂对减少 Tencel/真丝交织物产生原纤化的效果不理想。

（六）卷曲型 Lyocell 纤维的制备

卷曲性能是评价短纤维的一个重要指标。短纤维的卷曲可增加纺纱时纤维之间的摩擦力和抱合力，可以提高纤维和纺织品的弹性，改善织物的抗皱性，还能赋予织物优良的保暖性[62]。

合成短纤维和天然纤维如棉、毛纤维等具有卷曲或转曲，有利于纺纱工序的进行。传统意义上的合成长丝都具有光滑的表面，没有卷曲，无须纺纱即可直接用于织造，短纤维则需要与其他纤维进行混纺，混纺过程中抱合力不足，可通过卷曲的方式提高纤维之间的抱合力，使纺纱工序顺利进行。另外，用作填充物时，这些卷曲可提供蓬松性能和弹性。而长丝的卷曲则可获得良好的卷曲弹性，改善织物的抗皱性。卷曲的蓬松特性还能赋予织物特殊的手感风格、光泽，改善织物的保暖性能。

由于 Lyocell 纤维的纺制过程特殊，Lyocell 纤维的截面呈圆形，而且结晶度较高，模量较大，通常具有很少或没有卷曲，在很多最终用途中卷曲是人们所需要的一种纤维特性，在制成纱线或交织的织物的过程中和该过程之后，卷曲会增加诸纤维之间的抱合力，卷曲后皱缩的纤维比未皱缩纤维更蓬松，因此卷曲在纺织材料中提供了更佳的包覆能力，并在吸收性制品中提供了更高的吸收性[63]。

卷曲 Lyocell 纤维的制备过程如图 2-21 所示，其纺制成型、水洗过程与普通 Lyocell 纤维相同，水洗后干净的丝束先不经过切断，而是直接上油，上油后将纤维以湿态丝束的形式经过一填塞箱式的压实设备进行卷曲，通过丝束喂入速度、气压压力调整卷曲度，丝束出填塞箱后，进入烘干机烘干定型，制得永久性褶皱，再通过切断设备切断、打包制得卷曲 Lyocell 纤维。

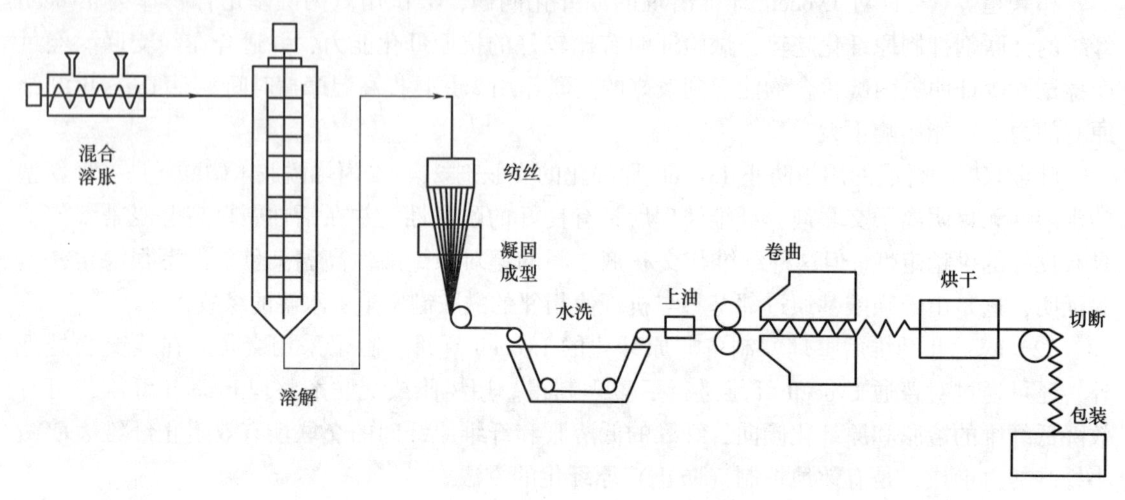

图 2-21　Lyocell 卷曲纤维生产工艺流程

三、溶剂的回收利用

莱赛尔纤维制造过程中使用的溶剂 NMMO 可以回收后重复利用。将含 NMMO 的纺丝凝固浴进行纯化，再经蒸发即可再次使用，该过程是莱赛尔纤维生产中非常重要的工序[64]。由于 NMMO 价格昂贵、用量较大，纯化和蒸发浓缩过程需要消耗大量的能量，因此，溶剂的回收率和能源消耗是关系莱赛尔纤维生产经济性的重要指标。

通常情况下，待回收的凝固浴为深棕色或深褐色，是一种均匀的半透明或不透明状液体，20℃时的各项参数如表 2-11 所示。

表 2-11　待回收凝固浴的性质

NMMO 含量（%，质量分数）	折光率（N_d）	pH	电导率（μS/cm）	浊度（FTU）
10%~40%	1.3485~1.3838	7~9	100~300	14~25

溶剂的回收到再利用需要经过以下几个工序。

（一）凝固浴的絮凝与分离

Lyocell 纤维的纺丝凝固浴通常为含 10%~40%（质量分数）NMMO 的水溶液。在纺丝阶段，纺丝细流中的 NMMO 不断从丝束向凝固浴中扩散，与此同时生产系统中的各类杂质也会被释放到凝固浴中。这些杂质主要有四类，分别为[65]：

第一类：非溶解性固体杂质。这类杂质主要来源于纤维素在溶解和纺丝过程分子链断裂形成的纤维素片段和半溶解性胶体，还有少量的钙镁离子形成的沉淀。

第二类：过渡金属离子。这部分离子主要来源于原料浆粕和生产过程所用设备，以没食子酸配合物形式存在于凝固浴中。富集之后会成为催化剂引发和加速胺氧化物和纤维素的分解，严重时会引起爆炸。

第三类：有机胺类。主要由极少量的 NMMO 分解和裂解产生，NMMO/H_2O 二元溶液在浓缩和溶解纤维素浆粕时都需在高温（80~130℃）下进行，在这种温度下 NMMO 可能发生分解和裂解反应，以吗啉、*N*-甲基吗啉和 *N*-甲基乙醇胺为主要副产物，并伴随有少量上述分解产物为基础的更高级的副产物。

第四类：有色物质。这部分杂质主要来源于稳定剂或抗氧化剂（如没食子酸丙酯）在失效时的副产物，以及自身在强极性状态下的缩聚反应，以蒽类多元杂环化合物为主，具有较强的显色力。

絮凝是脱除凝固浴中的固体杂质、部分溶解性高分子物质、大部分带色物质的过程。其中固体杂质主要以悬浮性杂质、固体絮状物、半溶解的胶态形式存在。这些物质如果不脱除，会对后续处理过程和设备有着极大的危害，甚至造成纺丝过程不能正常运行。

1. 凝固浴的絮凝原理

凝固浴中的固体杂质分布宽，处理量大（年产万吨级莱赛尔纤维生产线凝固浴处理量通常要达到 50 吨/小时），通过显微镜下观察凝固浴中的固体杂质分布情况可知，一般肉眼观察比较干净的凝固浴溶液中，其实含有少量的固体杂质，如图 2-22 所示。

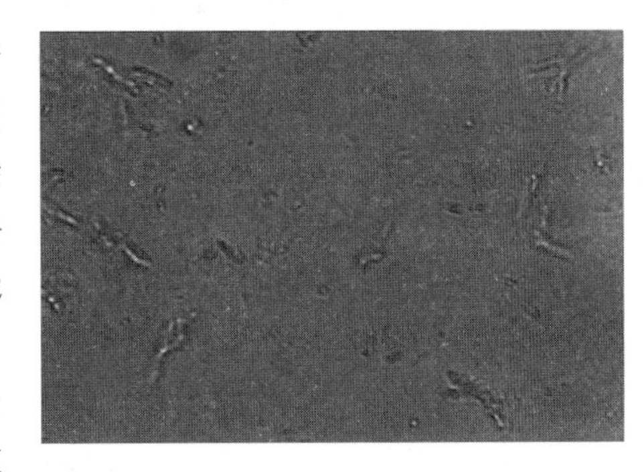

图 2-22　凝固浴在 600 倍显微镜下的观察图

这些固体颗粒物粒径分布如图 2-23 所示。由图可见，固体杂质在凝固浴中含量最高的为粒径主要集中在 0.5~4μm 的粒子，通常可判断为带有负电荷的胶体以及粒径主要集中在 40~90μm 的粒子，通常可判断为游离的纤维素片段，但这些固体颗粒物粒径没有绝对的界限。

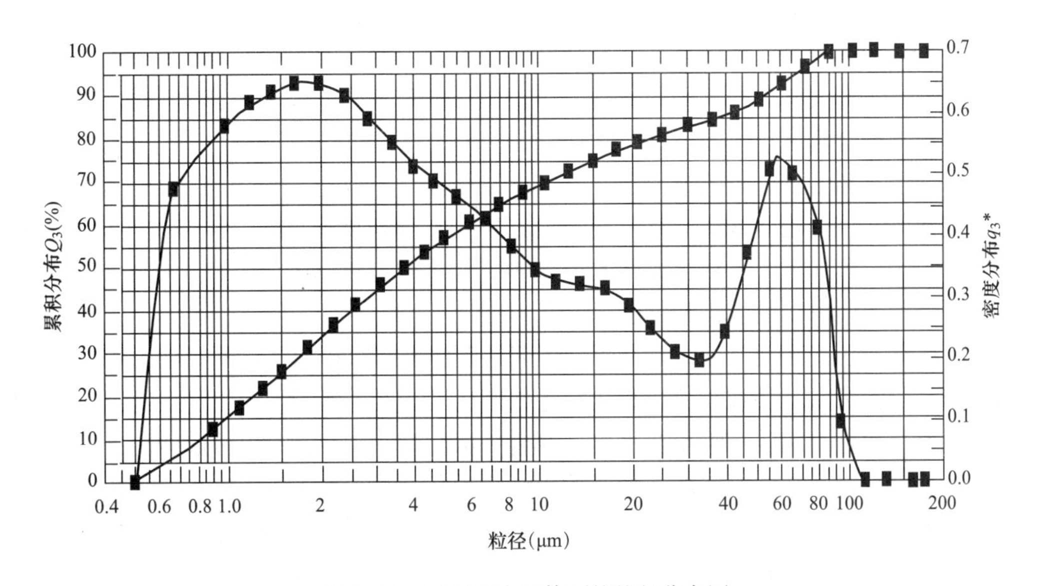

图 2-23　凝固浴中固体颗粒粒径分布图

通常，在规模化工业生产中，很难找到一种或几种设备将这些胶体颗粒脱除干净。如果使用一些纳米级的过滤设备，不仅过滤压力非常高，而且很快设备就会被堵住，导致过滤困难；而如果使用微米级的过滤设备则效果很差，在凝固浴循环一段时间后，所处理的溶剂用于溶解和纺丝的性能急剧下降。所以为了将这些杂质脱除干净，通常情况下采用絮凝的工序进行操作。

絮凝是利用长链聚合物或聚合电解质在颗粒之间形成桥架，使颗粒聚集。絮凝过程是物理吸附和化学吸附共同或混合过程。凝固浴中的胶体杂质带有阴离子性质，在添加含有阳离子性质的聚合物电解质时，会发生离子交换类吸附，形成稳定的纤维素和电解质沉淀。通常，絮凝过程是逐级发生的，因此在吸附过程发生后还会伴随新生颗粒对周围胶体杂质的凝聚，最后产生大颗粒沉淀。通过上述过程，凝固浴中的胶体杂质会以大颗粒形态除去。

2. 絮凝剂的选择

（1）无机盐类絮凝剂。无机盐类絮凝剂主要有铝或铁的硫酸或盐酸盐，例如硫酸铝、三氯化铁、硫酸铁以及复合盐（如硫酸铝铁等）。通常情况下，含10%~20%NMMO的凝固浴呈弱碱性，这些盐在添加到凝固浴后，会发生水解反应，生成羟基铝或羟基铁配合物，并有聚合反应发生。但是，在NMMO溶剂体系中，由于铁离子对NNMO分解反应有强烈的催化作用，因此在此处的工序中一般不考虑添加含铁离子的絮凝剂。

铝离子溶解于水中时，与六个水分子配位结合而形成水合络离子 $[Al(H_2O)_6]^{3+}$，当溶液pH升高时，水合铝络离子将随之发生一系列的逐级水解反应，释放 $[H]^+$离子，反应式如下：

$$[Al(H_2O)_6]^{3+}+H_2O = [Al(OH)(H_2O)_5]^{2+}+H_3O^+ \qquad K_{1,1}$$

$$[Al(OH)(H_2O)_5]^{2+}+H_2O = [Al(OH)_2(H_2O)_4]^{+}+H_3O^+ \qquad K_{1,2}$$

$$[Al(OH)_2(H_2O)_4]^{+}+H_2O = Al(OH)_3+H_3O^+ \qquad K_{1,3}$$

$$Al(OH)_3+2H_2O = Al(OH)_4^{-}+H_3O^+ \qquad K_{1,4}$$

式中，$K_{x,y}$ 为逐级水解平衡常数，其生成形态取决于溶液的铝浓度及pH。

在铝的水解反应过程中，生成的单体羟基铝络离子在水中强烈趋于聚合反应生成二聚体、低聚体及高聚体等多种羟基聚合形态，聚合反应结果是在两相邻单体羟基铝络离子的羟基之间架桥形成一对具有共同边的八面体结构，随溶液pH升高，铝水解聚合反应会延续而生成复杂多变的羟基聚合物。

在形成含多元离子聚合物的过程中，产生的结晶体在形成过程会吸附在混合物中的悬浊物上，形成絮凝，该过程通常认为有两种吸附方式，一种是物理吸附，结晶体在形成过程吸附于凝固浴中的胶体之上，并结合成新的沉淀体；另一种是化学吸附，产生的结晶体呈阳离子性质，可吸附呈阴离子性质的胶体。

（2）无机高分子絮凝剂。无机高分子絮凝剂是在传统的铝盐和铁盐的基础上发展起来的，主要以聚合氯化铝为主，并有和铁盐和硅酸盐共聚的絮凝剂，絮凝作用主要以聚合度较高的无机高分子形态运行，实质是铝盐在水解—聚合—沉淀的动力学过程中的产物，其化学形态属于多核羟基配合物。在添加铝盐（如硫酸铝）到凝固浴的絮凝过程中，絮凝效果受多种因素影响，如胶体数量和粒径、絮凝温度、混合速度等，最终产生结果的均一性也受到限制；而聚合氯化铝可以先预定好最优的形态，然后投入待处理的凝固浴中，产生的结果更优一些。

（3）有机高分子絮凝剂。通常情况下，有机高分子絮凝剂的主要作用是吸附在胶体粒子之上，使粒子间的相互作用受到影响，从而达到改变胶体粒子性质，分离凝固浴中胶体的目的。常用的有机高分子絮凝剂主要有聚氧化乙烯类（PEO）、聚丙烯酰胺类（PAM）、聚乙烯磺酸盐类（PSS）以及聚季铵盐类（PDMDAAC），随着所需处理的物料性质不同，上述聚合物可根据微粒不同改性为不同的离子型态，使吸附作用增强。

3. 絮凝剂在处理凝固浴时的性能比较

絮凝剂对凝固浴的处理效果主要从处理后溶液的澄清度、絮体的稳定性、浓缩过滤效率等方面比较。由于凝固浴中纤维素基胶体的性质属非离子型和阴离子型，在使用絮凝剂时通常要考虑到这两个形态才能提高澄清度，因此有机絮凝剂以阳离子型为主，如聚丙烯酰胺类选用阳离子型。

无机盐类絮凝剂在处理凝固浴时，由于 NMMO 体系具有特殊的 pH，使其在水解和聚合过程中具有独到的优势，使用效果要优于其他类絮凝剂，但带入 NMMO 体系额外的杂质过多。例如，选用硫酸铝，带入硫酸根离子会降低后续处理的能力，同时泥浆处理难度大，还需额外添加助滤剂等。选用无机高分子絮凝剂时，使用效果要略低于无机盐类絮凝剂，但优点恰恰和无机盐类的相反，对后续处理影响较小，泥浆过滤容易。有机高分子絮凝剂具有吸附效果好，用量小等优点，但却有沉降速度慢，甚至不能沉降，大规模化生产需要添加助沉剂，和过量使用后对后续离子交换树脂永久伤害等缺点。在处理凝固浴时，各种凝固浴都有各自的优缺点，从大规模工程化角度考虑，推荐使用无机高分子絮凝剂，如聚合氯化铝或聚合硫酸硅铝等。

4. 絮凝工艺流程

通常情况下，工业处理絮凝固液两相混合物是采用沉降设备分离出澄清溶液并提浓沉淀形成泥浆，然后再过滤回收泥浆中的溶剂，为此还需要采用沉降设备完成分离[66]。工艺流程如图 2-24 所示。

由于普通的沉降设备存在着体积大、效率低等缺点，絮凝后的沉淀可以通过气浮设备除去沉淀，如图 2-25 所示。此种方法处理效果要略低于沉降装置，并且产生能耗，但气浮装置处理效率要远高于沉降装置，处理能力可达到 $10m^3/m^2$，设备体积要远小于常用的道尔或斜板沉降装置，投资和占地都很低，很适合大工业化生产。

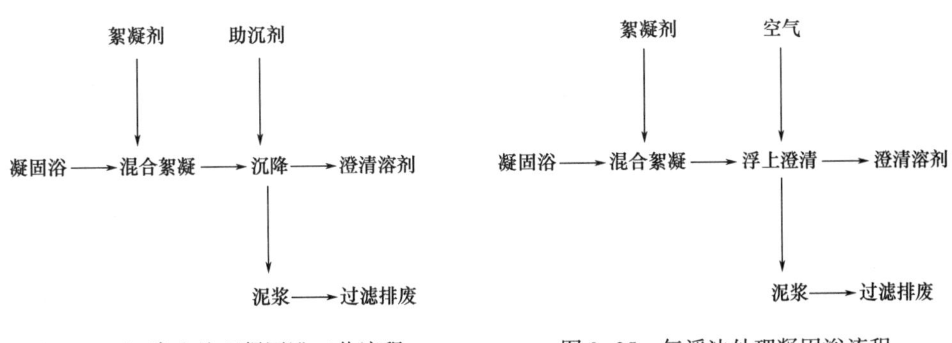

图 2-24　沉降法处理凝固浴工艺流程

图 2-25　气浮法处理凝固浴流程

（二）离子交换

离子交换是脱除溶剂中溶解性杂质、带色物、分解产物等离子型杂质的过程。NMMO 溶剂溶解纤维素并在纺丝过程释放到凝固浴中，在这个过程中，原料纤维素浆粕、溶解添加剂以及 NMMO 在溶解过程发生的副反应产生的杂质都会释放到凝固浴中，其中包含无机盐类，如浆粕自带的 Na^+、K^+、SO_4^{2-}、CO_3^{2-}、Fe^{2+}等；还包含添加剂的分解产物，如没食子酸正丙酯（PG）水解后产生没食子酸阴离子，另外 NMMO 和纤维素溶解在一定温度和条件下的分解产物，如吗啉（M）、*N*-甲基吗啉、*N*-甲基乙醇胺以及更高级的裂解产物，这些离子不仅会影响 NMMO 对纤维素的溶解性，更具有危险性。以上离子态杂质都会在离子交换工序中被有效去除。

1. 离子交换树脂

离子交换树脂是一类在交联的大分子主链（惰性骨架）上，带有许多功能基团的高分子化合物。这些功能基团由两种电荷相反的离子组成，一种是以化学键结合在大分子链上的固定基团，另一种是以离子键与固定基团结合的反离子。在一定条件下，一些反离子可离解出来显示离子交换的功能。离子交换树脂的这种化学结构特征是影响它的物理-化学性质的主要因素。不同类型的离子交换树脂具有不同性质的功能基团，如磺酸基，羧酸基，磷酸基，季铵基，伯、仲、叔胺基，胺羧基等。根据这些功能基团的不同，可将它们分成强酸性、弱酸性、强碱性和弱碱性离子交换树脂。

通常，阳离子树脂交换基团是酸性的，强酸树脂含 $RSO_3^-H^+$ 基团，弱酸含 $RCOO^-H^+$ 基团；阴离子树脂交换基团是碱性的，强碱性树脂含 $R_4N^+OH^-$ 基团，弱碱性树脂含 RNH^+OH^- 基团。

2. 离子交换流程

离子交换过程分为两个步骤，分别是交换和再生。交换过程是凝固浴均匀通过交换树脂脱除离子的过程。交换树脂填充在交换器内形成固定床，在处理凝固浴时吸收各种离子并释放出相对应的 H^+ 或 OH^- 离子，阳离子树脂吸收溶剂中的钠、钾、铁、铜、铬等金属离子和吗啉、甲基吗啉等并释放出 H^+，阴离子树脂吸收溶剂中的氯、硫酸根、碳酸根等无机阴离子以及纤维素分解物等有机阴离子并释放出 OH^-，然后 OH^- 和 H^+ 生成水，这样溶剂得到了净化[67]。

在树脂失效后必须再生才能使用。再生过程是交换过程的可逆过程，即使用 H^+ 置换掉阳离子树脂上吸附的钠、钾、铁、铜、铬等金属离子和吗啉、甲基吗啉等，用 OH^- 置换阴离子树脂上吸附的氯、硫酸根、碳酸根等无机阴离子以及纤维素分解物等有机阴离子，使树脂重新具有交换能力。再生剂采用酸和碱，通常采用盐酸和氢氧化钠。处理 NMMO 溶剂的离子交换流程如图 2-26 所示。

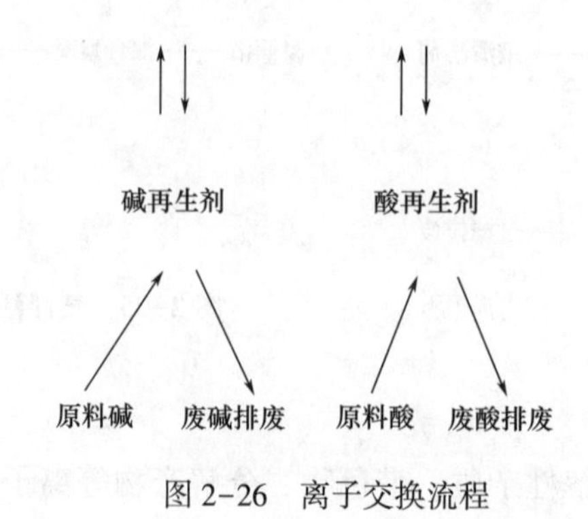

图 2-26　离子交换流程

（三）蒸发浓缩

蒸发浓缩是脱除凝固浴中水分的过程，把 10%~40%的 NMMO 浓缩至 70%以上。整个过程需要蒸发掉大量的水分，按每得到 1 吨浓溶剂需要蒸发掉 2~7 吨水计算，需要消耗的总热大约相当于 3~9 吨蒸汽的热量，如果没有明显的节能措施，1 吨纤维消耗蒸汽的成本要达到上万元。为此，多层次地利用热能，在 NMMO 水溶液蒸发浓缩过程中尽可能增加蒸汽利用次数，即增加蒸发次数，才能达到节能降耗的目的，增加项目的经济性。

1. 多效蒸发

（1）多效蒸发的原理。多效蒸发是利用减压的方法使后一效蒸发器的操作压力和溶液的沸点均较前一效蒸发器的低，使前一效蒸发器引出的二次蒸汽作为后一效蒸发器的加热蒸汽，且后一效蒸发器的加热室成为前一效蒸发器的冷却器。

（2）多效蒸发的流程。多效蒸发按物料和蒸汽的走向区分，有三种流程，分别是顺流蒸发、逆流蒸发和并流蒸发。

①顺流蒸发。物料浓度增加和蒸汽流向一致，蒸汽加热到低浓度物料上，产生二次蒸汽后去加热高浓度物料。这种蒸发流程具有很多优点，是最常用的蒸发流程。主要优点有：溶液的输送可以利用各效间的压力差，自动地从前一效进入后一效，因而各效间可省去输送泵；前效的操作压力和温度高于后效，料液从前效进入后效时因过热而自蒸发，在各效间不必设预热器；辅助设备少，流程紧凑；因而热量损失少，操作方便，工艺条件稳定。

这种流程的缺点是后效温度更低而溶液浓度更高，故溶液的黏度逐效增大，降低了传热系数，往往需要更多的传热面积。

②逆流蒸发。物料浓度增加和蒸汽流向相反，蒸汽加热到高浓度物料上，产生二次蒸汽后去加热低浓度物料。这种流程的主要优点有：蒸发的温度随溶液浓度的增大而增高，这样各效的黏度相差很小，传热系数大致相同；完成液排出温度较高，可以在减压下进一步闪蒸增浓。这种流程的主要缺点是辅助设备多，各效间须设料液泵。

③平流蒸发。料液同时加入各效，完成液同时从各效引出，蒸汽从第一效依次流至末效，此法在蒸发过程中有结晶析出的场合，一般很少使用。

（3）NMMO 蒸发。由于多次重复利用了热能，相对于简单的蒸发操作，多效蒸发显著地降低了热能耗用量。由多效蒸发原理可知，每增加一效都会降低蒸汽能耗。但随着效数的增加，蒸汽的利用效率会越来越低，而增加的设备费用和运行能耗却会急剧增加，当增加一效所节省的加热蒸汽的收益不能与所消耗的费用相抵时，就没有必要再增加效数了。另外考虑到 NMMO 特殊的化学性质，在采用多效蒸发流程时还须注意：

①蒸发温度需低于溶剂分解温度。

②蒸发过程副产物尽量少，溶解性及可纺性良好。

在满足上述条件下，尽可能多地增加蒸发效数，达到节约能源的目的。通常情况下，当 NMMO 浓度在 10%~20%时，可以采用五效以上的蒸发流程，当 NMMO 浓度在 20%~40%时，可以采用三效以上的蒸发流程。

2. 蒸发器种类

（1）循环型（非膜式）蒸发器。循环型蒸发器的特点是溶液在蒸发器内作连续的循环运动，以提高传热效果、缓和溶液结垢情况。由于引起循环运动的原因不同，可分为自然循环和强制循环两种类型。前者是由于溶液在加热室不同位置上的受热程度不同，产生了密度差而引起的循环运动；后者是依靠外加动力迫使溶液沿一个方向作循环流动[68]。

（2）中央循环管式（或标准式）蒸发器的组成。加热室由垂直管束组成，管束中央有一根直径较粗的管子。细管内单位体积溶液受热面大于粗管的，即前者受热好，溶液汽化得多，因此细管内汽液混合物的密度比粗管内的小，这种密度差促使溶液作沿粗管下降而沿细管上升的连续规则的自然循环运动。粗管称为降液管或中央循环管，细管称为沸腾管或加热管。为了促使溶液有良好的循环，中央循环管截面积一般为加热管总截面积的40%~100%。管束高度为1~2m；加热管直径在25~75mm之间，长径之比为20~40。

中央循环管蒸发器是从水平加热室、蛇管加热室等蒸发器发展而来的，相对于这些老式蒸发器而言，中央循环管蒸发器具有溶液循环好、传热效率高等优点；同时由于结构紧凑、制造方便、操作可靠，故应用十分广泛，有“标准蒸发器”之称。

（3）悬筐式蒸发器。悬筐式蒸发器是中央循环管蒸发器的改进。加热蒸汽由中央蒸汽管进入加热室，加热室悬挂在蒸发器内，可由顶部取出，便于清洗与更换。包围管束的外壳外壁面与蒸发器外壳内壁面间留有环隙通道，其作用与中央循环管类似，操作时溶液形成沿环隙通道下降而沿加热管上升的不断循环运动。一般环隙截面与加热管总截面积之比大于中央循环管式的，环隙截面积约为沸腾管总截面积的100%~150%，因此溶液循环速度较高，在1~1.5m/s之间，改善了加热管内结垢情况，并提高了传热速率。

（4）外热式蒸发器。外热式蒸发器的加热管较长，其长径之比为50~100。由于循环管内的溶液未受蒸汽加热，其密度较加热管内的大，因此形成溶液沿循环管下降而沿加热管上升的循环运动，循环速度可达1.5m/s。

（5）强制循环蒸发器。前述各种蒸发器都是由于加热室与循环管内溶液间的密度差而产生溶液的自然循环运动，故均属于自然循环型蒸发器，它们的共同不足之处是溶液的循环速度较低，传热效果欠佳。

强制循环蒸发器是指蒸发器内的溶液是利用外加动力进行循环的，这种蒸发器的缺点是动力消耗大，通常为0.4~0.8kW/m^2（传热面），因此使用这种蒸发器时加热面积受到一定限制。

（6）膜式（单程型）蒸发器。膜式蒸发器内，溶液只通过加热室一次即可浓缩到需要的浓度，停留时间仅为数秒或十余秒。操作过程中溶液沿加热管壁呈传热效果最佳的膜状流动。

（7）升膜蒸发器。升膜蒸发器的结构为加热室由单根或多根垂直管组成，加热管长径比为100~150，管径在25~50mm之间。原料液经预热达到沸点或接近沸点后，由加热室底部引入管内，被高速上升的二次蒸汽带动，沿壁面边呈膜状流动、边进行蒸发，在加热室顶部可达到所需的浓度，完成液由分离器底部排出。二次蒸汽在加热管内的速度不应小于10m/s，一般为20~50m/s，减压下可高达100~160m/s或更高。若将常温下的液体直接引入加热室，则在加热室底部必有一部分受热面用来加热溶液使其达到沸点后才能汽化，溶液在这部分壁面上不能呈膜状流动，而在各种流动状态中，又以膜状流动效果最好，故溶液应预热到沸点或接近沸点后再引入蒸发器。

（8）降膜蒸发器。原料液由加热室顶部加入，经管端的液体分布器均匀地流入加热管内，在溶液本身的重力作用下，溶液沿管内壁呈膜状下流，并进行蒸发。为了使溶液能在壁上均匀布膜，且防止二次蒸汽由加热管顶端直接窜出，加热管顶部必须设置加工良好的液体分布器。降膜蒸发器适用于处理热敏性物料，但不适用于处理易结晶、易结垢或黏度特大的溶液。

（9）升—降膜蒸发器。升—降膜蒸发器由升膜管束和降膜管束组合而成。蒸发器的底部封头内有一隔板，将加热管束均分为二。原料液在预热器中加热达到或接近沸点后，引入升膜加热管束的底部，汽、液混合物经管束由顶部流入降膜加热管束，然后转入分离器，完成液由分离器底部取出。溶液在升膜和降膜管束内的布膜及操作情况分别与前述的升膜及降膜蒸发器内的情况完全相同。

3. 蒸发器的选择

对于 NMMO 蒸发，采用膜式和循环式蒸发器均有很好的效果。推荐采用膜式蒸发，这类蒸发器具有物料停留时间短的优点，由于 NMMO 是热敏性物质，适合这类蒸发器。但缺点是由于膜式蒸发设备采用的是单程蒸发，蒸发设备内一旦存在死角，就会促成 NMMO 分解。另外如果操作不当还会发生 NMMO 溶液在设备内过度蒸发，甚至出现“干壁”现象，此时反而加速 NMMO 分解，成为蒸发流程和后续 NMMO 使用流程的一个安全隐患。而循环式蒸发器恰恰没有这种缺点，在自控过程条件一般的情况下，物料分解率要低于膜式蒸发。

4. NMMO 蒸发防爆系统

NMMO 是热敏物质，当温度过高、受热时间过长，或铁、铜等多种离子达到一定浓度时，会发生剧烈的分解反应，甚至发生爆炸。为了保证安全生产，仅通过工艺控制在安全范围内尚不充分，需增加额外的安全预防措施，在遇到事故隐患时及时作出反应，把事故消灭在初期阶段。为此可采取如下措施。

（1）增设防爆膜。蒸发过程各级分离室上均安装防爆膜，在遇到突发事故时，由于压力上升，超过防爆膜的泄压压力，防爆膜会提前爆开，泄去系统内压力，有效防止压力急剧增加导致更为严重的事故。

（2）增加防爆安全水。每一级加热室和分离室均接入防爆水管道，并纳入自控系统，当温度达到设定高限值后，自动打开防爆控制阀，放入大量的低温水进行降温，同时可稀释溶剂，达到防患于未然的目的。

四、莱赛尔纤维的结构、性能及用途

（一）莱赛尔纤维的结构与性能

1. Lyocell 纤维的结构

Lyocell 纤维纺丝后形成的超分子结构含原纤明显，结晶度高，纵向微晶比例高，晶区较长，分子的大部分链段处于有序排列中，只有少部分链段排列无序。从微观形态结构看，正是由于 Lyocell 纤维纵向的高结晶比、高定向性、使无定形区侧面连接少，产生沿纤维轴向规则排列的空穴，因此 Lyocell 纤维是一种高度结晶取向的天然聚合物，其晶型属于单斜晶系纤维素Ⅱ晶。

据文献报道，Lyocell 纤维的结晶度为 53. 26%[69]，高于多种其他再生纤维素纤维，几种纤维素纤维结晶度见表 2-12。结晶峰宽度较黏胶纤维窄，表明结晶部分取向度高，且无定形部分取向度也较黏胶纤维高。

表 2-12 不同纤维素纤维的结晶度比较

纤维种类	一般浆粕	Lyocell 纤维	普通黏胶纤维	富强黏胶纤维	高湿模量黏胶纤维
结晶度（%）	60	50	30	48	44

未经化学试剂处理及机械作用的 Lyocell 纤维有规整的圆柱形外观，表面光滑，如同熔纺的合成纤维一般，但经碱液和加温处理，可以看到其皮芯结构：首先，皮层很薄，只占总体积的 2.5%～5.6%，可以认为 Lyocell 纤维基本上由全芯层组成；其次，皮层的破坏无方向性差异，即皮层基本无取向。

一般情况下，Lyocell 纤维取向度高，致使其水膨润度和原纤化性能与其他纤维不同。

Lyocell 纤维遇水后会变硬，如果是$\frac{10}{1}$的斜纹织物，会硬得像木板一样，染色、加工都比较困难，特别是横向膨润度非常大。因此，表面摩擦阻抗也大，这就是纤维变硬的原因之一，由此也可以看出，Lyocell 纤维的取向度高于其他纤维素纤维。不同纤维在水中的膨润度见表 2-13。

表 2-13 不同纤维在水中的膨润度

纤维试样	横向膨润（%）	纵向膨润（%）
Lyocell	40	0.03
黏胶纤维	31	2.6
棉	8	0.6
其他纤维	29	1.1

2. Lyocell 纤维的性能

Lyocell 纤维大多是利用以针叶树木为主的木质浆粕进行再生，生产过程中不产生化学变化，它可将木质浆粕的天然特性完全再现，即使纤维燃烧、腐烂，也能生物降解，无废弃物，无副产品；另外，它具有天然纤维素的一切舒适性，包括良好的吸湿性、透气性、柔和光泽，优良的染色性。Lyocell 纤维可实现高聚合度、高结晶度，从而使纤维物理性能、机械性能优于其他再生纤维素纤维，具有高的干湿强度、高的湿模量、干湿强相差小、收缩率低等特性。

Lyocell 纤维与黏胶纤维、棉等纤维特性比较见表 2-14。

表 2-14 Lyocell 纤维与其他纤维素纤维性能比较[70]

性能	干断裂强度（cN/tex）	干态伸长（%）	湿断裂强度（cN/tex）	湿态伸长（%）	打结强度（cN/tex）	湿模量（cN/tex）	纤维素聚合度（*DP*）	吸水率（%）
Lyocell 纤维	42～48	10～15	26～36	10～18	18～20	200～350	550～600	65～70
普通黏胶纤维	20～25	18～23	10～15	20～25	10～14	50	290～320	90～110
富强黏胶纤维	36～42	10～15	27～30	36～42	8～12	230	450～500	60～75

续表

性能	干断裂强度（cN/tex）	干态伸长（%）	湿断裂强度（cN/tex）	湿态伸长（%）	打结强度（cN/tex）	湿模量（cN/tex）	纤维素聚合度（*DP*）	吸水率（%）
高湿模量黏胶纤维	34~38	14~15	18~22	34~38	12~16	120	400~450	75~80
铜氨纤维	15~20	10~20	9~12	15~20				100~120
棉纤维	25~30	8~10	26~32	25~30			2~3000	40~45

（1）纤维强度。由于Lyocell纤维自身具有较高的结晶构造，决定其强力较高，其干强接近涤纶纤维，湿强仅比干强低10%左右，比润湿的棉强力还高，这使得Lyocell纤维的纺织加工性能更接近于合成纤维，因此有利于后道工序加工和成衣的耐久性。另外，用Lyocell纤维可以织成轻薄型的织物，而且其织成的织物缩水率较低，仅为2%左右。Lyocell纤维能与棉、羊毛、亚麻、丝等纤维混纺，能提高和改善织物的性能。

（2）洗涤稳定性。由于Lyocell纤维具有较高的杨氏模量，在水中伸长率低，其织物具有较好的洗涤稳定性。

（3）原纤化性能。原纤化是指单根纤维表面剥离产生微细纤维，其直径小于1~4μm，湿润状态下经过摩擦即可产生。表面剥离主要产生在织物间湿摩擦或织物与金属的摩擦，产生的微纤非常细，几乎透明，使整理后的织物有泛白或霜白的效果。Lyocell纤维原纤化过程使得微细的纤维纠结在一起，导致织物起球。

（4）膨润性和悬垂性。当织物在湿态下，纤维直径将增加一半，而长度不变，因此造成织物中相邻纱线间产生挤压，纱线卷缩，织物内纱线间距必然缩小以适应所增加的卷缩，织物尺寸随之缩小。当织物干燥后，纤维及纱线直径恢复原状，但织物尺寸并未随之恢复，仍保持在收缩状态，织物的每根纱线周围将产生空隙，而赋予Lyocell纤维织物优良的悬垂性和手感。

（5）其他。除上述性能以外，Lyocell纤维还具有：可生物降解；良好的吸湿性能；良好的免烫性；可进行广泛的物理化学处理以获得各种手感；对染料吸收性能好，可产生自然亮泽颜色等特性。

（二）莱赛尔纤维的差别化和功能化

随着Lyocell纤维的不断发展，有关差别化和功能化的Lyocell纤维的研究逐渐成为人们研究的热点。Lyocell纤维的差别化和功能化可通过化学法和物理法来实现。

化学法[71]是利用纤维素上的羟基可经氧化转变成羧基，醛基和酮基等结构，通过这些结构的变化，可以进一步引入功能性基团，从而赋予纤维素材料新的功能。

物理法[72]则是通过在纺丝液中加入功能性添加剂实现。有机或无机添加剂的含量相对于纤维素最多可以达到200%，而不会破坏其可纺性，由此可以制备不同用途的纤维。因此，在纤维素/NMMO溶液中可以加入具有某种功能的添加剂物质，它的加入一方面可以改善纤维的加工成形，从而改变纤维结构；另一方面由于功能改性剂的加入制成功能化的Lyocell纤维。

差别化和功能化Lyocell纤维主要包括以下几种。

1. 抗菌Lyocell纤维

据报道，抗菌Lyocell纤维制备的其中两个典型方式如下：

一是通过将无机纳米抗菌剂、有机抗菌剂及天然高聚物抗菌剂添加至Lyocell纺丝体系中进行共混纺丝，制得抗菌 Lyocell 纤维[73]。研究发现，抗菌剂质量分数在适量的范围内时，所制得的抗菌 Lyocell 纤维的强度等力学指标符合常规 Lyocell 纤维的质量要求。抗菌 Lyocell 纤维的抗菌效果随纤维中抗菌剂质量分数的增加而增强，所制抗菌 Lyocell 纤维抗菌性具有良好的耐洗牢度。

二是将 $AgNO_3$ 水溶液经过不同的处理方法，加入有 Lyocell 纺丝液的混合器中，然后用动态光散射仪比较生成的 Ag 粒子的粒径和团聚颗粒的尺寸，并制备纳米银粒子改性 Lyocell 纤维，在几乎没有影响 Lyocell 纤维的力学强度和亲水性的情况下赋予 Lyocell 纤维抗菌功能[74]。

2. 吸水 Lycoell 纤维

为了提高 Lyocell 纤维的吸水性能，研究人员将粒径小于 100μm 的一种水解淀粉接枝的聚丙烯腈（HSPAN）高效吸收剂加入 Lyocell 纺丝液中，并通过干湿法制备了改性 Lyocell 纤维[75]。该纤维的吸水能力和吸水速度大幅提高，最大吸水能力高达 8.21g/g；而未改性的 Lyocell 纤维仅为 1.94g/g。但是，伴随 HSPAN 含量的提高，Lyocell 纤维的力学性能降低。因此，应综合考虑纤维的吸水能力和力学性能来选择最佳的 HSPAN 含量。

3. 导电 Lycoell 纤维

有研究人员采用 Lyocell 工艺，在纺丝液中混入高含量的微细分散的炭黑导电物质，制备了导电 Lyocell 纤维[76]。另外德国的 Titk 采用 Aleem 工艺制备了含碳的 Lyocell 纤维，准备将其用做导电纤维[77]。他们在研究中发现，微米级导电炭粉的添加量可以达到纤维素含量的 200%，此时炭黑的加入也不会干扰纤维的成型过程。对于炭黑这类添加剂的加入对最终所制备的纤维结构的影响，也有人进行了相关的研究。

4. 抗紫外 Lycoell 纤维

用 TiO_2、SiO_2 可制得功能化的抗紫外 Lyocell 纤维[78]，使用 3-缩水甘油醚基丙基三甲氧基硅烷作为偶联剂，这种偶联剂在相容性很差的 TiO_2 纳米粒子与纤维素之间，提供了一个稳定的结合状态。结果表明，TiO_2 纳米粒子可以成功地涂覆在 Lyocell 纤维的表面，并且通过改善 TiO_2 分散剂种类使其均匀地分散在纤维的表面，使该纤维具有一定的抗紫外线效果。

5. 发光 Lycoell 纤维

通过添加粉末发光颗粒，利用 Lyocell 纤维技术可制备出发光性能合格的蓄光型自发光纤维[79]。发光 Lyocell 纤维继承了稀土铝酸盐粉末优异的发光性能，含 10%发光材料的纤维其余辉达到了德国的执行标准（DIN67510）。但与无添加的 Lyocell 纤维相比，其断裂强度下降了 17.6%，断裂伸长率上升了 25%。

采用不同偶联剂对长余辉发光粉末进行表面处理，优选出的钛酸酯偶联剂可提高发光粉在 NMMO 水溶液中的分散稳定性，并采用干湿法纺丝，成功制备了长余辉绿色发光 Lyocell 纤维[80,81]。

6. 阻燃 Lycoell 纤维

Lyocell 纤维阻燃方式分为共混纺丝阻燃以及后整理改性阻燃。将含有磷、硫或磷、硫及氮的焦磷酸酯阻燃剂添加到纤维素 NMMO 纺丝液中可纺制出性能良好的阻燃 Lyocell 纤维[82]。另外，采用 2-羧乙基苯基次膦酸作为共混型阻燃剂时，当其添加量为 30%时，Lyocell 纤维的 LOI 值可达 28.1%[83]。采用 Pyrovatex CP［*N*-羟甲基-3-（二甲氧基膦酰基）丙酰胺］作为阻燃剂，Lyofix MLF（汽巴公司生产的含有六羟甲基三聚氰胺树脂的物质）作为交联剂，磷酸作为催化剂对 Lyocell 纤维进行后整理阻燃改性，纤维的极限氧指数（LOI）>29%，并有良好的阻燃耐久性[84]。

（三）莱赛尔纤维的用途

莱赛尔纤维自从问世起，就在纺织服装、家用纺织品、产业用纺织品各领域进行了多种用途开发[85]。

1. 在纺织服装方面的应用

由于 Lyocell 纤维具有特殊的性能，作为“舒适”载体，可增加产品的柔软性、舒适性、悬垂性、飘逸性[34]，国外已开发了 Lyocell 纤维一系列产品，并在常规纺织品方面得到广泛应用，如高档衬衫、高档女套装、高档牛仔服、高支薄型时装及内衣、运动服、针织休闲服、仿毛面料、粗斜纹布工作服、毛绒服装、便服等。国内 Lyocell 纤维俗称天丝棉，也开发了一些品种，如山东的天丝染色印花布、天丝休闲花呢；广东深圳的天丝亚麻交织布、河北的天丝亮闪绸等[86]。另外，抗菌 Lyocell 纤维可制作内衣、手术服、防护服和护士服装；阻燃 Lyocell 纤维既可纯纺，亦可与其他纤维混纺制成电焊、电弧等防护服、作战服、消防服等民用、工业用、军用和警用服装。利用高原纤化的 Lyocell 纤维与其他纤维混纺加工，可制成具有良好手感和观感的人造麂皮、仿桃皮绒、砂洗、天鹅绒等多种风格织物。

2. 在家用纺织品方面的应用

Lyocell 纤维具备的各种性能使其特别适用于家用纺织品，如床垫、床单、被套枕套、毯类、毛巾、浴室用品、家居服、窗帘、沙发布、垫子、填料、玩具和饰物等。

3. 在产业用纺织品方面的应用

利用 Lyocell 纤维高的干湿强度和耐磨性，可用于制作高强、高速缝纫线；抗菌 Lyocell 纤维可以制成擦拭巾等。利用高原纤化的 Lyocell 纤维或与其他纤维相混合制造水刺织物，可用于柔湿纸巾、尿布、美容护理面膜、人造皮革和羊皮的高强透湿基布、磁盘衬套、过滤织物、可处置的抹布、覆盖面料等。高原纤化 Lyocell 纤维制成的水刺织物比普通 Lyocell 纤维制成的织物具有更好的拉伸性能、较高的不透明性、在过滤应用中有很高的颗粒保留性。用 Lyocell 纤维制作医用纱布及药签，易于清洁，消毒后仍能保持高强度，且抗菌防臭，无过敏[34]。

Lyocell 纤维在特种纸方面也得到广泛应用，利用高原纤化 Lyocell 纤维或与其他纤维相混合可制成各种特种纸张。如电容器纸、电池隔膜、油印用蜡纸、过滤纸、保密纸、照相纸及特殊印刷纸等。它制成的纸张有较高的不透明性、撕裂强度和透气性。将该纤维作为黏结料与细玻璃纤维相混合，可以改进制成的玻璃纤维。

第四节 氨基甲酸酯法纤维素纤维

一、纤维素氨基甲酸酯（CC）法的发展概况

在 20 世纪 30 年代中期，Hill 和 Jacobsen 首先用纤维素与尿素反应，第一次报道了所获得的产物可溶解于稀的氢氧化钠溶液中，然后，溶液在酸液中析出成纤或成膜[12]。因为当时他们还没有认识到该产品的化学特性，它们被称为“尿素—纤维素”。

Segal 和 Eggerton 在 20 世纪 60 年代初期，对纤维素与尿素的化学反应进行了更深入的研

究。他们得出结论是，该产品为一个真正的纤维素衍生物，名为“纤维素氨基甲酸酯（Cellulose Carbamate）”。之后，在70年代末期和80年代初期，Nozawa和Higashide进行了氨基甲酸酯含氮量与红外光谱特定峰值相关性的研究[15]。同时，芬兰Neste和Kemira OY公司合作，开始开发纤维素氨基甲酸酯的潜在应用，并申请了大量的发明专利。如用CC法生产出了纤维素短纤维，商品名为“Cellca”。此方法克服了黏胶纤维生产中的三废问题，扩大了纤维素纤维的应用范围。但是这种生产工艺并不完善，生产过程中需要低温，能量消耗过大，所以还需要对CC法进行进一步的研究。在80年代末期，Teepak公司、IAP Teltow公司及波兰罗兹化学纤维研究所（IWCh Lodz）对纤维素氨基甲酸酯工艺进行了大量的研究[13]。在80年代，德国的Zimmer公司开始开发自己的技术，即Zimmer的Carbcell（CC）工艺，并申请专利。这一专利在1998年获得了批准。国内在2000年前后开始对纤维素氨基甲酸酯的进行了系统研究，相继有天津工业大学、东华大学、武汉大学以及新疆大学等单位做了大量的研究。

二、纤维素氨基甲酸酯（CC）法的制造原理

CC法采用纤维素和尿素进行反应生成稳定的纤维素氨基甲酸酯，其反应可用如下化学方程式表示：

$$\text{Cell—OH} + H_2N—\overset{\overset{\displaystyle O}{\|}}{C}—NH_2 \rightleftharpoons \text{Cell—O—}\overset{\overset{\displaystyle O}{\|}}{C}—NH_2 + NH_3\uparrow$$

对于此反应，需要140~165℃的高温以达到最佳反应效果。反应前浆粕必须进行预处理。用各种活化方法使原料浆粕产生一定的降解，控制纤维素的聚合度大小（一般在400以下），使其晶区发生改变，CC中的氨基甲酸酯基团必须均匀分布在纤维素分子链上，从而使纤维素氨基甲酸酯有较好的溶解性，进而有较理想的可纺性。

实际上纤维素和尿素进行反应更为复杂，并有一系列副反应产生，如下式所示。

主反应：$H_2N—\overset{\overset{\displaystyle O}{\|}}{C}—NH_2 \xrightarrow{\triangle} HNCO+NH_3\uparrow$

$$HNCO+\text{Cell—OH} \longrightarrow \text{Cell—O—}\overset{\overset{\displaystyle O}{\|}}{C}—NH_2$$

副反应：$HNCO + H_2N—\overset{\overset{\displaystyle O}{\|}}{C}—NH_2 \rightleftharpoons H_2N—\overset{\overset{\displaystyle O}{\|}}{C}—NH—\overset{\overset{\displaystyle O}{\|}}{C}—NH_2$

$HNCO+NH_3 \longrightarrow NH_4^+NCO^-$

在生成纤维素氨基甲酸酯的反应中，异氰酸（HNCO）是中间体，尿素和纤维素的反应实际上是异氰酸和纤维素反应。异氰酸又与主反应中生成的小分子氨发生副反应生成氰胺$NH_4^+NCO^-$。另一副反应是尿素和异氰酸形成缩二脲。由于副反应生成了大量的副产物，因此，控制好反应条件使反应尽量生成纤维素氨基甲酸酯就非常关键，纤维素的活化对氨基甲酸酯的制备也非常关键，高能电子束、超临界CO_2和蒸汽闪爆活化纤维素，大大提高了纤维素与尿素的反应能力，从而得到实用的一定取代度纤维素氨基甲酸酯，它决定了其后溶解、纺丝的难易程度。如通过超临界CO_2法可以提高纤维素氨基甲酸酯的制备效率，先将尿素和纤维素放入超临界CO_2发生器中混合，再通入CO_2，在一定的温度和压力下进行酯化，由于

超临界 CO_2 有很强的渗透性，能够有效地进入纤维素分子间，使其制备的纤维素氨基甲酸酯具有更高的含氮量，最高可达到8%左右，纤维素氨基甲酸酯的溶解性能、可纺性能大大提高。

三、纤维素氨基甲酸酯法纤维素纤维的生产工艺

经过合成得到的纤维素氨基甲酸酯（CC）有较好的稳定性，可以在干态下保存6个月以上，并能溶解于8%~9%的NaOH溶液中，得到7%~8%的纤维素氨基甲酸酯透明溶液，经过过滤和脱泡，该溶液具有良好的可纺性。纺丝可以在湿法纤维纺丝设备上进行。纺丝的凝固浴可以是硫酸和无机盐溶液，如 CO_3^{2-}、HCO_3^-、Cl^-、SO_4^{2-}、SO_3^{2-}、HSO_3^-等，也可以是乙醇溶液或碱性溶液等。CC法纤维素纤维纺丝的工艺流程如图2-27所示。

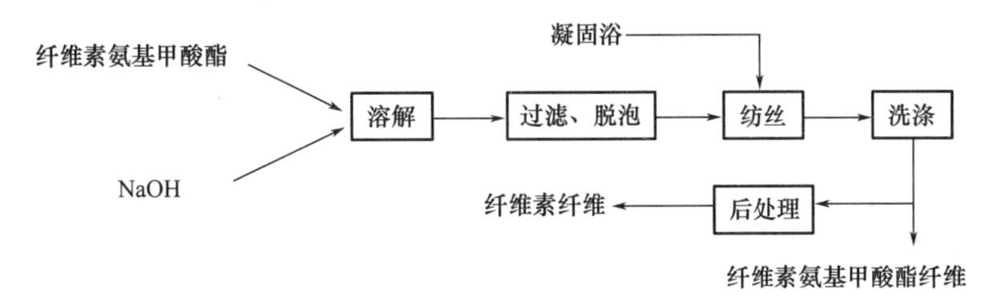

图2-27　CC法纤维素纤维纺丝的工艺流程

纤维素氨基甲酸酯的溶解过程实际上是复杂的综合过程，其中包括：氨基甲酸酯基团被溶剂分子溶剂化；纤维素晶格的彻底破坏；溶剂分子向纤维素氨基甲酸酯聚合物分子的扩散和对流扩散。纤维素氨基甲酸酯的溶解过程是湿法纺丝成型的一个重要工序。溶解的好坏不仅影响到纺丝溶液的稳定性和加工性能，还影响到成品纤维的质量指标。

纤维素氨基甲酸酯（CC）法与黏胶法的工艺比较如图2-28所示。

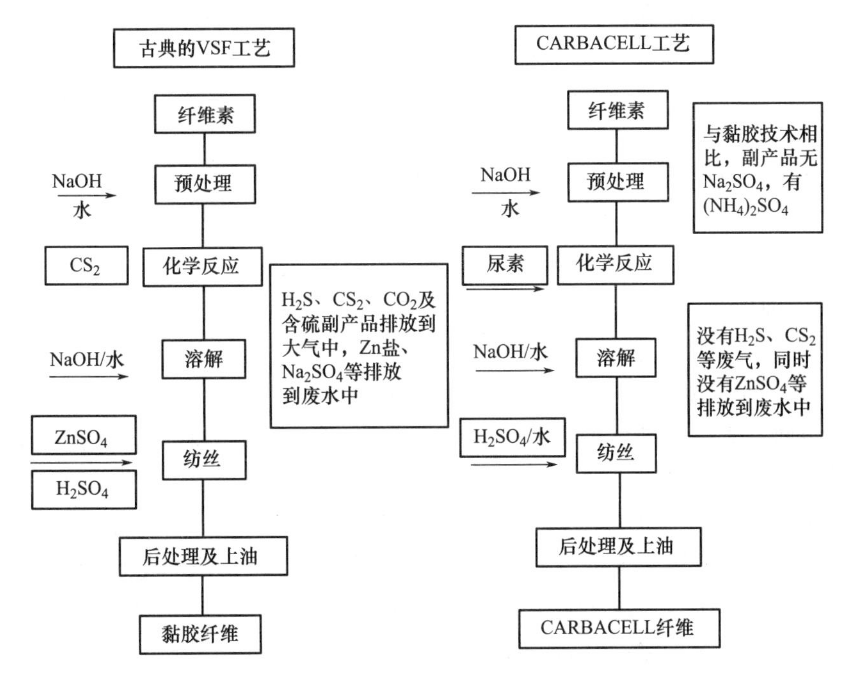

图2-28　纤维素氨基甲酸酯（CC）法与黏胶法的工艺比较

1. 纤维素氨基甲酸酯（CC）法的优点

与黏胶法相比，CC 法在环境方面的优点见表 2-15。

表 2-15 CC 法在环境方面的优点

黏胶工艺	纤维素氨基甲酸酯（CC）工艺
①中间合成是不可替代的（黄原酸盐）	①尿素作为一种基本原料，没有潜在的毒性，价格也比较便宜
②严重污染环境，有重金属离子（如 Zn）和无机盐	②轻微的混有尿素和分解物质，无机盐［$(NH_4)_2SO_4$］能用作化肥
③减少污染是极其昂贵的	③不需要重金属离子，譬如在纺丝浴中没有 Zn
④严重污染，有剧毒物 H_2S、CS_2 及含硫化物的副产品	④无有毒气体，减少污染治理的费用

2. 工艺和产品特性

纤维素氨基甲酸酯（CC）的工艺和产品特性如下。

（1）生产基本无环境污染，是对环境比较友好的工艺。

（2）现有黏胶纤维厂生产设备适当改造就可以生产 CC 纤维，特别适合中国的黏胶纤维厂家。

（3）CC 是一种稳定的中间体，在干态和湿态条件可以有几个月的化学稳定性，类似于合成纤维的切片，纤维可以进行分散生产。

（4）纤维素氨基甲酸酯能很好地溶解在 NaOH 溶液中而形成良好稳定的溶液。

（5）CC 和黏胶的混合可产生新的有趣特性，可实现产品和技术多样性。

（6）纺丝工艺在室温下进行，对纺丝浴加热无须能源。

（7）CC 产品具有与黏胶产品一样的性能范围。

（8）CC 可以提供熔融增塑纺丝方法生产纤维素氨基甲酸酯纤维。

四、纤维素氨基甲酸酯（CC）的用途

合成后得到的纤维素氨基甲酸酯含氮量在 2.0%~3.5%时可溶解在 8%~9%的 NaOH 溶液中，得到透明的浅黄色溶液，经过脱泡和过滤，即可纺制成 CC 纤维素纤维。

由上述方法生产的 CC 纤维素纤维，其性能取决纤维中于氨基甲酸酯基团的含量、不同的凝固浴及后处理条件。

同时，纤维素氨基甲酸酯也可制得很多产品，如纤维、薄膜、粗节纱、微晶形式的纤维素氨基甲酯和湿法非织造布，其中最主要的用途就是 CC 纤维素纤维用于湿法非织造布生产中。使用 CC 纤维代替黏胶纤维做非织造布方法简单。含有少量数目氨基甲酸酯基团的 CC 纤维还具有独特的性能，所制造的湿法非织造布强度非常大。这是因为 CC 纤维相互黏合，纤维形成一个平面，不需要添加黏结物质或加热黏结，其强度取决于纤维素中氨基甲酸酯基团的数目。CC 纤维也可同黏胶纤维混合，由此制得强度较大的非织造布，同样它也适合于与其他不黏合纤维混合。因此，它广泛地用于卫生保健用品、医疗用品及贴身衣料中。而其废弃物可以很快地分解成无害的物质，不会对环境造成污染。

CC（纤维素氨基甲酸酯）法生产纤维素纤维，通过上面详细的分析可以看出，纤维素和

尿素反应生产纤维素氨基甲酸酯，结合我国黏胶纤维厂的实际情况，在原有设备基础上进行一定改造后就能生产纤维素纤维，它不仅在理论上有研究价值，而且具有非常重要的应用价值。该方法还有反应的活性、溶液的稳定性和可纺性等关键技术需要解决，它的成功产业化将对我国的黏胶纤维工业的改造具有非常重要的意义。

第五节　离子液体法纤维素纤维

一、离子液体概述

室温离子液体（ionic liquid），又称熔盐，简称离子液体。是由特定的阳离子和阴离子组成的在室温或接近室温下呈液态的离子化合物。在这种液体中只含有阴阳离子，没有中性分子。一般情况下，离子化合物在室温下是固体，其强大的离子键使阴、阳离子只能在晶格中振动，而不能转动或平动；离子化合物阴阳离子之间的作用较强，具有较高的熔点、沸点以及硬度，因此，离子化合物的液态只在高温下存在。离子液体中使用了离子体积较大的有机阳离子代替了无机阳离子，使其晶格排列呈现较大的不规则性，大幅度降低其自身的熔点。阳离子中电荷越分散且对称性越低，则离子液体的熔点也越低。

（一）离子液体的发展及现状

最早关于离子液体的研究可以追溯到 1914 年，Walden 等[87] 发现并报道了第一个在室温下呈液态的有机盐——硝酸乙基胺（$[EtNH_3][NO_3]$），其熔点为 12℃。它是由乙胺与浓硝酸反应制得。1948 年，Hurley 和 Wier[88] 在寻找一种温和条件电解 Al_2O_3 时，将 *N*-烷基吡啶加入 $AlCl_3$ 中，两固体混合物加热后发生反应，得到了无色透明的液体，这一偶然发现成为现在离子液体的雏形。20 世纪 70 年代，Osteryoung 研究小组在为导弹和空间探测器开发高效储能电池时，重新合成了 *N*-烷基吡啶氯铝酸盐离子液体。当时，离子液体的研究主要集中于电化学方面。到了 80 年代，Wilkes 等[89] 合成了 1，3-二烷基咪唑氯铝酸盐类离子液体。而 Seddon 研究小组[90] 则用氯铝酸盐作为非水极性溶剂，研究了不同过渡金属配合物在这种离子液体中的化学反应、光谱学性质以及电化学行为等。由于氯铝酸盐类离子液体对水和空气的敏感性成为了其应用中无法回避的缺点，同时，它们还具有较强腐蚀性，限制了其应用。因此，探寻对水和空气稳定的离子液体显得十分迫切。

1992 年，Wilkes 等[91] 合成了世界上第一个对水和空气都稳定的 1-乙基-3-甲基咪唑四氟硼酸离子液体 $[EMIM][BF_4]$。之后大量咪唑阳离子与 $[BF_4]^-$、$[PF_6]^-$阴离子构成的新一代离子液体相继问世，极大地扩展了离子液体在分离和材料等领域的应用。到 2000 年前后，离子液体的研究突飞猛进，并随着绿色化学的兴起，在全球范围内形成离子液体研究的热潮。

进入 21 世纪，离子液体研究进入了一个新的阶段。新型离子液体不断涌现，而其主要特征则是从耐水体系向功能体系发展，即根据某一应用需要，设计并合成具有特定功能的离子液体。如 Rogers 的研究小组[92] 在咪唑阳离子上引入了硫脲官能团，赋予了离子液体萃取重金属离子的能力。离子液体还可以作为一些天然高分子材料的溶剂，用于溶解加工这些材料。相关文献已经报道了离子液体对于生物质材料具有很好的溶解性能。国际上第一个以离子液体为特色的大规模工业园已由德国 BASF 建成。离子液体的应用领域不断扩大，从合成化和催化反应扩展到过程工程、产品工程、资源环境、功能材料以及生命科学等领域，离子液体与超临界流体、电化学、生物、纳米、信息等技术的结合，将进一步拓展离子液体的发展空间；离子液体的结构和性质数据的积累虽然十分有限，但已有一定的规模，为系统地探索离子液体的结构性质关系并建立离子液体的分子设计方法奠定了基础[64]。现今，离子液体的研究正在蓬勃发展，方兴未艾。

（二）离子液体的种类和性质

离子液体由阳离子和阴离子组成，种类繁多。根据阳离子的不同可将离子液体分为四类：烷基季铵离子、烷基季磷离子、1,3-二烷基取代的咪唑离子和 *N*-烷基取代的吡啶离子，其结构如图 2-29 所示。

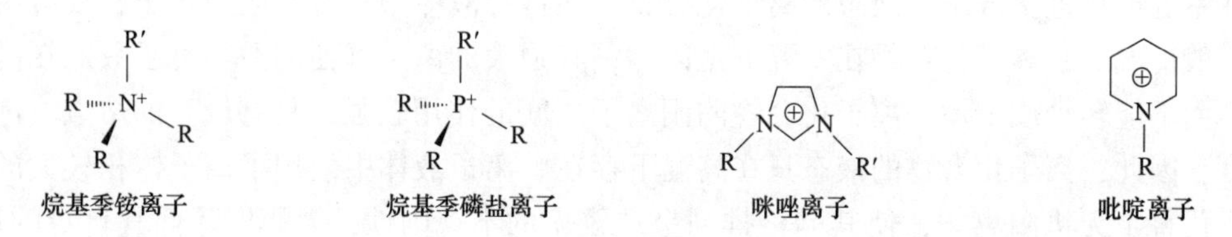

图 2-29　离子液体中的阳离子

阴离子种类有很多，大致可分为两类：一类是卤化盐+$AlCl_3$（Cl 也可用 Br 代替），例如氯代-1-丁基-3-甲基咪唑氯铝酸盐（[BMIM] Cl—$AlCl_3$），此类离子液体最大的缺点是对水极其敏感，要在真空或惰性气体保护下才能进行处理和应用；另一类离子液体则是由熔点为 12 ℃的 1-丁基-3-甲基咪唑四氟硼酸盐（[BMIM][BF_4]）发展起来的。这类离子液体不同于前者，其组成是固定不变的，对水和空气的稳定性能优异，因此近几年取得惊人发展。

离子液体中存在着强大的静电相互作用，致使其物理与化学性质表现出非同寻常的特点。

（1）熔点。室温离子液体的熔点自然都在室温附近，而熔点与其结构间的关系目前还不明确。有研究表明[93]，当咪唑阳离子的两个取代基结构对称时，其熔点比不对称时的高，原因是阳离子结构的非对称性，会使其难以规则地排列而不能形成晶体。

（2）蒸汽压。离子液体的主要特点是非挥发性或零蒸汽压，这是由于离子液体内部存在着很大的库仑力，即使在高温和真空条件下，它也会保持很低的蒸汽压，据此，离子液体成为传统挥发性有机溶剂的绿色替代物。

（3）密度。通常咪唑型离子液体在室温下的密度为 1.1～1.7 g/cm^3。离子液体的密度主要取决于阴离子的体积和配位能力，阳离子结构的微小变化可以使离子液体的密度得到精细的调整。

（4）黏度。离子液体应用的最大障碍是黏度很高，高黏度会使很多有机反应的速率降低以及氧化还原物质的扩散速率降低。一般认为，离子液体内的库仑力、范德瓦耳斯力以及氢键作用，阳离子的结构和阴离子的尺寸会对离子液体的黏度产生影响。通常可以通过升温或加入有机共溶剂的方法调节离子液体的黏度。

（5）热稳定性。多数离子液体的热分解温度在 200 ℃以上，因此可以在高温反应中代替传统溶剂。离子液体的热稳定性受杂原子与碳原子间以及与氢键间的作用力限制，与组成其的阳离子和阴离子的结构和性质有着密切关系。

（6）电导率。离子液体的电导率一般在 10^{-3} s/cm 左右，大小与离子液体的黏度、相对分子质量、密度以及离子尺寸的大小都有着密切关系。其中黏度影响最显著：黏度越大导电性越差。而密度对导电性的影响则正好与黏度相反，密度越小导电性越好。在黏度和密度相近时，通常离子体积越小，其导电性越好。

（7）电化学窗口。离子液体的电化学稳定性由阴阳离子的电化学稳定性决定。通常情况，离子液体的氧化电位由阴离子的氧化反应电位决定，还原电位则是由阳离子的还原反应电位决定，氧化电位和还原电位共同决定着离子液体的电化学窗口。

（8）溶解性。一般来说，离子液体与极性溶剂互溶性高，与非极性溶剂互溶性差，但具体溶解性能与其组成有关。此外，对大多数无机、有机和高分子材料来说，离子液体是一种优良的溶剂。

（三）离子液体的合成及应用

通过不同种类的合成路线可以得到不同类型的离子液体，这是离子液体的最大特点——可调控性，通常离子液体的合成可以简单分为两类。

一步合成法：通常是指直接通过卤代烷或者中和反应等使氮或磷原子季铵化一步达到目标离子液体，该方法操作简便，副产物少，产物提纯容易。例如［BMIM］Cl、［AMIM］Cl、［BMIM］BF_4 等离子液体的合成。

两步合成法[94]：常规的一步法难以得到的离子液体，就需要两步法合成。首先合成为季铵或季磷类的中间离子液体，然后用其他的负离子置换中间离子液体的阴离子而得到最终的目标离子液体。例如［EMIM］Ac、［BMIM］Ac 的合成。

在化学反应方面，离子液体作为溶剂提供了与传统分子溶剂不同的化学反应环境，并且可直接用于有机合成中的烷基化[95]、酰基化[96]、酯化和催化等反应的溶剂，因此往往表现出不同于传统溶剂的反应机理，例如，环戊二烯与丙烯酸甲酯和甲基酮的 Diels-Alder 反应，在离子液体［$EtNH_3$］［NO_3］中比在丙酮等非极性分子溶剂中反应速率更快，内旋产物的选择性更高。在离子液体中烯烃的选择氢化、选择性烷基化等反应效果更好。在离子液体中用 $TiCl_4$ 催化乙烯聚合，可以使乙烯停留在低聚反应上。在分离萃取方面，离子液体可以代替传统溶剂实现燃料油的氧化脱硫，该方法避免了使用有机溶剂所造成的污染和安全问题。在电化学方面，Fuller 等[97]研究了二茂铁在离子液体 1-乙基-3-甲基咪唑四氟化硼中四硫富瓦烯的电氧化行为，表明其作为电化学溶剂效果非常好。Jonathan 等[98]研究有机物的萃取效率时发现，*N*-甲基咪唑类离子液体具有更好的萃取效果。离子液体在尖端光学设备的制造、纳米复合碳材料以及生物柴油的催化方面都表现出惊人的特点，现在离子液体已经广泛应用于社会各个领域。

二、离子液体/纤维素纺丝原液的制备

（一）纤维素在离子液体中的溶解及机理

离子液体溶解纤维素可以追溯到 1934 年，Graenacher[99]申请的专利中提到 *N*-乙烷基吡啶氯化物盐在 N_2 条件下溶解纤维素，但是此种溶剂溶解纤维素温度高（118~120℃），纤维素易降解，缺乏实用价值。2002 年，Rogers 团队[100]研究发现，1-丁基-3-甲基咪唑氯盐

（[BMIM]Cl）能够溶解纤维素，且溶解过程中不发生衍生化反应，是纤维素的直接溶解。微波辅助加热的条件下，纤维素的最高溶解量为25%。除了Cl^-，其他阴离子如Br^-、SCN^-与1-丁基-3-甲基咪唑阳离子组成的离子液体也可以溶解纤维素。研究还发现，阳离子烷基链的长度对纤维素的溶解能力有影响。由于长链阳离子导致对应的Cl^-溶解度和活性降低，含有长链阳离子的离子液体比短链阳离子的离子液体溶解能力减弱。这一发现首次证明离子液体是纤维素的良溶剂，成为21世纪初纤维素化学领域的重大发现，也使离子液体继成为NMMO以后的新一类纤维素溶剂。图2-30为纤维素浆粕的SEM与溶解在[BMIM]Cl的纤维素的SEM比较。

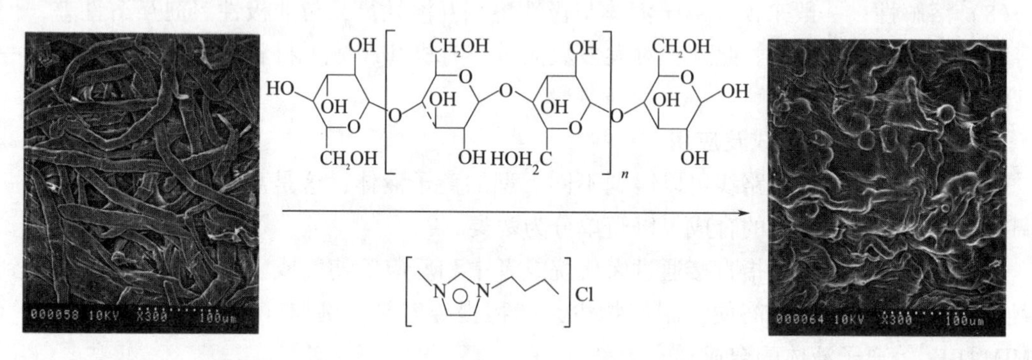

图2-30 纤维素浆粕的SEM（左）和溶解在[BMIM]Cl的纤维素的SEM（右）[88]

除了[BMIM]Cl，1-烯丙基-3-甲基咪唑氯化物（[AMIM]Cl）、二氯二（3,3-二甲基）咪唑基亚砜盐（$[(MIM)_2SO]Cl_2$）、氯化-1-（2-羟乙基）-3-甲基咪唑（[HeMIM]Cl）、3-甲基-*N*-丁基氯代吡啶（[BMPY]Cl）和苄基二甲基十四烷基氯化铵（BDTAC）等均能溶解纤维素，且在溶解过程中表现出不同的特性。

关于离子液体溶解纤维素的机理研究，Swatloski[101]等认为阴离子与纤维素分子链上的OH形成氢键，破坏了纤维素分子内与分子间的氢键，使得纤维素溶解。Moulthrop等[89]通过高分辨率^{13}C-NMR研究纤维素和纤维素低聚糖在[BMIM]Cl溶液的构想，证明纤维素分子链在离子液体中呈现为无序状态，纤维素在离子液体中形成“真溶液”。

对于离子液体中阳离子在纤维素溶解过程中的作用，则有不同看法。Remsing等[102]采用^{13}C和$^{35/37}Cl$ NMR研究不同浓度纤维素/[BMIM]Cl溶液体系的化学位移。研究发现，随着溶液中纤维素二糖浓度的增大，离子液体阳离子C-4′和C-1′的弛豫时间变化不明显，说明阳离子与纤维素之间的相互作用较弱。相反，阴离子Cl^-的弛豫时间随着溶液浓度的增大而显著降低，Cl^-与纤维素羟基质子形成氢键。说明纤维素的溶解是由于离子液体阴离子与纤维素的相互作用，而阳离子不起作用。

Zhang等以纤维二糖和[EMIM]OAc为模型，采用常规NMR和变温NMR研究离子液体溶解纤维素的机理，从纤维二糖和[EMIM]OAc的化学位移发现，纤维素的羟基和离子液体阳离子和阴离子形成的氢键是纤维素溶解的驱动力。

离子液体中阳离子和阴离子之间存在库仑力、π—π共价键，主要以超分子结构堆积。同时，离子液体中还存在微量的游离阳离子和阴离子。当纤维素与离子液体接触时，游离的阴离子成为很好的氢键受体，首先攻击纤维素羟基的氢原子，阳离子进而与羟基的氧原子作用，破坏纤维素的氢键体系，导致纤维素的溶解，如图 2-31 所示。在此基础上，提出了能够溶解纤维素的离子液体要求：阴离子必须是较好的氢键受体；阳离子具有一定的氢键供体能力，即阳离子具有一定活性的 H 原子，能与纤维素的 O 原子形成氢键；阳离子体积不应太大。此外，在开始溶解阶段，[EMIM]OAc 和羟基相互作用的化学计量比在 3∶4 和 1∶1 之间，表明一个阳离子或者阴离子同时与两个羟基作用。

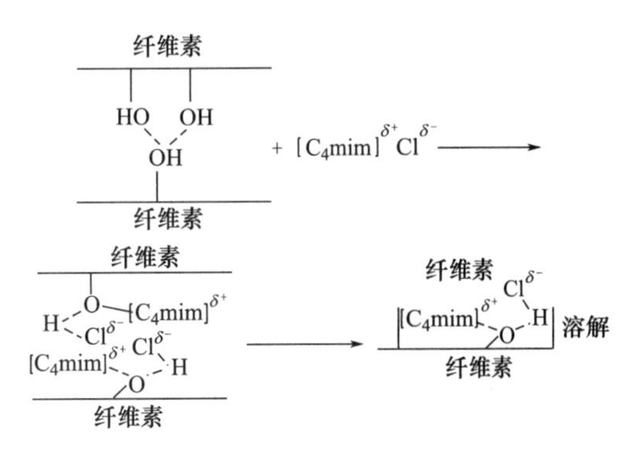

图 2-31　纤维素在离子液体中的溶解机理

除了 NMR，量子力学计算和分子动力学方法也被用于分析纤维素在离子液体中的溶解机理，得出了类似的结论。Liu 等通过分子动力学方法研究纤维素在 [EMIM]OAc 中的溶解机理，通过计算全原子立场，分子动力学模拟聚合度为 5、6、10 和 20 的纤维素低聚糖在离子液体中的溶解状态。计算后推测，纤维素在离子液体中溶解的机理是纤维素分子上的羟基与离子液体的阴离子形成氢键。阳离子共轭环也与葡萄糖基环通过范德瓦耳斯力吸引。Xu 等通过量子力学计算和分子动力学相结合的方法，认为阴离子和阳离子均与纤维素低聚糖形成氢键，纤维素低聚糖同时扮演了氢键受体和供体的作用，但是阴离子与纤维素低聚物形成氢键作用更强，数量也更多，强调了阳离子在纤维素溶解过程中的作用，如图 2-32 所示。

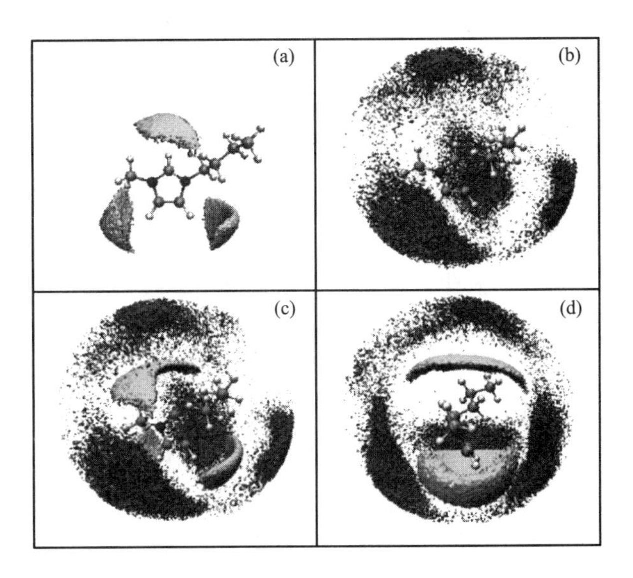

图 2-32　0.7nm 内的彩色 SDFs 图

(a)—黄色表示阴离子围绕阳离子的等平面图　(b)—红色表示阳离子围绕阴离子的等平面图　(c)，(d)—根据（a）和（b）的等平面重叠图

（二）纤维素在离子液体中的降解

纤维素在很多溶解中都有降解情况，离子液体中也不例外，例如，Heinze[103] 对比了 [BMIM]Cl、[BMPY]Cl 及 BDTAC 三种离子液体溶解纤维素后的降解情况，发现纤维素在

BDTAC 中降解最严重，可见阳离子的结构对纤维素降解的影响。然而纤维素在离子液体中降解的原因及机理还不清楚。Fukaya[104] 研究了低温下的极性离子液体溶解微晶纤维素的情况，研究发现，离子液体的极性、黏度、Kamlet-Taft 参数及熔点等物理化学性质对纤维素的降解均存在不同程度的影响。离子液体中的杂质如咪唑、甲基咪唑等存在时，烷基甲基咪唑类离子液体会与纤维素发生强烈的反应。因此，了解纤维素在离子液体中的降解可以从离子液体的极性、黏度、Kamlet-Taft 参数、pH 以及控制离子液体与纤维素的副反应的发生以减少纤维素降解。总体来说，当离子液体为酸性时，纤维素的降解比较严重，而纤维素在碱性离子液体中基本不降解。

（三）纤维素/离子液体溶液流变性能

通过对纤维素/离子液体溶液的流变性能研究，不仅可以帮助我们认识纤维素溶液的特性和微观结构，而且对再生纤维素工艺过程中参数的选择具有重要指导意义。

Collier 研究小组[105] 通过动态和拉伸流变测试对纤维素/[BMIM] Cl 浓溶液的流变性能进行了分析。结果表明，随着浓度的降低、测试温度的提高以及剪切速率的增大，溶液表观黏度降低，与拉伸黏度对温度和浓度的依赖性一致。此外，他们运用 Cross 以及 Carreau 模型对溶液的流变曲线进行拟合，获得了溶液的零切黏度等相关参数；通过时温等效原理得到了溶液表观黏度的主曲线，并与纤维素/NMMO 溶液和熔喷级聚丙烯（PP）的流变曲线进行了比较，发现纤维素/［BMIM］Cl 溶液的黏度曲线与木浆粕/ NMMO 溶液和 PP 熔体的基本一致，说明纤维素/离子液体溶液不仅可以采用干湿法纺丝，还可用于溶液溶喷技术。

邝清林等[106] 运用稳态流变以及动态流变研究了纤维素浓度以及温度对纤维素/［AMIM］Cl 溶液体系流变特性的影响，低浓度纤维素离子液体稀溶液的黏度曲线在低剪切速率区产生了一个切力变稀区域，他们认为这与离子液体本身所具有的瞬时物理网络结构被破坏有关。此外，他们还发现在稀溶液中，约化无量纲特性模量与频率的依赖性介于 Zimm 与刚性链模型之间，表明纤维素在［AMIM］Cl 中呈半刚性棒状链构象。随着溶液浓度的增加，纤维素在溶液中的运动行为转变为 Rouse 行为。溶液不符合 Cox-Merz 法则，这是由于在稳态剪切作用下，纤维素分子链容易发生聚集缠结，致使溶液黏度增大。

陈珣等[107] 系统地研究了纤维素浓度对纤维素/［BMIM］Cl 溶液流变性能的影响，这种溶液在常温时处于过冷状态。根据纤维素浓度不同，可以将纤维素溶液分为稀溶液、半稀非缠结溶液（亚浓溶液）以及半稀缠结溶液（浓溶液）三个区域，纤维素在［BMIM］Cl 中的重叠浓度与缠结浓度分别为 0.5%和 2.0%（质量分数）。在他们的测试范围内，溶液浓度对增比黏度、松弛时间以及平台模量间的依赖性符合中性聚合物在 θ 溶剂中的标度关系，而 Cox-Merz 法则同样不适用于纤维素/［BMIM］Cl 溶液体系。

Budtova 等[18,109] 研究了不同相对分子质量的纤维素在［EMIM］Ac 溶液的流变性能，发现不同浓度的纤维素溶液在特定的剪切速率范围内都表现出了牛顿流体的特性。溶液零切黏度与浓度的幂率成正比。此外，他们进一步研究了特性黏度，并求得了 Mark-Houwink 指数介于 0.4~0.6 之间，表明［EMIM］Ac 可能是纤维素的 θ 溶剂。纤维素在［EMIM］Ac 中的特性黏度随着温度的升高而减小，表明溶剂的热力学性能可能随着温度的升高而变差，纤维素/［EMIM］Ac 溶液的黏流活化能随纤维素浓度的增加而增大。他们还比较了纤维素在［EMIM］Ac 和［BMIM］Cl 中的特性黏度和黏流活化能，发现两种溶剂具有相同的热力学性能。

Song[110] 研究了微晶纤维素在［AMIM］Cl 中的相转变过程，结果表明，当纤维素超过一定浓度、合适温度条件下可以形成各向异性相。在 25 ℃时，从各向同性转变到两相共存时的浓度为 9%（质量分数），转变为各向异性时的浓度为 16%（质量分数）。溶液黏度和第一法向应力差随着纤维素含量的增加，先增加后减小，在 14%（质量分数）时达到最大值。这是由于纤维素浓度超过 14%（质量分数）后，分子链间的摩擦系数变小，分子链的取向开始占主导。这种情况有利于纤维素浓溶液的纺丝。此外，他们还研究了微晶纤维素/［EMIM］Ac 溶液体系，发现随着纤维素含量的增加，溶液会出现液晶相转变和溶胶—凝胶转变。纤维素浓度超过 10%（质量分数），会发生溶致液晶现象；当纤维素浓度超过 12.5%（质量分数）时，溶液在冷却过程中将形成液晶凝胶；并且当浓度超过 13%（质量分数）后，低频下表现出特殊流变行为。

综合上述，不同的离子液体对纤维素分子链有不同的影响。此外，由于离子液体/纤维素溶液黏度较大，不利于纤维素加工成型。因此，研究人员尝试在离子液体中添加共溶剂如二甲基亚砜（DMSO）、吡啶等来降低纤维素溶液的黏度用于纤维素产品的加工，并取得了较好的效果。

三、离子液体/纤维素纺丝与后处理

（一）离子液体/纤维素纺丝

目前，离子液体/纤维素纺丝可采用两种方法进行。其一，是采用常规的溶解釜溶解后经脱泡、过滤，并经干湿法纺丝制备出纤维素纤维；其二，是通过双螺杆挤出机将离子液体/纤维素浆粥直接进行溶解、脱泡、过滤，然后经过干湿法纺丝制备出纤维素纤维，该方法获得的纤维素溶液质量分数较高。国内从事相关工作的单位包括中国科学院化学研究所、天津工业大学、东华大学、中国纺织科学研究院、恒天海龙新材料有限责任公司、恒天天鹅有限责任公司等。其中恒天海龙新材料有限责任公司及恒天天鹅有限责任公司均建设了上述试验线。

需要指出的是，离子液体对金属尤其是铁具有较强的腐蚀性，为防止纺丝线上设备腐蚀，必须对设备提出特殊的防腐要求。

纺丝工艺包括离子液体种类、纤维素相对分子质量及其分布、纺丝液浓度、凝固浴浓度及温度、气隙长度、卷绕速度等，这些条件决定了纤维素纤维的力学性能。

2005 年，Laus 等[111] 利用离子液体［BMIM］Cl 和［AMIM］Cl 作为纤维素溶剂，借鉴 Lyocell 纤维的制备工艺，首次实现了离子液体为溶剂制备再生纤维素纤维。纤维素聚合度 1175，离子液体为［BMIM］Cl，溶解温度 105℃，真空度 30mbar 的条件下，制备的再生纤维素纤维强度最高，达到 3.79cN/dtex，断裂伸长率为 11.3%。2006 年，Hermanutz 等[112] 以［EMIM］OAc 为溶剂制备再生纤维素纤维，纤维强度为 3.0～3.5cN/dtex。Hermanutz 等[113] 还对比了离子液体种类对纺丝工艺的影响，相比于［BMIM］Cl、［EMIM］OAc 黏度低，溶解能力强，纺丝液的黏度可以通过温度和纤维素浓度条件调节，便于灵活调控纺丝工艺。

不同的离子液体制备的纤维力学性能也有所不同。Kosan 等[114]研究了离子液体（［BMIM］Cl、［EMIM］Cl、［BMIM］OAc、［EMIM］OAc）与 NMMO 分别为溶剂制备的纤维素纤维。发现上述四种离子液体均能用于纤维素的干喷湿纺，制备得到的纤维具有较好的纺纱性能。阳离子为［EMIM］$^+$的离子液体比阳离子为［BMIM］$^+$的离子液体零切黏度低。而采用

阴离子为 Cl^- 的离子液体，制备得到的纤维比阴离子为 Ac^- 的离子液体制备的纤维具有更高的断裂强度和缠结强度，断裂生长率更低。此外，醋酸型离子液体能够实现纤维素的高溶度溶解，更有效地实现纤维素的纺丝。再生纤维素纤维的纺丝条件和纤维性能如表 2-16 所示。蔡涛等采用［BMIM］Cl 作为纤维素的溶剂，干喷湿法纺丝制备再生纤维素纤维。离子液体为溶剂制备的纤维与 Lyocell 纤维形貌、结晶度、取向度、染色性类似，也不可避免地具有原纤化倾向。

表 2-16　再生纤维素纤维的纺丝条件和纤维性能[114]

参数 \ 编号	9	10	11	12	13	14
纤维素浓度（%）	13.5	13.6	15.8	13.2	18.9	19.6
溶剂	NMMO-MH	BMIMCl	EMIMCl	BMIMAc	BMIMAc	EMIMCl
摩尔比	1∶7.7	1∶5.9	1∶5.9	1∶5.4	1∶3.5	1∶3.9
零切黏度（85℃）（Pa·s）	9914	47540	24900	9690	63630	30560
毛细管直径（μm）	90	100	90	90	90	90
气隙（mm）	40	80	55	60	70	40
纺丝温度（℃）	94	116	99	90	98	99
纤维性质						
线密度（dtex）	1.49	1.46	1.84	1.67	1.64	1.76
断裂强度（cN/tex）	43.6	53.4	53.1	44.1	48.6	45.6
强度比（%）	84.4	85.4	86.8	75.1	86.0	89.0
断裂伸长率（%）	16.7	13.1	12.9	15.5	12.9	11.2
环节强度（cN/tex）	20.3	33.1	29.5	22.1	25.1	19.9
模量（0.5%~0.7%）（cN/tex）	942	682	903	712	715	682
湿模量（cN/tex）	193	313	307	188	277	271
湿磨耗测试时间（s）	23	61	37	17	22	24
保水值（%）	70.1	64.6	68.2	79.3	71.4	68.1
纤维聚合度	520	514	493	486	479	515

（二）后处理

后处理包括纤维后处理和溶剂回收。纤维后处理包括水洗、上油、切断、烘干和打包等过程。这些过程与 Lyocell 纤维类似，所采用的设备也类似。但由于离子液体与纤维素的相互作用较强，造成离子液体经常规水洗后不易被轻易去除，因此需要增加水洗温度和时间。

溶剂回收主要是指离子液体的回收，包括絮凝、过滤、浓缩等过程。与 NMMO 不同的是，离子液体溶解纤维素后基本不发生副反应，性质较稳定，因此经过絮凝、过滤后，浓缩阶段采用多效蒸发或膜浓缩与多效蒸发相结合的方法。

（三）离子液体回收

需回收的离子液体主要来自凝固浴、水洗浴和工艺处理废水。回收水溶液经高效过滤器进行粗过滤去除短纤维、胶块等杂质；除杂后的水溶液由膜过滤增浓，稀溶液进入凝固浴循环利用，浓溶液进入薄膜蒸发器进行增浓提纯；提纯后的离子液体进入溶解工段循环利用，蒸出水溶液进入后处理精练系统，最终实现整个系统的封闭循环。离子液体回收工艺流程如图 2-33 所示。

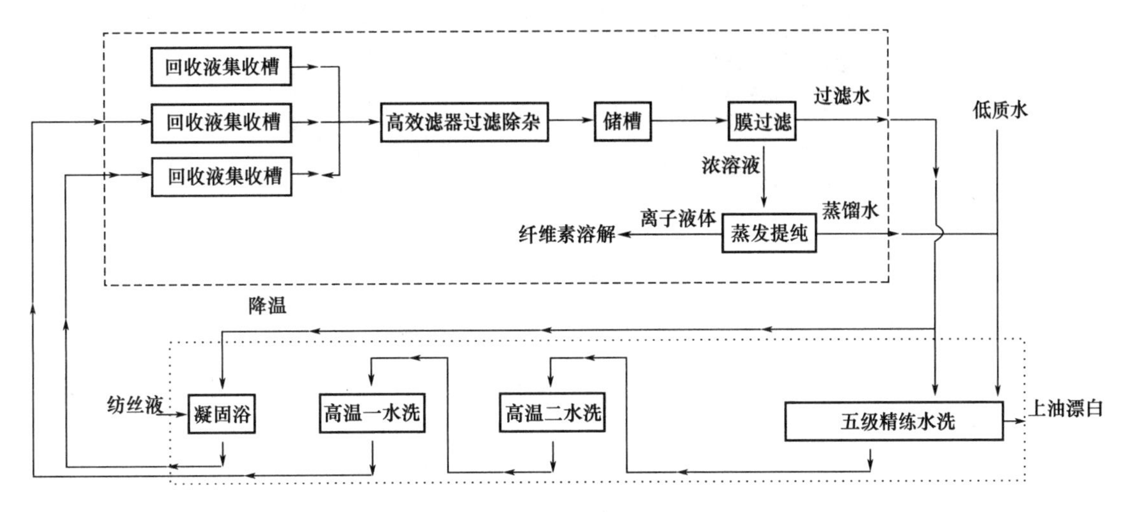

图 2-33　离子液体回收工艺流程图

1. 粗过滤——除杂

通过进行微孔管预涂，应用后过滤精度高，对滤液中杂质的去除率高达 99%以上，过滤速度快，是传统过滤器的 3~5 倍；过滤量大，是传统过滤器的 2~6 倍；反洗用时少，是传统过滤器的 40%；反洗基本不用水，降低了消耗，避免造成二次污染。

2. 膜过滤——增浓

膜过滤是一种与膜孔径大小相关的筛分过程，以膜两侧的压力差为驱动力，以膜为过滤介质，在一定的压力下，当液体流过膜表面时，膜表面密布的许多细小的微孔只允许水及小分子物质通过而成为透过液，而原液中体积大于膜表面微孔径的物质则被截留在膜的进液侧，成为浓缩液，因而实现对原液的分离和浓缩的目的。膜法分离的最大特点是驱动力主要为压力，不伴随大量热能的变化。因而有节能、可连续操作、便于自动化等优点。

根据离子液体水溶液的特点，与下游膜过滤材料厂家合作，寻找出适宜的膜过滤材料，开发出膜过滤增浓系统，达到了增加浓度、降低回收成本的目的。

3. 高效蒸发器——浓缩、提纯

膜蒸发器是一种新型高效传热设备。它具有设备体积小、蒸发强度高、物料蒸发温度低、受热时间短、浓缩倍数大、物料最终浓度高以及蒸发室可方便拆洗等特点。

增浓到一定浓度的离子液体溶液进入刮板式薄膜蒸发器中，通过减压、升温将水分与离子液体分离。

四、新型纤维素纤维的结构、性能与应用前景

（一）纤维的结构

由于离子液体/纤维素纺丝过程中凝固剂是水，离子液体在水中的扩散较慢，因此纺丝成

形的纤维通常接近圆形。如图 2-34 所示，常规黏胶纤维截面具有不规则的片状结构，而离子液体纤维界面则接近圆形。

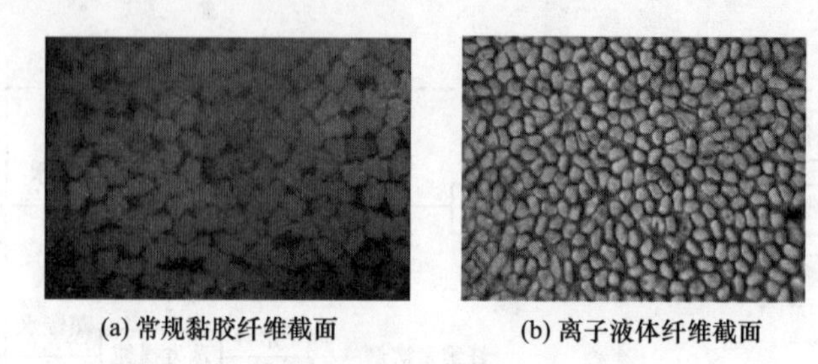

(a) 常规黏胶纤维截面　(b) 离子液体纤维截面

图 2-34　黏胶纤维和离子液体法纤维截面图

离子液体法纤维素纤维结晶度和取向度也有别于普通黏胶纤维。Jiang 等[115] 通过同步辐射 WAXD 和 SAXS 研究制备工艺对再生纤维素纤维结构和性能的影响。以离子液体、NMMO 溶剂的再生纤维素纤维与黏胶工艺的普通黏胶纤维和莫代尔纤维相比，纤维取向度和结晶度更高，纤维微孔长度较短，取向偏离程度也较小，如图 2-35 所示。因此，以离子液体和 NMMO 为溶剂制备的再生纤维素纤维表面光滑，断裂强度和初始模量更高。

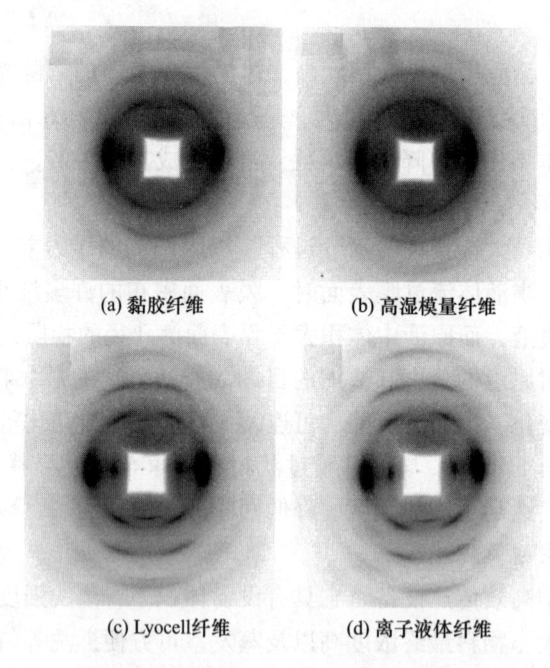

(a) 黏胶纤维　(b) 高湿模量纤维

(c) Lyocell纤维　(d) 离子液体纤维

图 2-35　再生纤维素纤维的 WAXD 图

（二）纤维的性能

1. 力学性能

离子液体法纤维素纤维力学性能接近于 Lyocell 纤维。人们以［BMIM］Cl 为溶剂，采用双螺杆机制备了纤维素纤维，所得纤维力学性能见表 2-17。

表 2-17　纤维力学性能

样号	线密度（dtex）	干强度（cN/dtex）	湿强度（cN/dtex）	干断裂伸长率（%）	湿断裂伸长率（%）	湿模量
1	2.32	3.05	2.82	11.6	18.7	0.95
2	2.35	3.21	2.77	12.5	17.9	0.81
3	1.57	3.42	2.92	11.4	17.2	0.98
4	1.48	3.44	2.98	10.5	16.4	1.02

表 2-17 所示的纤维断裂强度基本在 3.0~3.5cN/dtex，干断裂伸长率为 10%~12%，湿态下模量一般在 1cN/dtex 左右。纤维的强力和湿模量明显高于普通黏胶纤维，但纤维的干伸长率相对偏低，韧性稍差一些。Uerdingen 以［EMIM］Ac 为溶剂，采用不同制备方法制备了纤维素纤维，获得了较好力学性能的纤维。且通过干湿法制备的纤维力学性能达到了 Lyocell 纤维的强度，并具有类似的原纤化程度（表 2-18）。总体上来说，离子液体法纤维素纤维具有 Lyocell 纤维相似的力学性能，其生产过程更简单。

表 2-18　不同溶剂纺制的纤维的性能比较

纤维类型		强度，干态（cN/dtex）	强度，湿态（cN/dtex）	原纤化
普通黏胶		2.0~2.5	1.2~1.3	无
Lyocell（NMMO）		4.0~4.2	3.4~3.6	有
离子液体	湿法	1.0~2.0	0.8~1.0	无
	干湿法	4.5~5.3	4.0~4.6	有

2. 纤维的功能性

由于离子液体具有很好的化学稳定性、溶解性，可以用于制备许多纤维素功能纤维，如纤维素抗菌纤维、纤维素阻燃纤维等。

纤维素抗菌纤维主要是通过在离子液体中添加抗菌剂或者以离子液体为反应介质接枝抗菌剂到纤维素上来制备纤维。Pinto 等[116] 分别以植物纤维素和细菌纤维素为抗菌基材，采用两种不同的方法将银纳米颗粒负载在这两种基材上，制备出纤维素/银纳米复合材料。这两种材料均具有高效的抗菌性，并且银纳米颗粒的浓度低达 $5.0\times10^{-4}\%$（质量分数）。Roy 等[117] 通过可逆加成—断裂链转移聚合在纤维素表面接上聚甲基丙烯酸二甲基氨基乙酯，然后再用溴代烃进行季铵化，即得到季铵化改性抗菌纤维素。

纤维素阻燃纤维主要是通过共混、接枝、后整理、紫外光固化及层层自组装等方法来制备。但离子液体法纤维素阻燃纤维主要还是通过共混和接枝的方法来制备。共混主要是在溶液体系中添加有机或无机阻燃剂，进行均匀分散后纺丝制备，而接枝则是将阻燃剂接枝到纤维素羟基上，从而提高产物阻燃性能。Zheng 等[118] 采用原位活化法，利用 3-羟基苯基磷酰丙酸为阻燃剂，成功制备了 3-羟基苯基磷酰丙酸纤维素酯，所得纤维 LOI 最高可达 36%。

3. 应用前景

离子液体法纤维素纤维具有与 Lyocell 纤维类似的力学性能，可用于纺织服装、家用纺织品、产业用纺织品等领域。目前，相关的产品仍在研发中。

第六节 其他新型纤维素纤维

一、LiCl/DMAc 法纤维素纤维

Turbak 提出，使用 LiCl/DMAc 溶剂溶解纤维素可得到较高浓度的纤维素溶液，纤维素降解少，甚至不降解，溶解过程中不形成纤维素衍生物。关于它的溶解机理，根据 Heinz Herlinger 教授提出的观点[119]，认为 Li^+先在羰基和 DMAc 氮原子之间发生络合，游离出的 Cl^-再与纤维素羟基络合，以减少纤维素分子间的氢键，使之溶解。

反应式如下：

$$H_3C-CO-N(CH_3)_2 \xrightleftharpoons{LiCl} \left[H_3C-C(O-Li)-N(CH_3)_2\right]^{\oplus} Cl^{\ominus}$$

$$Cell-OH + H_3C-CO-N(CH_3)_2 + LiCl \longrightarrow Cell-O(H\cdots Cl^{\ominus})\rightarrow Li^{\oplus}\leftarrow O-C(CH_3)-N(CH_3)_2$$

所得的溶液非常稳定，在室温下放置数年聚合度仅下降 50 左右，纺丝前只需除去粗大的杂质即可。为了脱泡和过滤容易进行，可以进行加热以降低溶液的黏度，即使加热到 100℃也不会产生不良影响。

含纤维素 6%~14%的该纺丝溶液可以采用常规的干法、湿法和干湿法纺丝工艺成型。湿法纺丝可以以水、丙酮、甲醇、乙腈等物质为凝固剂，所得的纤维性能优良，溶剂可以较好地回收再循环使用。这种溶剂体系在德国和天津工业大学已进行了实验室生产。

该溶剂体系的另一个非常突出优点是 LiCl/DMAc 溶剂可以同时溶解 Cell—OH（纤维素）和 PAN（聚丙烯腈），比单独溶解纤维素的溶解性能还好。通过 Cell—OH/PAN/LiCl/DMAc 溶液纺丝可以得到既具有毛感非常强的 PAN 纤维性质，又具有纤维素纤维的吸湿性好等优点的共混纤维素纤维。制约该方法实现产业化的难题是目前 LiCl 还没有工业化产品，使得生产成本高。也有一些研究单位利用该方法生产人工肾透析用纤维素中空纤维膜。

二、蒸汽闪爆法纤维素纤维

蒸汽闪爆技术的由来首先是用于蒸汽闪爆制浆，它最初是用于植物纤维的高效分离，即用于制浆过程，由 Mason 于 1927 年首先提出来，并取得专利[120]。此后蒸汽闪爆制浆吸引了许多研究者的注意力。美国、加拿大、新西兰、法国、中国等国的研究人员进行了蒸汽闪爆制浆的进一步研究，并研究出蒸汽闪爆高得率制浆新方法，应用于针叶木、阔叶木、非木材

纤维的制浆研究中。

蒸汽闪爆技术应用于纯纤维素—碱溶性纤维素制备，由日本 Kamide[121] 等于 1984 年，首先于特定的条件下，从纤维素的铜铵溶液中获得具有明显的纤维素非晶态结构的再生纤维素（纤维素Ⅱ）样品，该样品在 4℃时能完全溶解于 8%～10%（质量分数）NaOH 水溶液中构成稳定的溶液。研究还发现，对纤维素的溶解度起重要和决定作用的是纤维二糖环的分子内氢键断裂的程度，即纤维素在 NaOH 水溶液中的溶解度不但取决于它的结晶度，而且取决于纤维素分子链上的分子内氢键。这里的分子内氢键主要是指在第三位碳原子的羟基与相邻的葡萄糖苷环的氧原子之间产生的键（$O_3 \cdot H \cdots O_5'$）。基于以上认识，20 世纪 90 年代初，Kamide 及其同事将蒸汽闪爆技术应用于纯纤维素，以提高纤维素分子间和分子内氢键的断裂程度，从而制取了能在 NaOH 水溶液中以分子形式溶解的碱溶性纤维素（纤维素 I）。蒸汽闪爆处理纯纤维素的原理是：纤维素先受到水的膨润并被水浸入深处，再在密闭的容器里高温加热，高温水蒸气对纤维素产生复合物理作用。水蒸气在 2. 9MPa 的压力下通过浆粕纤维孔隙，渗入微纤束内。在渗透过程中，水蒸气发生快速膨胀，然后剧烈地排入大气中去，从而导致了纤维素超分子结构的破坏，使吡喃葡萄糖 C_3 与 C_6 位置上分子间氢键断裂比率增加。在处理中，纤维素分子受到内力与外力的双重作用。内力是由水分子急剧蒸发，产生所谓的闪蒸效应所导致的；外力主要是分子间的撞击和摩擦作用。在蒸汽闪爆处理中，纤维素超分子形态的变化程度取决于纤维素原料的孔隙度。而且，浆粕纤维素在高压蒸汽作用下产生的解聚，在动力学机理上与常见的纤维素酸解过程相似。因此，经过蒸汽闪爆处理后，可获得能完全溶解于 NaOH 的碱溶性纤维素。碱溶性纤维素（含水 8%～12%）溶解于 9. 1%（质量分数）NaOH 水溶液中，4℃条件下间歇搅拌保持 8h。然后脱除杂质及气泡，送入湿法纺丝机进行纺丝。第一凝固浴槽长 80cm，凝固剂采用 20%（质量分数）H_2SO_4，凝固浴温度 5℃；第二凝固浴槽长 50cm，用 20℃的水洗，水洗槽长 100cm。沸水浴槽长 50 cm。纤维通过上油辊后进入四辊加热器（第一辊 180℃，第二辊 130℃，第三辊 120℃，第四辊 30℃），最后卷取得到新纤维素纤维。

新纤维素纤维的横截面呈圆形，纤维表皮层较薄且多孔。新纤维内层结构也多孔隙，平均孔径为 110nm。新纤维的断裂强度为 1. 4～1. 6cN/dtex，与普通再生纤维素纤维强度差不多；但是抗拉伸伸长则低于普通再生纤维素纤维。溶液从喷丝板出来时受到的剪切速率小于 $10^4\ s^{-1}$ 便能使断裂强度提高。在牵伸比 1. 1～2. 6 范围内，纤维的断裂强度不受牵伸比大小的影响。新纤维的结晶度较高，为 0. 65～0. 67，而常规黏胶法再生纤维素纤维只有 0. 6 左右。从 X 射线衍射分析可知，新纤维素纤维属于纤维素Ⅱ晶形。新纤维素纤维的取向度远低于普通再生纤维素纤维。蒸汽闪爆技术制备碱溶性纤维素的重要意义在于：改变传统的黏胶生产工艺，将大幅度地简化纤维素纤维生产工艺，减轻黏胶法生产工艺对环境的污染问题，最大优势是对浆粕纯度要求不高。此法可用于生产纤维、玻璃纸、薄膜及其他纤维素制品。

蒸汽闪爆作为一项新技术，除了应用于碱溶性纤维素的制备外，在纤维素的衍生化和功能化的研究领域作为预处理活化手段的研究并不多见。相信随着研究的深入，蒸汽闪爆技术的优点将为更多的研究者所认识，在纤维素领域将得到更加广泛的应用。

三、液晶溶液制备纤维素纤维

液晶纺丝是一类纺制高性能纤维的重要方法，一些国家已经从刚性骨架大分子的向列型液晶纺制出高强高模纤维制品。研究表明，从纤维素及其衍生物也能进行液晶纺丝制备纤维。

形成液晶态的分子要具有适当的刚性和较大的长径比。高分子链的刚性可以由 Mark-Houwink 方程中的 α 为 0.5，刚性链 α 为 1.8，而 $0.5<\alpha<1.8$ 时分子为半刚性，这样的分子有可能形成液晶态。而纤维素及其大多数衍生物都是半刚性分子，α 值介于 0.706~1.000 之间，在适当的条件下可以形成液晶。

Chanzy[122] 首次报道了纤维可以形成液晶溶液。他们将纤维素溶解在 NMMO 的水溶液中，当纤维素质量分数超过 20%时，溶液出现双折射现象。Yang[123] 将纤维素溶于铵/硫氰酸铵（NH_3/NH_4SCN）体系之中得到各向异性溶液，纺制了强度为 0.4GPa、模量为 20.5GPa 的纤维。Quenin[124] 将纤维素/*N*-甲基吗啉-*N*-氧化物液晶溶液纺制了纤维，其强度和模量分别提高到 0.9GPa 和 35GPa。Northolt[125] 则通过纤维素/多聚磷酸液晶体系制备的纤维强度和模量进一步提高到 1.7GPa 和 44GPa。相比之下，O’brien[126] 将三醋酸纤维素溶解在含三氟乙酸的混合溶剂中形成向列相液晶溶液，先纺制成纤维，再经皂化后得到了强度达 10cN/dtex 的纤维素纤维，并且发现制备的纤维素纤维具有纤维素Ⅰ型结构。Northolt[124] 分析后认为，纤维素Ⅱ型结构不可能有很高的弹性伸长和强度，只有纤维素Ⅰ型才有可能获得很高的强度。胡学超[127] 分析上述液晶体系后发现仅醋酸纤维素再生制备出的纤维素纤维具有纤维素Ⅰ型结构，其他均为纤维素Ⅱ型结构。且通过简单的醋酸纤维素纺丝再生后获得了较高强度的纤维，表明通过液晶纺丝获得纤维素Ⅰ型结构才能制备出高强度纤维素纤维。近年来，徐鹤[128] 研究了磷酸/多聚磷酸体系溶解纤维素制备液晶溶液及其可纺性，其纺丝结果表明，所得纤维结构为纤维素Ⅱ型，强度 2.71cN/dtex，且在该体系下纤维素降解明显。因此，如何通过液晶纺丝制出具有纤维素Ⅰ型结构的纤维是未来研究的重点和难点。

四、增塑法纤维素纤维

增塑纺丝法是指将增塑剂添加到某些高聚物中降低其熔点到合适温度或者增加熔体流动性来进行纺丝的方法。这类高聚物熔点通常接近或者低于其分解温度，常见的有聚丙烯腈、聚乙烯醇等。而纤维素由于有大量分子内和分子间氢键，造成其分解温度低于熔点，通常采用溶剂法制备纤维素纤维。所谓纤维素增塑纺丝即将增塑剂先与纤维素均匀混合，再通过双螺杆挤出机直接制备出纤维素浓溶液，经脱泡、过滤等工序并采用湿法或者干湿法制备出纤维。张慧慧等[129] 以［BMIM］Cl、［EMIM］Ac 为溶剂，采用双螺杆挤出机制备了 25%的纤维素/离子液体纺丝原液。程博闻课题组[130] 则成功采用离子液体［AMIM］Cl 增塑纤维素制备了纤维素纤维，并与恒天海龙股份有限公司合作完成了小试试验线的建设。Wu[131] 详细研究了质量分数为 25%~70%的 1-丁基-3-甲基咪唑氯盐（［BMIM］Cl）增塑微晶纤维素的热行为，结果发现增塑后的微晶纤维素只有一个玻璃化转变温度，且离子液体与纤维素之间并无化学反应，证明了离子液体的增塑作用。目前，离子液体增塑纤维素纤维具有对浆粕的纯度要求不高、纺丝速度快、纤维素浓度高、纤维素纤维强度高等一系列的优势，特别是通过该方法直接纺丝成网制备新型纤维素纤维非织造材料，将为非织造材料生产提供新技术、新途径；但是，该技术仍处于实验室阶段，尚有一些问题亟待解决，今后仍需在连续纺丝、纤维素降解均匀性、增塑剂回收及纤维脱色等方面进行深入的研究。

参考文献

[1] Koch P A. Lyocell Fibers (Alternative regenerated cellulose fibers) [J]. Chemical Fibers International, 1997, 47 (1): 298-304.

[2] 董奎勇，杨萍. Lyocell 纤维发展概况及趋势 [J]. 中国纤检，2004 (11): 40-42.

[3] 朱亚伟，任学宏，吴徵宇. Lyocell 个纤维的原纤化控制及纤维结构的变化 [J]. 丝绸，2003 (12): 36-39.

[4] 赵家森，王渊龙，程博闻. 绿色纤维素纤维-Lyocell 纤维 [J]. 纺织学报，2004 (5): 124-126.

[5] Graenacher G, Sallmann R. Cellulose solutions and process of making same [P]. US, 2179181, 1939-11-07.

[6] Johnson D L. Improvements in solutions [P]. GB Patent, 1144048, 1969-03-05.

[7] 周运安，孙玉山，王根立，等. 一种纤维素溶液的制备工艺及其设备 [P]. 201510293004. 8.

[8] 孙玉山，丁丽兵，蔡剑，等. 溶剂法生产纤维素过程中 *N*-甲基吗啉-*N*-氧化物的回收方法：中国，CN106283276A [P]. 2017-01-04.

[9] 孙玉山，李婷，程春祖，等. 一种纤维素纤维的制备方法 [P]. PCT, PCT/CN2016/112375, 2016-12-14.

[10] 蔡剑，徐鸣风，孙玉山，等. 氧化叔胺类物质水溶液的浓缩方法及浓缩系统 [P]. 中国，201310335092. 4，2015-02-11.

[11] 杨之礼，王庆瑞，邬国铭. 黏胶纤维工艺学 [M]. 北京：纺织工业出版社，1991.

[12] 蔡杰、张俐娜，等. 纤维素科学与材料 [M]. 北京：化学工业出版社，2015.

[13] 肖长发，各博闻，等. 化学纤维概论 [M]. 北京：中国纺织出版社，2005.

[14] 孔行权. 黏胶纤维生产分析检验 [M]. 北京：纺织工业出版社，1985.

[15] 裴继诚. 植物纤维化学 [M]. 北京：中国轻工业出版社，2012.

[16] A. T. 谢尔柯夫. 黏胶纤维 [M]. 北京：纺织工业出版社，1985.

[17] C·施雷姆夫，K·C·舒斯特，H·雷夫，等. 纤维素纤维 [P]. 中国，CN105849324A，2016-08-10.

[18] Thomas Rosenau A P H S. The chemistry of side reactions and byproduct formation in the system NMMO-cellulose (Lyocell process) [J]. Progress in Polymer Scince. 2001 (26): 1763-1837.

[19] 岳文涛. Lyocell 纤维生产用溶剂 *N*-甲基吗啉-*N*-氧化物 (NMMO) 回收工艺和机理的研究 [D]. 上海：东华大学，2006.

[20] 韩增强，武志云，汪少朋，等. Lyocell 纤维纺丝溶剂 NMMO 及回收工艺的研究 [J]. 山东纺织科技. 2007 (3): 7-9.

[21] 吴翠玲，李新平，秦胜利. 新型有机纤维素溶剂 NMMO 的研究 [J]. 兰州理工大学学报. 2005, 31 (2): 73-76.

[22] 孟志芬，章潭莉，沈弋弋，等. 绿色 Lyocell 纤维的工艺研究 [J]. 化学世界，1998 (12): 621-623.

[23] 吕昂，张俐娜. 纤维素溶剂研究进展 [J]. 高分子学报，2007 (10): 937-944.

[24] 肖年玉，王新，宣建新. 一种溶剂法制备纤维素纤维用稳定剂 [P]. 200610027722. 1.

[25] 王渊龙，程博闻，赵家森. 纤维素的活化 [J]. 天津工业大学学报. 2002, 21 (2): 83-86.

[26] 王新，郑殿海，成建国. 一种溶剂法纤维素纤维及其制备方法 [P]. 200420202067. 0.

[27] 格雷 P E G，奎格利 M C. 纤维素基预混合物的制备 [P]. 94192189. 1.

[28] 孙永连，朱波，李贵山，等. 一种用于 Lyocell 纤维制备的预混合器 [P]. 201510542825. 0.

[29] 齐凯利 S，兴特霍尔泽 P. 纤维素悬浮液的生产方法 [P]. 95193688. 3.

[30] 孙玉山，陆伊伦，骆强，等. 一种连续式物料混合、碎浆、调温一体化装置 [P]. 中国，

200710177391.4，2010-09-29.
[31] 张耀鹏，邵惠丽，胡学超. 纤维素_ NMMO_ 水体系三元相图的计算 [J]. 东华大学学报. 2004，30 (1)：6-9.
[32] 顾广新，沈弋弋，邵惠丽，等. 纤维素 NMMO 溶液溶解方法及其溶液的表征 [J]. 东华大学学报. 2001，27 (5)：127-131.
[33] 李光. 高分子材料加工工艺学 [M]. 2 版. 北京：中国纺织出版社，2010.
[34] 孙晋良，吕伟元. 纤维新材料 [M]. 上海：上海大学出版社，2007.
[35] 程春祖，孙玉山，徐纪刚，等. 一种用于纤维素溶解的薄膜蒸发器 [P]. 201520279170.8.
[36] 斯蒂芬·齐凯利，贝尔恩德·沃尔什纳等. 制备纤维素溶液的方法及设备 [P]. 89106762.0.
[37] 齐凯利 S. 生产纤维素薄膜和纤维的装置和一体化工厂 [P]. 86190626.7.
[38] 格雷 G，拉夫赛德奇 I. 溶液的制备 200880002568.X [P].
[39] 费尔梅尔 W，施雷姆普夫 C. 薄膜处理设备 200880021266.7 [P].
[40] 陆伊伦，孙玉山，李晓俊，等. 一种刮板式物料混合蒸发器 [P]. 中国，200710063742.9，2008-08-13.
[41] 顾广新，沈弋弋，胡学超，等. 双螺杆工艺纤维素溶解方法初探 [J]. 中国纺织大学. 2000，26 (4)：75-78.
[42] 吴翠玲，李新平，秦胜利，等. 纤维素/NMMO/H_2O 溶液体系流变性能的研究 [J]. 纤维素科学与技术. 2005，13 (1)：34-38.
[43] 董纪震，孙桐，古大治，等. 合成纤维生产工艺学 [M]. 北京：纺织工业出版社，1981.
[44] 施文宁格 F，艾克 F，费尔迈尔 W，等. 纺丝装置 [P]. 中国，95192380.3，1997-03-12.
[45] 齐凯利 S，艾克 F，施文宁格 F，等. 制备纤维素纤维的方法及实施该方法的设备 [P]. 中国，94190458.X，1995-11-15.
[46] 齐凯利 S，艾克 F，劳希 E. 喷丝板 [P]. 中国，94190547.0，1995-12-06.
[47] 王新，姜琨. Lyocell 纤维纺丝工艺的探讨 [J]. 合成纤维，2009 (4)：45-47.
[48] 孟志芬，胡学超. 纺丝速度对 Lyocell 纤维结构的影响 [J]. 河南师范大学学报，2004 (4)：74-77.
[49] 莫东次. Lyocell 纤维纺丝工艺概述 [J]. 广西化纤通讯，2002 (1)：25-29.
[50] 段菊兰，胡学超，章谭莉，等. 凝固浴浓度对 Lyocell 纤维性能及最大纺丝速度的影响 [J]. 合成纤维，1999 (6)：5-8.
[51] 吕阳成，吴影新. 凝固浴组成对 NMMO 法纤维素膜形貌的影响 [J]. 高校化学工程学报，2007，21 (3)：398-403.
[52] 张耀鹏，胡赛珠，邵惠丽. 凝固浴条件对 Lyocell 膜表面结构和性能的影响 [J]. 东华大学学报（科学版），2002，28 (3)：1-6.
[53] Rina Khanum . Lyocell 纤维的去原纤化方法 [J]. 国外化纤技术，2012 (10)：49-50.
[54] 刘永强，周煜，俞宏. Lyocell 纤维的原纤化及控制 [J]. 现代纺织技术，2000 (3)：16-19.
[55] 魏孟媛，张忆华，杨革生，等. 交联处理对 Lyocell 纤维抗原纤化性能的影响 [J]. 纤维素科学与技术，2009 (4)：1-8.
[56] 党西妹. 交联后处理提高 Lyocell 纤维抗原纤化性能的研究 [D]. 甘肃：西北师范大学化工学院，2013.
[57] 王蕊，郝龙云，房宽峻，等. 交联处理对 lyocell 纤维原纤化性质的影响 [J]. 青岛大学学报，2005 (1)：50-53.
[58] 祁兴超，郑洋，封亚培，等. 氮丙啶化合物抑制 Lyocell 纤维原纤化 [J]. 合成纤维，2011 (6)：16-18.
[59] 叶金兴. 防止 Lyocell 原纤化的交联剂的开发和评估 [J]. 先进纺织技术，2006 (2)：61-63.

[60] 许炯，王学杰，徐水英. 丁烷四酸整理 Tencel 织物工艺探索［J］. 丝绸，2000（1）：21-22.

[61] 朱亚伟，彭桃芝，晋章军，等. 整理剂对 Tencel/真丝交织物防原纤化的影响［J］. 印染助剂，2001（6）：17-19.

[62] 肖海英，陈征兵. 纤维卷曲的功能分析［J］. 纺织科技进展，2008（3）：22-24.

[63] 吉姆·罗伯，詹姆斯·菲利普，伊恩·鲁滨逊，等. 纤维生产过程和由该加工制得的纤维［P］. 中国，95191469.3，1997-01-08.

[64] Rushtou A, Sward R, Holdich G. Solid-liquid Filtration and Separation Technology［M］. London: Chemical Industry Press, 2000.

[65] 常青. 水处理絮凝学［M］. 北京：化学工业出版社，2002.

[66] 唐受印，戴友枝，等. 废水处理工程［M］. 北京：化学工业出版社，2004.

[67] 靳朝辉. 离子交换动力学研究［D］. 天津：天津大学，2004.

[68] 李彦. 聚合氯化铝混凝絮体分形结构及气浮去除特性的研究［D］，西安：西安建筑科技大学，2004.

[69] 施楣梧. Lyocell 纤维在新一代军服中的应用研究［C］. 昆明高新技术织物学术研讨会论文集. 昆明，1999.

[70] 郎忠义. 纤维素纤维的新品种—TENCEL［J］. 人造纤维，1991（5）：40-44.

[71] 程博闻，孙常宏. Lyocell 纤维的现状及发展趋势［J］. 人造纤维，1999（2）：26-30.

[72] VOTHACH D，TAEGER E. 含碳纤维素纤维的性能［J］. 国际纺织导报，1998（2）：9-12.

[73] 王兆明，邵惠丽，胡学超，等. 抗菌 Lyocell 纤维的研制［J］. 东华大学学报（自然科学版），2003，29（1）：71-76.

[74] SMIECHOWICZ E, KULPINSKI P, NIEKMSZEWICZ B. Cellulose fibers modified with silver nanoparticles［J］. Cellulose, 2011, 18（4）: 975-985.

[75] LIM K Y, YOON K J, KIM B C. Highly absorbable Lyocell fiber spun from celluloses/hydrolyzed starch-g-PAN solution in NMMO monohydrate［J］. European Polymer Journal, 2003, 39（11）: 2115-2120.

[76] VORBACH D, THEGER E, Properties of carbon filled cellulose［J］. Chemical Fibers Intemationa l, 1998, 48（2）: 120-122.

[77] MEISTER F, VERBACH D, MIEHELSi C, et al. Lyocell products with built-in functional propercies［J］. Chemical Fibers Intemationa l, 1998, 48（2）: 32-35.

[78] VERONOVSKI N, SMOLE M S. Functionalization of Lyocell fibers with TiO_2, SiO_2 and GLYMO［J］. Fibers and Polymers, 2010, 11（4）: 545-550.

[79] 曹可，唐国翌，缪春燕，等. 发光 Lyocell 纤维的制备［J］. 合成纤维，2008（6）：13-15.

[80] 陈超，金晶，张慧慧，等. 偶联剂在荧光 Lyocell 纤维中的应用［J］. 高分子材料科学与工程，2012，28（12）：114-117.

[81] 陈超，杨海茹，张慧慧，等. 长余辉发光 Lyocell 纤维的制备与性能研究［J］. 功能材料，2013，44（13）：1948-1951.

[82] 任元林. 磷系阻燃剂的合成及阻燃 Lyocell 纤维的研制［D］. 天津：天津工业大学，2002.

[83] 杨阳，张慧慧，孟勇伟，等. Lyocell 纤维的阻燃改性研究［J］. 纤维素科学与技术，2015，23（1）：1-7.

[84] Hall M E, Horrocks A R, Seddon H. The flammability of Lyocell［J］. Polym. Degrad. Stab., 1999, 64: 505-510.

[85] 濮平，苏世功. Lyocell 纤维及其产品开发技术［J］. 山东纺织科技，1999（6）：10-13.

[86] 胡智华，傅和青. Lyocell 纤维研究进展［J］. 合成材料老化与应用，2005，34（3）：45-48.

[87] Welton T. Room-Temperature Ionic Liquids. Solvents for Synthesis and Catalysis［J］. Chemical Reviews. 1999, 99, 2071-2083

[88] Wilkes JS. A short history of ionic liquid—from molten salts to neoteric solvents [J]. Green Chem. 2002, 4 (2), 73-80

[89] Wilkes J S, Levisky J A, Wilson R A, et al. Dialkylimidazolium chloroaluminate melts: a new class of room-temperature ionic liquids for electrochemistry, spectroscopy and synthesis [J]. Inorganic Chemistry. 1982, 21, 1263-1264.

[90] Hussey C L, Room temperature haloaluminate ionic liquid - novel solvents for transition metal solution chemistry [J]. Pure & Apple. Chem. 1988, 60 (12), 1763-1772.

[91] Wilkes J S, Zaworotko M J. Air and water stable 1-ethyl-3-methylimidazolium based ionic liquids [J]. J. Chem. Soc. Chem. Commun., 1992, 13, 965-966.

[92] Visser A E, Swatloski R P, Reichert W M, et al. Task-specific ionic liquids for the extraction of metal ions from aqueous solutions [J]. Chem. Commun. 2001, 1, 135-136.

[93] Bonhote P, Dias A P, Papageorgiou N, et al. Hydrophobic, Highly Conductive Ambient-Temperature Molten Slats [J]. J. Inoorg. Chem. 1996, 35: 1168-1178.

[94] 吉锦秀. 离子液体化合物的两步法合成及性能研究 [D]. 南京：南京工业大学, 2006.

[95] Song C E, Shim W H, Roh E J, Choi J H. Scandium (III) triflate immobilized in ionic liquids: a novel and recyclable catalytic system for Friedel - Crafts alkylation of aromatic compounds with alkenes. [J] Chem. Commun., 2000, 17: 1695-1696.

[96] Adams C J, Earle M J, Roberts G, Seddon K R. Friedel-Crafts reactions in room temperature ionic liquids. [J] Chcm. Commun, 1998, 19: 2097-2098.

[97] Fuller J, Carlin R T, Ster young R A. The room temperature ionic liquid 1-ethyl-3-methyl-imidazoliumtetrafluoroborate: electrochemical couples and physical properties [J]. J Electrochem Soc, 1997, 144 (11): 3881-3885.

[98] Jonathan G, Huddleston, Heather D, Willauer, et al. Room temperature ionic liquids as novel media for clean liquid-liquid extraction [J]. Chemical Communications. 1998, 1765-1766.

[99] Graenacher C. Cellulose solution [P]. USA, 1943176, 1934.

[100] Richard P. Swatloski, Scott K. Spear, John D. Holbrey, Robin D. Rogers. Dissolution ofCellose with Ionic Liquids. [J] J. Am. Chem. Soc. 2002, 124: 4974-4975.

[101] Visser A E, Swatloski R P, Reichert W M, et al. Task-specific ionic liquids for the extraction of metal ions from aqueous solutions [J]. Chem. Commun. 2001, 1, 135-136.

[102] Remsing R C, Swatloski R P, Rogers R D, Moyna G. Mechanism of cellulose dissolution in the ionic liquid 1-n-butyl-3-methylimidazolium chloride: a 13C and 35/37Cl NMR relaxation study on model systems [J]. Chem Commun. 2006, 12, 1271-1273.

[103] Heinze T, Schwikal K, Barthel S. Ionic Liquids as Reaction Medium in Cellulose Functionalization [J]. Macromol. Biosci., 2005, 5: 520-525.

[104] Pinkert A, Marsh K N, Pang S, et al. Ionic liquids and their interaction with cellulose [J]. Chem. Rev., 2009, 109, 6712-6728.

[105] Collier J R, Watson J L, Collier B J, Petrovan S. Rheology of 1-butyl-3-methylimida -zolium chloride cellulose solutions. II. solution character and preparation [J]. J Appl Poly Sci. 2009, 111, 1019-1027.

[106] 邝清林. 纤维素/离子液体溶液光散射与流变学研究 [D]. 北京：中国科学院研究生院. 2008.

[107] 陈珣. 以离子液体为溶剂的纤维素溶液的流变特性研究 [D]. 上海：东华大学. 2010.

[108] Gericke M, Schlufter K, Liebert T, et al. Rheological properties of cellulose/ionic liquid solutions: from dilute to concentrated states [J]. Biomacromol. 2009, 10, 1188-1194.

[109] Sescousse R, Le K A, Ries M E, Budtova T. Viscosity of cellulose-imidazolium-based ionic liquid solutions [J]. J Phys. Chem B. 2010, 114, 7222-7228.

[110] Song H Z, Zhang J, Niu Y, Wang Z G. Phase transition and rheological behaviors of concentrated cellulose-ionic liquid [J]. J Phys Chem B. 2010, 114, 6006-6013.

[111] Laus G, Bentivoglio G, et al. Ionic liquids: current developments, potential and drawbachks for industrial applications [J]. Lenzinger Ber, 2005, 84: 71-85.

[112] Hermanutz F, Gähr F, Uerdingen E, et al. New Developments in Dissolving and Processing of Cellulose in Ionic Liquids [J]. Macromolecular Symposium, 2008, 262: 23-27.

[113] Hermanutz F, Meister F, Uerdingen E. New developments in the manufacture of cellulose fibers with ionic liquids [J]. Chemistry Fiber International, 2006, 6: 342-343.

[114] Kosan B, Michels C, Meister F. Dissolution and forming of cellulose with ionic liquids [J]. Cellulose. 2008, 15 (1): 59-66.

[115] Jiang G, Huang W, Zhu T, et al. Diffusion dynamics of 1-butyl-3-methylimidazolium chloride from cellulose filament during coagulation process [J]. Cellulose. 2011, 18, 921-928.

[116] Pinto R J B, Marques P A A P, Neto C P, et al. Antibacterial activity of nanocomposites of silver and bacterial or vegetable cellulosic fibers [J]. Acta Biomaterialia, 2009 (5): 2279-2289.

[117] Roy D, Knapp J S, James T, et al. Antibacterial cellulose fiber via RAFT surface graft polymerization [J]. Biomacromolecules, 2008, 9 (1): 91-99.

[118] Zheng Y B, Song J, Cheng B W, Fang X L, Yuan Y. Preparation and flame retardancy of 3- (hydroxyphenylphosphinyl) -propanoic acid esters of cellulose and their fibers [J]. Cellulose, 2015, 22, 229-244.

[119] Herlinger H, et al. Verhalten von Cellulose in nichtkonventionellen Loesungsmitteln [J]. Lenzinger Berchte, 1985, 59 (8): 96-103.

[120] Mason W. H. US Patent 1655 618, 1928.

[121] Kenji Kamide, et al, Cp/Mass ^{13}C NMR Speetra of Cellulose Solids: an Explanation by the Intramolecular Hydrogen Bond Concepts [J]. Polymer J. 1985, 17 (5): 701: 706.

[122] Chanzy H, Maia E, Perez S. Cellulose organic solvents Ⅲ. The structure of N-methylmorpholine-N-oxide-trans-1, 2-cyclohexanediolcomplex [J]. ActaCryst B. 1982, 38, 852-855.

[123] Patel D L P, Gilbert R D. Lyotropic mesomorphic formation of cellulose in trifluoroacetic acid-chlorinated-alkane solvent mixtures at room temperature [J]. J Polym Sci , Polym Phys Ed, 1981, 19, 1231-1236.

[124] Quenin I, Chanzy H, Paillet M, Peguy A. Spinning of Fibers from Cellulose Solutions in Amine Oxides, Integration of Fundamental Polymer Science and Technology [J]. Springer Netherlands, 1986, 593-596.

[125] Northolt M G , Boerstoel H, Maatman H, et al, Structure and properties of cellulose fibers spun from an anisotropic phosphoric acid solution [J]. Polymer, 2001, 42, 8249-8264.

[126] J P O' Brien, W Del.. Process for preparing high strength cellulosic fibers [P]. US, 4464323, 1984.

[127] 胡学超, Gilbert F. 由溶致液晶制备高强高模纤维素纤维 [J]. 中国纺织大学学报, 1996, 22 (1), 17-23.

[128] 徐鹤. 纤维素在磷酸/多聚磷酸中溶剂及纺丝工艺 [D]. 上海: 东华大学, 2009.

[129] 张慧慧, 邵慧丽, 孙玉山. 用双螺杆挤出机制备纤维素/离子液体纺丝溶液的方法 [P]. CN101220522A, 2008-7-16.

[130] 程博闻. 纤维素在 LiCl/极性溶剂中溶解性能的研究 [J]. 天津纺织工学院学报, 2000, 19 (2): 1-3.

[131] Wu J, Bai J, Xue Z G, Liao Y G, et al, Insight into glass transition of cellulose based on direct thermal processing after plasticization by ionic liquid [J]. Cellulose, 2015, 22 (1), 89-99.

第三章 壳聚糖纤维及其应用

第一节 概述

一、壳聚糖纤维

甲壳素学名α-（1-4）-2-脱氧-D-葡萄糖，属于碳水化合物中的多糖，广泛存在于昆虫类、水生甲壳类的外壳和菌类、藻类的细胞壁中，也可由*N*-乙酰氨基葡萄糖以α-1，4糖苷键缩合而成[1]。在地球上，甲壳素的生物合成量达100亿吨/年以上[2]，是自然界中含量丰富的有机再生资源。

壳聚糖（Chitosan，CS）又名脱乙酰几丁质、聚氨基葡萄糖、可溶性甲壳素，是甲壳素脱乙酰基后的产物，是已知的唯一的含氮碱性多糖，是自然界中唯一含游离氨基碱性阳离子高分子。壳聚糖是乙酰基脱去55%以上的甲壳素，工业品壳聚糖脱乙酰度（即甲壳素分子中脱去乙酰基的链节数占总链节数的百分比）一般在70%以上[1]。组成壳聚糖的基本单位是D-葡胺糖，其结构与纤维素十分相似。在应用实践中，主要用的原料是壳聚糖，因而对壳聚糖的研究也越来越深入。在欧美学术界，它与糖、蛋白质、脂肪、维生素和矿物质相提并论，被称为“生命第六要素”，是自然界中仅次于纤维素的第二大天然生物有机资源[2]。

壳聚糖纤维是以壳聚糖为主要原料，通过湿法纺丝、干湿法纺丝、静电纺丝、液晶纺丝等方法制备的具有一定机械强度的高分子功能性生物质再生纤维。目前通常采用的是湿法纺丝法，即在适当的溶剂中将壳聚糖溶解，配制成一定浓度的胶体纺丝原液，再经喷丝、凝固成形、拉伸等工艺制备而成。

二、壳聚糖纤维性能特点

壳聚糖的结构单元是二糖，结构单元之间以糖苷键链接[3]，其具有复杂的双螺旋结构[4,5]，甲壳素和壳聚糖大分子链上分布着许多羟基、*N*-乙酰氨基和氨基，它们会形成各种分子内和分子间氢键。由于这些氢键的存在和分子的规整性，使其结晶度较高，可达30%~35%[6]。壳聚糖大分子中活泼的羟基和氨基具有较强的化学活性，在特定的条件下，能发生水解、烷基化、酰基化、羧甲基化、接枝共聚、螯合、交联反应等。壳聚糖纤维除具有壳聚糖本身优异的生物相容性、生物安全性、可降解性、广谱抑菌性、天然抑菌、防霉祛臭、吸附螯合与人体亲和等性能，还赋予其很好的通透性、吸湿快干、快速止血的独特性能，而且可以通过纺纱、织造、非织造等加工手段制备针织物、机织物和非织造布，主要应用于医疗、卫生、航天、军品、过滤、服饰等六大领域，成为21世纪重点开发的生物基纤维新材料[7]。

三、壳聚糖纤维发展历史

对于壳聚糖的研究始于1811年，法国的H. Braconnot教授从蘑菇中得到一种纤维状的白色残渣，即甲壳素，并命名为 Fungine[8]。1859 年，法国的 C. Rouget 将甲壳素浸泡在浓氢氧化钾（KOH）溶液中煮沸一段时间，取出洗净后发现可溶于有机酸中。1894 年，F. Hoppe-Seiler 确认这种产物是脱掉了部分乙酰基的甲壳素，把它命名为壳聚糖[4]。甲壳素上的乙酰基除了可用强碱水解脱去外，后来发现特定的酶解也可脱去一部分或 90%以上的乙酰基。国外对甲壳素纤维的研究较早，早在 1926 年，丹麦 Knwike 就纺制成甲壳素纤维。20 世纪 60 年代末，日本富士纺公司发现甲壳素安全无毒性，特别适合制作绷带类产品，能加速伤口愈合，它们还通过动物试验证明，这种新型材料对由细菌引起的感染，具有比普通抗菌素相同或更好的疗效。1980 年，日本美羽化学工业公司率先试制了壳聚糖纤维。1991 年第一次海湾战争中，美国军队就普遍装备了甲壳素急救包[9]。1995 年，日本最先利用壳聚糖纤维的特性，制成与棉混纺的抗菌防臭类内衣和裤袜，深受消费者青睐。其后，1999 年韩国甲壳素公司也建立了 50kg/d 纯甲壳素纤维的试验生产线[10]。2008 年，瑞士 Swicofil 公司采用壳聚糖和黏胶生产出了一种复合纤维（Crabyon），它具有耐久的抗菌效果，适用于很多纺织品。此后，日本、美国等发达国家对壳聚糖纤维进行了一系列的研制和开发，壳聚糖纤维生产线最高可达上百吨。

与国外相比，我国从 1952 年才开始甲壳素及衍生物的制备研究，先是上海，后来是青岛等沿海城市，但进展较为缓慢。最初将壳聚糖作为涂料印花成膜剂，后又用作无甲醛织物的整理剂和黏合剂使用[11]。而利用壳聚糖的优良生物医学特性，将其作为医用材料进行研究则是从 20 世纪 90 年代初开始的。20 世纪 90 年代是我国甲壳素、壳聚糖研究和开发的全盛时期，1991 年，东华大学研制成功甲壳素医用缝合线，接着又研制成功甲壳素医用敷料（人造皮肤），大大加快了国内壳聚糖产业的发展[4]。1999~2000 年，东华大学研制开发了甲壳素系列混纺纱线和织物，制成了各种保健内衣、裤袜和婴儿用品等。山东海龙股份有限公司与东华大学合作，2002 年实现了甲壳素/纤维素复合纤维的生产。同年青岛海蓝生物制品有限公司现已建有年产 60t 壳聚糖纤维生产线一条。2007 年，山东华兴集团开始壳聚糖纤维研发，其旗下海斯摩尔生物科技有限公司经过小试、中试研究，2012 年建成 2000t 生产线，实现了千吨级的产业化生产，标志着我国壳聚糖纤维工业化技术达到国际领先水平[12]。截至 2015 年，海斯摩尔已拥有纯壳聚糖纤维生产的全套关键技术，高品质纯壳聚糖纤维与复合非织造制品已实现产业化，并已应用于医卫领域。

作为我国最早实现规模化生产的优势品种，2012 年，中纺联制定了《中国生物质纤维和生化原料科技与产业发展 30 年路线图》，将壳聚糖纤维明确作为再生多糖纤维的三大战略发展方向之一，2014 年，发改委联合组织实施“生物基材料专项”，将壳聚糖纤维列为八大生物基材料产业化集群建设支持之一，2015 年，发改委等多部门联合编制了《生物基材料重大创新发展工程实施方案》，将壳聚糖纤维列入重点领域“海洋生物基纤维”。

第二节 甲壳素的提取与脱乙酰

一、甲壳素的提取

（一）碱液法

1. 碱液法提取原理

目前，甲壳素主要是由碱液法从虾、蟹壳中提取为主，虾、蟹壳的化学成分如表 3-1 所示[13]，为了提取高纯度的甲壳素就需要去除虾、蟹壳中的蛋白质、碳酸钙、色素等物质。

表 3-1 虾、蟹壳的化学成分

碳酸钙和磷酸盐（主要是钙盐）	约 45%
粗蛋白和脂肪	约 27%
甲壳素	约 20%
色素	若干

提取原理是采用稀酸去除虾蟹壳中的碳酸钙，用碱来去除其中的蛋白质，用高锰酸钾进行褪色，去除其中以虾红素为主的色素，最后得到产物甲壳素[11]，在提取过程中，主要发生的化学反应如下。

（1）盐酸与虾蟹壳中的碳酸钙反应。

$$CaCO_3+2HCl \longrightarrow CO_2\uparrow +CaCl_2+H_2O$$

（2）蛋白质遇到碱时，会发生水解反应，肽键断裂，各级结构彻底破坏并完全水解成 α-氨基酸的混合物。

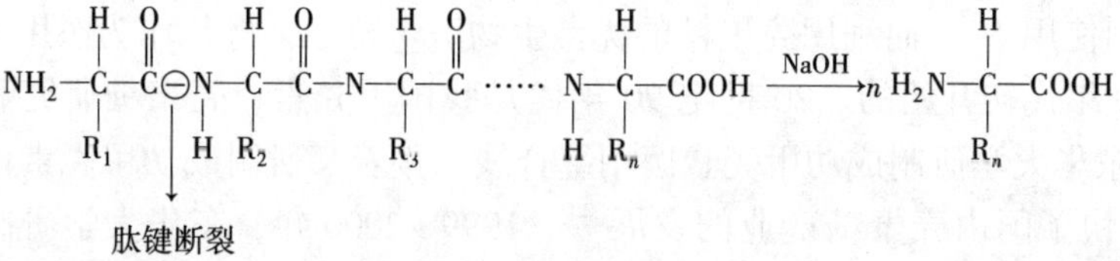

$$NH_2-CH(R_1)-CO-NH-CH(R_2)-CO-NH-CH(R_3)-CO\cdots\cdots NH-CH(R_n)-COOH \xrightarrow{NaOH} n\ H_2N-CH(R_n)-COOH$$

肽键断裂

（3）氧化脱色剂高锰酸钾会破坏虾、蟹壳中的虾红素。虾红素分子结构中有两个 β-紫罗兰酮环，11 个共轭双键，酸性高锰酸钾与虾红素双键两端的碳各加上一个氧，共轭双键变为两个碳氧双键，得到的氧化产物含有醛，由于醛有较强的还原性，酸性高锰酸钾可继续将其氧化为羧酸，侧位的甲基会被氧化为甲醛，会进一步被氧化为碳酸，碳酸又分解为二氧化碳和水。

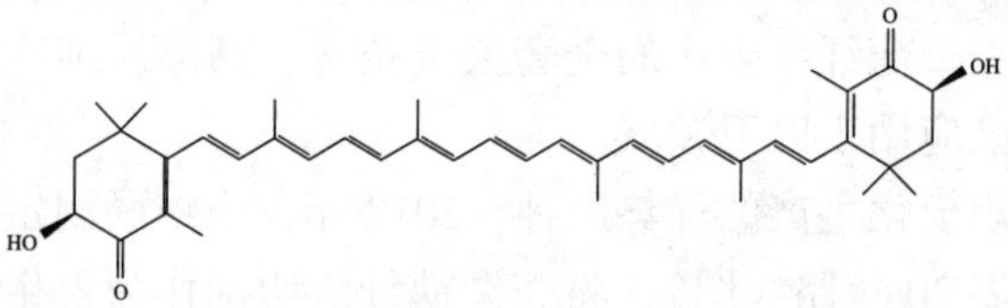

2. 碱液法的工艺

碱液法的工艺是通过将虾、蟹壳浸泡在稀酸和稀碱的方式，反复进行脱钙和脱蛋白，由于不同动物甲壳中的矿物含量不同，所用盐酸与氢氧化钠的含量也会有微小的差别，大致采用的是先将虾、蟹壳置于 HCl 溶液中浸泡进行脱钙，后将所得的固体用蒸馏水洗涤，直到中性后对脱钙样品进行干燥和称重。再用 NaOH 溶液进行脱蛋白，洗涤后需要反复进行上述步骤，直至去除所有的蛋白质与无机物得到甲壳素，清洗后放入氧化物如高锰酸钾或过氧化氢等，对其进行漂白去除其中的虾红素，加入高浓度的 NaOH 进行脱乙酰基，清洗晒干后获得壳聚糖。步骤如图 3-1 所示。

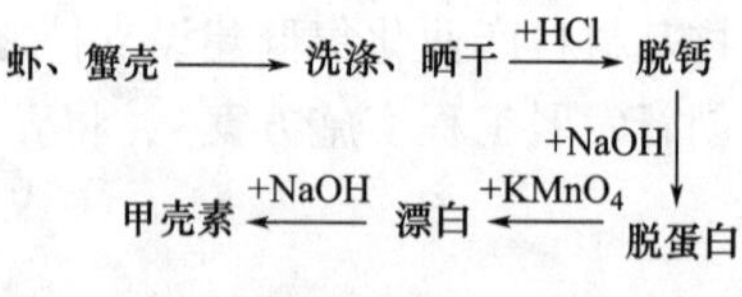

虾、蟹壳 → 洗涤、晒干 →(+HCl) 脱钙 →(+NaOH) 脱蛋白 →(+$KMnO_4$) 漂白 →(+NaOH) 甲壳素

图 3-1 碱液法提取甲壳素的工艺流程

甲壳素与蛋白质、碳酸钙和色素等共同存在于生物体内，但为了获得高纯度的甲壳素，必

须对其进行定量的去除。许多常用去除蛋白质等物质的方法都会对甲壳素本身带来不利影响，例如降解等。为了尽量避免对于甲壳素的破坏，提高甲壳素质量，就需要优化提取工艺参数。

脱钙通常由各类酸进行反应，包括盐酸、硝酸、硫酸、醋酸等，其中盐酸应用最为广泛。虽然盐酸也可能在脱钙的过程中对甲壳素有损害影响，但无论是工业还是实验室中应用最多的都是脱钙酸。为了减少盐酸对于甲壳素的破坏同时保证脱钙效率，Chang 和 Tsai 在研究中用反应曲面分类研究法测得虾壳脱钙使用 HCl 的最佳浓度[14]。Aline Percot 等人分析了酸碱法脱蛋白质和脱矿物质的动力学过程以及温度对于脱蛋白质过程的影响，发现 HCl 的浓度在 2.5%时能最大程度地减少甲壳素的水解[15]。

脱钙的反应时间同样对于反应效率与减少甲壳素水解有重要作用，Aline Percot 研究了在环境温度下甲壳素的脱钙特性，如表 3-2 所示脱钙反应中，盐酸浓度在 2.5%时，脱酰化程度普遍在 95%以上，可以认为浓度 2.5%的盐酸对甲壳素水解的影响较小，同时在反应时间为 13min 时，对于甲壳素水解影响最小，能最大程度保证甲壳素的完整性。

表 3-2　脱钙反应时间对于黏度和脱酰化程度的影响

脱钙反应时间（min）	黏度（mL/g）	脱酰化程度（%）
2	2700±200	97±2
6	3300±300	98±2
13	4000±200	95±2
30	4100±200	98±2
60	4400±200	97±2
180	4200±200	99±2
360	3700±200	94±2
1440	3300±200	98±2

研究发现，通过碱处理脱蛋白被证明不会损害甲壳素结构。以 10%NaOH 的含量为基本工艺参数，如表 3-3 所示，脱蛋白反应在 180min 时脱酰化程度最低，甲壳素完整性最好。

表 3-3　脱蛋白反应时间对于黏度和脱酰化程度的影响

脱钙反应时间（min）	黏度（mL/g）	脱酰化程度（%）
0	—	113±2
5	2100±300	104±2
20	2400±300	116±2
60	2800±200	97±2
180	3100±200	95±2
300	3100±200	98±2
1440	3100±200	—

在 10%NaOH 中脱蛋白 24h 后，温度改变对于黏度和脱酰化程度的影响，如表 3-4 所示，温度为 70℃时，效果最优。

表 3-4 脱蛋白反应温度对于黏度和脱酰化程度的影响

脱钙反应时间（min）	黏度（mL/g）	脱酰化程度（%）
15	3380±200	106±2
22	3300±200	107±2
50	3300±200	99±2
70	3300±200	91±2

最优提取的方法是：用 0.25mol/L 的 HCl 溶液处理 15min，1mol/L 的 NaOH 溶液 70℃处理 24h，甲壳素中钙的含量低于 0.01%，乙酰化度 95%。此法不仅减少了酸碱的用量，且得到的甲壳素中的灰分含量很低，相对分子质量也比较大，但是动力学变化不好控制，增加了提取的难度。

3. 碱液法提取工艺进展

（1）资源化法提取工艺。20 世纪 80 年代，我国提出了资源化法生产工艺，即虾、蟹壳的资源化处理法[16]，综合有效地利用工艺中的固体废弃物，如蛋白质、色素、碳酸钙等，将其中有用的成分分离出来，变为资源。这种方法可以有效地提高资源利用，获取更高的经济效应，同时能极大地降低对环境所造成的污染。

这项技术的关键点在于：从虾、蟹壳中提取甲壳素和壳聚糖的同时也提取了其中的蛋白质、碳酸钙、虾青素和色素等可用资源；生产厂家最好位于海边，可以通过海水洗涤来减少淡水的用量，同时减少烧碱的消耗；采用稀酸稀碱的循环利用模式，降低生产成本以及废料排放。工艺流程是利用虾壳进行脱钙、脱蛋白、脱乙酰基的三脱工艺，见图 3-2。

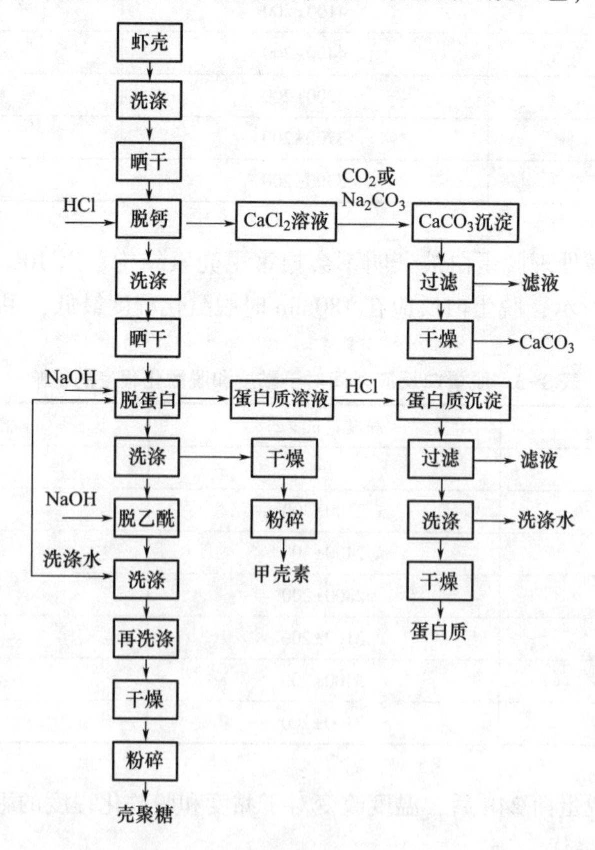

图 3-2 资源化法生产工艺流程

在第一批虾、蟹壳脱钙后，残留的高浓度 $CaCl_2$ 滤液可以通过二氧化碳和碳酸钠的加入，生成碳酸钙沉淀，经过过滤和干燥处理制成可利用的碳酸钙。同时，脱钙时所用的 HCl 也可以二次使用，直到酸碱度靠近中性再排放沉淀碳酸钙，既节约了成本又能提高收益。在脱乙酰的生产过程中，虽然需要加入高浓度的 NaOH，但其本身的反应并没有全部消耗，大量的 NaOH 会附着在虾壳表面，通过洗涤可以将 NaOH 剥离下来，用于脱蛋白过程的使用。脱蛋白过程中会生成大量的可利用蛋白质，通过盐酸调解 pH 可以将蛋白质析出、过滤，分离后洗涤除盐，就可以得到干虾壳重量 20%左右的壳蛋白，虾壳中氨基酸的组成见表 3-5。

表 3-5 虾壳蛋白质氨基酸的组成

氨基酸	g/100g 样品	氨基酸	g/100g 样品
门冬氨基	5.91	异亮氨基	3.73
苏氨基	2.23	亮氨基	5.28
丝氨基	1.99	酪氨基	2.95
谷氨酸	6.78	苯丙氨基	3.54
甘氨基	1.68	赖氨基	3.33
丙氨基	2.69	组氨基	1.21
胱氨基	0.29	精氨基	3.92
缬氨酸	3.11	脯氨酸	1.59
蛋氨基	1.81		

(2) 有机酸结合提取工艺。很多学者不断尝试改进甲壳素的提取方法，利用有机酸来代替盐酸与碱制备相结合的方法，其中有机酸以柠檬酸、苯甲酸等为主。陈利梅等[17] 以南美白对虾下脚料为试验材料，用柠檬酸结合 NaOH 制备甲壳素，同时得到了纯净的柠檬酸钙和蛋白质粉。Nguyen Van Toan 等[18] 先用 0.016mol/L 的苯甲酸对虾壳进行预处理，然后再用 0.68mol/L 盐酸浸泡脱除矿物质，用 0.62mol/L 的 NaOH 溶液脱除蛋白质和脂质，研究发现苯甲酸不仅可以中和虾壳中的碳酸盐，而且可以有效水解角质蛋白，可以减少酸碱的用量。

与原有方法相比，该法能够回收虾蟹中的钙和蛋白质，减少对环境的污染，但得到的甲壳素中灰分含量比较高，而且有机酸价格相对比较高。

(3) 蚕蛹和蝇蛆提取工艺。

①从蚕蛹中提取。除了从虾、蟹壳中提取甲壳素之外，许多农副产品中也能提取甲壳素，在养蚕地区，大量的蚕蛹壳堆积成为无用的固体废弃物。但甲壳素在干桑蚕蛹体中含量在 3%~5%[19]，通过将蛹体内提取蛹蛋白粉和蛹油后，得到的蛹壳杂物中的甲壳素含量高达 36 %，相比虾壳与蟹壳的含量还要高。通过分析比较蛹壳与虾、蟹壳中的物质组成成分及比例的不同，得知蛹壳含钙质或灰分远少于虾、蟹壳，而蛹壳含油量和色素高于虾、蟹壳，提出了适合于桑蚕蛹壳滤渣（过 35 目筛）原料制备壳聚糖的生产工艺[20]。

②从蝇蛆中提取。蝇蛆壳同样可以作为甲壳素的来源，与蚕蛹的化学组成相类似，拥有较高的甲壳素含量以及较低的重金属与色素。提取蛋白后的蝇蛆废渣经清洗、干燥得到干燥的蝇蛆壳。将 10 g 干燥的蝇蛆壳放在烧瓶中加入 HCl 溶液 50 mL，室温搅拌反应，过滤水洗至中性；然后加入 NaOH 溶液 50 mL，室温搅拌反应，过滤水洗至中性；加入 1mol/L 的盐酸

10mL，在室温浸泡 0.5h 后加入质量分数为 0.5%的 NaClO 溶液 50mL，室温反应 3h；过滤水洗至中性，干燥即得甲壳素，收率 30%。

工艺流程：

蝇蛆废渣→清洗→干燥→干燥的蝇蛆壳→除无机盐→除蛋白→脱色→甲壳素[21]

王爱勤[22] 认为从蝇蛆中提取甲壳素过程中，酸碱浓度和温度对其有影响。当酸处理的条件相同时，脱蛋白时碱的浓度越高，温度越高，所得的产率会比较低，这是因为蝇蛆的皮柔软，在碱液中容易降解。产品的脱色情况会随着温度增高而提升，而产率就会下降，根据表 3-6 的处理方法[23]，可以看出先 1mol/L NaOH 80℃浸 3h，再 1mol/L HCl 室温浸 24h，效果最优，是最佳工艺。

表 3-6　蝇蛆皮制备不同情况下对制备甲壳素的影响

样品	处理方式	脱色情况	产率（%）
1	先 2.5mol/L NaOH 室温浸 24h，再 1mol/L HCl 60℃浸 3h	一般	17.2
2	先 1mol/L NaOH 80℃浸 3h，再 1mol/L HCl 室温浸 24h	好	15.6
3	先 1mol/L NaOH 室温浸 24h，再 1mol/L HCl 室温浸 24h	不好	22.8
4	先 1mol/L HCl 室温浸 24h，再 2.5mol/L NaOH 室温浸 24h	不好	20.2
5	先 1mol/L HCl 室温浸 24h，再 2.5mol/L NaOH 80℃浸 24h	好	15.5
6	先 2.5mol/L NaOH 60℃浸 3h，再 1mol/L HCl 室温浸 24h	好	14.0

（二）生物法

1. 生物法提取原理

目前甲壳素的提取主要采取的方法是对于虾、蟹壳进行“酸脱钙—碱脱蛋白—碱脱乙酰基”的工艺方法，这种制备方法存在许多不足，提取过程中会消耗大量酸和碱，都有一定的腐蚀性。同时，生产过程中会生成大量废液，给环境带来许多污染。1974 年从鲁氏毛霉菌丝中发现了甲壳素脱乙酰酶，对于甲壳素和壳聚糖提取提供了新的研究思路，利用菌丝体发酵所产生的蛋白酶来去除蛋白质，同时发酵过程中微生物所产生的酸能用来去除无机物，直接得到甲壳素和壳聚糖。这种制备方法既避免了酸碱的大量消耗也能减轻环境污染。微生物发酵产生有机酸可以将虾、蟹等加工下脚料中的钙溶解起到脱盐的作用，乳酸菌发酵消耗葡萄糖往往能产生大量乳酸，因而常被用于发酵提取甲壳素的研究对象。

微生物发酵法脱蛋白[24]，主要是通过环境友好的真菌或细菌的发酵体系中产生的“酵素”将蛋白质水解从而达到去除的目的。1991 年 Butler[25] 证明通过酶脱乙酰的作用，在真菌和某些细菌中可形成壳聚糖。壳聚糖在真菌细胞中形成是两种酶相互作用的结果，一个是甲壳素合成酶，另一个是甲壳素脱乙酰酶。

首先，利用甲壳素合成酶促进甲壳素前体尿苷二磷酸与 *N*-乙酰葡萄糖胺来合成甲壳素，如方程式（1）中，经过甲壳素的生物合成，单体 *N*-乙酰葡萄糖胺与尿苷二磷酸通过甲壳素合成酶偶联发生催化反应。第二步，甲壳素脱乙酰酶水解甲壳素，形成壳聚糖，如方程式（2）所示。

$$\text{尿苷二磷酸}+N\text{-乙酰葡萄糖胺}\xrightarrow{\text{甲壳素合成酶}}\text{甲壳素} \tag{1}$$

$$\text{甲壳素} \xrightarrow{\text{甲壳素脱乙酰酶}} \text{壳聚糖} \quad (2)$$

2. 生物法提取工艺

(1) 酶法结合化学法提取工艺。段元斐等[26] 探索了用复合酶和有机酸将蛋白质和碳酸钙分解转化成可二次高附加值利用的营养成分的方法，在提取甲壳素的同时，有效地将废水转化利用，制得了氨基酸类调味品和柠檬酸钙，基本达到了无污染生产，提高了废弃虾壳、蟹壳的综合利用率，提高了经济效益，工艺流程如图 3-3 所示。

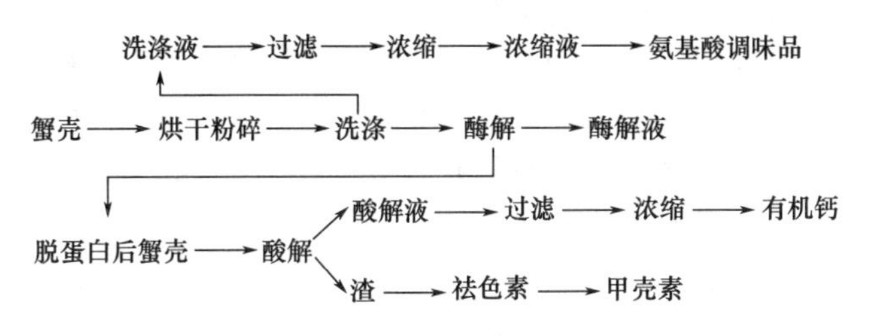

图 3-3　复合酶结合有机酸提取甲壳素流程图

许庆陵[27] 用 Alcalase 酶和柠檬酸分别脱除虾壳中的蛋白质和钙以提取甲壳素，并用超声波结合碱法脱乙酰基制备壳聚糖，结果表明，Alcalase 酶脱虾壳蛋白质最佳工艺条件为料液比为 1：10，pH 8.0，温度 60℃，酶量 800 U/g，时间 5h，蛋白脱出率为 32.87%；柠檬酸脱钙效果整体优于盐酸，甲壳素脱钙后的灰分含量为 0.87%，符合食品级要求；超声波预处理可以显著提高壳聚糖的脱乙酰度，经超声波预处理后的甲壳素再经碱液处理，脱乙酰度可高达 90%以上，超声波预处理的最佳工艺条件为超声功率 600W，时间 40min。

(2) 虾、蟹壳提取工艺。很多科学家运用发酵法并加入酸直接从虾、蟹壳中提取甲壳素和壳聚糖。Jung 等[28] 分别采用副干酪乳杆菌和粘质沙雷氏菌通过发酵法直接蟹壳中提取甲壳素。首先把新鲜的蟹壳放入 50ml 的 10%浓度的葡萄糖溶液中，利用副干酪乳杆菌在恒温培养振荡器中发酵 5 天保持 30°C，完成后样品用蒸馏水过滤清洗。再次将样品放入 50ml 的 10%浓度的葡萄糖溶液中，并添加粘质沙雷氏菌进行二次发酵，时间变为 7 天，其他条件与第一次发酵相同。发酵方式去除了无机物和蛋白质，脱盐水平和脱蛋白水平分别为 94.3%和 68.9%。

(3) 黑曲霉提取工艺。黑曲霉是目前常用发酵的真菌，是含甲壳素最多的真菌之一。何灏彦[29] 采用酸碱交替法从中提取甲壳素，然后将甲壳素脱乙酰转化为壳聚糖。通过单因素试验和正交试验分析了反应时间、碱液浓度、温度等对壳聚糖脱乙酰度和产率的影响，得出了制备高脱乙酰度壳聚糖的最优条件为：NaOH 浓度 40%，反应温度 110℃，反应时间 6h，但产率较低。

另外，黑曲霉除了发酵法提取甲壳素和壳聚糖之外，还能通过电解法提取。黑曲霉细胞壁中主要含几丁质和蛋白质，蛋白质具有可电离的基团，在溶液中能形成带电荷的阳离子和阴离子，在电场中会向一方迁移，从而把蛋白质分离开，这就是电解法制备几丁质的原理。用浓碱在高温下直接使黑曲霉菌丝体中的几丁质脱乙酰基，脱乙酰反应中，反应液中的乙酸根离子浓度逐渐增加，使反应进行 1h 后速度开始减慢，可以获得高脱乙酰度的壳聚糖产品。贺淹才[30] 采用电解法从培养的黑曲霉湿菌体制备甲壳素；采用碱提取法从培养的黑曲霉湿菌体制备壳聚糖。甲壳素的得率为 20.6%。所制备的壳聚糖的游离胺基含量为 93.76%，

0. 5%壳聚糖在 0. 5%醋酸中的运动黏度为 5. 448×10^{-6} m^2/s，黏均分子量为 8. 275 ×10^4，含水量为 9. 16%，产品得率为 12. 11%。这种电解法得到的产率相比于发酵法提取壳聚糖产率要高，有一定的经济价值。

（4）米根霉提取工艺。米根霉是生产绿色生物化学品 *L*（+）-乳酸的理想菌种，其细胞壁含有天然的壳聚糖，可以通过米根霉的发酵来直接得到壳聚糖。这个方法步骤简单，对环境的污染也较少。陈世年[31] 选用米根霉作为菌种，在 32℃、220r/min 的条件下摇瓶培养 72h，最终得壳聚糖产率为 10. 1 %（占生物量干重），脱乙酰度为 92%；并提出在实验过程中应注意培养时间、生物素水平和亚胺环己酮等因素对壳聚糖产量的影响。

（5）丝状真菌提取工艺。以毛霉丝状真菌发酵时形成的菌丝体为原料，利用细胞中存在的甲壳素合成酶和甲壳素脱乙酰酶的自身催化作用，把细胞内合成的甲壳素转变成壳聚糖，可以直接从其菌丝体提取壳聚糖。

①雅致放射毛霉。陈忻等[32] 人采用经过筛选的第三代雅致放射毛霉（Accimonueor elegams）在无菌操作台上接种，并放入恒温摇床内培养。结果发现在反应温度 28℃、摇床转速 250r/min、pH7. 4~7. 6、培养时间 45h 的条件下，壳聚糖产率为 15. 68 %，产品结构经 IR 和 XRD 确认，脱乙酰度可达 85%~90%。

②鲁氏毛霉。王云阳等[33] 人对用发酵法从鲁氏毛霉中制备、分离、提取甲壳素和壳聚糖的方法和工艺条件进行了系统研究。结果表明，从菌丝体中提取甲壳素和壳聚糖的工艺条件为：碱处理时 NaOH 30g/L，温度 115℃，时间 60min；酸处理时 HCl 30g/L，温度 80℃，时间 180min。此外，实验结果也表明，采用较优发酵提取条件后，甲壳素产量可达 1. 328g/L，壳聚糖产量达 0. 672g/L，壳聚糖占菌粉干重的 7. 4%。

3. 生物法前景

随着生物技术的发展，真菌类和酶类等被应用于甲壳素和壳聚糖的提取，木瓜蛋白酶、黑曲霉、乳杆菌等大量种类的商业酶都进行了脱蛋白的研究。生物提取壳聚糖和甲壳素相比于酸碱法有很多优势。甲壳类与真菌提取甲壳素对比见表 3-7[34]。

表 3-7　甲壳类与真菌提取甲壳素对比

参数	甲壳类动物的壳	真菌细胞壁
物理化学特性	具有较高的相对分子质量，但蛋白污染限制其在生物医药和其他各部门的应用	具有中、低分子量，适合生物医学应用
提取工艺	脱矿处理需要除去碳酸钙（占甲壳重量的 30%~50%），需要较高的温度和较长的提取处理时间	真菌菌丝含有较低水平的无机物，不需要脱盐处理，温度低，提取所需时间短
环境影响	不环保，产生大量废物	对环境伤害小，产生的废物量非常少
原料供应	季节性和有限性	真菌生物量的供应是无限的主要来自生物技术和制药工业
生产成本	高成本，过程费力	成本较低的生物废料可以用作原料
其他特点	脱乙酰度和高分子量，导致物理—化学特性不一致	β-葡聚糖具有很高的价值，也可以作为副产品，可通过改变发酵条件来控制壳聚糖的脱乙酰度和分子量
工业生产	已适用于工业生产	仍停留于研究阶段

目前，对于发酵生物法对原料进行脱钙、脱蛋白的研究越来越多，但对于工业生产依然没有明确的定论。由于种类不同，生产酸和酶的能力、培养环境、脱钙脱蛋白的效力相差甚远。虽然可以通过优化工艺参数、优化选料和方法得到高纯度的甲壳素和壳聚糖，但都难以符合工业生产的需要。最主要的原因就是酶和有机酸生产不足，原料无法充分脱钙和脱蛋白，所以生物发酵法距离用于工业生产还有很长的一段路。

二、甲壳素的脱乙酰反应

甲壳素上 C2 位置上的乙酰基团转变成胺基，得到脱乙酰甲壳素这一过程通常被称为脱乙酰化反应。根据脱乙酰的反应机理，可以分为化学反应脱乙酰和生物方法脱乙酰，而化学反应脱乙酰根据反应的相态体系又可分为均相反应体系和非均相反应体系。

（一）脱乙酰反应原理

从甲壳素的结构式来看，可以归属于酰胺类的多糖。对于酰胺类羧酸衍生物来说，脱乙酰反应的实质可以看作是酰胺的水解反应，即酰基碳原子上的亲核取代反应。其反应机理是，亲核试剂进攻羰基碳原子，形成四面体结构中间体。在羧酸衍生物中，酰胺类物质进行水解反应是比较困难的，需要在 H^+ 或者 OH^- 的催化下进行，即在强酸或者强碱的条件下进行，同时需要比较长的反应时间。

单纯从亲核取代反应机理来看，甲壳素的脱乙酰反应既可以在强酸或者强碱的反应条件下进行。但对于多糖类物质来说，强酸条件比强碱条件更容易发生糖苷键的水解，因此，甲壳素的脱乙酰反应通常在强碱性催化条件下进行。

在碱性条件下，首先电离出 OH^- 离子，形成带负电的亲核试剂，然后首先攻击羰基碳，使原来平面三角形的酰胺基变成四面体过渡形态，负电荷逐渐转移到氧上，最终负电荷完全转移到氧原子，形成全部中间体。上述第一步过程为整个反应的第一步，整个反应存在平衡，是可逆的；第二步是碱性基团的离去，产生羧酸盐，这个过程不可逆，速率非常快，因而整个水解过程主要由第一步控制。整个反应历程如下。

$$R-\underset{R'NH}{\overset{:OH}{C}}=O \rightleftharpoons \left[R-\underset{R'NH}{\overset{OH}{C}}\cdots O \right] \rightleftharpoons R-\underset{R'NH}{\overset{OH}{C}}\cdots O^- \longrightarrow R-\underset{O^-}{C}=O + R'NH_2$$

在甲壳素的结构单元中，C2 位的乙酰氨基和 C3 位置上的羟基处于反式结构，其稳定的化学结构给脱乙酰反应带来了困难。同时，在极强烈的反应条件下势必会带来副反应。在碱性条件下，由于甲壳素分子中存在苷键特殊结构，甲壳素分子链的降解反应也是能发生亲核取代反应。在相同条件下，酰胺碳的正电性大于苷键碳的正电性，因此，亲核取代反应主要发生在酰胺基上[35-51]。

（二）化学反应脱乙酰

1. 均相反应体系

（1）碱熔法。通过甲壳素粉末与固体碱，在升温条件下直接进行脱乙酰反应。在 1894 年，Hoppe 等就已经尝试通过这种办法得到部分乙酰基脱出的甲壳素，后来做了许多改进，比较多的做法如下。

将甲壳素与片状固体 KOH 在镍坩埚中，180℃反应 30min，然后倒入乙醇中，生成胶状沉淀，用水洗至中性，再将粗产物溶解在5%的甲酸中，用 NaOH 溶液沉淀过滤洗至中性，重复三次。最后，将沉淀物洗净后溶解在50℃左右的稀盐酸中，再慢慢加入浓盐酸，直至出现沉淀，得到壳聚糖盐酸盐，具体化学式如图 3-4 所示。

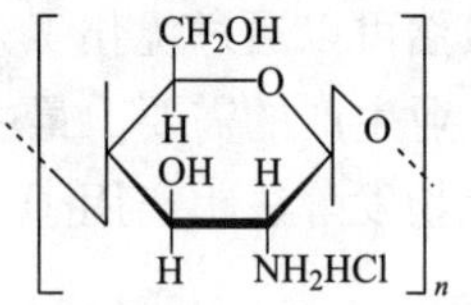

图 3-4 壳聚糖盐酸盐化学结构式

Rogovina[52] 等采用双螺杆挤压技术共融甲壳素与 NaOH 固体，控制水分含量的条件下，连续制备高脱乙酰度壳聚糖，甲壳素与 NaOH 的摩尔比为 1∶5，反应温度在180℃的条件下，得到壳聚糖脱乙酰都可以达到90%，相对分子质量 M_w 为 60000。李姚杰[53] 也采用了类似的方法，得到了甲壳素脱乙酰化的最佳甲壳素/NaOH 质量分数比为 1.1，时间为 28min，温度为177℃，得到的壳聚糖脱乙酰度为 90.9%，特性黏度为 27.65 mL/g。

（2）水溶性甲壳素脱乙酰。另一类均相脱乙酰反应则是将甲壳素溶解于水中，在水相中脱出乙酰基。通常，只有在温和的反应条件下，才能保证脱乙酰反应速率可控制。当脱乙酰度高于50%时，甲壳素就很难溶解在水中。因此，对于水溶性甲壳素的脱乙酰反应，在实际其应用中的价值有限。Nemtsev 等[54] 提供了一种甲壳素均相脱乙酰的方法，将甲壳素溶解在 13%~24%浓度的 NaOH 中，在低温恒温槽中经历明显的溶胀并形成碱性溶液，在室温或者适当加热条件下进行脱乙酰，溶液失去稳定产生凝胶，将凝胶过滤洗净并移除碱，得到壳聚糖，得到的壳聚糖相对分子质量为 180000~300000，脱乙酰度最高可以达到 95%。

2. 非均相反应体系

（1）多级脱乙酰。非均相反应体系通常又被称为碱液法，是利用固体甲壳素与碱溶液在升温条件下脱出乙酰基，属于非均相反应，工艺流程如图 3-5 所示。由于甲壳素脱乙酰反应存在平衡，因此，想要得到高乙酰化程度的壳聚糖，往往需要进行多次的脱乙酰化过程。

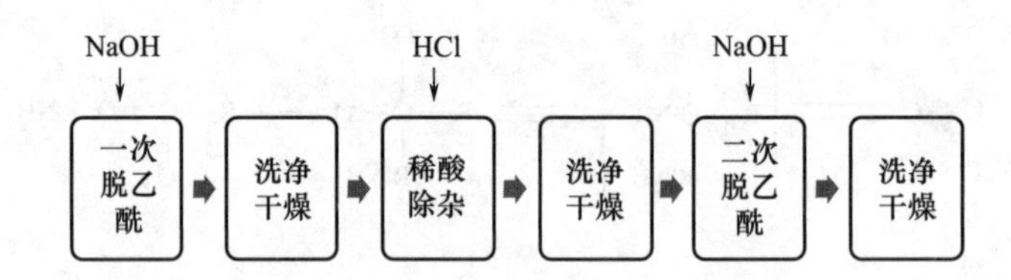

图 3-5 碱液法脱乙酰流程示意图

大多数关于多级反应的研究，循环的次数通常在三次左右[55-57]。Yaghobi[57] 对于多级脱乙酰反应的动力学进行研究，分别单独进行了三次脱乙酰反应，三次的时间分别为 1.5h、1.5h 和 2h。脱乙酰随着循环次数的上升都有小幅提升，在 NaOH 浓度为 45%，反应温度为 90℃时，三次脱乙酰反应的脱乙酰度结果为 56.7%、63.4%和 78.6%。反应时间和碱液的浓度对于多级脱乙酰反应的速率以及产物的脱乙酰度有显著的影响，而温度对于多级反应的影响很小，但是每一级反应依然满足单步反应拟一级动力学关系。多级反应能够提高脱乙酰度的最主要原因是多级处理会提高甲壳素的溶胀程度，其形貌示意图如图 3-6 所示。Lamarque

等[55,56]也进行多级脱乙酰反应的研究，也是进行了三级的脱乙酰步骤，采用三次循环脱乙酰，在100~110℃、NaOH为50%时反应20~30min就可以得到M_w为318000，脱乙酰度78.52%的壳聚糖，同样的条件下只采用一步反应10h后的脱乙酰度只能达到74.4%，M_w为163000（原料甲壳素M_w为1340000）。但在多次反应后，主链会发生不可避免的降解，但是一定程度上降解有利于在晶区内部残余的乙酰氨基实现脱乙酰化。

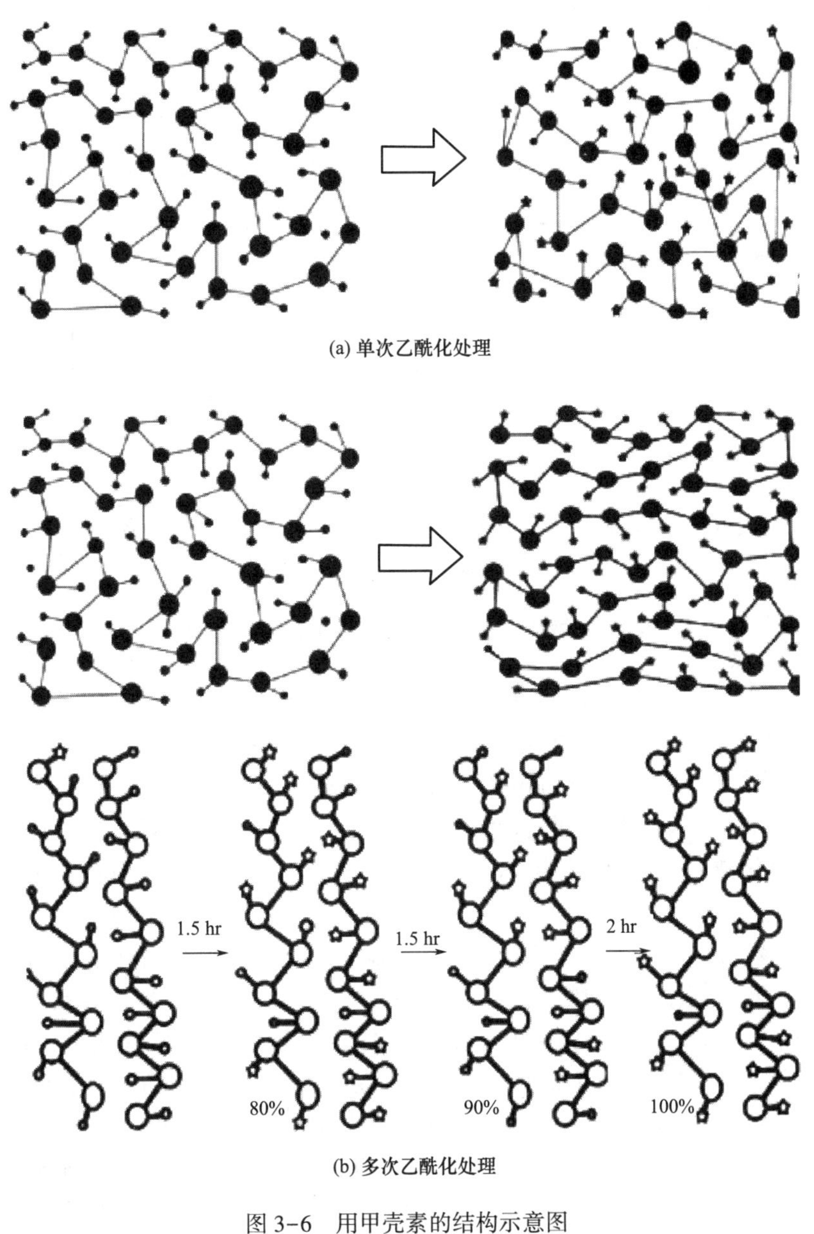

图3-6 用甲壳素的结构示意图

○——乙酰氨基 ✿——氨基

（2）微波加热和超声波辐射。对于非均相体系脱乙酰反应，扩散是反应速率的主要控制因素，因此，提高亲核试剂在液相中的扩散程度有助于提升脱乙酰反应的效率，比较普遍采用的方法有微波加热和超声波辐射。

微波处理增加分子的运动，从作用效果来看类似于升高温度，所以其对于反应体系的影响基本与温度是相同的。脱乙酰度随着微波处理时间的增加而增加，3~5min 会有明显的脱乙酰度提升，一般微波处理时间在 20min 左右能达到平衡[58-61]；微波的功率越大，脱乙酰度越高，但是分子链的降解程度也会急剧提高[59,60]（图 3-7）。

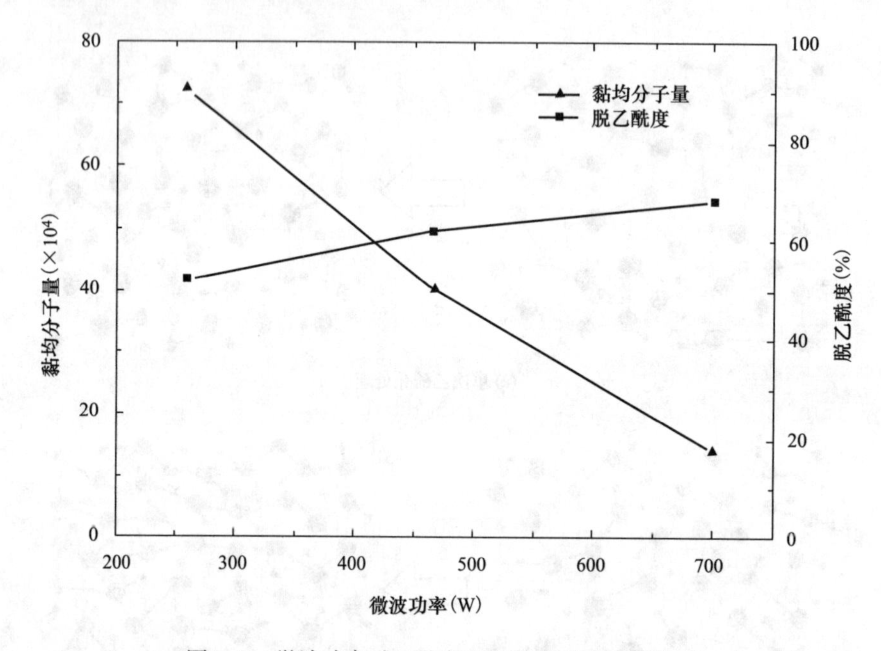

图 3-7　微波功率对乙酰度和相对分子质量的影响

甲壳素分子内有比较强的氢键作用，因此，可以利用超声波辐射来比较氢键对脱乙酰反应速率的影响[62]，但是超声波也极易容易使聚合物分子链断裂[63]。

（3）添加相转移催化剂。非均相体系脱乙酰的过程中，存在固相的甲壳素与液相的碱液，通过相转移催化剂使两相之间的接触更加容易。对于其作用机理，通常认为是磷酸盐或者季胺盐与氢氧化钠形成亲脂性的阳离子，这些离子能够进入低极性有机相中，从而促进脱乙酰反应[64,65]。

丁纯梅[66] 采用二甲亚砜—氢氧化钠为反应体系，以水作为相转移催化剂制备了完全脱乙酰的壳聚糖，其中催化剂用量控制在 1.5mL 为宜，催化剂含量过高会导致亲核试剂的溶剂化失活。Sarhan[65] 采用浓度 25%～50% NaOH，加入少量的相转移催化剂，包括苯基膦烷（BTPP）、苄基三乙基氯化铵（TEBA）、溴化十六烷基三甲基铵（CTMA）、*N*-苄基-4-氯化二甲基吡啶。这些催化剂中，BTPP 对反应的催化效果最好。在 50% NaOH、50℃反应温度下，加入相转移催化剂的体系反应 6h 脱乙酰度可以达到 75%，M_w 可以达到 560000，相比较于没有催化剂体系的反应 24h 脱乙酰度也只能达到 60%，相对分子质量大幅下降，只有 350000（甲壳素 M_w 为 7290000）。

（4）冻融法。碳水化合物冷冻加工的已有研究表明，在冷冻的过程中，由于冰晶体的存在以及冰晶的生长和重结晶效应，可能使部分高聚物如纤维素等更易溶解。对于甲壳素碱液先进行循环反复的骤冷—解冻操作，然后进行脱乙酰反应，这样的方法被称为冻融法。

Lamarque[67] 最早提出了这种方法，具体的方式是在室温下将甲壳素加入 50%的 NaOH 中，然后反应器真空环境下在液氮中冷却至完全变成固体，再回到室温，重复 6~7 次上述步骤，然后加热进行脱乙酰反应。与传统方法相比，其对于分子链的破坏作用比较小，能够在保证高乙酰度的前提下最低限度地减少降解反应的发生。在 100℃、50% NaOH 条件下，经过上述冷冻循环操作后，循环三次的 20min 的脱乙酰反应就能得到脱乙酰度为 97.3%、M_w 为 642000 的壳聚糖。刘廷国[68,69] 对于冻融法的反应条件进行了研究，其冻融温度在-18℃和-35℃，快速冷冻对晶体结构的破坏程度较小，反应体系仍属于非均相体系，而慢速冷冻对晶体结构的破坏程度较大，可使甲壳素在溶液中完全溶解。

第三节　壳聚糖的结构和性质

（一）壳聚糖的结构

1. 壳聚糖的化学结构

壳聚糖化学名称为（1，4）-氨基-脱氧-α-D-聚葡糖，它是由甲壳素脱 *N*-乙酰基的产物，一般而言 *N*-乙酰基脱去 55%以上或者可以溶于稀酸就可称之为壳聚糖。壳聚糖和甲壳素的组成区别是位于 C3 位置上的取代基不同，壳聚糖在这个位置上是氨基（NH_2），而甲壳素是乙酰氨基（$NHCOCH_3$）。虽然壳聚糖和甲壳素的基本组成单元是氨基葡萄糖和乙酰氨基葡萄糖，但其基本结构单元却是二糖，结构单元之间以糖苷键链接[70,71]（图 3-8）。

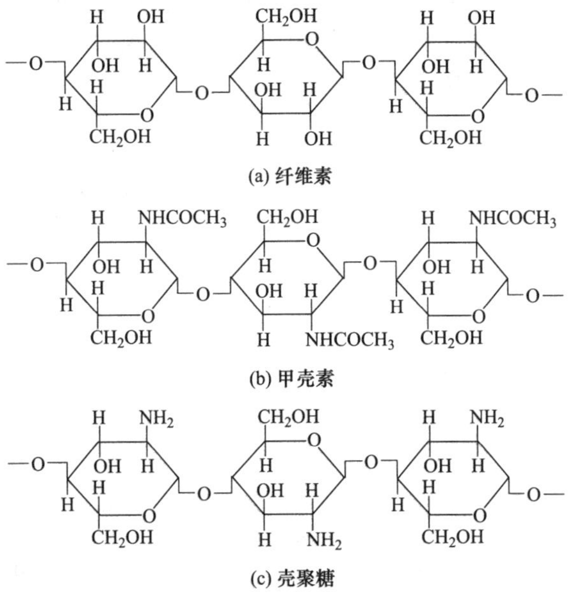

(a) 纤维素

(b) 甲壳素

(c) 壳聚糖

图 3-8　纤维素、甲壳素、壳聚糖的结构式

2. 壳聚糖/甲壳素的构象

（1）壳聚糖/甲壳素的氢键。壳聚糖/甲壳素可以形成大量的分子内和分子间氢键，其中

部分脱乙酰的壳聚糖有羟基、氨基、乙酰氨基、环上氧桥、糖苷键氧原子等多种可形成氢键的基团，氢键类型复杂，正因为这些氢键的存在，才形成了壳聚糖/甲壳素大分子的二级结构。图 3-9（a）表示的是壳聚糖分子链中的一个氨基葡萄糖残基，其 C3 位的羟基与糖苷键氧原子（—O—）形成一种分子内氢键。另一种分子内氢键是由 C3 位的羟基与同一条分子链的另一个葡萄糖残基的呋喃环上的氧原子形成的，如图 3-9（b）所示。

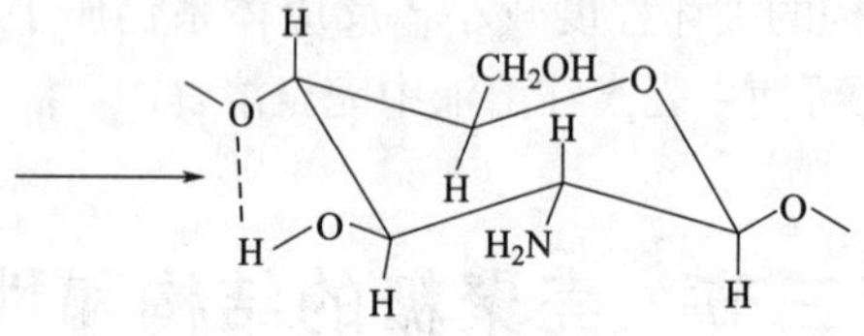

(a)

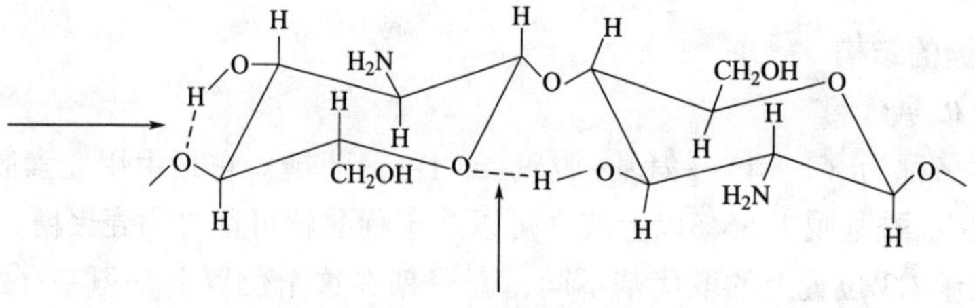

(b)

图 3-9 壳聚糖分子内氢键

壳聚糖分子链 C3 位的羟基可以与相邻的另一条分子链的糖苷基形成一种分子间氢键［图 3-10（a）］。同时壳聚糖分子链 C3 位的羟基可以与相邻的另一条分子链的糖残基呋喃环上的氧原子形成氢键［图 3-10（b）］。

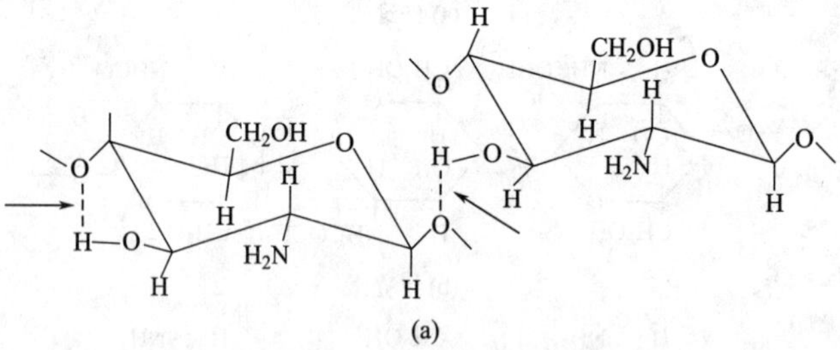

(a)

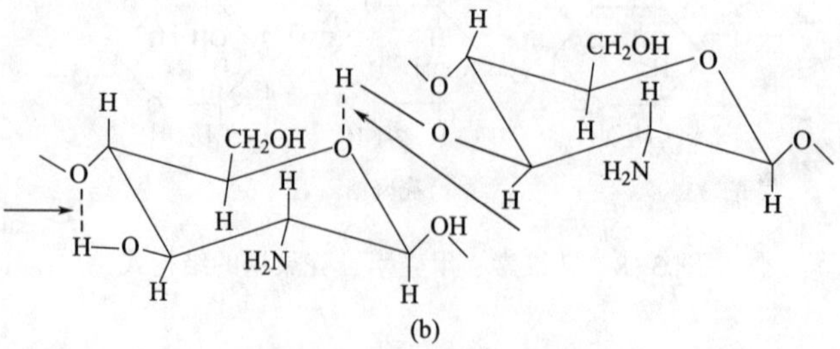

(b)

图 3-10 壳聚糖分子间氢键

（2）壳聚糖的螺旋链构象。聚合物的螺旋链构象指数 U_t 表示 t 圈螺旋中含有 U 个结构单元，形成一个螺旋重复周期[72]。壳聚糖在结晶中都呈现 I 类构象，即 2_1 螺旋，是近似平面锯齿形的构象。I 类构象的重复周期（相当于 2 个葡萄糖残基）的长度为 1.04nm 左右，是较伸展的构象[73]。

（3）壳聚糖的构象持续长度。壳聚糖分子链属于半刚性链，分子链中存在的糖环构象畸变使链具有一定的柔性。如果链中结构单元的方向逐渐且连续地偏离链轴，则可用蠕虫状链模型描述。根据蠕虫状链模型，表征链刚性的一个最重要参数就是构象持续长度，又称持久长度（Persistence length，L_p），定义为分子链的局部平均在一个方向上持续的长度，L_p 越大链刚性也就越大[74]。

构象持续长度一般通过静态和动态光散射或 GPC 测得。先求得均方旋转半径，然后根据蠕虫状链模型再转换为 L_p。壳聚糖链的尺度、流体力学体积和黏度依赖于壳聚糖链的半刚性结构。由于壳聚糖在酸性溶液中能形成聚电解质，这些性质另一方面还会受到离子浓度的影响，有效构象持续长度值会随着相邻离子间的静电斥力而增加。因此，测定时要考虑两方面的贡献，给定离子浓度条件下的构象持续长度 L_t 应包含固有贡献部分 L_p 和静电贡献部分 L_e，即 $L_t = L_p + L_e$。

3. 壳聚糖/甲壳素的结晶结构

甲壳素与纤维素相类似，在细胞壁中组成一种命名为微纤维的结构单元。它由一束沿分子长轴方向平行排列的甲壳素分子组成。这种微纤维核心中的甲壳素分子一般排列为三维的晶格结构。而微纤维核心外的甲壳素分子仍旧保持平行排布的构象，但是没有构成完整的三维晶格，称之为亚结晶相结构。

甲壳素的主要晶体结构有两种，一种是 α-甲壳素，其广泛存在于虾、蟹等节肢动物的角质层和真菌的细胞壁中[75]；另一种是 β-甲壳素，这种甲壳素比较少，主要由软体动物如鱿鱼、乌贼的软骨中提取而得。经过研究分析，人们也发现了第三种 γ-甲壳素，其仅为 α-甲壳素的变换[76]（图 3-11）。

图 3-11　3 种结晶异构体中甲壳素分子链的排列方式

甲壳素结晶异构体的研究主要用广角 X 射线衍射法（WXRD），在生物体中，甲壳素是以无规分布的微纤（微晶）存在[77]。由于甲壳素和高分子一样无法制得足够大的单晶进行“单晶旋转法”X 射线衍射测定，故采用高分子材料中常用的单轴拉伸纤维（或者单轴拉伸薄膜）衍射法。其中微晶的无规分布结构相当于旋转的单晶，其具体晶胞参数见表 3-8[7]。

表 3-8 甲壳素的晶胞参数

结晶异构体类	晶系	a（nm）	b（nm）	c（nm）	γ（°）	空间群	资料来源
α-甲壳素	正交（斜方）	0.474	1.886	1.032	90	$P2_12_12_1$	Minke 和 Blackwell
β-甲壳素（干态）	单斜	0.485	0.926	1.038	97.5	$P2_1$	Gardner 和 Blackwell
γ-甲壳素	正交	0.47	2.84	1.03	90	$P2_1$	Walton 和 Blackwell

壳聚糖上分布着许多羟基和氨基，还有残余的N-乙酰氨基，它们会形成分子内和分子间的氢键，正是这些氢键的存在，形成了有利于结晶的构象（2_1 螺旋），因此，壳聚糖的结晶度较高（30%~35%），有很稳定的物理化学性质。但是在脱乙酰的过程中，结晶结构被破坏，在重新结晶的过程中，由于样品处理条件、水分含量的不同，测定的结果也不相同，呈现多种异构体。由于壳聚糖和甲壳素的晶体结构不同，研究者给予不同的系列命名，称为习惯命名并沿用至今。

结晶结构的解析必须用轴取向的样品（薄膜或纤维），1937 年 Clark 和 Smith[78] 用固体反应制得不均匀壳聚糖，用 XRD 表征为正交晶系。1981 年 Samuels[79] 用壳聚糖甲酸溶液制得浇铸膜，提出正交晶系的模型。随后在 1985 年、1987 年、1990 年 Cartier[80] 等用不同方法制得样品，并提出相应的模型，具体结晶参数如表 3-9 所示，其中 N 为分子链数，Z 为葡萄糖单元数。

表 3-9 不同制备方法的壳聚糖的结晶参数

名称	晶系	a（nm）	b（nm）	c（nm）	γ	N	Z	含水量	制备方法
Tendon	正交	0.89	1.7	1.025	90°	4	8	1	1
Ⅱ型	正交	44	1	1.03	90°	1	2	—	2
Annealed	正交	0.824	1.648	1.039	90°	4	8	0	3
L-2	单斜	0.867	0.892	1.024	92.6°	2	4	1	4
I-2	单斜	0.837	1.164	1.03	99.2°	2	4	3	5
单晶	正交	0.807	0.844	1.034	90°	2	4	0	6

（二）壳聚糖/甲壳素的性质

1. 物理性质

（1）基本物理性质。壳聚糖/甲壳素是白色无定型、半透明、略有珍珠光泽的固体。壳聚糖根据密度的不同分为高密度壳聚糖和普通壳聚糖，其中普通壳聚糖的密度为 0.2~0.4g/mL，高密度壳聚糖的密度是普通壳聚糖的 2~3 倍。一般无色无味，无毒无害，具有良好的保湿性、润湿性，其在密闭干燥的容器中保存，常温下可以三年不变质，但吸湿性较强。壳聚糖/甲壳素因提取方式和制备方法不同，分子量从数十万至数百万不等。根据晶体结构的不同，甲壳素又可分为α，β，γ 三种类型，其中α-甲壳素最丰富也最稳定，β-甲壳素主要存在于乌贼软骨中，其生理活性高于α-甲壳素和γ-甲壳素。甲壳素不溶于水、稀酸、碱液，可溶于浓盐酸、硫酸；壳聚糖不溶于水、丙酮和碱溶液，可溶于稀酸[81]。

N-脱乙酰度和黏度是壳聚糖的两项主要性能指标。通常把 1%壳聚糖乙酸溶液的黏度在 1000×10^{-3}Pa·s 以上的定义为高黏度壳聚糖，而黏度在（1000~100）$\times10^{-3}$Pa·s 为中黏度壳聚糖，黏度在 100×10^{-3}Pa·s 以下的壳聚糖定义为低黏度壳聚糖。国外将大于 1000×10^{-3}Pa·s

的定义为高黏度壳聚糖，（200～100）$\times10^{-3}$Pa·s 的定义为中黏度壳聚糖，（50～25）$\times10^{-3}$Pa·s 的定义为低黏度壳聚糖。

（2）玻璃化转变。玻璃化转变温度（T_g）是高分子的一个重要参数，是高分子从玻璃态转变为高弹态的温度，即链段开始运动的温度。由于壳聚糖存在大量的分子内和分子间氢键，熔点高于分解温度而无法检测到，因而 T_g 是壳聚糖的唯一主转变（α-松弛）。

壳聚糖的结晶度高，由于玻璃化转变温度是非晶部分的链段运动引起的，壳聚糖的高结晶度使 T_g 的测定变得困难，一般方法测不到。因此，要想测定壳聚糖的玻璃化转变温度，应该首先制备非晶样品，如用溶解再沉淀法制备壳聚糖膜。1980 年 Ogura 等[3] 用动态力学热分析法（DMA），测得 T_g 为 150℃。1997 年，Ko 等[82] 用 DMA 法测得 T_g 为 161℃。2000 年，Sakurai 等用 DSC 测得 T_g 为 203℃。

测试壳聚糖的 T_g 可以使用差示扫描量热法（DSC）、动态力学热分析法（DMA）、热膨胀法（DIL）等方法。

2. 化学性质

（1）壳聚糖/甲壳素的酰化反应。壳聚糖/甲壳素可以和多种有机酸衍生物如酸酐、酰卤等发生反应，从而引入不同分子质量的脂肪族或芳香族酰基，所以这是壳聚糖/甲壳素化学反应中研究最多的一种。壳聚糖/甲壳素的糖残基上既有羟基又有氨基，所以酰化反应既可以与羟基反应生成酯，也可以与氨基反应生成酰胺。糖残基上氨基的活性比羟基大一些，酰化反应优先发生在游离的氨基上，其次发生在羟基上。当然，这只是壳聚糖/甲壳素本身官能团的比较，酰化反应究竟先在哪个官能团上发生，还与溶剂、催化剂、酰化试剂的结构、反应温度等有关。需要注意的是，酰化反应往往得到的不是单一的产物，发生 *N*-酰化的同时发生 *O*-酰化[83]。

①*N*-酰基壳聚糖。*N*-酰基壳聚糖的 *N* 取代基结构和取代度对性能有重要影响，含饱和脂肪链的 *N*-酰基壳聚糖，其 *N*-酰基脂肪链的长度及取代度是决定性能的重要因素。

壳聚糖 *N*-酰基衍生物可由壳聚糖与酰氯和酸酐反应获得（图 3-12）[84]。一般情况下，反应的介质为醋酸水溶液/甲醇、吡啶、吡啶/氯仿、三氯乙酸/二氯乙烷、乙醇/甲醇的混合物[85]。

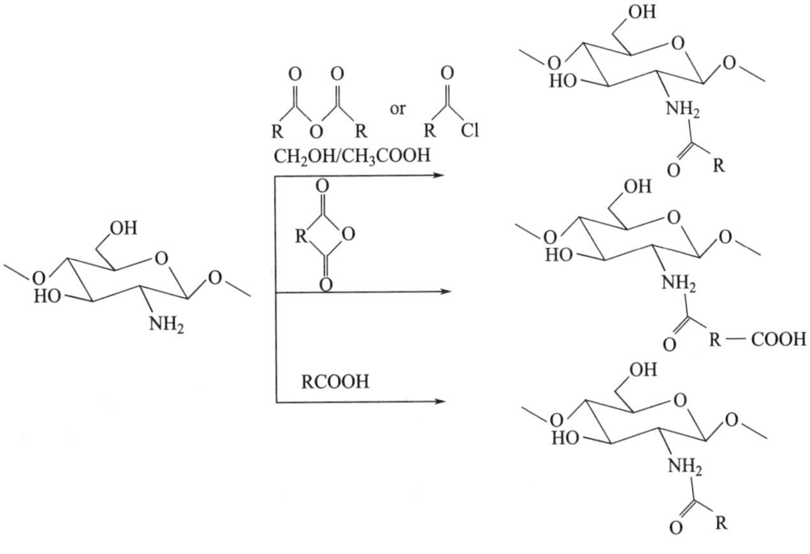

图 3-12　*N*-酰基壳聚糖

②O-酰基壳聚糖。壳聚糖酰化反应的研究中，要想直接得到纯的 O-酰化的壳聚糖是很难的，因为氨基的活性比羟基大，酰化反应首先发生在氨基上。所以，通常先将壳聚糖上的氨基保护起来，再进行酰化，反应结束后脱掉保护基（图 3-13）[86]。

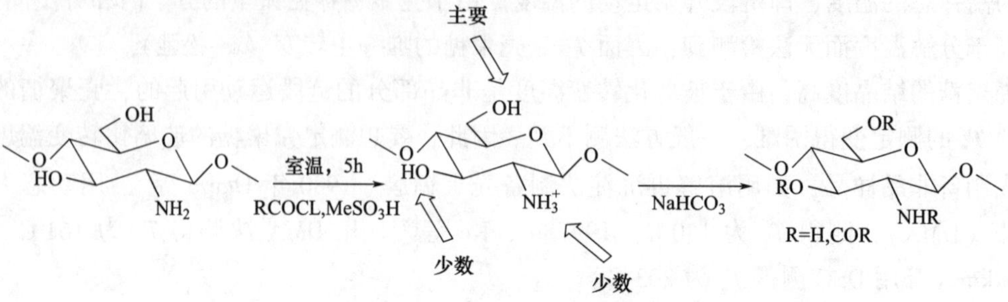

图 3-13　O-酰化壳聚糖

壳聚糖上引入疏水性的酯键有两个好处，一是增加体系的疏水性，二是酯键可以通过蛋白酶等水解。因此，O-酰化壳聚糖衍生物一般作为生物可降解涂层材料[87]。

（2）壳聚糖/甲壳素的含氧无机酸酯化反应。壳聚糖/甲壳素的羟基，可以和一些含氧无机酸或者酸酐发生酯化反应，这类反应类似于纤维素的反应。

①硫酸酯反应。在含氧无机酸的酯化反应中，研究最多的是壳聚糖的硫酸酯，其原因是这些酯类的结构与肝素相似，也具有抗凝血作用，而肝素的提取和生产是很困难的，同时还有引起血浆脂肪酸浓度增高的副作用。所以设计特定结构和分子量的壳聚糖硫酸酯可以制得抗凝血活性高于肝素而没有副作用的肝素替代品。

壳聚糖硫酸酯化试剂和反应介质如图 3-14 所示。硫酸酯反应主要用到的试剂有浓硫酸、发烟硫酸、三氧化硫、三氧化硫/吡啶、三氧化硫/三甲胺、三氧化硫/二氧化硫、氯磺酸—硫酸以及氯磺酸[84]。

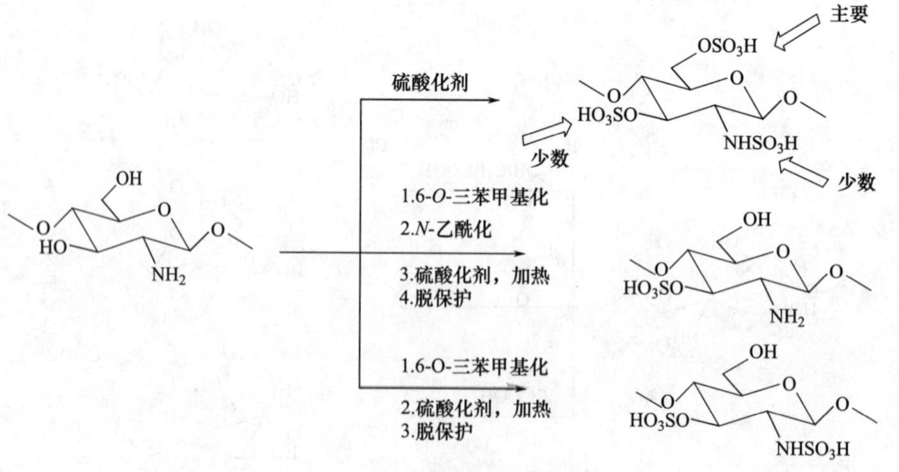

图 3-14　壳聚糖硫酸酯的合成

壳聚糖硫酸酯的一般制备方法如下：将 40mL95%的 H_2SO_4 和 20mL98%的 $HCl—SO_3$ 溶液

在低温下冷却，加入 1g 壳聚糖，边搅拌边升到室温，再搅拌，然后将反应物倒入冷乙醚中过滤，用冷乙醚洗涤，然后用 $NaHCO_3$ 中和，在水中透析，干燥即可得产物[88]。

②磷酸酯化反应。壳聚糖磷酸酯化试剂主要有 H_3PO_4/二甲基甲酰胺或 P_2O_5/甲磺酸[89]。一般的制备方法是将 P_2O_5 加到壳聚糖的甲磺酸混合液中，搅拌一段时间，然后加入乙醚使产物沉淀，离心分析，多次洗涤后干燥。

高取代的壳聚糖磷酸酯化合物溶于水，而低取代的不溶于水。将壳聚糖加入到含有 P_2O_5 的甲磺酸溶液中可以制备出壳聚糖磷酸酯衍生物，可以作为添加剂与两种骨水泥的固相成分进行复合，得到性能增强的复合磷酸钙骨水泥[90]（图 3-15）。

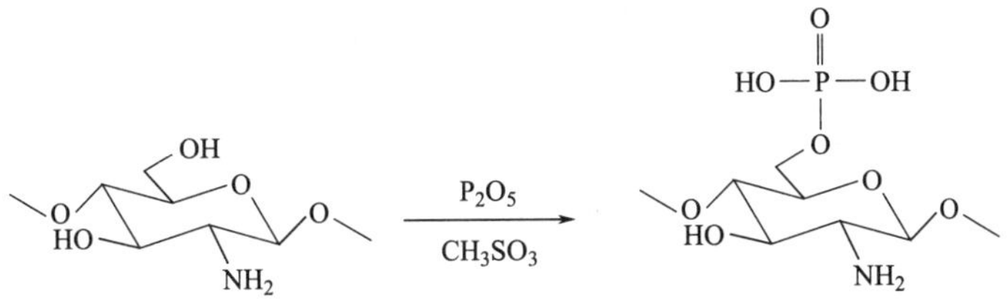

图 3-15　壳聚糖磷酸酯的合成

（3）壳聚糖/甲壳素的氧化反应。甲壳素/壳聚糖可以被氧化剂氧化，氧化剂不同、反应的 pH 不同，氧化机理和氧化产物也不同，即可以是 C6—OH 氧化成醛基，也可以是 C3—OH 氧化成羰基，还可能发生部分的脱氨基和脱乙酰基反应，甚至破坏吡喃环和糖苷键。

甲壳素的分子中有两个羟基，一个是 C6 位的伯羟基，一个是 C3 位的仲羟基，前者的活性大于后者。甲壳素糖残基的一级羟基被氧化成羧基后，即为氧化甲壳素，实际上是一种多糖酸。用特定的选择性催化剂如 2，2，6，6-四甲基哌啶氮氧自由基（TENPO）和 NaBr 的催化下，用 NaClO 氧化甲壳素即可得到氧化甲壳素。直接进行氧化的产率很低，可能是由于只有非晶区参与了反应。此反应的关键点是先进行低温碱化，壳聚糖分子内的水分在-10℃结冰，其体积的增大使链段间的距离变大，削弱了甲壳素分子间的氢键，破坏了甲壳素链段排列的规整性，降低了甲壳素的结晶度[91]（图 3-16）。

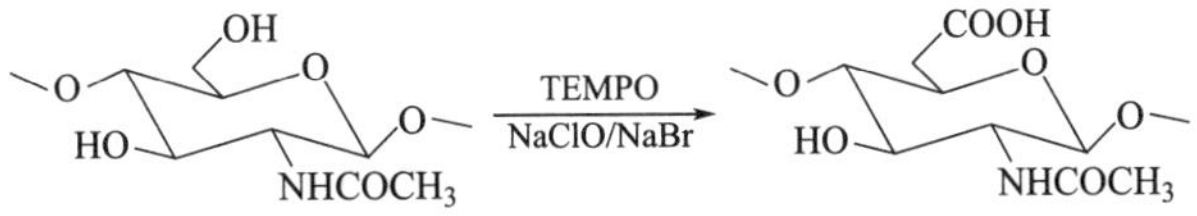

图 3-16　壳聚糖的氧化反应

壳聚糖进行氧化同样能够引进新的官能团。将壳聚糖的氨基用硫酸磺化后，再将羟基氧化，如图 3-17 所示，其结构和肝素相似，可作为凝血材料[92]。

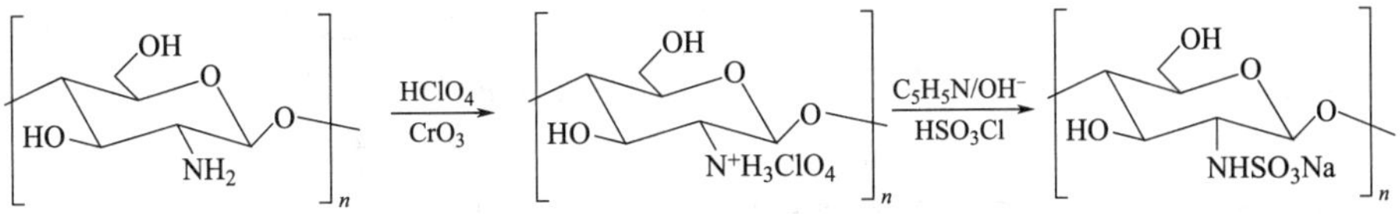

图 3-17　壳聚糖的氧化硫酸化反应

（4）壳聚糖/甲壳素的烷基化反应。壳聚糖的氨基是一级氨基，有一对孤对电子具有很强的亲核能力，能发生许多反应，*N*-烷基化是除 *N*-酰基化以外的一种重要的反应。由于壳聚糖有氨基和羟基，如果直接进行烷基化反应，在 N、O 位上都可以反应。

为了选择性地在 O-位上发生烷基化反应，必须对氮位进行保护。通常是先用醛基与壳聚糖的氨基进行反应生成席夫碱，再用卤代烷进行烷基化反应，然后在醇酸溶液中脱去保护基[93]（图 3-18）。

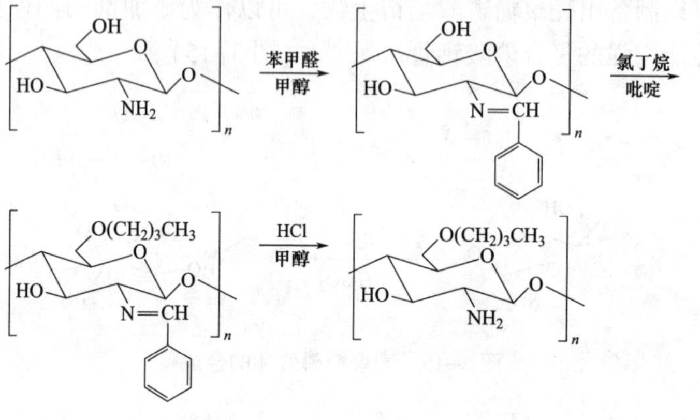

图 3-18 O-丁基烷基壳聚糖制备

壳聚糖与氯代烷反应，首先发生的是 *N*-烷基化。*N*-烷基化的壳聚糖衍生物的合成通常是采用壳聚糖中的氨基反应生成席夫碱，然后用 $NaBH_3CN$ 或 $NaBH_3$ 还原即可得到目标衍生物[94]。乙醛与壳聚糖反应，还原后可得到乙烷化壳聚糖。用该种方法引入甲基、乙基、丙基和芳香化合物的衍生物，对各种金属离子有很好的吸附和螯合作用（图 3-19）。壳聚糖中引入烷基后，分子链间的作用力被显著削弱，壳聚糖的溶解性得到改善，经过适度改性的壳聚糖可用于化妆品和医药方面。

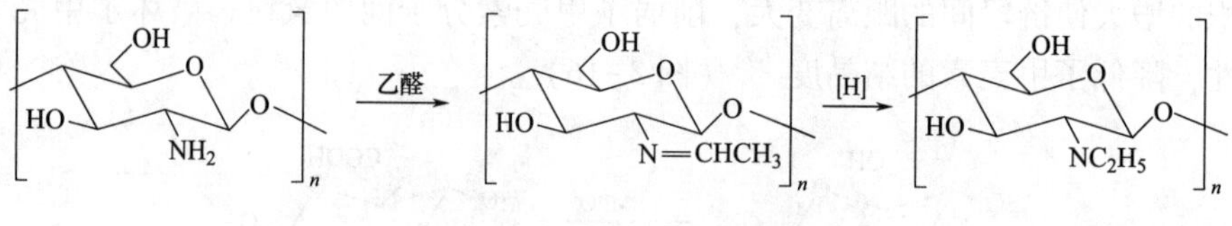

图 3-19 *N*-乙烷基壳聚糖制备

季铵盐是壳聚糖改性的一个重要方向。通常采用以下两种反应：壳聚糖与烷基卤反应，生成壳聚糖的 *N*，*N*，*N*-三甲基铵盐；将壳聚糖与季胺化的化合物反应。通常将过量的卤代烷和壳聚糖反应可以得到季胺盐[95]。缩水甘油三甲基氯化铵是壳聚糖季胺化的另一种常用试剂，它与壳聚糖反应生成羟丙基三甲基氯化铵壳聚糖[96]（图 3-20）。其水溶性随取代度的增加而增大，完全水溶性产物的 10%溶液可与乙醇、乙二醇、甘油任意比例混合而不发生沉淀。

（5）壳聚糖/甲壳素的接枝共聚反应。壳聚糖/甲壳素的分子链上有很多的活性基团，可以通过接枝共聚反应，改善它们的性能，从而应用到有特殊需求的领域。接枝共聚反应一般有化学法、辐射法和机械法三种，但是壳聚糖/甲壳素的接枝共聚反应一般为前两种。从反应机理上又可以分为自由基引发接枝共聚和离子引发接枝共聚。

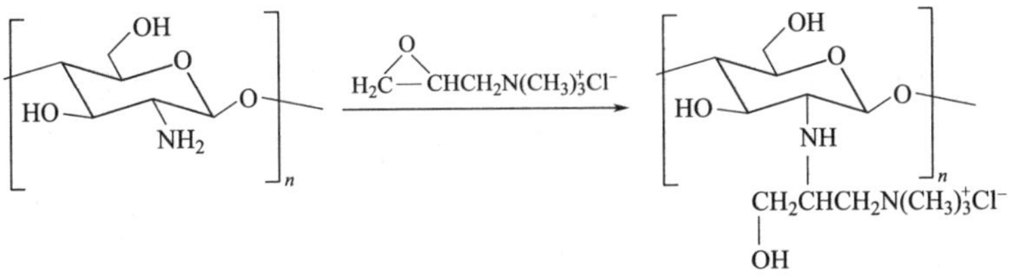

图 3-20　缩水甘油三甲基氯化铵制备壳聚糖季铵盐

①自由基引发接枝共聚。自由基引发接枝共聚的关键是产生自由基，目前壳聚糖的自由基接枝共聚涉及三种引发剂。

a. 氧化还原引发体系，这是壳聚糖接枝共聚常用的方法。根据文献报道，最常用硝酸铈铵或过硫酸钾/铵引发壳聚糖与烯类单体，如丙烯酸、甲基丙烯酸等[97]。接枝参数如接枝率和接枝效率与引发剂的类型和浓度、单体浓度、反应温度和时间有关。流程图如图 3-21 所示。

b. 偶氮二异丁腈法，有研究成功地把偶氮二异丁腈作为引发剂来引发壳聚糖与烯类单体的接枝共聚[98]。需要注意的是用偶氮二异丁腈引发，无论是丙烯腈，还是甲基丙烯酸甲酯，都只能在壳聚糖的氨基上发生接枝，且接枝率较低。

c. 辐射引发的接枝，此方法目前只有 γ 射线和用低压汞灯产生的紫外线可用于壳聚糖的接枝共聚。γ 射线照射可以使苯乙烯接枝到壳聚糖粉末或者膜上，粉末状壳聚糖只有在 50% 苯乙烯/50%水才有较高的接枝率，而膜状壳聚糖在没有溶剂的时候也有接枝共聚发生，接枝率较高[99]。

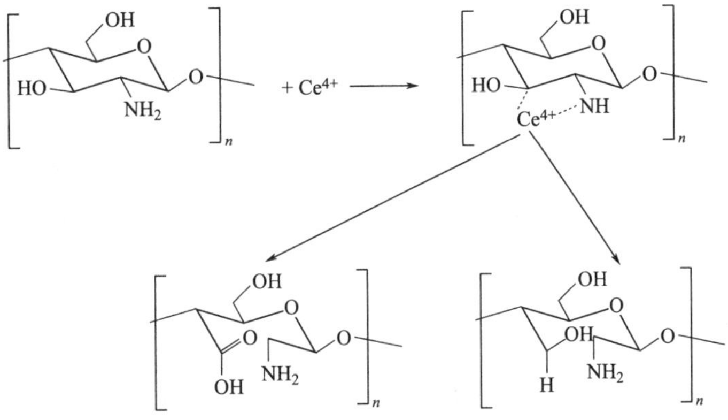

图 3-21　硝酸铈与壳聚糖产生自由基机理

②离子引发接枝共聚。关于壳聚糖的离子引发接枝共聚的研究比较少，一个典型的例子是用碘代甲壳素与溶胀状态的苯乙烯发生离子型接枝共聚反应，该法用硝基苯和路易斯酸 $SnCl_4$，在 10℃条件下反应 5h，接枝率非常高，反应式如图 3-22[100] 所示。

$$CT{-}CH_2{-}I \xrightarrow{SnCl_4} CT{-}CH_2^{+}{-}Sn^{-}Cl_4 \xrightarrow[N_2]{nPh{-}CH{=}CH_2} CT{-}CH_2{-}\underset{\displaystyle Ph}{(CH}{-}CH_2)_n{-}$$

图 3-22　碘代甲壳素与引发苯乙烯离子共聚

（6）壳聚糖/甲壳素的交联反应。壳聚糖/甲壳素分子链中有游离的氨基和羟基，对金属离子有良好的吸附作用，可用于去除废水中的各种金属离子，但是壳聚糖/甲壳素易溶于酸性介质并发生降解，所以需要通过双官能团的醛或者酸酐进行交联，使产物不溶解，甚至溶胀也很小。常用的醛类交联剂有戊二醛、甲醛、乙二醛等，其交联反应速度很快，可在均相和非均相的体系中进行，pH 范围较广。戊二醛交联壳聚糖是目前研究最多和最普遍的一种方法，基本制备过程如下：将壳聚糖溶于稀的乙酸溶液中，然后加入戊二醛溶液，搅拌一段时间后，加入稀的 NaOH 溶液，最后过滤、洗涤、干燥即得戊二醛交联的壳聚糖[101]，交联反应如图 3-23 所示。乙二醛交联壳聚糖反应主要有两类：一类是壳聚糖上的氨基与乙二醛的醛基发生席夫碱反应，这类反应占主导地位；另一类是壳聚糖上的伯羟基与乙二醛上的醛基之间发生缩醛化反应，处于次要地位[102]。除此之外，还有不少同时带入活性基团的交联方法，如用环氧氯丙烷将壳聚糖粉末在稀碱溶液中进行交联[103]，可以在两个交联键中产生羟基，从而可以进行下一步反应。

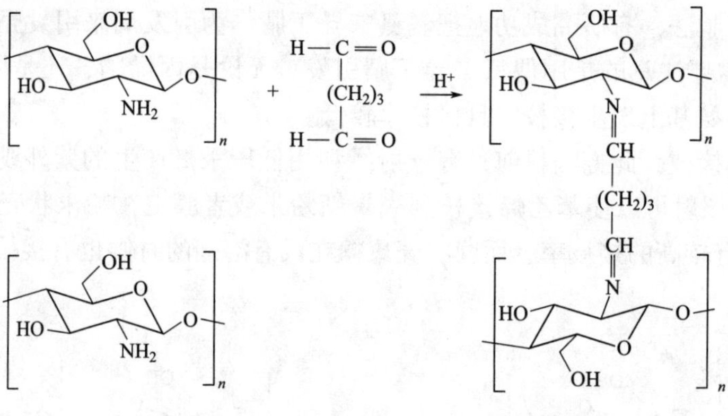

图 3-23　戊二醛酸性条件下交联壳聚糖

（7）壳聚糖/甲壳素的水解反应。壳聚糖的溶液稳定性在使用中特别重要，和大多数天然多糖的糖苷键一样，糖苷键是一种半缩醛结构，这种半缩醛结构是不稳定的，尤其是在酸性溶液中。壳聚糖在酸性溶液中，会发生酸催化的水解反应，壳聚糖分子的主链不断降解，相对分子质量逐渐降低，黏度越来越低，最后被水解成寡糖，因此，壳聚糖溶液要求现配现用。

然而，另一方面低聚糖多数对人体有益，作为活性物质，广泛应用于食品、农业、医药等领域[104]。壳低聚糖有抗菌、抗肿瘤、抗氧化等保健功能，而且它们属于天然低聚物，分子量小，易被人体吸收，可以开发医疗保健类药物。壳聚糖/甲壳素是高分子物质，它的水解是制备低聚糖和单糖的主要途径，如壳聚糖可以在 70℃的 10%乙酸溶液中进行水解得到低聚糖混合物，如果将壳聚糖在浓盐酸中完全水解，则可以得到单糖[105]，反应如图 3-24 所示。壳聚糖的另一种降解主链的方法是用酶水解，酶对多糖有高度的选择性，不会发生其他副反应。

（8）壳聚糖/甲壳素的溶解性。由于甲壳素分子间存在强烈的氢键作用，所以它不溶于水和低浓度的酸碱，也不溶于一般的有机溶剂，这导致了其应用的困难。氯代醇与无机酸或有机酸的混合物是溶解甲壳素的有效体系，常用的2-氯乙醇能够有效地降低酸的离子化程度，从而增加了甲壳素溶液的稳定性。这些溶剂体系能在室温或者不太高的温度下很快溶解甲壳素，所得到的溶液黏度较低，甲壳素的降解较慢。甲壳素也能溶于 HCl、H_2SO_4、H_3PO_4 或 HNO_3 中，但是都会伴随着甲壳素的严重降解。

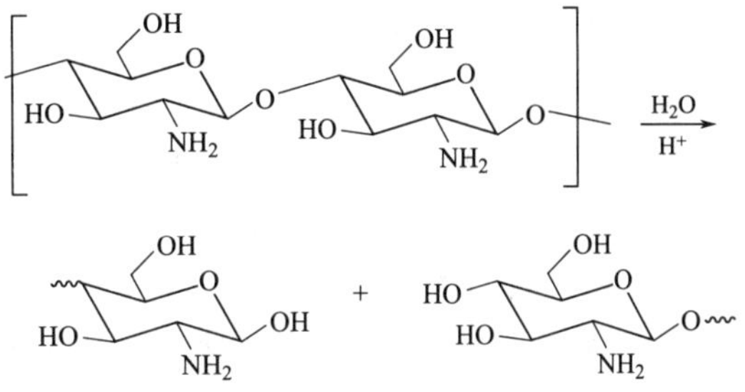

图 3-24　壳聚糖的水解

Austin 等[106] 制备出 LiCl 和甲壳素的乙酰胺基的配合物。这种配合物能够溶解于二甲基乙酰胺（DMAc）、二甲基甲酰胺（DMF）、*N*-甲基-2-吡咯烷酮中（MP）。尤其是 LiCl/DMAc 混合溶剂一直是甲壳素的重要溶剂。它对甲壳素无降解作用，可用于纺丝和制膜。

其他溶剂体系依据溶度参数相近的原则选择合适溶剂。

壳聚糖的溶液性质对壳聚糖的应用研究十分重要。壳聚糖不溶于水、碱和一般的有机溶剂，但可溶于盐酸、甲酸、乙酸、柠檬酸、乙二酸、丙酮酸、乳酸等无机和有机酸。

在稀酸中的溶解过程：壳聚糖带有大量的游离氨基，这些氨基上的 N 原子上有一对未键和的孤对电子，使氨基呈现弱碱性，于是可以结合有机酸或者无机酸电离的氢离子，从而使壳聚糖成为带正电荷的聚电解质，破坏了分子内和分子间的氢键，从而溶解在水中[107]（图 3-25）。

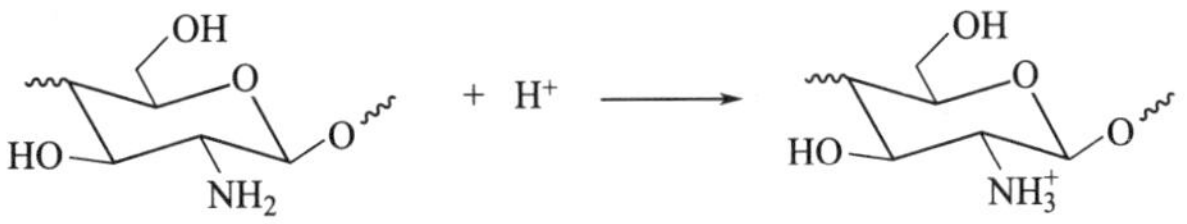

图 3-25　壳聚糖聚电解质

壳聚糖的溶解受以下几个因素影响：脱乙酰度、相对分子质量、酸的种类。

脱乙酰度越高，离子化强度越高，也就越易溶于水；反之，溶解度越低。脱乙酰度在 45%以下的壳聚糖不溶于稀酸水溶液，脱乙酰度 80%以上较易溶于稀酸。然而脱乙酰度在 45%～55%的壳聚糖却能直接溶于纯水。这可能是由于脱乙酰度在 50%左右的壳聚糖，其乙酰无规分布，是一种特殊结构，类似于高分子中的无规共聚，这种链没有规整性，难于结晶，溶解时无需溶解较难溶解的结晶区，能量上有利，因而能直接溶于水。

相对分子质量也是影响壳聚糖溶解性的重要因素，相对分子质量大的壳聚糖有更多的分子链间的缠结，此外分子间总的氢键作用也较强，从而导致溶解度较低，溶解速度较慢[108]。普通商品壳聚糖由于存在脱乙酰度和分子量的不均一性，因而先溶解的是分子量低、脱乙酰度高的部分。

壳聚糖在溶解过程，开始一段时间是氨基结合质子的过程，没有明显的溶解。只有当阳离子聚电解质达到一定的数量才开始有少量的壳聚糖溶解。

加热和搅拌能促进壳聚糖的溶解，但同时也伴随着壳聚糖的降解。如果温度高、时间长、酸浓度大、搅拌太剧烈，则壳聚糖分子链发生剧烈降解。

(三) 壳聚糖的品质指标

1. 壳聚糖的脱乙酰度

壳聚糖的脱乙酰度（Degree of deacetylation，DD）定义为壳聚糖分子中脱除乙酰基的葡萄糖单元数占壳聚糖分子中总的葡萄糖单元数的百分数。国外文献常用乙酰度（Degree of acetylation，DA）表示，其定义是乙酰氨基的葡萄糖单元数占总的葡萄糖单元数的百分数。测定壳聚糖的脱乙酰度实质上就是测定壳聚糖的自由氨基。脱乙酰程度的高低与壳聚糖在稀酸中的溶解能力、黏度、离子交换能力以及氨基有关的反应密切相关，因此，脱乙酰度是壳聚糖的一项极为重要的指标（表 3-10）。

表 3-10　脱乙酰度规格（%）

规格	低脱乙酰度	中脱乙酰度	高脱乙酰度	超高脱乙酰度
脱乙酰度	<75.0	75.0~89.0	90~95.0	>95.0

常见的测定方法是酸碱滴定法（GB 29941—2013，附录）、电位滴定法（GB 29941—2013）、红外光谱法、核磁共振法、紫外分光光度法、胶体滴定法等。其中酸碱滴定是测定脱乙酰度的经典方法，这种方法不需要特殊仪器，重复性较好，适用于生产过程中控制。电位滴定法与酸碱滴定法的区别是判断滴定终点的方法不同，利用 pH—V 的关系来确定滴定终点。红外光谱法主要是利用壳聚糖中的特征基团吸收峰（酰胺），用红外光谱法避免了溶解壳聚糖，可将干燥粉末（200 目以上）用溴化钾压片法进行红外测试，利用线性关系较好的 1550cm^{-1}（高脱乙酰度对应 1665cm^{-1}）选择为定量吸收峰，以 2878cm^{-1} 的 C—H 吸收峰为参照吸收峰，再以一系列已知的脱乙酰度样品做标准曲线。GB 29941—2013 要求脱乙酰度高于 85%。

2. 壳聚糖的黏度

壳聚糖是一种天然的高分子多糖，相对分子质量大小不同，其分布也有不同，导致其力学性能各不相同，用途也不同，因此，黏度是一个重要的品质指标。黏度的测定方法有多种，在壳聚糖的工业生产上，常用旋转黏度计来测定壳聚糖的黏度，得到的是表观黏度，其数值可以大体反映出壳聚糖相对分子质量的大小，但不能由此计算出相对分子质量。另一个重要的黏度是特性黏度，表示单个高分子在浓度为 C 的情况下对溶液黏度的贡献，是最常用的高分子溶液黏度的表示方法。影响高分子溶液特性黏度的因素主要有相对分子质量、溶剂、温度及浓度等[109]。

实验室测定壳聚糖特性黏度常用外推法，需对溶液的浓度逐步稀释，测定多个（通常为 5 个）不同浓度（C）下的相对黏度 η 和增比黏度 η_{sp}，再将 η_{sp}/C 或 $\ln\eta_{sp}$ 对 C 作图，外推至 C 为 0 处得特性黏度 η。然后再按 Mark-Houwink 方程计算求得壳聚糖的相对分子质量[110]（表 3-11）。

表 3-11　黏度规格　　单位：mPa·s

规格	低黏度	中黏度	高黏度	超高黏度
黏度	<50	50~499	500~1000	>1000

注　壳聚糖黏度（水产行业标准 ST/T 3403—2004，附录）。

3. 壳聚糖的重金属含量

食品级和医药级的壳聚糖对砷含量有严格的限制，所以砷是壳聚糖的一项重要质量指标。测定壳聚糖砷含量，可以使用古蔡特氏测砷器，配置一系列溶液，即可计算出样品的砷含量（GB/T 5009.11—2014），低于1mg/kg为食品级。

生产甲壳素和壳聚糖的虾、蟹壳能吸收水中的汞，尤其是工业发达地区的近海岸海水含汞很高，用这种地方的虾、蟹壳生产甲壳素和壳聚糖，汞含量更高，可用测汞仪测定壳聚糖中的汞含量。

壳聚糖中的铅也是一种有害的且含量较高的重金属，食品级和医药级中要严格控制，其测定方法可用双硫腙法[111]（GB 5009.12—2014），低于2mg/kg为食品级。

需要注意的是，现在使用电感耦合等离子体质谱法可以直接测定壳聚糖中的重金属元素[112]。

4. 壳聚糖的含氮量

甲壳素和壳聚糖是含有氨基的多糖，没有脱去*N*-乙酰基、氨基和乙酰氨基且不含结晶水的甲壳素，其理论含氮量为6.9%，而脱乙酰度为100%且没有脱去氨基的壳聚糖的理论含氮量为8.7%（表3-12）。之所以要提出没有脱去氨基，是因为甲壳素和壳聚糖中的氨基会遭到微生物的破坏而脱掉，因此，通过含氮量的分析，对于未丢失氨基的样品，可以根据表3-12的数据查到脱乙酰度，或对已知脱乙酰度的样品计算其氨基丢失情况[111]。

表3-12 含氮量与脱乙酰度的关系

含氮量（%）	6.9	7.0	7.1	7.2	7.3	7.4	7.5	7.6	7.7	7.8
脱乙酰度（%）	0	6	11	17	22	28	33	39	44	50
含氮量（%）	7.9	8.0	8.1	8.2	8.3	8.4	8.5	8.6	8.7	—
脱乙酰度（%）	56	61	67	72	78	83	89	94	100	—

含氮量的测定，一般用凯氏定氮法进行分析。凯氏定氮法是在催化剂的存在下，用硫酸破坏样品中的有机物，使氮物转化成硫酸铵，再加入强碱并蒸馏使氨逸出，用硼酸吸收，再用酸滴定测出含氮量。

5. 壳聚糖的含水量

这里所指的水是甲壳素或壳聚糖中的游离水以及部分的结晶水，水分的测定方法是，精确称量1~2g样品，在100℃下烘干至恒重，计算失重就可以得到含水量[111]。（GB/T 5009.3）食品级低于10%，工业级低于12%。

6. 壳聚糖的微生物含量

对于食品级和医药级的壳聚糖，微生物的检测十分重要。常用的微生物检测包括细菌总数、大肠杆菌、沙门菌、梭状芽孢杆菌、霉菌等[113]。菌落总数GB 4789.2，沙门氏菌检验GB 4789.4，金黄色葡萄球菌GB 4789.10。

7. 壳聚糖的灰分

医药级和食品级壳聚糖灰分是一个重要的指标。灰分测定的常用方法为：首先将洗净并干燥的坩埚放入高温炉中灼烧一段时间，取出后，在空气中冷却称重，重复多次直至质量为恒重；然后在恒重的坩埚中称取一定质量的样品，先在普通电炉上烤至炭化，再放入高温炉中灼烧一段时间，取出冷却后称重，即可计算出壳聚糖的灰分。

每个样品应该取两个平行样品进行测定，取其平均数。灰分在5%以上的，允许相对偏差为1%，灰分在5%以下的，允许相对偏差为5%[114]。(GB 5009.4) 食品级低于1%。

8. 壳聚糖的毒性

壳聚糖有特殊的医用和保健价值，广泛应用在食品、医疗、卫生等领域，所以对壳聚糖的急性毒性、遗传毒性进行了研究，结果表明壳聚糖在急性毒性实验和遗传毒性实验中均属无毒物质，因此，可以认为壳聚糖作为医用和保健食品使用是安全可靠的[115]。

(四) 甲壳素/壳聚糖的表征

1. 红外光谱 (FT-IR)

红外光谱对于高分子化合物的结构研究是十分重要的，利用红外光谱可以推断分子中的官能团[116]，对于甲壳素和壳聚糖也是如此，甲壳素的红外吸收谱带在685~3480cm^{-1} 的范围内 (表3-13)[117]。

表3-13 甲壳素FTIR谱图主要谱带的波数和归属

波数 (cm^{-1})	归属	波数 (cm^{-1})	归属
685	O—H 面外弯曲	1420	CH_2 弯曲和 CH_2 摇摆
730	N—H 面外弯曲	1430	CH_2 弯曲 CH_2 摇摆
890	环伸缩振动	1555	酰胺Ⅱ谱带
915		1619	N—H 面内弯曲
952	CH_2 长链摇摆	1652	酰胺Ⅰ谱带
975	CH_2 长链摇摆	2840	CH_2 不对称伸缩
1013		2878	C—H 伸缩
1020	C—O 伸缩振动	2890	C—H 伸缩
1025	C—O 伸缩振动	2929	CH_3 和 CH_2 不对称伸缩
1065	C—O 伸缩振动	2962	CH_3 伸缩
1230	与纤维素相同的谱带	3106	
1257	与纤维素相同的谱带	3264	N—H 伸缩
1310	酰胺Ⅲ谱带和 CH_2 摇摆	3447	O—H 伸缩
1378	CH 弯曲不对称 C2 变形	3480	O—H 伸缩

(1) N—H 伸缩振动：甲壳素的红外光谱图中波数为3264cm^{-1} 的垂直谱带可指定为N—H伸缩振动。部分脱乙酰甲壳素的红外光谱图中，3264cm^{-1} 的酰胺谱带被削弱了，但在3375cm^{-1} 处出现了一个弱的吸收，这是因为脱去乙酰基后，破坏了C═O…N—H强氢键。

(2) 羰基伸缩振动：固体中二级酰胺C═O的伸缩振动通常是1640cm^{-1}，在甲壳素的光谱中，表现为两个强的垂直谱带，一个是1652cm^{-1}，另一个是1619cm^{-1}。造成这样的原因可用Darmon和Rudall[118] 的解释来说明，就是甲壳素的酰胺基上的羰基与相邻分子链上的N—H或者O—H形成氢键。但是同样的情况在壳聚糖中不同，壳聚糖的红外光谱出现1620cm^{-1} 谱带，这是由于用稀盐酸作溶剂制备膜片的时候形成的—NH_3^+ 基团的反对称变形振动。1520cm^{-1} 处出现的谱带则是—NH_3^+ 基团的对称变形振动。

（3）N—H弯曲振动：这种弯曲振动有两种形式，一种是氨基的面内弯曲，另一种是氨基的面外弯曲。这种面内弯曲振动是与C—N伸缩振动混合的，这就造成了1550cm^{-1}谱带和1300cm^{-1}谱带两种。

（4）O—H伸缩振动和分子内氢键：在3441cm^{-1}处出现的谱带，可以认为是O—H的吸收谱带。这处的吸收可归属为C3—OH与分子内相邻的糖残基上环氧产生氢键所导致的。

（5）甲壳素光谱中的其他谱带归属：以天然纤维素[119]的红外光谱作参照，就不难找出红外光谱中其他谱带的归属。

必须要注意的是，由不同原料制备的壳聚糖以及由不同方法得到的壳聚糖，它们的红外光谱都有差别。

2. 核磁共振（^{1}H NMR）

核磁共振是有机物质结构鉴定的一种重要手段，主要是根据物质化学位移δ的吸收峰强度及位置鉴定有机物质的骨架结构，根据一定的化学基础推断出物质分子之间的连接方式。表3-14[120]是甲壳素^{13}C化学位移，由于甲壳素没有合适的氘代溶剂，一般不做液体核磁。其固体核磁^{13}C HMR已有大量实验[121]，但是结晶度高的样品有尖锐的峰形，为了得到高分辨的谱图，固体^{13}C HMR同时采用了交叉化（CP）和魔角旋转（MAS）两项技术[122]。表3-15[123]是壳聚糖^{1}H和^{13}C化学位移。

表3-14　甲壳素^{13}C化学位移（ppm）

	β-甲壳素	α-甲壳素
C_1	105.4	104.5
C_2	55.3，73.1	55.6
C_3	73.1	73.6
C_4	84.5	83.6
C_5	75.5	76
C_6	59.9	61.1
C═O	175.6，176.4	173.7
CH_3	22.8	23.1

表3-15　壳聚糖^{1}H和^{13}C化学位移（ppm）

位置	^{1}H NMR	^{13}C NMR
1	4.92	100.3
2	3.22	58.8
3	3.94	72.9
4	3.92	79.9
5	3.75	77.6
6	3.79，3.93	3.2

3. X射线衍射（XRD）

壳聚糖分子可以形成一些分子内或分子间氢键，这些氢键使得壳聚糖分子链刚性变大，结晶性增强。如图3-26所示，在$2\theta=10°$以及$2\theta=20°$处各有一个衍射特征峰，其中$2\theta=10°$的峰是（001）与（100）相互作用的结果，$2\theta=20°$的峰是（101）与（002）相互作用的结果。如果在壳聚糖的C2、C3、C6位引入取代基，如引入羧甲基或者季铵基团，壳聚糖分子内和分子间的氢键作用会被减弱，表现为10°衍射峰消失而20°衍射峰大大减弱甚至消失[124]。

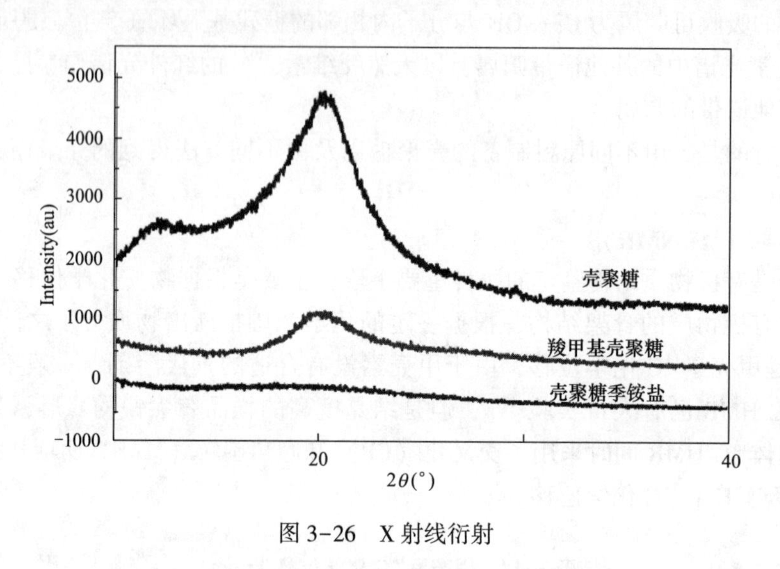

图3-26　X射线衍射

第四节　壳聚糖纺丝原液的制备和性质

一、壳聚糖纺丝原液的制备

目前，主要通过湿法纺丝来制备壳聚糖纤维。制备溶解良好、具有优良可纺性能的壳聚糖纺丝原液是纺制优良品质壳聚糖纤维的前提条件。壳聚糖溶解的好坏，不仅影响纺丝原液的稳定性和纺丝性能，还影响到纤维的质量指标，因此，纺丝原液的配制是壳聚糖纤维生产中的一个重要环节。

制备壳聚糖纺丝原液的工艺流程如下：

工业上，通常将甲壳素在浓碱中加热脱乙酰化得到壳聚糖。由于甲壳素来源不同，壳聚糖的相对分子质量从几万、数十万到数百万不等。壳聚糖通常不溶于水、也不溶于碱液、有机溶剂、稀硫酸等，但可溶于乙酸等有机酸和盐酸等无机酸[5]。壳聚糖的溶解过程中，不同溶剂的选择以及溶解工艺参数，如溶解温度、溶解时间、原液浓度等对最终得到稳定均一、可纺性好的壳聚糖纺丝原液有很大的影响。

(一) 溶剂的选择

壳聚糖主要通过—OH、—NH_2和溶剂中的质子相互作用破坏其分子间和分子内的氢键来达到溶解的目的。壳聚糖可以溶解于pH<6的稀酸溶液中如甲酸、乙酸等，也可以用离子液

体对其进行溶解。(主要有1-丁基-3-甲基咪唑醋酸盐([BMIM] Ac)、1-丁基-3-甲基咪唑氯盐([BMIM] Cl)、1-烯丙基-3-甲基咪唑氯盐、1-乙基-3-甲基-咪唑醋酸盐([EMIM] Ac)等。目前常用来溶解壳聚糖的溶剂有醋酸体系和离子液体体系[125,126]。

1. 醋酸体系

醋酸体系很早就被研究者发现是一种溶解壳聚糖的有效溶剂。Mitsubishi Rayon于1980年第一次制备得到了壳聚糖纤维，其将3wt%的壳聚糖溶解到0.5vol%的乙酸溶液中来制备纺丝原液[127]。

工业上多采用体积分数为1%~5%的醋酸水溶液及一些助剂(如尿素等)来对壳聚糖进行溶解。壳聚糖在2%的醋酸中有较好的溶解性，因为2%醋酸溶液有一定的酸性，能提供足够的H^+使壳聚糖分子链上的氨基发生解离，破坏壳聚糖分子内及分子间作用，使壳聚糖溶解。当溶解温度升高时，壳聚糖会发生严重降解，所以溶解壳聚糖温度不宜过高，一般以20~30℃为宜。对于必须加热才能溶解的溶剂，也要尽量采取最低温度使其溶解。此外，一般用于纺丝的原液，其壳聚糖浓度的质量分数要控制在3.0%~4.5%以下。纺丝原液的最终黏度控制在300~400Pa·s。

醋酸作为工业上使用最为广泛的壳聚糖溶剂，其在溶解效果、来源、安全性、经济效益等方面相较于别的酸具有独特优势。

严俊等人[128]对五种有机酸壳聚糖水溶液的稳定性进行了研究，见表3-16，酸的用量与壳聚糖含游离氨基的糖残基接近于等摩尔比。

表3-16　壳聚糖的有机酸水溶液性质

有机酸①	乙酸	苯甲酸	甲酸	乳酸	氯乙酸
有机酸的电离常数 p_{Ka}	4.76	4.20	3.77	3.76	2.86
溶液的pH	4.57	4.28	3.98	3.33	2.83
溶液黏度(mPa·s)	218	281	240	243	229
50℃放置20d后的黏度(mPa·s)	22	59	85	62	59
室温②放置60d后的黏度(mPa·s)	96	170	171	154	155
室温60d后黏度下降(%)	56.2	39.5	8.8	32.3	36.6

①壳聚糖用与其氨基含量近等当量的有机酸溶解。

②室温为10~25℃。

从表3-16中不难发现，无论是在50℃保温放置还是室温放置，各种酸的黏度都有较大幅度的下降。比较而言，无论是50℃放置20d，还是室温放置60d，都是甲酸中的壳聚糖溶液的黏度下降最小，乙酸中的壳聚糖溶液降解最为严重，说明壳聚糖在甲酸水溶液中具有较高的稳定性。其他三种有机酸中的壳聚糖溶液的黏度下降介于它们之间，且无太大的差别。

而在壳聚糖湿法纺丝的实际生产中，整个纺丝的工艺流程用时较短，一般在数个小时内可完成，纺丝原液几乎是现配现用，故乙酸的壳聚糖溶液的降解对纺丝原液性质的影响基本可以忽略，且从表3-16中可以看出，乙酸的电离常数大于其他有机酸，这使得乙酸在溶解壳聚糖时更为高效。

从经济效益来看，目前工业上最常用的醋酸生产工艺是甲醇低压羰基合成法，其具有原料来源广泛，价格低，反应条件缓和，产品收率高，纯度高等优点。相较于乙酸，甲酸的生产成本则要高得多。此外，甲酸溶液的刺激性及腐蚀性很强，在实际应用中存在着安全隐患，而低浓度的乙酸溶液是无害的。

相较于无机酸如盐酸而言，用乙酸溶解的壳聚糖具有更好的稳定性。有研究发现[5]，1%的盐酸壳聚糖溶液比1%的乙酸壳聚糖溶液黏度下降快。其实质是壳聚糖在微酸性溶液中的降解，酸起到了催化剂的作用，同样浓度的酸，盐酸的酸性要比乙酸的酸性强，或者说前者的电离出来的氢离子浓度大于后者，它的催化作用要强于后者，因此，1%盐酸壳聚糖溶液要比1%乙酸壳聚糖溶液降解快。

因此，从经济效益、原料的来源、溶解效果等多方面综合考虑，目前工业上多采用乙酸体系溶解壳聚糖来制备纺丝原液。

2. 离子液体体系

离子液体（Ionic Liquid，IL）是指由有机阳离子和无机或有机阴离子构成的在室温或近室温下呈液态的盐类化合物[129]，又称室温离子液体（Ambient temperature ionic liquids）、室温熔融盐（Room temperature melting salts）或有机离子液体等。由于醋酸体系作为溶剂存在易挥发、不易回收、污染严重、腐蚀设备严重等缺点，目前有研究用离子液体体系代替其作为溶解壳聚糖的绿色溶剂[130,131]。

有研究发现[132]，离子液体对壳聚糖的溶解过中，在阳离子相同的情况下，具有 Cl^-、$HCOO^-$、Ac^-等容易接受氢键阴离子的离子液体，更容易破坏壳聚糖分子内和分子间的氢键作用，对壳聚糖的溶解效果更好；当阴离子相同时，体积小、极性强的阳离子更容易与壳聚糖中—OH 和—NH_2 产生氢键作用，从而破坏壳聚糖本身的氢键作用，进一步促进壳聚糖的溶解。

目前常用的离子液体主要有［BMIM］Ac、［BMIM］Cl、［AMIM］Cl、［EMIM］Ac 等。离子液体对壳聚糖的溶解机理可以解释为：在加热条件下，离子液体中的离子对发生解离，形成游离的阳离子和阴离子，其中游离的阴离子既可以和壳聚糖大分子链上羟基中的氢原子形成氢键，也可以同大分子链上氨基中的氢原子形成氢键，而游离的阳离子和壳聚糖大分子中失去氢原子的氧作用，从而破坏了壳聚糖中原有的氢键，导致壳聚糖在离子液体中的溶解。

对几种常用离子液体的溶解效果进行了比较，壳聚糖在不同温度下以及在不同离子液体中的溶解浓度见表 3-17。

表 3-17 不同温度下壳聚糖在不同离子液体中的溶解浓度（%，质量分数）[133]

离子液体	60℃	80℃	100℃	110℃
［BMIM］Cl	—	2.2	2.6	3.1
［AMIM］Cl	1.7	5.0	8.1	9.8
［BMIM］Ac	2.2	4.5	8.9	11.2
［EMIM］Ac	4.0	8.4	13.4	15.5

从表 3-17 中可以看出，［EMIM］Ac 的溶解能力最强。110℃下在［EMIM］Ac 中可得到 15.5wt%的壳聚糖溶液。此外还发现上述四种咪唑型离子液体对壳聚糖的溶解能力与其阴阳离子的结构有关，其中醋酸盐离子液体的溶解能力大于氯盐离子液体。其原因是醋酸根离

子含有羧基，其与壳聚糖形成氢键结合能力要强于氯离子[134]。

离子液体虽然具有绿色环保、低熔点、宽液程、良溶性、热稳定性好等诸多优点。但是其很容易吸收空气中的水分，吸水后有些离子液体会与水发生反应，那些不发生反应的离子液体其性能（如电化学窗口宽、热稳定性）也会因吸水而大大降低。因此，只能在惰性气体环境下进行实验，造成了其合成工艺的复杂，提高了生产成本，同时也大大降低了其实际应用能力。此外，离子液体在合成过程中需要使用有机溶剂，会产生废水，一方面增加了离子液体的生产成本，另一方面也带来了污染，降低了离子液体的绿色特征。

因此，离子液体用于壳聚糖的溶解尚处于研究阶段，到工业化生产还有一定距离，如何降低生产成本、提高产品纯度等诸多问题需要攻克和解决。

3. 其他溶剂体系

除了醋酸体系和离子液体体系，也有关于用碱—尿素低温体系、其他有机酸体系等来溶解壳聚糖的报道。

碱—尿素低温溶解体系是近年来发展起来的一种溶解天然大分子多糖的有效手段，由武汉大学张俐娜院士最先发现并应用于纤维素的溶解，取得了很好的效果[135,136]。

借鉴甲壳素在质量分数为 8%NaOH 与 4%尿素的混合溶液中的溶解过程，首先甲壳素分子于室温下浸润于溶液中，充分溶胀，随后水分子进入经过 NaOH 活化过的甲壳素分子链，冰点下水分子冻结并膨胀，同时打破分子间和分子内氢键，最终促使了甲壳素分子的溶解，如图 3-27 所示[137]。壳聚糖在碱—尿素体系下的溶解具有相似的机理。

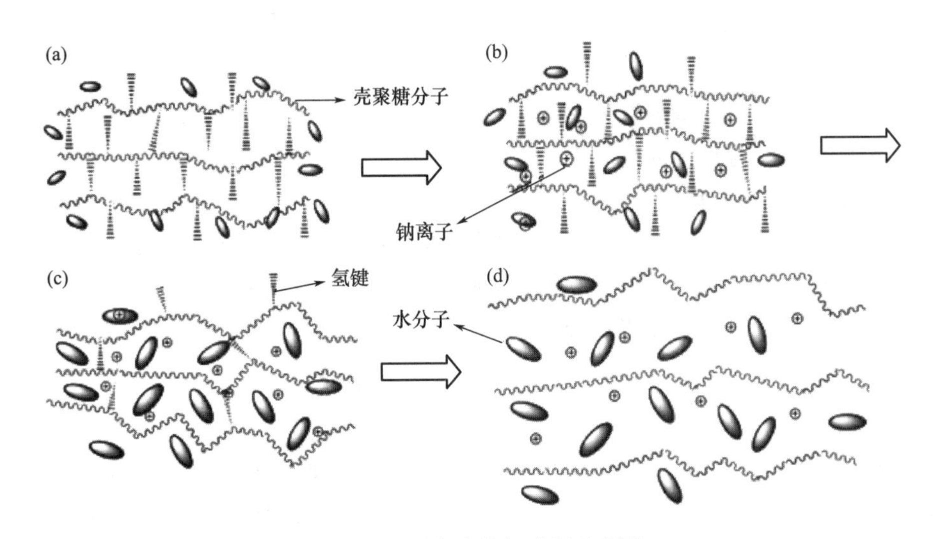

图 3-27 甲壳素溶解过程示意图

目前碱—尿素体系主要用于纤维素的溶解，并取得了一定的研究进展，但在壳聚糖的溶解方面还处于起步阶段[138]。

除了碱—尿素体系，也有用不同的有机酸对壳聚糖进行溶解的研究。有研究发现[139] 采用柠檬酸作为溶剂也可以很好地溶解壳聚糖，且随着柠檬酸浓度的增大、溶解温度的升高和溶解时间的延长，壳聚糖的溶解也相应提高。但是高浓度不一定有利于壳聚糖的溶解，在一定酸浓度范围内，可以使溶液中质子化程度达到最大，从而使得壳聚糖的溶解问题得到更好的解决，满足其在生物医学工程领域的应用要求。

目前碱—尿素体系和其他有机酸体系都只是初步研究阶段，工业上以醋酸体系作为壳聚糖的溶剂仍是主导。

（二）溶解工艺

在壳聚糖的溶剂选择中，醋酸体系是使用最早也是使用最广的壳聚糖溶剂。在纺丝原液的制备过程中，脱乙酰度、浓度、溶解温度、pH及溶解时间等参数都会对壳聚糖的溶解产生很大影响。

1. 脱乙酰度对壳聚糖溶解的影响

在醋酸体系中，脱乙酰度的大小对壳聚糖的溶解性能影响很大。壳聚糖的脱乙酰度越高，其游离的氨基越多，越容易被质子化，从而越有利于壳聚糖的溶解。当壳聚糖的分子质量相差较小时，脱乙酰度对壳聚糖的溶解起主导作用。

有研究以百万级相对分子质量的壳聚糖为原料，以体积分数为2%的乙酸为溶剂，在40℃磁力搅拌下配制了不同脱乙酰度和质量分数的壳聚糖溶液，其溶解时间见表3-18[140]。

表3-18 壳聚糖脱乙酰度对其在乙酸溶液中溶解时间的影响（min）

质量分数（%）	脱乙酰度（%）				
	88.8	90.2	92.5	93.1	95.7
3.0	35	30	25	22	20
3.5	42	38	32	28	26
4.0	55	49	45	40	37

从表中可以看出，在质量分数相同的条件下，随着壳聚糖脱乙酰度的增大，溶解速度加快，表现为溶解时间的缩短。因此，在配制纺丝原液之前要提高壳聚糖的脱乙酰度。

2. 浓度对壳聚糖溶解的影响

在壳聚糖的溶解过程中，醋酸浓度对壳聚糖的影响主要表现在壳聚糖溶液的黏度上。在壳聚糖浓度一致时，当溶液中残余的酸不多时，壳聚糖分子内的—NH_3^+基团产生的静电作用，会使大分子趋于舒张，从而得到较高的黏度值；当醋酸浓度增大时，—NH_3^+粒子周围聚集的酸负离子相应增加，会降低大分子内—NH_3^+的静电作用，从而导致大分子趋于卷曲，降低溶液的黏度[141]。

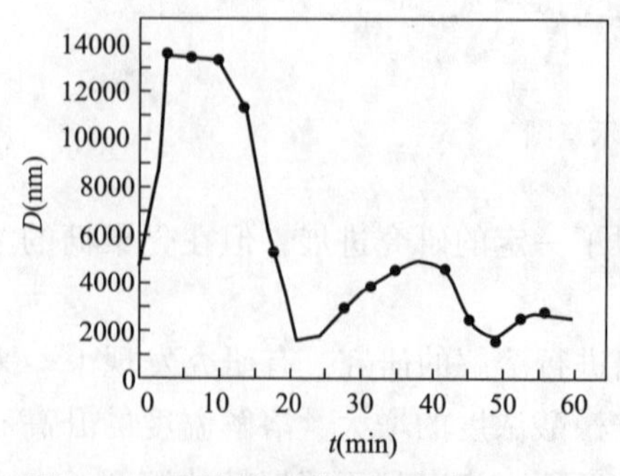

图3-28 壳聚糖在醋酸溶液溶解过程中粒度变化与时间的关系

有研究[142]发现壳聚糖在醋酸中的溶解可分为三个阶段（图3-28）。壳聚糖在醋酸中的初期溶解过程其粒度是增大的，即是一个吸附过程或是如文献所介绍的自聚集过程[143-146]；在第二阶段，电导值D的上升代表着壳聚糖溶解速度加快，因为此时壳聚糖分子逐渐舒展，分子迁移速度加快，使得溶液中的离子浓度增大；在第三阶段，尤其是在高浓度醋酸溶液中，由于此时酸根离子Ac^-的浓度显著大于壳聚糖电离出来的-NH_3^+离子，使得正负离子之间的距离变小，导致离子之间的吸引力增加，引起离子迁移速率降低[147]，所以此时壳聚糖的溶解是不明显的。

一个合适的醋酸浓度以及壳聚糖自身的浓度对壳聚糖的溶解都是有影响的。由于壳聚糖是葡胺糖的聚合体，分子中含有大量-OH、$-NH_2$，它们对水有着很强的吸附力，这样使得壳聚糖溶液不能配置太浓。对中等黏度的壳聚糖，也只能配制成百分浓度小于5%的溶液，当溶液浓度太大时，溶液成为胶体，甚至形成溶胀物。由于它们的强吸收性及黏稠性而不能产生均一体系。

3. 溶解温度对壳聚糖溶解的影响[148]

随着温度的升高，分子（离子）的热运动加剧，使得分子间混合加快，壳聚糖的溶解性能同样受到温度的影响。一般来说，适当的升温有助于加快壳聚糖的溶解。不同酸在不同温度下对壳聚糖溶解的结果见表3-19。从表3-19中可以得出，升高温度后壳聚糖的溶解速度加快。这是由于H^+运动速率加快，使得H^+对$-NH_2$、—OH的作用加强，同时大分子链的运动也加快，从而加快了壳聚糖有序结构的破坏，促进了壳聚糖的溶解。但是温度升高对壳聚糖溶液也会带来不利影响。由于壳聚糖的缩醛键结构，在H^+的攻击下很容易发生水解，使壳聚糖发生降解。当温度升高时，降解更为严重，所以溶解壳聚糖时温度不宜过高，一般以20~30℃为宜。当壳聚糖在稀磷酸溶液中溶解的同时，也发生了分子链的降解。

表3-19　壳聚糖溶解性能和温度的关系

溶剂	稀硝酸	稀磷酸	醋酸+氯化钠*	醋酸+乙醇**	稀盐酸+乙醇**
常温	不溶	不溶	溶胀	部分溶解	部分溶解
40~50℃	溶	部分溶解	溶	溶	溶
60~65℃	溶	溶	溶	溶	溶

* 氯化钠含量1.5%，醋酸含量2%。

** 乙醇含量20%，酸含量2%。

4. pH对壳聚糖溶解的影响

壳聚糖的溶解度与溶液的pH也有很大关系。壳聚糖的溶解过程需要一定的H^+与$—NH_2$、—OH形成氢键，所以壳聚糖溶解势必导致溶液pH升高。若溶液酸度不足，壳聚糖就不能完全溶解。在壳聚糖完全溶解的情况下，如果壳聚糖的浓度不变，酸的浓度增加，黏度降低。壳聚糖的溶解过程中，先是壳聚糖上的氨基和质子不断结合，全部形成阳离子$—NH_3^+$。当溶液中的剩余的质子不多时，即溶液的离子强度很低时，壳聚糖分子链上的质子化氨基阳离子的同性电荷相互排斥，而使分子链伸展，分子链的有效体积增大，体系黏度增大。表3-20是壳聚糖在不同pH的醋酸溶液中的溶解情况，不同pH下壳聚糖的溶解结果验证了这一点。

表3-20　壳聚糖在不同pH的醋酸溶液中的溶解情况（25℃）

溶解前溶液pH	3.0	3.5	4.4	4.6	4.8	5.1	5.4
溶解后溶液pH	4.4	4.8	5.1	6.2	5.8	6.2	6.4
溶解情况	溶	溶	溶	溶	部分溶解	溶胀	部分溶胀
溶解时间（h）	4	5	8	12	—	—	—
溶液黏度（10^{-3}Pa·s）	325	425	360	330	—	—	—

此外，在改变壳聚糖溶液 pH 时会使壳聚糖从溶液中析出。这是由于溶液的 pH 变化引起壳聚糖溶解度降低所致。如用稀氢氧化钠溶液或者氨水调节壳聚糖—醋酸溶液 pH 时，加入上述少许溶液则产生沉淀，搅拌可溶解。当溶液 pH 为 6.7 时，沉淀不再溶解，继续加入稀氢氧化钠时沉淀量加大。

5. 溶解时间对壳聚糖溶解的影响

壳聚糖在醋酸体系中是逐渐溶解的。开始是氨基结合氢离子的过程，当阳离子聚电解质形成达到一定数量时，脱乙酰度高且分子量小的壳聚糖先开始溶解，然后溶解速度越来越快，最后又慢下来。因为壳聚糖溶液中半缩醛结构的糖苷键对酸不稳定，会发生催化水解反应，壳聚糖分子的主链将不断降解，黏度不断降低，最后被水解成寡糖和单糖。因此，选择一个合适的溶解时间是非常重要的。

6. 工业化溶解工艺及设备

目前通过对壳聚糖纤维生产中关键技术的突破和改进，纯壳聚糖纤维已经实现了产业化。海斯摩尔生物科技有限公司攻克了壳聚糖纤维生产的关键技术，在千吨级纯壳聚糖纤维产业化及应用关键技术方面取得了突破。在壳聚糖的溶解和制备纺丝原液方面，其深入研究壳聚糖脱乙酰度、黏度与溶解、降解的机制，开发了片状壳聚糖高剪切直接反应、溶解一体化技术[10]，实现高脱乙酰度、超高黏度片状壳聚糖均质化、快速溶解。

常规工艺多采用研磨成粉末的壳聚糖原料进行搅拌溶解。与常规工艺相比，将片状壳聚糖加溶剂采用带有多层搅拌桨且可调剪切力的真空搅拌溶解釜（图 3-29）直接溶解，减少了工序和能耗，避免了制造壳聚糖粉末过程中大分子结构受到破坏，实现高脱乙酰度、高黏度纺丝液的快速制备，仅用原溶解时间的一半，纤维强度提高 30%。

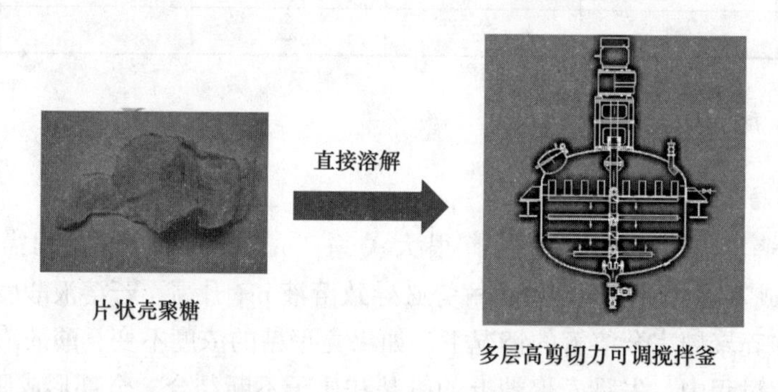

图 3-29　片状壳聚糖高剪切直接反应、溶解一体化技术示意图

（三）原液的纺前准备

经过溶解后得到的纺丝原液还不能直接对其进行纺丝成形，必须经历一系列的纺前准备过程，其中包括过滤、脱泡等操作。

1. 过滤[149]

壳聚糖原料的杂质主要分为两部分：一部分是原料表面的杂质，这部分主要是壳聚糖生产时，在酸处理、碱处理以及脱乙酰处理和烘干晾晒过程中所掺入的一部分杂质，主要以沙石颗粒和灰尘为主，这部分杂质可以通过清水冲洗清除掉；另一部分杂质主要是存在于壳聚糖内部的杂质，壳聚糖本身呈多层结构，通过观察发现，在壳聚糖的层状结构之间也存在着一定量的杂质如图 3-30 所示。

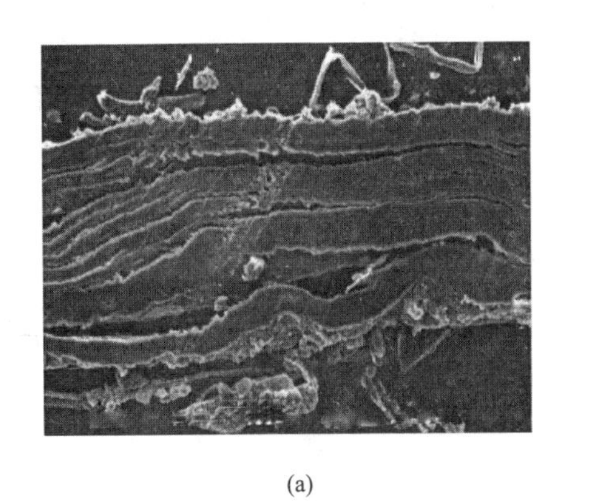

(a)

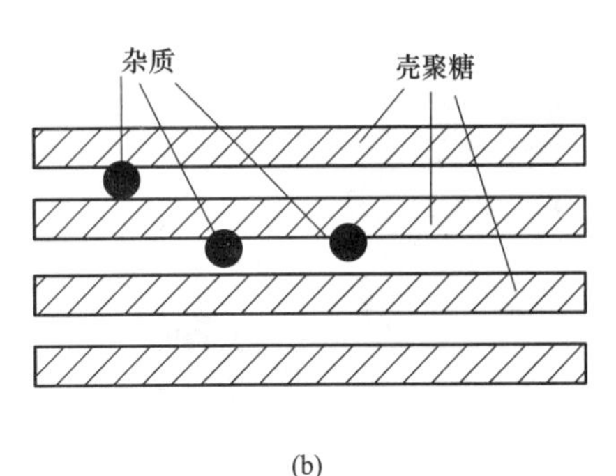

(b)

图 3-30　壳聚糖原料横截面及示意图

同时，在壳聚糖原料的表面存在一定数量的小孔，它们是壳聚糖原料所存在的生物机体运输养料和水分的通道，在这些小孔中，也存在一定数量的杂质。在图 3-31 中可以清楚地看到小孔内部的壳聚糖原料是呈现多层状排列的，这也证明了壳聚糖原料的层状结构。这些杂质的尺寸大小从几十微米到几百微米不等，这部分杂质很难通过普通的洗涤进行清除。

(a) 小孔存在状态

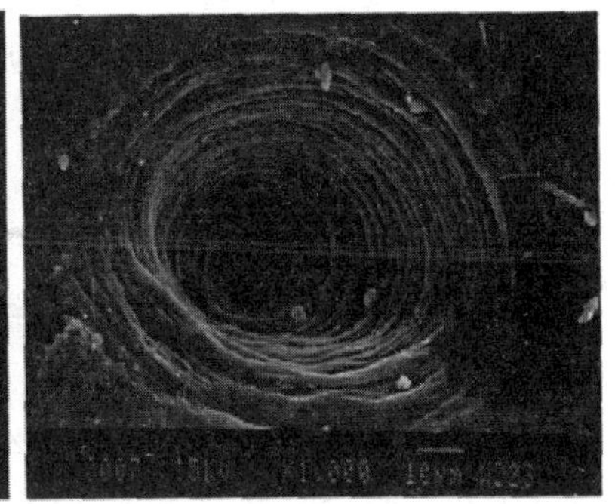

(b) 小孔放大照片

图 3-31　壳聚糖原料表面小孔

如果不能在配制溶液之前进行清除存在于壳聚糖内部的大尺寸杂质，那么在纺丝过程中，这些杂质就会在过滤器内累积，时间长了就会堵塞过滤器，影响壳聚糖纺丝的连续化，因此，物料溶解之后还要经过过滤程序，将纺丝液中的杂质除去，以防纺丝过程中杂质阻塞喷丝头。

目前，壳聚糖原液过滤使用的过滤器多采用烧结滤芯过滤，根据过滤精度的要求，将滤芯制作成不同的型号使用，如图 3-32 所示。

过滤精度相同的滤芯可以做成不同的样式。使用过程中，内外两种滤芯中液体的流动方向也各不一样。过滤精度内侧大于外侧的滤芯，液体从滤芯的管口流入，从其外边面流出，如图 3-33 中的 A 型过滤；相反，液体从其外表面流入，进入滤芯之后，从滤芯的管口流出，如图 3-33 中的 B 型过滤。在实际纺丝过程中，纺丝液的流动方向应当根据实际需要进行合理选择。

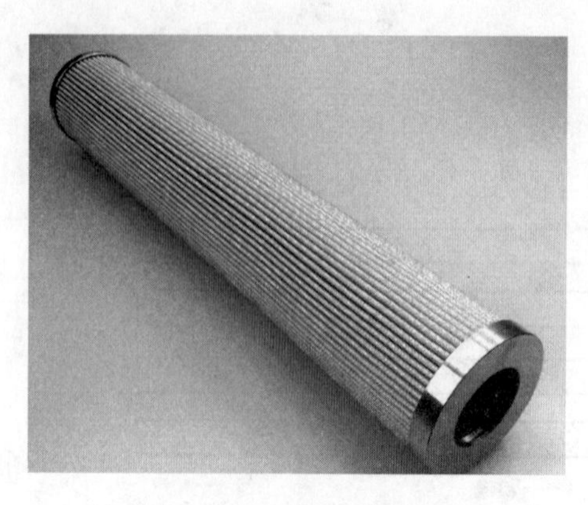

图 3-32 烧结过滤芯

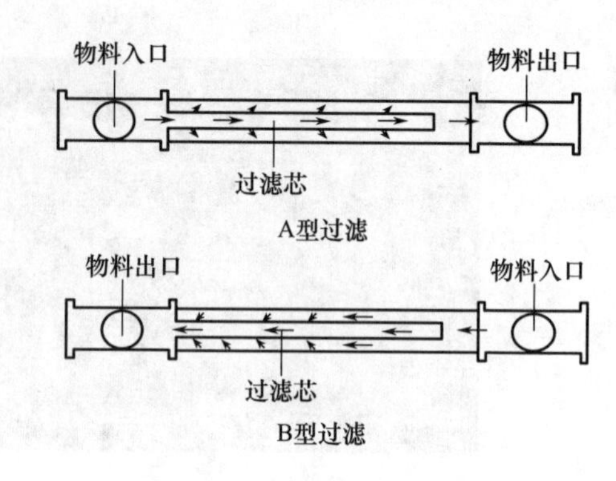

图 3-33 过滤芯过滤方式

在以往的过滤系统中，对纺丝液的过滤方式主要为单级过滤。采用的过滤器为滤芯型过滤器，其中滤芯的过滤精度为 1μm。滤芯型过滤器本身拆装过程比较繁琐，耗时较长，且由于滤芯的过滤方式为深度过滤，吸附在滤芯内部的杂质清洗难度大，即使使用超声波清洗，也很难将其清洗干净。对于壳聚糖纺丝液，滤芯型过滤器在使用过程中，经常会出现因滤芯堵塞而产生的纺丝液流动不畅，过滤器的堵塞会导致一段时间内过滤器只进不出，内部液压急剧上升，甚至会对过滤器滤芯造成伤害，滤液会通过滤芯与过滤器接头的薄弱处流出，甚至会把滤芯结构的薄弱环节破坏而形成过滤漏洞，进而从漏洞流出，这部分纺丝液未经过充分过滤，其中的杂质会堵塞纺丝帽。因此，单纯采用滤芯型过滤器进行壳聚糖纺丝液的过滤，是不适合壳聚糖自动化纺丝的。

有研究采用多级过滤对原有过滤系统进行改进，以达到提高过滤效果和效率的目的。多级过滤是指采用包边不锈钢过滤膜片过滤器对纺丝液进行初级过滤两次之后，采用经过改进之后的高精度的高黏度液体用可拆卸错流过滤器对纺丝液进行纺丝前的过滤。

多级过滤中，第一级过滤为对溶解后的纺丝液进行过滤，采用拆装以及清洗都相对方便的包边不诱钢过滤膜片。膜片的过滤精度为 10μm，其主要目的是去除其中的大颗粒杂质，以及少量尚未完全溶解的壳聚糖固体，属于对壳聚糖纺丝液的初级过滤。

第二级过滤是壳聚糖的循环过滤，出于对过滤精度的要求，需要对壳聚糖纺丝液进行第二次粗过滤。目的是除去纺丝液中更细小的杂质，避免这部分杂质堵塞后续的高精度过滤器，第二级过滤器同样采用包边不锈钢膜片过滤器，膜片的过滤精度为 1μm。

第三级过滤是喷丝前的过滤，在纺丝液进入纺丝帽之前，对纺丝液进行进一步过滤，保证不会出现颗粒杂质堵塞喷丝孔的现象。第三级过滤器是过滤精度可达 0. 5μm 的高黏度液体用可拆装错流过滤器。错流过滤器工作过程中，滤清液的流动方向和杂质的排出方向垂直，而且杂质在排出时不需要停止过滤过程即可实现，同时杂质的及时排出也可以延长过滤器连续使用的时间。其结构见图 3-34。

高黏度液体用可拆装错流过滤器主要由外壳、过滤器网管、连接孔板等组成。其中过滤系统由多根过滤网管组成，过滤网管从内至外分为三层，分别为保护层、过滤层和支撑层。保护层网丝略粗，网孔略大，主要作用为保护过滤层在清洗时不受损伤；过滤层孔径最小，

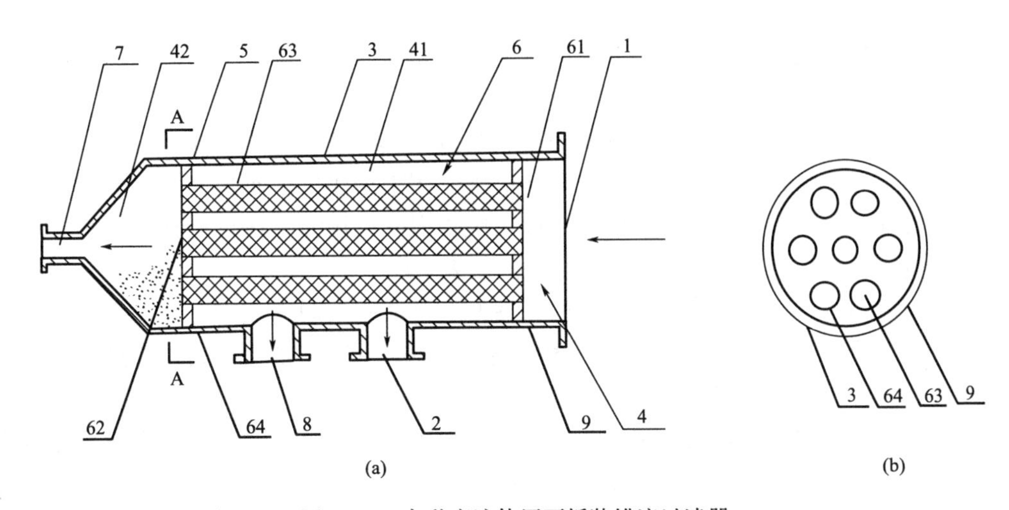

图 3-34　高黏度液体用可拆装错流过滤器

1—液体进口　2—滤液出口　3—过滤器外壳　4—过滤腔　41—过滤区　42—残液储存区　5—孔板
6—过滤系统　61—过滤网管入口　62—过滤网管出口　63—过滤网管　64—过滤器密封圈
7—残液排出口　8—压力传感器　9—孔板密封圈

起主要过滤作用，支撑层位于网管的最外侧，承压性能好，保持网管不变形。连接孔板的结构如图 3-34 中图（b）所示，主要起到支撑过滤网管的作用，使过滤网管可以按照一定的结构形式在过滤腔内排布，同时也将过滤器内腔分割为过滤区和残液储存区。在使用过程中，纺丝液从进口 1 流入，经过孔板上的过滤网管入口 61 进入过滤网管 63，其中一部分纺丝液经过网管出口 62 流入过滤器的残液储存区 42，残液排出口起初是关闭的，所以当残液储存区域被充满之后，在压力的作用下，纺丝液开始经过过滤网管的表面流入过滤区域 41，在流经过滤系统中网管的过程中，纺丝液被过滤，杂质留在过滤网管的内侧，滤出的干净纺丝液经滤液出口 2 流出过滤器。

结果发现，采用多级过滤对壳聚糖纺丝液进行过滤，效果要优于只采用滤芯型过滤器对纺丝液进行过滤；且纺丝过程中过滤器堵塞次数明显减少。过滤等量物料，多级过滤所用的时间明显少于单级滤芯过滤时间。过滤膜片可以有效地对纺丝液中的杂质进行过滤，尺寸相应增大之后，可以较长时间不更换。

2. 脱泡

脱泡是湿法纺丝前的一个重要步骤。高聚物纺丝过程中气泡的产生有两种因素，一种是人为因素，即高聚物中混入空气，由于纺丝液黏度大，空气不容易逸出形成气泡；另一种是实验因素，即溶解过程中高温高速搅拌，以及过滤过程中都容易导致气泡的产生[150]。

气泡的存在会使纺丝液在挤出时形成气泡丝或直接断裂，使纺丝不能连续进行，同时丝条中存在的微小气泡将影响纤维后续牵伸，这些对纺丝的进行都将造成不利影响。

目前常用的脱泡方法[151] 有真空静止法、真空搅拌法、连续脱泡法以及化学法。真空静止法是将纺丝液置入一密闭容器中，然后对密闭容器抽真空，静止一段时间后纺丝液中的气泡就会自动膨胀溢出表面而破裂；真空搅拌法是一边搅拌一边抽真空，辅助气泡快速溢出表面破裂，加快气泡破裂时间；连续脱泡法是将流体通过一狭缝隙形成薄膜，薄膜沿着容器壁匀速流下，在下流过程中对容器抽真空使气泡破裂；化学法是在溶液中加入消泡剂去除气泡。以上几种脱泡方法比较适合低黏度的纺丝原液，气泡相对容易去除，但对高黏的原液脱泡效果不太理想。

有专利[152] 公开了一种高黏度液体快速脱泡装置及其方法，采用双层薄板、双锥形螺带搅拌及螺杆与脱泡伞组合而成的脱泡塔，高空负压作用下微小气泡迅速膨大、破裂的一种脱泡装置，该装置可对同一设备中的纺丝液进行四次脱泡。采用该方法可能存在气泡去除不彻底的情况，但是动静相结合的方法取得了很好的效果。

海斯摩尔生物科技有限公司开发了一种高黏度纺丝液复合脱泡技术，可以高效制备高品质纯壳聚糖纺丝液，其装置见图 3-35。这种脱泡釜（图 3-36）是复合式的并且导流筒内配置了螺杆提升装置，其除去纺丝原液中的气泡主要分为四步：负压、剪切、离心和刮膜。其工作机理是：经过过滤的纯壳聚糖纺丝液，采用高压动力输送至真空脱泡釜内，首先进入布满小孔的管道进行分离剪切，分离好的纺丝液经过伞流板进行刮膜、剪切后滴流至脱泡釜底部，再经搅拌提升，重复上述脱泡过程，溶液界面层不断变化，气泡快速脱出。与常规静态脱泡相比，仅用原脱泡时间的四分之一，纺丝液黏度保持在 95%的水平。

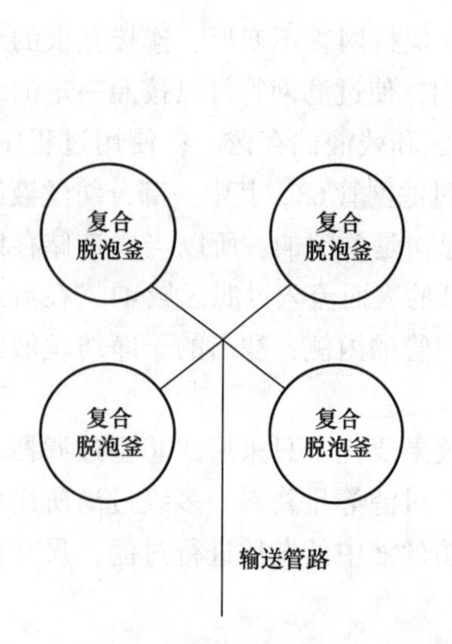

图 3-35　高黏度纺丝液复合脱泡装置图

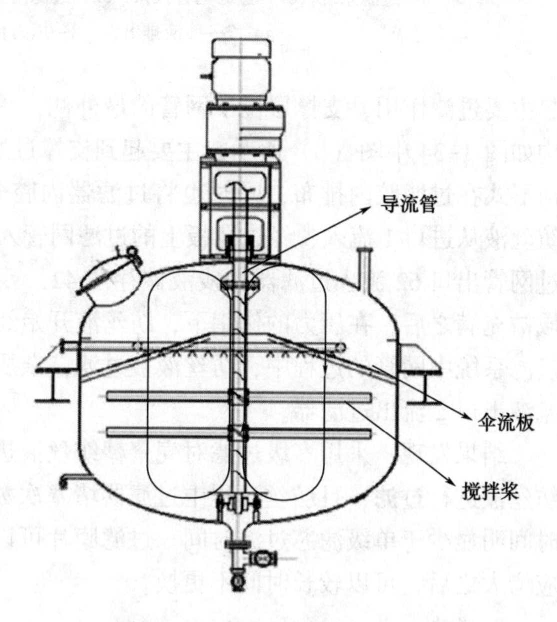

图 3-36　工程化复合脱泡示意图

二、壳聚糖纺丝原液的性质

（一）原液的黏度

不同的原料和溶解工艺都会造成原液黏度的差异，影响原液黏度的主要因素有：壳聚糖的含量、脱乙酰度、分子量及分布、助剂和原料来源等。

1. 壳聚糖的含量

壳聚糖含量的高低直接影响原液的黏度，进而影响其流动性，对纺丝工艺条件的选择和纤维的性能有很大影响。壳聚糖含量增加会导致原液黏度增加，这是因为随着壳聚糖含量增加，溶液中大分子之间的作用力增大，同时大分子之间形成缠结点的概率增大，导致溶液中缠结点的数量也增加，这些因素均对大分子链的取向和跃迁扩散运动具有不同程度的阻碍作用，导致黏度上升[153]。壳聚糖含量过低，所得的原液黏度太低，纺丝时难以成丝，而且生产效率低，所得纤维性能较差。但原液黏度太高，流动性受到很大的限制，甚至原液会形成冻胶，无法纺丝，所以原液的黏度要在适中的范围内。目前，纺丝原液的壳聚糖含量介于3.0 wt%~4.5 wt%。在25℃条件下制备的原液黏度与壳聚糖含量的关系如图3-37[154] 所示。

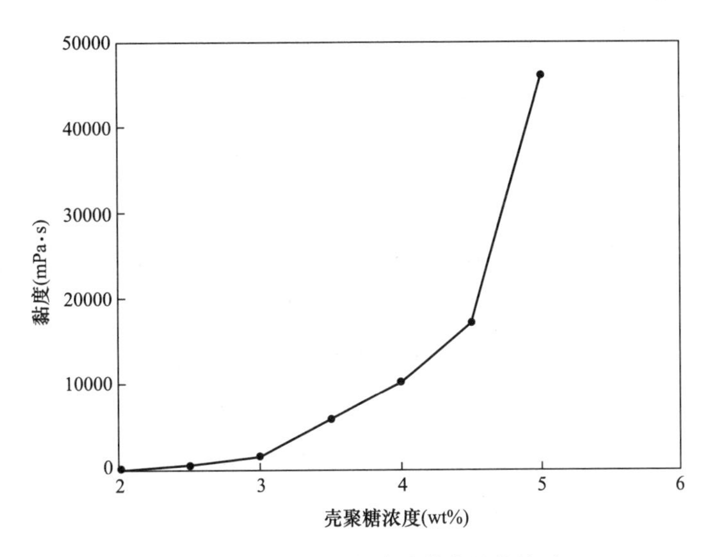

图3-37　原液黏度与壳聚糖含量的关系

2. 壳聚糖的脱乙酰度

脱乙酰过程是壳聚糖原料制备过程中必不可少的一部分，不同脱乙酰度的壳聚糖制备出的原液黏度存在差异。随着脱乙酰度的增加，原液黏度先减小后增加，在脱乙酰度较低时，壳聚糖中的乙酰基团含量较多，乙酰基有较大的体积，空间位阻大，使分子刚性增加，且体现疏水性，因此，壳聚糖为低脱乙酰度时，黏度较大[155]。随着脱乙酰度的增加，乙酰基团含量减小，大多变成游离的氨基，并与 H^+ 结合，形成 $-NH_3^+$，因此，引发原液黏度减小。但脱乙酰度进一步增大时，壳聚糖分子带电荷增多，由于静电斥力作用，分子链比较舒展，再次引发原液黏度增大。以1%醋酸为溶剂，不同脱乙酰度的壳聚糖作为原料，室温下制备的原液黏度随壳聚糖脱乙酰度的变化关系如图3-38[156] 所示。从图中可以看到，随着原料脱乙酰度的增加，原液黏度呈现先降低后升高的趋势，并在脱乙酰度为70.8%时，黏度达到最低值。这与Schatz和Lamarque[144,157] 等人的研究结果相同，即当脱乙酰度大于75%时，壳聚糖显示聚电解质行为，分子链具有较高的柔顺性，而脱乙酰度介于50%~75%时，是亲水和疏水作用平衡的过渡区域，壳聚糖分子链的刚性逐渐增强。

3. 壳聚糖的分子量及分布

分子量及其分布对原液黏度有着重要的影响。分子量越大时，制得的原液黏度往往也越大，黏度与分子量的关系如图3-39[158] 所示。当分子量较高时，其聚合度较大，内部分子链也相对较长，因此，高分子量的壳聚糖制备的原液黏度较大，反之，内部分子链较短，制备的原液黏度较小。分子量的分布对原液黏度的影响规律是：分子量分布宽的原料，制备出的

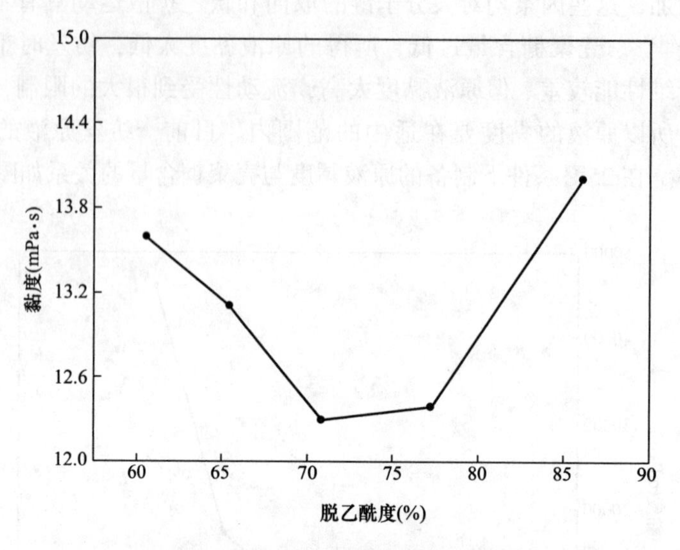

图 3-38 原液黏度与脱乙酰度的关系

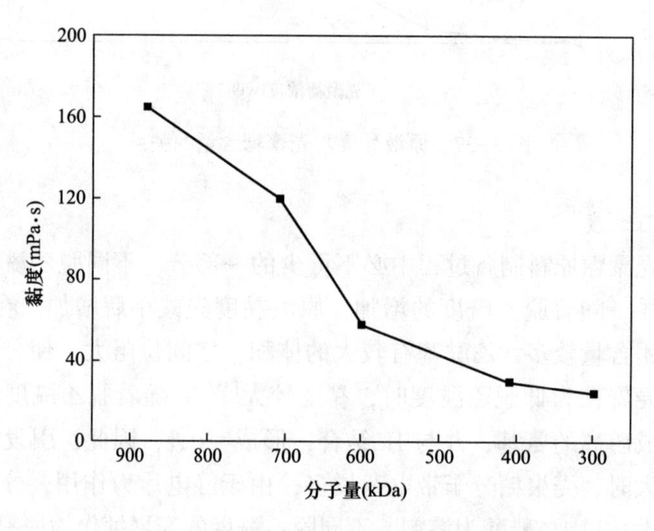

图 3-39 原液黏度与分子量的关系

原液黏度较低，而分子量分布窄时，相应的原液黏度较高。

4. 助剂

原液制备后，可通过在原液中加入一些可溶性添加剂，以改变原液黏度等性质。添加剂可以改变壳聚糖分子链中氨基的溶剂化程度和大分子间的作用力，使溶液的黏度发生改变。目前，尿素是使用较多的添加剂。梁升[154] 以离子溶液（质量分数为 2%的盐酸甘氨酸）为溶剂，30℃条件下，在 3. 5 wt%的壳聚糖原液中添加不同含量的尿素，测定溶液黏度随尿素的变化情况。结果发现，在初始阶段，随着尿素浓度增加，原液黏度明显下降，黏度下降幅度在 11. 4%~31. 4%，但是当尿素浓度增加到 0. 8%以上时，壳聚糖溶液黏度变化趋向平缓。这是由于，在初始阶段，尿素含量不高时，尿素的$-NH_2$可以与壳聚糖大分子链上$-NH_2$一样，与溶液中的 H^+形成$-NH_3^+$，消耗溶液中部分的 H^+，由于电离平衡，酸性的离子液体也会同时解离出更多的负离子。负离子的增多，它可以有效地屏蔽壳聚糖大分子的$-NH_3^+$ 正电荷，使分子间的排斥力减小，高分子线团恢复到原来的卷曲状态，在溶液中就表现为黏度下降。但是在酸性体系中，当尿素增加到一定值后，溶液中的$-NH_3^+$ 大大增加，与离子液体的负离子达到了静电平衡，使壳聚糖高分子阳络离子的形态和溶液的性质几乎与中性高分子相同，因而黏度变化很小。因此，可在原液中加入尿素，降低原液黏度，从而使得原液在用于纺丝加工时，更容易进行，但尿素加入量过大，会增加纺丝原液的复杂性[159]，影响到后面的纺丝成形，浓度应该选在 0.5%~0.8%最好，测试结果如图 3-40 所示。除了添加尿素外，氯化钠、甘油[160-162] 等物质也可作为添加剂。以氯化钠为添加剂，会降低大分子之间的缔合度，引起原液黏度降低；以甘油为添加剂，在加入量较少时，体系黏度稍微有所降低，但随甘油加入量的增大，黏度变化趋于平缓。张园园等人[163] 研究了小分子添加剂乙酸钠的加入对壳聚糖纺丝原液表观黏度的影响，结果见表 3-21。结果表明，当乙酸钠的添加量增加，壳聚糖纺丝原液的表观黏度呈上升趋势，当乙酸钠含量达到 0.5%时，壳聚糖原液呈冻胶状态。

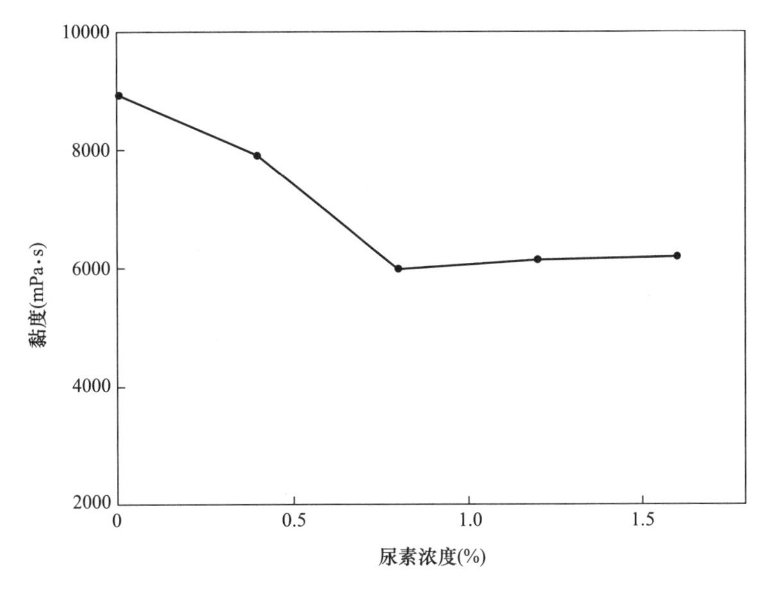

图 3-40　原液黏度与添加尿素的浓度的关系

表 3-21　乙酸钠对壳聚糖原液的黏度影响

乙酸钠/壳聚糖	表观黏度（Pa · s）
0	0.328
0.25	0.570
0.5	冻胶
0.75	冻胶
1.0	冻胶

注　壳聚糖浓度为 5%。

5. 原料来源

目前，壳聚糖大多采用广泛存在的虾、蟹壳为原料，经过一系列工艺后，形成壳聚糖。但是虾、蟹壳由于结构上存在差异，形成的原液黏度也会有所不同。

经研究发现[164]，虾壳聚糖原液的黏度要比蟹壳聚糖原液的黏度大，并且从壳聚糖自身的降解来看，前者的降解速度要慢于后者。这是因为虾甲壳素中的—O…H—N—型氢键数量要比蟹壳聚糖中相应的多[165]，氢键数量多，意味着虾壳聚糖与蟹壳聚糖相比，分子间作用力更大，形成的原液黏度也较大，壳聚糖自身降解速率较小。

（二）原液的稳定性

纺丝原液的稳定性对原液是否成纤以及成纤后纤维的性能有至关重要的影响，用来表征纺丝原液的稳定性的参数主要就是其在放置过程中黏度的变化量。所谓的稳定性好就是指它在存放过程中黏度应该基本保持不变，反之，则稳定性差[166]。放置的时间、温度都会对它的稳定性产生影响。壳聚糖在酸性溶液中的溶解的原理是：壳聚糖大分子链上的糖苷键上游离的氨基与弱酸中 H^+ 的结合，使壳聚糖变成带有正电荷的聚电解质，从而破坏了壳聚糖分子间和分子内的氢键，使壳聚糖溶解。它的糖苷键是一种半缩醛结构，结构式如下。

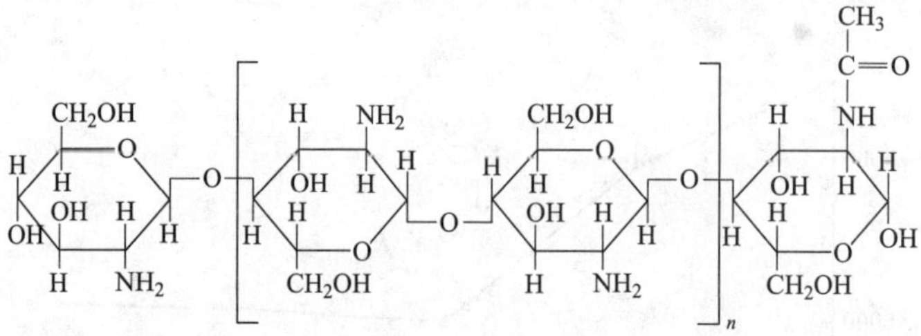

但是壳聚糖的这种半缩醛结构对酸是不稳定的，在放置过程中，会发生如下酸催化的水解反应。

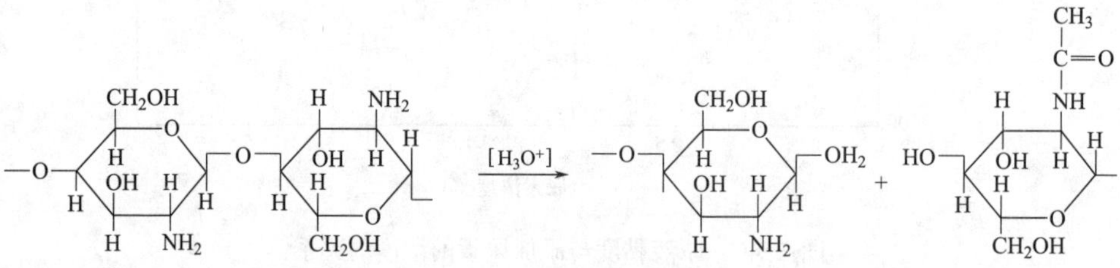

因此，壳聚糖分子的主链会发生降解，黏度越来越低，相对分子质量逐渐降低，最后降解产物为单糖和寡糖。一般原液在室温下放置的前 10 天内，壳聚糖溶液的黏度随着存放时间的延长黏度下降较快，下降约 50%，15 天以后溶液黏度的降低变得缓慢。若提高放置温度，将 1%壳聚糖乙酸溶液在 60℃下放置，在第一周内黏度下降就达到 82%[167]。所以壳聚糖溶解在乙酸溶液中制得的纺丝原液稳定性较差，且放置温度越高，稳定性越差，在使用时要现用现配。

（三）原液的流动性能

从流变学的观点来看，高聚物溶液流体类型是它本身结构的一种反映，也是成形过程中流变行为的内因。测定和研究原液的流变性能，是探索纺丝原液结构、可纺性最佳工艺条件以及纤维质量控制的一种简便而有效的方法。在纺丝工艺中，纺丝流体的温度以及剪切速率对其流动性能有着决定性的影响，同时，壳聚糖的链结构、分子量及分布、浓度、溶剂、小分子添加剂、流体静压等外界因素也影响其流动性能。研究其流动性能有以下两点意义：（1）当纺丝流体剪切黏度与正常情况发生偏差时，可提供寻找偏差原因的途径，从而及时采取措施保持纺丝流体质量的稳定；（2）由于黏度与可纺性有关，所以可根据具体情况，运用上述有关因素来调节纺丝流体的黏度，改善原液的流动性和可纺性。影响纺丝原液流变性能有如下因素。

1. 剪切速率

任一点上的剪应力都同剪切变形速率呈线性函数关系的流体称为牛顿流体，绝大多数高分子材料在加工过程中的流动都不服从牛顿定律，目前采用最多的表征流体本质的流变方程是 Ostwald 和 Dewaele 提出的经验方程：

$$\tau = K \cdot \dot{\gamma}^{n} \qquad (1)$$

式中：τ 为剪切应力；K 为稠度指数；$\dot{\gamma}$ 为剪切速率；n 为非牛顿指数，表示该流体与牛顿流体的偏差程度。当 $n=1$ 时，流体为牛顿流体，其黏度不随 $\dot{\gamma}$ 的变化而变化；当 $n<1$ 时，流体为非牛顿假塑性流体，其黏度随 $\dot{\gamma}$ 的增大而下降；当 $n>1$ 时，流体为非牛顿胀塑性流体，其黏度随 $\dot{\gamma}$ 的增大而增加。用体积分数 1%的醋酸分别配制不同浓度的壳聚糖溶液，在剪切速率为 $20\sim90s^{-1}$ 的范围内测其黏度，其表观黏度与剪切速率的关系如图 3-41 所示[168]。图中可看出，浓度越大，原液的黏度越大，且随着剪切速率提高，各浓度原液的黏度降低。将式（1）两边取对数，得：

$$\lg\tau = n\lg\dot{\gamma} + \lg K \qquad (2)$$

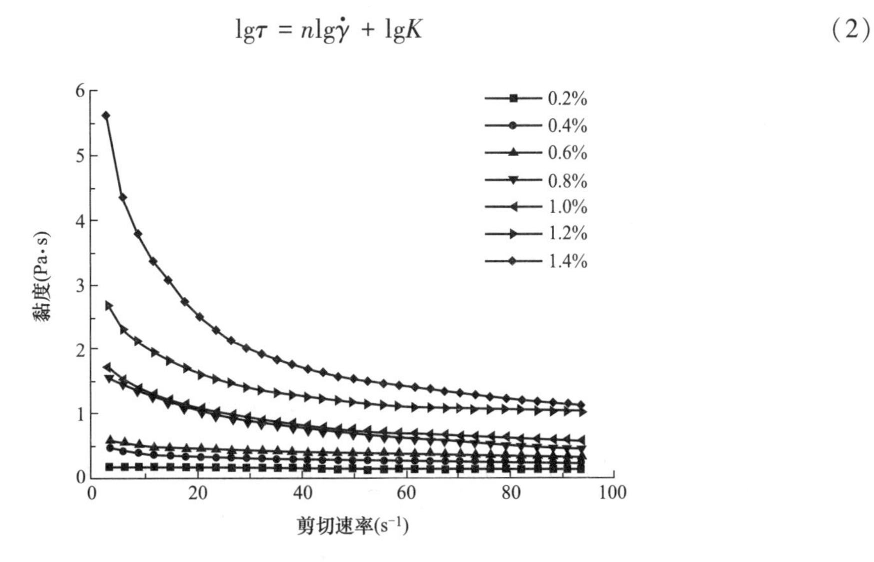

图 3-41　原液表观黏度与剪切速率的关系

将 $\lg\tau$ 对 $\lg\dot{\gamma}$ 作图可得流动曲线，流动曲线的斜率即为非牛顿指数 n，截距可以求出稠度指数 K，各个浓度的非牛顿指数 n 以及稠度指数 K 见表 3-22。结果表明，壳聚糖溶液的非牛顿指数均小于 1，因此，该溶液为非牛顿假塑性流体，其黏度会随着剪切速率的增加而减少，剪切变稀的原因是壳聚糖大分子链局部取向，此外，触变效应以及分子链断裂使分子量下降也会引起假塑性现象。而且随着壳聚糖浓度的增大，溶液的稠度指数增大，非牛顿指数减小，说明壳聚糖溶液浓度越高，其黏稠性越大，假塑性流体的特征越来越明显。

表 3-22 壳聚糖溶液的稠度指数以及非牛顿指数

浓度	0.2%	0.4%	0.6%	0.8%	1.0%	1.2%	1.4%
稠度指数 K	0.226	0.618	1.058	1.886	2.838	6.003	10.935
非牛顿指数 n	0.846	0.751	0.736	0.693	0.651	0.598	0.498

除了将 $\lg\tau$ 对 $\lg\dot{\gamma}$ 作图可得流动曲线外，还可以将 $\lg\eta$ 对 $\dot{\gamma}^{\frac{1}{2}}$ 作图（图 3-42），并定义结构黏度指数 η 如式（3）：

$$\eta = -\left(\frac{\mathrm{d}\lg\eta a}{\mathrm{d}\dot{\gamma}^{\frac{1}{2}}}\right) \times 10^2 \tag{3}$$

η 可以用来表征纺丝液结构化程度，对于切力变稀流体 $\eta>0$，η 越大，表明纺丝流体的结构化程度越大，可纺性越差，反之，η 越小，则可纺性越好。

傅晓琴等[169] 研究了不同壳聚糖含量以及醋酸浓度下的 η，结果见表 3-23。从结果可知，壳聚糖含量相同，乙酸含量越高，η 越小；若乙酸含量相同，壳聚糖含量越高，η 越大，可以根据上述规律进行原液配方的调整，使得 η 处于一个较小值，以达到较好的可纺性。

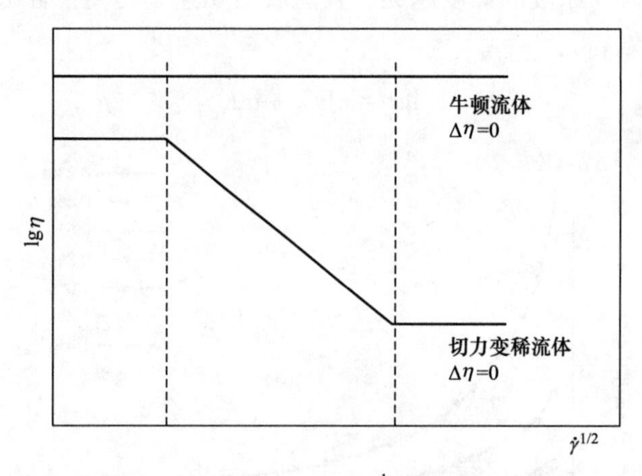

图 3-42 $\lg\eta$ 对 $\dot{\gamma}^{\frac{1}{2}}$ 曲线图

表 3-23 不同壳聚糖浓度和乙酸浓度原液的结构黏度指数

乙酸（%，体积分数）	壳聚糖（%，质量分数）	
	4	5
2	0.043	0.076
3	—	0.061
4	—	0.056

2. 温度

温度是影响高分子聚合物流变性质的重要因素之一。在不同温度下测得的纺丝原液的表观黏度的变化情况如图3-43[154] 所示。结果表明，随着转速的增加，其黏度都呈现下降趋势，且同一转速时，温度越低，黏度越大。温度的增加，不同浓度的纺丝原液的黏度都随之降低。其原因是，外界温度的增加，使得纺丝原液中壳聚糖分子链段的活动能力增强，体积膨胀，分子间的相互作用力减小，溶液的流动性增大，从而使壳聚糖溶液的黏度下降。在不太宽的温度范围内，流体的黏度与温度之间的关系符合阿伦尼乌斯方程：

$$\eta = A \cdot e^{-E/RT}$$

或，
$$\ln\eta = \ln A + E/RT \quad (4)$$

式中：A 为常数，E 为黏流活化能，T 为温度，从 η 与温度的关系可以求出黏流活化能 E。E 是黏度对温度敏感程度的一种量度，E 越大，则温度对黏度的影响就越大，当 E 较大时，可通过升温的方式来降低黏度。影响黏流活化能的因素有剪切速率、壳聚糖含量、溶剂浓度等，傅晓琴分别[169] 测量了不同乙酸浓度、不同壳聚糖含量制备的原液的黏流活化能，结果见表3-24。

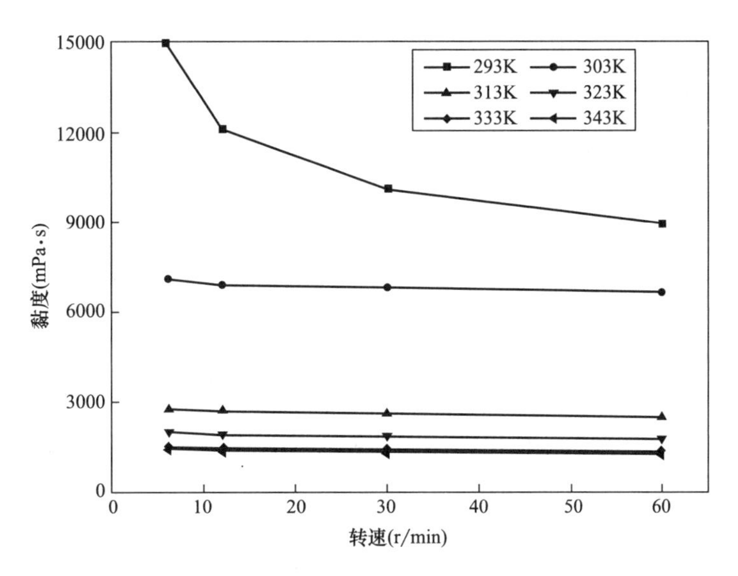

图3-43　不同温度下壳聚糖表观黏度与转速的关系

表3-24　不同壳聚糖和乙酸含量原液的流动活化能　　单位：kJ/mol

乙酸（%，体积分数）	壳聚糖（%，质量分数）			
	2	3	4	5
2	29.8	35.2	36.8	38.1
3	—	—	—	28.5
4	—	—	—	27.2

从表3-24中可看出，活化能随着壳聚糖含量提高和乙酸含量降低而升高，处于27.2~38.1 kJ/mol，因此，其活化能较高，壳聚糖溶液对温度变化比较敏感，可以通过调节温度的方式来调整黏度大小。

第五节 壳聚糖纤维的成形

一、壳聚糖纤维的湿法成形

壳聚糖是一种带有正电荷的碱性多糖，分子具有较好的立构规整性，且壳聚糖分子中存在大量羟基和氨基，使壳聚糖具有较强的分子内和分子间氢键作用，在加热情况下不会发生软化和熔融，250℃左右会发生热分解[170]，在大部分有机溶剂、水、碱中难以溶解。目前普遍采用的制备壳聚糖纤维的方法是湿法纺丝法[171]，凝固浴通常是具有一定浓度的NaOH溶液或NaOH混合溶液[172-174]。

（一）工艺流程

目前采用的壳聚糖纤维的湿法纺丝中，一般是先将壳聚糖原料溶解于乙酸溶液[175-178]中，经过滤脱泡后制成一定黏度的纺丝原液，纺丝原液沿供液管道分配到纺丝位，而后经计量泵、过滤器而流至喷丝头，压出喷丝头后，呈细流状的原液在凝固浴中凝固成固态纤维，随后经进一步拉伸加工后得到成品纤维。

壳聚糖湿法纺丝过程中，通常采用NaOH的水溶液作为其凝固浴。壳聚糖在凝固浴中的固化过程实际是壳聚糖溶液与凝固浴两相扩散的过程，纺丝原液进入凝固浴后，原液细流表层先与凝固浴接触，很快凝固成皮层，凝固浴中的凝固剂（水）不断通过皮层扩散至细流内部，同时细流中的溶剂（乙酸）也通过皮层扩散至凝固浴中，双扩散的不断进行使得皮层不断增厚，当细流中间部分溶剂浓度降低到某临界浓度以下时，原为均相的壳聚糖溶液发生相分离，壳聚糖从溶液中析出，构成初生纤维的芯层。在壳聚糖初生纤维形成后，控制酸与碱的两相扩散平衡至关重要。两相扩散的平衡不仅决定着壳聚糖的充分再生，同时保证再生反应程度和速度对初生纤维实施的塑化拉伸速度相适应，使初生纤维取得良好的取向和结晶。由于NaOH与乙酸的浓度较低，当量比小，壳聚糖再生速度相对缓慢，有利于纤维固化成型，易形成圆形截面的初生纤维。此外NaOH具有很强的渗透纤维芯层的能力，使得纤维内外层结构趋于一致，形成全皮层结构。一般NaOH的浓度控制在10%左右，浓度不能太低，否则会影响影响初生纤维的凝固成形，而且初生纤维在拉伸过程中容易断裂[179]。出凝固浴后的丝条是一种高度溶胀的冻胶体，内部充满了液体，减小了大分子链和链段的运动阻力，需要在适度的拉伸下，让大分子及链段沿拉伸方向取向，在拉伸的同时壳聚糖进一步凝固，并将拉伸效果固定下来，这段过程称为塑化拉伸。经塑化拉伸后的丝条，结构的重建已基本完成，但是仍未稳定，同时丝条内部还残留有一定量的溶剂凝固剂等，必须要经过水洗拉伸，在张力的作用下把残留液挤出，同时进一步的提高取向度，把已获得的结构及取向效果固定下来，使纤维性能进一步提高，最后经干燥等后处理，就可以得到壳聚糖纤维[180]。

（二）影响因素

1. 壳聚糖浓度

提高纺丝原液中壳聚糖的浓度，可以提高纺丝效率，不仅能够节省生产成本，也有利于改善纺丝条件及刚成形纤维的结构和成品纤维的性能。如其他条件不变，增加纺丝原液中聚合物的浓度，则可使初生纤维的密度增大，纤维中孔洞数目减少，结构均一性提高，纤维的

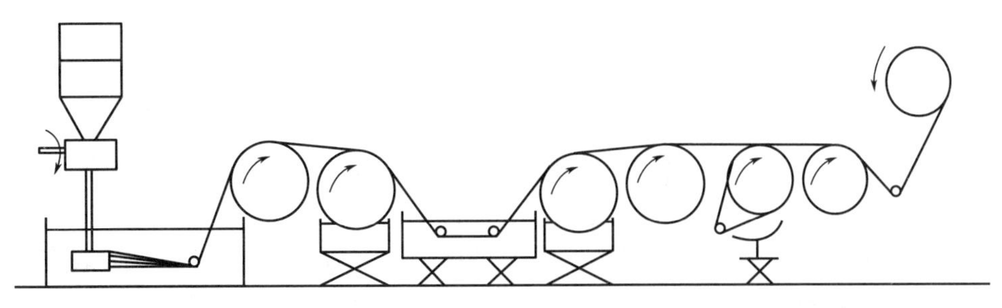

图 3-44　壳聚糖湿法纺丝示意图[181]

强度增大。原液中聚合物浓度越高，需脱除的溶剂越少，则成形速度越快。原液浓度对纤维的断裂伸长、模量以及耐磨性等也有类似影响。

壳聚糖纺丝原液的浓度不能太低，如果纺丝原液浓度低于1%，因为黏度太低，导致无法纺制成丝；壳聚糖溶液同样不能太浓，即使是中等黏度的壳聚糖，也只能配制成浓度小于5%的溶液，这是因为壳聚糖在酸溶液中会有一定程度的溶胀，当浓度过高时壳聚糖就会转化成胶体甚至形成溶胀物[181-183]。

曾名勇[184] 研究了壳聚糖纺丝原液在1%~3%浓度范围内对壳聚糖纤维力学性能的影响（表3-25）。研究表明：壳聚糖浓度在3%以下时，随壳聚糖浓度的增加，纤维的韧性和断裂伸长率均有所提高。

表 3-25　不同浓度壳聚糖纤维性质

壳聚糖浓度（%）	相对分子质量（M_v×10^{-5}）	干强（gf/旦）（20℃，80%）	伸长率（20℃，80%）
1.0	7.0	2.15	17.2
1.5	7.0	2.59	15.0
2.0	7.0	3.3	28.7
2.5	7.0	3.51	25.3
3.0	7.0	3.63	26.7

邹超贤等[185] 选用4%~5%的乙酸水溶液作为溶解剂，对壳聚糖浓度在4%~8%的纺丝原液进行纺丝试验（表3-26），结果表明：当浓度低于6%时，随原液中壳聚糖浓度的提高，纤维的强力有明显的提升，可纺性亦趋于正常，当浓度达到8%时，纺丝工艺条件难以控制，极易出现断丝的情况。

表 3-26　不同浓度壳聚糖纤维性质

浓度（%）	黏度（mPa·s）	强力（cN/dtex）	伸长（%）	可纺性
4	4000	1.80	16.6	易断丝
5	6800	1.95	14.1	正常
6	9000	2.10	12.5	正常
8	18000	1.90	10.7	易断丝

2. 凝固浴

（1）凝固浴中 NaOH 质量分数对纤维性能的影响

凝固浴中的 NaOH 给纤维的成形提供了条件，同时用于中和纺丝原液中的酸，在凝固过程中，由于热运动，凝固浴与丝条之间相互扩散，丝条中的酸逐渐被中和，丝条由酸性转化为碱性，壳聚糖逐渐固化成形。凝固时丝条的表面首先接触到凝固浴而固化，当 NaOH 浓度过高时，表层的凝固激烈，容易形成皮芯结构，从而影响纤维结构的均匀性，主要表现为纤维强度的降低；而 NaOH 浓度过低时，纤维的凝固速度较为缓慢，初生纤维的形态结构会恶化，从而导致纤维强度下降甚至无法固化成形。一般凝固浴比较适宜的 NaOH 浓度在 5%~10%。

研究[140]表明：随着凝固浴中 NaOH 质量分数的升高，初生纤维中的溶剂量升高，大分子链段运动受到的阻力减小，能更好地沿轴向排列取向，壳聚糖初生纤维的强度及取向因子随之升高；但当凝固浴质量分数太大时，解取向也变得容易，如图 3-45 所示，当凝固浴质量分数超过 7%时，初生纤维的强度及取向因子开始下降。

（2）凝固浴温度的影响

凝固浴的温度直接影响浴中凝固剂和溶剂的扩散速度，从而影响成形过程。所以凝固浴温度和凝固浴浓度一样，也是影响成形过程的一个主要因素，必须严格控制。研究[140]表明，凝固浴温度自 20℃至 50℃，壳聚糖纤维的强度及取向随温度的升高有明显的减弱趋势。这是因为随凝固浴温度的上升，双扩散系数（D）随之增大，凝固过程加速，阻碍了大分子链段的轴线运动，使得纤维的取向度降低；而且过快的凝固速度会导致纤维中存在较多的孔隙，纤维致密程度降低，从而影响纤维强度，造成类似于凝固浴浓度过低的弊病。凝固浴温度降低，凝固速度随之下降，凝固过程比较均匀，初生纤维结构紧密，纤维中网络骨架较细，而且中间结点的密集度较大，经拉伸后微纤间结点密度高，整个纤维的结构得到加强，成品的纤维强度上升。凝固浴温度一般控制在 20~30℃（图 3-46）。

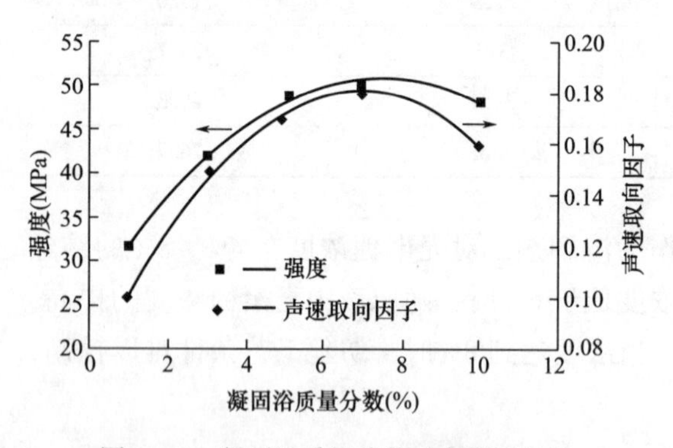

图 3-45 凝固浴质量分数对壳聚糖初生纤维强度和声速取向因子的影响

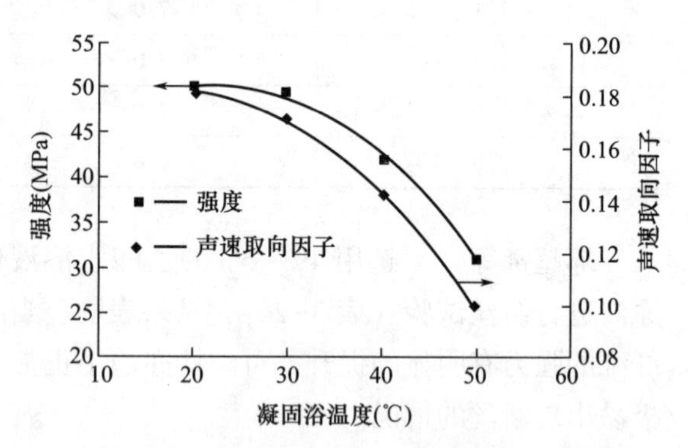

图 3-46 凝固浴温度对壳聚糖初生纤维强度和声速取向因子的影响

（3）凝固浴组分对纤维性能的影响

凝固浴一般分为单组分凝固浴和多组分凝固浴。根据湿法纺丝成形机理，丝条进入凝固浴中，壳聚糖中的乙酸与凝固浴中的 NaOH 之间相互扩散，此时凝固浴的扩散系数直接影响纤维的凝固速度。在一定范围内，降低扩散系数有利于形成较为紧密的初生纤维。实验证明，在凝固浴中加入一定量的乙醇，有助于纤维的成形，在相同条件下，无水乙醇的扩散系数为

$0.87\times10^{-6}cm^2/s$，水的扩散系数为 $5.2\times10^{-4}cm^2/s$。因此，NaOH 和无水乙醇的混合液作为凝固浴，有利于获得结构均匀致密的初生纤维，凝固浴组成对纺丝状态和纤维性质的影响的具体情况见表 3-27。

表 3-27 凝固浴组成对纺丝状态和纤维性质的影响

序号	凝固浴组成		纺丝状态
	NaOH 浓度（%）	NaOH 水溶液：乙醇（体积）	
1	5	90：10	优
2	5	70：30	良
3	5	50：50	良
4	5	30：70	差
5	5	10：90	差
6	10	90：10	优
7	10	70：30	优
8	10	50：50	优
9	10	30：70	良
10	10	10：90	差
11	20	90：10	良
12	20	70：30	优
13	20	50：50	优
14	20	30：70	差
15	20	10：90	差

另外乙酸钠的加入[186] 也对纤维力学性能及纤维表面形貌具有影响，乙酸钠的加入使壳聚糖纤维的干湿强度、初始模量均有所提高，见表 3-28。SEM 照片显示，随乙酸钠浓度的增加，壳聚糖纤维表面趋于光滑，韧性也有所增加，如图 3-47 所示。

表 3-28 不同乙酸钠浓度下壳聚糖纤维性质

乙酸钠浓度（%）	测试条件	强度（g/d）	伸长（%）
0	干强	1.30	15.4
	湿强	1.21	14.6
5	干强	1.35	15.4
	湿强	1.25	14.3
10	干强	1.43	13.2
	湿强	1.33	14.6
15	干强	1.42	13.2
	湿强	1.31	14.2
20	干强	1.44	13.6
	湿强	1.35	14.7

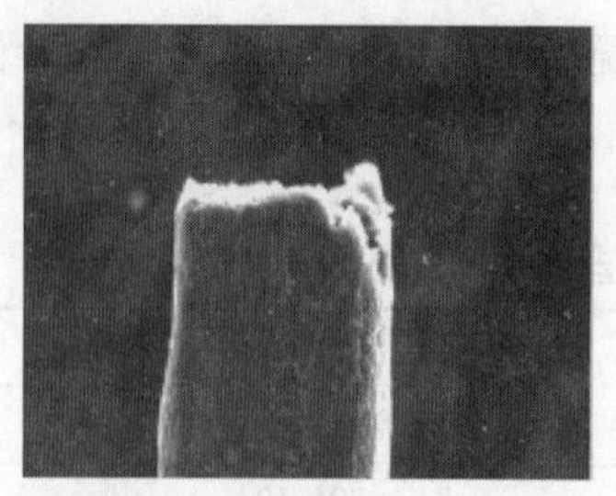
(a) 乙酸钠浓度0

(b) 乙酸钠浓度5%

(c) 乙酸钠浓度10%

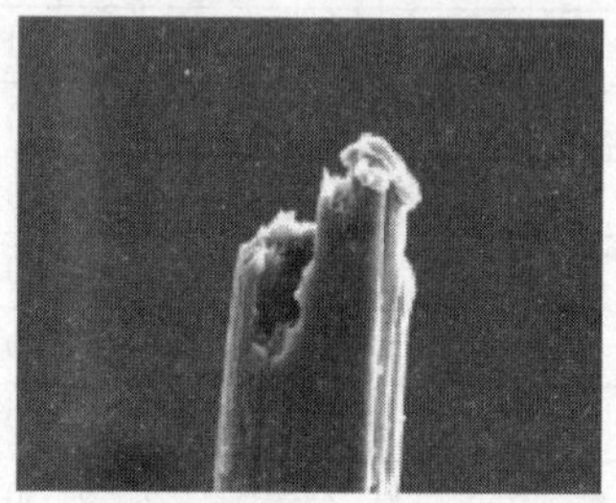
(d) 乙酸钠浓度15%

(e) 乙酸钠浓度20%

图 3-47 不同乙酸钠浓度下的壳聚糖纤维断面照片

3. 拉伸

除了纺丝原液中壳聚糖浓度及凝固浴的影响外，牵伸也是壳聚糖纤维成形过程中的重要影响因素，纤维经适当的牵伸，能够减少甚至消除纤维纵向由于湿法成形而造成的纤维中存在的孔洞、缝隙等缺陷，使纤维趋向于致密化，有利于提高纤维中大分子排列的规整程度，从而使纤维的抗张强度有所增大，取向因子也有所增大，见表 3-29～表 3-31。

表 3-29 拉伸对纤维抗张强度的影响

样品	抗张强度（cN/dtex）		
	样品一	样品二	样品三
未拉伸纤维	1.34	1.80	1.74
拉伸 1.3 倍纤维	1.83	2.46	2.04

表 3-30 拉伸对纤维声速取向因子的影响

样品	声速取向因子		
	样品一	样品二	样品三
未拉伸纤维	0.522	0.594	0.548
拉伸 1.3 倍纤维	0.628	0.642	0.639

注 样品一、二、三代表壳聚糖浓度为 4%、5%、6%。

表 3-31　拉伸对纤维取向因子的影响

纤维	结晶度 X_c（%）	晶区尺寸 L_c（nm）	晶区取向因子 f_c（%）
未拉伸纤维	40.9	4.86	88.4
拉伸 1.3 倍纤维	42.9	4.84	89.3

注　壳聚糖浓度为 4%。

4. 水洗

壳聚糖纤维从拉伸浴出来之后，仍然会含有一定的溶剂，残留溶剂会影响纤维的外观及强度，因此，需要经过水洗去除额外的溶剂。其中水洗温度会对纤维性能产生很大影响，水洗温度过低，纤维溶胀不大，造成水洗困难，纤维性能下降；水洗温度升高有利于溶剂在水中的扩散以及水分子向纤维内的渗透，达到洗净的目的，纤维性能也会相应提高；但水洗温度过高时，纤维解取向严重，导致力学性能下降。水洗温度一般为 55℃左右。

5. 助剂

（1）交联剂对壳聚糖纤维性能的影响

由于壳聚糖中强的氢键作用使其在乙酸溶剂中的溶解度比较小（3%~5%），这也是导致壳聚糖纤维强度不高的原因之一，常使用交联剂来提高壳聚糖纤维的强度，交联剂与壳聚糖上的基团发生交联反应，将原本为线性壳聚糖大分子交联成具有网络结构的巨大分子，有效地改善壳聚糖的强度。

壳聚糖的化学交联反应主要是在分子间发生，也可在分子内发生；可以发生在同一直链的不同链节之间，也可以发生在不同直链间。与壳聚糖发生化学交联反应的交联剂通常是含有双官能团的醛和酸酐，主要是醛基与氨基生成席夫碱结构。反应可在均相或非均相条件下，在较宽的 pH 范围内与室温下迅速进行。常用的交联剂有环氧氯丙烷、苯二异氰酸酯、甲醛、乙二醛、戊二醛、双醛淀粉和乙二醇双缩水甘油醚等[187-189]，其中戊二醛是壳聚糖交联反应中使用最多的交联剂[190-195]，如图 3-48~图 3-51 所示。

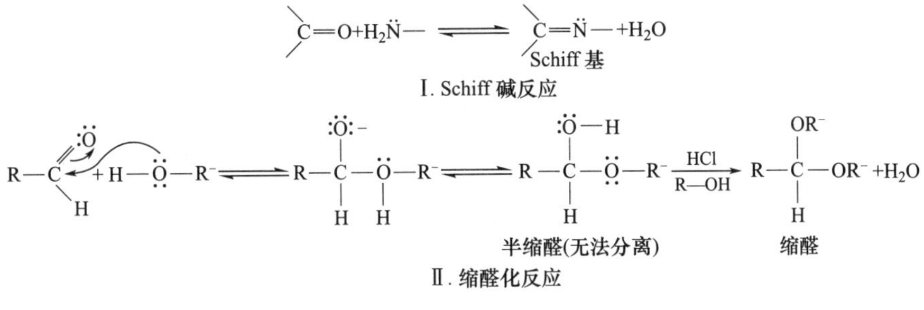

$$\gt C{=}O + H_2\ddot{N}{-} \rightleftharpoons \gt C{=}\ddot{N}{-} + H_2O$$

Schiff 基

Ⅰ. Schiff 碱反应

$$R{-}\underset{H}{C}{=}\ddot{O}: + H{-}\ddot{O}{-}R' \rightleftharpoons R{-}\underset{H}{\overset{:\ddot{O}:^-}{C}}{-}\underset{H}{\ddot{O}}{-}R' \rightleftharpoons R{-}\underset{H}{\overset{:\ddot{O}-H}{C}}{-}\ddot{O}{-}R' \xrightarrow[R-OH]{HCl} R{-}\underset{H}{\overset{OR'}{C}}{-}OR' + H_2O$$

半缩醛(无法分离)　　缩醛

Ⅱ. 缩醛化反应

图 3-48　Schiff 碱反应与缩醛化反应

（2）其他助剂对壳聚糖纤维加工成形性能的影响

由于聚电荷效应，壳聚糖溶液具有较高的黏度，这种高黏度严重影响了壳聚糖的加工成形。一般情况下选择加入小分子添加剂以改善纺丝原液的流变性质。国内外关于添加剂对壳聚糖溶液性质的影响的研究较多，主要集中在小分子盐（NaCl、KCl、$LiCl \cdot H_2O$ 等）和有机小分子（尿素、二乙基脲及二丙基脲等）两个方面[196-198]。

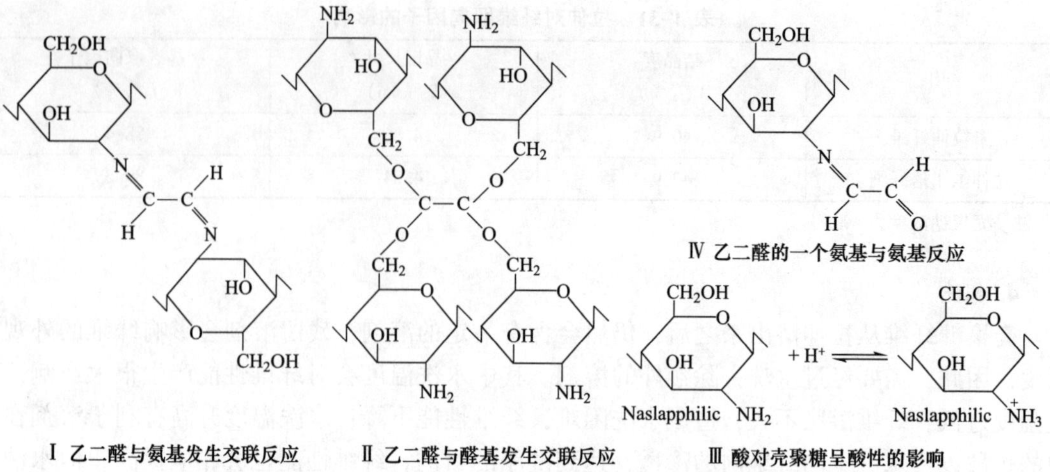

Ⅰ 乙二醛与氨基发生交联反应　Ⅱ 乙二醛与醛基发生交联反应　Ⅲ 酸对壳聚糖呈酸性的影响　Ⅳ 乙二醛的一个氨基与氨基反应

图 3-49 壳聚糖与乙二醛交联结构示意图

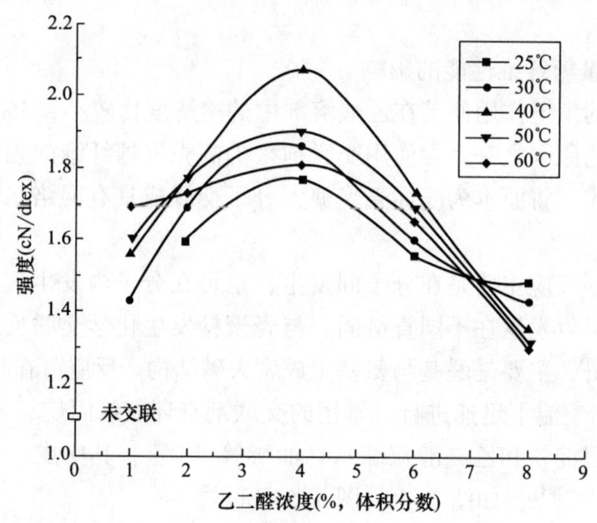

图 3-50 不同温度下乙二醛浓度对壳聚糖纤维强度的影响

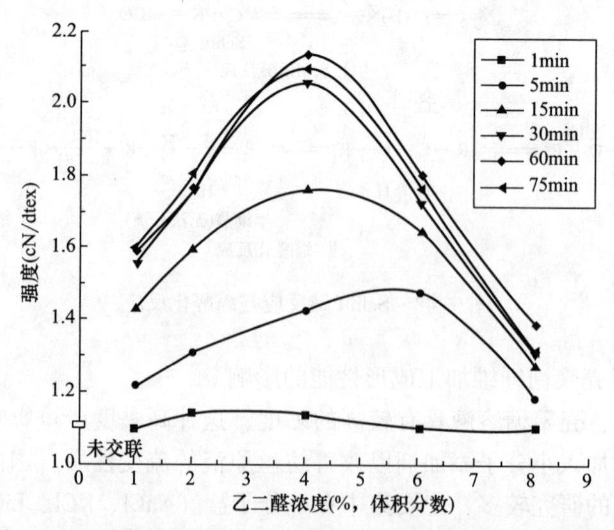

图 3-51 不同反应时间下乙二醛浓度对壳聚糖纤维强度的影响

张圆圆等[163]研究了小分子添加剂尿素和乙酸钠的加入对壳聚糖纺丝原液表观黏度的影响，结果表明，随着尿素加入量的增加，纺丝原液的表观黏度下降，但当尿素量增加到一定程度后，表观黏度趋于平缓，并略有上升，如图3-52所示。乙酸钠的添加量增加，壳聚糖纺丝原液的表观黏度呈上升趋势，当乙酸钠含量达到0.5%时，壳聚糖原液呈冻胶状态，见表3-32。

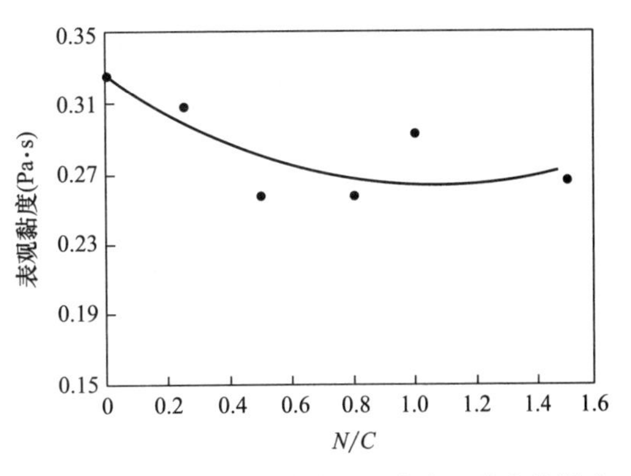

图3-52　尿素对壳聚糖纺丝原液表观黏度的影响

表3-32　乙酸钠对壳聚糖原液的黏度影响

乙酸钠/壳聚糖	表观黏度（Pa·s）
0	0.328
0.25	0.570
0.5	冻胶
0.75	冻胶
1.0	冻胶

注　壳聚糖浓度为5%。

二、壳聚糖纤维的其他成形方法

（一）干湿法纺丝

湿法纺丝纺制得到的壳聚糖纤维强度较低，因此，干湿法纺丝被考虑用于增强纤维的力学性能。干湿法纺丝与传统的湿法纺丝的不同之处仅在于：纺丝原液从喷丝孔喷出进入凝固浴之前，经过一段空气层[199]，纺丝示意图如图3-53所示。

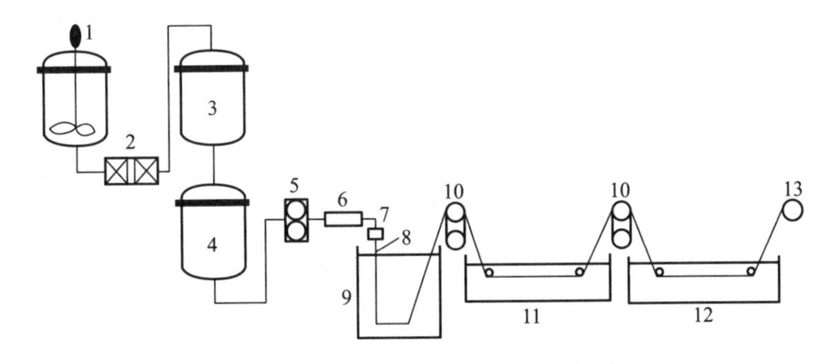

图3-53　壳聚糖干湿法纺丝示意图

1—溶解釜　2—过滤器　3—中间桶　4—储液桶　5—计量泵　6—过滤器　7—喷丝头
8—空气层　9—凝固浴　10—传送辊　11—拉伸浴　12—洗涤浴　13—卷绕辊

干湿法纺丝中空气层的存在使初生纤维的结构发生很大变化，在一定的牵伸倍数下，从喷丝孔中喷出的原液细流在空气层中不会凝胶化，相分离作用防止了丝条内部溶液向皮层扩散，液态丝条在进入凝固浴前，在空气层中被牵伸成分子结构取向。已初步拉伸取向的初生纤维，在凝固浴中固化成形。由于具有高度取向结构，干湿纺纤维强度比相同条件下得到的湿纺纤维强度高。在纺丝过程中除湿法纺丝的影响因素外，还受到空气层高度的影响。

颜晓莱等[172] 研究了不同空气层长度下纺制的壳聚糖的纤维截面和力学性能的影响。结果表明：当空气层长度为 0.5cm［（a）、（b）］时，纤维截面粗糙，有许多孔洞，空气层长度为 4cm［（c）、（d）］时，获得的纤维截面结构致密，几乎看不到孔洞，如图 3-54 所示。

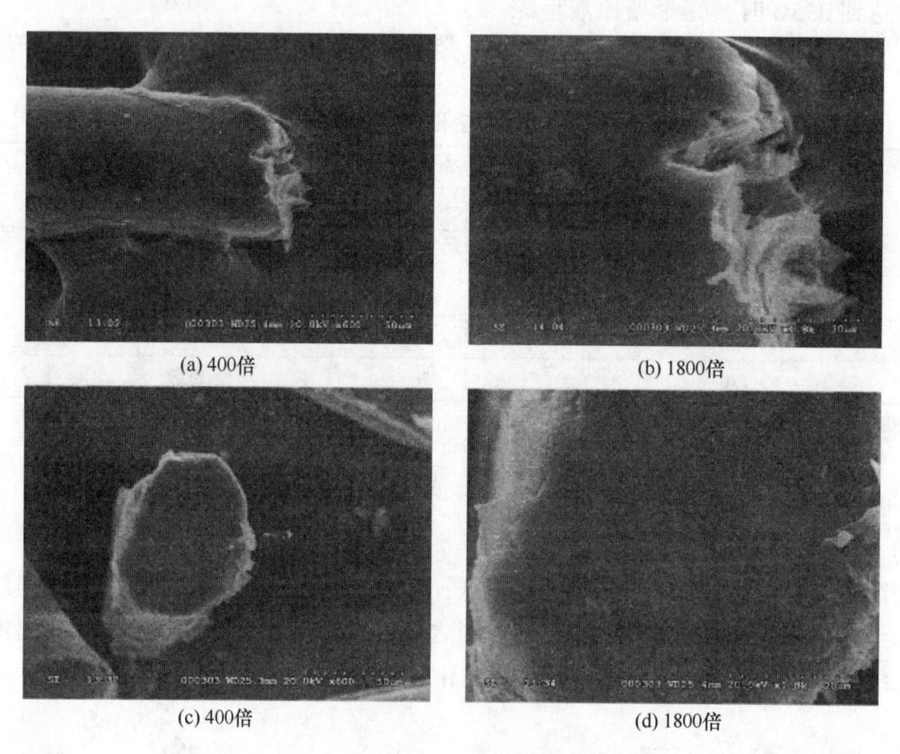

图 3-54　不同空气层长度制得纤维截面图

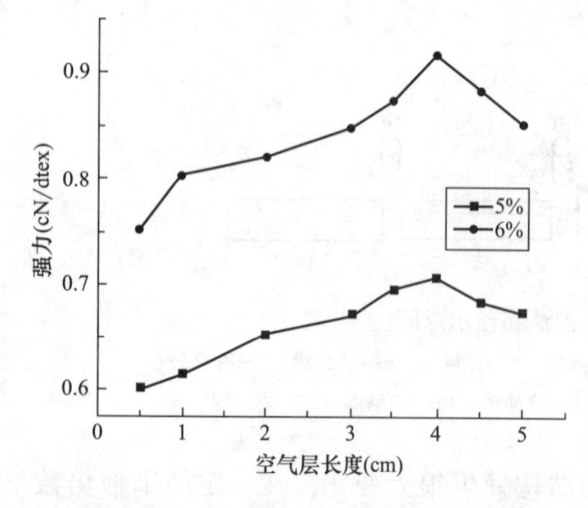

图 3-55　空气层长度对纤维强力的影响

这是因为随着空气层长度的增加，轴向作用力也越大，纤维结构相对紧密。而湿法纺丝得到的纤维，未能经过充分拉伸，所以纤维截面结构粗糙，从而导致力学性能变差。

随着空气层长度的增加，纤维强力呈现先升高后降的趋势，如图 3-55 所示。最佳的空气层长度为 4cm 左右。这是因为壳聚糖纺丝原液从喷丝孔喷出时，大分子链在外力作用下有轴向拉伸作用，与此同时分子链热运动会起到解取向作用，当两者作用力达到平衡时，纤维的强力达到最大值。所以在设定空气层距离时，应同时考虑大分子松弛作用和较大的变形速度[200]，而过短的距离不利于大分子取向。

（二）静电纺丝

静电纺可获得超细纤维，其基本原理是：聚合物溶液或者熔体在外加高压静电场力作用下，形成带静电的喷射流，干燥后形成直径为几十纳米的纤维，静电纺丝装置示意图如图3-56所示。近年来，壳聚糖的纳米纤维被人们广为关注，尤其是静电纺丝技术的普遍化，使得各种壳聚糖衍生物、复合纳米纤维层出不穷。但是壳聚糖主链的结构以及在酸性体系中氨基的质子化导致其制备工艺受到了很大的局限[201,202]。

静电纺丝技术制备壳聚糖纳米纤维，传统的制备方法通常选用有机溶剂或者2%的醋酸为溶剂[203]，但是两者都有很大的缺点，前者会造成环境污染和对人体产生一定程度的危害，对产品的性能影响很大；后者溶液表面张力和黏度很大，很难纺丝成功，通常选用低聚壳聚糖和高聚辅助聚合物共混，虽然避免了使用有机溶剂，但是主要成分往往是辅助高聚物而不是壳聚糖[204,205]。肖学良等[206] 以甲酸为溶剂溶解壳聚糖/PVA，进行静电纺丝得到共混纤维毡，研究表明共混溶液中PVA质量分数为8%、CS质量分数为4%时静电纺丝效果较好，纤维的平均直径为307nm。

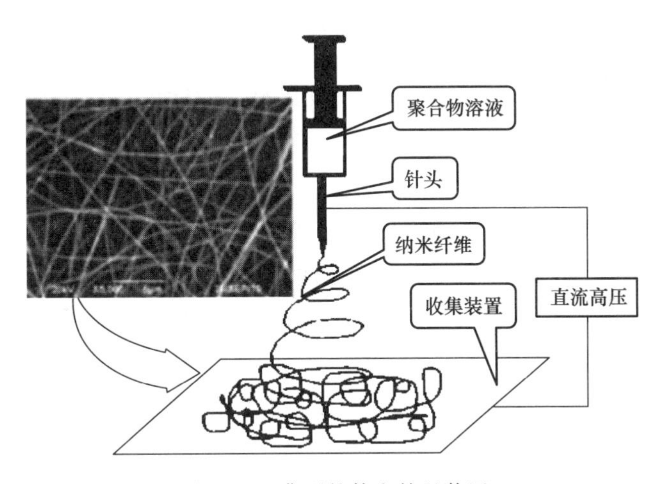

图3-56 典型的静电纺丝装置

（三）液晶纺丝

壳聚糖纤维要实现使用化，仍然需要提高强度，液晶纺丝对于改善纤维的强度和模量等力学性能具有较明显的效果。壳聚糖与纤维素的结构有较大的相似性，纤维素衍生物的液晶性早已被发现并进行了许多研究，但壳聚糖及其衍生物的研究相对落后。已经报道的具有液晶性的甲壳素类衍生物有羟丙基壳聚糖、氰乙基壳聚糖、丁酸壳聚糖、*N*-邻苯二甲酰化壳聚糖、苯甲酸壳聚糖等[207-211] 品种。具有简单结构甚至是纯的壳聚糖，在特定条件下也能生成液晶[212,213]。用液晶性壳聚糖衍生物在液晶态下加工成型可以得到较高强度的纤维产品。

第六节 壳聚糖纤维的性能和用途

一、壳聚糖纤维的性能

(一) 线密度

线密度是纤维粗细的程度。纤维的粗细可用纤维的直径和截面积表示，但纤维的截面积不规则和不易测量。在化学纤维工业中，通常以单位长度的纤维质量，即线密度表示，其法定单位为特克斯，简称特，符号为 tex，定义为 1000m 长的纤维在公定回潮率时的重量，其 1/10 为分特（dtex）。

工业化的壳聚糖纤维线密度一般在 1.6dtex 左右。以壳聚糖纤维作为水刺非织造材料的原料时，选择线密度较小的纤维，梳理的效果和成网的均匀性都会比较好，梳理强度也会相对较低，制得的非织造材料密度大、强度高、手感柔软[214,215]。

(二) 力学性能

1. 断裂强度

断裂强度是表征纤维品质的主要指标，即纤维在标准状态下受恒速增加的负荷作用直到断裂时的负荷值，提高纤维的断裂强度可改善制品的使用性质。工业化壳聚糖纤维的断裂强度在 1.4~2.0cN/dtex，与常用的纤维相比断裂强度偏小，所以单一成分的壳聚糖纤维织物开发困难。

2. 断裂伸长率

纤维拉伸时产生的伸长占原来长度的百分率称为伸长率。纤维拉伸至断裂时的伸长率称为断裂伸长率，它表示纤维承受拉伸变形的能力。断裂伸长率大的纤维手感比较柔软，在纺织加工中，可以缓冲所受到的力；但断裂伸长率也不宜过大，否则织物容易变形。

壳聚糖纤维的断裂伸长率是在 7%~15%，工业化壳聚糖纤维的断裂伸长率在 11%~15%，其断裂伸长率比涤纶、锦纶等合成纤维小。

3. 初始模量

初始模量也称弹性模量或杨氏模量，为纤维受拉伸而当伸长为原来的 1%时所受的应力，即应力—应变曲线起始一段直线部分的斜率，单位为牛顿/特克斯（N/tex），也常用 cN/ dtex 表示。壳聚糖纤维的初始模量在 70~95cN/ dtex，几乎比所有常见合成纤维的初始模量都大，这表明壳聚糖纤维在小负荷下难以变形，其刚性非常大[216]。

(三) 抑菌性能

纯壳聚糖纤维的抑菌机理较为复杂，主要的机理是壳聚糖质子化后，形成带正电荷的阳离子基团—NH^{3+}和带负电荷的细菌之间发生电中和反应，损坏了细菌细胞壁的完整性，改变了微生物细胞膜的流动性和通透性，使细菌不能生长繁殖，起到抑菌作用。表 3-33 为海斯摩尔壳聚糖纤维 1h 抑菌性能。

抑菌实验结果表明，壳聚糖纤维在 1h 内金黄色葡萄球菌抑菌率差值≥95%、大肠杆菌抑菌率差值≥95%、白色念珠菌抑菌率差值≥45%，均大于国家标准，说明壳聚糖纤维有非常好的抑菌性能。

表 3-33　壳聚糖纤维 1h 抑菌性能

实验菌株	国家标准	壳聚糖纤维	测试标准
金黄色葡萄球菌	>26%	>95%	按 GB 15979—2002，附录 C5 检测
大肠杆菌	>26%	>95%	
白色念球菌	>26%	>45%	

（四）回潮率

化纤行业一般用回潮率来表示纤维吸湿性的强弱。纤维材料中的水分含量，即吸附水的含量，用回潮率表示，是指纤维所含水分的质量与干燥纤维质量的百分比。纤维吸湿性的强弱与纤维分子中亲水性基团的数量、纤维结构的微孔性及纤维之间的抱合性有关。

壳聚糖纤维的回潮率一般是在 12%～18%。由于壳聚糖的分子链上分布着大量的氨基和羟基，而氨基和羟基是强亲水性的基团，而且壳聚糖纤维湿法纺丝而成，纤维结构中存在许多微孔结构，使壳聚糖纤维具有较强的透气、吸湿功能，从而降低了壳聚糖的刚度，有利于纤维后加工，提高最终产品的质量[217]。

（五）摩擦性能

摩擦是指两个物体之间接触并发生或将要发生相对滑移的现象。从宏观形态来看，纤维的摩擦是纤维材料间相互碰撞和挤压的过程。纤维制成织物后，在使用过程中，与外界物体或织物间接触摩擦，会使织物表面的纤维露出而起毛，进而使织物起球，甚至使织物磨损，但纤维有一定的摩擦也会使织物里的纤维间缠结更紧密。

纤维的摩擦性能是用摩擦系数表示的。壳聚糖纤维的摩擦系数在 1.5 左右，纤维的摩擦性能较好，在制成织物后，有利于织物内部纤维的缠结，提高产品的质量[218]。

（六）卷曲性能

沿着纤维纵向形成的规则或不规则的弯曲称为卷曲。卷曲可以使短纤维纺纱时增加纤维之间的摩擦力和抱合力，使成纱具有一定的强力。卷曲还可以提高纤维和纺织品的弹性，使手感柔软，突出织物的风格，同时卷曲对织物的保暖性、抗皱性和表面光泽的改善都有一定的影响。

壳聚糖纤维的刚性大，不易形成卷曲，这会导致纺纱时抱合力小，给接下来加工成纺织品增加困难，所以要在后加工过程中用机械、物理和化学的方法，使壳聚糖纤维具有一定的卷曲度。

（七）电学性能

纤维在纺织加工和使用过程中，因摩擦而产生的静电不仅会严重影响正常生产的进行，还会对人的健康产生影响，所以消除纤维所带的静电是纤维加工过程中必须要考虑的问题。因为纤维制品的体积和截面不容易测量，所以人们一般用质量比电阻来表征纤维的导电性，在数值上它等于样长为 1cm 和质量为 1g 的电阻，单位为 Ω/（g·cm）。表 3-34 为壳聚糖纤维和其他常见纤维的质量比电阻比较[206]。

表 3-34 壳聚糖纤维和其他常见纤维的质量比电阻

纤维	质量比电阻［Ω/（g·cm）］
壳聚糖纤维	$10^6 \sim 10^7$
棉	$10^6 \sim 10^7$
黏胶纤维	10^7
涤纶	$10^{13} \sim 10^{14}$
锦纶	$10^{13} \sim 10^{14}$
腈纶	$10^{12} \sim 10^{13}$

从表 3-34 可看出，壳聚糖纤维的质量比电阻和天然纤维差别不大，远低于其他合成纤维。

（八）溶胀性

纤维在吸湿的同时伴随着体积的增大，这种现象称为溶胀。纤维在溶胀时，直径增大的程度远大于长度增大的程度，称为纤维溶胀的异向性。各种纤维吸湿后溶胀的程度是不相同的，吸湿性高的纤维溶胀比较大，图 3-57 是壳聚糖纤维和黏胶纤维在水中直径随时间的变化。从中可以看到，壳聚糖纤维的溶胀速度比黏胶纤维快，而且其直径增大的百分比也比黏胶纤维大，壳聚糖纤维的弹性会下降，摩擦系数会增大，伸长率也会增加，这在水刺加固中有利于纤维的缠结[219]。

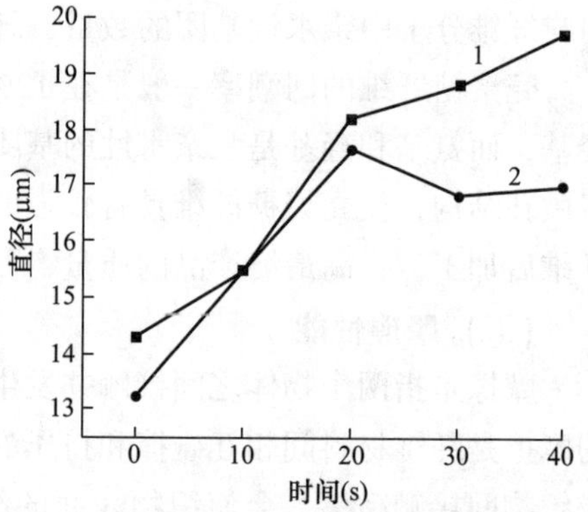

图 3-57 纤维吸水过程中纤维直径与时间的关系曲线

1—壳聚糖纤维 2—黏胶纤维

二、壳聚糖纤维的用途

根据壳聚糖纤维如上优异的性能特点，应用领域主要为服用、家用、医用、卫用、航天军工、过滤领域。

（一）服用

壳聚糖纤维制成的面料，经整理后挺括、不皱不缩、色泽鲜艳、穿着舒适、有弹性、吸汗性好、对人体无刺激，且不易褪色，同时具有抗菌防臭、促进血液凝固、保湿透气等优良性能，对皮肤病具有一定的治疗作用。壳聚糖纤维不溶于水，经多次洗涤后其抗菌效果不会减弱，手感柔软、穿着舒适，是一种新型、绿色的功能化纺织材料。

目前，海斯摩尔、日本富士纺、韩国甲壳素公司、青岛即发、淄博蓝晶、海蓝等公司已向市场推出了以壳聚糖纤维为原料（壳聚糖纤维的含量一般在 10%～20%）的抗菌五趾袜、抗菌内裤、抗菌文胸、保健 T 恤、袜子、运动服、婴儿装等服用产品，受到消费者的青睐[220-224]。

（二）家用

由于壳聚糖纺织品具有良好的吸湿性、抗菌性、透气性、表面触感、防臭、防霉、保持清洁卫生等优良性能，而且经壳聚糖纤维和其他纤维混纺的纺织品其抗皱性能有明显提高，并具有良好的生理适应性，长时间与人体接触无刺激性和过敏性等特点，壳聚糖纤维常与其他纤维混纺，如棉、麻等，用于制备床单、被套、毛巾、毛毯、餐巾等家纺产品[225]。

(三) 医用

壳聚糖的大分子结构不仅有与植物纤维素相似的结构，而且还有与人体骨胶原组织类似的结构，对人体无毒性、无排斥作用，所以壳聚糖纤维具有良好的生物相容性和生物安全性，完全达到医用材料的标准，制成的医疗类产品已被广泛应用。

1. 吸收性手术缝合线

可吸收手术缝合线目前主要是羊肠线，但是羊肠线缝合和打结困难，而且非常容易使人体产生抗原抗体反应。用壳聚糖纤维制成的手术缝合线，在一定的时间内在血液、胰液、胆汁等中保持较好的强度，其缝合效果和打结性好，在人体内无排斥作用，相容性好，经过一段时间，壳聚糖缝合线能被人体内的溶菌酶分解，然后被人体吸收，伤口愈合后也不用再拆线，所以壳聚糖纤维在手术缝合线方面具有非常好的应用前景[226]。

2. 医用敷料

目前，医用敷料使用最广泛的原料是植物纤维，但这类敷料黏着伤口创面，更换时会造成再次性机械性损伤，而且外界环境微生物容易通过，交叉感染的概率较高。用壳聚糖纤维制作的医用敷料可以阻隔环境微生物入侵创面，防止交叉感染，还具有快速止血、舒缓疼痛、促进伤口愈合等功效，是较有前景的医用敷料。

3. 人工皮肤

人的皮肤再生能力很强，受到小的创伤会很快恢复愈合，但大面积的创伤和烧伤，皮肤自身就很难愈合，这就需要人工皮肤来作为暂时性的创面保护覆盖材料帮助皮肤愈合。用壳聚糖纤维制成的人造皮肤不仅对受伤的皮肤有覆盖作用，还具有积极接受生物反应的特点，而且壳聚糖制造的人工皮肤舒适、柔软、透气性好、贴合性好，还具有抑菌消炎、止血和抑止疼痛的作用，有利于表皮细胞生长，随着自身皮肤生长，壳聚糖会自行降解被人体吸收[227]。

(四) 卫用

壳聚糖纤维非织造布，是理想的女性、婴幼儿、老年护理用品的表层和导流层材料。

在面膜基材领域，壳聚糖纤维非织造布具有优异的吸附、抑菌功能，是一种良好的面膜基材，目前，广州天丝、南海清秀、广州千叶百草等多家面膜基材、化妆品企业，每年生产含有壳聚糖纤维的面膜基材达到数百吨。

在卫生巾领域，壳聚糖纤维热风非织造布具有优异的抑菌效果、良好的透水性以及无皮肤刺激、无皮肤致敏反应等特点，是卫生巾等日用品的理想材料。

(五) 航天军工

现已研发成功以纯壳聚糖纤维为核心原料的“特种壳聚糖纤维布”，它具备抑菌、阻燃、抗静电、防霉、240℃高温脱气无毒等优良特性，成为中国航天专用产品，已用到航天工程“天宫一号”“神舟八号”的内饰材料，并正在向航天货包、航天水囊等产品延伸。

壳聚糖纤维的天然抑菌、快速止血、舒缓疼痛、促进伤口愈合等功效，作为重要的军用纺织品及功能性敷料原材料，开发了战场急救纱布、作战内衣战靴里衬材料等军工产品，已得到国外的实战检验，如1991年第一次海湾战争中，美国军队就普遍装备了壳聚糖急救包。

壳聚糖纤维用于航天军工纺织品有很广阔的前景。

（六）过滤领域

由于壳聚糖纤维的多孔性与功能性，可以广泛应用于过滤领域中，包括水净化过滤、空气净化过滤和核污染处理等。由静电纺丝制备的纯壳聚糖纳米纤维可以吸收金属离子，其过滤效率主要取决于纤维截面形状、尺寸及表面壳聚糖含量的多少。

第七节 壳聚糖纤维织造布和非织造布

一、壳聚糖纤维织造布

纯壳聚糖纤维线密度小、表面摩擦系数小、强度低、价格昂贵、纯纺加工困难，在纺织品织造领域，一般是将壳聚糖纤维与其他纤维混纺织成运动衣、内衣面料等，其混纺的纤维主要有莫代尔、羊绒、精梳棉、天丝、麻赛尔，其中壳聚糖纤维的含量在10%~30%[228]。

壳聚糖纤维自身存在着色过快，在酸性条件下易溶解的缺点，针对这些缺点工业上研发了壳聚糖纤维专用活性染色剂和染色工艺，通过调节活性染料类型、pH、染色时间等工艺条件，形成了全色系染色技术。大体工艺流程为：煮炼（炼漂）—染色—水洗—固色—烘干—染色质量检验—壳聚糖含量检测，最终，经染色后测量的壳聚糖损失率在5%之内。

二、壳聚糖纤维非织造布

以壳聚糖纤维为原料的非织造布具有优良的生物医用特性及高强度、柔软、舒适、高吸水等性能，含有壳聚糖纤维的非织造布是未来最有发展潜力的生物医用材料之一。但由于壳聚糖纤维无卷曲、初始模量较大、刚性大、脆性高、强力低，在混合开松时抱合力差，容易出现过剩开松现象，铺网中会减小针齿对纤维的握持能力以及纤维间的抱合力、摩擦力，产生破网，在非织造加固时也会影响纤维间的缠结效果，一直以来都是影响壳聚糖纤维非织造布大规模产业化最重要原因之一。为了解决壳聚糖纤维非织造加工成型难题，目前，工业上研究出了混合开松、高速梳理、成型切边、组合铺网等工艺技术[229~233]。

（一）壳聚糖纤维混合开松

混合与开松处理是将各种成分的纤维原料进行松解，使大的纤维块、纤维团离解，同时使原料中的各种纤维成分获得均匀的混合。这一处理要求是混合均匀、开松充分并尽量避免损伤纤维，但壳聚糖纤维卷曲率低容易出现过剩开松现象。目前，工业上采用在混合、开松工序安装调湿装备，来调节壳聚糖纤维与混纺纤维吸湿平衡，改善了纤维的刚性，提高了纤维之间的抱合力，有效地防止了壳聚糖纤维的过剩开松。

（二）壳聚糖纤维高速梳理

梳理是成网的关键工序，将开松混合的小丝束梳理成单纤维组成的薄网，供铺叠成网，或直接进行加固，或经气流成网以制造纤维杂乱排列的纤网。与混合开松相似，壳聚糖纤维刚性大会导致高速梳理机梳理时对纤维产生损伤。工业上最新的解决办法是选用双锡林、双道夫、双凝聚结构的梳理机，根据出网速度分别按比例同步升降速，使改变车速时纤维网定量不变。缩短梳理工序流程，优化梳理的速度、隔距、前角等参数，采用“高角度低密度”

方式最大程度地缓和梳理对壳聚糖纤维的损伤，达到高速梳理的要求。

（三）壳聚糖纤维网成型前切边

交叉铺网机以往复运动铺网，在铺网宽度两端换向时，会造成铺叠纤网两端变厚。另外，由于后道加固处理时纤网受牵伸力作用，在牵伸力作用下，其纵向伸长，横向收缩，也会导致两边厚中间薄。对这些问题，工业上采用在交叉铺网、牵伸后，设计添加切边装置，使加固成型的制品厚度均匀。

（四）壳聚糖纤维组合铺网

梳理机生产出的纤维网很薄，通常其面密度不超过20g/m^2，即使采用双道夫，两层薄网叠合也只有40g/m^2。为了增加非织造布的面密度和厚度，需要通过进一步铺网来获得，铺网就是将一层层薄纤网进行铺叠。铺网目的在于增加纤网单位面积质量、提高纤网宽度、调节纵横强力比以及改善均匀性。目前，工业上采用的较先进组合铺网技术是用一台梳理机连接一台交叉铺网机，同时并联一台梳理机的方式，实现单独交叉铺网水刺非织造布、单独平行铺网水刺非织造布以及交叉铺网和平行铺网复合水刺非织造布，实现了壳聚糖纤维纯纺与混纺针刺、水刺非织造布的规模化生产。

三、壳聚糖纤维的发展展望

（一）拓展壳聚糖的原料来源

自然界中，甲壳素和壳聚糖具有资源丰富、价格便宜、安全无毒、良好的生物相容性等优点，应用领域十分广阔。作为生物质再生纤维，它也是我国战略性新兴生物基材料产业的重要组成部分，具有原料可再生以及生物降解等优良特性，大力发展可有效扩大纺织原料来源，弥补纺织资源的不足，同时也是应对石油资源日趋枯竭、实现纺织工业可持续发展的重要手段。目前壳聚糖纤维的原料主要来源于广泛的低分子量虾、蟹壳，新鲜的虾、蟹壳适用于医用级原料的制备，不仅提取技术有待提高，而且不同虾、蟹种类来源的壳聚糖含量及分子链长度、蛋白质和无机盐含量存在巨大差别，同时酸碱提取过程中的反应时间、反应温度、酸碱浓度的不同也影响了壳聚糖脱乙酰度与相对分子质量。在未来壳聚糖纤维的发展中，不仅需要开发新的甲壳素原材料，如大量从蚕蛹、蝇蛆中提取[234]，还需要改进对甲壳素的提取效率，如利用有机酸来代替盐酸与碱制备相结合的方法或者发酵生物法等[235]。

（二）开发超高脱乙酰度壳聚糖

脱乙酰度对壳聚糖的溶解行为影响很大，一般脱乙酰度越高越有利于溶解，从而获得更高浓度的纺丝液，纤维力学性能提高，可实现壳聚糖纤维品质提升。在碱液作用下，甲壳素的乙酰基与羟基反应脱去乙酰基而得到氨基，成为壳聚糖，这是得到高脱乙酰度壳聚糖的关键，但目前国内大多采用的传统碱液加热一步法进行脱乙酰反应，脱乙酰度最高在90%～95%，并且反应时间长，产物黏度低，分子链破坏严重，无法实现超高脱乙酰度、高黏度壳聚糖的规模化制备，而医、卫用要求脱乙酰度更高壳聚糖纤维，与此同时，为得到高脱乙酰度的壳聚糖纤维，需要提高 NaOH 的浓度，延长反应时间，提高反应温度，使反应向正反应方向进行[35]，可采取进一步的工艺优化措施，用多步、梯度的工艺替代一步法脱乙酰，从而达到高脱乙酰度的使用要求。

（三）提升壳聚糖纤维的品质和性能

在纺丝方面，采用湿法纺丝生产的壳聚糖纤维易于成型，纤维内外结构一致，微孔、缝隙等缺陷较少[2,236]，但其纱中产生的短绒等缺陷造成强度偏低、线密度偏大、纤维之间容易粘连，影响壳聚糖纤维的性能和外观，也限制了纤维的应用。纺丝液的脱泡是纤维制备过程的重要环节，纺丝液中的气泡会造成纺丝过程中断丝，影响纺丝稳定性。国内外企业在壳聚糖纤维的生产过程中普遍存在着水洗不充分、脱水困难、干燥效率低等缺点。因而现在越来越多的企业和学者开始研究开发壳聚糖纺丝液高效溶解、高效脱泡、高效过滤和连续化纺丝的技术和设备，改善壳聚糖纤维纺丝工艺和性能[237]。用于医疗卫生领域的壳聚糖纤维质量品质要求更高，但壳聚糖混纺的生产设备基本是沿用黏胶的工艺设备，其中存在很大的适应性问题，所以需要找到更合适、更严格的专用生产设备来提高壳聚糖纤维的产品质量。此外，利用甲壳素和壳聚糖的液晶性，可开发液晶纺丝提高纤维的强度和应用范围。

(四) 加强壳聚糖纤维应用机理的研究

市场应用方面，需要在研究壳聚糖纤维性能机理的前提下，提高其应用效率以及扩大应用领域，做到壳聚糖纤维从原料到产品的全产业链开发。医、卫领域应用中，壳聚糖纤维主要应用于抑菌方面，现代医学要求两小时内达到抑菌效果，而常规壳聚糖纤维需要 18h 才能达到抑菌峰值，这就要求清楚壳聚糖质子化后的抑菌作用、纤维结构与抑菌性能的关系，从而缩短达到抑菌峰值的时间。同样在医、卫领域，为了提高壳聚糖纤维的止血时间，也需要加强对其止血机理的研究，这对整体产业的发展起着决定性的影响。

参考文献

[1] 沈新元. 化学纤维手册 [M]. 北京：中国纺织出版社，2008.

[2] 李达，马建伟. 壳聚糖纤维的生产现状及展望 [J]. 现代纺织技术，2009，3：66-72.

[3] Ogura K，Kanamoto T，Itoh M，et al. Dynamic mechanical behavior of chitin and chitosan [J]. Polymer Bulletin，1980，2 (5)：301-304.

[4] 蒋挺大. 壳聚糖 [M]. 北京：化学工业出版社，2001.

[5] 蒋挺大. 甲壳素 [M]. 北京：化学工业出版社，2003.

[6] 王爱勤. 甲壳素化学 [M]. 北京：科学出版社，2008.

[7] Rinaudo M. Chitin and chitosan：Properties and applications [J]. Progress in Polym Science，2006，31 (7)：603-632.

[8] Prajapati B G. Chitosan a marine medical polymer and its lipid lowering capacity [J]. The Internet Journal of Health，2009，9 (2).

[9] 许树文. 甲壳素·纺织品 [M]. 北京：中国纺织大学出版社，2002.

[10] 周家村，胡广敏. 纯壳聚糖纤维工业化环保纺丝技术与应用 [J]. 纺织学报，2014，35 (2)：157-161.

[11] 谢雅明. 可溶性甲壳质的制造和用途 [J]. 化学世界，1983 (4)：118-121.

[12] 马君志，安可珍. 生物质再生纤维发展现状及趋势 [J]. 人造纤维，2014，5：28-31.

[13] 陈盛，李田土，许晨. 虾、蟹壳的综合利用 [J]. 福建水产，1989 (2)：56-57.

[14] Chang K，Tsai G. Response surface optimization and kinetics of isolating chitin from pink shrimp (Solenocera melantho) shell waste [J]. Journalof Agricultural and Food Chemistry. 1997，45 (5)：1900-1904.

[15] Percot A，Viton C，Domard A. Optimization of Chitin Extraction from Shrimp Shells [J]. Biomacromolecules. 2003，4 (1)：12-18.

[16] 蒋挺大. 甲壳素和壳聚糖的制备及副产物的利用 [J]. 水产科学，1997 (5)：31-33.
[17] 陈利梅，戴桂芝，李德茂. 南美白对虾甲壳素提取工艺的优化 [J]. 中国调味品. 2009 (2)：83-85.
[18] Van Toan N, Ng C H, Aye K N, et al. Production of high-quality chitin and chitosan from preconditioned shrimp shells [J]. Journalof Chemical Technology And Biotechnology. 2006, 81 (7): 1113-1118.
[19] 周丛照，杨铁. 蚕蛹的综合开发利用 [J]. 生物学通报，1993 (10)：44-45.
[20] 倪红，陈怀新，杨艳燕，等. 桑蚕蛹甲壳素及壳聚糖的提取与制备工艺研究 [J]. 湖北大学学报（自然科学版），1998 (01)：97-99.
[21] 李平，章莹. 蝇蛆壳中提取甲壳素工艺研究 [J]. 化工生产与技术，2007 (03)：35-36.
[22] 王爱勤，谭干祖. 从蝇蛹壳中提取甲壳素 [J]. 化学世界，1998 (01)：29-30.
[23] 王爱勤，李洪启，俞贤达. 不同来源甲壳素和壳聚糖的吸湿性与保湿性 [J]. 日用化学工业，1999 (05)：22-24.
[24] Dhillon G S, Kaur S, Brar S K, et al. Green synthesis approach: extraction of chitosan from fungus mycelia [J]. Critical Reviews in Biotechnology, 2012, 33 (4): 379-403.
[25] Butler A R, O'Donnell R W, Martin V J, et al. Kluyveromyces lactis toxin has an essential chitinase activity [J]. European Journal of Biochemistry, 1991, 199 (2): 483-488.
[26] 段元斐，何忠诚，庄桂东，等. 甲壳素提取新工艺的研究 [J]. 食品工业，2007 (03)：7-8.
[27] 许庆陵，曾庆祝. 虾壳甲壳素及壳聚糖提取工艺的研究 [J]. 中国食品添加剂，2013 (06)：104-109.
[28] Jo G H, Jung W J, Kuk J H, et al. Screening of protease-producing Serratia marcescens FS-3 and its application to deproteinization of crab shell waste for chitin extraction [J]. Carbohydate Polymers, 2008, 74 (3): 504-508.
[29] 何灏彦，刘佳佳，于津津. 利用黑曲霉菌丝体制备壳聚糖的研究 [J]. 粮油加工，2009 (05)：127-129.
[30] 贺淹才，许庆清，许嫣红，等. 从黑曲霉提取甲壳素和壳聚糖 [J]. 生物技术，2000 (02)：20-23.
[31] 陈世年. 从米根霉细胞壁寻找天然壳聚糖的研究（Ⅲ） [J]. 华侨大学学报（自然科学版），1996 (04)：399-402.
[32] 陈忻，赖兴华，袁毅桦，等. 用丝状真菌制备壳聚糖的研究 [J]. 精细化工，2000 (03)：132-134.
[33] 王云阳，李元瑞，张丽，等. 鲁氏毛霉发酵法制备甲壳素和壳聚糖的研究 [J]. 西北农林科技大学学报（自然科学版），2003 (05)：106-110.
[34] Kaur S, Dhillon G S. The versatile biopolymer chitosan: potential sources, evaluation of extraction methods and applications [J]. Critical Reviewsin Microbiology. 2014, 40 (2): 155-175.
[35] 赵惠明，吴建一. 甲壳素脱乙酰化研究 [J]. 纺织学报，2007，(09)：19-22.
[36] Saito Y, Okano T, Gaill F, et al. Structural data on the intra-crystalline swelling of beta-chitin [J]. International Journal of Biological Macromolecules, 2000, 28 (1): 81-88.
[37] Saito Y, Putaux J L, Okano T, et al. Structural aspects of the swelling of beta chitin in HCl and its conversion into alpha chitin [J]. Macromolecules, 1997, 30 (13): 3867-3873.
[38] Kurita K, Ishii S, Tomita K, et al. Reactivity characteristics of squid beta-chitin as compared with those of shrimp chitin-high potentials of squid chitin as a starting meterial for facile chemical modifications [J]. Journal of Polymer Science Part a-Polymer Chemistry, 1994, 32 (6): 1027-1032.
[39] 欧阳涟，谢宇，洪小伟，等. 化学法制备壳聚糖的研究 [J]. 河南工业大学学报（自然科学版），2009 (06)：56-58，70.
[40] Younes I, Rinaudo M. Chitin and chitosan preparation from marine sources. Structure, properties and applications [J]. Marine Drugs, 2015, 13 (3): 1133-1174.

[41] 谢利平，陈炳稔. 梭子蟹甲壳素非均相脱乙酰动力学的研究［J］. 广州化工，1996，(01)：30-34.
[42] 钱和生. 甲壳素的脱乙酰化反应［J］. 中国纺织大学学报，1998 (02)：100-103.
[43] 孙吉佑，曲富军，陈小静. 壳聚糖脱乙酰度的实验研究［J］. 辽宁化工，2004 (04)：210-212.
[44] 张子涛. 甲壳素脱乙酰化动力学及壳聚糖在抗菌染色中的应用研究［D］. 上海：东华大学，2003.
[45] Chang K L B，Tsai G，Lee J，et al. Heterogeneous N-deacetylation of chitin in alkaline solution［J］. Carbohydrate Research，1997，303 (3)：327-332.
[46] Methacanon P，Prasitsilp M，Pothsree T，Pattaraarchachai J. Heterogeneous N-deacetylation of squid chitin in alkaline solution［J］. Carbohydrate Polymers，2003，52 (2)：119-123.
[47] 陈炳稔. 甲壳素碱介质非均相脱乙酰动力学研究［J］. 高等学校化学学报，1992 (07)：1008-1009.
[48] Sannan T，Kurita K，Iwakura Y. Studies on chitin. V. kinetics of deacetylation reaction［J］. Polymer Journal，1977，9 (6)：649-651.
[49] 宋庆平，汪泳，丁纯梅. 醇溶剂法制备高脱乙酰度壳聚糖［J］. 化学世界，2005 (07)：422-423+433.
[50] 梁巧兰，徐秉良，师桂英，等. 一种蝇蛆甲壳素、壳聚糖的制备工艺，中国 102993334A［P］. 2013-03-27.
[51] 欧阳明，丁纯梅，张志国，等. 高脱乙酰度壳聚糖的制备［J］. 安徽化工，2007 (02)：29-30.
[52] Rogovina S Z，Akopova T A，Vikhoreva G A. Investigation of properties of chitosan obtained by solid-phase and suspension methods［J］. Journal of Applied Polymer Science，1998，70 (5)：927-933.
[53] 李兆杰. 壳聚糖快速制备技术及降血脂、免疫增强活性研究［D］. 青岛：中国海洋大学，2010.
[54] Nemtsev S V，Gamzazade A I，Rogozhin S V，et al. Deacetylation of chitin under homogeneous conditions［J］. Applied Biochemistry and Microbiology，2002，38 (6)：521-526.
[55] Lamarque G，Viton C，Domard A. Comparative study of the second and third heterogeneous deacetylations of alpha-and beta-chitins in a multistep process［J］. Biomacromolecules，2004，5 (5)：1899-1907.
[56] Lamarque G，Viton C，Domard A. Comparative study of the first heterogeneous deacetylation of alpha-and beta-chitins in a multistep process［J］. Biomacromolecules，2004，5 (3)：992-1001.
[57] Yaghobi N，Hormozi F. Multistage deacetylation of chitin：Kinetics study［J］. Carbohydrate Polymers，2010，81 (4)：892-896.
[58] 曹健，代养勇，王红军，等. 甲壳素微波法脱乙酰制备壳聚糖的研究［J］. 食品科学，2005 (11)：100-105.
[59] 李作为，张立彦，曾庆孝. 微波场中甲壳素非均相碱法脱乙酰反应动力学研究［J］. 广东轻工职业技术学院学报，2006 (02)：5-7，18.
[60] 续旭，黎海雄，姚秦泰，等. 一种蝇蛆壳聚糖制备新方法，中国 102321192A［P］. 2012-01-18.
[61] 张立彦，曾庆孝，李作为，等. 密闭条件下微波场中甲壳素脱乙酰反应的条件研究［J］. 化工进展，2005 (03)：295-298.
[62] 张翠荣，贾振宇，谢华飞. 超声辐射下非均相甲壳素脱乙酰化反应动力学［J］. 化工进展，2011，(09)：2021-2025.
[63] Tsaih M L，Chen R H. Effect of Degree of Deacetylation of Chitosan on the Kinetics of Ultrasonic Degradation of Chitosan［J］. Journal of Applied Polymer Science，2003，90 (13)：3526-3531.
[64] Mlkosza M，Fedoryñski M. Catalysis in Two-Phase Systems：Phase Transfer and Related Phenomena［J］. Advances in Catalysis，1987，35：375-422.
[65] Sarhan A A，Ayad D M，Badawy D S，et al. Phase transfer catalyzed heterogeneous N-deacetylation of chitin in alkaline solution［J］. Reactive and Functional Polymers，2009，69 (6)：358-363.
[66] 丁纯梅，尹鹏程，宋庆平，等. 完全脱乙酰度壳聚糖的制备及表征［J］. 华东理工大学学报（自然科

学版)，2005 (03)：296-299.

[67] Lamarque G，Cretenet M，Viton C，et al. New route of deacetylation of α-and β-chitins by means of freeze-pump out-thaw cycles [J]. Biomacromolecules，2005，6 (3)：1380-1388.

[68] 刘廷国. 冻融法制备水溶性壳聚糖中低温脱乙酰与高温热分解的机理及动力学 [D]. 武汉：华中农业大学，2008.

[69] 刘廷国，李斌，刘晶，等. 甲壳素非均相脱乙酰的低温反应动力学研究 [J]. 食品工业科技，2009 (10)：80-84.

[70] Rudall K M. The Chitin/Protein complexes of insect cuticles [J]. Advances in insect physiology，1963，1：257-313.

[71] Okuyama K，Keiichi Noguchi A，Miyazawa T，et al. Molecular and crystal structure of hydrated chitosan [J]. Macromolecules，2015，30 (19)：5849-5855.

[72] 何曼君，陈维孝，董西侠. 高分子物理 [M]. 上海：复旦大学出版社，1990：57.

[73] Ogawa K，Inukai S. X-Ray diffraction study of sulfuric，nitric，and halogen acid salts of chitosan [J]. Carbohydrate Research，1987，160 (3)：425-433.

[74] Weinhold M X，Thöming J. On conformational analysis of chitosan [J]. Carbohydrate Polymers，2011，84 (4)：1237-1243.

[75] Wang Y，Chang Y，Yu L，et al. Crystalline structure and thermal property characterization of chitin from Antarctic krill (Euphausia superba) [J]. Carbohydrate Polymers，2013，92 (1)：90.

[76] Carlstrom D. The crystal structure of alpha-chitin (poly-N-acetyl-D-glucosamine) [J]. Journal of Cell Biology，1957，3 (5)：669-683.

[77] Sugamori T，Iwase H，Maeda M，et al. Local hemostatic effects of microcrystalline partially deacetylated chitin hydrochloride [J]. Journal of Biomedical Materials Research Part B Applied Biomaterials，2000，49 (2)：225-232.

[78] Clark G L，Smith A F. X-ray Diffraction Studies of Chitin，Chitosan，and Derivatives [J]. Journal of physicalchemistry，1936，40 (7)：863-879.

[79] Samuels R J. Solid state characterization of the structure of chitosan films [J]. Journal of Polymer Science Polymer Physics Edition，1981，19 (7)：1081-1105.

[80] Cartier N，Domard A，Chanzy H. Single crystals of chitosan [J]. International Journal of Biological Macromolecules，1990，12 (5)：289-294.

[81] 方健. 壳聚糖基膜材料的制备、性能与结构表征 [D]. 北京林业大学，2013.

[82] Ratto J A，Chen C C，Blumstein R B. Phase behavior study of chitosan/polyamide blends [J]. Journal of Applied Polymer Science，2015，59 (9)：1451-1461.

[83] 金晓晓. 新型壳聚糖衍生物的制备及其抗菌活性研究 [D]. 中国海洋大学，2009.

[84] Mourya V K，Inamdar N N. Chitosan-modifications and applications：Opportunities galore [J]. Reactive & Functional Polymers，2008，68 (6)：1013-1051.

[85] Shigemasa Y，Usui H，Morimoto M，et al. Chemical modification of chitin and chitosan 1：preparation of partially deacetylated chitin derivatives via a ring-opening reaction with cyclic acid anhydrides in lithium chloride/*N*，*N*-dimethylacetamide [J]. Carbohydrate Polymers，1999，39 (3)：237-243.

[86] Hitoshi S，Norioki K，Atsuyoshi N，et al. Chemical modification of chitosan. 13. synthesis of organosoluble，palladium adsorbable，and biodegradable chitosan derivatives toward the chemical plating on plastics [J]. Biomacromolecules，2002，3 (5)：1120-1125.

[87] 王朝. O-酰化壳聚糖季铵盐的结构及介质对其抗菌活性的影响 [D]. 华侨大学，2013.

[88] 蒋玉湘，李鹏程. 壳聚糖硫酸酯制备方法 [J]. 海洋科学，2004，28 (6)：75-77.
[89] Heras A, Rodriguez N M, Ramos V M, et al. N-methylene phosphonic chitosan: a novel soluble derivative. [J]. Carbohydrate Polymers, 2001, 44 (44): 1-8.
[90] Lu H B, Ma C L, Cui H, et al. Controlled crystallization of calcium phosphate under stearic acid monolayers [J]. Journal of Crystal Growth, 1995, 155 (1-2): 120-125.
[91] Sun L, Du Y, Yang J, et al. Conversion of crystal structure of the chitin to facilitate preparation of a 6-carboxychitin with moisture absorption-retention abilities [J]. Carbohydrate Polymers, 2006, 66 (2): 168-175.
[92] Derek H, Ernst K J. Preparation from chitin of (1→4) -2-amino-2-deoxy-β-D-glucopyranuronan and its 2-sulfoamino analog having blood-anticoagulant properties [J]. Carbohydrate Research, 1973, 29 (1): 173-179.
[93] 王爱勤，俞贤达. O—丁烷基壳聚糖的合成与表征 [J]. 合成化学，1999 (3)：308-310.
[94] 王爱勤，俞贤达. 丁烷基壳聚糖的制备 [J]. 中国医药工业杂志，1998 (10)：471-471.
[95] Muzzarelli R A A, Tanfani F. The N-permethylation of chitosan and the preparation of N-trimethyl chitosan iodide [J]. Carbohydrate Polymers, 1985, 5 (4): 297-307.
[96] 许晨，卢灿辉，丁马太. 壳聚糖季铵盐的合成及结构表征 [J]. 功能高分子学报，1997 (1)：51-55.
[97] 彭湘红，杜金平，王敏娟，等. 甲基丙烯酸与壳聚糖接枝共聚物的制备及应用研究 [J]. 精细化工，2000，17 (3)：137-139.
[98] Blair H S, Guthrie D J, Law T K, et al. Chitosan and modified chitosan membranes I. Preparation and characterisation [J]. Journal of Applied Polymer Science, 1987, 33 (2): 641-656.
[99] Kurita K, Yoshida A, Koyama Y. Studies on chitin. 13. New polysaccharide/polypeptide hybrid materials based on chitin and poly (gamma-methyl L-glutamate) [J]. Macromolecules, 1988, 21 (6): 1579-1583.
[100] 刘茂栋，傅正生，薛华丽，等. 壳聚糖的接枝共聚反应研究进展 [J]. 农业与技术，2005，25 (1)：41-47.
[101] 白林山，冯长根，任启生. 三甲胺修饰戊二醛交联壳聚糖树脂的制备及其吸附性能 [J]. 现代化工，2003，23 (8)：28-31.
[102] 滕艳华，陆赟，薛长国. 乙二醛交联壳聚糖树脂对 Cu (Ⅱ) 吸附研究 [J]. 化工新型材料，2011，39 (10)：119-121.
[103] 袁彦超，陈炳稔，王瑞香. 甲醛、环氧氯丙烷交联壳聚糖树脂的制备及性能 [J]. 高分子材料科学与工程，2004，20 (1)：53-57.
[104] 王乃强. 我国低聚糖的研发现状与前景 [J]. 精细与专用化学品，2007，15 (12)：1-5.
[105] Domard A, Cartier N. Glucosamine oligomers: 1. Preparation and characterization [J]. International Journal of Biological Macromolecules, 1989, 11 (5): 297-302.
[106] Austin P R, Brine C J, Castle J E, et al. Chitin: New facets of research [J]. Science, 1981, 212 (4496): 749-53.
[107] Vasudevan T K, Ran V S R. Preferred conformations and flexibility of aminoacyl side chain of penicillins [J]. International Journal of Biological Macromolecules, 1982, 4 (6): 347-351.
[108] Niola F, Basora N, Chornet E, et al. A rapid method for the determination of the degree of N-acetylation of chitin-chitosan sample by acid hydrolysis and HPLC [J]. Carbohydrate Research, 1993, 238 (93): 1-9.
[109] 汪琴，王丽，王爱勤. 不同因素对 N-琥珀酰壳聚糖特性黏度的影响 [J]. 中国生化药物杂志，2005，26 (6)：350-352.
[110] 何琴，关静，荆妙蕾，等. 比较壳聚糖黏度测定方法 [C]. 天津市生物医学工程学会学术年

会. 2012.
[111] 蒋挺大. 壳聚糖 [M]. 2 版. 化学工业出版社, 2007.
[112] 聂西度, 符靓. ICP-MS 法测定食品级壳聚糖中的微量杂质元素 [J]. 光谱学与光谱分析, 2016, (08): 2621-2624.
[113] 刘碧源, 高仕英. 壳聚糖及其衍生物的抗微生物活性研究进展 [J]. 中国生化药物杂志, 2003, 24 (5): 268-270.
[114] 赵瑞. 壳聚糖改性及壳聚糖止血材料的止血作用和安全性研究 [D]. 中国海洋大学, 2015.
[115] 程东, 韩晓英, 冯宁, 等. 壳聚糖的毒性研究 [J]. 现代预防医学, 2005, 32 (8): 890-892
[116] 孔祥平. 红外光谱法测定壳聚糖脱乙酰度 [J]. 应用化工, 2012, 41 (8): 1458-1461.
[117] Pearson F. G, Marchessault R. H, Liang C. Y. Infrared spectra of crystalline polysaccharides. V. Chitin [J]. Biochimica Et Biophysica Acta, 1960, 43 (141): 101-116.
[118] Darmon S E, Rudall K M. Infra-red and X-ray studies of chitin [J]. Discussions of the Faraday Society, 1950, 9 (9): 251-260.
[119] R. H. Marchessault, F. G. Pearson, C. Y. Liang. Infrared spectra of crystalline polysaccharides: VI. Effect of orientation on the tilting spectra of chitin films [J]. Biochimica Et Biophysica Acta, 1960, 45 (141): 499-507.
[120] Brugnerotto J, Desbrières J, Heux L, et al. Overview on structural characterization of chitosan molecules in relation with their behavior in solution [J]. Macromolecular Symposia, 2001, 168 (168): 1-20.
[121] 代博娜. 核磁共振在与壳聚糖有关的一些复合体系中的应用 [D]. 华东师范大学, 2008.
[122] Tanner S F, Chanzy H, Vincendon M, et al. High-resolution solid-state carbon-13 nuclear magnetic resonance study of chitin [J]. Macromolecules, 1990, 23 (15): 3576-3583.
[123] 王爱勤. 甲壳素化学 [M]. 北京: 科学出版社, 2008: 62-66.
[124] 李海浪. 壳聚糖衍生物的制备及其在药物载体中的应用研究 [D]. 中国科学院大学, 2014.
[125] 张普玉, 刘洋, 彭李超, 等. RAFT 法合成两亲性嵌段共聚物 PSt-b-PAA-b-PSt 及其在离子液体 [BMIM] [PF_ 6] 中的自组装 [J]. 高分子学报, 2010 (1): 59-64.
[126] 朱宁, 凌君, 肖琨. ε-己内酯在咪唑型离子液体中开环聚合 [J]. 高分子学报, 2009 (8): 838-840.
[127] Yimin-Qin. Chitin and chitosan fibres as wound dressing materials. Textile-Horizons, 1994, 14 (6): 19-21.
[128] 严俊, 徐荣南. 壳聚糖的制备及其溶液稳定性的初步研究 [J]. 日用化学工业, 1987 (2): 17-21.
[129] Welton J. Room-temperature ionic liquids: solvents for synthesis and catalysis [J]. Chemical Reviews, 1999, 99: 2071-2083.
[130] Lu X, Zhang Q, Zhang L, Li J. Direct electron transfer of horseradish peroxidase and its biosensor based on chitosan and room temperature ionic liquid [J]. Electrochemistry Communications, 2006, 8 (5): 874-878.
[131] Xie H, Zhang S, Li S. Chitin and chitosan dissolved in ionic liquids as reversible sorbents of CO_2 [J]. Green Chemistry, 2006, 8 (7): 630-633.
[132] 孙播, 徐民, 李克让, 等. 甲壳素和壳聚糖在离子液体中的溶解与改性 [J]. 化学进展, 2013, 25 (5): 832-837.
[133] 朱庆松, 韩小进, 程春祖, 武长城. 壳聚糖在 4 种咪唑型离子液体中溶解性的研究 [J]. 高分子学报, 2011 (10): 1173-1179.
[134] Wu Y, Sasaki T, Irie S, et al. A novel biomass-ionic liquid platform for the utilization of native chitin [J]. Polymer, 2008, 49 (9): 2321-2327.
[135] Cai J, Zhang L. Rapid Dissolution of Cellulose in LiOH/Urea and NaOH/Urea Aqueous Solutions [J]. Mac-

romolecular Bioscience，2005，5（6）：539-48.

[136] Qi H，Yang Q，Zhang L，et al. The dissolution of cellulose in NaOH-based aqueous system by two-step process [J]. Cellulose，2011，18（2）：237-245.

[137] Hu X，Du Y，Tang Y. Solubility and property of chitin in NaOH/urea aqueous solution [J]. Carbohydrate Polymers，2007，70（4）：451-458.

[138] 李友良. 基于碱性溶剂体系制备壳聚糖新材料的研究 [D]. 浙江大学，2012.

[139] 李维艳，黄林，杨朋，等. 壳聚糖在柠檬酸溶液中溶解行为研究 [J]. 化工新型材料，2011，39（11）：121-123.

[140] 张红，张雯佳，赵国樑. 壳聚糖纺丝原液性能及其湿法纺丝工艺 [J]. 纺织学报，2010，31（8）：1-5.

[141] 李德鹏，谭绩业，丁仕强，等. 壳聚糖溶液性质的研究 [J]. 大连大学学报，2002，23（6）：5-8.

[142] 邵伟，沈青. 壳聚糖在醋酸溶液中的溶解行为及动力学模型 [J]. 纤维素科学与技术，2007，15（2）：30-33.

[143] Anthonsen M W，Vårum K M，Smidsrød O. Solution properties of chitosans：conformation and chain stiffness of chitosans with different degrees of *N*-acetylation [J]. Carbohydrate Polymers，1993，22（3）：193-201.

[144] Lamarque G，Lucas J M，Viton C，et al. Physicochemical behavior of homogeneous series of acetylated chitosans in aqueous solution：role of various structural parameters [J]. Biomacromolecules，2005，6（1）：131-142.

[145] Ravindra R，Krovvidi K R，Khan A A. Solubility parameter of chitin and chitosan [J]. Carbohydratc Polymers，1998，36（2-3）：121-127.

[146] Pedroni V I，Schulz P C，Gschaider M E，et al. Chitosan structure in aqueous solution [J]. Colloid and Polymer Science，2003，282（1）：100-102.

[147] 傅献彩，沈文霞，姚天扬. 物理化学. 下册 [M]. 4版. 高等教育出版社，1990：521.

[148] 杜兰平，徐崇泉. 有关壳聚糖溶解性能的研究 [J]. 化学工程师，1990（6）：10-12.

[149] 张庆法. 壳聚糖自动化纺丝关键技术的研究 [D]. 青岛大学，2013.

[150] 祁冠芳，胡文续. 液压油气泡去除机理研究 [J]. 解放军理工大学学报自然科学版，2002，3（5）：59-62.

[151] 张明军. 再生蛋白纺丝溶液的脱泡工艺及对成型的影响 [D]. 中原工学院，2015.

[152] 卢明立，杨庆洪，董胜利，等. 高黏度液体脱泡装置 [P]. 申请号：201020145315.2.

[153] 何曼君，陈维孝，董西侠. 高分子物理-修订版 [M]. 复旦大学出版社，1990：114.

[154] 梁升. 在离子液体条件下壳聚糖溶解及成膜拉丝性能研究 [D]. 青岛科技大学，2009.

[155] 高群，王国建，李文涛. 壳聚糖在稀溶液中的分子构象及其影响因素 [J]. 化学通报，2009（4）：340-340.

[156] 李星科，纵伟，章银良，等. 脱乙酰度、pH和离子强度对壳聚糖溶液流变性质的影响 [J]. 现代食品科技，2013（1）：11-14.

[157] Schatz C，Viton C，Delair T，et al. Typical physicochemical behaviors of chitosan in aqueous solution [J]. Biomacromolecules，2003，4（3）：641-648.

[158] 李星科，姜启兴，夏文水. 壳聚糖溶液的流变学性质及应用研究 [J]. 食品工业科技，2011，32（2）：65-68.

[159] 刘昌杜，赵胜军，王春维. 尿素对壳聚糖溶液黏度及其膜溶胀率的影响 [J]. 中国粮油学报，2006，21（3）：406-408.

[160] Gao Q，Wan A. Effects of molecular weight，degree of acetylation and ionic strength on surface tension of chi-

tosan in dilute solution [J]. Carbohydrate Polymers, 2006, 64 (1): 29-36.

[161] Min L T, Lan Z T, Rong H C. Effects of removing small fragments with ultrafiltration treatment and ultrasonic conditions on the degradation kinetics of chitosan [J]. Polymer Degradation & Stability, 2004, 86 (1): 25-32.

[162] 陈雄. 壳聚糖溶液行为研究 [D]. 北京服装学院, 2008.

[163] 张园园, 张红, 廖青, 等. 壳聚糖纺丝原液制备及湿法纺丝工艺初探 [J]. 合成纤维工业, 2008, 31 (2): 33-36.

[164] 韩怀芬, 钱俊青. 虾、蟹壳聚糖溶液黏度变化的研究 [J]. 科技通报, 1998 (6): 441-445.

[165] Shahidi F, Synowiecki J. Isolation and characterization of nutrients and value-added products from snow crab (Chionoecetesopilio) and shrimp (Pandalus borealis) processing discards [J]. Journal of Agricultural and Food Chemistry, 1991, 39 (8): 1527-1532.

[166] 董纪震, 赵耀明, 陈雪英, 等. 合成纤维生产工艺学 (下册) [M]. 2 版. 中国纺织出版社, 1994: 528.

[167] 杜兰萍, 徐崇泉, 郭慎满, 等. 化学与黏合, 1989, (4): 213.

[168] 李星科. 壳聚糖的增稠、乳化性质及机制研究 [D]. 江南大学, 2011.

[169] 傅晓琴, 刘海敏. 壳聚糖半稀溶液性质的研究 [J]. 华南理工大学学报 (自然科学版), 1999, 27 (5): 115-120.

[170] 王爱勤. 甲壳素化学 [M]. 北京: 科学出版社, 2008. 63-66.

[171] 郑志清, 沈新元, 赵炯心, 等. 壳聚糖纤维的制备及应用 [J]. 针织工业, 2002 (4): 44-46.

[172] 颜晓菜. 交联壳聚糖的干湿法纺丝工艺研究 [D]. 西南大学, 2013.

[173] 杨庆. 高强度壳聚糖纤维的制备及结构性能研究 [D]. 东华大学, 2005.

[174] Kumar M N V R. Chitin and chitosan fibres: A review [J]. Bulletin of Materials Science, 1999, 22 (5): 905-915.

[175] Knaul J, Hooper M, Chanyi C, et al. Improvements in the drying process for wet - spun chitosan fibers [J]. Journal of Applied Polymer Science, 2015, 69 (7): 1435-1444.

[176] Baba T, Beppu M, Kamizawa C. Preparation of N-propionyl chitosan membranes forultrafiltration and their properties of chemical-resistance [J]. Kobunshi Ronbun Shu, 1994, 51 (8): 523-529.

[177] Malette W G, Quigley H J. Method of achieving hemostasis, inhibiting fibroplasia, and promoting tissue regeneration in a tissue wound:, US4532134 [P]. 1985.

[178] 廖葵. 壳聚糖长丝研制初步试验 [J]. 人造纤维, 2009, 39 (2): 2-5.

[179] 许树文. 甲壳素·纺织品 [M]. 上海: 中国纺织大学出版社, 2002.

[180] Pillai C K S, Paul W, Sharma C P. Chitin and chitosan polymers: Chemistry, solubility and fiber formation [J]. Progress in Polymer Science, 2009, 34 (7): 641-678.

[181] Qin Y. A comparison of alginate and chitosan fibres [J]. Medical Device Technology, 2004, 15 (1): 34-37.

[182] 日本纤维机械学会纤维工学出版委员会. 纤维的形成、结构及性能 [M]. 北京: 纺织工业出版社, 1988.

[183] Hirano S, Nagamura K, Zhang M, et al. Chitosan staple fibers and their chemical modification with some aldehydes [J]. Carbohydrate Polymers, 1999, 38 (4): 293-298.

[184] Zeng M. Study on the preparation of chitosan fibers [J]. Journal of Ocean University of Qingdao, 1993 (02): 77-84.

[185] 邹超贤, 罗先珍, 梁丽明, 等. 壳聚糖纤维制造工艺的研究 [J]. 人造纤维, 2001, 31 (6): 7-8.

[186] Lee S H, Park S M, Kim Y. Effect of the concentration of sodium acetate (SA) on crosslinking of chitosan fiber by epichlorohydrin (ECH) in a wet spinning system [J]. Carbohydrate Polymers, 2007, 70 (1): 53-60.

[187] 杨庆，梁伯润，窦丰栋，等. 以乙二醛为交联剂的壳聚糖纤维交联机理探索 [J]. 纤维素科学与技术，2005，13（4）：13-20.

[188] Groboillot A F, Champagne C P, Darling G D, et al. Membrane formation by interfacial cross-linking of chitosan for microencapsulation of Lactococcuslactis [J]. Biotechnology & Bioengineering, 1993, 42 (10): 1157-1163.

[189] Guibal E, Milot C, Eterradossi O, et al. Study of molybdate ion sorption on chitosan gel beads by different spectrometric analyses [J]. International Journal of Biological Macromolecules, 1999, 24 (1): 49-59.

[190] Alhelw A A, Alangary A A, Mahrous G M, et al. Preparation and evaluation of sustained release cross-linked chitosan microspheres containing phenobarbitone [J]. Journal of Microencapsulation, 1998, 15 (3): 373-382.

[191] Al-Angary A A, Al-Helw A R M, Al-Dardiri M M, et al. Release and bioavailability of diclofenac sodium from low molecular weight chitosan microspheres treated with Japan and carnauba wax [J]. Die Pharmazeutische Industrie, 1998, 60 (7): 629-634.

[192] Saha T K, Jono K, Ichikawa H, et al. Preparation and Evaluation of Glutaraldehyde Cross-Linked Chitosan Microspheres as a Gadolinium reservoir for Neutron-Capture Therapy [J]. Chemical & Pharmaceutical Bulletin, 1998, 46 (3): 537-539.

[193] Spagna G, Andreani F, Salatelli E, et al. Immobilization of the glycosidases: α-l-arabinofuranosidase and β-d-glucopyranosidase from Aspergillusniger, on a chitosan derivative to increase the aroma of wine. Part II [J]. Enzyme & Microbial Technology, 1998, 23 (7-8): 413-421.

[194] Genta I, Perugini P, Pavanetto F. Different Molecular Weight Chitosan Microspheres: Influence on Drug Loading and Drug Release [J]. Drug Development and Industrial Pharmacy, 1998, 24 (8): 779-784.

[195] GallifuocoA, D'ErcoleL, AlfaniF, et al. On the use of chitosan-immobilized β-glucosidase in wine-making: kinetics and enzyme inhibition [J]. Process Biochemistry, 1998, 33 (2): 163-168.

[196] Kawasaki S. Method for manufacturing chitosan fiber: US, US5897821 [P]. 1999.

[197] 陈雄，庄洋，廖青，等. 添加剂对壳聚糖纺丝原液的影响 [J]. 北京服装学院学报自然科学版，2008，28（4）：39-46.

[198] 王伟，徐德时，李素清，等. 聚电解质—壳聚糖浓溶液流变学性质研究：浓度、温度、溶剂 pH 和外加盐对黏度及流动性的影响 [J]. 高分子学报，1994，1（3）：328-334.

[199] 矢吹和之，田中良和，小林久人. 再生纤维素纤维及其制造方法：CN，1080779 C [P]. 2002.

[200] Teng S H, Wang P, Kim H E. Blend fibers of chitosan-agarose by electrospinning [J]. Materials Letters, 2009, 63 (28): 2510-2512.

[201] Meng Z X, Zheng W, Li L, et al. Fabrication, characterization and in vitro drug release behavior of electrospun PLGA/chitosan nanofibrousscaffold [J]. Materials Chemistry & Physics, 2011, 125 (3): 606-611.

[202] Duan B, Yuan X, Zhu Y, et al. A nanofibrous composite membrane of PLGA-chitosan/PVA prepared by electrospinning [J]. European Polymer Journal, 2006, 42 (9): 2013-2022.

[203] Min B M, Lee S W, Lim J N, et al. Chitin and chitosan nanofibers: electrospinning of chitin and deacetylation of chitin nanofibers [J]. Polymer, 2004, 45 (21): 7137-7142.

[204] 肖学良，魏取福. 聚乙烯醇/壳聚糖共混纤维毡的制备与表征 [J]. 合成纤维工业，2008，31（4）：9-11.

[205] Dong Y M, Yuan Q, Xiao Z L, et al. Studies on Lyotropic and Thermotropic Liquid Crystalline Behavior of CyanoethylhydroxypropylChitosan [J]. Chemical Journal of Chinese Universities-Chinese Edition-, 1999, 20 (1): 144-145.

[206] Dong Y, Wu Y, Wang J, et al. Influence of degree of molar etherification on critical liquid crystal behavior of hydroxypropyl chitosan [J]. European Polymer Journal, 2001, 37 (8): 1713-1720.

[207] 董炎明，李志强. 新的液晶性壳聚糖衍生物——氰乙基壳聚糖的合成与表征 [J]. 高等学校化学学报，1998，19 (8): 1343-1345.

[208] Dong Y, Li Z. Scattering Studies on Fingerprint Texture of CyanoethylChitosan [J]. Polymer Journal, 1998, 30 (3): 272-273.

[209] 董炎明，李志强. 一种新的液晶高分子——丁酸壳聚糖的合成与表征 [J]. 高等学校化学学报，1998，19 (1): 161-163.

[210] 董炎明，李志强. 具液晶性的天然高分子——*N*—邻苯二甲酰化壳聚糖的合成与表征 [J]. 天然产物研究与开发，1998 (2): 41-45.

[211] 董炎明，李志强. 苯甲酸壳聚糖——一种新液晶性高分子的合成与表征 [J]. 高分子材料科学与工程，1999，15 (6): 161-163.

[212] Hu Z M, Li R X, Wu D C. Thermotropic phase transition of liquid crystalline solution of chitosan/dichloroaceticacid [J]. Chemical Journal of Chinese Universities-Chinese Edition-, 1999, 20 (1): 153-155.

[213] Murray S B, Neville A C. Murray S B. et al. The role of pH, temperature and nucleation in the formation of cholesteric liquid crystal spherulties from chitin and chitosan. Int. J. Biol. Macromol. 22, 137 [J]. International Journal of Biological Macromolecules, 1998, 22 (2): 137-144.

[214] 张洁，钱晓明. 壳聚糖非织造布的制备及壳聚糖非织造医用敷料的研究进展 [J]. 产业用纺织品，2011，29 (7): 24-27.

[215] 王夕雯. 壳聚糖纤维水刺非织造工艺与产品性能研究 [D]. 东华大学，2011.

[216] 黄聿华，杨为东，林成兵，等. 壳聚糖纤维在针织领域的研究与应用 [J]. 针织工业，2010 (10).

[217] 苏丹. 壳聚糖衍生物纤维的研究 [D]. 大连工业大学，2012.

[218] 张晓靖，李显波，邢明杰. 壳聚糖纤维性能的分析 [J]. 山东纺织科技，2009，50 (4): 7-9.

[219] 蔡再生. 纤维化学与物理 [M]. 中国纺织出版社，2009: 141-146.

[220] 王夕雯，靳向煜，柯勤飞. 壳聚糖纤维性能的测试与分析 [J]. 产业用纺织品，2011，29 (11): 15-19.

[221] 黄国宏. 壳聚糖及其衍生物在食品工业中的应用 [J]. 食品研究与开发，2015 (8): 131-134.

[222] 薛琼，邓靖，赵德坚，等. 壳聚糖包覆肉桂精油对葡萄保鲜的应用研究 [J]. 包装学报，2015 (1): 12-17.

[223] 汪多仁. 壳聚糖的开发与应用进展 [J]. 染整技术，2011，33 (1): 44-46.

[224] 钱程. 壳聚糖纤维医用敷料的生产及应用 [J]. 纺织学报，2006，27 (11): 100-101.

[225] 董瑛. 论壳聚糖纤维织物及其性能 [J]. 纺织科学研究，2003 (2): 36-39.

[226] 彭湘红. 甲壳素、壳聚糖的改性材料及其应用 [M]. 武汉出版社，2009: 95-100.

[227] 蒋挺大. 壳聚糖 [M]. 2版. 化学工业出版社，2007: 237-245.

[228] 闫红芹，张寻，郑文，等. 壳聚糖纤维/棉混纺纱的浆纱配方及其上浆性能 [J]. 河南工程学院学报（自然科学版），2015 (3): 9-13.

[229] 徐小萍，张寅江，靳向煜，等. 壳聚糖/黏胶水刺非织造布的制备及相关性能 [J]. 纺织学报，2013，34 (6): 51-57.

[230] 贾继阳，刘张英. 壳聚糖纤维的制备、性能及在非织造材料中的应用 [J]. 轻纺工业与技术，2010，

39 (2): 38-40.
[231] 许永杉. 壳聚糖接枝聚合物的制备及其在聚丙烯非织造布上的应用研究 [D]. 江南大学, 2015.
[232] 张瑞文, 李嵘, 张英礼. 甲壳素纤维制备工艺研究进展 [J]. 化纤与纺织技术, 2007 (1): 32-35.
[233] 李杨. 面膜用水刺非织造布的开发与性能测试 [D]. 青岛: 青岛大学, 2016.
[234] Kaur S, Dhillon G S. The versatile biopolymer chitosan potential sources, evaluation ofextraction methods and applications [J]. Critical Reviews in Microbiology, 2014, 40 (2): 155-175.
[235] 程倩, 吴薇, 籍保平. 微生物发酵法提取甲壳素的国内外研究进展 [J]. 食品科技, 2012, 37 (3): 40-43.
[236] 李达. 壳聚糖纤维生产关键技术的研究 [D]. 青岛: 青岛大学硕士论文. 2010.
[237] 沈新元, 吉亚丽, 郑志清, 等. 甲壳素类生物医学纤维的制备技术及应用 [J]. 材料导报, 2008, 22 (6): 1-5.

第四章　海藻纤维

第一节　概述

海藻纤维，是以海洋中蕴含量巨大的海藻为原料，经精制提炼出海藻多糖后，再通过湿法纺丝深加工技术制备得到的天然生物质再生纤维，拥有环保、无毒、阻燃、可降解、生物相容性好、原料来源丰富等特点，近年来受到越来越多科研工作者和消费者的青睐，成为近年来发展迅速的一种新型绿色纤维材料。海藻纤维已经在医用敷料领域进行了广泛应用，目前已经逐渐在纺织服装、卫生护理材料、吸附材料等领域进行应用。大力开发海藻纤维，实现海藻化工产业的升级改造，对我国经济社会有很大的促进作用。

一、海藻纤维的发展简史

（一）国外发展状况

国外海藻纤维研究的主要情况为：研究起始早，集中于医用海藻纤维制备、性能研究和医用敷料研发。

1881 年，英国化学家 E. C. Stanford 首先发现海藻酸钠（图 4-1），并发现其具有浓缩溶液、形成凝胶和成膜的能力[1]。1883 年有相关研究公布了海藻材料的结构致密性及粘连性，并有专利公布了对海藻酸的提取以及其大分子产品的物理化学性能及工业应用[2]。

1898 年一篇英国专利介绍了利用海藻酸钠制备海藻酸盐纤维的基本方法。1912 ~ 1940 年，德国、日本和英国均有专利发表了海藻酸盐经挤压可得到可溶性海藻纤维的报道，但未详细报道。1944 年由 Speakman 和 Chamberlain 研究制得并首次对纤维的生产工艺作了详细的报道[3]。此后很长期间内，海藻纤维的研究，主要围绕医用海藻的制备、性能和应用展开。

Masahiro Tachi[4] 制备的吸湿性医疗敷料和绷带，通过降低伤口处的相对湿度来阻止细菌的入侵，起到了防止伤口感染的效果。

平击孝夫等[5] 用海藻酸钠和存在于丁香水、肉桂油等精油中的丁香酚组成混合溶液制造的海藻纤维，对大肠菌和表皮葡萄球菌具有很好的抗菌性。

Johnson 等[6] 研究了一种止血绷带，利用非水溶性海藻酸盐添加到棉纱布等其他纤维材料中制备而成的。

GB 1329693[7] 发明了一种外用绷带的制备方法，其采用海藻酸盐作为止血剂，海藻酸盐与水溶性聚合物结合，其中海藻酸盐是以薄膜或薄片的形式分散。其优点是，薄膜或薄片形式的海藻酸盐与伤口接触时，缓慢地溶解释放出海藻酸盐，从而起到止血作用。GB 1394742[8] 发明了一种含一层海藻酸盐针织物的手术用绷带，海藻纤维针织物被黏附在起支撑作用的其他材料上。

Mason 等[9] 发现海藻酸盐和甘油的水溶性水溶胶是极好的医用敷料，其干燥后可以形成附着性好、无毒且柔软的保护膜，并用水冲洗掉。

Fred C. Aldred 等[10] 于 1983 年利用海藻酸盐湿法纺丝的方法制备了医用绷带材料。利用次氯酸钠和亚硫酸钠对海藻酸钠溶液改性，并通过将初生的海藻酸钙纤维在 100℃ 水蒸汽中进行牵伸，制得了海藻酸钙纤维。

Tong[11] 于 1985 年申请专利对 Fred C. Aldred 的纺丝工艺进行了改进研究，将制得的海藻纤维经过蒸汽牵伸、水洗但未干燥的海藻酸钙纤维制成具有一定黏结的非织造布结构，但没有解决海藻酸纤维凝固过程中的黏结问题，而且得到的纤维材料强力非常低。

Wren 等[12] 于 1990 年公开了一种海藻纤维医用敷料的制备方法。材料表层为海藻酸钙和海藻酸钠纤维，海藻酸钙提供水不溶性，海藻酸钠提供水溶性，其中钙/钠比例为 80 : 20 时性能最佳。

Griffiths 等[13]采用在海藻酸中添加药剂的方法制备具有缓释药物作用的海藻酸纤维，达到了具有一定的释放效果。

Scherr[14] 制备了一系列含有海藻纤维层的医用纱布。其海藻纤维层的海藻酸盐为海藻酸钠、海藻酸钙以及两者的混合物，海藻纤维层可以用机织、针织或非织造布法得到。而用作起支撑作用的非海藻纤维层为丙烯酸盐/棉织物或聚氨酯泡沫层。Scherr 用针刺的方法将海藻纤维织物层和底层紧密地贯穿结合在一起制得了医用纱布，这种医用纱布在处理伤口时表现出了更好的吸收性和稳固性，并且在使用时不需要使用黏合剂或其他的织物来将海藻纤维织物固定在伤口上。

Knill 等[15] 制备了壳聚糖/海藻酸盐纤维并经研究发现，未水解壳聚糖的加入明显降低了纤维的韧性和伸长度，而对强度影响很小，因此他们认为未水解的壳聚糖是包覆在纤维的表面而不是分散在其内部而起到增强作用。其还制备了壳聚糖的水解产物，并用于制备水解壳聚糖/海藻酸盐复合纤维，结果发现海藻酸盐和壳聚糖的协同作用明显增强，而且减小壳聚糖的分子量有利于其在海藻纤维内部的分散，增加了纤维中壳聚糖的含量，增强了纤维结构和拉伸性能。

Andrew 等[16] 2005 年制备了含有银的海藻纤维医用材料。M. Miraftab 等[17] 采用微型的湿法纺丝装置研究了海藻酸复合纤维的纺丝方法及复合纤维的性能。研究表明湿法纺丝过程中牵伸速度对纤维的形貌有很大影响，牵伸速度提高使得复合纤维的横截面变扁。

波兰 Lodz 的化纤研究所依靠自己的专利技术制造了海藻纤维，并向市场推出了长丝和短纤维产品[18]。其中 2.5dtex 的纤维，强度为 17~22cN/tex，伸长率为 12%~16%，勾结强度 30%~40%。该纤维可溶，主要用于医疗方面，也可用作分绞线。

需要单独说明的是，2002 年德国 Zimmer 公司推出的 SeaCell 活性纤维[19]，该纤维为具有抗菌功能的纤维素纤维，并不是纯的海藻纤维。SeaCell 是以 Lyocell 纤维的加工工艺为基础，是在纺丝溶液中加入研磨得很细的海藻粉末予以纺丝而成（海藻以粉末或悬浮物的形式在纺丝前的某一个工序加入）。这种纤维的织物可以用于衬衣、家用纺织品、床垫等，对皮肤有自然美容的效果。在穿着、洗涤或干洗过程中不受影响，能抗绝大多数种类的细菌，对人体无任何副作用。

2002 年，Maingault 等采用皮芯结构的方法制备了海藻纤维材料，但产品化的海藻纤维比较少。此外，有学者将海藻纤维作为治疗伤口药物的载体，利用金属离子置换初生纤维上的钙离子，从而制成诸如海藻酸铁、海藻酸银、海藻酸铜、海藻酸锌等海藻酸盐纤维，具有特殊的生物医学性能。如海藻含银纤维具有优良抗菌性能，经临床应用表明，纳米银敷料对金黄色葡萄球菌、大肠杆菌、绿脓杆菌、芽孢杆菌等均有抑菌或杀菌作用，且对真菌也有很强的杀菌作用，研究中尚未见中毒反应。

CHIU Chihtung 等[20]用聚乙烯亚胺和乙二胺对海藻酸钙纤维改性，制备了海藻酸衍生材料。与 Kaltostat 敷料对比发现，此类材料具有更高的降解温度和更好的海绵状结构，同时具有较强的机械应力和高水透过率。动物实验也发现这种材料具有更好的组织和毛细血管再生能力，在伤口的临床应用中表现出很大潜力。

Rita Singh 等[21] 用辐照的方式将 15%聚乙烯吡咯烷酮（PVP）和 5%的海藻酸交联后形成凝胶敷料，吸水能力可达到自重的 18 倍以上，水蒸气透过率可达到 278.44 g/（m^2·h）。

Ustundag 等[22] 用静电纺丝制备出海藻酸钠和 PVA 共混的纳米纤维垫，因为在共混纤维中 PVA 中的羟基氢原子和海藻酸钠的羧基氢原子间形成了强烈的氢键，提高了纤维的强度和弹性，该纤维有良好的机械性能。

（二）国内发展状况

国内海藻纤维研究的主要情况为：发展初期，处于追踪国外海藻纤维发展技术的局面，现在纺织服装用、生物医用和卫生护理用海藻纤维方面均有建树。

国内甘景镐等[23] 最早报道了我国对海藻酸纤维的研究情况。其最早于 1981 年就结合国外对海藻酸纤维的研究，采用含 5%海藻酸钠的纺丝溶液通过湿法纺丝制备海藻酸钙纤维。其研究使用饱和的氯化钙水溶液作为凝固液，纤维在 60℃下进行干燥后得到的强度为 0.44~1.76cN/dtex。

孙玉山等[24] 于 1990 年研究了海藻酸纤维的生产工艺，其通过湿法纺丝制得了海藻纤维。

张俐娜等[25] 于 2001 年利用羧甲基壳聚糖和海藻酸钠的水溶液经 $CaCl_2$ 水溶液凝固后并再在 HCl 水溶液中再生和干燥后得到了功能膜和纤维。其具有良好的渗透蒸发分离效果和离子吸附功能及良好的力学性能和抗水性。

杜予民等[26-28] 发明专利公开了海藻酸钠与水溶性甲壳素、明胶、大豆分离蛋白共混纤维的制备方法。其制得的共混纤维拉伸率为 10%~30%，干态断裂伸长均在 20%左右。

张瑞文等[29] 在黏胶纤维中添加海藻成分（占纤维的 1%~8%），其方法为：将海藻酸钠溶解于浓度为 0.5mol/L 的 NaOH 溶液中，两者的重量比为（1∶20~100），将海藻胶体在纤维素磺酸酯溶解过程中均匀加入，经混合、研磨制成纺丝液。

刘洪斌[30] 经湿法纺丝制得了海藻酸钙纤维。研究发现纤维吸水性能受凝固浴的浓度和凝固温度影响较大，纺丝液浓度 6%（质量分数）、温度 40℃，以 5%（质量分数）的 $CaCl_2$ 为凝固浴时，得到的纤维性能较为理想，此时吸水率为 15g/g，吸盐水率为 20g/g。

高阔等[31] 2005 年公开了一种聚丙烯腈/海藻酸钠复合纤维及其制造方法，其中海藻酸钠固含量为 1%~20%。海藻酸钠的加入提高了聚丙烯腈纤维的人体亲和性，降低了起球性，并增强了纤维的抗菌作用。

田素峰等[32] 制备了纤维素/海藻酸盐复合纤维与负离子纤维素/海藻酸盐复合纤维。在纤维素/海藻酸盐复合纤维中，海藻酸钠的含量为 2%~15%（质量分数）；负离子纤维素/海藻酸盐复合纤维中组成为：99.6%~76%的纤维素和0.02%~15%的海藻酸钠，0.02%~9%的负离子发生体。

夏延致等[33] 针对海藻纤维制备进行了全面系统的研究。其中，获得授权了多个专利，包括海藻纤维的制备方法；一种具有较好的强度、弹性和生物相容性的海藻酸盐/聚乙烯醇复合纤维的制备方法；琼胶和卡拉胶纤维的制备方法等。特别是发明了耐盐水、耐洗涤剂洗涤的海藻纤维的制备方法并获得了授权，使海藻纤维在纺织服装等领域的应用真正成为现实。

秦益民[34] 将银离子加入海藻酸纤维后制备含银的海藻酸纤维和医用敷料。他介绍了在海藻酸纤维中加入银离子的各种方法，如混合法、物理或化学处理法及共混法等，并分析了含银海藻酸纤维和医用敷料的性能。其研究表明：把银的磷酸锆钠化合物颗粒混入海藻酸纤维后可以制备具有白色外观的抗菌性能很好的纤维，与伤口渗出液接触后，这种纤维可以持续地释放出银离子。实验结果显示含银海藻酸纤维有很好的抗菌性能。

张帆[35] 于2007年专利公开了制备具有吸湿、保湿、止血、抗菌等功能纳米银海藻酸钙抗菌敷料的方法。纳米银颗粒的质量占敷料总质量的0.01%~1%。此敷料的制法为将纳米银喷涂到海藻酸钙敷料上干燥得到，或是将海藻酸钙长丝浸入银的质量含量为0.1%~5%的纳米银浆中，再用丙酮或乙醇脱水、干燥、切断，制成敷料。

二、海藻纤维的产品与分类

海藻纤维的分类目前有很多种，依据产品用途可以分为纺织服装用、军工用、生物医疗用、个人卫生护理用等；依据多糖种类可以分为褐藻纤维（一般传统意义上的海藻纤维指的是褐藻纤维）、红藻纤维等；依据纤维成分可以分为常规海藻纤维和复合海藻纤维。其中常规海藻纤维依据有无金属离子参与和金属离子种类，例如褐藻纤维中，依据有无金属离子可以分为海藻酸纤维和海藻酸盐纤维（海藻酸钙、海藻酸锌、海藻酸铜、海藻酸镍等）。复合海藻纤维依据添加成分可以分为无机小分子/海藻酸钠复合以及有机高分子/海藻酸钠复合两大类（图4-1）。

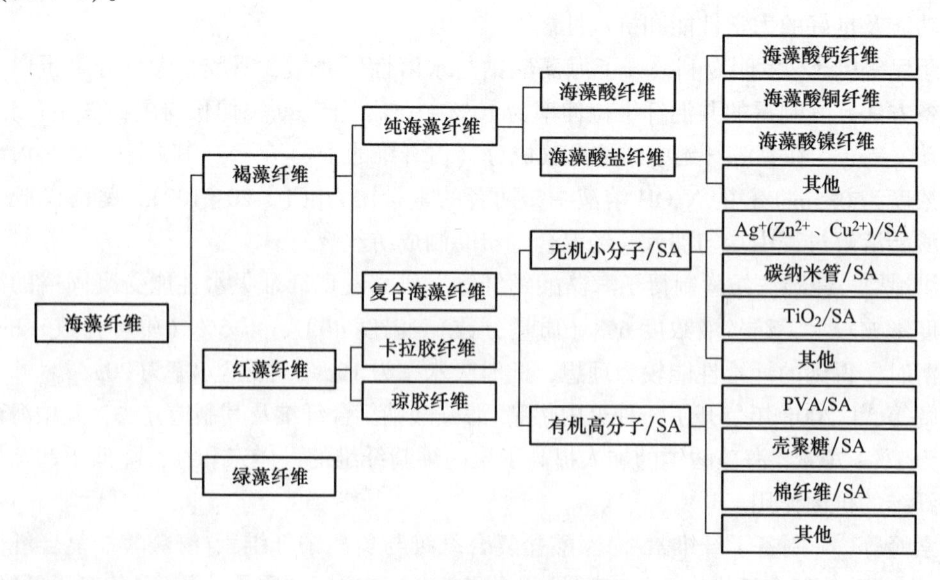

图4-1 海藻纤维分类

多年来海藻纤维主要是以海藻酸盐为原料制备的，所以传统上海藻纤维英文名称为 Alginate Fiber；近年来随着红藻胶纤维的出现，越来越多种类的海藻纤维走进人们视野，传统的海藻纤维（Alginate Fiber）概念所指领域受到挑战，很多文献已经尝试用 Seaweed Fiber 取代 Alginate Fiber 这一概念。目前习惯上海藻纤维所指为海藻酸钙纤维。

（一）常规海藻纤维

海藻纤维是指以海藻胶多糖为原料，经凝胶化反应制得的纤维。其中褐藻胶纤维包含海藻酸和海藻酸盐纤维，红藻胶纤维包括卡拉胶纤维和琼胶纤维。本文中海藻纤维特指海藻酸盐纤维，未加说明均为海藻酸钙纤维。海藻纤维照片及纤维形貌图片如图 4-2 所示。

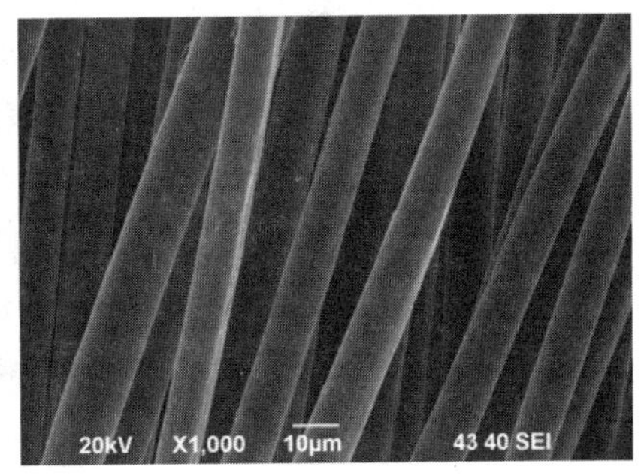

图 4-2　海藻纤维图片

（二）海藻纤维复合纤维

为改善海藻纤维的性能，常对海藻纤维进行复合添加，根据所添加的成分，可以分为无机组分与海藻酸钠复合纤维和有机高分子的组分与海藻酸钠复合纤维两种。

1. 无机组分/海藻酸钠复合海藻纤维

海藻纤维具有一定的抑菌性能，能够吸收大量的伤口渗出液，为减小伤口因大量的渗出液造成感染的概率，需要提高海藻纤维的抗菌性能。常见方法为在海藻纤维中加入具有抗菌性能的锌、银、铜等离子或化合物，使海藻酸医用敷料在具有高吸湿性能的同时还具有很好的抗菌性能。

2. 有机高分子组分/海藻酸钠复合海藻纤维

（1）海藻酸钠/壳聚糖复层纤维。将成型后的海藻纤维浸入壳聚糖溶液。将海藻酸钠纺丝液通过喷丝板挤入氯化钙的凝固浴中，将形成的纤维依次通过未水解的壳聚糖、水解的壳聚糖溶液，再经水洗，最后在丙酮溶液中干燥制得初生纤维[36]。

（2）海藻酸钠/聚乙烯醇共混纤维。海藻酸钠与 PVA 共混制备纤维具有良好的机械性能，因为在共混纤维中 PVA 中的—OH 和海藻酸盐中的—COO—、—OH 形成了强烈的氢键，提高了纤维的强度和弹性。由海藻酸钠与 PVA 形成的水凝胶和纤维具有良好的血液相容性、加工性能和使用性能[15]。

（3）海藻酸钠/羧甲基纤维素钠共混纤维。通过将海藻酸钠与不同质量分数的羧甲基纤维素钠溶液共混，充分溶解后经湿法挤出到氧化钙溶液中凝固，拉伸卷绕，制得吸湿性能及强度等其他性能均较好的羧甲基纤维素钠/海藻酸钠共混纤维[37]。

（4）海藻酸钠/蛋白质共混纤维。将海藻酸钠水溶液和大豆分离蛋白均匀混合，过滤脱泡后在室温条件下于氯化钙、盐酸和乙醇混合液的凝固浴中湿法纺丝，制备海藻酸钠/大豆分离蛋白共混纤维。该纤维适用于非织造布作为伤口敷料，用于医药和纺织领域。

三、海藻纤维的研究现状

近年来，在海藻纤维的基础研究逐渐从单纯的医用敷料领域扩展到纺织服装，改变海藻纤维中的金属离子种类获得新型海藻纤维是海藻纤维研究的一个重要方向，例如王兵兵等[38]利用氯化钡水溶液为凝固浴制备了海藻酸钡纤维，该纤维具有明显的防辐射性能；吴燕等[39]利用硫酸铜水溶液为凝固浴制备了海藻酸铜纤维，该纤维对革兰氏阴性菌和革兰氏阳性菌均具有良好的抗菌性。海藻酸钠与水溶性聚合物的共混纺丝制备复合海藻纤维也是当前的热点研究方向，朱平等[40]利用壳聚糖和海藻和海藻酸钠的电解质效应，在海藻纤维表面包覆壳聚糖，成功制得海藻酸钙/壳聚糖复合纤维，该纤维具有良好的吸湿性和抗菌性；夏延致等利用海藻酸钠与聚乙烯醇共混制备得到海藻酸钙/聚乙烯醇复合纤维，与纯海藻酸钙纤维相比，该复合纤维的强度可达 4.5cN/dtex，而且能够降低海藻纤维的生产成本。在应用领域，海藻纤维的研究主要集中在提高海藻纤维强度和功能化改性等方面。张传杰等[41]通过筛选特定古洛糖醛酸/甘露糖醛酸（G/M）比例的海藻酸钠原料及调整制备工艺，制备了具有一定断裂强度的海藻纤维，初步确定了高强度海藻纤维制备工艺条件为纺丝液质量分数 5.0%，凝固浴质量分数 4.5%，凝固浴温度 40℃，纤维的烘干温度 30℃，并发现海藻纤维的断裂强度随海藻酸钠原料 G/M 值的升高而上升。展义臻[42]等利用液体石蜡作为芯材料，单体乙二胺（EDA）与甲苯-2，4-二异氰酸酯（TDI）采用界面聚合法，合成了直径大约 2μm 聚脲型相变微胶囊，并将其和海藻酸钠共混纺丝制备了相变调温海藻纤维。该纤维可在 18~38℃进行蓄热调温，调节海藻纤维内部的相对温湿度，提高海藻纤维面料的舒适度。此外，改善海藻纤维的可纺性能，如提高纤维卷曲性等，也是纺织服装用海藻纤维研究的重要领域，朱平等[43]利用初生海藻纤维皮芯结构，在松弛状态下进行预脱水和亲水性有机溶剂萃取脱水，制备得到了卷曲度达 7.6%的海藻纤维，提供了海藻纤维在混纺过程中与诸纤维的抱合力，提高了海藻纤维的梳理性能和纺丝性能。

四、海藻纤维的产业现状

2002 年，德国 Alceru Schwarza 公司以 Lyocell 纤维的生产制造程序为基础，在纺丝溶液中加入研磨得很细的海藻粉末或悬浮物抽丝开发出 SeaCell 海藻纤维。SeaCell 纤维可以加工成任意长度和纤度的短纤或长丝，也可以与其他纤维混纺，如与天然纤维或人造纤维混纺，只要在纺织品中混有 25%的 SeaCell 纤维，就可感受到 Seacell 的优点。这种纺织品的终端用途可以应用在衬衣（Hanro 已采用）、家用纺织品、床垫等。另 SeaCell Active 是一种抗菌型的产品，在纺丝时添加银与抗菌剂成分，能缓慢释放银离子，能够持久提供抗菌功能，这种织物可设计作为具有抗菌运动衫、床单、被子、内衣及家饰用品。

另外，意大利 Zegna Baruffa Lane Borgosesia 纺丝公司也推出一种名为 Thalassa 的长丝，丝中含有海藻成份，用这种纤维制成的面料和服装比一般纤维制成的面料和服装更能保持和提高人体表面温度。这种含有海藻成份的面料穿着后可以让人的大脑松弛，也可以提高穿着者的注意力与记忆力，还具有抗过敏、减轻疲劳及改善失眠状况。

日本 Acordis 特种纤维公司是世界首家实现海藻纤维大批量生产的厂家，其工艺属领先地位。这家公司从 1993 年起在本国销售海藻纤维毛巾，自 2000 年在韩国销售海藻纤维内衣，目前已扩大到欧洲和东南亚等国家。海藻纤维在内衣上的应用充分体现了海藻纤维能反射远红外线，产生负离子保暖和保健作用的特性。海藻纤维还具有吸收性，它可以吸收 20 倍于自己体积的液体，所以可以使伤口减少微生物孳生及其所可能产生的异味。

2012 年，青岛大学建成了年产 800 吨的全自动化柔性生产线，在国际上首次实现了海藻纤维全自动连续化生产。目前该公司的海藻纤维已经被应用在阻燃防护功能性产品、生物医用敷料及制品和功能性无纺布等领域。2015 年发明了耐盐、耐碱性洗涤剂海藻纤维的制备技术，在国际上首次实现了海藻纤维在纺织服装材料领域的应用。

此外，国内有中国纺织科学院海藻纤维研发项目于 2011 年经科技成果鉴定，建成了 10 吨/年的医用海藻酸盐纤维生产线。国内还有广东百合（产能 20 吨/年）、山东明月、福建百美特等企业开展了生物医用海藻纤维研发。

五、海藻纤维的发展意义

1. 传统纤维纺织业亟待升级，寻找新的优质功能性绿色纤维来源是重中之重

传统纺织业所用纤维，基本有两大来源，一是建立在石油化工基础上的合成纤维，占目前纤维总消费量的 60%以上；二是天然纤维（棉、麻、毛、丝等）和陆地生物基再生纤维（主要以木材和竹子为原料）。我国作为世界上最大的纤维生产加工国，也是消耗纤维最多的国家。随着世界范围内的石化资源短缺引起的资源能源危机，土地资源减少带来的粮食危机，使合成纤维和天然纤维越来越受到来自资源、环境等方面的制约。预计 2020 年世界纤维消耗量将超过 1. 1 亿吨，2050 年世界纤维消耗量将超过 2. 53 亿吨，超过目前世界纤维加工总量的 2. 6 倍，扩大纺织纤维供给链，迫在眉睫。因此，向海洋要资源，发展蓝色经济，开发能够替代石油及传统天然纤维的可再生、可降解新型纺织纤维材料成为行业发展的战略性课题。2011 年，中国化纤工业协会制定了“中国生物质纤维及生化原料科技与产业发展 30 年路线图”。根据规划，到 2020 年纺织化纤行业使用生物质纤维实现原料替代 5%，2030 年达到 10%，2040 年将达到 20%。

生物基纤维作为化石资源替代战略的重要突破口，已成为国家战略性新兴产业的重要组成部分，是国民经济发展的迫切需求。化学纤维从生物基途径取得原料的趋势在全球日益显著，根据世界生物基纤维产业发展形势，纺织工业发展规划（2016—2020 年）、化纤工业“十三五”发展指导意见明确提出“提升天然纤维开发利用水平，突破生物基原料、纤维及其纺织品绿色加工技术，攻克新溶剂法纤维素纤维低成本产业化技术，优化和提升医用海藻纤维等产业化关键技术，攻克技术瓶颈，实现生物基化学纤维规模化生产，着力拓展在服装、家纺和产业用纺织品等方面的应用”。

2. 放眼全球，藻类资源丰富，我国是藻类资源的加工应用大国

海洋中的海藻资源极为丰富，是可再生的重要海洋生物资源，且易于野生采摘或养殖。世界海洋中生长有 25000 多种海藻，主要分为褐藻、红藻、绿藻和蓝藻四大类，其总量大约是陆地植物总量的几十倍到一百倍，每年通过光合作用可以再生数以千亿吨计的海藻。我国有三千多公里的海岸线，近海海域辽阔，仅大陆海岸线 200 米以内的近海可开发利用海域就

至少有22亿亩，据不完全统计目前全球海藻总产量为1860万吨，其中我国海藻产量为1450万吨，占全球总产量的78%。以海藻资源为原料开发纤维对于我国经济与社会的可持续发展，缓解能源、资源、环境对经济和社会发展的影响具有重要的现实意义。中国是海藻养殖第一大国也是海藻加工大国，养殖和加工海藻的总量占全球的70%以上，而山东半岛又占到全国总量的70%。山东也是我国海洋科技研究的重要基地。

3. 海藻纤维潜在需求巨大，对我国纺织新兴产业发展意义非凡

目前我国人年均纤维消费量15~20千克，与发达国家人年均30千克相比，尚有较大的增长空间；同时，随着国际上民众生活水平不断提高，我国及全球纤维消费量均具有较大的增长潜力。海洋特别是近海生态系统成为各国缓解资源环境压力的重要地带，发展天然海洋生物质高分子纤维材料特别是海藻纤维材料，成为应对资源匮乏，实现化纤工业可持续发展的需要。

海藻纤维产业的发展符合国家“全方位”“高效益”“可持续”开发和利用海洋资源的海洋经济战略。研究此类天然海洋高分子来制备新型纤维，发展高强高模的功能纤维是符合我国经济可持续发展的需要，具有重要的经济和社会效益。海藻纤维是海洋资源走向纺织工业的桥梁和纽带，是从海洋养殖业、海藻加工业到纺纱、织造以及最终海洋纺织品这一新兴产业链的最关键一环。纺织专用海藻纤维生产技术突破，向其上游延伸，可大大带动近海海藻(海带)的养殖和加工，促进蓝色经济的发展，大大改善海洋环境，增加海藻级深加工的附加值，有望实现海藻作为生物材料资源技术上的重大突破。

由于纺织专用海藻纤维的综合性能大大优于传统纤维，经过纺织加工后，可开发出应用于军工、消防、保健等领域的高档换代纺织品，因此纺织专用海藻纤维的产业化将会大大促进传统纺织业的结构调整，对提升我国纺织行业的整体竞争力和竞争水平将起到重要作用。

第二节 海藻胶的制备

一、海藻分布及养殖现状

海洋占地球面积的71%，其中蕴藏的海藻作为海洋中海洋植物的主体和食物链的基础，含量巨大且种类丰富。目前地球上大约存在有25000多种海藻，分为12个门，可利用的海藻主要有褐藻门、红藻门和绿藻门中的种类。

我国有绵长的海岸线，辽阔的海域蕴藏着较丰富的海藻资源，生长着数千种海藻。我国也是海藻养殖、生产、加工大国，海藻养殖位居世界首位，同时也是海藻加工大国。2012年世界上海藻的的总产量为2490吨，其中我国的产量占世界总产量的60%以上。2015年，三大藻胶——褐藻胶、琼胶、卡拉胶的产量分别约为3万吨、1万吨和1.5万吨。其中，中国的褐藻胶占全球产量的75%左右，山东半岛的海藻酸盐产量占全国总产量的80%以上。

据FAQ统计，全世界产量最大和利用量最大的海藻种类如下[44-46]。

(1) 褐藻：巨藻属、海带属、裙带菜属、马尾藻属、墨角藻属、昆布属等。

(2) 红藻：紫菜属、卡帕藻属、多管藻属、麒麟菜属、江蓠属等。

(3) 绿藻：石莼属、浒苔属、蕨藻属等。

其中，褐藻和红藻的细胞壁中含量丰富且应用价值较高的海藻多糖，使其在几百年来一直是人类应用的热点，也逐渐形成了褐藻胶、琼胶、卡拉胶三大工业体系。我国现在海藻的应用包含海藻养殖和野生海藻捕捞两种模式，目前以海藻养殖为主。

（一）褐藻

褐藻门（Phaeophyta）约有 250 属，1500 种。除少数属种生活于淡水中外，绝大部分海产，是海底森林的主要成分。褐藻类植物在世界上多地有着丰富的资源，目前工业上使用较广泛的褐藻有海带、巨藻 LF、巨藻 LN、泡叶藻、掌状海带、昆布和马尾藻等。

1. 海带

属亚寒带藻类，全世界有 50 余种，亚洲有 20 余种。一般在营养丰富和风浪较小的海域。海带不是在中国专门生长的品种，自 1927 年从日本引进，经多年发展，我国海带养殖产量位居世界第一。海带自然分布在日本本州北部、北海道及俄罗斯远东地区沿海，在朝鲜沿海也有生长。生产褐藻胶的海带品种主要有海带、掌状海带和极北海带，如图 4-3 所示。

图 4-3　海带与海带养殖

2. 巨藻

巨藻分布在美洲太平洋沿岸，属冷水性海藻。自阿拉斯加经加拿大、美国至墨西哥、澳大利亚、新西兰、智力、秘鲁和南非等地，如图 4-4 所示。中国已引进的巨藻，已在山东省落户。成熟的巨藻一般有 70~80 米长，最长的可达到 500 米，寿命最长可达 12 年。巨藻喜生长在水深流急的海底岩石上，垂直分布于低潮线下 5~20 米。巨藻用于生产多种化工、医药产品，是褐藻胶的主要原料，同时还是动物饲料和制取甲烷的原料。

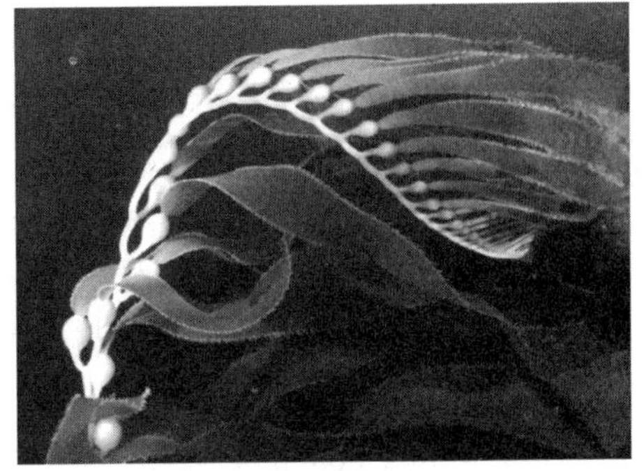

图 4-4　巨藻

3. 昆布、泡叶藻、裙带菜等

昆布（图 4-5），褐藻纲，翅藻科。孢子体大型，褐色、革质，高 30~100cm，分叶片、柄部、固着器、固着器假根状。它生长于温带海洋中。中国浙江、福建沿海有分布。昆布至今尚未进行人工养殖。

泡叶藻（图 4-6），主要生于北冰洋海域附近各国海岸。

裙带菜（图 4-7），褐藻门，褐子纲、海带目、翅藻科、裙带菜属。除自然繁殖，已开始人工养殖。中国北方沿海及浙江嵊泗均有分布。北方沿海已大规模栽培。供食用及作为工业原料。我国辽宁的大连，山东青岛、烟台、威海等地为主要产区。

图 4-5 昆布

图 4-6 泡叶藻

图 4-7 裙带菜

（二）红藻

红藻门（Rhodophyta）藻类，红藻绝大部分生长于海洋中，分布广，种类多，据统计全世界约有 760 属、4410 余种，分为两个亚纲：紫菜亚纲（Bangioideae）和真红藻亚纲（Florideae）。红藻绝大部分生长于海洋中，分布广。其中不少红藻有重要的经济价值。除食用外，还是医学、纺织、食品等工业的原料。目前工业上常用的红藻有江蓠属、麒麟菜属、石花菜属红藻等。

1. 江蓠属

江蓠属是中国产琼胶的主要红藻之一，其余还有石花菜属。平时我们熟悉的龙须菜、真江蓠便是中国最常见的两种江蓠属红藻。江蓠是红藻门真红藻纲、杉藻目、江蓠科、江蓠属的统称。江蓠是生产琼胶的重要原料。本属约近 100 种，中国的种类有龙须菜、真江蓠、脆江蓠、扁江蓠等 10 多种。

真江蓠（图 4-8），是提取琼胶的重要原料。藻体直立，单生或丛生，线形，圆柱状，高 30~50cm，可达 2m 左右。紫褐色，有时略带绿或黄色，干后变暗褐，体亚软骨质。多生长在潮间带至潮下带上部的岩礁、石砾、贝壳以及木料和竹材上。在中国其分布北起辽东半岛，南至广东南澳岛，向西至广西的防城港市沿岸。

龙须菜（图 4-9），又名海菜、江蓠、线菜、发菜，藻体直立，多丛生在一个较平且大的鲜红色盘状固着器上，高 30~50cm，最长可达 1m 以上。它是百合科、天门冬属植物，是一种野生名菜，属多年生藤状攀援植物，其天然野生藤茎可长达 30~50 米，属无性繁殖。我国分布生于海拔 400~2300m 的草坡或林下，中国沿海地区和黑龙江、吉林、辽宁、河北、河南西部、山东、山西、陕西（中南部）和甘肃（东南部）皆有种植。

2. 麒麟菜属

麒麟菜属属于真红藻纲、杉藻目、红翎菜科，我国常见的为麒麟菜（图4-10）。藻体肥厚多肉，圆柱状，扁压或扁平，辐射或两侧分枝，长12~30cm，宽2~3mm。分枝上多具有乳头状或疣状突起。囊果呈球状，突出于体表面。麒麟菜为热带藻种，分布于热带海区，一年生，盛产于我国台湾、海南及西沙群岛等海域，此外在琉球群岛、马来群岛、印度尼西亚等热带海域也有分布。

图4-8 真江蓠

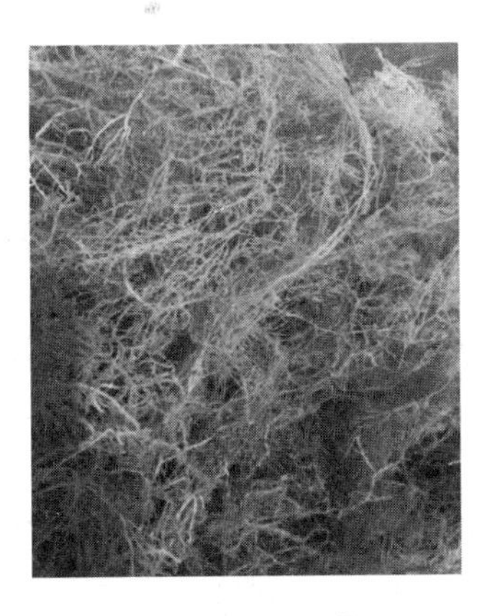

图4-9 龙须菜

图4-10 麒麟菜

（三）绿藻

绿藻门成员，绿藻纲，约6700种。海藻中绿藻只占很少的比例，绿藻中大型经济海藻有石莼目和管藻目。

1. 石莼属

石莼属属于石莼目，石莼科，藻体长度10~40cm，生长在海湾内，中潮带、低潮带和大干潮线附近的岩石上和石沼中。常见种为石莼（图4-11）。东海、南海分布多、黄海、渤海稀少。

2. 浒苔属

浒苔属属于石莼目，石莼科，藻体直立，管状中空或者至少在藻体的柄部和藻体边缘部分呈中空（图4-12），约有40种，中国约有11种。多数种类海产，广泛分布在全世界各海

图4-11 石莼

图4-12 浒苔

洋中，有的种类在半咸水或江河中也可见到。中国常见种类有缘管浒苔、浒苔、扁浒苔、条浒苔。近年来，浒苔种引起人们广泛关注，其生长期一般为15天左右，适应力强、繁殖速度快、抗逆性强。自2007年以来，在我国黄渤海海域有多次大规模爆发现象。

二、海藻胶的制备及应用

海藻胶属于海藻多糖，是海藻中所含的各种高分子碳水化合物，它们都是水溶性的，具有高黏度或凝固能力。至今工业生产的海藻多糖主要有琼胶、卡拉胶、褐藻胶，又称为海藻工业的三大藻胶，是海藻化工的主要产品。

（一）褐藻的组分

1. 褐藻胶（Algin）

褐藻胶包括水溶性的海藻酸钠、海藻酸钾等碱金属海藻酸盐类和水不溶性海藻酸及其与二价或二价以上金属离子结合的海藻酸盐类[44-46]。在海带中，海藻酸与不同的金属离子相结合，主要以海藻酸盐的形式存在于藻体的细胞壁和细胞间质中，其生物学功能主要是为褐藻细胞提供结构支撑和参与离子交换[47,48]。海藻酸是由β-D-甘露糖醛酸（M）和α-L-古罗糖醛酸（G）经过1，4键合形成的一种阴离子型电荷密度较高的无规线性嵌段共聚物（图4-13~图4-15），其中G单元与M单元是C-5位的立体异构体，两者的区别主要在于C-5上羧基位置的差异，因此导致了两者聚合后的空间结构和理化性质差异很大；G单元中的羧酸位于C—C—O的三角形的顶端，相对于M单元具有更大的活性，而M单元的生物相容性比G单元更优良。根据GM单元的链接方式不同，海藻酸分子链可分为三种片段：聚甘露糖醛酸片段（MM）、聚古罗糖醛酸片段（GG）和甘露糖醛酸-古罗糖醛酸杂合段（MG），如图4-15所示。海藻酸中均聚的M单元嵌段是以1e-4e两个平伏键的糖苷键相连，其构象接近晶体结构中的双折叠螺丝状，两M的O（5）—H和O（3）—H间存在链内氢键，因O-5是环内氧，故此氢键较弱，这使得MM嵌段的韧性较大，易弯曲；均聚的G嵌段为双折叠螺旋

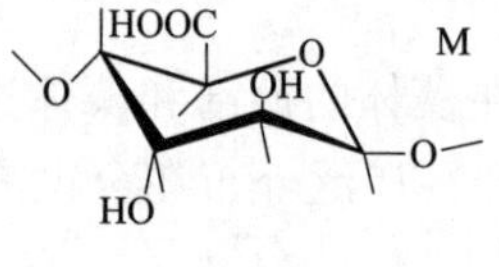

图4-13 β-D-甘露糖醛酸（M单元）

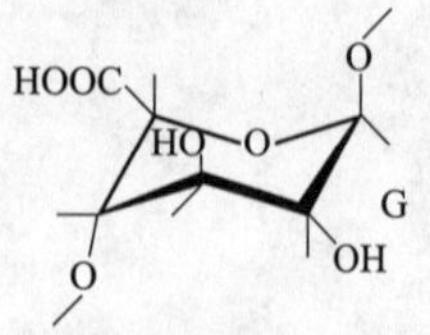

图4-14 α-L-古洛糖醛酸（G单元）

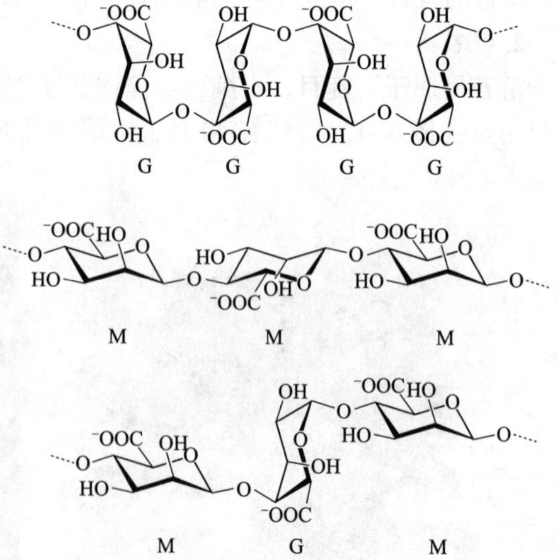

图4-15 海藻酸盐的结构式

构象，两 G 间以 1a-4a 两个直立键的糖苷键相连而成，O（2）—H 和 O（6）—H 间存在链内氢键，由于 O（6）为羧基氧，分子负电荷比 M 的环内氧大，结合更紧密，呈锯齿状，不易弯曲，灵活性低。在水溶液中海藻酸盐的弹性按 MG、MM、GG 的顺序依次减少，且 MG 嵌段在 pH 较低时比其他两种嵌段共聚物的溶解性能更好[49]。

2. 褐藻糖胶（Fucoidan）

褐藻糖胶是存在于褐藻细胞壁基质中的细胞间多糖，多年生的墨角藻类褐藻糖胶的含量高达 20%，生长在海洋较深处的海带中含量较低，为 1%～2%，褐藻糖胶的生物学功能可能是当退潮藻体暴露在空气中时，为藻体提供湿润环境，有吸潮防干的作用。褐藻糖胶是以小液滴状存在于细胞间组织或黏液基质中，随着褐藻环境的变化能与少量褐藻胶一同从叶片表面分泌出来。褐藻糖胶是一种具有复杂结构的褐藻硫酸化多糖，由 L-岩藻糖和硫酸酯基团构成。褐藻糖胶有潜在的医学治疗性能，包括抗菌消炎性、阻凝性和抑制癌细胞再生作用，褐藻糖胶的生物活性决定于褐藻的来源种类、分子组成和结构（图 4-16）、分子电荷密度、所结合的硫酸盐和褐藻胶产品的纯度。

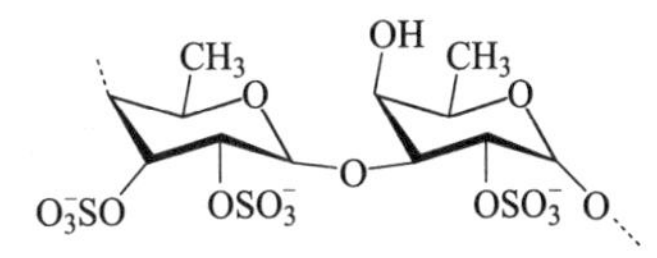

图 4-16　褐藻糖胶分子结构

3. 海带淀粉（Laminaran）

海带淀粉也称褐藻淀粉，是一种水溶性多糖，其生理功能类似于高等植物的淀粉，但化学性质与结构并不相同。海带淀粉为白色粉末，是分子量较低的多糖（约为 5kg/mol），以 1-3 连接的 β-D-葡萄糖（图 4-17），不溶于冷水，但易溶于热水。海藻淀粉有两种分子链结构（M/G），一种是以 D-甘露醇结尾的 M 链和以 D-葡萄糖结尾的 G 链；同时，海带淀粉的主链上含有 6-O-支链和 β-（1-6）-链内连接。β-D-葡萄糖可以增强机体的免疫系统，具有提高机体的抗菌性和抗肿瘤活性的作用。海藻淀粉通过与 β-葡萄糖细胞感应器结合可以激活巨噬细胞、中性粒细胞和 NK 细胞，这种抗菌和免疫调节作用与海藻淀粉高度复杂的分子结构相关[50]。

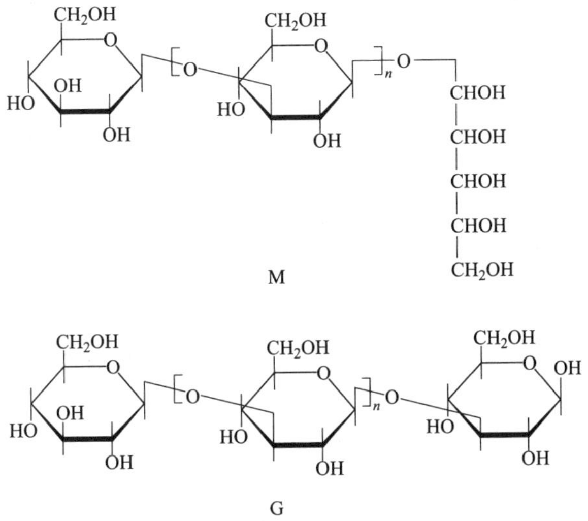

M

G

图 4-17　海藻淀粉分子结构

4. 海藻纤维素（Cellulose）

海藻纤维素为海带细胞壁的主要组分，分子结构为β-（1-4）-葡萄糖（图4-18）。虽然海带细胞壁中同时含有海藻酸盐，但是海藻纤维素是海带主要的结构组成物质。海藻纤维素为海带茎部中纤维素含量为8%~10%，叶片中含量较低为3%~5%。

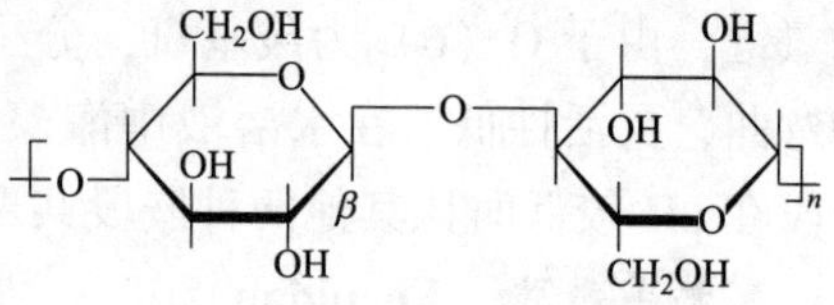

图4-18 海藻纤维素分子结构

5. 甘露醇（Mannitol）

甘露醇和海藻淀粉都是褐藻的主要储能物质，与海藻淀粉不同甘露醇是一种单糖，它存在于每一种褐藻植物中，含量最高可达海藻干重的30%，作为海藻光合作用的初次累积物甘露醇具有渗透调节功能。

6. 蛋白质（Protein）

蛋白质在绿藻中含量为10%~25%，在红藻中含量较高为30%~50%，褐藻中的含量较低为5%~12%（以海藻干重计）。

7. 灰分（Ash）

褐藻成分如表4-1所示。

表4-1 褐藻纲成分含量表

褐藻纲		褐藻胶	褐藻淀粉	甘露醇	纤维素	灰分
海带目	昆布属	16%~34%	1%~5%	0~25%	20%	23%~34%
	海带属	17%~30%	1%~7%	4%~25%	5%~18%	17%~37%
	裙带菜属	5%~12%	1%~2%	5%~12%	8%~15%	31%~42%
墨角藻目	马尾藻	30%~45%	1%~2%	4%~12%	2%~20%	19%~37%

（二）褐藻胶相关性质

1. 褐藻胶在海藻中的存在形式

1964年，Haug提出海藻中存在以海藻酸钙为主的不溶性的混合海藻酸盐，所以他认为提取海藻酸钠须分成两个步骤：首先把不溶性的海藻酸盐转化成可溶性的海藻酸钠，然后把海藻酸钠分散到提取液中。

1967年，Shah等研究了利用马尾藻（Sargassum）提取海藻酸钠，他认为海藻酸在海藻中是以自由酸的形式存在，而不是其他研究人员报道的以钙盐等海藻酸盐的形式存在。1968年，Myklestad的研究指出海藻酸在藻体中以混合盐的形式存在，并且以钙盐为主。1974年，研究巨藻和紫菜发现在海藻中67%的海藻酸与钙离子和镁离子结合。

Gustavo Hemandez. Carmona等认为褐藻中海藻胶主要以海藻酸钙的形式存在，还含其镁盐、钾盐、钠盐。褐藻叶状体结构的完整性主要依靠海藻酸，它有形成凝胶和粘性溶液的能力，它赋予海藻以良好的柔韧性。这种结构的完整性在外部环境强烈的条件下可以被破坏，使得混合的海藻酸盐以水溶性的海藻酸钠的形式提取出来。

2. 凝胶特性

海藻酸钠在pH 5.8~7.5之间可吸水膨胀，溶解成均匀透明的液体，pH 5.8以下时其水溶性下降，并逐渐形成凝胶，pH降到3.0以下时，海藻酸则脱水析出。另外，海藻酸及海藻酸钠在与钙离子等多价阳离子接触时很容易形成海藻酸盐凝胶，并具有较高的胶体稳定性。

褐藻经加工后，得到的海藻酸盐是水溶性的钠盐，当水溶性的海藻酸盐与多价反离子（如 Ca^{2+}、Al^{3+}、Zn^{2+}等）混合后，会发生胶凝作用，而海藻酸盐与二价离子的凝胶性主要依赖于 G 区的数量和长度。海藻酸钠大分子中两均聚的 G 嵌段经过协同作用相结合，中间形成了钻石形的亲水空间（图 4-19），而当这些空间被 Ca^{2+} 占据时，Ca^{2+} 与 G 上的多个 O 原子发生螯合作用，使得海藻酸链间结合得更紧密，协同作用更强，链间的相互作用最终将会导致三维网络结构即凝胶的形成。而在此三维网络结构中，Ca^{2+} 像鸡蛋一样位于蛋盒中，与 G 嵌段形成了“蛋盒”结构。海藻酸盐除了与多价金属阳离子发生凝胶外，还能与阳离子多糖或聚电解质形成离子交联，例如，海藻酸盐与壳聚糖或聚 L-赖氨酸等交联后形成膜。

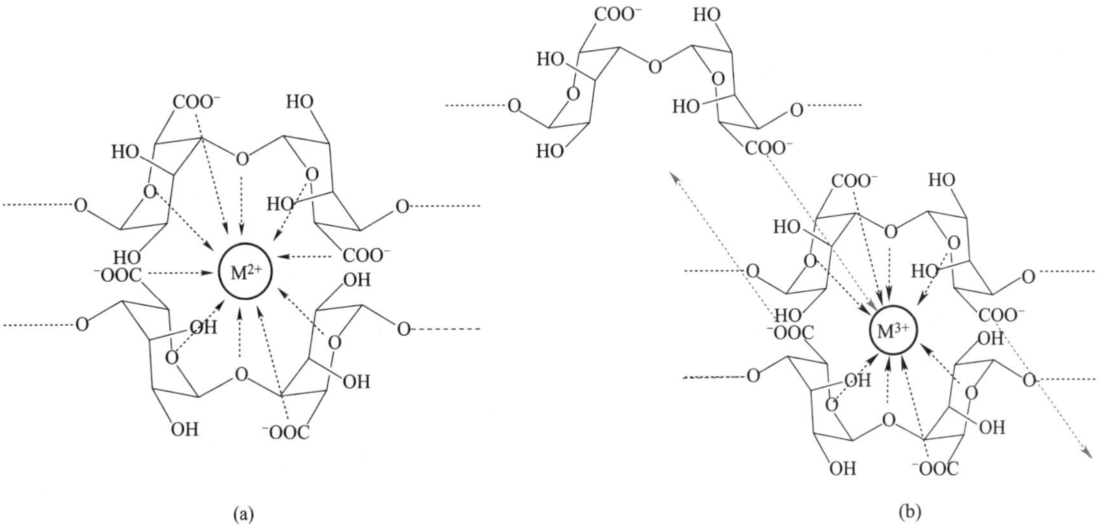

(a)　　(b)

图 4-19　G 单元与 M^{2+} 和 M^{3+} 形成的螯合结构

从不同的海藻中提取的海藻酸，其 G/M 的比值不同，所以形成的凝胶性能也会不同。G 段含量较低的海藻酸盐在低钙水平时其冻胶强度较高，这表明 G 段含量较低时，钙的协同效应比较明显。高 M 型的海藻酸盐的凝冻强度属于中等至低水平的，所得到的凝胶软而有柔性，并具有很好的冷冻融化稳定性和抗脱水收缩性；而对于高 G 型来说，则得到高凝冻强度的脆性凝胶，具有优良的热稳定性。水的硬度对凝胶强度也有影响，对于高 M 海藻酸钠来说，水硬度的变化对凝胶强度影响较小；而对于高 G 海藻酸钠来说，则影响较大。

3. 可降解性

海藻酸及盐在储藏过程中受温度、光照、金属离子、微生物等影响，会发生不同程度的降解，在中性条件下降解速度较慢，pH 小于 5 或大于 11 时降解速度明显加快，温度高于 60℃降解明显，所以一般要室温下避光储存。

海藻酸钠无论在水溶液中还是在含一定量水分的干品中，都会发生不同程度的降解，其特征是黏度的不断下降，平均分子质量和相对分子质量分布范围也会不断变化。海藻酸的降解现象表现为热降解、酶降解、机械降解、射线降解以及其他各种药剂降解等，在人体内会缓慢降解为甘露糖和古罗糖，随尿排出体外。

马成浩等[52] 研究表明，由于 M/G 比例的差异，从海带、马尾藻提取的海藻酸钠有不同的热降解温度。海带中提取的海藻酸钠在 60℃加热 1h 后，黏度开始下降；而马尾藻提取海藻酸钠在 80℃加热 1h，黏度才开始下降。M 区比例增大，海藻酸钠的热稳定性下降；G 区比例增大，海藻酸钠热稳定性上升。同时也表明紫外光对海藻酸钠有明显的降解作用，海藻酸钠在稀溶液状态时降解更加明显，在同时照射 8h 后，1%稀溶液黏度下降约是含水量为 13.54%干品的 13 倍。

(三) 海藻酸钠的提取方法

由褐藻纲海藻提取海藻酸钠的方法在文献中报导的很多，总的来说大致包含以下几个过程。

1. 预处理过程

根据 Whyte 等[52] 对海囊藻和巨藻的研究认为，海带在经淡水沥洗后，只能去除里面的无机成分和褐藻糖胶等物质，处于结合态的褐藻酸盐则不会游离出来，即使是经过比较彻底的沥洗，也还是会近乎全部保留下来。

1939 年，Gloahec 提出海带加入甲醛溶液后其内部的水溶叶绿酸会被固定在海藻组织中，使得提取液的颜色变化会显著降低。1964 年，Haug 提出提取液的变色与酚的成分有关，预处理过程中褐藻与稀酸作用时，在提取液中存在某种物质能使酚的成分下降。1967 年，Shah 提出褐藻经过酸处理后，海藻酸钠的提取率为 13.8%；未经过酸处理的为 13.7%。海澡酸在海藻中是以自由酸的形式存在的，所以对于海藻酸钠的提取来说酸的预处理是无关紧要的。1968 年，Myklestad 提出在海藻中海藻酸是各种盐的混合物，但主要以钙盐的形式存在。他给出了预处理过程中 Ca^{2+}/H^{+}离子交换反应的详细过程，并指出粒子大小、酸浓度、搅拌和反应时间决定了离子交换反应的速率。1974 年，Duville 指出 67%的海藻酸是与钙离子和镁离子相结合的，未经酸的预处理在冷提取下产率为 15.5%，50℃下热提取的产率为 16%，经酸的处理热提取时产率为 23%。1987 年，Hernandez 用酸做预处理，海藻酸钠的提取率为 35%。

1992 年，Hernandez、Reyes 指出酸可在酸预处理过程中重复使用，只是伴随着钙离子交换率的下降，对海藻酸钠的产量不会造成大的影响。1995 年，Arvizu[53] 用 0.0006mol/L 的盐酸预处理，海藻酸钠的提取率为 26.5%。Dora Luz Arvizu-Higuera 等指出存在于海藻细胞质和细胞壁中的海藻酸成分的提取形式为海藻酸钠溶液，在此提取过程中会伴随一系列的离子交换反应，反应式如下：

酸预处理过程：$M(Alg)n+nH^{+} \longrightarrow nHAlg+M^{n+}$ （M^{n+}为 n 价阳离子）

碱消化过程：$HAlg+Na^{+} \longrightarrow NaAlg+H^{+}$

为了节约盐酸用量，可以用连续回流装置进行预处理。海带在高 pH 下会有酚类物质产生，导致提取物黏度下降，颜色加深。因此在提取过程中需要对海带进行酸预处理，使海藻酸钠在适宜的 pH 环境中提出。

2. 碱提取过程

袁秋萍等[54] 提出了一种提取海藻酸钠的工艺技术：用浓度为 4%的甲醛处理 6h，然后用 2% 的 Na_2CO_3 溶液常温消化，5% 的 NaClO 脱色 6h，再加 6% 的 HCl 凝胶沉淀海藻酸，最后采用醋酸纤维素分离膜分离，得到纯度、黏度、色泽等均有提高的海藻酸钠样品，黏度最高达 414mPa · s。王孝华[55] 等以钙凝-离子交换法为基础，采用浓度为 3%的 Na_2CO_3 溶液

50℃下消化3h，海藻酸钠的提取率高达42.6%。李林[56]等提出了一种综合性的提取方案，能够分类提取海藻酸钠、海藻糖胶及海藻淀粉，利用DEAE纤维素柱和葡萄糖凝胶柱对海藻多糖进行纯化，用透析膜来脱盐，最后又研究了产物的分子量、电导率及黏度。周裔彬等[57]用过滤、离心、醇析等方法处理用0.1mol/L的HCl 75℃处理了4h的干海带粉，得到了四种海带多糖。指出在酸液的作用下，海藻多糖由于海带细胞壁的破裂而游离出来，产率提高。但是作者并未对四种多糖的化学成分进行研究，也未考查分子量、黏度等指标。Pathak等[58]用1.5%的Na_2CO_3溶液在50~60℃与干海带反应2h，稀释后浮选分离，然后加入稀盐酸和不同金属离子分别制得海藻酸和海藻酸盐。

Truss等[59]用热提取、冷提取等三种方法从爱沙尼亚北部海域（波罗的海）的墨角藻（Fucus vesiculosus）中提取海藻酸钠，并对不同方法所得提取物的黏度及流变学性质进行了研究。该研究表明，海藻的收获时间及干燥条件对海藻酸钠的黏度影响很大，而提取过程中的温度决定了流变学性质及产率，温度稍有升高提取的海藻酸钠黏度就会下降，但产率却有所提高。Arvizu-Higuera等[53]用10%的Na_2CO_3溶液研究分别在常温及80℃处理12h，过滤后用体积比为1∶1的乙醇沉淀得到海藻酸钠。O Camacho等用30g过30目的两种不同的马尾藻粉浸泡一晚，在pH为4的盐酸溶液中搅拌15min，过滤后加入200ml pH为10的Na_2CO_3溶液搅拌2h，真空抽滤，醇析、洗涤，50℃干燥24h，得出海藻酸钠的产率分别为15.9%、20.9%，黏度分别为12.3mPa·s、21.6mPa·s。L.-E. Rioux等选用加拿大魁北克省海域三种褐藻（S. longicruris，A. nodosum和F. vesiculosus）进行海藻多糖的提取，首先在85℃下用85%乙醇处理（2×12h），在70℃下处理（2×5h），以除去色素和蛋白质，真空过滤，滤液为海藻淀粉和海藻糖胶混合物，海藻滤渣加入2%$CaCl_2$溶液在70℃处理（3×3h），以便沉淀海藻酸与混合液中的海藻淀粉和海藻糖胶分离，离心，滤液为海藻糖胶，取沉淀物加入0.01mol/L HCl，pH 2在70℃处理（3×3h），离心出海藻酸，加入3% Na_2CO_3溶液在70℃反应（3×3h），离心，滤液透析48h，冷冻干燥得海藻酸钠样品。最后对三种褐藻所得的海藻酸钠进行了分子量比较，并用$_{^1H}$NMR分析了三种样品G/M组成。Bjorn Larsen等研究了埃及红海海域5种褐藻（Cystoseira trinode，Cystoseira myrica，Sargassum dentifolium，Sargassum asperifolium，Sargassum latifolium），海藻30℃干燥一晚，磨碎过20目筛，加入0.5份37%甲醛溶液浸泡，然后加入50份0.2mol/L HCl处理，加入100份蒸馏水调整pH至7~8，过滤，在滤液中加入NaCl调整浓度至1%，加入等滤液体积的乙醇进行沉淀，得到海藻酸盐粗产品。用50份3% Na_2CO_3溶液处理沉淀物，过滤，透析滤液，用真空浓缩装置浓缩，加入NaCl至浓缩液浓度1%，再次用等体积乙醇沉淀出海藻酸钠。

3. 提取液杂质分离

经过碱消化后的海带提取液由于包含纤维素、未溶解的藻体组织等物质，所以比较黏稠，如不经过大量水稀释，十分容易堵塞过滤介质，从而无法实现过滤分离，因此一般工业上还要配合浮选的方法。初步分离时是在稀释后的提取液中鼓入空气，较轻的杂质如纤维素、海带表皮等会随气泡浮到表层，而未溶解的海带组织、泥沙等较沉的物质则沉入底部实现分离，然后再经过滤实现进一步分离。这种方法虽然有分离效率较高的优点，但由于巨大的耗水量，一直是海藻酸钠提取产业中存在的问题。实验室提取时，为了完成杂液分离还可以采用离心法，杂液分离可以直接在较高的离心因数条件下完成，免去了稀释的步骤。因为大型螺旋离心机的离心因数都较小，小型管式离心机虽然离心因数较高但在工业中并不实用，所以在海藻酸钠的工业生产中离心分离法尚未得到应用。

4. 纯化过程

对于经分离后的海藻酸钠提取液进行纯化分离的路线大体有三种：酸析法、钙析法和醇析法。César G. Gomez[60] 认为钙析法中海藻酸钠是由析出的海藻酸钙与加入的酸性介质发生阳离子交换后再加入碳酸钠中和得到的，这样得到的海藻酸钠相对分子质量较低，凝胶性能也较差；醇析法得到的海藻酸钠的产率较高，产品流变性好且步骤少，简便快捷。海藻酸钠提取过程如图 4-20 所示。

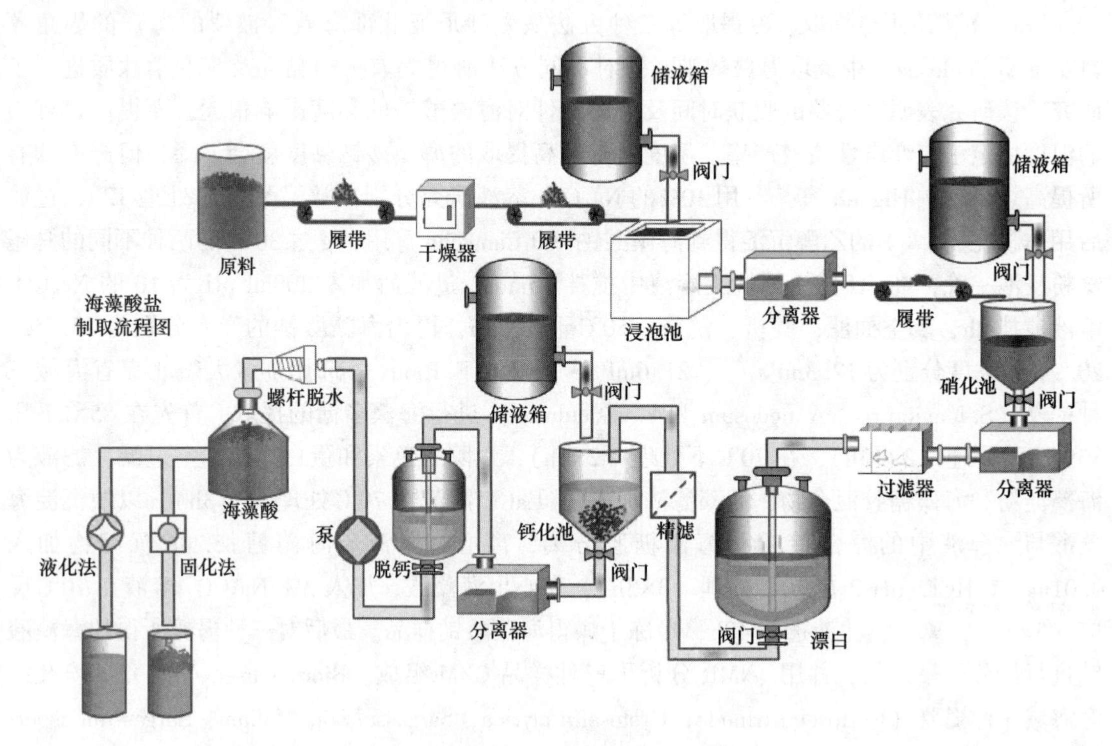

图 4-20 从海藻中提取海藻酸盐的工艺流程

5. 其他提取方法

马成浩等[51] 提出用酶解法提取海藻酸钠，在 pH 为 5，40℃下，在缓冲液柠檬酸钠中加入 120u/g 纤维素酶，用 10% $CaCl_2$ 溶液沉淀得到海藻酸钙。海带细胞壁由于纤维素酶的作用发生水解，促使海藻酸钠被溶出，提取率大幅提高，最高可达 49%（以海藻酸钙计）。杨红霞等[61] 在 45℃、加酶量 90U/g、反应 18h 的条件下，也得出类似的结论。

张慧玲等[62] 在条件为 pH 2.0，温度 65℃，液固比 40∶1，提取时间 3h 时对海藻多糖进行提取，所得粗产品的提取率为 8.094%。同时还在此基础上采用了酶辅助提取法对实验加以改进，在加入了木瓜蛋白酶之后提取率增加到 13.17%，同时多糖中蛋白的除去率为 65.5%。但是由于酶解反应耗时较长，纤维素不能水解完全，并且对 pH、温度等要求严格，此法不适于工业连续生产。

目前海藻酸钠主要分为三级，分别为：药用级（执行标准：美国药典Ⅱ、Ⅲ版）、食用级（执行标准：GB 1976—2008）、工业级（执行标准：SC/T 3401—2006）。但是由于海藻纤维制备过程对于海藻酸钠纺丝液的浓度和不溶物含量存在较高的要求，现有的执行标准均无法满足海藻纤维制造原料标准，为此，2013 年由青岛大学起草制定了制备海藻纤维专用的纤维级海藻酸钠生产标准（纤维级海藻酸钠制备如图 4-21 所示），制定了纤维级海藻酸钠的产品规格、要求、试验方法、检验规则、标志、包装、运输和储存标准，为生产纤维级海藻酸钠提供了充分的技术指标和有效的生产参考。

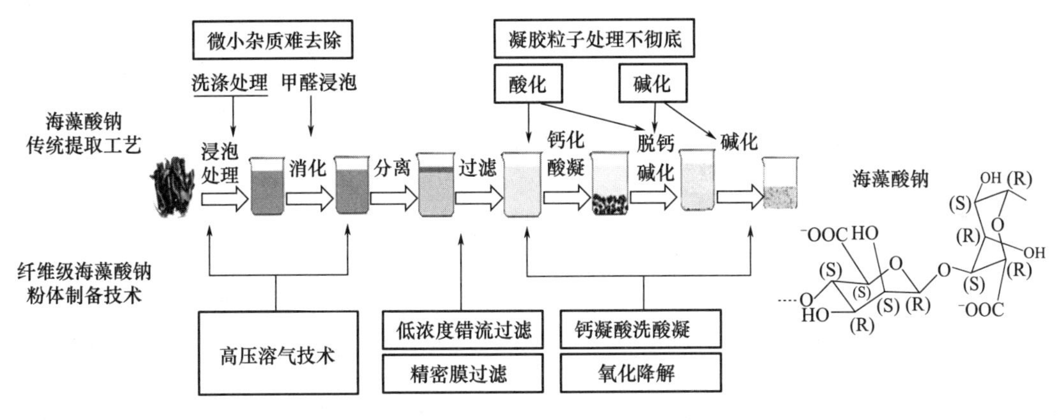

图 4-21 纤维级海藻酸钠制备

(四) 琼胶的制备与应用

琼胶，红藻胶主要种类之一，俗称琼脂、冻粉，是从石花菜、江蓠、鸡毛菜等红藻中用热水提取出来的一种海藻多糖。琼胶的组成和化学结构比较复杂，一般认为琼胶是由中性的琼胶糖和带电荷的琼胶酯组成。Knutsen[63] 等提出以大写字母代表特定基团的命名方法（表 4-2），很多有关琼胶、卡拉胶的论文都采用了这种命名方法。琼胶糖［（结构字母代号 G-LA），如图 4-22 所示］为一种不含硫酸酯的非离子型多糖，以 1，3 连接的 β-D-半乳糖（G）和 1，4 连接的 α-3，6-内醚-L-半乳糖（LA）交替连接起来的长链结构，是琼胶中能形成凝胶的中性多糖。琼胶脂又称硫琼胶［结构编号为（G-L 或 G-L6S，如图 4-23 所示］，为非凝胶部分，它在 α-L-半乳糖的 C_6 上带有硫酸基，相比琼胶糖，更易溶解在水中。琼胶中的硫酸酯含量很低，一般在 1.5~2.5%之间。红藻胶相关结构如图 2-14 所示。

表 4-2 不同红藻胶中发现的功能基团字母代号

字母代号	存在于不同红藻胶类型	IUPAC 命名
G	β-卡拉胶，琼胶糖	3-连接-β-D-半乳吡喃糖
D	未发现	4-连接-α-D-半乳吡喃糖
DA	κ，β-卡拉胶	4-连接-3，6-内醚-α-D-半乳吡喃糖
S	κ，ι，λ，μ，ν，θ-卡拉胶	硫酸酯基（$O-SO_3^-$）
G2S	λ，θ-卡拉胶	3-连接-β-D-半乳吡喃糖-2-硫酸酯
G4S	κ，ι，μ，ν-卡拉胶	3-连接-β-D-半乳吡喃糖-4-硫酸酯

续表

字母代号	存在于不同红藻胶类型	IUPAC 命名
DA2S	ι，θ-卡拉胶	4-连接-3，6-内醚-α-D-半乳吡喃糖-2-硫酸酯
D2S，6S	λ，ν-卡拉胶	4-连接-α-D-半乳吡喃糖-2，6-硫酸酯
D6S	μ-卡拉胶	4-连接-α-D-半乳吡喃糖-6-硫酸酯
LA	琼胶糖	4-连接-3，6-内醚-α-L-半乳吡喃糖
L	琼胶脂	4-连接-α-L-半乳吡喃糖
L6S	琼胶脂	4-连接-α-L-半乳吡喃糖-6-硫酸酯

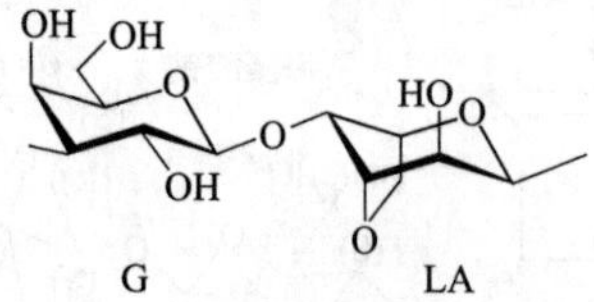

图 4-22 琼胶糖结构式

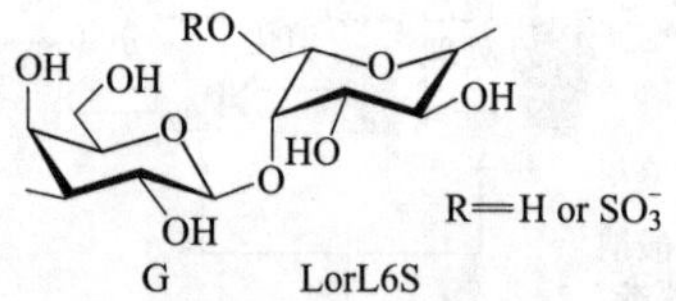

图 4-23 琼胶酯结构式（6-位羟基少量被硫酸酯基取代）

工业上琼胶的制备主要以石花菜和江蓠为原料，琼胶典型的工业制备方法如图 4-24 所示。

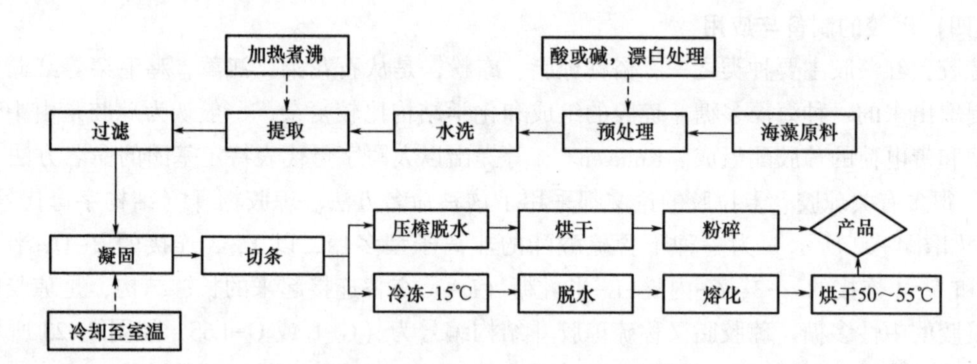

图 4-24 琼胶制造工业流程图

加工方法主要是天然冻干法和机械加工法，其制品有条状和粉状产品。

琼胶具有很好的凝胶特性，加热至 90℃左右呈溶胶状，当琼胶溶胶冷却时，琼胶分子呈螺旋形状组成双螺旋体，生成三维网状结构，进一步冷却，则双螺旋体聚集而生成较硬的凝胶（结构如图 4-25 所示），而且凝胶具有抗热性，因此，琼胶在食品工业上被用作软糖、罐头制品的凝冻形成剂，冷饮食品的稳定剂和乳化剂，用于制作糖果、面包、果酱、冰激凌、肉类和鱼类罐头、乳制品的包装及肉类的保藏等；琼胶在医药方面的应用也很广，可以直接作为药物，如作轻泻剂治疗便秘以及被用于细菌及其他微生物的理想培养基。

（五）卡拉胶制备与应用

卡拉胶的化学结构是由硫酸基化或非硫酸基化的半乳糖和 3，6-脱水内醚半乳糖通过 α-1，3-糖苷键和 β-1，4-糖苷键交替连接而成的线型多糖化合物，其多数糖单位中含有一个或

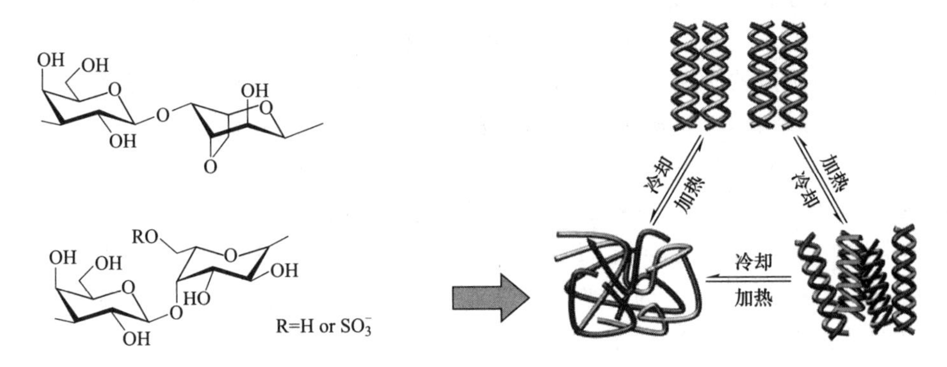

图 4-25 琼胶溶胶的凝胶结构机理

两个硫酸酯基，多糖链中总硫酸酯基含量为 15%～40%，而且硫酸酯基数目与位置同卡拉胶的胶凝性密切相关。根据其半乳糖残基上硫酸酯基团的不同，可分为 *k*-型、*ι*-型、*λ*-型、*β*-型、*μ*-型、*θ*-型等 13 种，相互转化模式如图 4-26 所示。

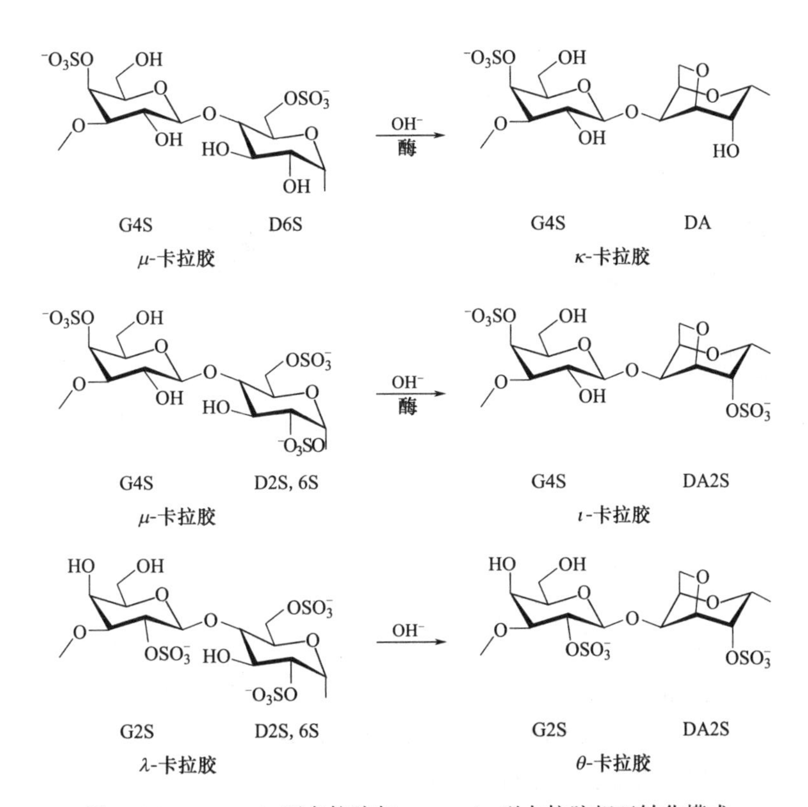

图 4-26 *μ*，*υ*，*θ*-型卡拉胶与 *κ*，*ι*，*λ*-型卡拉胶相互转化模式

硫酸酯基团和 3，6-内醚键，特别是硫酸酯基团，对卡拉胶的理化性能影响非常大。卡拉胶的凝胶形成、凝胶性能、流变学性质及其应用特性都与这两者紧密相关。一般认为硫酸酯含量越高越难形成凝胶。*κ*-型卡拉胶形成硬的脆性胶，有泌水性（胶体脱水收缩）；*ι*-卡拉胶中硫酸酯含量高于 *κ* 型卡拉胶，形成弹性的软凝胶；*λ*-型卡拉胶在形成单螺旋体时，C-

2 位上含有硫酸酯基团，妨碍双螺旋体的形成，因而 λ-型卡拉胶只起增稠作用，不能形成凝胶。μ、ν-卡拉胶中 α-（1，3）-D-半乳吡喃糖基含有 C-6 硫酸酯，在高分子长链中形成一个扭结，妨碍双螺旋体的形成，因此，μ、ν-卡拉胶也不能形成凝胶。主要含有 μ、ν-卡拉胶的藻体在热碱的长时间作用下分别转化为 κ、ι-型卡拉胶，且转化比较彻底。

目前商业化生产的主要的是 k-型、ι-型、λ-型（图 4-27），其理想结构的字母代号分别为：G4S-DA，G4S-DA2S 和 G2S-D2S，6S。三种卡拉胶硫酸酯含量分别为 κ-型卡拉胶 18%~25%，ι-型卡拉胶 25%~34%，λ-型卡拉胶为 30%~40%。且不含 3，6-内醚半乳糖单元，不能形成凝胶结构。据研究，3，6-内醚半乳糖是琼胶、卡拉胶凝胶具备凝胶特性的主要结构因素。凝胶机理示意图如图 4-28 所示。

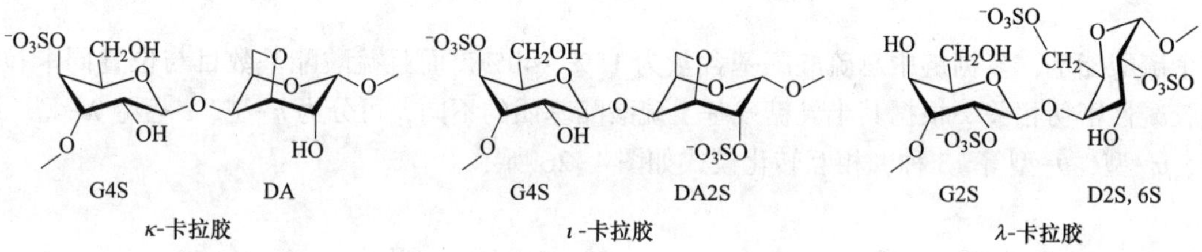

图 4-27　卡拉胶分子结构式

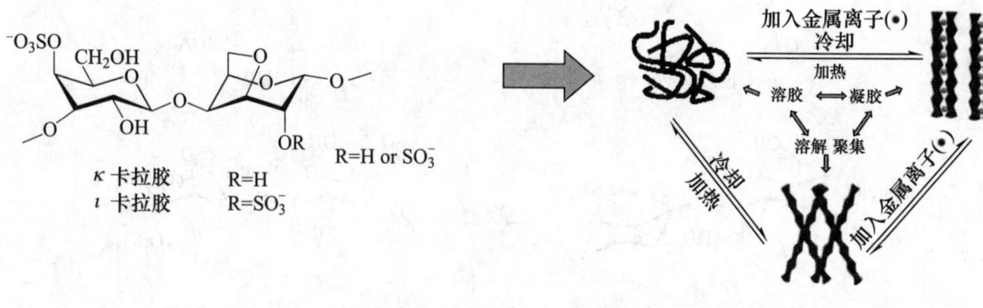

图 4-28　卡拉胶的凝胶机理

工业生产卡拉胶的基本流程如图 4-29 所示。卡拉胶用途广泛，可用于医药、食品工业及日用化工工业。在医药中可以代替琼胶做细菌培养基，其抗病毒、抗凝作用比琼胶更为优异；卡拉胶还具有预防动脉硬化和梗塞形成作用，对降血脂、增加骨骼对钙的吸收也具有较好作用；卡拉胶在免疫方面也有效果，食用卡拉胶在肠内仍具有吸收水分的作用，增加体积，是治疗便秘的良药。卡拉胶是食物纤维的一种，所以它也具有降低血中胆固醇、控制血糖和减肥等作用；在治疗胃溃疡方面也有很好的疗效。

在食品工业中，卡拉胶与琼胶的用途相似，利用其凝胶特性，广泛应用在食品饮料中，如将其加入水和果汁中可以制作果冻，在制作啤酒时可作为澄清剂、泡沫稳定剂；在牛奶布丁、冰激凌、酸奶酪等奶制品以及面包、蛋糕等焙烤食品，还有羊羹、豆沙馅、色拉酱、冷冻食品中都添加有卡拉胶。

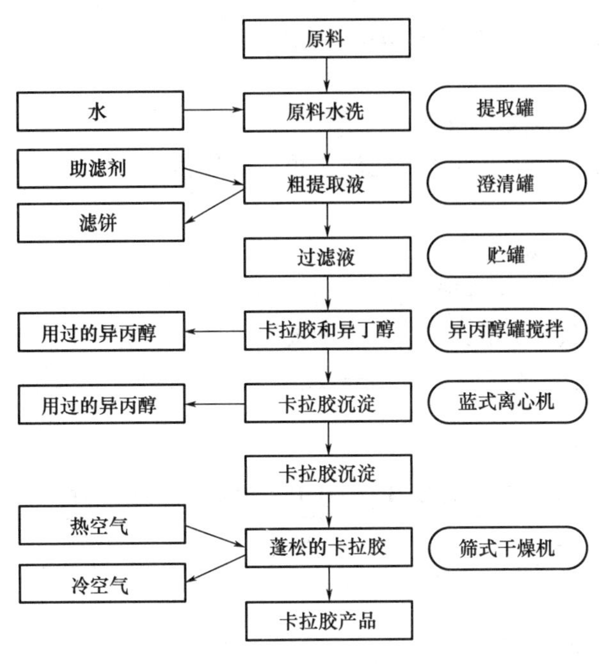

图 4-29 卡拉胶生产流程

第三节 海藻纤维的生产

一、褐藻胶纤维纺丝原液的制备及性能

将成纤高聚物溶解在适当的溶剂中，得到一定组成、一定黏度并具有良好可纺性的溶液，称纺丝原液。制备溶解良好、具有优良可纺性能的海藻酸钠纺丝原液是纺制优良品质海藻纤维的前提条件。海藻酸钠纺丝液的制备包括纺丝原料的溶解、溶液的过滤以及过滤液的脱泡三个步骤。

1. 海藻酸钠的溶解

海藻酸钠在溶解前先发生溶胀，即溶剂先向海藻酸钠内部渗入，使大分子之间的距离不断增大，然后溶解形成均匀的溶液。由于海藻酸钠大分子由具有一定刚性的六元环结构单元组成，分子链相互运动阻力较大，链段不易自由旋转，形成的纺丝液黏度较高。

2. 纺丝液的过滤

现今常用的过滤方式为常规压滤的方法，即通过采用产生压力差（高压或负压）的方式，使得纺丝液在压力作用下通过具有特定孔径微孔的滤网或滤布，将纺丝液中的杂质滤出。例如纤维素纤维生产中纺丝液的过滤通常采用板框式压滤的方法；芳纶制备过程中也是在相应温度下采用高压板框式过滤。

3. 纺丝液的脱泡

在海藻酸钠溶液的制备过程中，不可避免地会混入空气，大气泡会使纺丝断头，小气泡则会造成纺丝喷丝头的个别喷丝孔断丝，如果存在更微小的气泡，则会保留在纤维中，而形成“气泡丝”，降低成品纤维的强力和影响染色均匀性。

二、红藻胶纤维纺丝原液的制备

琼胶、卡拉胶属于大分子，经溶剂先溶胀再溶解过程，制备而成相应的溶液，而后经过滤、脱泡过程制得纺丝液。

（一）琼胶的纺丝溶剂的选择

DMSO 和 DMF 是琼胶的良溶剂，在室温仍保持溶液状态，适合做湿法纺丝的溶剂，而 THF 则不溶解琼胶，水虽然能溶，但溶解温度太高，且在室温时达到凝胶状态，无法纺织成纤，故 THF 和水均不适合做琼胶湿法纺丝的溶剂，琼胶纤维纺丝液的制备采用 DMSO 或 DMF，如表 4-3 所示。

表 4-3　5%浓度琼胶在 H_2O、DMF、DMSO 和 THF 中的溶解情况

溶剂	H_2O	DMF	DMSO	THF
溶解情况	溶	溶	溶	不溶
溶解温度（℃）	100	50	50	—
室温（20℃）形态	凝胶	溶液	溶液	—

（二）卡拉胶纺丝溶剂的选择

1. 卡拉胶在水中的溶解性

随着卡拉胶浓度的提高，溶液的溶解温度和凝胶温度都有所提高，且溶液的溶解温度要高于凝胶温度才能溶解均匀。由于卡拉胶纤维制备采取的是湿法纺丝工艺，所以溶液的凝胶现象对后续纺丝极其不利，纺丝温度要高于溶液的凝胶温度。因此，以水作溶剂纺丝过程需要高温，对纺丝的设备要求很高，且纺丝工艺相对比较复杂，如表 4-4 所示。

表 4-4　不同浓度的卡拉胶在水中的溶解性

卡拉胶溶液的浓度（%）	0.5	2	4	5	6	8
溶液的配制温度（℃）	20	30	55	60	65	80
溶液的凝胶温度（℃）	—	20	57	58	63	65

2. 卡拉胶在酸性溶液中的溶解性

卡拉胶不耐酸，且因加酸而降解，其水解程度与溶液的 pH、加热温度和时间有关。在相同温度下，溶液的 pH 越低，加热时间越长，则降解越厉害，凝胶强度下降越多。在相同的 pH 条件下，加热温度越高时间越长，凝胶强度下降越多。因此，卡拉胶在酸性水溶液中不稳定，不利于制备高强度的纤维，故酸性水溶液不适合作卡拉胶的纺丝溶剂，如表 4-5 所示。

表 4-5　卡拉胶在酸性水溶液的性质

溶液 pH	1~2	3~4	5~6
溶液的配制温度（℃）	30	55	70
溶液的凝胶温度（℃）	—	40	55
7%$BaCl_2$ 成丝情况	絮状物、不成丝	成丝、强力差	成丝、强力较好
丝放置一段时间后	—	发黄、降解	发黄、强力差

3. 卡拉胶在碱性溶液中的溶解性

卡拉胶的水溶液在 80℃时溶解，65℃左右凝胶；随着碱浓度的提高，卡拉胶溶液的溶解温度随之降低，其凝胶温度也逐渐降低。当碱浓度升高到 2mol/L 时，卡拉胶溶液的溶解温度降低至 20℃以下，且在常温不出现凝胶现象。因此采用 2mol/L NaOH 做卡拉胶的纺丝溶剂，可以实现卡拉胶纤维的常温制备。如表 4-6 所示。

表 4-6　8%卡拉胶在不同浓度的 NaOH 水溶液中的溶解行为

NaOH 浓度（mol/L）	0	0.5	1	1.5	2
溶液的配制温度（℃）	80	75	60	55	20
溶液的凝胶温度（℃）	65	62	54	48	—

（三）红藻胶纤维纺丝原液的黏度变化

1. 琼胶溶液黏度随温度浓度的变化

琼胶的 DMSO、DMF 溶液的黏度随温度浓度的变化如图 4-30 所示。琼胶溶液的黏度随温度升高而呈指数性下降，在高温低浓度区，溶液呈现线性牛顿流动状态，随温度的降低，分子间的缠绕作用逐渐增强，阻力增大，表现为黏度陡增的假塑性流动形式。两种溶剂对溶液的影响几乎一样。

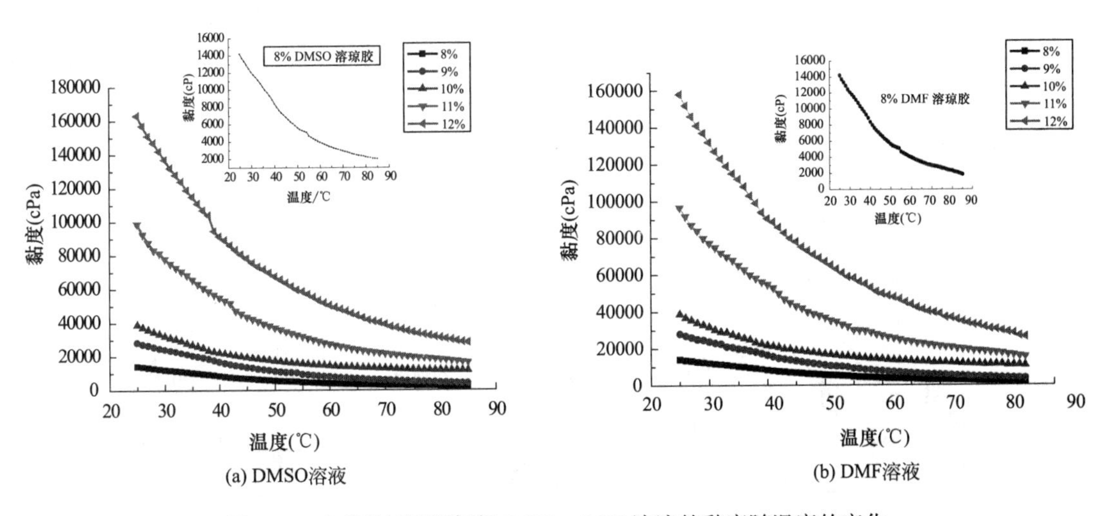

图 4-30　不同浓度的琼胶 DMSO、DMF 溶液的黏度随温度的变化

2. 卡拉胶水溶液黏度随温度的变化

卡拉胶能形成高黏性的溶液，这是由于它的结构为不分叉的线性大分子并带有大量电荷造成的，聚合物长链上许多带阴电荷的硫酸基之间的排斥力使分子伸直伸长，硫酸基的亲水性又使分子周围形成了一层不动的水分子外层，这些特点都使卡拉胶不易流动。因为卡拉胶的水溶液在低温时会出现凝胶现象，所以测试时从80℃逐渐降低，直至溶液出现凝胶。

卡拉胶水溶液黏度随温度降低逐渐增加，呈指数关系，初始阶段卡拉胶黏度增加得较慢，当降低到一定温度时，黏度曲线会出现一个转折点，之后黏度会迅速增加，而这个转折点就是卡拉胶溶液的凝胶转变温度。卡拉胶的溶解和纺丝的温度，均应高于该凝胶转变温度，否则过高的黏度会增加溶解和纺丝的难度。

卡拉胶的黏度随浓度约成指数增加，这个性质是带有荷电基团的线性高分子的典型特点，也是浓度增加使分子间的相互作用增强造成的。

3. 卡拉胶碱溶液黏度随温度浓度的变化

为预防卡拉胶的碱性水溶液由于高温，产生不可逆的降解，故测试时从室温开始逐渐升温。卡拉胶碱性水溶液的黏度随温度的升高而降低。升温的初始阶段，溶液的黏度降得较快，随温度的升高，黏度的降速逐渐减慢。0. 5%的卡拉胶溶液黏度很低，当温度升高到37℃左右时，溶液黏度已基本可以忽略，2%和4%的卡拉胶溶液也分别只能加热至52℃和57℃，黏度几乎为零。8%浓度的卡拉胶溶液，升高至45℃以后，溶液黏度先增大后减小，具体原因不明，猜测可能与强碱性溶液带来的氢键作用有关。

卡拉胶碱性水溶液的黏度随浓度的增加而增大，而且溶液的浓度越高，黏度增大的越快。5%的卡拉胶溶液已经达到适合纺丝的黏度，且在常温下已经不凝胶，这将大大简化纺丝工艺。浓度超过5%，黏度呈指数级增大，浓度超过8%，由于黏度过高，不易测定。

三、湿法纺丝工艺

海藻酸盐纤维的生产过程是一个典型的湿法纺丝过程。纺丝液脱泡过滤后，通过喷丝孔挤入含二价金属离子（一般为钙离子）的凝固浴中，由于凝固液中的二价离子（如Ca^{2+}、Zn^{2+}、Cu^{2+}等）与纺丝液中钠离子的交换，使不溶于水的海藻酸钠以海藻酸钙丝条的形式沉淀后得到初生纤维，再经过拉伸、水洗、干燥和卷绕等加工过程后得到海藻酸盐纤维（图4-31）。

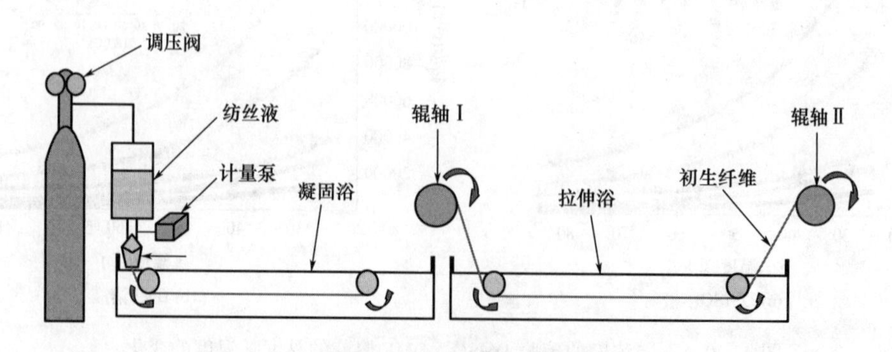

图4-31　湿法纺丝流程图

（一）纺丝工艺设计

根据湿法纺丝的基本原理，海藻酸钠湿法纺丝工艺过程主要包括：溶解、过滤、脱泡、计量喷丝、凝固、水洗、牵伸、定型、上油、干燥及切断等工序。

（1）溶解：采用预溶解、溶解及改性等过程，在一定的温度下高速搅拌溶解，最后控制溶液的黏度在一定范围内。

（2）过滤：采用滤布进行过滤，过滤压力一般控制在2~3kg。

（3）脱泡：脱泡釜中真空脱泡。

（4）计量泵：采用黏胶长丝齿轮泵进行纺丝。

（5）喷丝板：采用长丝喷丝板。

（6）凝固浴：温度控制在25~50℃，采用二价金属离子水溶液或水、醇混合溶液作为凝固浴。

（7）水洗：纤维经过热水洗涤，去除残留黏附的无机盐。

（8）牵伸：牵伸比例控制在100%~200%。

（9）卷绕：采用变频卷绕机卷绕。

（10）后处理：通过分散、上油、烘干、切断等后处理工序。

（二）影响纤维性能的主要因素分析

在此以海藻酸钠溶液纺丝举例。在海藻酸钠湿法纺丝的整个过程中，影响纤维的力学性能的因素众多，人们主要通过控制以下因素来调节纤维的性能：原料的结构、纺丝液的浓度与温度、凝固浴浓度与温度、纺丝速度与牵伸比例、上油与烘干等。

1. 原料的结构

海藻酸钠有M单元和G单元两种结构，随着海藻酸钠M/G值的升高，海藻纤维的断裂强力急剧下降。这是因为海藻酸钠大分子中G单元的空间构象有利于固着住钙离子，而M单元对钙离子的结合力较差，所以海藻酸钠样品中G单元的含量越高越有利于海藻酸钠大分子和钙离子的结合，增加海藻纤维的断裂强力，但是G含量过高影响海藻纤维的其他性能，因此需要根据纤维的用途选择合适的M/G值。另外海藻纤维的断裂强力与海藻酸钠原料的相对分子质量及其分布密切相关，只有相对分子质量及其分布在一定范围内的海藻酸钠原料才适合制备高强度的海藻纤维，且相对分子质量及其分布在这个范围内的原料，G含量越高制备的纤维断裂强度才越高，否则没有可比性。

2. 纺丝液的浓度与温度

纺丝液浓度对纤维力学性能的影响可以从溶液流变性能及纺丝速度来分析。从纺丝效率上来讲应该尽可能地提高纺丝液的浓度，但由第二章的黏度实验结果可以看出，随着纺丝液浓度的增加其流变性能变差，且对温度变化敏感，而在纺丝过程中则表现为极易断丝，无法正常纺丝。兼顾到以上两点可采用浓度为4%~6%的海藻酸钠溶液作为纺丝液，并将温度控制在50~55℃，因为它在这一温度范围内基本能够表现出稳定的流变学特征，适合纺丝。

3. 凝固浴的浓度与温度

凝固浴的浓度直接影响着纤维的成型结构及性能，随着凝固浴浓度的增大海藻纤维的断裂强度先增加到最大值，然后急剧下降。这可能是因为随着浓度的增加，当凝固浴中的钙离子和海藻酸钠纺丝液中的钠离子交换达到平衡时，海藻酸钠大分子结合的钙离子数量逐渐增大，使得海藻纤维的断裂强度逐渐升高。但是凝固浴浓度过高时，钙离子与纤维表层的大分子就会反应剧烈，在纤维表层迅速形成一层致密的海藻酸钙皮层，阻碍了钙离子向纤维内部的扩散，反而降低了海藻酸钠大分子所能结合的钙离子的数量，这种“皮芯结构”的存在使得海藻纤维的断裂强度急剧下降。因此，除了严格控制凝固浴的浓度外，在其中添加一定量的钠离子或醇类物质可以调控纤维的离子交换速度，改善纤维的强度和弹性。

随着凝固浴温度升高，海藻纤维的断裂强度也是先增大后减小，在40℃左右达到最大值。这是因为温度的升高使得凝固浴中的钙离子向海藻酸钠大分子的扩散速率增加，加快了钙离子和钠离子之间的交换，同时升高温度海藻酸钠大分子对钙离子的结合能力常数与吸附容量都有所增加。所以随着温度的升高，当离子交换达到平衡时，海藻纤维结合的钙离子数量不断增多，断裂强度也逐渐升高。但当温度过高时，反而会使钙离子与纤维表层的大分子反应剧烈，形成“皮芯结构”，反而使断裂强度下降。

4. 纺丝速度与牵伸比

纺丝速度的调节在整个纺丝过程中应该是最复杂的，它要兼顾到纺丝前后所有的工艺参数，与纺丝液的性质、计量泵的喷丝速度、凝固浴的浓度和温度及整个过程的牵伸密切相关。通常丝条在凝固过程中采用零牵伸或负牵伸，而后再在热水中进行多次牵伸，至于牵伸比的大小要根据纤维的最终用途来调节。在各个牵伸过程中，每一道的牵伸比都要适当，不能太小或太大，太小了起不到牵伸效果，会给后续牵伸带来困难；而太大了又会造成部分断丝或整个丝条的断裂，也会给以后的处理带来困难，同时也会大大地增加工作量。因此，从初生纤维到纤维的最终形成通常要经过2~3道牵伸工序，再经过牵伸定型，以达到所需要的牵伸比。而海藻纤维的总牵伸率通常在100%~200%之间，这也要根据纤维的用途来确定。

另外随着纤维后处理温度的升高，海藻纤维的断裂强度下降，脆性增加。在空气中放置一段时间后，强力有所提高，柔软有弹性。这是因为烘干过程中，海藻纤维内部的水分子会逐渐向外扩散，且随着纤维烘干温度的升高扩散作用逐渐增强。这种强烈的扩散作用会影响到纤维的超分子结构，在纤维内部形成大量的气孔，成为纤维的弱点，当海藻纤维受到外力作用时，弱点处易产生应力集中，从而降低纤维的断裂强力。在空气中放置后的纤维通过吸收空气中的水分，可部分消除纤维中存在的弱点而增大纤维的断裂强力。

四、后处理机理及工艺

海藻酸盐分子结构单元上有羟基和醚键。在海藻纤维制备过程中，经常会发生不同纤维上海藻酸盐大分子间的有羟基和醚键与相邻水分子产生分子间氢键的吸引，从而造成多根纤维形成紧密堆积。在常规拉伸和水洗过程中，此类纤维会粘连现象，俗称“并丝”。如图4-32所示，用不同溶剂浸泡的海藻纤维丝束烘干后，分散效果有着明显的不同。丙酮处理后的纤维分散效果最好，蒸馏水处理后的纤维分散效果最差，甲醇比乙醇处理后的纤维分散效果略好。纤维的分散性与纤维之间的结合力有着密切的关系，主要有化学键力、范德瓦耳斯力、表面张力、氢键作用等，考虑到这几种力的作用范围和强度，纤维表面的氢键相互作用可能是造成纤维并丝现象的主要原因。

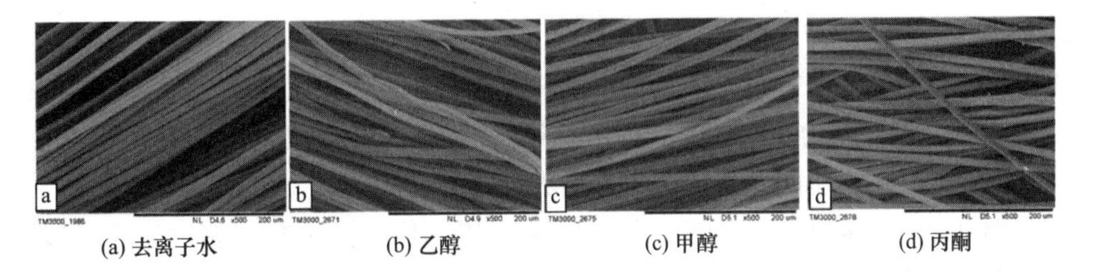

图 4-32 海藻纤维在不同溶剂处理干燥分散后形貌

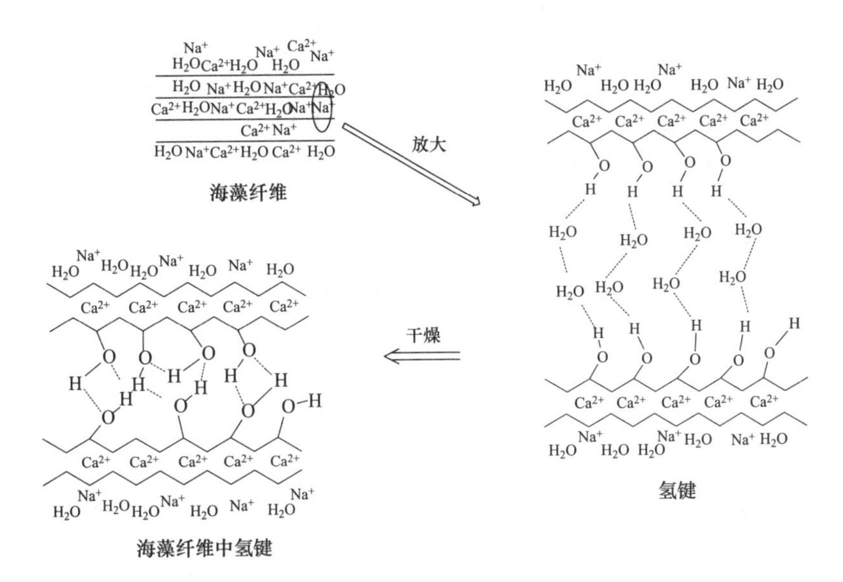

图 4-33 海藻纤维氢键产生机理示意图

如图 4-33 所示，氢键形成机理如下：随着溶剂分子的蒸发，溶剂之间的氢键会发生相应的迁移、破坏，同时会有新的氢键生成。蒸馏水溶剂中有氢键缔合结构，氢键作用较强，大量的水分子在海藻纤维表面形成氢键，干燥过程中会促使纤维并拢，最后海藻纤维表面之间通过氢键相互作用连接在一起，因此有比较严重的并丝现象。在乙醇溶剂中，氢键作用较弱，会有少数的乙醇分子在海藻纤维表面形成氢键，然后再与溶剂分子产生氢键作用，干燥后，会有少量的海藻纤维表面之间通过氢键作用连接在一起。这里特别需要指出的是甲醇分子和水分子能形成团聚物，致使甲醇和水的相互作用要强于乙醇和水的相互作用，因此甲醇处理的纤维分散效果要比乙醇好。与前三者不同，因为丙酮分子之间没有氢键作用，所以丙酮分子在海藻纤维表面形成氢键后，不会与溶剂分子发生氢键作用，纤维表面无法通过氢键连接，所以干燥后的纤维分散效果最好。

并丝现象会导致纤维在后期干燥后粘连为块状固体。此类无法取得分散的纤维丝束，会严重影响海藻纤维的制备和性能，也会影响其后序的加工性能，因此需要开展专用的后处理工艺。

海藻纤维的后处理方式，可分两种，一种是丝束后处理；另一种是散状短纤维后处理。丝束后处理一般采用较少，这里介绍散状短纤维后处理情况。

1. 水洗

水洗是后处理的第一步，可除去纤维上的氯化钙。在进行水洗时，工艺上控制下列因素：

（1）水温：一般控制为20~50℃。因重洗氯化钙不需要较高温度。温度高，杂质去除较干净，但热能消耗增多，车间散发的蒸汽雾增大。

（2）水循环量：洗水量大，则纤维漂洗得较干净，但必然消耗更多水。为了节约用水，需进行水回收循环使用。

2. 分纤

湿法纺丝中纤维分纤，常用的方法为上油或脱水剂（乙醇、丙酮等）分纤。上油是为了调节纤维的表面摩擦力，使纤维具有柔软、平滑的手感，良好的开松性和抗静电性，适当的集束性和抱合力，改善纤维的纺织加工性能。纤维油剂通常配成稳定的水溶液或水乳液，要求无色、无臭、无味、无腐蚀，洗涤性好，相关机理如图4-34所示。针对医用纤维，通常采用脱水剂分纤，传统工艺使用乙醇将纤维内外的水分子置换下来，借助乙醇分子间力小、易挥发的特点可以将纤维分开。但乙醇是一类易挥发、易燃、易爆物质，使用乙醇分纤操作环境和设备密封要求十分严格，纤维制造成本高。青岛大学夏延致研究团队根据海藻纤维用途不同，开发了纤维改性分纤和物理机械分纤技术，该技术实现了海藻纤维快速分纤，淘汰了海藻纤维大量使用乙醇、丙酮等有机脱水剂的分纤技术，降低了成本，提高了生产的安全性。

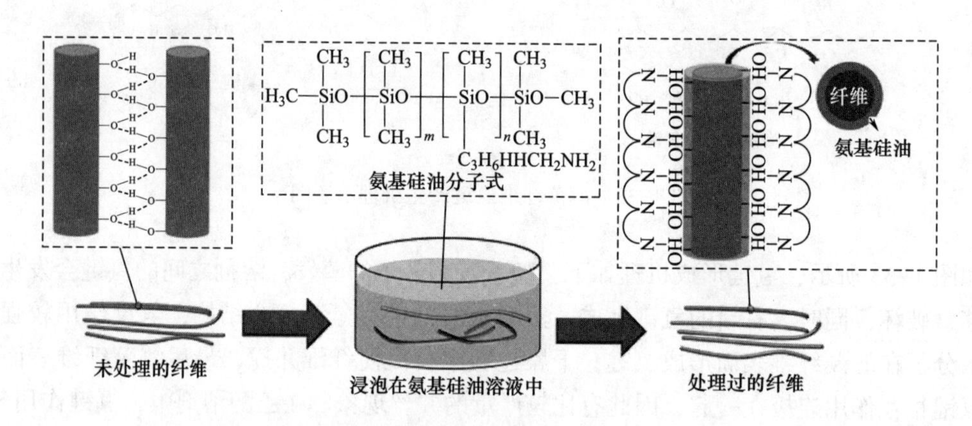

图4-34　纤维上油分丝机理示意图

3. 烘干

经过烘干后，得到产品的回潮率为11%~13%。

4. 打包

短纤维经烘干和干开棉后，借助气流或输送带送入打包机，打成一定规格的包，以便于运输和储存。综上，根据海藻纤维用途不同，其后处理工艺可归纳为下述四种：

（1）纺织服装用途后处理（干切）：水洗→分纤→烘干→切断→打包

（2）纺织服装用途后处理（湿切）：水洗→切断→分纤→烘干→打包

（3）生物医用和卫生护理用途（干切）：水洗→分纤→烘干→切断→打包

(4) 生物医用和卫生护理用途(湿切):水洗→切断→分纤→烘干→打包

第四节　海藻纤维的结构及性质

一、海藻纤维的结构

海藻纤维是利用海藻酸钠的凝胶特性,通过湿法纺丝,以海藻酸钠G单元与二价金属离子Ca^{2+}形成的蛋盒(egg-box)结构为交联点,G基团堆积进而形成交联区域,这些交联结构使海藻酸钠分子形成分子内和分子间交联,形成互穿网络,经牵伸后转变成水凝胶纤维析出,相关机理示意如图4-35所示。

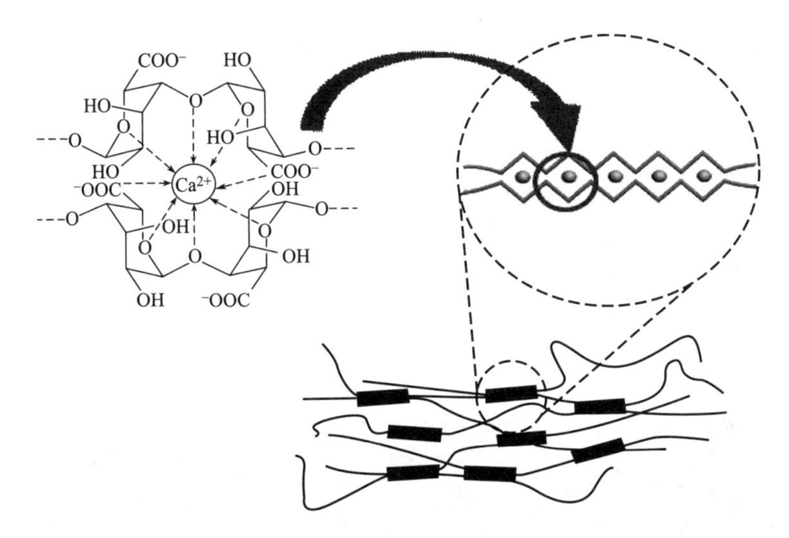

图4-35　G单元与Ca^{2+}形成的蛋盒结构

(一) 海藻纤维结构的红外分析

海藻纤维红外图谱如图4-36所示。在海藻酸钠中3439cm^{-1}对应的是O—H基团的伸缩振动,而在海藻纤维中由于Ca^{2+}与羧基的结合,此特征峰迁移到3351cm^{-1}。2924cm^{-1}处的吸收特征峰为醛酸六元环上C—H键的伸缩振动。与海藻酸钠的相比,海藻纤维中C—H键的伸缩振动相对较弱,这主要是由于海藻纤维中,钙离子与古罗糖醛酸形成蛋壳结构,限制了醛酸六元环上C—H键的伸缩振动,进而减弱了该吸收峰。此外,海藻酸钠的红外谱图中,1619cm^{-1}处对应的是羧酸阴离子伸缩振动的吸收特征峰。这也证明了在海藻纤维中,Ca^{2+}能与羧基结合形成蛋壳结构,并通过Ca^{2+}的交联形成网络状大分子。红外谱图中,950~680cm^{-1}的范围是糖类碳水化合物的特定区域。其中,817cm^{-1}和779cm^{-1}处的吸收特征峰分别代表了甘露糖醛酸和古罗糖醛酸。

(二) 海藻纤维形貌的影响因素

凝固浴浓度对于纤维结构与形貌有着明显影响。当纺丝细流经喷丝头挤出后进入凝固浴氯化钙溶液中,钙离子与钠离子间迅速交换,细流凝固形成海藻纤维。凝固浴浓度过低,整束纤维中的纺丝细流粘连为一体。随着凝固浴中钙离子浓度的提高,凝固剂的浓度梯度和纺

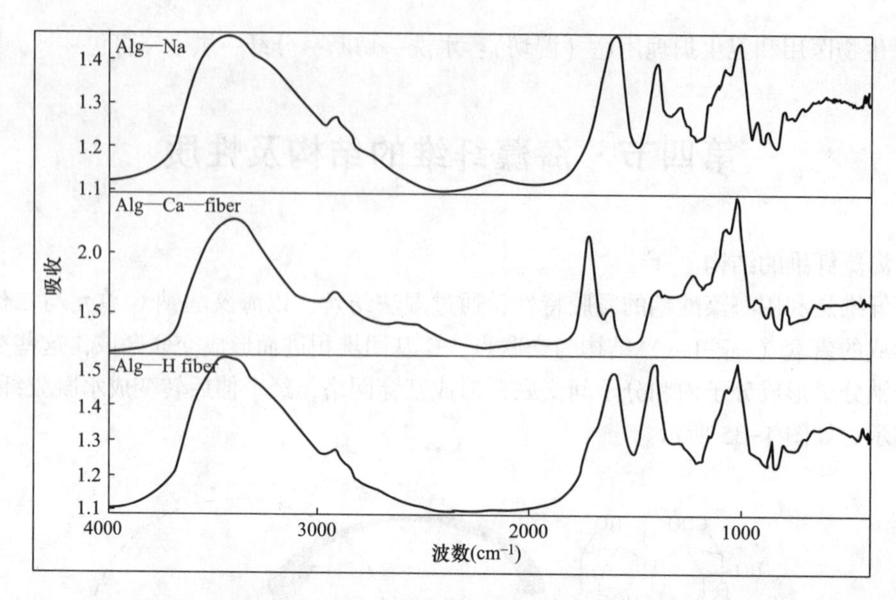

图 4-36 海藻酸钙纤维、海藻酸纤维以及海藻酸钠的红外光谱图

丝液的浓度梯度较小，减缓双扩散过程，并使纺丝细流的凝固速率大于内部细流间粘连缠结的速率，并阻止细流间的粘连缠结，有利于凝固过程的完善和纤维力学性能的提高。但过高的凝固浴浓度会使得双扩散过慢，不利于纤维的成型，同时纤维内部的溶剂不能及时扩散出去，从而降低海藻纤维的力学性能。纤维形貌如图 4-37 所示。

图 4-37 海藻纤维的表面及横断面结构

凝固浴温度对纤维形貌和性能同样有重要的影响。当温度较低时，双扩散缓慢，纤维的芯部凝固不充分，而随着凝固浴温度的升高，双扩散加快，芯部凝固充分，纤维内部分子链间的网络结构完善，能提高纤维的力学性能。但凝固浴的温度过高时，凝固过程过快而导致缺陷增多。同时，在凝固过程中，纤维芯层收缩的速度加快，收缩的幅度变大，在减小纤维直径的同时也会造成更多的缺陷，并最终降低纤维的力学性能。

二、海藻纤维的性质

（一）海藻纤维的物理性质

纯海藻纤维呈纯白色，表面光滑有光泽，手感柔软，而且纤度均匀。海藻纤维的超分子结构的均匀性以及钙离子在纤维大分子间的交联作用，使得海藻纤维大分子间的作用力比较强，纤维断裂强度在1.6~2.6cN/dtex；海藻纤维结构中具有大量羟基，使得海藻纤维具有良好的吸湿性，纯海藻纤维的回潮率为12%~17%。由于糖苷键的不稳定性，纯海藻纤维在高于150℃以上易发生热分解。

（二）海藻纤维的阻燃性

海藻纤维具有本质阻燃特性（不同类型纤维LOI对比如图4-38所示），可以离火自熄，其极限氧指数（LOI）为45%，属于不燃类纤维（按照LOI值的大小，纤维的阻燃程度可以分为五个等级：LOI<21%为易燃，LOI在21%~24%之间为可燃，LOI在24%~27%之间为阻燃，LOI在27%~30%之间为难燃，LOI>30%为不燃）。与各种常用纤维极限氧指数相比，海藻纤维具有卓越的阻燃性能。

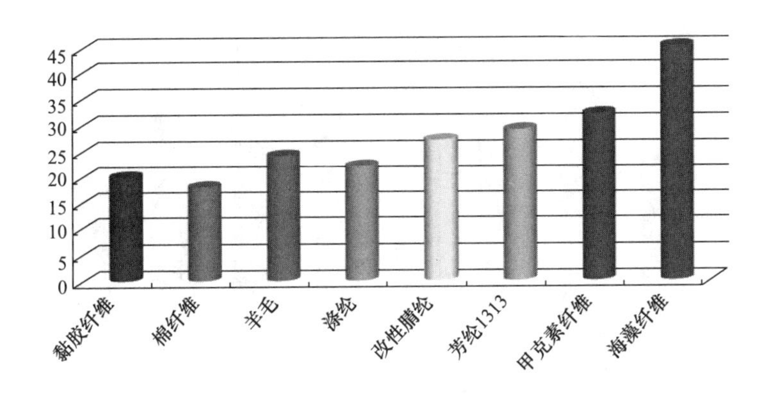

图4-38 海藻纤维极限氧指数

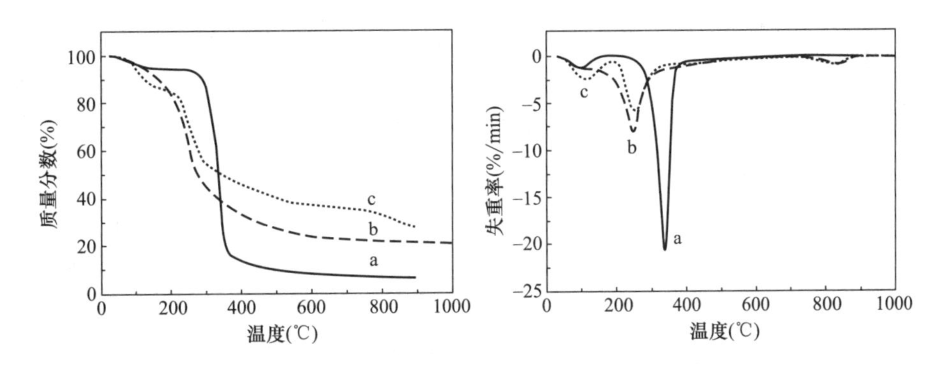

图4-39 黏胶纤维及海藻纤维TG及DTG曲线

a—黏胶纤维 b—海藻酸纤维 c—海藻酸钙纤维

海藻纤维的热降解过程与黏胶纤维显著不同（图4-39），其中海藻酸纤维的热降解过程分为三步[71]：第一步发生在50~200℃之间，主要是海藻酸纤维内部结合水的失去和部分糖苷键的断裂；第二步热降解的温度区间为200~480℃，主要是糖苷键的进一步断裂，生成较为稳定的中间产物，相邻羟基以水分子的形式脱去；第三步发生在480℃以上，对应着中间产物的进一步分解，脱羧碳化。海藻酸钙纤维的热降解过程与海藻酸纤维的略有不同，分为四步。第一步发生在50~210℃之间，主要也是纤维内部结合水的失去和部分糖苷键的断裂；

第二步发生在210~440℃之间，主要是糖苷键的进一步断裂，生成较为稳定的中间产物，相邻羟基以水分子的形式脱去；第三步发生在440~770℃，对应着中间产物的进一步分解，脱羧部分碳化；第四步发生在770~1000℃，碳化物进一步分解，最终生成CaO。

海藻纤维的本质阻燃特性与海藻纤维中的金属离子有关。海藻酸纤维的极限氧指数为24，属可燃纤维，而含有金属离子的海藻酸盐纤维（钠、钾、钙、锌、钡、铜、锰等）的极限氧指数均高于海藻酸纤维，除海藻酸铜纤维LOI为30%，为难燃纤维外，其他海藻酸盐纤维的LOI均大于30，达到了不燃纤维的级别，均具有良好的阻燃效果（不同类型海藻纤维LOI对比如图4-40所示）。海藻纤维的金属离子阻燃机理，可以分为以下三个方面[72]：

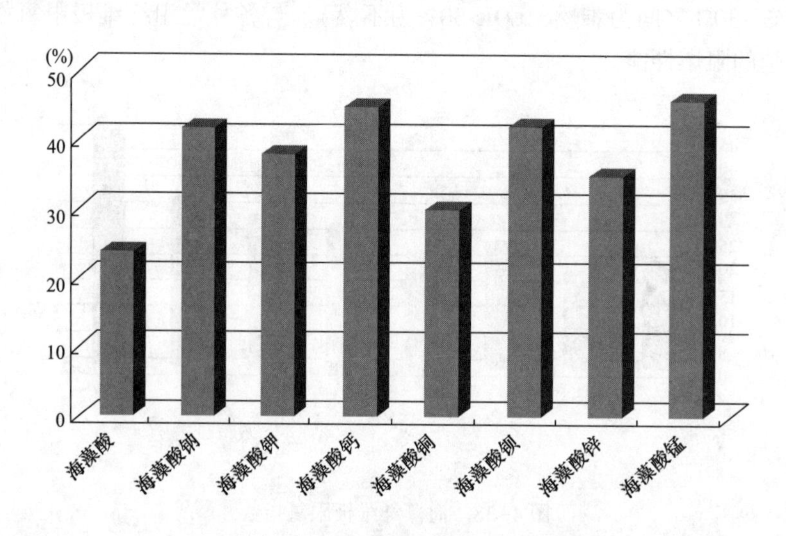

图4-40　不同种类海藻纤维的极限氧指数

（1）大分子中金属离子会在燃烧过程中形成碱性环境，另外，多糖环含有羟基，在两者的共同影响下，海藻酸大分子极易发生脱羧反应生成不燃性CO_2并稀释可燃性气体，反应式如图4-41所示。

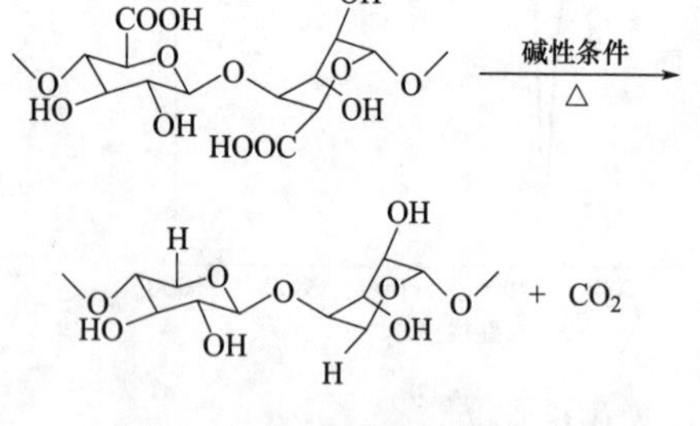

图4-41　海藻酸盐纤维在碱性条件下的脱羧反应

（2）海藻酸盐大分子链可以通过金属离子螯合，与金属离子形成交联结构，或羟基与羧基在加热时环化形成内交酯，从而导致纤维结构的改变。从而使海藻酸盐纤维的热裂解温度要明显高于海藻酸纤维，且金属离子的加入提高了炭化程度，从而可起到抑制热裂解减少可燃性气体的作用，反应式如图4-42所示[73]。

（3）海藻酸盐纤维在燃烧过程中可能生成金属氧化物和金属碳酸盐沉淀覆盖在纤维表面，在凝聚相和火焰间形成一个屏障，隔绝氧气，阻止可燃性气体的扩散。

（三）海藻纤维的力学性能

海藻纤维断裂强度及断裂伸长率与n（G）/n（M）有一定的关系（图4-43）：同种纺丝条件下，n（G）/n（M）大，纤维的断裂强度越大，因为在钙离子的作用下，海藻酸钠大分

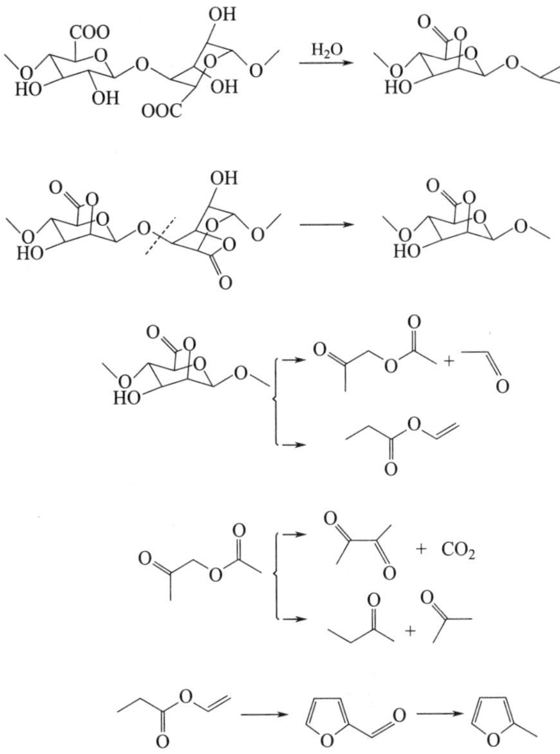

图 4-42　海藻酸盐纤维的热裂解机理

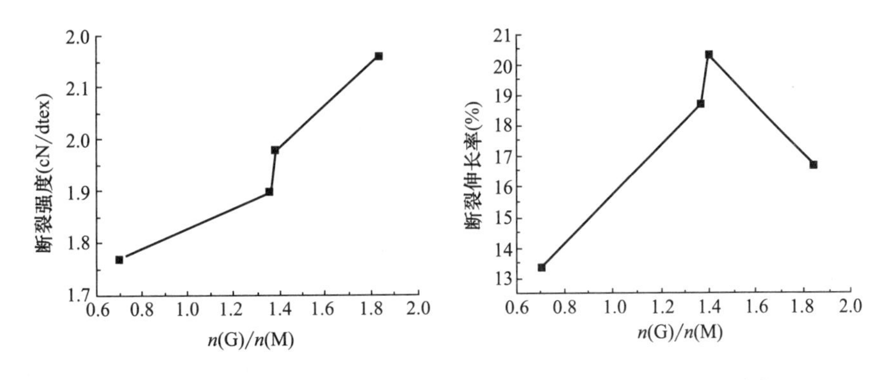

图 4-43　海藻纤维力学性能与海藻酸钠 n（G）/n（M）的相关性

子中的两个 G 单元通过配位键形成具有六元环的稳定螯合物，相当于纤维的结晶区，同时海藻纤维大分子间通过钙离子形成新的作用力，增强了纤维大分子间的作用力，使得海藻纤维比普通的黏胶纤维断裂强度较高，n（G）/n（M）值越小，则分子中 G 含量越多，均聚的 GG 嵌段越多，形成得“蛋壳结构”数量越多，得到的纤维强力较高。而在低 n（G）/n（M）值的海藻酸钠中，G 嵌段的长度很小，它们对海藻酸钙凝胶网络的形成作用不大，对纤维强度的贡献也不大。所以相同海藻酸钠的浓度下，n（G）/n（M）值大的海藻酸钠形成凝胶的钙离子需要量也大，得到的纤维的强力也较高 G 段的刚性比 M 段强，故 G 含量越大，刚性越强，断裂强度也就越大；而断裂伸长率随着 n（G）/n（M）的增大先增大后减小，因为当 G

含量较低时，纤维较软，易断，随着 G 含量增大，纤维硬度逐渐增大，断裂伸长率逐渐增大，但当 G 含量继续增大时，纤维的韧性会慢慢降低，断裂伸长率也随之开始减小[74]。

(四) 海藻纤维的吸湿性

如果纤维大分子化学结构中有亲水基团存在，这些亲水基团能与水分子形成水合物，纤维就具有吸湿性，所以纤维大分子存在亲水基团是纤维具有吸湿能力的主要原因（如图 4-44 所示）。纤维中亲水基团常见的有羟基（—OH）、氨基（$—NH_2$）、酰氨基（—CONH-）、羧基（—COOH）等，这些基团对水分子有较强的亲和力，它们与水蒸气缔合形成氢键，使水蒸气分子失去热运动能力，而在纤维内依存下来。纤维中游离的亲水基团越多，基团的极性越强，纤维的吸湿能力越强。海藻纤维大分子在每一个重复单元中都有四个羟基、两个羧基，而水分子与羟基、羧基形成氢键。纤维中除了亲水基团直接吸着第一批水分子外，已经被吸着的水分子，由于它们也是极性的，因而就有可能再与其他水分子互相作用。这样。后来被吸着的水分子，积聚在第一批水分子上面，形成多层的分子吸着，成为间接吸着水分子。由此可见，纤维直接吸收水分子的多少与纤维大分子上的亲水基团的多少、性质和强弱有关。海藻纤维中，含有大量的吸水性强的羟基和羧基，所以纤维的吸湿性强。此外，由于海藻纤维是湿纺纤维，纤维中存在大量的微孔，所以具有良好的吸水性和保水性。

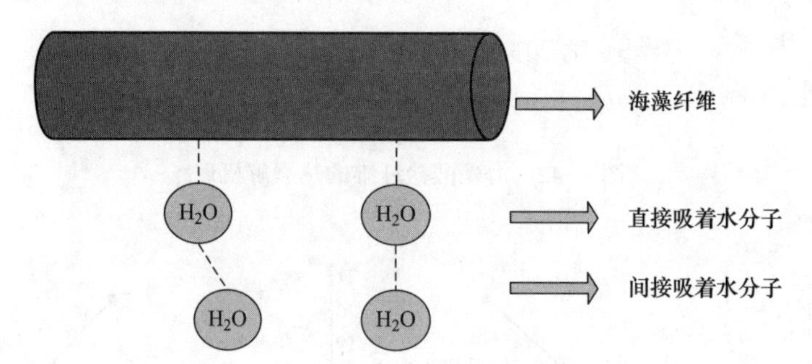

图 4-44　海藻纤维对水分子的直接和间接吸着

(五) 海藻纤维的抑菌性

1962 年，英国人 Winter 发现在潮湿环境下伤口的表面愈合快于干燥状态。“湿疗法”扩大了海藻酸纤维在医用敷料、纱布、绷带上的应用。以海藻酸盐为原料的医用敷料不仅具有止血功能，还有能够加快皮肤伤口的愈合速度等功能。

使用黄色葡萄状球菌为标准评价海藻纤维，可发现海藻纤维的静菌活性值和杀菌活性值远远高于合格值（2.2）以上；而其他锦纶、涤纶、腈纶需进行 10 次洗涤之后，其抗菌活性基本上能保持高于合格值。这主要是因为在海藻纤维中含有微量的乳酸或低聚物这些物质有抑菌作用。也就是说，由于材料中的微量乳酸在材料表面浸出一部分，将材料表面与人的肌肤同样保持弱碱性，防止了细菌和霉菌等微生物的附着和繁殖。而棉、合成纤维的细菌和霉菌等微生物则有容易附生的倾向。

(六) 海藻纤维的防辐射性

防辐射性能是近几年对纺织服装新提出的一种功能要求。随着信息技术的发展以及家用电器等的广泛使用，由于电磁辐射看不见、摸不着，短时间内接触不会产生不适感觉，一旦积累成疾，很难治疗，因而科学界称之为“无形杀手”，电磁波污染已成为继空气、水、噪声污染之后的第四大污染源。

目前防辐射纤维与织物的制备主要有金属纤维、金属镀层纤维以及涂覆金属盐纤维等方法。以结构型导电聚合物作为成纤聚合物纺织纤维，是制备防电磁辐射纤维的一种新思路。结构型导电聚合物是指不需要加入其他导电性物质而依靠成纤聚合物本身结构即具有导电性的物质。纤维完全由导电聚合物组成，无须加入其他材料即可导电，故其导电性优良持久。但由于这类聚合物通常为不溶、不熔性物质，或由于相对分子质量低，热、光稳定性差，加上加工成型困难，所以要广泛应用还需进一步的探索。

海藻纤维因其对金属离子有良好的吸附作用，故可能用于制备新型防电磁辐射材料，其防辐射原理见图 4-45。对制备的结合不同金属离子的海藻纤维进行防辐射性能测试，比较了不同离子对防辐射性能的影响，结果如图 4-46 所示。

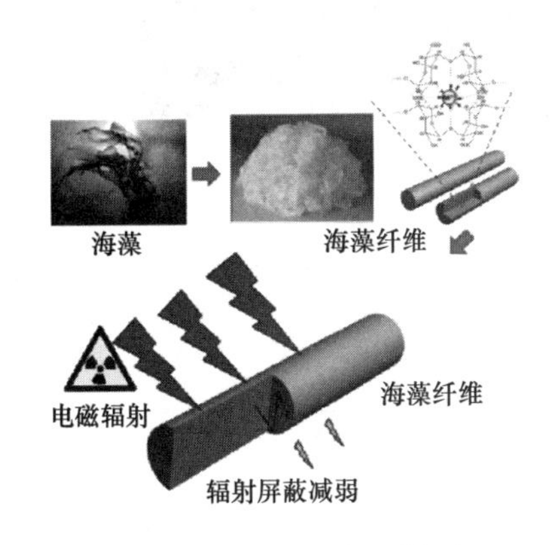

图 4-45　海藻纤维防辐射原理

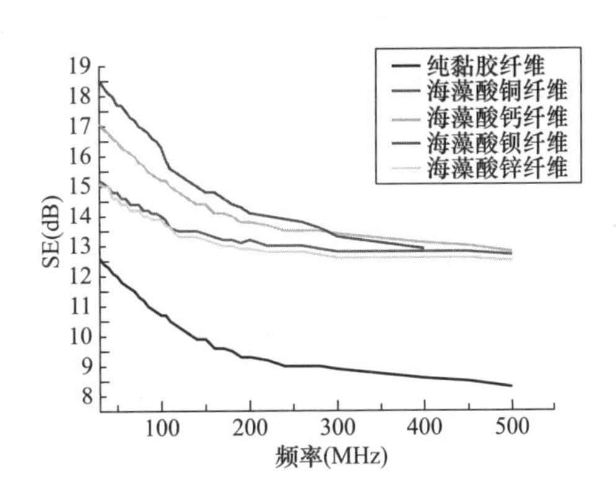

图 4-46　各种海藻纤维与黏胶纤维的抗辐射性能测试

从图中可以看出，与黏胶纤维相比海藻酸钙、海藻酸钡纤维具有较好的防辐射效果，在低频防辐射效果达到 15dB 以上，在 200~550MHz 可以达到 13dB 以上。不同的金属离子对防辐射性能具有一定的影响，尤其是在低频范围内更加明显。海藻酸钡纤维比海藻酸钙纤维在低频的防辐射性能高 1dB 左右，在高频时防辐射性能基本一致。作为对比的黏胶纤维基本没有防辐射性能，在低频时防辐射效果在 10dB 左右，在高频时防辐射性能仅为 9dB 左右。初步结果表明，随着原子序数的增加，海藻酸盐纤维的防辐射性能略有提高。

在雷达、发射台等特殊高辐射场合，美国军用防辐射标准规定大于 15dB。一般家用电器，如防计算机，微波炉等的辐射，达到 15dB 即可满足要求。可以看出海藻酸盐纤维基本满足民用防辐射服装要求。

海藻酸盐纤维的防辐射性能主要由于纤维中均匀分布有大量的金属离子，起到类似金属镀层纤维以及涂覆金属盐纤维的作用。由于海藻酸盐纤维中金属离子与海藻结构单元达到分子级水平均匀结合在纤维内部，因此具有更好的防辐射效果[75]。

第五节　海藻纤维的应用

海藻纤维作为医用纱布、绷带和敷料具有高吸湿性、易去除性、高透氧性和生物降解性和相容性等优点。近年来，海藻纤维也被应用在服装面料和装饰纺织品领域，并表现出很大的发展潜力。目前所开发生产的海藻纤维的应用领域包含纺织服装、生物医用、卫生护理三大领域。

一、纺织服装用海藻纤维

海藻纤维作为纺织服装材料（海藻纤维、纱线、面料和服装分别如图 4-47～图 4-50 所示）具有以下特点：

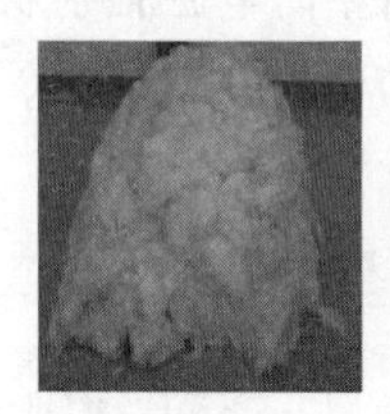

图 4-47　纺织服装用海藻纤维

图 4-48　海藻纤维纱线

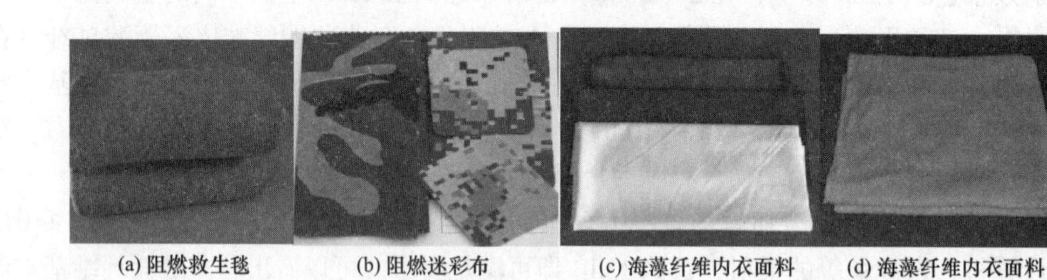

(a) 阻燃救生毯　(b) 阻燃迷彩布　(c) 海藻纤维内衣面料　(d) 海藻纤维内衣面料

图 4-49　海藻纤维面料

（1）自阻燃性。在阻燃纺织品领域，极限氧指数达到 30 以上就属于难燃级，普通的纺织品极限氧指数在 20 以下，而未经阻燃处理的海藻纤维极限氧指数即可以达到 45 以上，表现出超强的自阻燃性能，并且燃烧过程中基本不产生烟气，无有毒气体产生，无熔滴，适宜制造防护类和装饰类纺织品。

（2）高回潮率和穿着舒适性。回潮率是纺织品穿着舒适度的重要影响因素，合成纤维的回潮率为 0.2%～0.4%，天然棉纤维的回潮率在 10%左右，丝毛类纤维的回潮率在 10%～15%，而海藻纤维的回潮率在 12%～17%，接近并优于丝毛类纤维，这就使得海藻纤维特别

(a) 海藻纤维内衣

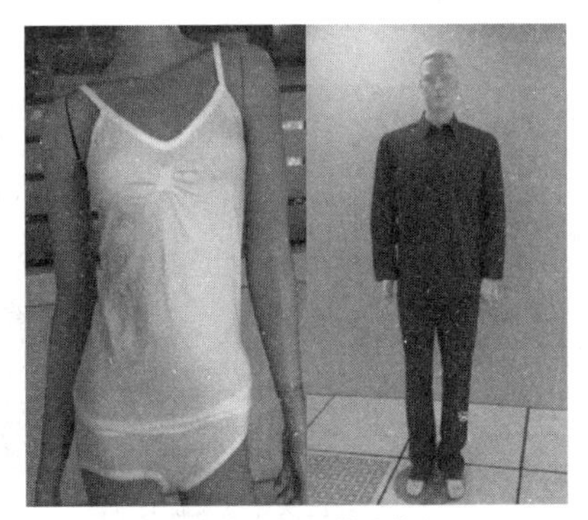

(b) 海藻纤维阻燃防护服

(c) 海藻纤维滤阻燃作战服

图 4-50　海藻纤维服装产品

适合应用在高档服装和内衣面料领域。

(3) 具有一定的防辐射作用。海藻纤维中的大分子可与多价金属离子螯合形成稳定的络合物，因此可以作为多离子织物用于制备电磁屏蔽织物，提高了织物的电磁屏蔽和抗静电能力。

(4) 具有一定的抗菌性能。改变海藻纤维凝固浴中金属离子的种类，如添加抗菌的银离子，可以得到具有抗菌作用的海藻纤维，适合作为具有抗菌运动衫、床单、被子、内衣及家饰用品面料。

二、医学应用海藻纤维

海藻纤维具有较好的吸湿性、抑菌性、止血保湿性、易揭除性，高透氧性、凝胶阻塞性、生物降解性和相容性等优异的特性，因此在医疗方面具有较高的使用价值，现已作为医用材料及生物工程材料广泛应用。医用海藻纤维在使用中可以吸收大量的伤口渗出物，减少换绷带的次数和护理时间，降低护理费用；医用海藻纤维与渗出液接触时发生凝胶膨化，大量渗出液被固定在纤维中，防止了浸渍现象的发生，同时可以对新生组织起到保护作用；纤维可用温热盐水淋洗除去，防止在去除纱布时造成二次创伤。从敷料的功能角度，海藻酸盐敷料主要分为三类：普通型的海藻酸盐敷料、抗菌型的海藻酸盐敷料及其他功能型的海藻酸盐敷料。医用海藻纤维及相关产品如图 4-51、图 4-52 所示。

图 4-51　生物医用海藻纤维

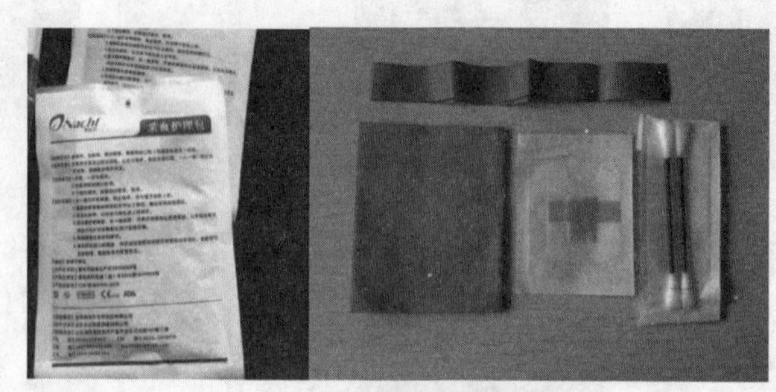

(a) 海藻纤维采血护理包

(b) 海藻纤维医用敷料

图 4-52　海藻纤维医用产品

三、卫生用海藻纤维

海藻纤维具有良好的吸湿性，利用这一特性制备的高吸水性海藻纤维可实现液体的快速吸收，洗液率可达 100 倍，同时具有良好的抑菌性能（无抗菌剂添加），可有效减少湿润环境中的细菌滋生问题，在日常一次性卫生护理品材料领域进行广泛应用。主要包含一次性外用擦拭（消毒）用品（湿巾）、婴幼儿抑菌纸尿裤、成人失禁用品（成人纸尿裤、护理垫）、成人卫生巾、面膜等材料（图 4-53、图 4-54）。

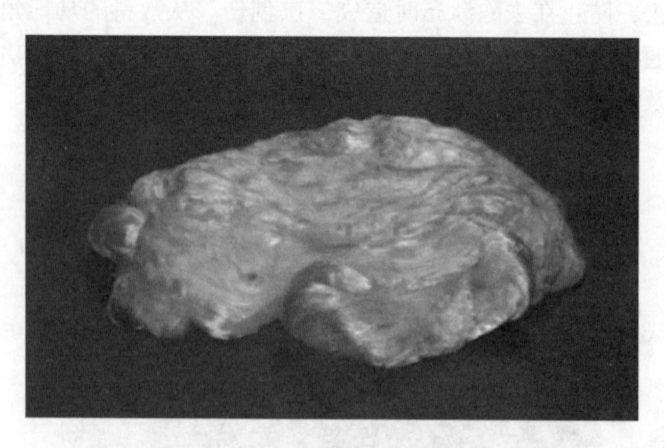

图 4-53　卫生护理用海藻纤维

(a) PM2.5口罩　(b) 海藻纤维卫生巾　(c) 海藻纤维面膜基材

图 4-54　海藻纤维卫生护理用产品

四、阻燃工程用海藻纤维

海藻纤维的阻燃特性使它可以用于制备室内阻燃纺织品如阻燃壁纸、壁布、阻燃装饰品等。含有海藻纤维的阻燃壁纸炭化过程中释放的烟量低于普通阻燃壁纸的1/20，同时对大肠杆菌和金黄色葡萄糖球菌具有优良的抑菌性能，可以有效提升室内壁纸、装饰品等的使用安全性（相关产品见图 4-55）。

(a) 海藻纤维阻燃装饰树叶　(b) 海藻纤维可生物降解阻燃壁纸

图 4-55　海藻纤维阻燃纺织家居用品

五、生物吸附用海藻纤维

海藻酸分子链上带有大量的羧基和羟基，易产生负电基团，与金属阳离子有较强的络合能力，能够通过络合与离子交换和金属离子形成稳定的螯合物。海藻纤维作为吸附材料具有以下优点：纤维表面积大、吸附速率快；饱和吸附后的纤维经过简单的处理，可迅速解吸附，易于再生；与粉末或微球吸附剂相比，纤维材料更易从水中分离，既节约了成本，又避免对水体造成二次污染。

海藻纤维吸附过程可以分为两个线性阶段：在第一阶段，金属离子通过扩散过程吸附到海藻酸纤维的外表面，扩散过程很迅速，且扩散速率随金属离子的浓度增大而增大；第二阶段，金属离子由纤维表面扩散到纤维内部，机理如图 4-56 所示。

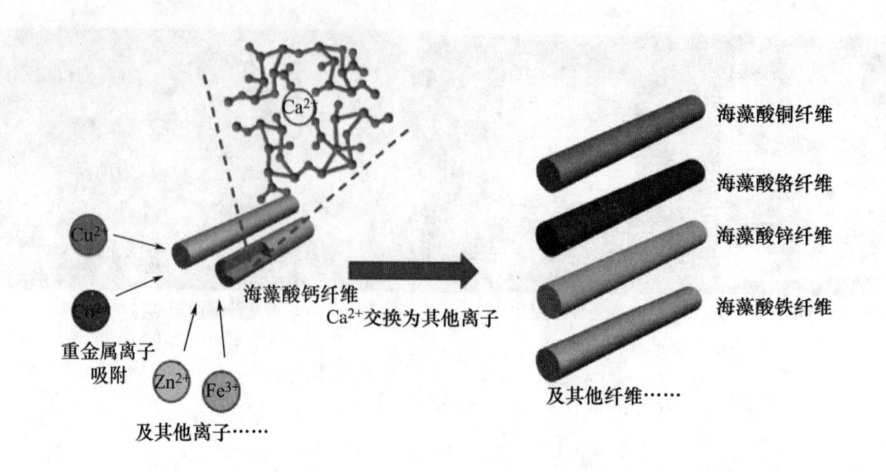

图 4-56 海藻纤维吸附重金属离子机理

第六节 海藻纤维的发展前景

由于海藻酸高分子的特殊结构，海藻纤维存在质地硬脆、强力较低和耐盐耐碱性能差的缺点。常见海藻纤维的拉伸强度仅有 1.4~1.7cN/dtex，在 0.9%的 NaCl 溶液中浸泡 68h 后，由于 Na^{+}、Ca^{2+}离子的交换作用，纤维的溶胀度高达 360%，浸泡后的海藻纤维粘连，而且失去纤维形貌，而在碱性离子溶液中这现象更加明显，严重影响了纤维的应用。为解决上述问题并满足市场对海藻纤维功能化的需求，研究者对海藻纤维广泛开展了共混、交联以及功能化探索。

（一）共混改性

大分子共混改性可以结合各种高聚物的优点改善纤维的各种性能与海藻酸钠共混纺丝的高聚物可为聚阴离子化合物（羧甲基纤维素钠、果胶）、聚非离子化合物（聚乙烯醇、纤维素）、聚阳离子化合物（壳聚糖及其衍生物）和两性化合物（蛋白质）等。一般海藻酸的百分比为 70%~95%，其他组分为 5%~30%。

1. 海藻酸钠/羧甲基纤维素钠共混纤维

羧甲基纤维素钠和海藻酸钠作为含有多羟基及羧基的线性高分子多糖，其结构的相似性使两者有好的相容性。两者都可溶于水，与多价金属离子生成不溶性水凝胶，与 Ca^{2+}可生成离子交联。

羧甲基纤维素钠与海藻酸钠共混后经 $CaCl_2$ 凝固浴，干燥后的共混纤维，因为羧甲基的空间效应使得共混纤维大分子之间的作用力减弱，可增加海藻纤维的柔韧性和吸湿性。

2. 海藻酸钠/果胶共混纤维

果胶与海藻酸钠共混，能与多种金属离子（Ca^{2+}，Fe^{3+}，Al^{3+}，Cu^{2+}等）形成凝胶沉淀。高酯果胶水溶液中加入多羟基的极性物质（如糖类），能使果胶分子周围的水化结构发生变化。促使果胶分子彼此靠近，逐渐形成长链胶束，并最终交错聚集形成松弛的三维网络结构，网络交界的空隙处，由于氢键和分子间力的作用，吸附着大量的水合分子，从而构成外形似固体，其间饱含水分的氢键胶凝。低酯果胶在加酸条件下能部分凝胶，添加适量的多价金属离子（如 Ca^{2+}、Mg^{2+}等）与羧基形成离子键，构成三维网状结构，形成类似海藻酸钙的“蛋盒”结构的离子键凝胶。果胶与海藻酸钠共混后，果胶酯基的存在可降低海藻酸钙的交联度，可提高海藻酸纤维的柔韧性。

3. 海藻酸钠/聚乙烯醇共混纤维

聚乙烯醇分子中含有大量的羟基，可以吸收大量的水分并形成牢固的氢键结合，也可以与金属离子形成松散的络合。通过对聚乙烯醇纤维改性处理，使它获得必要的抗水性和离子交换性能，用来制造具有镇痛性能的药棉和各种纺织材料。聚乙烯醇的针织材料弹性高易于敷在突出伤口的表面，药剂更易于进入开裂与腔形的伤口。

海藻酸钠与聚乙烯醇共混纤维有良好的机械性能是因为在共混纤维中聚乙烯醇链上的羟基和海藻酸钠的羧基、羟基形成了强烈的氢键，提高纤维的强力和弹性，所以借助聚乙烯醇的良好性能，通过共混方法可使海藻酸纤维获得良好的使用性能或加工性能。

4. 海藻酸钠/再生纤维素共混纤维

海藻酸钠与再生纤维素（黏胶）的共混主要是将海藻酸钠加入再生纤维素的纺丝液中以提高再生纤维素的吸湿性、吸附金属性、抗菌性和其他附加值。

将海藻酸溶液在纤维素磺酸酯化过程中均匀加入黏胶中，经混合研磨制成纺丝液在特定的酸浴条件和工艺条件下可纺出黏胶活性海藻长丝和短纤维产品。纤维横截面呈现多空结构，轴线方向有不规则结晶有利于有效成分在纤维和皮肤间的转移。制成织物具有抗菌润颜、消炎止痒、美容抗衰老的保健作用。

5. 海藻酸钠/甲壳素类共混纤维

海藻酸钠纤维经 $CaCl_2$ 凝固浴后，再经过壳聚糖浴，海藻纤维被壳聚糖包覆，壳聚糖在海藻纤维表面沉积，发生聚电解质效应。壳聚糖包覆时，壳聚糖的相对分子质量不能太大，因为海藻酸钠经 Ca^{2+}交联后的纤维部分表面和内部结晶，海藻纤维变得致密，纤维的空隙率降低，相对分子质量太大时，导致壳聚糖不易进入海藻纤维内部，机理如图 4-57 所示。

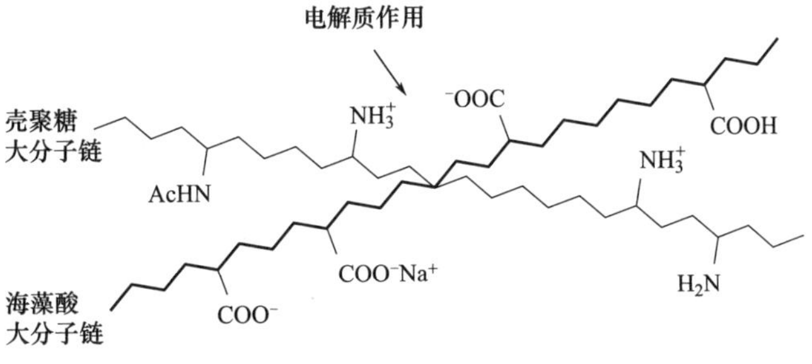

图 4-57　壳聚糖与海藻酸间的电解质效应

将羧甲基壳聚糖和海藻酸钠用水溶解共混后，分别在 $CaCl_2$ 和 HCl 溶液中凝固，得到的功能性膜、纤维品种，具有良好的渗透蒸发分离效果和离子吸附功能，良好的力学性能和抗水性，无毒、无害、安全性高及可生物降解，在医药、食品及环保等领域均有应用。

6. 海藻酸钠/蛋白质共混纤维

海藻酸/（胶原）明胶纤维的强度是利用 Ca^{2+} 交联及其之间的聚电解质效应而得到的。海藻酸钠能与 Ca^{2+} 络合形成水凝胶，主要反应机理为 G 单元与 Ca^{2+} 络合交联，形成蛋盒结构，G 基团堆积而形成交联网络结构，转变成水凝胶纤维而析出，明胶结构如图 4-58 所示。

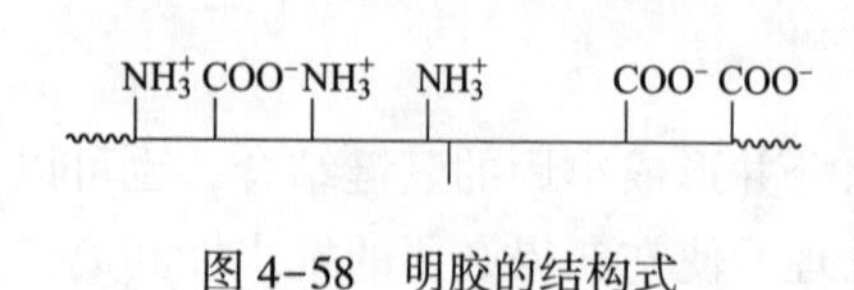

图 4-58　明胶的结构式

将溶解好的海藻酸钠溶液加入溶解好的明胶水溶液，将两种溶液按一定比例共混，脱泡、减压脱泡后，在室温条件下于凝固浴中以湿法纺丝制备海藻/明胶纤维，该共混纤维具有较高的生理活性，优良的力学性能和吸水率，在医疗领域具有广泛的应用前景，尤其适用于制造非织造布作伤口敷料。

将海藻酸钠水溶液和大豆的碱溶液混合均匀，过滤脱泡后在室温条件与 $CaCl_2$、HCl、C_2H_5OH 混合液的凝固浴中湿法纺丝，制备海藻酸钠/大豆分离蛋白共混纤维，适合用于编织非织造布作为伤口敷料，用于医药和纺织领域。

（二）交联改性

1. 离子交联

海藻酸的化学结构中 G 单元上羧基极易与多价阳离子如 Ca^{2+}、Zn^{2+}、Al^{3+}、Fe^{3+} 等发生静电相互作用，形成水凝胶，离子与 G 单元上的多个氧原子发生螯合作用，使海藻酸链间结合的更紧密，链间的相互作用最终将会导致三维网络结构即凝胶的形成。不同离子与 G 单元的螯合作用强度存在差异，三价金属离子处理可以有效提高海藻纤维的化学稳定性，可以利用这种差异对海藻纤维进行交联处理，来提高海藻纤维的化学稳定性，得到在生理盐水和染液中能够稳定存在的海藻纤维。

2. 共价交联

海藻纤维中具有大量羟基和羧基，这些基团可以反应形成共价键，为通过多官能度化合物制备共价键交联海藻纤维提供了可能。常见采用的交联剂有戊二醛、环氧氯丙烷、硼酸盐等，交联后的海藻纤维强度提高，在盐水中具有良好的稳定性（不同交联机理如图 4-59、图 4-60 所示）。

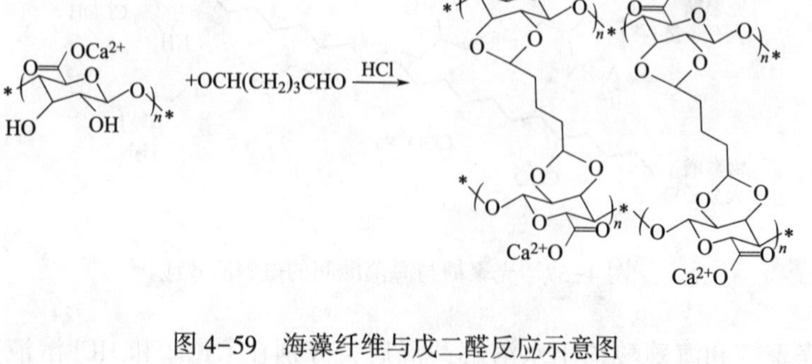

$+OCH(CH_2)_3CHO \xrightarrow{HCl}$

图 4-59　海藻纤维与戊二醛反应示意图

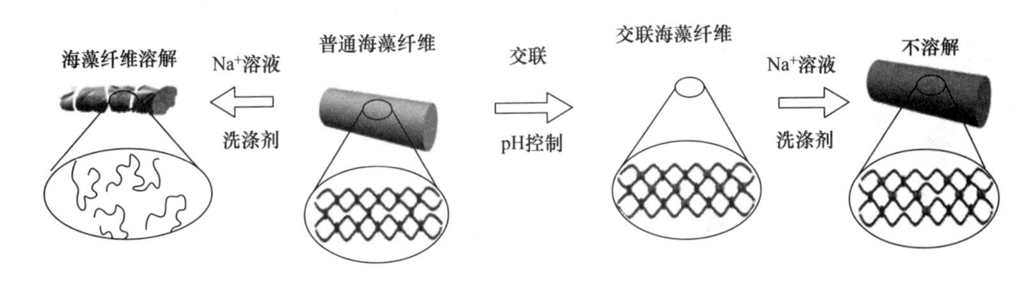

图 4-60　硼酸盐交联海藻纤维

（三）海藻纤维功能化

海藻酸钠对阳离子的螯合作用和吸附作用，使海藻纤维非常容易通过改变凝固浴或后处理液中的阳离子种类来获得功能化的海藻纤维。

1. 海藻纤维的抗菌性

海藻酸钠具有一定抑菌性，而不具有抗菌性，所以抗菌海藻纤维的制备成为一个热门研究领域，而主要的制备方法为向海藻纤维中添加抗菌剂。目前主流的抗菌剂分为无机抗菌剂、有机抗菌剂和天然抗菌剂三种。

（1）无机抗菌剂主要是利用 Ag、Cu、Zn、Ti、Mn 等金属离子的杀菌抑菌作用，目前应用最广泛的是以 Cu^+ 等为活性组分的含金属离子的抗菌剂和以 TiO_2 为代表的氧化物光催化型抗菌剂。海藻酸铜纤维和纳米银海藻纤维对大肠杆菌的抑菌率可达 97%、99%，对金黄色葡萄球菌的抑菌率分别可达 66%、98%。

（2）有机抗菌剂主要有季铵盐类，这种抗菌剂所带的正电荷能够破坏微生物细胞膜，是蛋白质变性而破坏细胞结构。低分子抗菌剂的抗菌活性成分大都是阳离子基团，但其耐热性差、毒性大等特点使其在抗菌纤维方面的应用受到限制，目前尚没有在海藻纤维中应用。

（3）天然抗菌剂中壳聚糖是一种最常用的带正电荷的活性物质，将海藻酸钠与壳聚糖进行共混，制备出抗菌性能优良的复合抗菌纤维，抗菌效果如图 4-61 所示。

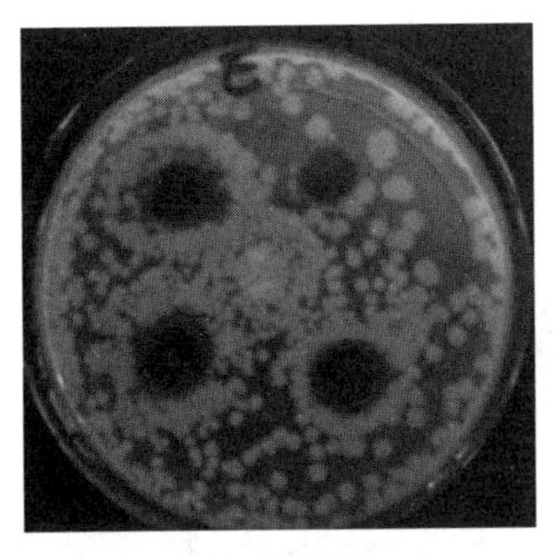

(a) 大肠杆菌

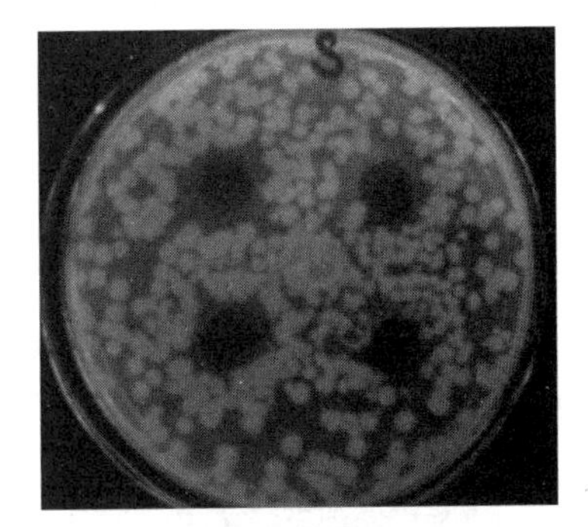

(b) 金黄色葡萄球菌

图 4-61　纳米银抗菌功能海藻纤维抗菌照片（纳米银含量 0.6%）

2. 荧光海藻纤维

利用海藻酸盐作为基质材料，水相荧光纳米粒子作为荧光材料，通过湿法纺丝技术制备

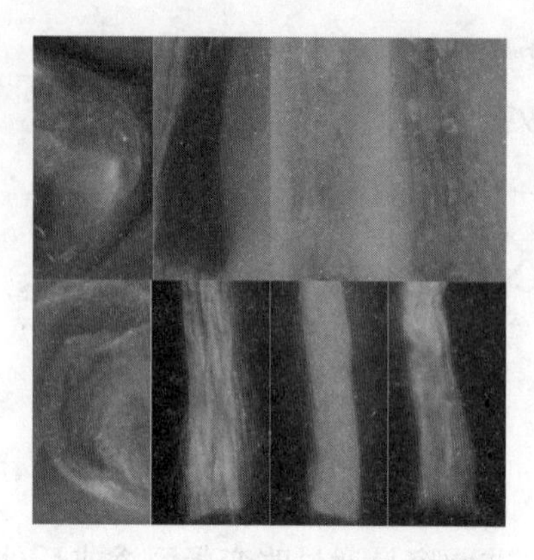

图 4-62 纯海藻纤维与荧光纤维在紫外光激发前后的光学照片

了复合荧光纤维[76]。包括 CdTe/海藻酸钙单波长荧光纤维和碳点/海藻酸钙多波长荧光纤维，通过使用不同发光颜色的 CdTe 纳米晶可以制得不同发光颜色的荧光纤维，纤维的发光颜色由绿光到红光连续可调。期望其在荧光生物编码（复合微球及微胶囊）、全色发光材料及太阳能电池（复合本体和膜层结构）、光纤及光波导（复合纳米纤维）、荧光防伪（复合纺织纤维）等方面得到应用。荧光纤维图片如图 4-62 所示。

3. 红藻胶纤维的开发利用

传统的海藻纤维主要指海藻酸盐纤维，琼胶、卡拉胶与海藻酸盐分子相似，是由单糖结合而成的直链高分子结构，具有成纤的结构基础，受海藻酸盐纤维的启发，利用红藻胶直链大分子的成纤结构结合其凝胶化机理，夏延致教授课题组通过湿法纺丝技术成功制得琼胶纤维和卡拉胶纤维。该课题组以 DMSO/DMF 为溶剂，以添加 $BaCl_2$ 的乙醇水溶液为凝固浴获得了具有类似腈纶拉伸特点的琼胶纤维（图 4-63），所得纤维材料极限氧指数为 20%，不具备阻燃性（图 4-63、图 4-64）。

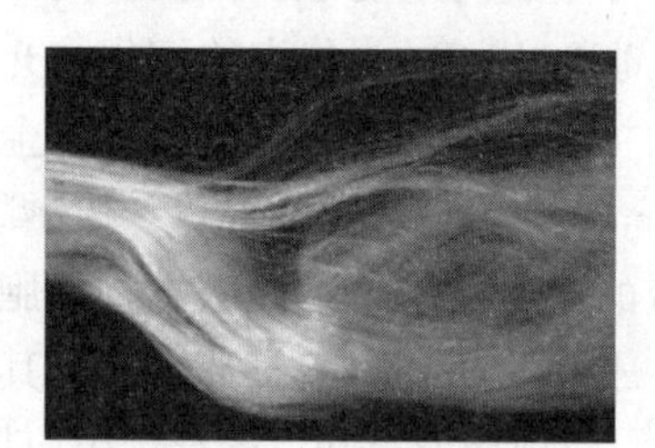

图 4-63 琼胶纤维

图 4-64 琼胶纤维的燃烧现象

他们以水和碱溶液作溶剂，经过湿法纺丝制备了水溶液纺制卡拉胶纤维和碱溶液纺制卡拉胶纤维[77]，制备过程中发现，水溶法纺丝需要在高于 50℃条件下进行，且所得纤维并丝现象严重［图 4-65（a）］；利用碱溶法则可以常温溶解卡拉胶，常温纺丝，所得纤维［图 4-65（b）］色泽光亮，强度大大提升。所制备的卡拉胶纤维具有优异的阻燃性能[78]，卡拉胶纤维可能的阻燃机

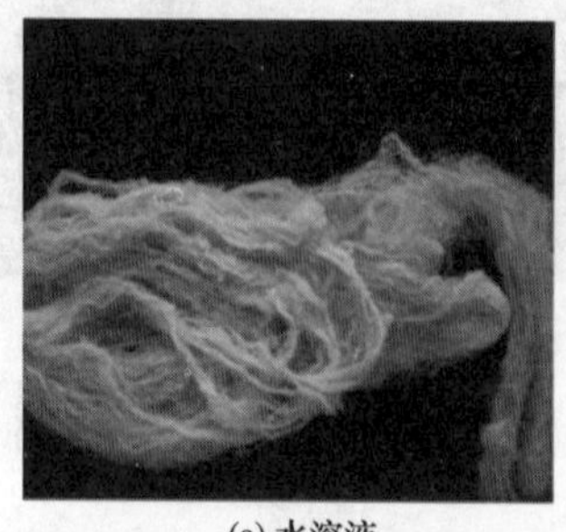

(a) 水溶液

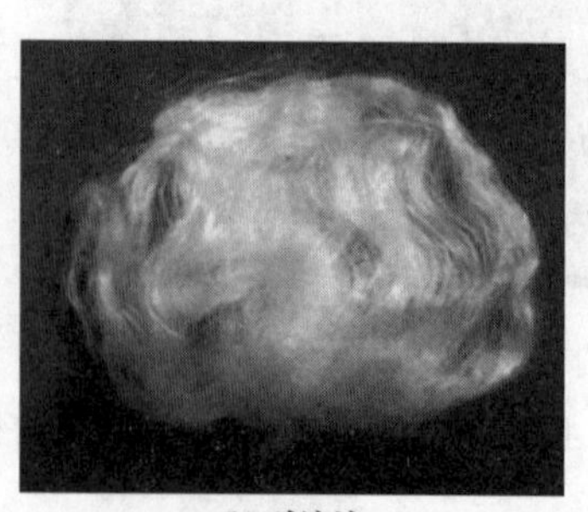

(b) 碱溶液

图 4-65 卡拉胶纤维的纺制

理被认为是卡拉胶分子的硫酸酯基和渗入纤维内部的钡离子发生络合作用，并促进交联成炭。

4. 开拓海藻纤维新的应用领域

海藻纤维的一些新的应用领域如图 4-66 所示。

海藻酸钠中的 Na 离子具有非常强的离子交换能力，在水溶液中可以分别将具有电活性的过渡金属（如 Mn，Co，Fe，Ni 等）均匀交换到海藻酸钠分子中。可将海藻纤维碳化用于制备 Li 电池电极材料，经研究发现在碳化过程中，这些金属将以氧化物纳米颗粒的形式均匀分散在碳纤维的表面，具有良好的可控性。同时，碳化得到的纤维材料具有超高的比表面积（$>1000m^2/g$）和良好的导电性，是 Li 电池正负极的良好替代产品。目前，已经将 Co_3O_4 纳米阵列在离子交换后生长到碳纤维表面，制备得到了高性能的 Li 电池负极材料（图 4-67）。

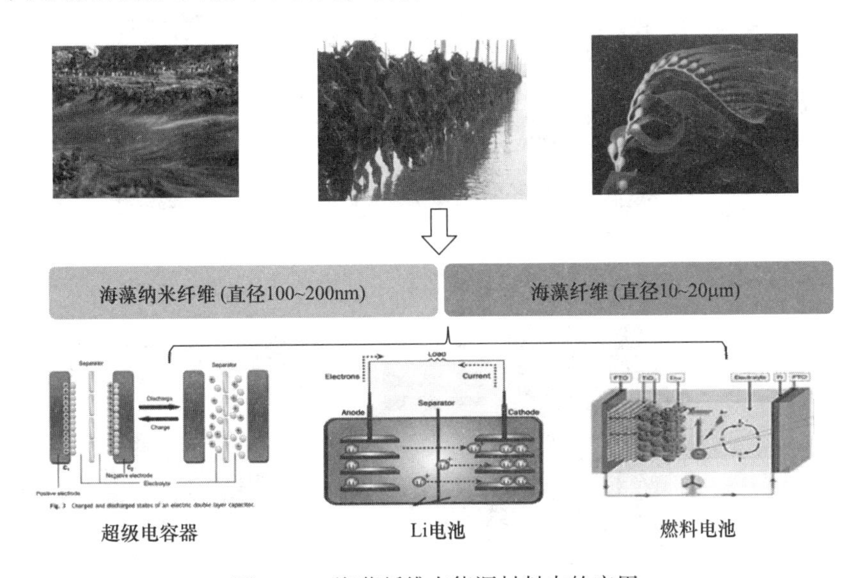

图 4-66 海藻纤维在能源材料中的应用

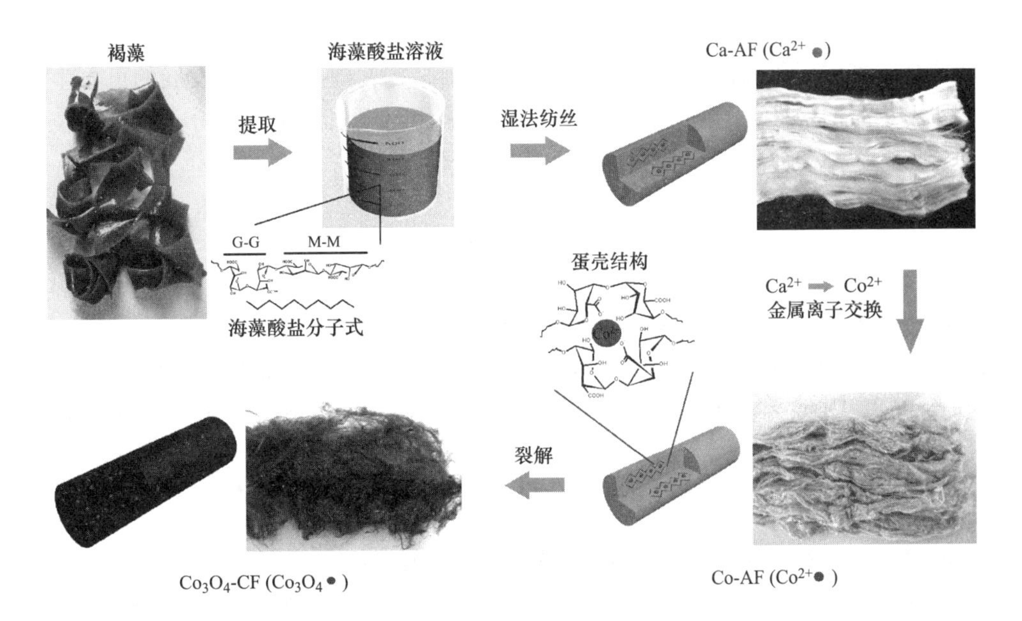

图 4-67 海藻纤维制备锂离子电池材料

目前，燃料电池的氧气还原催化剂是贵金属 Pt，其昂贵成本直接限制了燃料电池相关产业的发展。非贵金属和非金属燃料电池氧气还原催化剂已经成为研究热点。通过研究将海藻酸钠与石墨烯材料复合，然后将非贵金属（如 Co 和 Fe）交换到复合材料中，制备廉价电极材料。目前利用静电纺丝技术得到的 N—Co—C 纳米纤维，已经制备了与 Pt 性能接近的催化剂材料（图 4-68）。

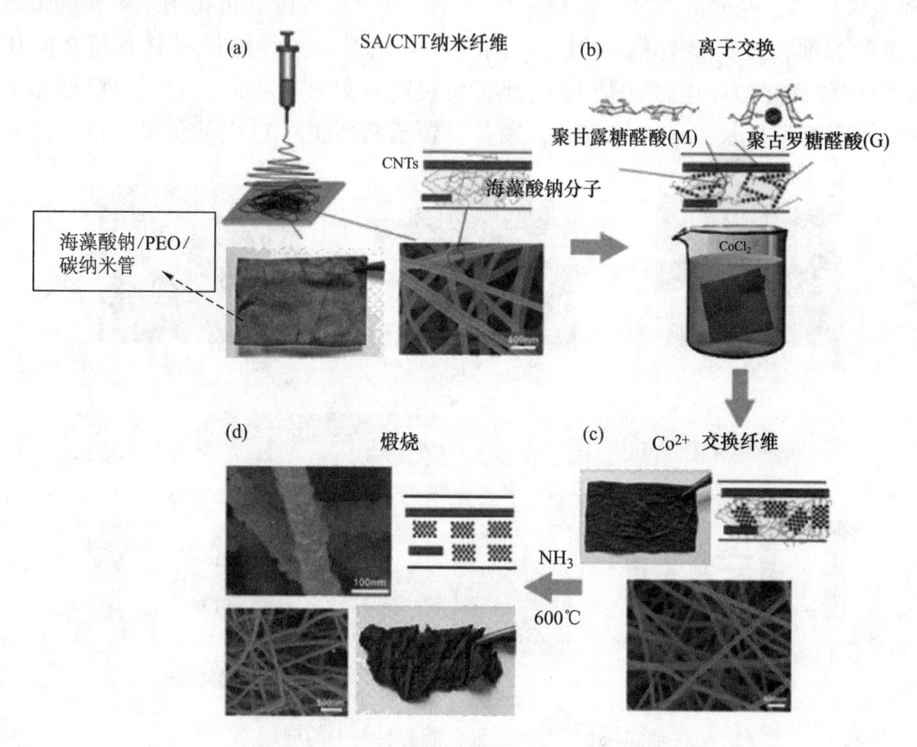

图 4-68　燃料电池 N—CACNTs—NF 催化剂制备流程示意图

伴随着全球气候变化加剧和传统化石能源的日渐枯竭，建立可持续发展的可再生能源系统成为必然。从海藻中提取的海藻酸钠具有特殊官能团与金属离子进行分子络合配位，利用其特有的“蛋盒”结构，可以导向合成高性能能源材料。

参考文献

［1］ 秦益民. 海藻酸［M］. 北京：中国轻工业出版社，2008.

［2］ THOMAS S. Wound Management and Dressings［M］. London：Pharmace utical Press，1990.

［3］ Speakman J B，Chamberlain N H. The production of rayon from alginic acid［J］. Soc Dyers Colourists，1944，60：264-272.

［4］ MASAHIRO T，SHINICHIHirabayashi. Comparison of bacteria retaining ability of absorbent wound dressings［J］. International wound journal，2004，1（03）：177-181.

［5］ 何中琴. 混合精油成分的海藻纤维制法及其性质［J］. 印染译从，2001，5：81-84.

［6］ JOHNSON G B. Improvements in and relating to surgical dressings［P］. GB629419：1949-09-20.

［7］ Wallace Cameron Co LTD. Haemostatic surgical dressing and a method of manufacturing same［P］. GB1329693：

1973-09-12.
[8] Medical Alginates LTD. Surgical dressing material [P]. GB1394742: 1975-05-21.
[9] MASON J, ARTHUR D, JOHNSON J, et al. Protective gel composition for wounds [P]. USP4393048: 1983-07-12.
[10] FRED C A, CHARLES R M. Man-made filaments and method of ma king wound dressing containing them [P]. USP4421583: 1983-12-20.
[11] TONG D P. Process for the production of alginate fibre material and products made therefrom [P]. USP4562110: 1985-12-31.
[12] WREN D C. Wound dressing [P]. WO9001954: 1990-03-08.
[13] GRIFFITHS B M, PTRE M J. Sustained release alginate fibre and process for the preparation thereof [P]. USP5690955: 1997-11-25.
[14] SCHERR G H. (Park Forest, IL). Alginate fibrous dressing and method of making the same [P]. USA. 548750: 1995-10-26.
[15] KNILL C, KENNEDY J, MISTRY J. Alginate fibres modified with unhydrolysed and hydrolysed chitosans for wound dressings [J]. Carbohydrate Polymers, 2004 (55): 65-76.
[16] ANDREW T, RAYMOND C, MARK K. White silver-containing wound care device [P]. US20050147657.
[17] MIRAFTAB M, QIAO Q, KENNEDY J F. Fibres for wound dressings based on mixed carbohydrate polymer fibres [J]. Carbohydrate polymer, 2003, 53 (3): 225-231.
[18] 毕鸿章. 波兰生产海藻纤维 [J]. 高科技纤维与应用, 2001, 28 (1): 38.
[19] 张裕. 再生纤维素纤维的不断创新 [J]. 中国纤检, 2003 (5): 18.
[20] CHIU C, LEE J S, CHU C S. Development of two alginate-based wound dressings [J]. Journal of Materials Science: Materials in Medicine, 2008, (19): 2503-2513.
[21] SINGH R, SINGH D. Radiation synthesis of PVP alginate hydrogel containing nanosilver as wound dressing [J]. Journal of Materials Science: Materials in Medicine, 2012 (23): 2649-2658.
[22] USTUNDAG G C, KARACA E. In vivo evaluation of electrospun poly (vinyl alcohol) /sodium alginate nanofibrous mat as wound dressing [J]. Tekstil Ve Konfeksiyon, 2010, 20 (4): 290-298.
[23] 甘景镐, 甘纯玑, 蔡美富. 褐藻酸纤维的半生产试验 [J]. 水产科技情报, 1981 (5): 8-9.
[24] 孙玉山, 卢森, 骆强. 改善海藻纤维性能的研究 [J]. 纺织科学研究, 1990 (2): 28-30.
[25] 张俐娜, 郭继. 羧甲基壳聚糖和海藻酸共混膜或纤维的制备方法及其用途 [P]. CN1297957A: 2001-06-06.
[26] 杜予民, 樊李红. 海藻酸钠/水溶性甲壳素共混纤维及其制备方法和用途 [P]. CN1687499A: 2005-10-26.
[27] 杜予民, 樊李红. 海藻酸钠/明胶共混纤维及其制备方法和用途 [P]. CN1687498A: 2005-10-26.
[28] 杜予民, 王群, 樊李红. 海藻酸钠/大豆分离蛋白共混纤维及其制备方法和用途 [P]. CN1687496A: 2005-10-26.
[29] 张瑞文, 王慧平, 温宝英. 黏胶活性海藻纤维及其生产方法 [P]. CN15447 27A: 2004-11-10
[30] 刘洪斌, 王永跃, 肖长发. 海藻酸盐纤维的制备及其性能研究 [J]. 天津工业大学学报, 2005, 24 (3): 9-12.
[31] 高阔, 李慧, 沈新元. 一种聚丙烯腈-海藻酸钠复合纤维及其制造方法 [P]. CN1696361A: 2005-11-16.
[32] 田素峰, 刘海洋, 王乐军. 负离子纤维素/海藻酸盐复合纤维及其制备方法 [P]. CN1858311A: 2006-11-08.

[33] 夏延致，纪全，孔庆山. 一种海藻酸盐/聚乙烯醇复合纤维及其制备方法 [P]. CN1986920A：2007-06-27.

[34] QIN Y M. Silver-containing alginate fibers and dressings [J]. International Wound Journal, 2005, (2): 172-176.

[35] 张帆. 纳米银海藻酸钙抗菌敷料 [P]. CN1935268A：2007-03-28.

[36] HIROSHI T, YUKIHIKO T, SEIICHI T. Preparation of chitosan-coated alginate filament [J]. Materials Science and Engineering C, 2002, 20: 143-147.

[37] 胡先文，杜予民，李国祥等. 甲壳素/海藻酸钠共混纤维的制备及性能 [J]. 武汉大学学报（理学版），2008，54（6）：697-702.

[38] 王兵兵，孔庆山，纪全，等. 海藻酸钡纤维的制备和性能研究 [J]. 功能材料，2009，40（2）：345-347.

[39] 吴燕，韩光亭，宫英，等. 海藻酸铜纤维的抗菌及抑菌性能 [J]. 纺织学报，2011，32（7）：13-16.

[40] 朱平，郭肖青，隋淑英，等. 壳聚糖接枝海藻纤维及其制备方法与用途 [P]. CN1940153：2007-04-04.

[41] 张传杰，朱平，郭肖青. 高强度海藻酸盐纤维的制备 [J]. 合成纤维工业，2008，31（2）：28-32.

[42] 展义臻，朱平，张建波，等. 相变调温海藻纤维的制备与性能研究 [J]. 印染助剂，2006，23（12）：20-23.

[43] 朱平，林鹏，张传杰，等. 一种自卷曲型海藻酸系纤维的制备方法 [P]. CN103556302B：2015-09-23.

[44] DAVIS T A, VOLESKY B, MUCCI A. A review of the biochemistry of heavy metal biosorption by brown algae [J]. Water Research, 2003, 37 (18): 4311-4330.

[45] 纪明侯. 海藻化学 [M]. 北京：科学出版社，2004.

[46] 李晓川. 我国鲜海带加工的综合利用 [J]. 中国水产，2012，(10)：22-23.

[47] PERCIVAL E. The polysaccharides of green, red and brown seaweeds: Their basic structure, biosynthesis and function [J]. British Phycological Journal, 1979, 14 (2): 103-117.

[48] ARVIZU-HIGUERA D L, HEMANDEZ-CARMONA G, RODRIGUEZ-MONTESINOS Y E. Batch and continuous flow systems during the acid pre-extraction stage in the alginate extraction process [J]. Ciencias Marinas, 1995, 1 (1): 107-109.

[49] LEE K Y, MOONEY D J. Alginate: properties and biomedical applications [J]. Progress in Polymer Science, 2012, 37 (1): 106.

[50] ERMAKOVA S, MEN S R, VISHCHUK O, et al. Water-soluble polysaccharides from the brown alga Eisenia bicyclis: Structural characteristics and antitumor activity [J]. Algal Research, 2013, 2 (1): 51-58.

[51] 马成浩. 海藻酸钠降解防止研究 [D]. 无锡：江南大学，2005.

[52] WHYTE J N C, ENGLAR J R, BORGMANN P E. Compositional Changes on Freshwater Leaching of the Marine Algae Nereo [J]. Canadian journal of fisheries and aquatic sciences. Journal canadien des sciences halieutiques et aquatiques, 1981, 38 (2): 193-198.

[53] Arvizu-Higuera D L, Hernández-Carmona G, Rodríguez-Montesinos Y E. Batch and continuous flow systems during the acid pre-extraction stage in the alginate extraction process [J]. Ciencias Marinas, 1995, 1 (1): 107-109.

[54] 袁秋萍，朱小兰. 海藻酸钠提取新工艺研究 [J]. 食品研究与开发，2005，26（5）：98-100.

[55] 王孝华，聂明，王虹. 海藻酸钠提取的新研究 [J]. 食品工业科技，2005，26（11）：146-148.

[56] 李林，罗琼，张声华. 海带多糖的分类提取、鉴定及理化特性研究 [J]. 食品科技，2000，21（4）：

28-32.

[57] 周裔彬，汪东风，杜先锋，等. 酸化法提取海带多糖及其纯化的研究［J］. 南京农业大学学报，2006，29（3）：103-107.

[58] PATHAK T S，KIM J S，LEE S J，et al. Preparation of alginic acid and metal alginate from algae and their comparative study［J］. Journal of Polymers and the Environment，2008，16（3）：198-204.

[59] TRUUS K，VAHER M，TAURE I. Algal biomass from Fucus vesiculosus（phaeophyta）：investigation of the mineral and alginate components［J］. Proc. Estonian Acad. Sci. Chem.，2001，50（2）：95-103.

[60] GOMEZ C G，PEREZ LAMBRECHT M V，LOZANO J E，et al. Influence of the extraction-purification conditions on final properties of alginates obtained from brown algae（Macrocystis pyrifera）［J］. International Journal of Biological Macromolecules，2009，44（4）：365-371.

[61] 杨红霞，李博，窦明. 酶解法提取海藻酸钠研究［J］. 安徽农业科学，2007，35（12）：3661-3662.

[62] 张慧玲，任秀莲，魏琦峰，等. 酶法提取纯化海带多糖的工艺［J］. 食品研究与开发，2007，28（10）：101-104.

[63] KNUTSEN S H，MYSLABODSKI D E，LARSEN B，et al，A modified system of no menclature fo r red algal galactans. Botanica Marina，1994，37：163-169.

[64] 苏生显，许永安. 红藻胶的理化特性及应用研究进展［J］，现代农业科技，2013，10：279-280，282.

[65] COX W P，MERZ E X. Correlation of Dynamic and Steady Flow Viscosities［J］. Journal of Polymer Science，1958，28：619-622.

[66] KULICKE W M，KNIEWSKE R，KLEIN J. Preparation，Characterization，Solution Properties and Rtheological Behaviour of Polyacrylamide［J］. Polymer Science，1982，8：373-468.

[67] 张杨，梁洪超，刘海祥，等. 不同电解质对海藻酸钠水溶液流变性能的影响［C］. 中国纺织工程学会化纤专业委员会学术年会暨生物基纤维材料与汉麻产业发展论坛，2013.

[68] 郭肖青，朱平，王炳，等. 海藻酸钠及其共混溶液的流变性研究［J］. 合成纤维工业，2007，30（3）：30-32.

[69] 鲁路，刘新星，童真. 钙-海藻酸水溶液凝胶化转变的临界行为［C］. 全国高分子学术论文报告会，2005.

[70] 龙晓静，高翠丽，王兵兵，等. 碳材料对海藻酸钠纺丝液降解性的影响，2014，2：138-144.

[71] ZHANG J J，JI Q，ZHANG P，et al. Thermal Stability and Flame-Retardancy Mechanism of Poly（ethylene Terephthalate）/Boehmite Nanocomposites［J］. Polymer Degradation and Stability，2010，95（7）：1211-1218.

[72] ZHANG J J，JI Q，SHEN X H，et al. Pyrolysis Products and Thermal Degradation Mechanism of Intrinsically Flame- Retardant Calcium Alginate Fibre［J］. Polymer Degradation and Stability，2011，96（5）：936-942.

[73] ZHANG J J，ZHANG J Z，JI Q，et al. Effects of MWNTs-COOH on the Combustion Behaviour and the Flame Retardancy Properties of PET［J］. Polymers and Polymers Composites，2011，19（1）：9-14.

[74] 郭肖青，朱平，王新，等. 海藻纤维的制备及其应用［J］. 纺织导报，2006（7）：44-50.

[75] ROGERS R D，VOTH G A A. Ionic Liquids［J］. Chemical Research，2007，40：1077-1078.

[76] 夏延致，赵志慧，张玉锡. 一种海藻酸盐/ CdTe 荧光纳米晶复合荧光纤维的制备方法［P］. CN 103147166A：2013-06-12.

[77] 夏延致，薛志欣，纪全，等. 一种碱溶法卡拉胶纤维的制备方法［P］. CN102304772B：2013-06-05.

[78] 王兵兵，薛志欣，付永强，等. 海洋生物质纤维材料的开发与研究［J］. 高分子通报，2011（12）：1-10.

第五章 醋酸纤维

第一节 醋酸纤维概述

醋酸纤维作为性能优良的生物纤维素再生纤维之一，具有选择性的过滤吸附性、良好的生物相容性和时尚的服用风格。醋酸纤维的开发虽已百年，但其制造技术长期被少数西方发达国家垄断，直至21世纪初国内才拥有自主知识产权的醋酸纤维制造技术，主要用于卷烟滤嘴、高档服装，近年来在生物过滤等领域逐渐兴起。

一、醋酸纤维的概念与产品分类

醋酸纤维，又称醋酯纤维或醋酸纤维素纤维，先由纤维素经乙酰化反应得到醋酸纤维素（Cellulose Acetate，简称CA），再经纺丝制得，属于纤维素衍生纤维。纤维素每个葡萄糖环上有三个醇羟基（—OH）可被乙酰基（—$COCH_3$）取代，根据羟基取代度的不同分为二醋酸纤维素（CDA）和三醋酸纤维素（CTA），相应制备的纤维分别为二醋酸纤维（CDAF）和三醋酸纤维（CTAF），二醋酸纤维是指74%~92%的羟基被乙酰化，三醋酸纤维是指大于92%的羟基被乙酰化。二醋酸纤维密度为1.32g/cm^3，回潮率为6.5%，可溶于丙酮；三醋酸纤维的密度为1.30g/cm^3，回潮率为3.5%，溶于氯代烃类及吡啶溶剂中，不溶于丙酮。由于二醋酸纤维产量大、应用多，一般情况下醋酸纤维即指二醋酸纤维，本章也将着重介绍二醋酸纤维。

二、醋酸纤维的发展简史

醋酸纤维素的开发历史可追溯至1865年，Schutzenberger在实验室使用醋酐进行纤维素的乙酰化，得到了初级醋酸纤维素（即CTA）。1879年，Franchimont首次用硫酸作为催化剂成功合成了醋酸纤维素，但由于当时没有找到合适的溶剂，醋酸纤维素的工业开发受到了很大限制。直到1904年，Miles和Eichengrum发现部分水解的三醋酸纤维素可溶于丙酮，这为醋酸纤维素的工业应用开辟了道路。同年，拜耳公司申请了干法纺制醋酸纤维的专利。1912年，醋酸纤维素被用于制造涂料和胶片，后来逐渐用于涂料、塑料制品。1920~1940年，醋酸纤维实现了工业化生产，开始得到广泛研究，成为当时世界五大纤维之一。随着合成纤维的出现，醋酸纤维逐渐被替代，在纺织应用中大幅减少。1952年，美国Eastman公司首次成功开发了烟用醋酸纤维素，并将醋酸纤维卷烟滤嘴进行工业化生产，之后快速发展为醋酸纤维的主要用途，其数量呈线性增长。20世纪70年代开始，欧、美逐渐转向醋酸纤维的生产。

在国外长期垄断醋酸纤维生产技术的背景下，我国于20世纪50年代开始尝试自主开发，但发展较慢，开发的醋酸纤维素质量始终达不到纺丝要求。70年代，我国轻工业部、兵器工业部和中国科学院先后对烟用二醋酸纤维素生产技术进行攻关，均未取得工业化生产技术的突破。直到1989年，国产化烟用二醋酸纤维丝束在由中国烟草总公司与美国Celanese公司合资成立的南通醋酸纤维有限公司（下文简称南纤公司）诞生，填补了国内醋酸纤维工业生产的空白，结束了长期以来全部依赖进口的历史。进入90年代，相继合资建立了珠海醋酸纤维有限公司、昆明醋酸纤维有限公司、西安惠大化学工业有限公司。1994年国内首批烟用二醋酸纤维素在南纤公司成功投产。2000年后，我国在丝束品种多样化、低旦丝束生产和新工艺上加大了投入力度。2002年，国产丝束成功实现规格品种的多样化与生产的系列化、个性化。2005年南纤公司自主研发的高密度醋酸纤维生产技术获得国家科技进步奖二等奖，并相继开发出低旦醋酸纤维丝束及时缓解了国内需求压力。自此，我国已经具备了自主开发、建设烟用醋酸纤维丝束新技术和新项目的能力，生产技术达到国际先进水平。而关于纺织用醋酸纤维、医药过滤用醋酸纤维素等关键技术仍掌握在少数美日欧企业中。

三、醋酸纤维的产业现状[1]

据HIS 2016年统计，目前全球醋酸纤维素片年产能近1000kt，实际年生产总量约800kt。醋酸纤维年产能近820kt，实际年生产总量约740kt。其中，烟用醋酸纤维丝束为695kt，纺织用醋酸纤维为46kt。目前仅Eastman、Solvay和韩国SK三家公司可同时生产烟用和纺织用醋酸纤维。国内外主要生产厂商产能见表5-1。

表5-1　2016年国内外醋酸纤维素和醋酸纤维主要生产厂商及其产能

国内外	生产厂商	厂址分布	醋酸纤维素产能（kt/a）	醋酸纤维产能（kt/a）
国外	美国Celanese公司	美国、墨西哥、比利时	170	151
	美国Eastman公司	美国、韩国	269	219
	比利时Solvay公司	美国、巴西、法国、德国、俄罗斯	127	124
	日本Daicel公司	日本	115	33
国内	南通醋酸纤维有限公司	南通	170	100
	珠海醋酸纤维有限公司	珠海	—	65
	昆明醋酸纤维有限公司	昆明	—	35
	西安惠大化学工业有限公司	西安	—	24
	宁波大安化学工业有限公司	宁波	30	—
	双维伊士曼纤维有限公司	合肥	—	30

注　表中数据为CDA和CDAF数据。国外生产厂商的产能包括其在中国以外的各公司产能。

由于国际控烟公约的推出，近年来全球烟用醋酸纤维丝束的需求量呈现下降趋势，但幅度较小；而醋酸纤维在纺织、非烟用过滤和生物医药等领域有所增长。2016年全球烟用丝束和纺织应用消费市场分布情况见图5-1，烟用丝束消费市场主要集中于亚洲和欧洲。中国作为世界上最大的卷烟消费市场，年均消费醋酸纤维丝束占全球38%。纺织用醋酸纤维用于高档服装和衬里面料，消费市场主要分布在亚洲、北美和欧洲，其中韩国市场占26%，国内市场占7%。

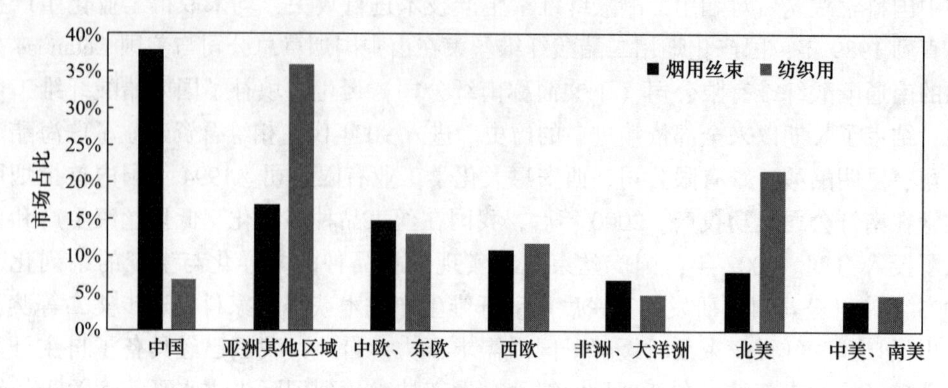

图 5-1 2016 年全球醋酸纤维烟用丝束和纺织用消费市场分布

第二节 醋酸纤维素片的制备

原料级醋酸纤维素呈细粒状或片状，简称醋片，由纤维素与醋酐经乙酰化反应，制得三醋酸纤维素，再经部分水解得到二醋酸纤维素，用于生产纤维、塑料等制品。醋酸纤维素片的制备过程主要包括纤维素原料的选择、醋酐的制备、乙酰化反应、水解反应、成品工艺路线以及醋酸的回收。

一、纤维素原料的选择

（一）浆粕

纤维素是生产醋片的主要原料之一，在工业生产中选用供应商提供的醋酸纤维素用溶解浆粕。该浆粕中 α-纤维素含量超过 95%，另外对浆粕纤维的聚合度（*DP*）、化学组成、特性黏度、白度等技术指标有较高的要求，具体见表 5-2。

表 5-2 商业醋酸纤维素用溶解浆粕的主要技术指标[2]

项目	数值	项目	数值
聚合度（*DP*）	900~1100	特性黏度（*IV*）（dL/g）	6.5~12.2
α-纤维素含量（%）	≥95	DCM 提取物（%）	≤0.08
S_{10}（%）	≤6.7	灰分（%）	≤0.20
S_{18}（%）	≤3.9	白度（%）	≥90.0

目前国内外多采用木材和棉短绒为原料制备醋酸纤维素用浆粕。醋酸纤维素用木浆粕的主要原料有针叶材和阔叶材，该类木材含纤维素 40%~50%、半纤维素 20%~30%、木质素 20%~30%，经预水解硫酸盐法或亚硫酸盐法蒸煮、漂白、提纯、脱水、干燥等处理后得到浆粕。棉短绒是用削绒机从毛棉籽表面上剥下来的残留纤维，它的特点是纤维短而粗，一般只有 2~6mm，纤维素含量达 98%；经碱法蒸煮、漂白、脱水、干燥等精制处理后得到棉浆粕，

也称精制棉。醋酸纤维素用木浆粕与精制棉的参数对比见表 5-3，与精制棉相比，木浆粕 α-纤维素含量稍低，纤维平均长度与宽度、结晶度较小，乙酰化反应活性高；木浆粕制备的醋片因存在具有发色基团的半纤维素，相对白度较低，但特性黏度与堵塞值（*PV*）较好，这有利于后期醋酸纤维的纺制。

表 5-3　醋酸纤维素用木浆粕与棉浆粕的参数对比

项目		木浆粕	棉浆粕
浆粕纤维	α-纤维素含量（%）	≥95	≥99
	聚合度（*DP*）	900~1100	900~1100
	平均长度（mm）	0.6~1.0	1.5~2.5
	平均宽度（μm）	15~25	25~35
	结晶度（%）	60~70	65~85
制备的纤维级醋片	结合酸含量（*AV*）（%）	53~56	53~56
	特性黏度（*IV*）（dL/g）	1.5~1.7	1.5~1.6
	堵塞值（*PV*）（g/m^2）	35~65	35~45
	白度（%）	≥85	≥90

（二）浆粕的预处理

浆粕的预处理主要包括浆粕卷的粉碎与活化。

1. 粉碎

粉碎是为了将浆粕卷粉碎研磨，增加浆粕纤维的反应接触面积。

2. 活化

活化是将粉碎的浆粕送至预处理器中，加入一定比例的醋酸或醋酸与硫酸的混合液后搅拌，使纤维素发生溶胀，提高反应剂对纤维素上羟基的可及度，有利于缩短乙酰化反应的时间，提高反应的均匀性。

二、醋酐的制备

醋酐，学名乙酸酐，分子式为 $C_4H_6O_3$，结构式见图 5-2，无色透明液体，易挥发、具有强烈刺激性气味和腐蚀性，是生产醋酸纤维素的乙酰化助剂。目前，醋酐的生产方法主要有醋酸裂解法（乙烯酮法）和醋酸甲酯羰基化法。

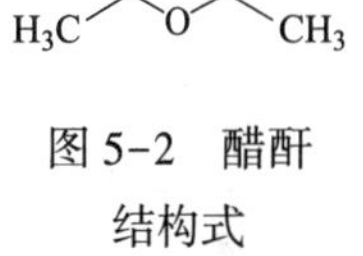

图 5-2　醋酐结构式

（一）醋酸裂解法

醋酸裂解法反应过程分两步进行：第一步是醋酸在高温、加压及催化剂磷酸三乙酯的作用下，气相裂解生成乙烯酮，经冷凝除去稀醋酸。第二步是乙烯酮通过吸收工序与醋酸合成醋酐，再经精馏提纯制得成品醋酐。该生产工艺副反应多、能耗较大，但由于技术相当成熟，早期建设的装置均采用这种工艺。主要化学反应如下：

$$CH_3COOH \longrightarrow CH_2=C=O+H_2O \tag{1}$$

$$CH_3COOH+CH_2=C=O \longrightarrow (CH_3CO)_2O \tag{2}$$

生产工艺流程如图 5-3 所示：

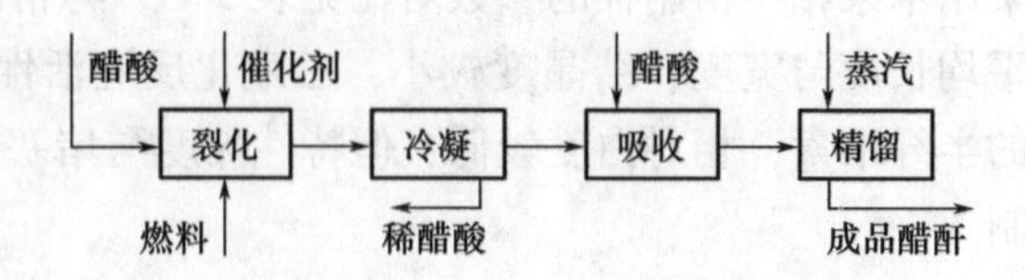

图 5-3 醋酸裂解法生产醋酐流程

（二）醋酸甲酯羰基化法

醋酸甲酯羰基化法首先是甲醇和醋酸在催化剂硫酸的作用下生成醋酸甲酯；然后，醋酸甲酯与甲醇和一氧化碳在铑系催化剂作用下进行羰基化反应生成醋酐，并联产醋酸，其醋酐与醋酸比可以根据需要进行调节。醋酸甲酯羰基化法具有流程短、产品质量好、消耗低、三废排放少等优点，生产成本大幅降低，因此是醋酐生产技术的主要发展方向。主要化学反应如下：

$$CH_3COOH+CH_3OH \longrightarrow CH_3COOCH_3+H_2O \tag{1}$$

$$CH_3COOCH_3+CO \longrightarrow (CH_3CO)_2O \tag{2}$$

$$CH_3OH+CO \longrightarrow CH_3COOH \tag{3}$$

英国 BP 公司在此基础上，成功开发出甲醇与醋酸甲酯同时羰基化联产醋酸、醋酐的新工艺，生产效率大大提高，工艺流程如图 5-4 所示：

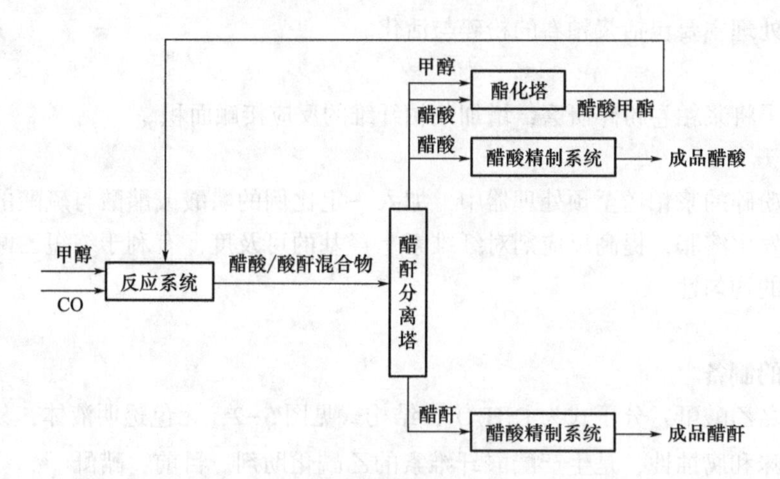

图 5-4 BP 公司甲醇羰基化联产醋酐—醋酸工艺

三、乙酰化反应、水解机理及醋酸纤维片的成品制备

纤维素是由葡萄糖结构单元连接而成的线型长链高分子聚合物，每个葡萄糖基上有三个羟基，因此它具有醇类所特有的一系列反应，生成醚类、酯类物质。当用醋酐处理时，经乙酰化反应生成三醋酸纤维素，再根据产品要求进行部分水解得到二醋酸纤维素。

（一）乙酰化反应机理

醋酸纤维素的生产广泛采用醋酸非均相法，以无水醋酸和醋酐的混合物为乙酰化剂，醋酸为稀释剂，硫酸为催化剂。该工艺成熟、原料便宜，且反应过程污染较少。乙酰化反应的实质是纤维素中的醇羟基被乙酰基取代的过程。鉴于该反应是可逆反应，通常在反应过程中会投入足量的醋酐并且严格控制水分，从而保证反应产物为三醋酸纤维素。目前普遍接受的“质子理论”反应机理如下：

$$R(OH)_n+nH_2SO_4+nAc_2O \longrightarrow R(OSO_2OH)_n+2nAcOH \tag{1}$$

$$R(OSO_2OH)_n+nAc_2O \longleftrightarrow R(OSO_2O^-)_n+nAc_2O(H^+) \tag{2}$$

$$Ac_2O(H^+)+R(OH)_n \longrightarrow R(OH)_{n-1}OAc+AcOH \tag{3}$$

另有一种理论认为硫酸结合纤维素形成了中间体硫酸纤维素，具体反应如下：

$$R(OSO_2OH)_n+nAc_2O \longleftrightarrow R(OSO_2OAc)_n+nAcOH \tag{4}$$

$$R(OSO_2OAc)_n+R(OH)_n \longrightarrow R(OH)_{n-1}OAc+R(OSO_2OH)_n \tag{5}$$

乙酰化过程会释放出大量的热，为了避免纤维素在高温酸性条件下发生降解，在生产过程中，先将醋酸、酸酐和催化剂硫酸的混合液进行冷冻预处理，用于吸收乙酰化反应过程中释放的热量。此外，整个系统必须冷却以维持较低的温度。待纤维素完全反应后，加入一定量的醋酸水溶液与剩余的醋酐反应，终止乙酰化反应，化学反应如式（6）。以上整个过程即为低温法乙酰化反应，该方法应用较早、工艺成熟、安全性高，且所制备的醋片的可纺性较好。但在低温工艺中，反应时间长，硫酸用量一般大于10%，而放热程度与催化剂用量成正比，所以冷能消耗很大。另外反应中液比高达1∶8，需要大量醋酸做溶剂，无形中增加了醋酸的消耗和醋酸回收单元的能耗。目前国内外陆续出现了中、高温乙酰化工艺，如日本Daicel公司采用的乙酰化温度为50～100℃、美国Eastman公司采用的乙酰化温度为85～95℃。中、高温法乙酰化反应硫酸使用量较少，仅占1%～3%，液比降至1∶（5～6）。因此，整个反应可缩短反应时间、节约能量、降低成本。

$$Ac_2O+H_2O \longrightarrow 2AcOH \tag{6}$$

不论低温法还是高温法乙酰化反应，值得注意的是，乙酰化温度及其变化速率、乙酰化时间、反应物添加时间是保证纤维素完全乙酰化的重要参数，对醋片的质量有着重要影响，工业生产中需要严格控制。

（二）水解反应机理

当结合酸含量为53%～56%（DS=2.28～2.49）时，醋酸纤维素极易溶于丙酮，且溶于丙酮后的溶液表现出良好的纺丝性能。而经乙酰化后的纤维素因羟基几乎被全部取代而生成了三醋酸纤维素，因此需要进行部分水解。乙酰化反应结束后，加入适量的水，水解反应随即快速发生，当水解的三醋酸纤维素的结合酸含量下降至产品要求的范围时，加入醋酸盐溶液中和剩余的硫酸，从而终止水解反应。水解反应原理如下：

$$R(OH)_{n-1}OAc+H_2O \longrightarrow R(OH)_n+AcOH \tag{7}$$

与乙酰化反应类似的是，在温度选择上，中温（50～100℃）水解工艺成熟、应用较多，且有助于控制醋酸纤维素的降解，但反应时间较长。在较高的温度水解可优先降解半纤维素醋酸酯，减少产物中半纤维素醋酸酯的含量，并且加快反应速率，因此高温水解（≥100℃）工艺亦在逐步推广。水解工艺主要通过控制水解过程的时间、温度、水和醋酸盐的量，达到磺酸基和部分乙酰基从聚合物上脱离的目的，保证产品醋酸纤维素品质的稳定合格。

（三）醋片的成品制备

经过乙酰化和水解反应，得到醋酸纤维素粗产品浆液，醋片浓度为12%～18%，其余成为醋酸、醋酸盐、硫酸盐、水等物质。接下来将进行成品制备工艺，包括沉析、洗涤、干燥等工序。

首先是沉析过程，醋酸纤维素不溶于水，通过注入去离子水或稀醋酸，将水解物料稀释至沉析临界点，醋片逐渐析出。待醋片完全析出后，进行固液分离，将析出的醋片分离出来。第二道是洗涤工序，对醋片进行多级水洗，去除残留的杂质和醋酸，保持合适的 pH。待水洗完成后，先采用挤压脱水装置去除醋片所携带的大量水分，然后进行干燥，使醋片具有合格的水分值。最后，醋片被输送至成品仓库。用于纺丝的纤维级醋片的主要质量指标见表 5-4。

表 5-4　纤维级醋片的主要指标

水分（%）	特性黏度（dL/g）	*AV*（%）	堵塞值 *PV*（g/cm^2）	堆积密度（g/cm^3）	自由酸（%）	重均分子量（M_w）	数均分子量（M_n）
≤7	1.40～1.70	55～56	≥20	0.15～0.35	≤0.0100	$10\times10^4\sim16\times10^4$	$6\times10^4\sim10\times10^4$

四、醋酸的回收

醋酸纤维素的生产过程中产生了大量的稀醋酸，为了环保和节省成本，必须对这些醋酸进行回收。

由于经历整个醋酸纤维素生产流程，稀酸悬浮液中固体物较多，先经过过滤，一方面可减少固体物的堆积，延长回收设备的工作寿命；另一方面固体物在过滤过程中被取出，还可以再利用。过滤后稀酸进入分离提纯过程。国内外研究醋酸水溶液的分离方法很多，主要有精馏法、溶剂萃取法、吸附法、中和法及以上方法的联合使用等。分离方法的选择要根据醋酸浓度的高低与水量的大小等因素综合考虑。

精馏法分为普通精馏法和共沸精馏法。醋酸和水不形成共沸物，且其相对挥发度较低，可采用普通精馏法进行分离，但所需的理论塔板数和回流比较大，相应的能耗也较大，因此普通精馏法主要用于含水量小的粗醋酸的提纯。共沸精馏是指在两组分共沸液或挥发度相近的物系中加入挟带剂，挟带剂能与原料液中的某一个或几个组分形成新的共沸液，从而使原料液能够用普通精馏法来分离。挟带剂对共沸精馏分离过程的影响很大，从水溶液中分离醋酸时，一般选用低级酯类如醋酸甲酯、醋酸乙酯作为挟带剂，在塔中水随挟带剂被蒸出，经冷却后与挟带剂分层分离，在塔釜得到醋酸产品。共沸精馏法一般选用形成低沸点共沸物的挟带剂，且适用于浓度较高的醋酸水溶液。

溶剂萃取法分为低沸点溶剂萃取法和高沸点溶剂萃取法。低沸点萃取法使用沸点比醋酸低的萃取剂，主要是含氧萃取剂，其易与醋酸分离，因此应用广泛，该方法适用于处理中、高浓度的醋酸水溶液。高沸点萃取剂主要采用有机胺萃取剂，该萃取剂价格低廉、挥发度较高且萃取效率高，是分离和回收低浓度醋酸的合适方法，当被处理液的醋酸含量低于 5%时，采用高沸点萃取法的经济效益更明显。

吸附分离法适用于分离低浓度的醋酸水溶液，当稀醋酸水溶液与活性炭接触时，醋酸和一部分水被活性炭吸附，再加热该活性炭至 250℃，脱附得到浓缩的醋酸水溶液。

中和法常用于小量低浓度醋酸废水的处理，中和剂一般选用纯碱或石灰，处理后的醋酸盐可回收利用。

在联合工艺中，常选择低沸点溶剂和共沸挟带剂，如以醋酸乙酯为萃取剂、苯为稀释剂，采用萃取—共沸精馏联合法处理中、高浓度醋酸水溶液，分离回收醋酸，所回收的醋酸纯度达99.9%。其工艺流程如图5-5所示：

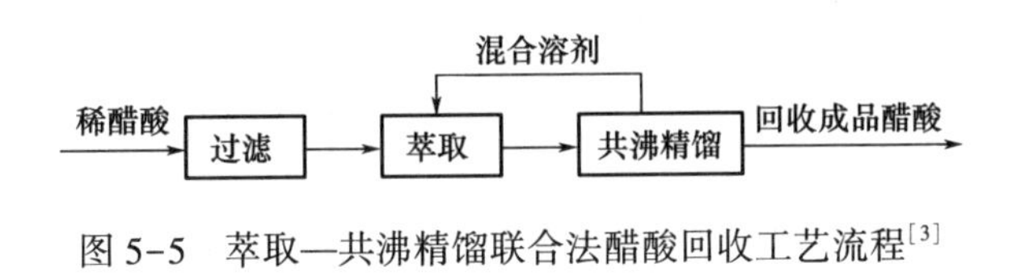

图5-5　萃取—共沸精馏联合法醋酸回收工艺流程[3]

第三节　醋酸纤维的生产工艺

醋酸纤维多采用干法纺丝生产——将醋片溶解于丙酮制成纺丝浆液，经喷丝孔挤出呈细流状，然后在热空气中因溶剂挥发而固化成丝。醋酸纤维的生产主要包括浆液的制备、纺丝工艺、后处理工艺和丙酮的回收四个部分。

一、浆液的制备

纺丝浆液的质量对纺丝的连续性和纤维的质量有着至关重要的影响，工艺对纺丝浆液的制备提出了较高的要求，需要制备浓度、黏度、压力、温度、杂质水平符合要求的纺丝浆液。

（一）主要原辅料

（1）醋片：分子中结合酸含量为53%～56%，是醋酸纤维生产的主要原料，占纺丝浆液重量的20～30%。

（2）丙酮（C_3H_6O）：也称作二甲基酮，是一种无色透明易挥发的液体，易燃易爆，爆炸极限为2.5%～13.0%，熔点-95℃，沸点56℃。丙酮作为生产醋酸纤维的主要辅料，占浆液重量的70～80%，用于溶解醋片，且被全部回收。

（3）二氧化钛（TiO_2）：俗称钛白粉，在分散剂的作用下，能与水和有机物（如丙酮）形成稳定的悬浊液。在醋酸纤维生产中，加入适量TiO_2起到增白、消光的作用。

（4）还要加入少量水和助滤剂，水起到降低浆液黏度的作用，助滤剂用于浆液过滤，去除杂质。

（二）溶解与过滤

将醋片、丙酮、二氧化钛（生产无光醋酸纤维长丝）、助滤剂、水等按工艺配比加至溶解设备。溶解设备中带有搅拌装置，充分溶解后，将纺丝浆液送至过滤装置。

过滤的目的是滤除纺丝浆液中的胶质和固体杂质，同时脱除气泡。一般采用多级板框式压滤机来分离浆液中的杂质，基本原理是：浆液流经过滤介质（如滤布）时，助滤剂在滤布表面停留，并逐渐堆积形成滤饼，滤饼发挥着主要过滤作用。目前全自动反冲洗式过滤器也正在得到应用，反冲洗式过滤器克服了板框压滤机的纳污量小、易受污物堵塞、过滤部分需拆卸清洗且无法监控过滤器状态的缺点，具有对浆液进行过滤并自动对滤芯进行清洗排污的功能，且清洗排污时系统不间断供液，过滤器的工作状态亦得到实时监控，自动化程度更高。

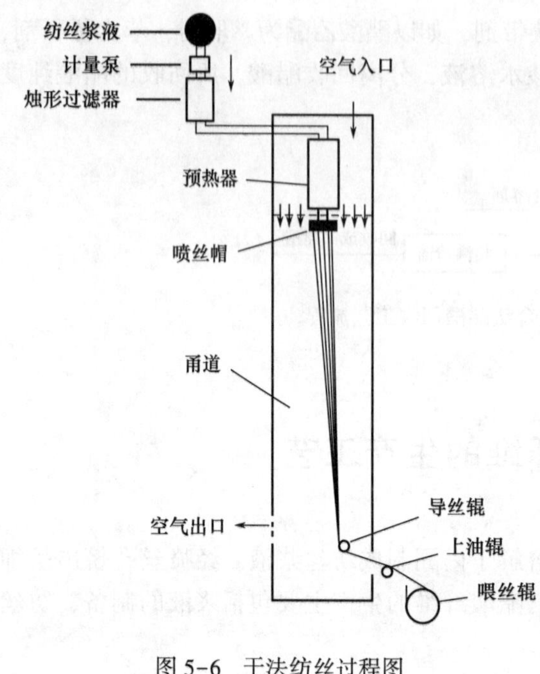

图 5-6 干法纺丝过程图

经过滤的浆液杂质含量达到符合稳定纺丝的要求后，最后输送至纺丝工序。

二、纺丝工艺

醋酸纤维干法纺丝过程如图 5-6 所示，具有一定黏度和浓度的纺丝浆液根据产品要求，由计量泵定量送入烛形过滤器，纺丝浆液在烛形过滤器内进一步滤除杂质，提高浆液质量。然后经过预热器加热，由喷丝头挤出进入纺丝甬道。当丝股通过甬道时，丝股中的丙酮在热空气的作用下快速挥发，丝股固化成型后收集成束，进入后处理工序。热空气根据产品不同，可从纺丝机甬道顶部或底部进入，并从甬道底部或顶部的排风口排出。送入甬道的空气量，既要求满足使成型丝股的丙酮蒸发出来，并保持丝束在后道卷曲所需求的溶剂含量，还应确保排出的丙酮与空气混合气体中丙酮浓度不超过爆炸极限下限值。

醋酸纤维成型过程中，纤维沿纺程的温度与丙酮含量变化，如图 5-7 所示，可分为三个阶段。Ⅰ区为起始蒸发区，发生在喷丝孔出口处，由于热的纺丝浆液解除压缩的结果，发生溶剂闪蒸，使溶剂迅速大量挥发，挤出细流的组成和温度发生急剧变化。细流表面温度急剧下降到湿球温度（T_M）直至达到平衡。Yuji Sano 的计算表明，醋酸纤维素溶液出喷丝口后温度从最初的细流温度 75℃迅速下降至最低温度 3.2℃，然后上升至空气温度。在此区内，细流内部温度比细流表面高，所以溶剂从内部向表面扩散的速度很大。细流表层溶剂浓度较高，

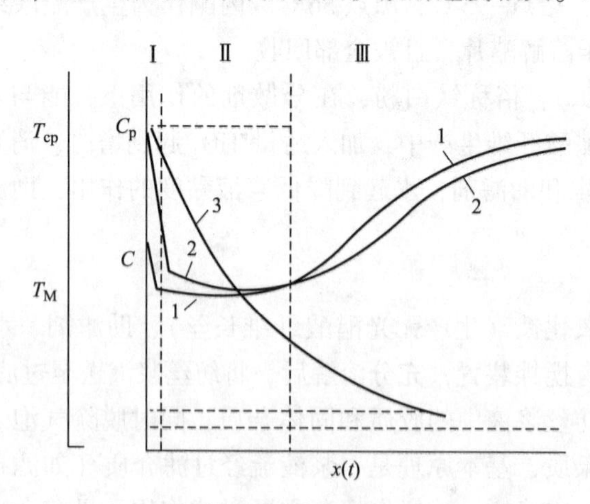

图 5-7 干法成型时沿纺程温度和溶剂的浓度分布图[4]

1—纤维表面温度 2—纤维中心温度 3—纤维内溶剂的平均浓度 Ⅰ—起始蒸发区 Ⅱ—恒速蒸发区 Ⅲ—降速蒸发区 T—温度 C—溶剂浓度 P—纺丝溶液 $x(t)$—纺程（时间） T_{CP}—纤维周围的介质温度 T_M—湿球温度

主要以对流方式进行热交换。闪蒸是Ⅰ区溶剂挥发的主要机理。在Ⅱ区，由于热风的传热与丝条溶剂挥发达到平衡，这一阶段丝条的温度实际上保持不变，沿纤维截面的温度近乎一致且保持较低，溶剂扩散缓慢。但随着干燥的进行，扩散减缓，质量交换速度变化很小，可以近似地认为不变。由于此时丝条内自由溶剂的浓度大，所以挥发过程不是由内部扩散控制，它取决于外部的（对流的）热、质交换速度与此相对应的表面温度。这个阶段的热、质交换大致相同，丝条表面湿度不变。当溶剂从丝条芯层向表层扩散的速度低于表面溶剂挥发速度时，丝条表面温度上升，进入成型的第三阶段。在Ⅲ区内，溶剂的挥发速度变小，以致聚合体与溶剂间的相互作用加强，而且受内部扩散控制。Ⅲ区发生的过程为扩散控制阶段，从纺丝甬道出来的丝条上残留溶剂的余量，决定于该阶段的温度与时间。Ⅲ区丝条的固化过程基本上完成，此时溶剂含量约为30%~50%。从甬道出来的丝条溶剂含量为5%~25%。

Zeming Gou 等根据二维分析模型得到的醋酸纤维沿纺程方向纤维直径 d_x 的变化如图 5-8 所示，在靠近喷丝帽的区域内，d_x 急剧下降，直至达到玻璃化转化点，d_x 趋于平稳，此时细流运动距离不足 1m。纤维沿纺程的轴向速度变化如图 5-9 所示，Yuji Sano 发现挤出后的醋酸纤维细流在喷丝孔下方不足 4cm 处达到最大速度并趋于稳定（最大速度约 10m/s），这是因为温度与表面溶剂浓度的快速下降而引起细流黏度迅速增加，导致丝股最大速度受到限制。随着挤出胀大比 α 的增加，细流在喷丝孔附近拉伸率和流变力增加愈加迅速，当 α 由 1.2 增至 2.0 时，细流初始拉伸率（$Z=0$）由 66/s 急剧变为 917/s，单根纤维细流的流变力 F_{VL}（$Z=0$）由 1.88mN 升为 3.23mN。

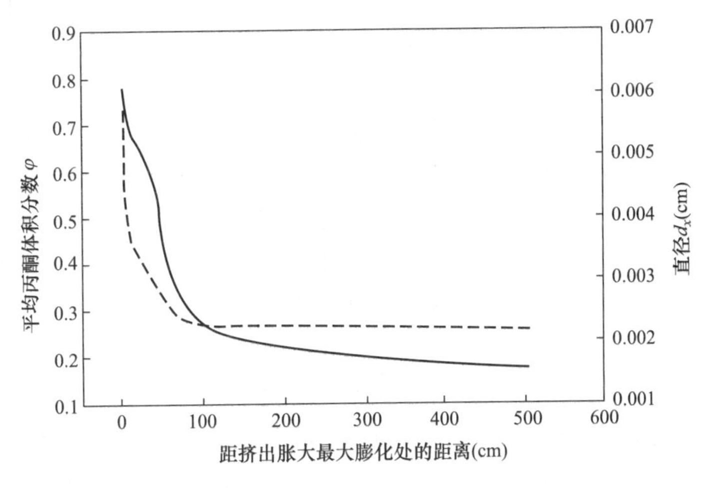

图 5-8　醋酸纤维干法纺丝沿纺程方向纤维直径的变化[5]
——平均溶剂体积分数　---直径

三、后处理工艺

醋酸纤维主要有醋纤丝束、醋酸长丝和醋酸短纤三种形态，相应的后处理工艺也存在差异，如图 5-10 所示。醋纤丝束用于卷烟滤嘴，能够低阻高效、选择性地过滤吸附卷烟中的有害成分。醋酸长丝在化学纤维中与真丝最为接近，主要用于服装和衬里。醋酸短纤可用于非织造布、短纤纱的生产。

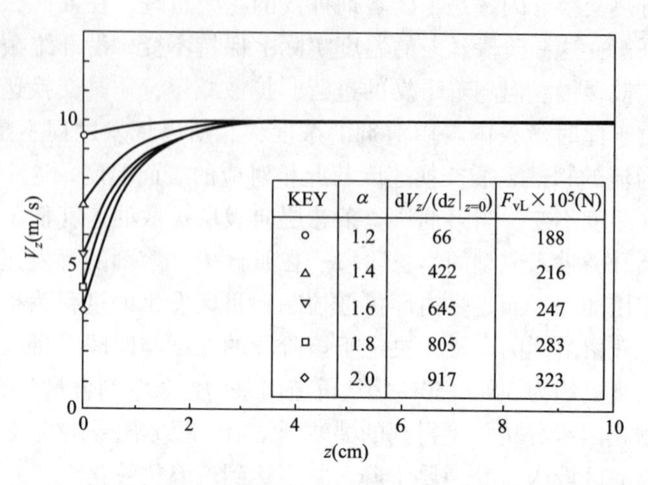

图 5-9　干法纺丝醋酸纤维沿纺程纤维的速度[6]

V_z—纤维轴向速度　z—沿纺程距喷丝孔距离

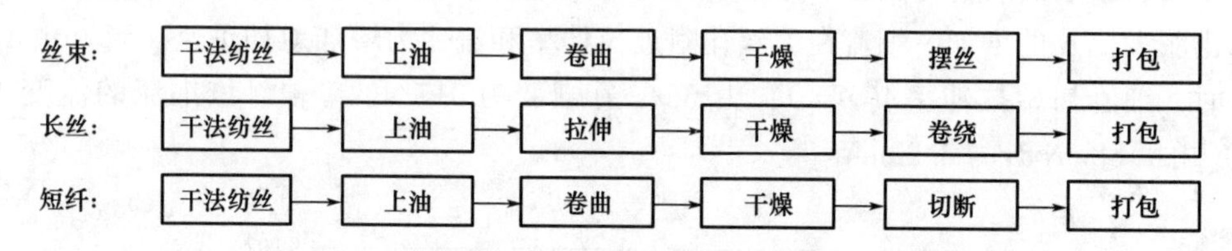

图 5-10　醋酸纤维丝束、长丝与短纤的后处理工艺

常规的纤维后处理工序主要包括上油、拉伸、卷曲、干燥、加捻、切断等。上油的目的是提高纤维的平滑性、柔软性和抗静电性，减少后道工序的摩擦损伤以及因摩擦而产生的静电荷积聚。从甬道出来的初生丝取向较低且分子排列不规则，通过拉伸与热定型进一步完善纤维分子结构，提高纤维强度与结构稳定性。卷曲可以赋予纤维良好的摩擦性能、弹性、手感和保暖性能，增强纤维间的抱合力，同时提高服用性能。干燥工序去除纤维所含的溶剂并控制合适的水分含量，并附有热定型作用。加捻的目的是在长丝制备中使丝股（复丝）中各根单纤维紧密的抱合，避免在纺织加工中发生断头或紊乱现象，并使纤维的断裂强度提高。根据工艺长度需要，通过切断工序，将丝束切断成长度分布均匀的醋酸短纤。

在烟用丝束后处理工艺中，离开甬道的丝股经上油、集束后喂入卷曲机，形成卷曲丝束；接着进入干燥机，受热蒸发掉残余的丙酮和水分，形成干燥且结构稳定的丝束；而后将丝束按一定顺序摆放，利于滤棒加工时的提取与开松；最后包装入库。醋纤长丝的后处理包括上油后经拉伸、干燥（热定型）、加捻卷绕成筒子，最后打包入库。醋酸短纤在上油、卷曲、干燥（热定型）后，进行切断工序，制成一定长度的短纤维，最后打包。

四、丙酮回收利用

在醋酸纤维纺丝过程中，使用了大量的丙酮，从安全、环保和成本方面考虑，挥发的丙酮必须及时回收，常见工业方法有液体吸收法和固体吸附法。

液体吸收法将含将来自纺丝机甬道内及浆液制备车间的丙酮气体，过滤后经过洗涤塔水洗，丙酮被水吸收成10%左右的水溶液，然后通过泵送往精馏塔进行精馏，使水和丙酮分离。该方法成本较低，丙酮回收率难以超过95%。固体吸附法采用活性炭作为吸附剂，将含有丙酮的空气，经过滤器、气体冷却器，送至活性炭吸附床底部进行吸附，待活性炭吸附达到饱和时，进入解吸阶段。解吸的丙酮气体经冷却后进入粗丙酮槽，然后将粗丙酮送到蒸馏塔精馏，使水和丙酮分离，得到纯净的丙酮蒸汽经冷却后即为精制丙酮，再次用于纺丝浆液的制备。该工艺成本较高，但丙酮的回收率超过99%，其回收流程如图5-11所示。

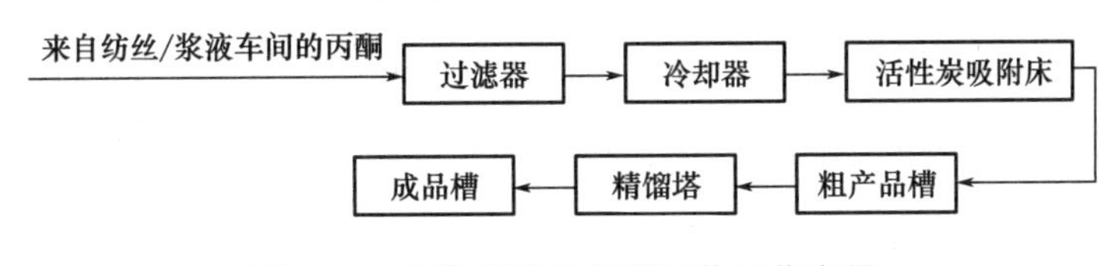

图5-11 固体吸附法丙酮回收工艺流程

第四节 醋酸纤维的结构与性质

一、醋酸纤维的结构

醋酸纤维属于纤维素衍生纤维，其分子链以纤维素分子为主体，但经乙酰化反应与水解反应后，纤维素的大部分羟基被乙酰基取代，分子链的空间结构发生改变。此外，分子链有所断裂，大分子聚合度下降，纤维结晶度和取向度亦明显降低。纺丝工艺对纤维的形态结构有着更为直观的影响。

（一）化学组成

醋酸纤维由纤维素部分羟基的乙酰化制得，分子式为 $[(C_6H_7O_2)(OOCCH_3)_x(OH)_{3-x}]_n$，其中 x 为取代度，n 为聚合度。在二醋酸纤维分子中，x 为2.28~2.49，n 为200~300，大分子链基本结构是通过β-1,4-苷键将部分乙酰化的D-葡萄糖基连接成链状，乙酰化的葡萄糖单元的构象基本保持纤维素分子链的椅式构象，如图5-12所示。

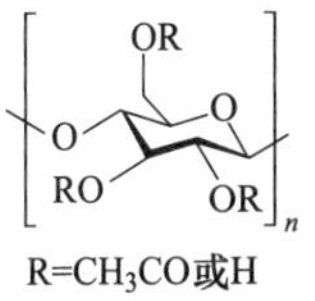

R=CH_3CO或H

图5-12 醋酸纤维的分子结构

采用红外光谱法根据基团的特征吸收谱带可以对纤维结构单元中基团种类定性，醋酸纤维的红外图谱如图5-13所示，$3450cm^{-1}$ 左右的吸收峰是羟基特征峰，乙酰化后的醋酸纤维分子中羟基数量大幅减少，所以在曲线中该特征峰表现较弱。$2930cm^{-1}$ 处是 CH_3-的对称伸缩振动和—CH_2—的反对称伸缩振动的重叠吸收峰。$1750cm^{-1}$ 处的尖锐吸收峰为羰基 C═O 的特征峰，表明醋酸纤维中存在羰基基团。$1630cm^{-1}$ 左右的吸收峰为少量液态水（测试试剂KBr中）的变角振动，强度大约为液态水伸缩振动的1/3。$1370cm^{-1}$ 处的吸收峰是 CH_3—的特征峰，该峰很少受到其他振动频率的干扰，指纹区 $1030cm^{-1}$ 处的较强的吸收峰是—CH_3 的摇摆振动，这充分说明分子中 CH_3-基团的存在。$1220cm^{-1}$ 处和 $896cm^{-1}$ 处的吸收峰是环状醚 C—O—C 的反对称和对称伸缩振动。通过红外光谱可以证明醋酸纤维中的羰基、羟基等基团，其中羰基是纤维素和醋

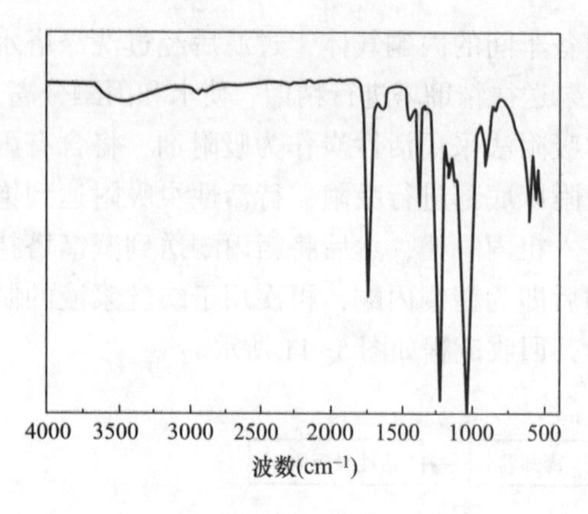

图 5-13　醋酸纤维的红外谱图

酸反应而形成的，而羟基来源于醋酸纤维本身以及部分羰基的皂化水解。

（二）形态结构

醋酸纤维的表面形态结构与制备方法及工艺条件密切相关。采用圆形喷丝孔制备的醋酸纤维纵横向形貌如图 5-14（a）、（b）所示，发现纤维纵向表面光滑、但有明显的沟槽；截面呈苜蓿叶形，周边有少量锯齿状，无皮芯结构。

在烟用醋酸纤维丝束中，为了增大比表面积，增强对焦油的过滤吸附性能，纺丝用喷丝孔通常为三角形。纺丝过程中，随着丙酮溶剂的挥发，纤维截面收缩，表现为 Y 形，截面亦无皮芯结构，纤维纵向较光滑，如图 5-14（c）、（d）所示。

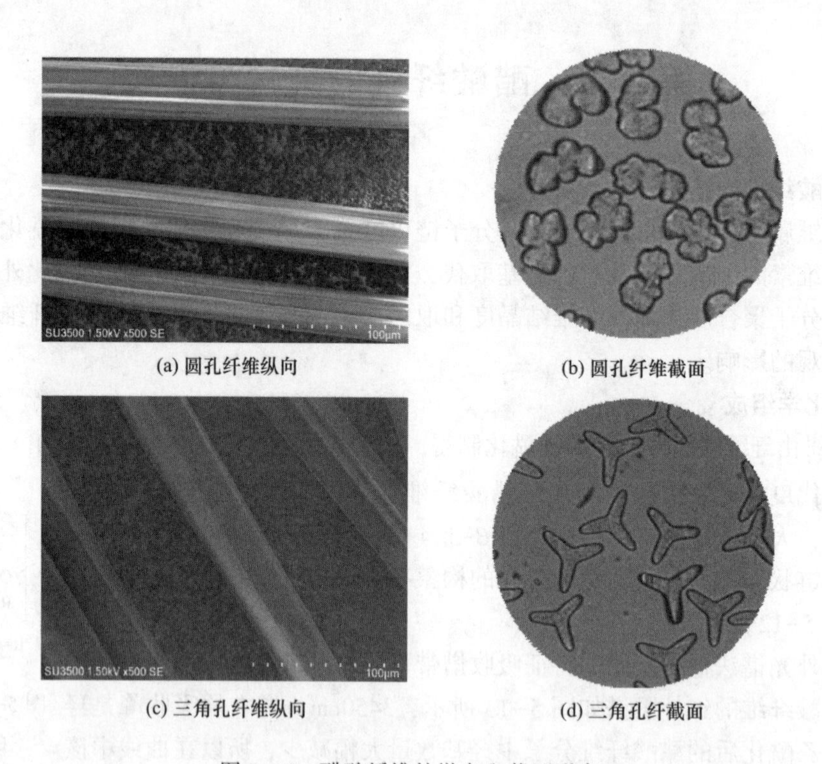

(a) 圆孔纤维纵向　(b) 圆孔纤维截面

(c) 三角孔纤维纵向　(d) 三角孔纤截面

图 5-14　醋酸纤维的纵向和截面形态

（三）聚集态结构

经过多步化学反应与纺丝工序后得到的醋酸纤维的聚集态结构发生改变，主要表现为低结晶和低取向。

采用 X 射线衍射（XRD）可测量醋酸纤维的结晶度。醋酸纤维 XRD 谱如图 5-15 所示，表现为基线不平缓，衍射峰的位置在 2θ 为 9°~11°和 17°~19°两处但都不尖锐，表明试样中晶相不完整，聚合物具有晶态和非晶态共存的“两相”结构；从结晶区到无定形区是逐步过渡的，无明显界限，经计算醋酸纤维结晶度约为22%。与纤维素相比，醋酸纤维的结晶度下降明显，主要是因为乙酰化破坏了纤维素大分子链的对称性和规整性，加之水解反应再次破坏了结晶区的完整性。纤维素经过乙酰化和水解后，其晶型也发生了改变，由纤维素Ⅰ转变成纤维素Ⅱ，其晶胞类型仍然属于单斜晶系。另外，醋酸纤维的结晶度还与纺丝工艺、后整理等有密切的关系。

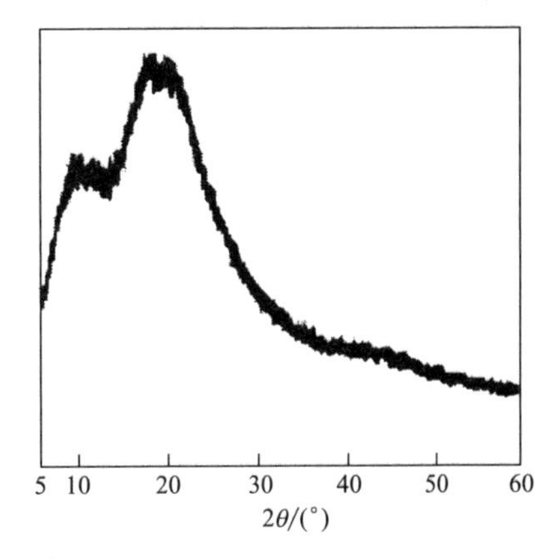

图5-15　醋酸纤维的射线衍射曲线

醋酸纤维的取向度与纺丝工艺，特别是拉伸条件有很大关系。纤维的取向度有多种表征方法且表示不一。采用X射线衍射法测得醋酸纤维结晶区大分子的取向度 f_x 约为0.60。取向因子与双折射率值成正比，采用光学折射法测得醋酸纤维平行轴向折射率 n_e 为1.479，垂直轴向折射率 n_w 为1.477，双折射率（n_e-n_w）仅为0.002。综合表明醋酸纤维的取向度偏低。

二、醋酸纤维的性质

醋酸纤维的理化性质直接决定了醋酸纤维的加工方式与应用领域，主要性质包括：过滤吸附性质、热力学性质和化学性质。

（一）过滤吸附性质

1. 纤维过滤吸附机制

醋酸纤维用于过滤材料时，对颗粒物的捕集，主要有以下五种机理。

（1）直接拦截：当粒子直径大于网眼、孔隙直径或沉积在滤料间的粒子间空隙时，粒子即被阻留下来。

（2）惯性碰撞：滤材中的纤维排列复杂，空气在通过滤材时，气流流线会遇障转折，气体中的微粒在自身惯性力的作用下，会脱离原来运动的气流流线撞击到滤材纤维表面而沉积下来，微粒越大，惯性力就越大，被滤料纤维阻碍的可能性就越大。

（3）扩散沉积：小颗粒粉尘在空气中做无规则布朗运动，且颗粒越小布朗运动越明显。常温下，0.1μm的颗粒每秒钟扩散距离达到171μm，这个距离比纤维间距大几倍到十几倍，促使微粒有更大的机会沉积下来。小于0.1μm的颗粒，主要做布朗运动，越小越容易被除去。

（4）重力效应：微粒通过纤维层时，在重力作用下微粒脱离气流流线而沉积下来。一般来说对小于0.5μm的颗粒，重力作用可以忽略不计。

（5）静电效应：通过静电作用使微粒能牢固地吸附在滤料纤维表面或使微粒改变流线轨迹而沉积下来，静电作用能在不增加过滤阻力的情况下提高滤料的过滤效率。

在一个纤维集合体过滤器内，微粒被捕集可能由于所有机理的作用，也可能由于一种或某几种机理的作用，这要根据微粒的尺寸、密度、纤维粗细、纤维层的填充率、气流速度等条件决定。

2. 选择性过滤吸附性能

醋酸纤维除了具备常规纤维的过滤吸附性能外，还表现出对卷烟焦油的选择性过滤吸附能力。醋酸纤维滤嘴和聚丙烯纤维滤嘴对烟气的截留情况对比见表5-5和表5-6，可以看出，醋酸纤维滤嘴对总粒相物和焦油的截留效率比聚丙烯纤维高，尤其对烟气中的苯酚、吡啶等物质具有更好的亲和性，表现出的截滤量明显优于聚丙烯滤嘴。醋酸纤维对烟碱的保留量较多，以保留更好的香烟口味。

表5-5　醋酸纤维和聚丙烯纤维滤嘴的过滤效率[7]

截留物	醋酸纤维丝束	聚丙烯纤维丝束
总粒相物（%）	36.51	35.02
焦油（%）	33.23	28.65
烟碱（%）	29.35	32.25

表5-6　醋酸纤维与聚丙烯纤维滤嘴对烟气中苯酚等物质的截留量[8]

截留物	醋酸纤维丝束	聚丙烯纤维丝束
苯酚（μg/支）	17.28	5.94
邻、间、对甲基苯酚（μg/支）	12.90	5.49
邻、间、对苯二酚（μg/支）	52.20	48.71
吡啶（μg/支）	11.5	6.4
喹啉（μg/支）	0.76	0.46

3. 主要影响因素

在过滤介质与流速不变的情况下，影响单根醋酸纤维过滤吸附性能的主要因素包括纤维细度、截面形状和表面特征。当纤维细度减小时，纤维的表面能和比表面积增加，这直接提高了杂质颗粒与纤维的接触概率及纤维的吸附能力，从而改善纤维的过滤效率和截滤容量。从纤维集合体的角度来分析，纤维直径的下降，可以增加单位空间内的纤维根数，提高直接拦截效率。但是纤维不可过于密集堆砌，这样反而影响较小微粒的布朗运动从而影响沉积过滤机制的效应；另外也会增加过滤阻力，不利于过滤的流畅性。在单丝线密度一定时，异形截面（如Y形截面）和粗糙或多孔的纤维表面同样有利于增大比表面积，提高纤维的过滤吸附能力。

（二）热力学性质

1. 热学性质

（1）热转变。醋酸纤维作为非晶态高聚物，受热作用或者在不同温度条件下，纤维的形状和力学性质会发生转变，具有“三态两转变”的特性。醋酸纤维的差示扫描量热仪（DSC）曲线如图5-16所示，70℃左右的吸热峰是纤维样品中水分蒸发的结果，并非材料的特征峰；在200℃左右不尖锐的峰是醋酸纤维的玻璃化转变温度，230℃左右的吸热峰归结为结晶熔融峰。从曲线可以看出，醋酸纤维的玻璃化转变不够明显，且结晶熔融峰峰形也较小，主要是因为醋酸纤维素中结晶不完善，晶粒较小，结晶区分子链和链段可较自由地活动。

（2）热稳定性。醋酸纤维的热稳定性可通过热重分析法（TG）测量醋酸纤维随温度升

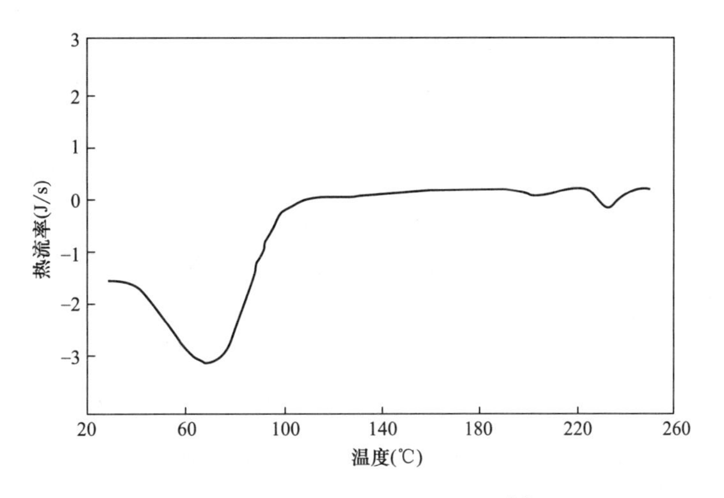

图 5-16　醋酸纤维的 DSC 曲线[9]

高时的质量损失情况。图 5-17 为醋酸纤维的热重分析曲线，醋酸纤维的热分解过程有三个阶段。第一阶段的失重非常缓慢，主要是由于试样中的吸附水以及残留化学试剂。大约从 260℃开始，试样的分解速度逐渐加快，并在温度为 350℃时，纤维失重速度达到峰值，并持续快速失重直至温度为 440℃左右，此阶段为醋酸纤维失重第二阶段，失重率达 85%。随着温度的继续升高，试样重量继续减少，但失重速度逐渐变慢，即进入醋酸纤维热分解的第三阶段。结合 DSC 测试结果，当受热温度达到熔点后，醋酸纤维即进入热分解阶段，故不可直接进行熔融加工，所以目前工业上采用溶液干法纺丝法生产。

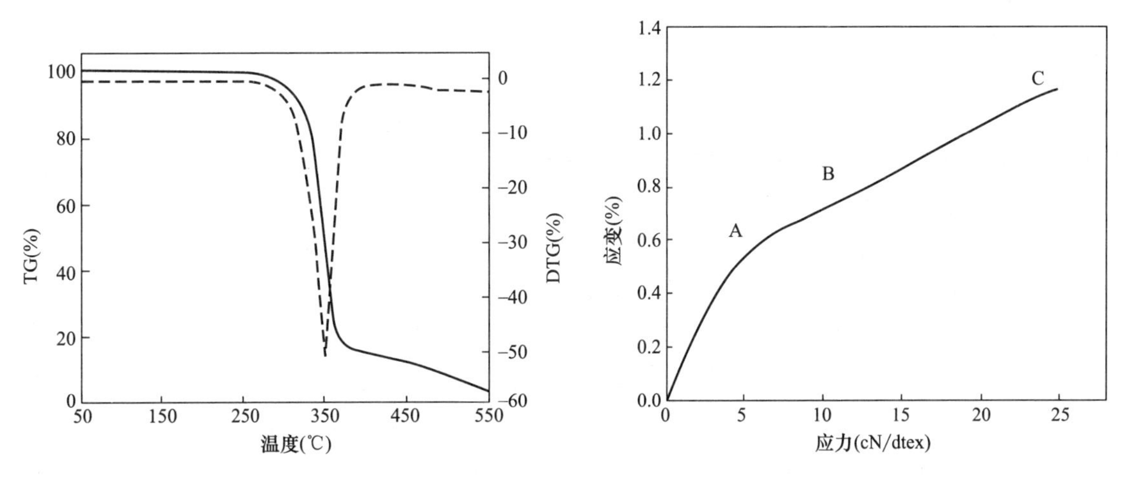

图 5-17　醋酸纤维的 TG 曲线

图 5-18　醋酸纤维的应力—应变曲线

2. 力学性质

纤维受到的外力主要是拉伸作用，通常通过应力-应变曲线的基本形态来分析纤维的拉伸断裂的特征。某规格烟用醋酸纤维的应力-应变曲线如图 5-18 所示，醋酸纤维的拉伸过程可分为三个阶段：*O*—*A* 段呈直线，*A* 点为屈服点，应力与应变之间的关系服从胡克定律，曲线斜率值即为初始模量值，一般为350~550kg/mm^2，此阶段醋酸纤维大分子的键长、键角伸长，而分子链和链段都没有运动，所以应变量较小，显示出一定的抗拉伸阻力。*A*—*B* 段纤维大分子的空间结构开始改变，卷曲的大分子逐渐伸展，链段产生错位滑移；*B*—*C* 段表示错位滑移的大分子基本伸直平行，而相邻大分子相互靠拢，使大分子间的横向结合力有所增加，并可能形成新的结合键，因此，纤维的应力再次上扬，直至达到 *C* 点发生断裂。

醋酸纤维与黏胶纤维、聚酯纤维的力学性能比较如表 5-7 所示，醋酸纤维的密度比黏胶纤维的要小，和聚酯纤维较为接近。醋酸纤维的干强比黏胶和涤纶都要小，这是由于醋酸纤维大分子的对称性、规整性和结晶度均比较低。湿态下和黏胶类似，强度损失较大，剩余强度约为干强的 70%，纤维干湿态的断裂伸长变化也较大，因此醋酸纤维在拉伸和湿加工的过程中应采用温和的方式，其织物不适宜用于对强度有特殊要求的领域。

表 5-7　醋酸纤维与黏胶纤维、聚酯纤维的力学性能比较

性能	醋酸纤维	黏胶纤维	聚酯纤维
密度（g/cm^3）	1. 32	1. 48~1. 54	1. 38~1. 40
干态断裂强度（cN/dtex）	1. 06~1. 5	1. 50~2. 70	4. 20~5. 90
湿态断裂强度（cN/dtex）	0. 62~0. 79	0. 70~1. 80	4. 20~5. 90
干态断裂伸长率（%）	25~35	16~24	20~50
湿态断裂伸长率（%）	30~45	21~29	20~50

此外，有研究发现，醋酸纤维伸长 3%以下时其弹性回复率在 35%以上，伸长 3%~5%时回复率降至 10%以上，而黏胶纤维在伸长 3%以下时只有 18%的回复率。所以醋酸纤维的弹性和回弹性都比黏胶纤维要好，这也是醋酸纤维类似真丝的主要原因之一[10]。

（三）化学性质

1. 染色性质

醋酸纤维因纤维素基中的羟基（—OH）被乙酰化，亲水性基团减少，纤维在水中膨胀性能减弱。另外，羟基的大幅减少，直接减弱了醋酸纤维与直接染料的氢键结合、与活性染料共价键结合的能力，所以醋酸纤维采用直接和活性染料染色效果不佳。而醋酸纤维和涤纶纤维相似，都属于聚酯类的纤维，因此多采用分散染料，借助分散剂的作用，以染料颗粒或微集聚体的形式存在染液中，通过吸附或扩散对醋酸纤维进行染色加工。

由于醋酸纤维在碱性和高温条件下发生皂化反应而失去应有的光泽，且强力下降、手感变差，因此在染整加工中，醋酸纤维染色条件控制在中温（染色温度不宜超过 85℃）、弱酸条件（pH 为 5~7）。另外，醋酸纤维湿态下强度低、伸长率大、回弹性差，所以醋酸纤维纯纺织物最好用宽幅卷染机或常压经轴染色机染色，以减少织物折痕和擦伤的形成。混纺织物则适宜在染缸或常压喷射染色机上进行染色，并且浴比达 30∶1[7]。

2. 化学稳定性

醋酸纤维分子中存在部分醇羟基、酯键和醚键，具有一定的耐酸能力，通常在纺织印染加工过程中酸对醋酸纤维的影响不太大，但是在浓酸条件下醋酸纤维会发生水解。在低温弱碱性条件下，醋酸纤维失重率较小；在强碱性溶液中，醋酸纤维皂化反应加剧，水解程度高，致使醋酸纤维的结合酸含量降低，重量损失严重。所以醋酸纤维处理溶液应偏弱酸性，在纤维外层有浆料等包覆时，处理溶液 pH 不宜超过 9。还原剂及低浓度氧化剂对醋酸纤维影响较小，而高浓度氧化剂则会将醋酸纤维氧化，因此四氟乙烯干洗溶液对醋酸纤维几乎没有损伤，在标准浓度洗涤时，醋酸纤维能够表现出良好的抗氯漂白性能。

第五节　醋酸纤维的应用与发展前景

一、醋酸纤维的应用

醋酸纤维以其选择性过滤吸附性能和优良的服用舒适性在烟滤嘴和纺织品中得到应用，此外在非烟用过滤、吸水材料等领域也得到推广。

（一）烟滤嘴用

目前，醋酸纤维最主要的应用是卷烟过滤材料。1952 年 Eastman 首次使用醋酸纤维作为卷烟过滤材料，醋酸纤维表现出质地坚挺、无毒无味、稳定性好、截滤效果显著的特点，能选择性地吸附卷烟烟气中的有害成分，同时又保留了一定的烟碱而不失香烟的口味。此后，醋酸纤维烟用丝束的需求量呈线性增长，在中国市场开放后，醋酸纤维过滤材料又被成功地引入到这个世界上最大的卷烟市场。目前，全球95%的香烟采用醋酸纤维作为滤嘴过滤材料。

1. 卷烟烟气气溶胶

卷烟烟支主要是由烟草、香精香料、卷烟纸、滤嘴等构成的。当烟支在高温条件下燃烧或燃吸时，相应产生了主流烟气和侧流烟气，如图 5-19 所示。烟支被抽吸时，大部分气流是从燃烧锥底部周围进入，从烟支尾端冒出的烟气流，称为主流烟气，被吸烟者吸入口腔。烟支进行阴燃时，产生的烟气称为侧流烟气，挥发在空气中。在卷烟燃烧过程中，内部化学成分发生一系列复杂变化，烟气的一部分变成气体成为烟气分散介质，其他部分则直接或冷凝变成微粒子，形成以气体为分散剂分布有液、固态微粒的烟气气溶胶。这种烟气气溶胶主要化学成分有烟碱、

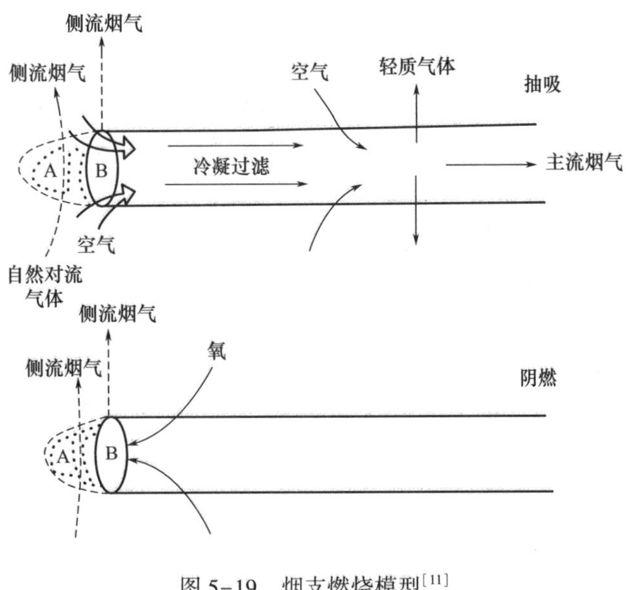

图 5-19　烟支燃烧模型[11]

A—燃烧区　B—热解和蒸馏区

稠环芳烃、含氮类化合物、酚类物质、一氧化碳、自由基。根据常温时能否穿过剑桥滤片，分为气相和粒相。通常常温时能穿过剑桥滤片不被拦截的是气相物质，主要包括 CO、NH_3、NO_x、HCN、亚硝胺（TSNAs）和挥发性芳香胺等。常温时能被剑桥滤片拦截的烟气部分是粒相物质，主要包括烟碱、水以及焦油。另外还有粒相物质和气相物质中共存的自由基。气溶胶粒子的平均直径在 0.2~0.6μm，平均粒数浓度为 1.33×10^{10} 个/cm^3。当主流烟气被抽吸时，醋酸纤维滤嘴通过直接拦截、惯性碰撞、扩散沉积三种形式对微粒进行过滤吸附，达到降焦除害的目的。

2. 滤棒成型

醋酸纤维滤棒的成型加工过程如图 5-20 所示，主要步骤如下：

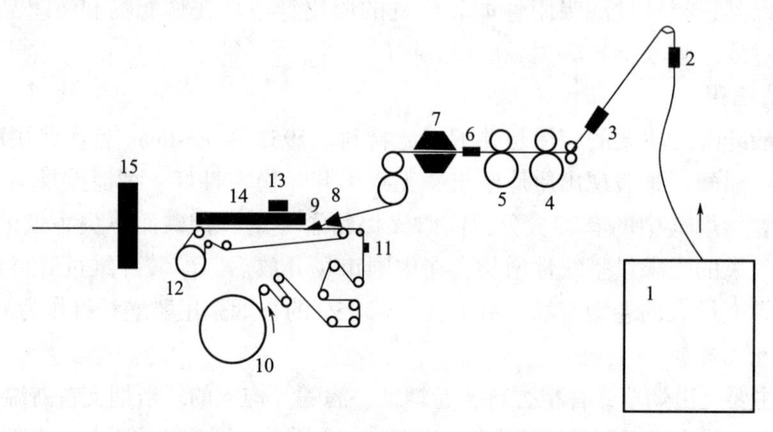

图 5-20 醋酸纤维滤棒成型加工原理图

1—醋酸纤维丝束包 2—一级空气开松器 3—二级空气开松器 4—后螺纹开松辊组 5—前螺纹开松辊组 6—三级空气开松器 7—增塑剂喷洒室 8—捕丝器 9—舌头 10—成型纸 11—中心线上胶 12—布带轮 13—搭口上胶 14—加热与冷却器 15—刀盘

（1）醋酸纤维的开松。开松的目的是使丝束达到较大的松散、单丝分离程度，从而以最少量填充的丝束获得最大的容积。并使每根纤维保持适当的卷曲度，有利于滤棒成品的坚实度（硬度）形成网络，以满足滤嘴卷接的加工要求。

（2）施加增塑剂。增塑剂的主要成分为三醋酸甘油酯，是对醋酸纤维起溶剂作用的一种黏合剂。其主要作用是使单丝间形成网络，固化纤维，提高滤棒的硬度。增塑剂的用量为丝束总重量的 7%，它具有使醋酸纤维溶解、粘接而可塑的特性。

（3）卷制成型。滤棒的卷制需要卷纸，在卷制时要求卷纸有足够的强度，这样才能容纳丝束并使滤嘴的圆周符合标准。采用热熔胶作为卷纸的黏合剂，经电热干燥冷却后可粘牢。滤棒成型经过三次开松和上胶后，通过输出辊进入喇叭嘴，经卷纸卷制、黏合剂黏结和烙铁熨烫成型，由刀头切割成一定长度的滤棒。醋酸纤维滤棒技术指标要求见表 5-8。

表 5-8 滤棒技术指标要求[12]

项目		指标要求	项目	指标要求
长度（mm）		标准值±0.5	硬度（%）	≥82
圆周（mm）		标准值±0.20	水分（%）	≤8.0
压降（Pa）	<4500	标准值±290	圆度（mm）	≤0.35
	≥4500	标准值±340		

3. 丝束质量对滤棒性能及加工的影响[13]

烟用醋酸纤维丝束的技术指标包括：单丝线密度、丝束线密度、卷曲数、断裂强度、截面形状、水分、油剂含量、残余丙酮含量、二氧化钛和丝束外观质量。各项技术指标对滤棒成型和性能有着不同的影响。

单丝线密度和丝束线密度是确定丝束规格的两项主要技术指标。单丝线密度对过滤影响机理见本章第四节。在已知丝束重量、水分、油分和增塑剂含量时，丝束线密度是决定滤嘴设计重量的决定因素，在单丝线密度相同的情况下，丝束线密度越大，则丝束中所含单丝根数就多，从而改变过滤效果。均匀的单丝线密度和丝束线密度，在滤棒生产中起到稳定滤棒压降和硬度的作用。

丝束必须经过卷曲才具有加工成棒和过滤烟气的特性。适当、均匀的丝束卷曲数，起到稳定滤棒生产的作用。卷曲数过多，则增加纤维间的摩擦力，静电干扰增加，不易开松；卷曲数过少，则纤维间的抱合力降低，不能形成网状，丝带易分裂，对滤棒的压降稳定性和过滤稳定性都不利。

丝束在滤棒加工过程中必须保持一定的断裂强度，确保丝束能顺利地被加工成滤棒，减少飞花的产生。而丝束的断裂强度与丝束的卷曲能成反比例关系，所以选择合适的断裂强度对卷曲数和滤棒生产有益。

单丝截面形状对过滤吸附的影响机理见本章第四节。Y 形截面形状在增加比表面积的同时，有利于丝束的蓬松性、滤棒的出棒率和硬度，是目前丝束生产中的首选截面形状。

丝束水分反映丝束中含水量的多少，是丝束生产过程中的一项重要控制指标。合适稳定的水分值，在滤棒生产中起到降低飞花、稳定滤棒水分和滤棒硬度的作用。

在丝束生产中，需添加适量的油剂来提高可纺性、降低丝束在高速运行时的摩擦系数，起到消除静电、降低丝束飞花的作用。丝束油剂含量的高低影响滤棒的过滤效率和滤棒加工中的飞花。

残余丙酮是丝束中带入的微量丙酮，成品丝束中应尽量减少残余丙酮的含量。若丝束中残余丙酮含量过高，可能会出现丝束的异味、丝束开松过程出现粘连等不良现象。

丝束中的二氧化钛用于消光、增白，二氧化钛的含量和质量主要影响丝束白度和生产过程中的飞花情况。

丝束的外观质量，如接头、摆放不规则、滴浆、切断、分裂等会给滤棒加工或过滤效率带来不利影响。

（二）纺织用

20 世纪，随着醋酸纤维产业的快速发展，其凭借原料可再生、生产过程污染小的特点，在发达国家成功取代黏胶纤维的生产，美国于 1981 年禁止生产黏胶纤维，万吨醋酸长丝与黏胶纤维能耗对比见表 5-9。由于醋酸纤维长丝的干、湿强度较低，对织造、印染技术要求较高，因此其生产主要集中在欧、美、日等国家。目前我国还没有生产纺织用醋酸纤维长丝的工厂，醋酸纤维长丝完全依赖进口，由于进口价格昂贵，年进口量较少，约 3000 吨。

纺织用醋酸纤维约占醋酸纤维总量的 6%，且以长丝为主。用醋酸纤维长丝生产的纱线和

表 5-9 生产万吨黏胶长丝和醋酸纤维能耗比较[14]

能源	黏胶长丝	醋酸长丝	二醋酸纤维素
水（m^3）	2667	80	40
电（kW·h）	30000	2000	480
蒸汽（t）	167	10	4.8

织物具有蚕丝般自然华贵的光泽，手感柔软滑爽，回潮率低、弹性好，且表现出良好的悬垂性、热塑性、尺寸稳定性。纺织用醋酸长丝通常选用的规格为84dtex/20f~166dtex/34f，粗特醋酸长丝规格可做到333dtex/44f和666dtex/70f，主要用于高档服装和衬里面料。随着装饰用纺织品的兴起，醋酸纤维在装饰用纺织品中也逐渐得到应用。

醋酸长丝可交织。2000年，Celanese与Kosa公司合作，推出品牌名为Cel-Aire的系列新产品，由聚酯纤维和醋酸纤维织成，其主要特点是常压下就可以获得混染效果。醋酸长丝与合成纤维如涤纶、锦纶长丝、腈纶纱混纺或合股，可赋予混纤纱良好的服用性能和外观。醋酸长丝包芯纱性能优异，包芯纱具有良好的弹性，包芯纱的强力和用作包覆纱的醋酸长丝性能特点融合在一起，一般情况下包芯纱加工过程的断头率可降低1倍，生产效率提高25%~30%。意大利Novaceta公司在醋酸长丝产品的细特化、混纤和多组分复合纱技术上取得了引人瞩目的成果，开发出一系列高品质的醋酸长丝产品[15]。

（三）其他应用

近年来，醋酸纤维在非烟用过滤材料、吸水材料等方面得到应用。

1. 过滤材料

醋酸纤维除了烟用滤嘴这一主要过滤应用外，作为其他滤材也表现出良好的过滤性能。非织造材料具有三维立体结构，且耐用、易深加工、价格相对便宜、能满足多种过滤要求的优点，是过滤材料产业中重要的组成部分。醋酸纤维凭借其安全无害性，可经非织造加工为醋酸纤维膜，用于卫生用过滤材料。

采用环状喷丝部件经熔融纺丝、干法纺丝或干喷湿法纺丝制备的醋酸中空多孔纤维具有良好的抗氯性、血液相容性和生物相容性，结构如图5-21所示，该纤维强力高，可自支撑且纤维表面存在大量内外部通透的微纳米孔洞，在超滤、纳滤和反渗透应用上颇受欢迎。日本Daicel公司FT 50型CA超滤膜（UF）已广泛用于地下水和工业用水混浊物的脱除，法国Chemique实验室开发的绿色醋酸纤维素中空纤维超滤膜，用于废水处理、生物活性物分离和气体分离。在医用膜材料中，东洋纺公司的醋酸中空纤维膜已用于人工肾。

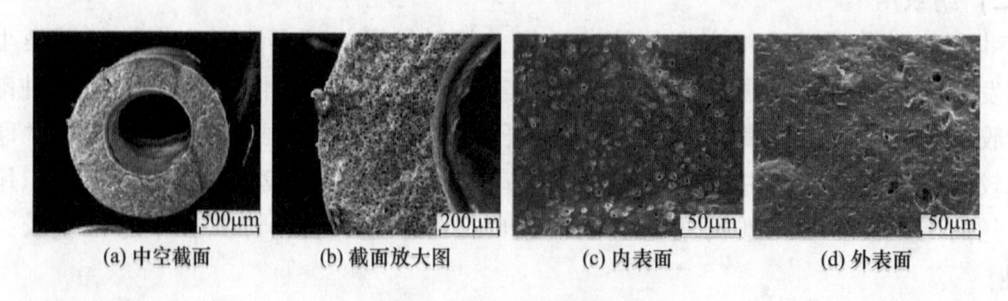

(a) 中空截面　(b) 截面放大图　(c) 内表面　(d) 外表面

图 5-21 醋酸中空纤维结构图[16]

2. 吸附材料

Eastman公司利用醋酸短纤维作原料，采用增塑剂黏合纤维技术生产低克重高吸附纤维网，用于婴儿纸尿裤、成人失禁用垫及妇女卫生用品，性价比很高。该产品选用醋酸短纤替代传统高吸附纤维网中的双组分纤维或木浆纤维，简化了制造过程，省去了常规加工中的锤碎工艺。产品的重量比常规产品减少30%~40%，厚度降低70%，大大降低了生产、物流和使用过程的成本[17]。

另外，醋酸纤维是一种高级医疗卫生材料，其制品用于伤口包扎，与伤口不粘连，特别适用于烫伤和皮肤接触的敷料和病人服装。

二、醋酸纤维的发展前景

随着科技的发展与进步，各领域对纤维材料的性能与功能提出了更高的要求。醋酸纤维作为新型生物基纤维之一，开发新原料、拓宽制备技术、实现醋酸纤维产品的改性与功能化成为研究热点，另一分支三醋酸纤维在纺织与膜材料领域也占有一席之地。

（一）制备技术的开发

1. 纤维素原料开发

醋酸纤维素的生产原料是高级溶解浆，目前所用木浆粕基本依靠进口，且集中于北美和巴西，致使成本高且使用受限。探索醋酸纤维素用天然纤维素原料对开发醋酸纤维素及其纤维制品有着重要意义。

棉浆粕富含α-纤维素，是纤维素浆粕的良好替代品，日本Daicel公司成功采用精制棉为原料进行醋酸纤维素生产，消除了对高成本木浆粕的依赖。南纤公司[18,19]分别对国产木浆、棉浆以及竹浆合成醋酸纤维素进行了试验研究，发现国产木浆和棉浆的各项性能接近国外同等级木浆水平，可以用于工业生产烟用醋酸纤维素，但国产木浆因纤维素提纯技术等原因，合成的醋酸纤维素黏度偏低，需要在木浆纤维的聚合度方面进一步改进。竹浆粕性能指标初步达到了醋酸纤维素用浆粕的要求，经深入研究开发具有较好的应用前景。

另外，一些可利用的生物质包括甘蔗渣、郁金香树材、稻米壳等也成为低成本纤维素原料开发的对象。法国罗盖特（Roquette）公司利用植物淀粉合成生物基醋酸纤维素，为Rhodia公司提供生态友好的原料，在成本上彰显优势。最近研究合成醋酸纤维素的新方法中，以机械浆或普通木材为原料，直接进行乙酰化，然后利用溶解度差异，将乙酰化的木质素、糖类和半纤维素醋酸酯分离，该方法亦有可取之处。

2. 醋酸纤维素生产技术

醋酸纤维素的传统生产技术是由低温乙酰化和中温水解完成的，该方法反应时间长、能耗大、成本高。国外多趋于发展中、高温乙酰化和高温水解等新工艺，可有效降低能耗、减少化学试剂的应用。此外，无论是传统的低温法或是近期发展的高温法都存在一个共同的缺点，就是需要加入大量的冰醋酸作反应介质，无形中增加了回收醋酸的能耗，因而使成本增加，这是制约醋酸纤维素市场的重要因素之一，因此可开发新型催化剂或者改变反应物状态进行乙酰化反应，以减少醋酸的使用量。

3. 纺丝技术

（1）干法纺丝。醋酸纤维干法纺丝技术正朝着高浓度、高速度、高密度、低特化的方向发展。国外 Eastman、Daicel 和 Solvay 在纺丝工艺上已不同程度地采用了高浓度、高速度的纺丝技术。国内南纤公司开发了“恒流恒压差”三级精密过滤系统，成功实现浆液精细化过滤，提升纺丝的稳定性。接着又突破了小口径高密度纺丝工艺与高温闪蒸等纺丝技术，实现了丝束产能与质量水平的大幅度提升[20]。目前超高速纺丝技术亦已投入应用。

(2) 静电纺丝。静电纺丝是聚合物溶液或熔体在静电作用下进行喷射拉伸而获得微细纤维的纺丝方法。采用静电纺丝技术，可制得纳米醋酸纤维，既保留了醋酸纤维的耐化学性、生物相容性和生物降解性等优点，又具有纳米材料的高比表面积、高孔隙率等特性。因此，醋酸纤维成为静电纺丝领域充满前景的材料，在过滤、生物、医学等领域得到广泛研究。

(3) 熔融纺丝。相比干法纺丝，熔融纺丝无溶剂参与、纺丝效率高，且得到的醋酸纤维强度较好，应用领域得以扩大，可加工成运动服装、技术纺织品等。醋酸纤维素引入乙酰基后，虽然具备了一定的热塑性，但高温易分解，仍不易熔融加工。为了解决这一难题，通过对醋酸纤维素增塑，使其具有稳定的熔融流动性。已有多项日本专利公开了对醋酸纤维素进行结构修饰后添加聚乙二醇、聚乳酸等作外增塑剂，进而熔融纺丝的技术。

(二) 醋酸纤维的改性及其功能化

通过改性弥补醋酸纤维性状上的不足，主要有差别化技术和纳米技术，包含物理、化学、生物等多种方法，各种改性方法可以单独使用、也可以结合使用。

1. 差别化技术

(1) 改进聚合和纺丝条件。相比黏胶纤维和聚酯纤维，醋酸纤维的强力较低，且湿强度减弱明显。采用聚合度较高的醋片或当纤维处于塑性状态时进行拉伸有利于提高醋酸纤维的强力。采用具有特殊形状的喷丝孔部件，结合纺丝过程溶剂的挥发，可以制备不同横截面(如 Y 形、扁平状、中空) 的醋酸纤维，以改善醋酸纤维的手感、光泽与吸附性能。在保证射流稳定的情况下，减少单孔输出或增加牵伸，制备超细醋酸纤维。

(2) 多相复合、共混、掺杂或接枝共聚。醋酸纤维大分子上存在大量的疏水性酯键，使得纤维亲水性变差，回潮率降低，在一定程度上影响了使用性能。将醋酸纤维与一种或多种不同聚合物进行复合或共混，与功能性无机粒子掺杂或涂覆，甚至利用接枝技术在醋酸纤维大分子链上结合功能性的支链或侧基制备差别化醋酸纤维，改善常规醋酸纤维的亲水性、染色性、力学性质、抗菌、吸附等性能。

(3) 等离子体。等离子体是不同于固体、液体和气体的物质第四态。利用等离子体技术对纤维表面进行刻蚀，产生凹坑、裂纹和沟槽等，从而增加纤维表面粗糙度和比表面积。

(4) 生物酶技术。酶是具有高度专一性的催化剂。酶处理工艺已被公认为是一种符合环保要求的绿色生产工艺，不仅使纤维性能得到改善，且无毒无害、作用高效。利用纤维素酶、脂肪酶处理醋酸纤维，改变表面形态、提高回潮率等。虽然醋酸纤维是可降解环保纤维，但是常规条件下降解周期较长，通过酶的研究，加快废弃醋酸纤维的降解。

2. 纳米技术

当聚合物纤维尺度从微米降至纳米级时，就会显示出某些奇特的性能，可加工成一系列具有特殊功能的产品。醋酸纤维作为安全、环保、具有生物相容性的可再生材料，成为纳米技术研究的重要材料之一，目前纳米醋酸纤维已在生物、医学、纺织、传感、过滤、相变等领域得到广泛研究。尤其在空气过滤应用上，纳米醋酸纤维过滤膜具有良好的市场前景。

（1）纳米醋酸纤维/纳米醋酸复合纤维。利用静电纺技术制备连续的纳米醋酸纤维，将其与传统非织造材料结合制备过滤材料，克服了静电纺纳米纤维强度低的缺点，同时解决普通非织造布过滤性欠佳的问题。通过多组分高聚物的共混、纳米颗粒的杂化可制备纳米醋酸复合纤维。南纤公司利用静电纺技术制备了纳米醋酸纤维，通过在纺丝浆液中加入表面改性的纳米二氧化硅，通过工业纺丝设备生产出含纳米二氧化硅的复合醋酸纤维。烟气分析结果表明，这种复合醋酸纤维对烟气中的焦油具有良好的截留能力[21]。

（2）其他结构纳米醋酸纤维。多孔结构纳米纤维除了再次提高比表面积外，还有利于营养物质在其中运输传递，因而比无孔纤维或只有表面孔的纤维更适合用于生物组织支架材料或药物释放材料。利用高挥发溶剂的制孔机理，调控纺丝浆液的浓度，可制备具有里外通透的纳米孔径的醋酸纤维或醋酸复合纤维。同轴或中空结构的纳米醋酸纤维在生物医药领域研究颇多。

（三）三醋酸纤维的发展进展

1. 三醋酸纤维

将三醋酸纤维素溶解于二氯甲烷，经干法纺丝制成三醋酸纤维素纤维。三醋酸纤维与二醋酸纤维基本性能对比见表5-10，三醋酸纤维聚合度较高、湿强下降较少；回潮率因乙酰化度高仅为3.5%，致使染色性能较差。在稀酸、汽油、矿物油和植物油中稳定；抗碱性比二醋酸纤维强，在pH为9.8时，影响仍较小；高温易分解，对光稳定、不易燃烧。由于三醋酸纤维制成的织物有着丝般触感、柔和的光泽、速干易整理、形态稳定及热处理后褶皱耐久，因此颇受人们欢迎，主要应用于礼服与高档女装。目前全球少量的三醋酸纤维几乎由日本三菱公司（Mitsubishi）独家生产。

表5-10　二醋酸纤维与三醋酸纤维基本性质对比

基本性质	醋酸纤维	三醋酸纤维
取代度 *DS*	2.28~2.49	≥2.7
密度（g/cm^3）	1.32	1.30
回潮率（%）	6.5	3.5
聚合度	200~300	300~400
干态断裂强度（cN/dtex）	1.06~1.5	0.97~1.24
湿态断裂强度（cN/dtex）	0.62~0.79	0.7~0.9
干态断裂伸长率（%）	25~35	25~35
湿态断裂伸长率（%）	30~45	30~40
软化点（℃）	190~205	220~250
熔点（℃）	230~260	290~300

2. 三醋酸纤维的发展现状

（1）纺织用新型CTA纤维和面料的开发。三菱公司长期坚持开发三醋酸纤维改性产品，该方面技术遥遥领先，在纺丝设备、加工工艺、改性手段上申请了大量的专利。通过在纺丝浆液中添加高比重硫酸钡并通过特殊酶处理开发的Zelga，使纤维表面形成常规醋酸纤维所没有的微穴，该纤维不仅具有丰富的悬垂性和干燥感，而且具有良好的显深色性；在纺丝浆液中添加一定比例的二盐基脂肪酸酯金属磺酸盐，纺制的醋酸长丝可用阳离子染料染色，其织物外观尤其亮丽[22]。将不同取代度的醋酸纤维素复合纺丝，得到皮芯结构复合纤维、孔隙型芯层复合纤维以及具有可逆卷曲的并列型醋酸纤维[23]。改变喷丝部件制备了横截面为H型的纤维，其织物经染色后光泽鲜亮且有丝绸感[24]；制备了横截面近似三角形且横截面存在开口或封口状裂缝型的伪空心结构，其手感干爽、光泽优异[25]；使用圆周面有沟槽的卷取罗拉并间歇地改变卷取速度，可制得沿长度方向具有随意分布的粗节和细节的醋酸竹节纱[26]。

（2）中空纤维膜的开发与应用。三醋酸纤维另一重要研究领域是中空纤维膜的开发与应用，尤其以反渗透膜应用见多。三醋酸纤维素膜材料能够连续在低氯含量液体中正常运行，其中空膜具有水渗透流率高、截留率好的优点，已在气体分离、医用透析过滤等方面得到应用。

参考文献

[1] HIS. Chemical Economics Handbook：Cellulose Acetate Fibers. HIS，[2016-9-30]. https：//www. ihs. com/products/cellulose-acetate-and-triacetate-chemical-economics-handbook. html.

[2] Saka S，Matsumura H. 2. 3 Wood pulp manufacturing and quality characteristics [J]. Macromolecular Symposia，2004，208 (1)：37-48.

[3] 姚杰，陆书明，高春红，等. 稀醋酸回收技术及其应用 [J]. 精细化工原料及中间体，2010 (04)：11-13.

[4] 沈新元. 高分子材料加工原理 [M]. 3 版. 北京：中国纺织出版社，2014.

[5] Zeming Gou，Mchugh A J. Two-dimensional modeling of dry spinning of polymer fibers [J]. Journal of Non-Newtonian Fluid Mechanics，2004，118 (2)：121-136.

[6] Yuji Sano. Drying behavior of acetate filament in dry spinning [J]. Drying Technology，2001，19 (7)：1335-1359.

[7] 张淑洁，司祥平，陈昀，等. 醋酸纤维的性能及应用 [J]. 天津工业大学学报，2015 (2)：38-42.

[8] Rustemeyer P. 5. 2 CA filter tow for cigarette filters [J]. Macromolecular Symposia，2004，208 (1)：267-292.

[9] 牛建设，蔡玉兰. 二醋酸纤维的动态力学性能 [J]. 纺织学报，2008，(09)：20-22，29.

[10] 马孝田，邹玉玲. 醋酸纤维特性及其加工应用 [J]. 广东化纤，1994，(4)：42-48.

[11] 闫克玉. 卷烟烟气化学 [M]. 郑州：郑州大学出版社，2002.

[12] 中华人民共和国国家标准. GB/T 5605—2011 醋酸纤维滤棒 [S]. 北京：中国标准出版社，2006.

[13] 国家烟草质量监督检验中心. YC/T 26—2008《烟用二醋酸纤维素丝束》和 YC/T 169-2009《烟用丝束理化性能的测定》实施指南 [M]. 北京：中国标准出版社，2011.

[14] 武红艳，罗伟国，李扬. 二醋片和醋酸长丝的市场分析及前景展望 [J]. 合成纤维，2012 (08)：10-13.

[15] 张静. 二醋酯长丝结构性能和空气变形短纤化研究 [D]. 上海：东华大学，2006.

[16] 王恒，肖长发，刘海亮，等. 聚乙二醇增塑醋酸纤维素中空纤维膜的制备与性能 [J]. 高分子材料科学与工程，2014 (01)：122-126.

[17] 芦长椿. 醋酯纤维的开发与应用新进展 [J]. 纺织导报，2016 (03)：36，38，40-42.

[18] Yang Z，Xu S，Ma X，et al. Characterization and acetylation behavior of bamboo pulp [J]. Wood Science and Technology，2008，42 (8)：621-632.

[19] 马晓龙，沈琳，杨占平，等. 国产木浆合成烟用醋酸纤维素的研究 [J]. 合成纤维，2004 (05)：10-12.

[20] 杨占平，徐坦，曹建华，等. 二醋酸纤维素浆液精细过滤及高密度生产技术研究 [J]. 中国烟草学报，2006，12 (3)：27-30.

[21] Cao J H，Ma X L，Yang A J，et al. Preparation of cellulose acetate/nano-SiO_2 composites and their application in filtration of cigarette smoke [J]. Polymer and Polymer Composites，2006，14 (1)：65-71.

[22] Mitsubishi Rayon CO Ltd. カチオン染料可染性セルロースアセテート繊維：日本，2000045123A [P]. 2000-02-15. [2017-5-31]. http：//share-analytics. zhihuiya. com/view/89FAD192DBD76D6D6D102ED8-F70D5CA1203A921430B57E8B4D561B8E65F879D6#/? _ k=2so25j.

[23] Mitsubishi Rayon CO Ltd. セルロースアセテート複合繊維及びその製造方法：日本，2000192334A [P]. 2000-07-11 [2017-5-31]. http：//share-analytics. zhihuiya. com/view/89FAD192DBD76D6DD290-AFD36A27DAA0A14F26E6D9F50F484D561B8E65F879D6#/? _ k=v3hueu.

[24] Mitsubishi Rayon CO Ltd. 異形断面セルロースアセテート繊維及びその集合体並びにその繊維の製造方法：日本，2001140124A [P]. 2001-05-22 [2017-5-31]. http：//share-analytics. zhihuiya. com/view/89FAD192DBD76D6D3BF528CCD2047BC05E08B726E3FAEF4D4D561B8E65F879D6#/? _ k=t903e3.

[25] Mitsubishi Rayon CO Ltd. 特殊断面セルロースアセテート糸及びその製造方法：日本，2000136429A [P]. 2000-05-16 [2017-5-31]. http：//share-analytics. zhihuiya. com/view/89FAD192DBD76D6D6-C8463B6EE5C821556A2F4B7630BF49F4D561B8E65F879D6#/? _ k=bk8goi.

[26] Mitsubishi Rayon CO Ltd. セルロースアセテート太細糸の製造方法：日本，2001032129A [P]. 2001-02-06 [2017-5-31]. http：//share-analytics. zhihuiya. com/view/89FAD192DBD76D6DF994-AB260F47E6752ED1987D32DEAC234D561B8E65F879D6#/? _ k=dn6ana.

第六章　生物基聚酰胺纤维

第一节　概述

聚酰胺（Polyamide，简称 PA）是分子主链重复单元为酰胺基团的聚合物，广泛用于纺织行业和工程塑料领域。按照主链结构，聚酰胺主要分为脂肪族聚酰胺、芳香族聚酰胺和脂肪芳香族聚酰胺等。常见脂肪族聚酰胺有 PA6、PA66、PA46、PA11、PA12、PA610、PA612、PA1010、PA1012 等；芳香族聚酰胺有聚对苯二甲酰对苯二胺（DuPont Kevlar）、聚对苯二甲酰间苯二胺（DuPont Nomex）；脂肪芳香族聚酰胺包括 6T、4T 等。聚酰胺纤维是最早工业化生产的合成纤维，是仅次于聚酯纤维的第二大合成纤维。DuPont 公司的科学家卡罗瑟斯（Carothers）于 1935 年用戊二胺和癸二酸聚合得到聚酰胺 510[1]，1937 年成功开发了 PA66 纤维，两年后实现了大规模工业化生产，并以“nylon”作为商品名。PA66 纤维具高强、耐磨、吸湿、耐碱等特点。

化工行业主要以石油能源为原料，化工行业的发展造成了温室效应和石油资源短缺两大问题。生物制造可以从根本上解决温室效应和石油资源短缺问题。以生物质为原料生产的聚酰胺称为生物基聚酰胺（Bio-Based Polyamide）。

表 6-1 列出了部分生物基聚酰胺的分类及研发状态。生物基聚酰胺多用于工程塑料。生物基的 PA610 和 PA410 广泛应用于单丝的生产。凯赛生物产业有限公司开发的 PA56、PA51、PA512、PA514 等 PA5X 系列产品，作为聚酰胺家族的新成员，具备优良的性能，逐渐在纺织行业和工程塑料行业推广和应用。

表 6-1　部分生物基聚酰胺的分类及研发状态

品种	单体	单体来源	商品状态	生物质含量
PA11	11-氨基酸	蓖麻油	商品化	100%
PA1010	癸二胺、癸二酸	蓖麻油	商品化	100%
PA1012	癸二胺、十二碳二元酸	蓖麻油、烷烃	商品化	45.5%
PA10T	癸二胺、对苯二甲酸	蓖麻油、苯	商品化	51.8%
PA610	己二胺、癸二酸	丁二烯、蓖麻油	商品化	62.5%
PA46	丁二胺、己二酸	淀粉、苯	商品化	40.0%
PA4T	丁二胺、对苯二甲酸	淀粉、苯	商品化	40.0%
PA56	戊二胺、己二酸	淀粉、苯	商品化	45.5%
PA510	戊二胺、癸二酸	淀粉、蓖麻油	商品化	100%
PA511	戊二胺、十一碳二元酸	淀粉、烷烃	研发	31.3%

续表

品种	单体	单体来源	商品状态	生物质含量
PA512	戊二胺、十二碳二元酸	淀粉、烷烃	商品化	29.4%
PA513	戊二胺、十三碳二元酸	淀粉、烷烃	商品化	27.8%
PA514	戊二胺、十四碳二元酸	淀粉、烷烃	研发	26.3%
PA516	戊二胺、十六碳二元酸	淀粉、烷烃	研发	23.8%
PA518	戊二胺、十八碳二元酸	淀粉、植物油	研发	100%

第二节　生物基聚酰胺的单体制备

对于表6-1的生物基聚酰胺，PA11、PA12、PA1010开发成功和应用已经有比较长的时间。虽然PA510是世界上第一个合成的聚酰胺，但是由于化学法制备戊二胺不具备商业化潜力，所以长期以来，并没有得到重视和应用。本章重点论述生物基聚酰胺PA5X。PA5X是生物法生产的戊二胺和不同的二元酸聚合得到的生物基聚酰胺，这些生物基聚酰胺按照熔点高低，可分为低熔点、中熔点和高熔点聚酰胺，几乎能覆盖目前市场应用的所有聚酰胺品种的应用领域。

一、生物基1,5-戊二胺的制备

化学法合成的己二胺，被广泛应用在脂肪族异氰酸酯、聚酰胺等高端应用领域。而奇数碳的戊二胺很难用化学法合成。

1,5-戊二胺，又名戊二胺、尸胺、1,5-二氨基戊烷，是一种多胺。1,5-戊二胺在常温下为黏稠状液体，易溶于水、乙醇。1,5-戊二胺沸点较高，为178~180℃，有刺激性气味，易燃、有一定毒性。1,5-戊二胺在腐烂的尸体和动物精液中可以分离得到。戊二胺、腐胺、精胺是生物活性细胞必不可少的组成成分，在调节核酸和蛋白质的合成及生物膜稳定性方面起着重要的作用[2]。

在工业上，戊二胺具有广泛的应用前景。用戊二胺可以合成新型异氰酸酯[3]。用戊二胺合成的新型异氰酸酯与现有的用己二胺合成的异氰酸酯相比，其覆盖效应增强，有更好的抗化学腐蚀能力，有更强的耐磨性、耐黄变、上料涂膜均匀、更环保等优点，具有较好的市场前景。1935年，美国科学家Carothers用戊二胺和癸二酸聚合得到聚酰胺510[1]。用戊二胺和不同碳链长的二元酸聚合可以得到不同的新型聚酰胺，如聚酰胺54、聚酰胺56、聚酰胺512、聚酰胺514等。聚酰胺由于具备良好的力学性能、耐热性、耐磨损性、耐化学腐蚀性、自润滑等优点[4]位列五大工程塑料之首，广泛应用于航空领域、包装材料、纺织领域、家用电器、汽车零件制造以及医疗等领域。目前，全世界的聚酰胺市场需求大约为700万吨，主要品种为聚酰胺6和聚酰胺66。聚酰胺6和聚酰胺66都是以石油为原料采用化学法生产。合成聚酰胺66的原料单体己二胺长期被国外少数几个公司垄断，中国完全依赖进口。自1935年发明聚酰胺66以来，中国进口己二胺的局面维持了将近80年，时至今日还没有明显的突破，这极大地限制了中国聚酰胺行业的发展，并威胁着国家的战略安全。

用戊二胺合成的聚酰胺属于碳原子数奇偶搭配的聚酰胺，与普通聚酰胺6和聚酰胺66偶数碳聚酰胺相比，碳原子数奇偶搭配的聚酰胺具备密度更低、尺寸稳定性更好、视觉性能更好等优异性能而受到市场的青睐[5]。由于用戊二胺和已二酸聚合得到的聚酰胺56链之间的氢键含量低，因此在弹性、阻燃性、流动性方面都展示了优于聚酰胺6和聚酰胺66的优点。聚酰胺56被纺织行业认为是最有前途的化纤材料之一，它的吸水性、透气性、可染色性、高弹性、阻燃性能都具有显著的优势。

1. 戊二胺的生产方法

在腐烂的尸体与精液中可以检测到戊二胺，在富含氨基酸、蛋白质的肉制品、水产品和发酵制品中也有一定量的戊二胺。戊二胺在上述物质中含量低，提取成本较高，不适合规模化生产。戊二胺也可以通过化学法或通过生物法合成。

化学法合成戊二胺的研究相对较少，Hashimoto等[6]通过化学方法对L-赖氨酸进行脱羧反应来制备戊二胺。李崇等[7]采用非晶态镍为催化剂，利用戊二腈加氢来制备戊二胺，其反应过程为：戊二腈在非晶态镍的催化下加氢生成5-氨基戊腈，随后5-氨基戊腈进一步催化下加氢生成戊二胺和副产物六氢嘧啶。研究发现，使用非晶态镍为催化剂，戊二腈的转化率明显高于骨架镍催化剂，但戊二胺的选择性较低。

生物法制造戊二胺经历了几十年的科研过程。近年来，随着生物技术，特别是生物合成技术的不断突破，生物法戊二胺的制造成为可能。凯赛生物产业技术有限公司在突破生物法戊二胺的技术瓶颈方面获得进展，先后在山东金乡建成了年产千吨级的生物法戊二胺和生物基聚酰胺中试生产线，在中国新疆乌苏建造年产5万吨级的戊二胺和10万吨聚酰胺产业化装置，这是全球第一条万吨级戊二胺生产线。

自从Tabor等[8]在培养大肠杆菌时发现了有微量的戊二胺的存在以来，人们开始研究发酵法生产戊二胺。研究者用葡萄糖为原料，通过基因工程、代谢工程等手段对微生物菌株进行改造，提高微生物合成戊二胺的能力。具体进展如下：

Nishi等[9]第一次报道了用微生物来生产戊二胺，采用的方法是在大肠杆菌中通过转入多拷贝质粒，过表达赖氨酸脱羧酶基因cadA，利用休止的重组大肠杆菌可以生产69g/L的戊二胺，使用的原料是L-赖氨酸。Qian等[10]通过引入强启动子Ptac过表达赖氨酸脱羧酶、敲除代谢戊二胺的speE、speG等基因，用强启动子Ptrc来过表达L-赖氨酸合成的dapA、lysC等基因，来提高大肠杆菌合成戊二胺的效率。构建的重组大肠杆菌XQ56可以以葡萄糖为原料生产戊二胺，发酵液中戊二胺含量为9.6g/L，葡萄糖到戊二胺的转化率为13%。Na等[11]通过设计合成小的调控RNA来识别和调控目标基因的表达，进一步通过基因工程构建阻遏murE的突变株，构建的基因工程菌可以合成12.6g/L的戊二胺，比出发菌株XQ56戊二胺合成能力有明显提高。

近年来，用谷氨酸棒状杆菌生产戊二胺得到了越来越多的研究。选择谷氨酸棒状杆菌为生产菌的主要原因是谷氨酸棒状杆菌的遗传背景比较清楚[12]，通过代谢工程、基因工程改造谷氨酸棒杆菌过量合成戊二胺的前体L-赖氨酸取得了很多进展[13-15]，而且与大肠杆菌相比，谷氨酸棒状杆菌可以耐受更高浓度的戊二胺[16]。Mimitsuka等[17]第一次将谷氨酸棒状杆菌中的高丝氨酸脱氢酶基因hom替换为大肠杆菌中的赖氨酸脱羧酶基因。

微生物发酵法合成戊二胺的研究进展见表6-2。

表6-2　微生物发酵法合成戊二胺的研究进展

序号	采用的策略	结果	参考文献
1	生产戊二胺的大肠杆菌代谢工程改造：敲除降解戊二胺代谢的相关基因；转入多拷贝质粒，使用强启动子，过表达cadA基因；用强启动子过表达赖氨酸合成的基因dapA	产率达到9.6g/L，转化率13%	18
2	第一次用谷氨酸棒杆菌发酵生产戊二胺的基因改造，将谷氨酸棒杆菌的高丝氨酸脱氢酶基因hom替换为cadA	2.6g/L	17
3	用淀粉为原料，发酵法合成戊二胺，构建共表达α-淀粉酶基因amyA和赖氨酸脱羧酶基因cadA的谷氨酸棒杆菌基因工程菌，cadA的启动子为组成型高表达启动子	2.4g/L	19
4	代谢工程改造：大肠杆菌赖氨酸脱羧酶基因ldcC的密码子优化、启动子优化，合成戊二胺的中心代谢途径改造	产率达到1.7g/L，转化率17%	20
5	研究跟戊二胺分泌相关的基因，通过启动子优化提高分泌基因cg2893的表达	转化率提高20%，达到13.6%	16
6	删除了合成*N*-乙酰戊二胺的戊二胺转移酶	转化率提高11%，达到12.6%	21
7	将蜂房哈夫尼菌的赖氨酸脱羧酶基因通过穿梭质粒在谷氨酸棒杆菌表达	产率0.96g/L	22

cadA来合成戊二胺，构建的基因工程菌发酵液的戊二胺含量为2.6g/L，另外还残留2.3g/L未转化的L-赖氨酸，葡萄糖到戊二胺的转化率为9.1%。Mimitsuka等以为产率低的主要原因是谷氨酸棒状杆菌缺少转运蛋白，生成的戊二胺不能被及时输送出胞外而对赖氨酸脱羧酶的活性产生抑制。Tateno等[19]采用组成型的强启动子，构建了共表达α-淀粉酶和大肠杆菌赖氨酸脱羧酶基因cadA的质粒，并将质粒转入谷氨酸棒状杆菌，用含有50g/L的可溶性淀粉的培养基进行培养，培养21h，发酵液戊二胺含量为23.4mmol/L，发酵液没有L-赖氨酸的累积。

Völkert等[23]通过代谢途径改造构建了能利用葡萄糖发酵生产戊二胺的谷氨酸棒状杆菌工程菌，发酵80h，戊二胺产量达到72.0g/L，但是发酵液中还累积了10g/L的*N*-乙酰戊二胺，15g/L的L-赖氨酸，葡萄糖到戊二胺的转化率低于15%。

Kind等[20]对谷氨酸棒状杆菌合成戊二胺的代谢途径进行了系统改造，包括将含有大肠杆菌赖氨酸脱羧酶基因ldcC的质粒转入谷氨酸棒状杆菌，随后通过密码子、启动子优化来提高ldcC在谷氨酸棒状杆菌的表达。Kind等又对谷氨酸棒状杆菌的中心代谢途径进行优化来增强底物到L-赖氨酸的代谢流。通过代谢工程的系统改造，葡萄糖到戊二胺的转化率提高到17%。Kind等发现构建的基因工程菌在合成戊二胺的同时也累积了副产物*N*-乙酰戊二胺，生成的*N*-乙酰戊二胺的量占戊二胺量的25%。Kind等[21]通过进一步的工作，删除了合成*N*-乙酰戊二胺的戊二胺转移酶，葡萄糖到戊二胺的转化率与对照相比提高了11%。为了解除胞内的戊二胺对L-赖氨酸的抑制，Kind等[16]通过代谢工程改造，提高谷氨酸棒状杆菌胞内的戊二胺的分泌效率。Kind观察到戊二胺合成时，有35个基因的转录水平上调，其中有一些关系到分泌功能的基因转录水平提高。他们通过将基因cg2893的野生型启动子替换为强启动子来提高渗透酶的表达，通过分泌性能的优化，葡萄糖到戊二胺的转化率提高到 240mmol/mol 葡萄糖，减少了 70%以上的副产物 N-乙酰戊二胺。

生物法合成戊二胺的另外一条途径是酶法制备戊二胺，酶法制备戊二胺的过程是培养微生物制备赖氨酸脱羧酶或者得到含有赖氨酸脱羧酶的微生物细胞，然后利用赖氨酸脱羧酶或者含有赖氨酸脱羧酶的微生物细胞直接催化底物 L-赖氨酸生成戊二胺。与发酵法戊二胺相比，酶法制备戊二胺有一系列优点，如反应过程简单、不需要复杂的发酵调控；L-赖氨酸只被催化成戊二胺，没有副产物的累积；酶法制备戊二胺不用考虑戊二胺对微生物细胞的毒害作用等。国内外一些公司和学者对酶法制备戊二胺进行了研究，采用的策略主要是对野生型菌株产酶条件的优化、酶法催化过程的优化、通过多拷贝质粒提高赖氨酸脱羧酶的表达量等，主要的研究进展见表 6-3。

表 6-3 细胞催化合成戊二胺的研究进展

序号	催化方法和结果	赖氨酸脱羧酶来源	参考文献
1	对催化体系进行优化，最终在 100mL 反应体系，添加 L-赖氨酸盐酸盐 1g，菌体 1g，转化率 70%	蜂房哈夫尼菌	24
2	对培养基优化，酶活达到 203U/g 发酵液	蜂房哈夫尼菌	25
3	过表达大肠杆菌的 CadA 和 CadB，L-赖氨酸浓度为 150g/L，添加的 L-赖氨酸量和干菌体量的质量比为 18.75：1 时，反应 24h，转化率 55.61%	大肠杆菌	26
4	使用过表达 CadA 冻融处理的大肠杆菌，L-赖氨酸浓度 10%，添加的 L-赖氨酸量和冻融干菌体的质量比为 833：1 时，转化 24h，得到的戊二胺收率为 98.2%	大肠杆菌	3

赖氨酸脱羧酶是生物法制备戊二胺的关键酶。人们发现，在很多微生物如大肠杆菌（Escherichia coli）、尸杆菌（Bacterium cadaveris）、蜂房哈夫尼（Hafnia alvei）、产酸克雷伯氏菌（Klebsiella oxytoca）等[27-30] 都发现存在赖氨酸脱羧酶。大肠杆菌存在两种形式的赖氨酸脱羧酶，Gale 等[31] 发现了诱导型的赖氨酸脱羧酶 CadA。诱导型的赖氨酸脱羧酶在环境 pH 比较低、有 L-赖氨酸存在并且微生物在厌氧环境下容易被诱导合成[32]。Usheer 和 Irina[33] 等分析了 CadA 的结晶结构，该蛋白是由 5 个二聚体缔合的十聚体结构，其单体可以被分为三个区域，三个区域分别是 N-末端翅膀区域（氨基酸残基 1-129），主区域（氨基酸残基 130-563）和一个 C-末端区域（氨基酸残基 564-715）。主区域由连接区域和跟随的两个子域组成，这两个子域分别是磷酸吡哆醛 PLP 的结合子域（氨基酸残基 184-417）和子域 4（氨基酸残基 418-563）。单体的活性部位被包埋，二聚体的界面形成的窄缝通向活性中心，二聚化对保持活性是必须的。

Usheer 等[33] 阐述了 pH 对大肠杆菌 CadA 的影响，当 CadA 蛋白浓度较低时，CadA 蛋白的高级结构受 pH 影响非常明显。当 pH 在 6.5 时，有 25%的二聚体和 75%的十聚体，而当 pH 上升到 8.0 时，95%的 CadA 蛋白都解离成二聚体的形式存在。

Goldemberg 等[34] 在野生型大肠杆菌中发现了不耐热的赖氨酸脱羧酶，这与相对耐热的诱导型的赖氨酸脱羧酶的酶学性质不同，从而怀疑可能存在组成型的赖氨酸脱羧酶。Yamamoto 等[27] 报道了组成型的赖氨酸脱羧酶 LdcC。Kikuchi 等[35] 也报道了大肠杆菌的组成型的赖氨酸脱羧酶 LdcC。Lemonnier 等[36] 报道了赖氨酸脱羧酶 LdcC，但是他们以为 ldcC 不是组成型表达，自身的启动子很弱，在正常条件下转录非常弱。

Lemonnier 和 Lane 等[31] 研究了大肠杆菌赖氨酸脱羧酶 CadA 和 Ldc 的酶学性质。Ldc 在较宽泛的 pH 范围内都表现了良好的酶活性，最适 pH 为 7.6。CadA 的最适 pH 为 5.5，pH 在 6.0 以上，酶活性迅速下降。两种赖氨酸脱羧酶 CadA 和 Ldc 的最适反应温度都在 52℃左右，但是随着温度的上升，Ldc 失活速率远快于 CadA。

Krithika 等[37] 研究了 CadA 和 Ldc 的酶学性质，温度稳定性研究表明，CadA 和 Ldc 的温度稳定性基本一致，当温度达到 80℃，CadA 能保留 65%的酶活，而 Ldc 能保留 65%的酶活性。这和 Lemonnier 等的研究结果不同[36]。

Kikuchi 等[35] 对比了大肠杆菌赖氨酸脱羧酶 LdcC、CadA 以及来自于蜂房哈夫尼菌赖氨酸脱羧酶 Ldc 和鼠伤寒沙门氏杆菌的赖氨酸脱羧酶 Ldc 的氨基酸序列比对，相似度分别为 69.4%、68.6%、68.9%。

2. 生物法合成戊二胺的产业化技术瓶颈

21 世纪以来，生物法合成戊二胺成为人们的研究热点，人们对微生物发酵和酶法制备戊二胺做了大量研究，但是直到目前都没有实现产业化，主要原因是生物法戊二胺存在以下产业化技术瓶颈，具体分析如下。

（1）戊二胺对微生物细胞有毒害作用。研究表明，当培养液的戊二胺浓度达到 0.2mol/L 时，大肠杆菌生长速率下降 35%，当戊二胺浓度达到 0.3～0.5mol/L 时，培养液中部分菌体已发生裂解[38]。Kind 等[16] 的研究表明，当培养液中的戊二胺浓度在 1mol/L 时，谷氨酸棒状杆菌仍能保持对数生长，但是比生长率下降约 67%。

（2）底物 L-赖氨酸和产物戊二胺对赖氨酸脱羧酶有抑制作用。Krithika 等[37] 的研究结果表明，底物 L-赖氨酸浓度对 CadA 和 Ldc 的酶活有影响，当 L-赖氨酸浓度达到 6mmol/L，就能抑制大肠杆菌赖氨酸脱羧酶 CadA 的活性。Sabo 等[27] 以为细胞内的戊二胺对赖氨酸脱羧酶的活性有抑制作用。Fritz 等[39] 的研究表明，1,5-戊二胺对 Cad 系统有抑制作用。Kind 等[16] 的研究表明，当戊二胺的浓度达到 30mmol/L 时，赖氨酸脱羧酶的酶活下降 50%。

（3）发酵法合成戊二胺的代谢途径复杂、副产物多。以葡萄糖为原料发酵法合成戊二胺涉及的代谢过程复杂，发酵液中除了含有戊二胺，还有一定量的 L-赖氨酸，*N*-乙酰戊二胺。副产物多使得葡萄糖到产物的转化率低、后续纯化困难。文献表明在宿主内简单地过表达赖氨酸脱羧酶得到基因工程菌产戊二胺少、转化率低。如 Qian 等[10] 得到的基因工程菌的发酵液中戊二胺含量为 9.6g/L，葡萄糖到戊二胺的转化率为 13%。Na 等[11] 得到的突变株的发酵液中戊二胺含量为 12.6g/L。Mimitsuka 等[17] 构建的基因工程菌发酵液的戊二胺含量为 2.6g/L，L-赖氨酸的含量为 2.3g/L，葡萄糖到戊二胺的转化率为 9.1%。Tateno 等[19] 构建的基因工程菌发酵液戊二胺含量为 23.4mmol/L。Kind 等[16] 认为需要对合成戊二胺的代谢途径进行全局改造，才能提高戊二胺的产率，他们通过相关的系统改造，葡萄糖到戊二胺的转化率也只有 17%。

（4）戊二胺在微生物体内的转运机制不清楚。关于戊二胺在微生物体内转运所涉及的蛋白和基因以及相关机制研究较少，Kind 等[20] 认为这也是生物法合成戊二胺的瓶颈之一。产物的转运机制对高效率表达产物并分泌出胞外非常重要，很多文献都通过对产物的转运蛋白进行研究来提高产物的合成效率[40-42]。尽管一些研究者对戊二胺的转运进行了研究，但还处于初步阶段，相关的机制还不是非常清楚[16]。

(5) 赖氨酸脱羧酶活低、赖氨酸脱羧酶在碱性环境下不稳定，酶法制备戊二胺催化效率低。文献报道[33]，当 pH 上升到 8.0 时，95%的 CadA 蛋白由有活性的十聚体而解离成二聚体。

虽然研究者针对生物法合成戊二胺的代谢途径、关键酶进行了系列研究，但通过对文献的调研和凯赛的实验研究发现，研究对象和手段都相对单一，研究对象主要是大肠杆菌的赖氨酸脱羧酶，研究手段大多采用引入强启动子、多拷贝质粒来提高赖氨酸脱羧酶的表达量，缺乏多样性酶种、物种等生物信息学的详细研究，对分子表达优化策略的集成、赖氨酸脱羧酶酶工业属性的定向改造等很少涉猎。

凯赛生物公司的研究团队，通过基因工程和代谢工程等各种手段对生产戊二胺的微生物菌株进行了改造，包括提高含合成戊二胺基因质粒的稳定性；通过改造微生物细胞膜结构，降低戊二胺对微生物的毒性；通过改造关键酶的结构提供酶的活性和稳定性；通过设置基因开关提高戊二胺的生产效率等一些列技术的创新和突破，催生了生物法戊二胺的产业化。

3. 戊二胺的纯化

含戊二胺发酵液，去除细胞以后，液体颜色深，组成复杂，除戊二胺离子外，还含有大量的硫酸根离子以及糖和其他的代谢有机物。溶液杂质组成复杂，给后续的提取工艺带来很大难度。

戊二胺主要用来作为尼龙的聚合单体，生产全新的尼龙聚合物。尼龙聚合一般都在高温、高压的条件下进行，在这一过程中，单体当中微量的杂质，特别是不稳定化合物，会对尼龙的颜色、性能造成很大影响，甚至导致尼龙产品无法使用。尼龙聚合对戊二胺的产品质量提出了新的挑战。

戊二胺是生物代谢的中间产物之一，浓度过高，对生物体和环境造成一定的影响。为了控制戊二胺生产对环境的影响，需要考虑戊二胺生产工艺在各个环节采用最简单可靠的工艺，生产对绿色、环境友好的产品。

(1) 戊二胺溶剂萃取路线。在多条工艺路线当中，溶剂萃取工艺是最常见的一条提取路线，很多日本和国内的公司都做过尝试[43-45]。这一工艺一般用强碱，如氢氧化钠与戊二胺盐反应，调节溶液 pH 在 12 以上，用有机溶剂，如丁醇等单一溶剂或混合溶剂，对水溶液中的戊二胺进行萃取，萃取得到的有机相经过蒸馏，可以得到戊二胺成品。

溶剂萃取工艺优点突出，采用有机溶剂可以在温和的条件下将戊二胺从水相转移到有机相，萃取过程中可以除去大部分杂质，经蒸馏得到的戊二胺产品纯度高、产品质量好。

溶剂萃取工艺最大的挑战是合适的萃取溶剂的筛选。合适萃取溶剂，首先，化学性质上不能与戊二胺反应，化学性质要稳定，否则有可能会影响后续的聚合反应。其次，因为戊二胺与水无限混溶，所以该溶剂需要有一定极性，否则对戊二胺萃取效率很低，但又不能过于亲水。

基于以上考虑，萃取工艺在实验室规模做了很多研究。但在工业放大的过程中，仍然面临很多问题。

首先，是萃取的效率和收率。文献当中，为达到高收率的萃取戊二胺，需要使用大量的有机溶剂反复萃取[43,44]，即便如此，最终萃取剩余的水溶液中仍然含有一定量的戊二胺，如0.5%以下，难以被完全萃取。其次，萃取结束后，水溶液中含有少量的胺和大量的无机盐、有机色素等物质，溶液生化处理困难，排放污染环境。

（2）戊二胺尼龙盐工艺。这一工艺的技术特点是将提取过程和后续的尼龙盐成盐过程有机地结合起来，避开了中间戊二胺的提取[46-40]。

传统工艺在酶转化结束以后，用强碱调节酶转化液生成大量无机盐，包括硫酸钠、碳酸钠等，处理困难。本工艺巧妙地采用赖氨酸的己二酸盐进行酶转化，转化结束以后直接得到戊二胺的己二酸盐，即所谓的尼龙盐，该化合物经过进一步处理，可以直接聚合得到尼龙产品。这一工艺避免了用强碱调节戊二胺溶液 pH 的过程，从而避免了大量无机盐的产生，节约了烧碱的使用，减少无机盐的排放，对环境非常友好。这一工艺不使用强碱，避免了后期蒸馏戊二胺，工艺流程短，能耗低，成本节约。

但在工业生产上，该工艺也面临一些挑战。

首先，该工艺需要使用纯的赖氨酸和纯的酶反应[47]。赖氨酸发酵液比较复杂，含有大量的无机阴离子、有机色素等。赖氨酸发酵液需要通过树脂等纯化工艺，才能得到纯的赖氨酸。其次，该工艺的产品质量有波动。在赖氨酸的提纯过程中，赖氨酸溶液中不可避免地会混有少量杂质，即使微量的杂质也会对尼龙聚合产生影响，需要在后期处理中去除。为了达到这一目的，研究人员使用了多种方法[48-49]，如有机膜过滤、尼龙盐结晶等，但即使采用这些方法，仍无法确保尼龙盐产品质量的批次稳定性。最后，本方法无法生产戊二胺，无法提供戊二胺产品给除尼龙外的其他有需要的客户，如有机合成客户或进行其他聚合物生产客户。

（3）戊二胺碳酸盐分解工艺。该工艺类似于尼龙盐工艺，但不采用己二酸来调节酶转化的 pH，转而采用 CO_2 来调节溶液 pH，最后生成戊二胺的碳酸盐溶液。在得到戊二胺碳酸溶液后，通过加热等方法，促使戊二胺碳酸盐分解，蒸馏得到戊二胺产品[50-57]。

同样，与尼龙盐工艺一样，该工艺中间过程不使用强碱，节约了烧碱的使用，减少无机盐的排放，对环境非常友好。

但该工艺面临的问题与尼龙盐提取工艺类似。首先，需要使用纯的赖氨酸和纯的酶反应。其次，需要在高温下分解戊二胺碳酸盐，而戊二胺在高温下不稳定，容易发生成环反应，戊二胺长时间处于高温状态，对产品质量有很大影响。另外，戊二胺碳酸盐完全分解比较困难，在精馏塔内，残留的戊二胺碳酸盐会进一步分解，分解的 CO_2 与戊二胺在塔内发生反应，在塔内件上凝结，容易造成堵塞。

（4）戊二胺直接蒸发工艺。该工艺采用戊二胺酶转化液，与强碱反应，经过浓缩蒸发直接得到戊二胺[58-62]。

该工艺对酶反应液的要求低，工艺流程短。但酶转化液与强碱反应生成大量无机盐，无机盐的总量甚至超过戊二胺的含量，在蒸馏过程中有大量的无机盐析出，并伴有高黏度的有机杂质，严重恶化蒸馏条件，戊二胺产品后期蒸发难度很大，需要特别的工艺或特殊的设备才能完成这一工序。

总之，戊二胺提取工艺的主要难点在于无机盐多、有机杂质多、污水处理难度大。目前工业上多条提取工艺路线都在研究，但每一条提取路线都有自己的问题。选取合适的提取工艺，高效地回收戊二胺产品是目前工业上主要的挑战之一。

二、长链二元酸的制备

在聚酰胺领域，长链二元酸主要用来生产长链聚酰胺。长链聚酰胺由于其具备低熔点、柔韧性好、低吸水性等特点，在汽车软管、特殊材料等高端领域有非常好的市场。长链二元酸是指碳原子数超过 9 以上（也有文献定义为超过 10）的直链二元羧酸。目前，全球壬二酸和癸二酸产量约 8 万吨，碳 12 及以上的长链二元酸约 6 万吨。除了作为长链聚酰胺的原料以外，长链二元酸在防锈剂、热熔胶、香料、电解质、润滑油、油漆和涂料、医药等领域具有重要用途（表 6-4）。

表 6-4 长链二元酸合成的聚酰胺市场（千吨）

	汽车	包装	工业	电子电器	线材	消费品	工业丝	其他	小计
PA610	3		1				11		15
PA612	11	2			2				25
PA11 和 PA12	40		25	20				20	130
PA1010	5		5	5					15

长链二元酸可以由化学法制造，比如 12 碳二元酸的合成是以丁二烯为原料，用镍型催化剂经过多步高温高压反应得到的。化学法制备长链二元酸有很多弊端，如反应条件苛刻，需要用金属催化剂、加氢、强酸等化学品在高温高压下进行反应；反应过程复杂、效率低，过程中生成如乙烯基环己烯、环辛二烯等副产物；环境污染严重，每生产 1 磅二元酸产生 0.2 磅的有毒氮氧化合物。此外，用化学法合成长链二元酸，生产的长链二元酸品种少，当碳原子数超过 13 个，合成就变得非常困难，不具备规模化生产的条件。

生物法长链二元酸的研究始于石油微生物的研究。在 1895 年，Miyoshi 就记载了微生物利用烃类的现象。石油微生物学的发展始于 20 世纪 30 年代，苏、美学者做了大量的研究，50 年代，许多国家开展了利用烃类为碳源来生产各种产物。我国石油微生物学的研究开始于 1955 年，中国科学院、石油工业部、南开大学、山东大学相继开展了相关研究。

20 世纪 60 年代，Kester 和 Foster 发现棒状杆菌能将正烷烃分子的两个末端氧化成饱和的二元脂肪酸。1972 年，Shiio 和 Uchio 用阴沟假丝酵母转化烷烃生成相应的长链二元酸。

我国用生物法生产长链二元酸的研究始于 20 世纪 70 年代末期，主要的研究单位有上海植生所、中国科学院微生物所、抚顺石油化工研究院、清华大学等。他们主要的工作是通过诱变筛选到长链二元酸的高产菌，对发酵工艺进行了优化，对长链二元酸合成、代谢的相关酶系也进行了初步研究。

生物法合成长链二元酸克服了化学法长链二元酸的多个弊端，反应条件温和，在常温常压下反应；反应步骤简单，只需通过微生物转化；反应产物专一，没有大量副产物的生成；可以制备从碳 9 到碳 18 的多种长链二元酸；生产工艺环保，无有害气体产生。

由于生物法制备长链二元酸具有以上优点。经过早期的研究后，很多国家将生物法长链二元酸进行了规模化生产。日本矿业公司于 1987 年率先将生物法长链二元酸进行了产业化，建立了 200t/年的生产装置。美国 Cognis 公司在 20 世纪 90 年代利用基因工程菌生产长链二元酸。中国最早于1998年建成了年产300t的长链二元酸生产线。2003年，凯赛生物产业公司建成了当时世界上最大的生物法长链二元酸生产线。

在20世纪90年代，尽管中国将生物法长链二元酸进行了产业化，但是规模小、成本高、产品质量差，生产的长链二元酸只能用于低档产品，在高端的聚酰胺领域完全被化学法长链二元酸占据。主要的原因是生物法长链二元酸的产业化技术瓶颈没有被突破。

生物法长链二元酸的研究主要是生物背景的科研人员，他们关注的重心在于通过研究微生物以及其代谢烷烃生成二元酸的调控过程。20世纪70年代末，中国科学院微生物所、上海植生所、抚顺石化研究所、清华大学等国内研究单位主要通过物理、化学诱变来提高微生物合成长链二元酸的能力。随着分子生物学的快速发展，研究者通过对微生物的基因改造来提高微生物合成长链二元酸的能力。主要的工作是增强脂肪酸的ω-氧化，抑制脂肪酸的β-氧化。如1992年，美国的Picataggio等人通过敲除pox4和pox5基因得到的基因工程菌可以合成210g/L的长链二元酸，底物到产物的质量转化率可以达到100%。2006年，清华大学的曹竹安通过敲除cat基因，产酸水平比对照菌株提高了21%。

长链二元酸发酵是油、水、固、气四相反应体系，生物转化过程需要高度乳化才能提高烷烃跨膜进入细胞的速率。发酵结束后，高度乳化的发酵液如何破乳进一步得到高品质的长链二元酸成为产业化的主要瓶颈。包括杜邦公司、GE公司、汉高公司、日本矿业公司以及国内很多企业、研究所都对其进行了研究，但是都没有突破这个技术瓶颈。行业内对于长链二元酸发酵液采用的破乳技术是发酵结束后，通过加碱、加热、静置、分离烷烃、分离菌体多个操作工序，步骤多、收率低，杂质分离不彻底而带入到产品，造成产品质量差、成本高，不能应用在聚酰胺行业。这也是化学法长链二元酸完全占据了聚酰胺行业的主要原因。凯赛生物公司通过采用特殊的破乳技术，一个操作工序满足破乳、去残烃、去菌体的功能，产品收率达到99%，在产业上首次突破了生物法长链二元酸的提取效率，经过进一步精制，得到了聚合级的生物法长链二元酸，开启了生物法长链二元酸替代化学法长链二元酸的大门。

此外，凯赛生物公司通过基因工程工作改造微生物，使得微生物的发酵条件更简洁，发酵液的杂质成分更少，提取工艺也变得更加简化，并先后开发了第二代和第三代工艺，减少了90%以上的关键辅料的使用，排污量也大幅度降低。凯赛生物公司在原料方面也做了大量的开发工作，先后开发了脂肪酸、生物基烷烃、煤炭基烷烃为原料来生产长链二元酸的新技术，颠覆了工业生物材料目前无法竞争石油基材料的说法。随着技术的不断提高和成本的下降，凯赛公司的生物法长链二元酸逐步取代了化学法长链二元酸的市场。2015年底，以化学法生产长链二元酸的英威达公司宣布自2016年3月起关闭其在美国的长链二元酸生产线。目前，凯赛生物法的长链二元酸，占有全球超过80%的市场，同时也是生物法长链二元酸质量标准，甚至专业术语的制定者。

凯赛生物法长链二元酸的研究和产业化过程，已经成为生物法材料替代传统石油基材料的典型案例。

三、生物基聚酰胺的聚合

表6-1已经给出了各种生物基聚酰胺的分类及研发状态。传统生物聚酰胺PA11、PA12、PA1010、PA1212等在之前的书刊中已有介绍[63]，这里不再赘述，本节着重介绍凯赛生物产

业有限公司开发的生物基聚酰胺家族的新成员聚酰胺（PA5X）系列。生物基聚酰胺5X是由生物基戊二胺与对应二元酸进行缩聚反应制得，包括PA56、PA58、PA510、PA511、PA512、PA513、PA514、PA515、PA516、PA518以及高温生物基聚酰胺5T。该系列聚酰胺中PA56已经商品化，其他生物基聚酰胺仍处于研发和早期商业化中，除高温生物基聚酰胺5T外，其余生物基聚酰胺总体制备过程相近，一般包括成盐、浓缩、缩聚三个步骤。早期，在原料纯度未达到聚合级要求时，可以通过二元胺与二元酸在水或有机溶剂中利用重结晶的方式进行纯化[64,65]，经过提取工艺优化凯赛生物制备的生物基戊二胺和长碳链二元酸纯度均达到99.5%以上，可以省去重结晶提纯步骤，而直接用于制备生物基聚酰胺。具体反应式如下：

成盐：$HOOC(CH_2)_xCOOH+H_2N(CH_2)_5NH_2 \longrightarrow {}^-OOC(CH_2)_xCOO^-+H_3N(CH_2)_6NH_3^+$

缩聚：$n^-OOC(CH_2)_xCOO^-+H_3N(CH_2)_5NH_3^+ \longrightarrow [OC(CH_2)_xCOHN(CH_2)_5NH]_n+2nH_2O$

上式中 x 为4、8、9、10、11、12、13、14或16；n 为正整数

1. 聚酰胺成盐反应

首先依次将水、生物基戊二胺和等摩尔生物基二元酸投入成盐釜，配成指定浓度和pH的聚酰胺盐水溶液。由于生物基聚酰胺盐的溶解性较传统聚酰胺6X溶解度高，因此生物基聚酰胺盐溶液可以配制成更高的浓度（超过传统聚酰胺66盐50%的浓度）[66]，因为溶剂（水）在聚合后期还需蒸发出体系外，这里配制高浓度有利于节约能耗，还可以降低蒸发浓缩过程中戊二胺的损失及对废水处理的压力。具体聚酰胺56盐和聚酰胺66盐溶解浓度数据见表6-5。同时聚酰胺盐溶液的pH对聚酰胺的分子量和端基也有着明显的影响，因此生产中，控制稳定的聚酰胺盐浓度与pH是控制产品质量的核心。一些水溶性添加剂（如催化剂等）可以在成盐步骤中加入。

表6-5 PA56、PA66溶解浓度数据表

温度（℃）	PA56溶解度（%）	PA66溶解浓度（%）
10.5	56.3	44.2
20	59.2	48.1
30	62.4	51.6
40	66.3	53.5
50	71.9	55.8
60	77.5	58.2

2. 浓缩及缩聚

配制好的聚酰胺盐转移至存储罐内，后续进行浓缩和缩聚。浓缩及缩聚过程可以采用间歇聚合工艺，也可以采用连续聚合工艺。间歇聚合工艺是在高压釜中进行的，设备简单、工艺成熟，产品更换灵活，通过对添加剂和反应时间的调整可以生产出不同品级的产品，但生产效率相对较低，设备简图见图6-1。连续聚合工艺一般适用于大型化生产，该法工艺先进，操作方便，劳动生产率高，经济合理，设备简图见图6-2。

间歇聚合工艺与连续聚合工艺的原理相同，反应条件基本一致，均经历浓缩、保压、降压、常压缩聚（或真空缩聚）过程，其主要不同点在于间歇聚合工艺的降压过程采用逐步排气降压，通常在几十分钟内完成，而连续聚合工艺降压采用闪蒸的方式进行，通常在几秒中就完成降压过程，该设备也是连续聚合线的关键设备。同时，由于生物基聚酰胺有着较传统

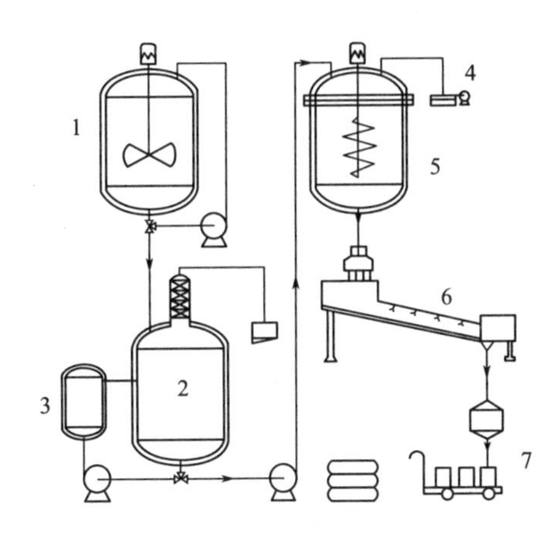

图 6-1　生物基聚酰胺间歇聚合设备简图

1—成盐釜　2—浓缩釜　3—再沸器　4—真空系统　5—缩聚釜　6—造粒系统　7—包装系统

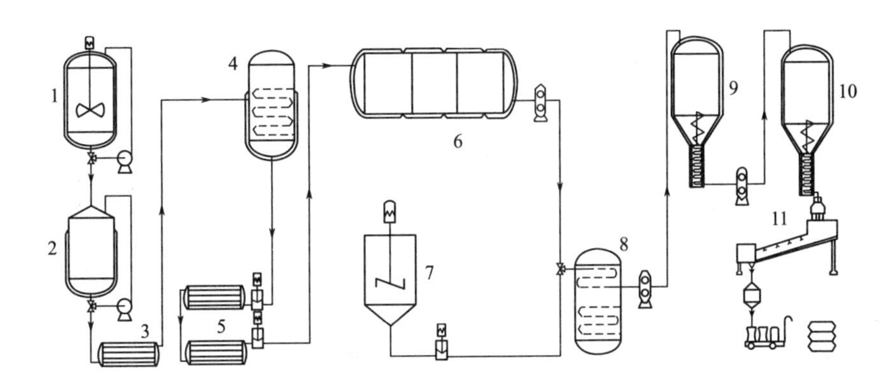

图 6-2　生物基聚酰胺连续聚合设备简图

1—成盐釜　2—中间槽　3—浓缩预热器　4—浓缩槽　5—反应器预热器　6—反应器
7—添加剂槽　8—闪蒸器　9—前聚合器　10—后聚合器　11—造粒系统

聚酰胺更低的熔点和更好的溶解性，其可以在相对低压下完成聚合反应（表压 3～17atm），这降低了对生产设备的要求，节约了成本，同时低压浓缩与聚合反应耗能也更低。

生物基聚酰胺聚合过程的通用工艺为：将配好的生物基聚酰胺盐水溶液浓缩至 70%～80%，然后逐步升温至压力达到 3～17atm（表压），后保持该压力，至反应体系达到 235～245℃，降压至常压（间歇聚合为缓慢降压，连续聚合为闪蒸降压），如果希望进一步提升聚酰胺相对分子质量，可以进行抽真空聚合，停留时间 20～40min，反应结束熔体温度 260～280℃，最后进行造粒、干燥。

四、生物基聚酰胺树脂的结构与性能

脂肪族聚酰胺简单讲是由亚甲基和酰胺基组成，按酰胺基定向排列方向可以分为 A 类、B 类。A 类是 ω-氨基酸或内酰胺合成；B 类是由二元胺和二元酸合成。结构式见图 6-3。

酰胺基中 C—N 键（1.33Å）比一般 C—N 键（1.46Å）短得多，使它具有双键特征，因而，—CON—在同一平面内，含有—CON—基团高分子链一般采取平面锯齿构象。脂肪族聚

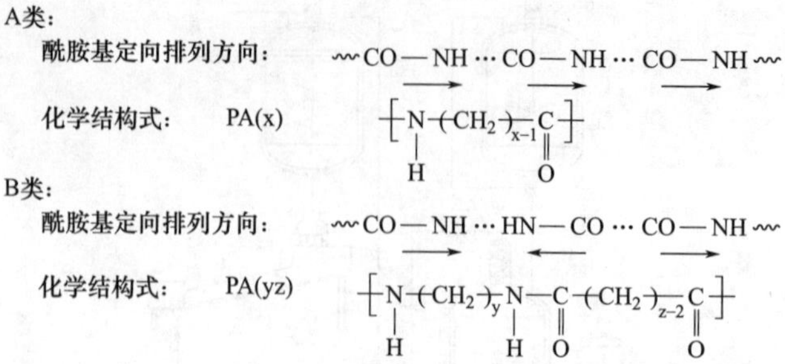

A类：

酰胺基定向排列方向：　〰CO—NH···CO—NH···CO—NH〰（→　→　→）

化学结构式：　PA(x)　$\left[\mathrm{N}-(\mathrm{CH_2})_{x-1}-\mathrm{C} \right]$（N—H，C=O）

B类：

酰胺基定向排列方向：　〰CO—NH···HN—CO···CO—NH〰（→　←　→）

化学结构式：　PA(yz)　$\left[\mathrm{N}-(\mathrm{CH_2})_{y}-\mathrm{N}-\mathrm{C}-(\mathrm{CH_2})_{z-2}-\mathrm{C} \right]$（N—H，N—H，C=O，C=O）

图 6-3　两类聚酰胺结构

酰胺 α 晶型分子采取完全伸展的平面锯齿型构象，β 型与 α 型差别只是分子链在晶胞中堆砌方式的不同，而 γ 型可视为连接到酰胺基的 C—C 及 N—C 键稍扭折，链稍微收缩所致。

聚酰胺的一级结构（化学结构）决定着二级结构即分子间氢键的密度和分布，同时二级结构又决定着三级结构即分子链的空间排列及晶型。所有这三级结构都会对聚酰胺的性能产生影响，而其中低级结构的影响更为显著。

1. 聚酰胺种类对分子间氢键和空间排列的影响

聚酰胺的单体组成影响着分子间氢键的密度和分布以及空间结构，具体实例见图 6-4。对于同一聚酰胺分子，其分子链处于平行或反平行排列均可能影响其晶型和分子间氢键的强弱。聚酰胺主要有 3 种晶型[67-69]，分别是 α，β 和 γ。α 晶型是聚酰胺的一种较稳定的结构，分子链完全按平面锯齿形排列，形成氢键的平面层相互重叠。大部分偶—偶聚酰胺以 α 晶型结构形成结晶，分子链没有定向性，平行排列和反平行排列所形成的氢键处于同一平面。β 晶型是聚酰胺的一种不太稳定的晶型，多数情况下以少量共存于 α 晶型，如聚酰胺 6，到目前为止很少观察到它能单独存在。聚酰胺另一种常见晶体结构式 γ 晶型，这种结构最早是由 Kinoshita 提出[70]。多数碳原子数大于 8 的偶数聚酰胺，奇—偶、偶—奇和奇—奇聚酰胺结晶都形成 γ 晶型，γ 晶型中酰胺键与主链形成一定的扭转角，使得形成的氢键不变形，因此 γ 晶型处于较高的能位，加上亚甲基以平面锯齿形结构存在，因此 γ 晶型是不可运动的。对于生物基聚酰胺 56，其结晶部分除了 γ 晶型外，还含有一种传统聚酰胺中不存在的类 α 晶型[67]，这种晶型具有双氢键方向见图 6-4，该晶型可以有效提升酰胺键形成分子间氢键比例，提高结晶区稳定性。值得一提的是，传统聚酰胺的各种结晶结构在不同的处理条件下可以发生相互转变。

相比于其他分子间作用力如诱导力（6～12kJ/mol），色散力（0.8～8kJmol）而言，氢键（10～30kJ/mol）是最强的分子间作用力，且具有方向性和不严格饱和性，其强度与氢原子与其他原子之间电负性和半径有关[71,72]。聚酰胺分子间氢键对聚酰胺性能影响非常大。分子间氢键影响着聚合物的构象、电化学性能、流体力学性能、热力学性能等。如聚酰胺分子间氢键增加则分子排列整齐，聚合物结晶度增加，聚合物熔点升高，洛氏硬度增加，拉伸强度增加，变形温度增加，断裂伸长率下降，吸水率下降。对于生物基聚酰胺 5X 系列，无定型区酰胺键形成分子间氢键比例相对较低，导致其较强吸水性，赋予其在纺织领域有着天然的优势[73-75]。

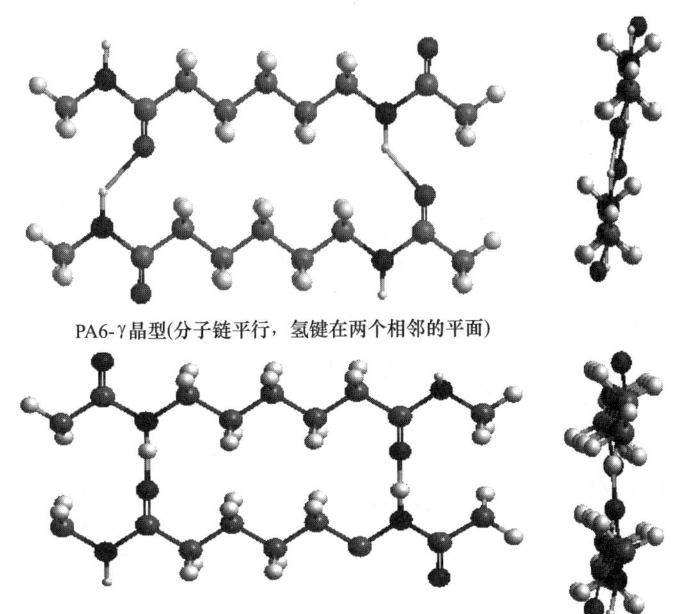

PA6-γ晶型(分子链平行，氢键在两个相邻的平面)

PA6-α晶型(分子链反平行，氢键在同一平面)

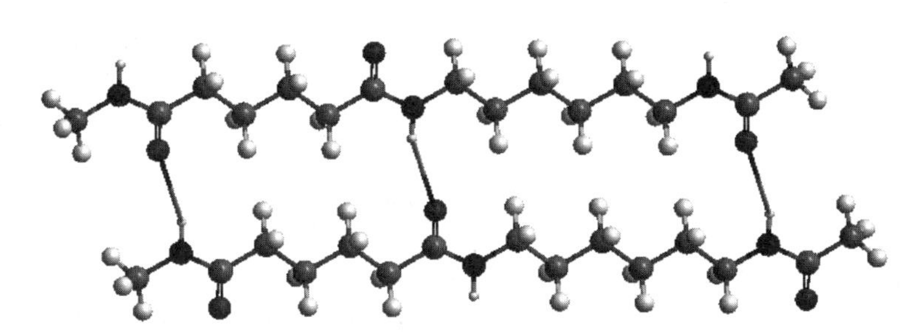

PA66-α晶型(分子链没有方向性，氢键在同一平面)

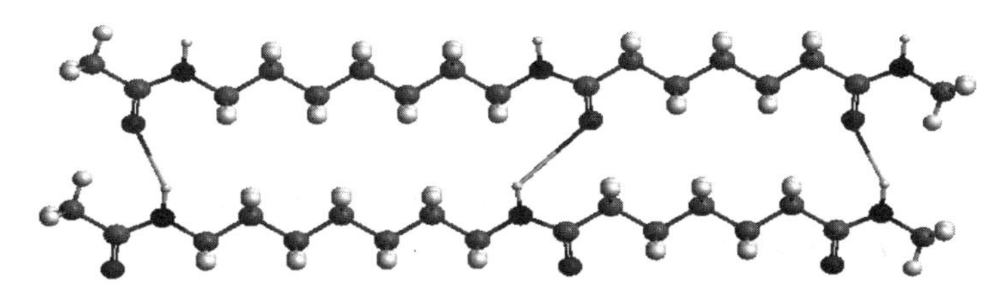

PA77-γ晶型(分子链没有方向性，氢键在同一平面)

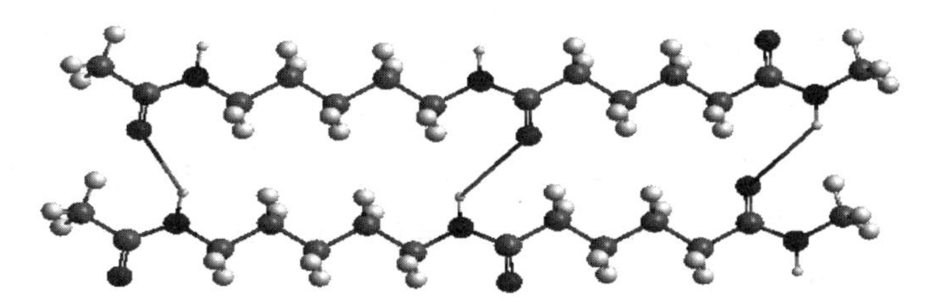

PA56-γ晶型(酰胺键平面与主链形成一定的扭转角)

图6-4

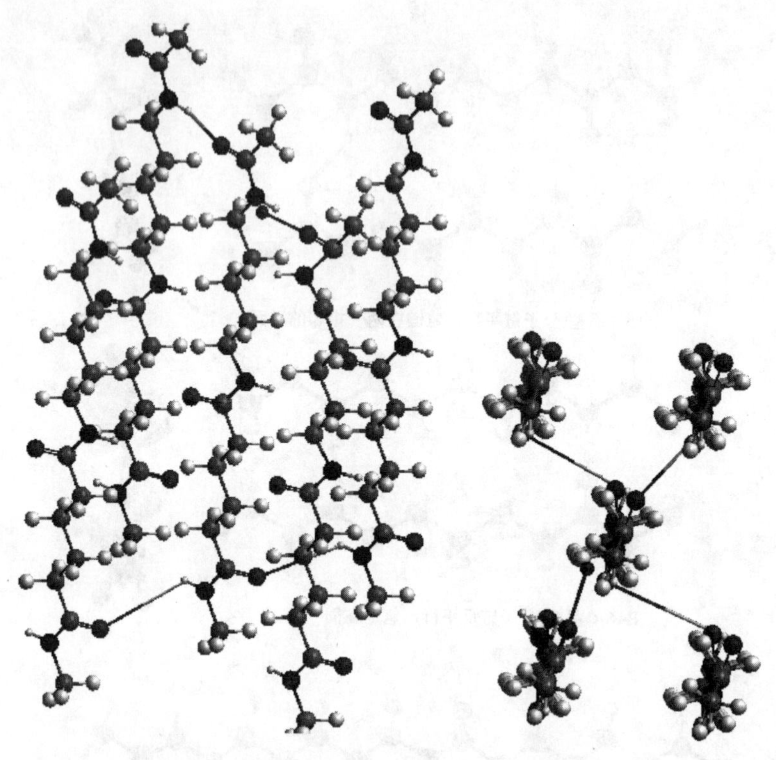

PA56-α晶型(独有的在两个方向上形成氢键)

图 6-4 不同种类聚酰胺分子间氢键与晶型实例

2. 聚酰胺分子链结构对结晶性的影响

聚酰胺是典型的结晶高聚物，其分子链结构是影响聚酰胺结晶性的决定因素。结晶聚酰胺的内部结构分为结晶区和非结晶区，结晶区所占的质量百分率称为结晶度。影响聚酰胺结晶度的主要因素是：

（1）分子链排列越规整，越容易结晶，结晶度越高。大分子链段之间能形成氢键，有利于分子链排列整齐；

（2）大分子链之间相互作用大，分子链更容易靠紧，更有利于结晶；

（3）大分子链上取代基的空间位阻越小，越有利于结晶；

（4）分子结构越简单，越容易结晶。

对于生物基聚酰胺其结晶熔融焓一般略低于对应偶数碳聚酰胺，同时由于奇数碳戊二胺的引入，赋予了其较多特性如形成特殊的晶型（类 α 晶型）。生物基聚酰胺还具有较好的透明性，不同于传统透明聚酰胺的无定型性（引入芳香或脂环类单体），生物基聚酰胺仍为结晶聚合物。提高聚酰胺结晶度有助于增加硬度、密度、拉伸和屈服应力、耐化学品腐蚀、耐磨损以及尺寸稳定性，但伸长率、冲击强度、热膨胀率和渗透性降低。

3. 聚酰胺分子链结构对密度的影响

脂肪族聚酰胺的密度与它的结晶度有关，结晶度越大，密度越大。随着聚酰胺分子主链段次甲基的增加，其密度逐渐减少。

聚酰胺树脂的密度和结晶度有以下关系：

$$结晶度=\frac{d-d_a}{d_k-d_a}$$

式中，d——PA 样品密度；

d_a——非结晶 PA 的密度；

d_k——结晶 PA 密度。

生物基聚酰胺 56 的密度为 1.13~1.14g/cm^3。

4. 聚酰胺分子链结构对吸水性的影响

聚酰胺为部分结晶聚合物，其存在结晶区与非结晶区，吸水性就是由于非晶区极性酰胺基与水分配位引起，其作用的大小由它分子主链段的结构决定。吸水性是随着聚酰胺分子主链段的次甲基的增加而下降，主要原因是极性酰胺基的密度降低。另外，如果分子主链段中引入芳基或侧链基团等，由于位阻的因素，吸水性也会下降。同时，未形成分子间氢键的酰胺键有着较强与水结合的倾向，因此生物基聚酰胺较对应传统聚酰胺的吸水性一般较高，生物基聚酰胺 56 与聚酰胺 66 吸水率对比数据见表 6-6。吸水性会提升化纤织物与皮肤接触的舒适性。但水作为增塑剂，对聚酰胺力学性能也影响较大，会使拉伸强度、弯曲强度及其弯曲弹性模量等性能降低，而冲击强度则大幅上升，这些负面影响可以通过改性共混加以解决。

表 6-6　生物基聚酰胺 56 与聚酰胺 66 吸水率对比数据

测试条件	测试标准	吸水率	
		聚酰胺 56	聚酰胺 66
23℃，50%RH，24h	ISO 62	0.24	0.2
23℃，50%RH，平衡	ISO 62	4.6	2.5
23℃，100%RH，24h	—	2.5	1.3
23℃，100%RH，平衡	ISO 62	16	~7

5. 聚酰胺分子链结构对耐热性的影响

聚酰胺是结晶性的高聚物，其分子之间相互作用力大，熔点都较高。其中，分子主链结构对称性越强，酰胺基密度越高，结晶度越大，聚酰胺的熔点越高。对于由氨基酸合成的聚酰胺，其熔点随着分子主链段两相邻—CONH—之间亚甲基的增加，呈锯齿形下降。对于由二元酸和二元胺合成的聚酰胺，随着二元酸或二元胺的亚甲基的增加，其熔点也呈锯齿形下降。其原因是随着这类高聚物分子主链上极性基团含量逐渐减少，分子链柔顺性和相互作用，越来越接近聚乙烯的情况，其熔点呈下降趋势。另外，聚酰胺分子主链段上的酰胺基形成氢键的几率随着分子主链单元中碳原子数的奇偶而交替变化，或者聚酰胺的结晶结构随着分子主链段单元中原子数的奇偶而交替变化，因此引起熔点锯齿形下降。生物基聚酰胺 56 的熔点为 254℃。

玻璃化温度 T_g 是聚酰胺耐热性的一个重要指标，大多数脂肪族聚酰胺的 T_g 都不高，这是由于它们都含有一定数量亚甲基，是饱和单链，高聚物分子链可以围绕单键进行内旋转，因此，分子链容易活动，松弛时间短聚合物比较柔顺。但是，由于大分子主链有极性酰胺基存在，能形成氢键，分子链之间相互有一定作用力，因此，T_g 又不是很低。脂肪族聚酰胺的 T_g 随着亚甲基的增加，柔顺性相应提高，T_g 呈下降趋势。聚酰胺分子链的对称性越高，酰胺基密度越高，分子链的排列越规整，有利于提高 T_g。在聚酰胺分子链中引入芳环，减少了可以旋转的单键，分子链刚性增加，芳环越多，T_g 越高。在聚酰胺分子链中导入大体积的侧链，随着取代基体积增大，分子键内旋转位阻增加，也能提高 T_g。

6. 聚酰胺分子链结构对力学性能的影响

高分子材料的力学性能主要是用拉伸强度、弯曲强度、压缩强度、模量、冲击强度等表示。随着酰胺基密度的增加，分子链对称性增强和结晶度的提高，其强度也增加；随着聚酰胺分子链中亚甲基的增加，强度逐渐下降，柔顺性提高。在聚酰胺分子链结构中引入芳基，由于键能增加，分子链之间的作用力增加（如范德瓦耳斯力），因此，强度提高。生物基聚酰胺 56 与聚酰胺 66 力学性能对比数据见表 6-7。

表 6-7 生物基聚酰胺 56 与聚酰胺 66 力学性能对比数据

检测项目	测试条件	测试标准	聚酰胺 56	聚酰胺 66
拉伸强度（MPa）	DAM，23℃，50%RH	ISO 527	82.3	84.2
弯曲强度（MPa）	DAM，23℃，50%RH	ISO 178	104.3	108.4
弯曲模量（MPa）	DAM，23℃，50%RH	ISO 178	2536	2622
IZOD 无缺口冲击（kJ/m^2）	DAM，23℃，50%RH	ISO 179	不断	不断
IZOD 缺口冲击（kJ/m^2）	DAM，23℃，50%RH	ISO 179	4.8	5.4

7. 聚酰胺分子链结构对电性能的影响

聚酰胺的电性能主要是指它的介电性能和导电性能。高聚物的介电性能是指它在电场的作用下对电能的储存和损耗性能，通常用介电常数和介电损耗角正切来表示。所谓介电常数是指含有电介质的电容器的电容和该真空电容器的电容之比，是表征电介质存储电能大小的物理量，在宏观上反映出电介质分子的极化程度。而介电损耗是在交变电场中电介质会损耗部分能量而发热。材料按导电率又可分为绝缘体、半导体、导体、超导体，而高分子材料绝大多数为绝缘体，通常用表面电阻率和体积电阻率来表示。介电强度是指物质能抗击穿和放电的最高电压梯度。高聚物作为电器绝缘材料，要求电阻率和介电强度要高，介电常数和介电损耗要小。高聚物的电性能反映了它的分子结构和分子运动的关系。

聚酰胺的电性能与其分子结构有着密切的关系。研究表明，非极性高聚物具有低介电常数和低介电损耗，而极性高聚物具有较高介电常数和介电损耗，极性越大，极性基团密度越大，其介电常数和介电损耗就越大。但是，实际上不能孤立考虑上述结构因素，通常极性基团高聚物分子主链段上的活动性小，它的取向要伴随着高聚物分子主链构象的变化，所以极性基团在高聚物分子主链段上，对其介电性能影响小，而侧链上的极性基团对介电性能影响大。因聚酰胺的极性基团一般都在分子主链段上，其介电常数和介电损耗并不高。聚酰胺中随着亚甲基比例的增加聚酰胺的介电常数和介电损耗呈下降趋势。

第三节　生物基聚酰胺纤维的典型生产工艺

一、聚酰胺切片的干燥

切片干燥是纺丝过程中一道不可或缺的工序，切片干燥的质量优劣将直接决定着纺丝工序能否稳定、顺利进行。

切片干燥的主要目的是除去切片的表面水分和部分内部结合水。实际熔融纺丝生产中，对于聚酰胺6干燥切片的含水率要求在400~600mg/kg之间，尼龙66干切片含水率控制在700~900mg/kg[76]，而生物基聚酰胺纺丝过程中干燥切片含水率依据生产的产品规格和熔体停留时间等，控制在300~800mg/kg范围内。一般生物基聚酰胺切片干燥方式为真空转鼓间歇干燥和低露点循环热氮气连续干燥，对于不同的干燥设备和原料切片，采用不同的干燥工艺条件。

低露点循环热氮气连续干燥适合大规模批量生产，自动化程度高，操作人员少；真空转鼓间歇干燥适合小批量，换品种方便。目前，在短纤维生产时，切片在转鼓干燥时还有添加其他的生产用助纺剂，如着色剂，功能性母粒等。

聚酰胺纺丝一般采用熔融纺丝工艺，从纺丝工艺流程上可分为熔体直接纺丝与干燥切片间接纺丝。熔体直接纺丝工艺：

聚酰胺熔体→熔体过滤器→增压泵→静态混合器→纺丝箱体→计量泵→纺丝组件→喷丝板→侧吹风（或环吹风）→纺丝甬道→上油装置→（牵伸）→卷绕成型

切片干燥间接纺丝工艺：干燥切片需要采用电加热的螺杆挤压机熔融挤出，其他纺丝成型工艺与熔体直接纺丝一样。

二、聚酰胺56纤维的生产工艺

目前，PA6聚合物中因含有太多的单体需要后续萃取，PA66聚合物容易产生凝胶等问题，都难以实现规模化的熔体直纺技术，而生物基聚酰胺56因聚合物中单体很少，不易或没有凝胶的产生，可以采用熔体直接纺丝成型技术制备各种纤维。同时，可通过喷丝板微孔的孔型设计生产圆形、三角形、十字形、扁平形、菱形等各种截面形状的纤维。也可使用复合纺丝机通过喷丝板设计生产包括双组分并列型、皮芯型、海岛型、橘瓣型等复合纤维。

聚酰胺56的熔融纺丝应注意以下几点：

PA56聚合物熔点254℃，熔体流动性更好，熔体表观黏度相对较低，纺丝温度在270~300℃。喷丝板组件过滤需要依照实际生产经验，选用合适目数的过滤网或过滤砂保证喷丝板组件有合适起始压力。

依据开发和生产的品种规格及应用，实际生产可能需要细化干燥切片的含水率，依据设备配置和产品工艺设计的特殊性对应用干燥切片的含水率进行优化调整。

因PA56的玻璃化温度与PA6和PA66相仿或更低，纺丝生产过程中可以实现冷牵伸。

PA56结晶速率和结晶度更低，成品纤维需要关注结构的均匀性和稳定性，包括热收缩均匀性、稳定性和纤维产品力学性能及染色性能的均匀性等。

1. POY

聚酰胺预取向丝（POY）是高取向、低结晶结构的长丝中间产品，是在纺丝速度4000~5000m/min条件下获得的卷绕丝。当纺丝速度较低时（如小于3500m/min），预取向丝会因吸湿量高而膨润变形，使卷绕筒子塌边，造成筒子成型变差，主要是因为聚酰胺纤维吸水性强。在纺速高于4000m/min时，预取向丝的取向度和结晶度提高，使其因吸湿而产生的各向异性膨胀显著减小，保证了卷绕筒子的良好成型。为了实现卷绕工艺的最大稳定性，尤其是防止复丝中单丝线密度差异，生产聚酰胺预取向丝的纺速以4000~5000m/min为宜。

生物基PA56在纺丝速度为4000~5000m/min条件下获得高取向、低结晶结构的POY卷绕丝，高的卷绕速度减小了因聚酰胺纤维分子间的结合力大、容易结晶、吸水性强等原因造成的吸湿而产生的各向异性膨胀显著，保证了卷绕筒子的良好成型，避免了卷绕筒子塌边等。

2. FDY

全牵伸丝（FDY）是指在高速纺丝卷绕过程中引入有效的牵伸，且最终卷绕速度达到近5000m/min或以上，所获得的具有完全取向结构的牵伸丝。FDY的生产工艺是纺丝—牵伸—卷绕一步法长丝连续生产工艺，丝束在第一冷（热）辊与第二热辊之间进行牵伸。

第一（冷）热辊的温度称为牵伸温度，根据丝束的牵伸机理，牵伸温度应选择在玻璃化转变温度之上。若选择的温度偏高，丝束会在热辊上抖动增大，会使条干不均匀率升高。但是，若温度过低，又会使丝束的牵伸力升高，造成毛丝、断头增多。对于聚酰胺6冷牵伸即可，聚酰胺66需要热牵伸，生物基聚酰胺56可以采用冷牵伸或热牵伸。

第二热辊（上辊GR2）的温度称为热定型温度，第二热辊主要对丝束起到定型作用。在定型过程中，丝束牵伸时产生的超分子结构进一步得到提高和完善。适当的热定型温度能消除牵伸时丝束内部产生的内应力，使大分子发生一定程度的松弛，调整纤维的聚集态结构，同时使纤维的结晶度提高，晶体结构更加完善，最终纤维的尺寸稳定性和力学性能得到提高[77]。热定型后的纤维沸水收缩明显降低，有利于染色均匀性的提高，同时纤维不会发生收缩而影响尺寸稳定性。

3. DTY

牵伸假捻丝又称DTY，是将POY原丝在牵伸假捻机上牵伸、假捻制得的牵伸假捻丝（或称牵伸变形丝），分为高弹丝与低弹丝，用于聚酰胺纤维的牵伸假捻机一般不设二热箱和低弹丝的概念。

（1）牵伸温度。一般丝束的牵伸温度要高于聚酰胺初生纤维的玻璃化温度，并低于其软化点，温度过高，大分子解取向的速度很快，不能得到稳定的取向结构。聚酰胺6纤维的玻璃化转变温度为35~50℃，一般在室温下即可进行牵伸。所谓室温牵伸即冷牵伸，不需要对纤维进行加热。

（2）牵伸倍数。随着牵伸倍数的提高，纤维的取向度和结晶度都会进一步提高，纤维的断裂强度增大，断裂伸长率与沸水收缩率降低。一般采用POY—DTY工艺，牵伸倍数为1.2~1.5倍。

（3）牵伸速度。随着牵伸倍数的增大，聚酰胺纤维的牵伸张力增大，一般牵伸速度为500~1000m/min。

生物基聚酰胺56的DTY也采用POY—DTY工艺，是将POY原丝在弹力丝机上牵伸、假捻所制得的牵伸假捻丝。

4. BCF

聚酰胺膨体长丝（BCF）生产时采用 SDTY 法，即纺丝、牵伸和喷气变形加工一步法连续生产。聚酰胺 BCF 具有三维卷曲、手感柔软、覆盖性能好、耐磨等特点，是生产簇绒地毯的理想材料。

BCF 地毯长丝生产工艺流程：

纺丝→牵伸→热喷气变形→空气冷却→卷绕

（1）变形的过程步骤：将牵伸后的初生丝送入喷气变形箱中，使该初生丝在喷气变形箱中的热空气湍流的作用下发生变形，形成卷曲的变形丝。

（2）冷却定型的过程步骤：使卷曲的变形丝落在回转的筛鼓上，卷曲的变形丝在回转的筛鼓带动下进行回转和卷缩，在回转和卷缩的过程被强制冷却定型。

（3）构建网络度的过程步骤：使冷却定型后的变形丝经过压缩空气网络喷嘴以获取的网络点个数（网络度）为 30 个/m。

生物基聚酰胺 56 连续膨体长丝（BCF）的生产采用纺丝、牵伸和膨化变形加工一步法进行连续生产。生产时可参考 PA66 的工艺作进一步调整，提高 BCF 的卷曲性能和尺寸稳定性。

5. 短纤维

聚酰胺短纤维是以聚酰胺聚合物为原料，经过前纺和后纺等一系列加工工序制成的长度较短的纤维，一般长度为 10~150mm。聚酰胺短纤可与棉、麻、毛、黏胶、天丝等进行混纺以提高纱线的稳定性。

短纤维前纺工艺：

干燥→纺丝→合股-卷取→落桶

短纤维后纺工艺：

原丝→集束→牵伸→卷曲→热定型→切断和打包→成品

（1）前纺初生纤维的存放及集束。前纺成型的初生纤维其预取向度不稳定，需恒温、恒湿条件下存放平衡，消除原丝内应力。存放平衡后的丝条进行集束，所谓集束是把若干个盛丝桶的丝条合并，集中成工艺规定线密度的大股丝束，一并进行后处理加工。集束时要求张力均匀，丝束平整，不打结及没有毛丝，否则，在后纺牵伸加工时，会造成纤维的纤度不匀，同时，也会产生其他的产品瑕疵。

（2）牵伸。牵伸是将集束后的大股丝束通过多辊牵伸机进行牵伸，使纤维中的大分子沿纤维轴向均匀排列，同时可能发生结晶、结晶度和晶格结构的改变，从而使纤维的分子结构进一步趋于完善，改善和稳定纤维的力学性能。所以，丝束的牵伸是后加工过程中最重要的工序。一般的情况，在其他工艺相同的条件下，牵伸倍数小，则制得的纤维强度低，伸长率大；牵伸倍数大，则制得的纤维强度较高，而伸长较小。牵伸方式一般为二级或多级牵伸，采用二级牵伸工艺时，在总牵伸倍数不变的情况下，随着一级牵伸倍数的增加，二级牵伸倍数缩小，纤维的断裂强度有所提高，延伸度与沸水收缩率也随之下降。总牵伸倍数为 2.0~5.0 倍时，第一级牵伸倍数控制在总牵伸倍数的 85%左右。牵伸温度为 50~90℃，牵伸速度为 100~400m/min。

（3）卷曲。纤维表面光滑，之间抱合力较小，不易与其他天然纤维抱合在一起，后纺加工困难，需要进行卷曲加工，使其具有与天然纤维一样的卷曲性。一般采用机械卷曲，机械卷曲采用的填塞箱式卷曲机由上而下主要由卷曲轮、卷曲刀、卷曲箱和加压机构等组成，丝束经导辊被上下卷曲轮夹住送入卷曲箱中；上卷曲轮采用压缩空气加压，并通过重锤来调节丝束在卷曲箱中所受的压力，使丝束在卷曲箱中受挤压而卷曲。

（4）热定型。热定型的目的是消除纤维在牵伸过程中产生的内应力，使大分子一定程度的松弛，提高纤维的结晶度，改善纤维的弹性，降低纤维的热收缩率，使其尺寸稳定。干燥温度为 80~130℃，松弛热定型温度为 70~140℃，紧张热定型温度为 180~230℃。

（5）切断和打包。棉型短纤维切断长度（名义长度）为 38mm，毛型短纤维切断长度（名义长度）为 51mm、65mm、76mm 等，一般根据客户需要选择短纤维切断长度。打包是短纤维生产的最后一道工序，将短纤维打包成一定规格和重量的包，需要标明批号、等级、重量、时间和生产厂等。

6. 复合纤维

聚酰胺纺丝分为单组分纺丝和双组分复合纺丝，复合纺丝是由两种或两种以上组分纺制而成的纤维，每一种纤维中的两种组分有明显的界面，有并列型、皮芯型、海岛型、橘瓣型等复合纤维（图 6-5）。

并列型

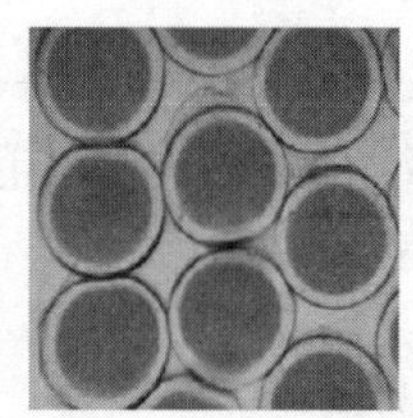

皮芯型

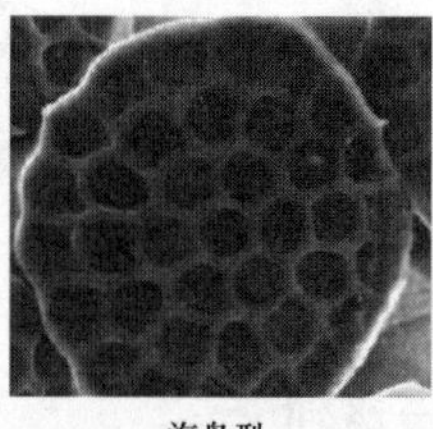

海岛型

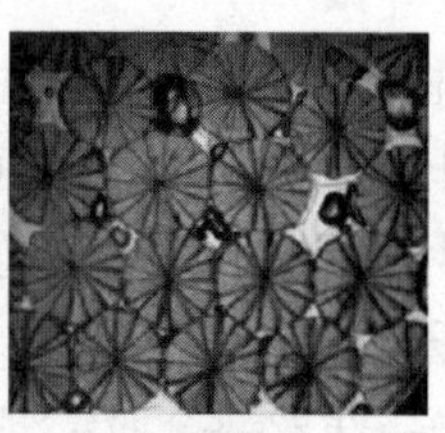

橘瓣型

图 6-5　复合纤维断面形态

（1）并列型复合纤维。为了使织物具有优良的蓬松性、较高的弹性收缩性能，可以将两种具有不同收缩性能的聚合物，纺制成并列型或偏芯皮芯型复合纤维，这种纤维具有类似羊毛一样的永久三维卷曲性能。

（2）皮芯型复合纤维。主要应用于热黏合用纤维，热黏合时不需要使用化学黏合剂，这种复合纤维采用两种不同熔点的聚合物纺制成皮芯型纤维，皮层选用熔点低的聚合物，采用热风或热轧黏合时，皮层熔融形成无数黏结点，而芯层不熔，这样形成的黏结点使纤网得以牢固，同时芯层聚合物保持原有的力学性能。

（3）海岛型复合纤维。两种聚合物通过熔融复合纺丝机和特殊的纺丝组件纺制而成，其中一种组分像岛一样均匀分布在另一种聚合物中（海组分）。一般海组分为水溶性聚合物，最终的织物成品通过水解，溶去海组分，得到一个个岛组分，形成线密度为 0.05~0.1dtex 的超细纤维，主要用于仿麂皮绒材料。或者溶去岛组分的短纤维等，得到中空纤维，主要应用于吸附材料。

（4）橘瓣型复合纤维。将两种在化学结构上完全不同、不相容的聚合物，通过复合纺丝方法，使两种聚合物在截面中交替配置，形成复合纤维。一般采用化学或机械的方法进行剥离，形成数根独立的超细纤维，主要应用于仿麂皮绒材料。

第四节　生物基聚酰胺纤维的结构性能、应用及展望

聚酰胺纤维在我国俗称锦纶，锦纶在中国的产业化结构见图 6-6。

聚酰胺纤维可以分为民用长丝、短丝、工业丝、连续膨体长丝（BCF）及单丝或工业丝等。

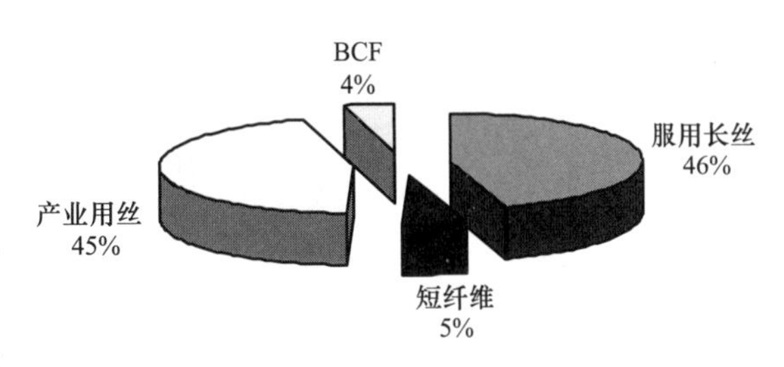

图 6-6　中国锦纶产业结构分布

聚酰胺纤维因其性能的优越性，广泛应用于服装领域，如运动服、冲锋衣、游泳衣、体操服、袜品等；家纺领域，如地毯、箱包、床品、雨伞等；产业用纺织品，如造纸毛毡、运输带等；汽车领域，如轮胎帘子线，安全气囊等；航空航天领域，如降落伞、热气球、宇航服等；单丝领域，如牙刷丝和磨料丝等。

虽然目前商业化生产的生物基聚酰胺有 PA46、PA4T、PA410、PA1010、PA610、PA1012、PA56、PA11 等。但目前只有 PA610、PA410 和 PA56 实现了纤维或单丝领域的大规模工业化应用。下面围绕生物基 PA56、PA610 和 PA410 的结构性能和应用展开。

一、生物基聚酰胺纤维的氢键结构

聚酰胺的分子结构受主链结构、酰胺基、羧基、氨基以及分子间氢键及排列的影响。

酰胺基具有平面结构特征，聚酰胺中较强的氢键只能在分子链轴向平面的分子链间形成，并且聚酰胺中的较强的胺基不能产生三维连接，在聚酰胺中以这种分子间相连的氢键而形成的平面锯齿结构占主导地位，即聚酰胺分子链以最大限度形成氢键的方式排列。含有不同碳链长度及聚酰胺结构的聚酰胺分子在形成氢键时，其分子链采取的排列方式不同形成的氢键数量也不同，酰胺基团形成氢键的概率与结构单元中碳原子的奇偶数有关。

聚酰胺分子链结构及排列方式对氢键的影响见图 6-7。

聚酰胺分子链间酰胺键中的羰基和氨基可以形成氢键，氢键是维持聚酰胺二级结构的主要作用力。目前商业化的尼龙分子链都是线型聚合物，没有支链，一般为半结晶状。根据能量最低原则，尼龙内部的链与链之间会以最大程度形成氢键的方式排列，而氢键的密度、排列方式等又会对尼龙的性能产生影响。作为偶数碳 PA，传统的 PA66 分子链之间肽键基团都可以形成完全的氢键结构，即 PA66 肽键介入分子间氢键的最大比例是 100%。而含有奇数碳的聚酰胺 56 酰胺键的比例更高，此外除了一半的酰胺基形成氢键外，还至少有 50% 自由的酰胺基，这些自由的酰胺基具有与外界分子形成氢键的潜力。由于 PA56 特殊的结构，赋予了 PA56 流动性好、易染色、高吸湿排汗、阻燃、弹性好等优异性能，为纺织、工程塑料、油漆涂料等行业提供了性能更加优异的、绿色环保的革命性新材料。

分子链间最大程度形成氢键的概率：PA66>PA6>PA56。生物基 PA56 结晶度偏小，原因是纤维结晶度与大分子结构关系密切。一方面，奇数碳生物基 PA56 分子链间最大程度形成

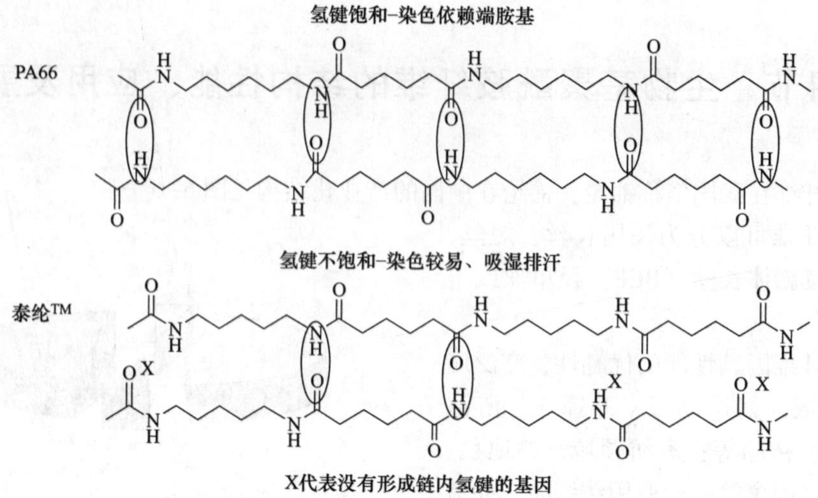

氢键饱和–染色依赖端胺基

PA66

氢键不饱和–染色较易、吸湿排汗

泰纶™

X代表没有形成链内氢键的基因

图 6-7 聚酰胺分子链结构及排列方式对氢键的影响

氢键的概率小于 PA66 和 PA6[78]，氢键作用增强，则柔顺性下降，结晶度降低。另一方面可能原因是高聚物会形成能量最低的折叠构象，奇数碳生物基 PA56 的结晶单元长度比 PA66 和 PA6 短，结晶度低。

二、生物基聚酰胺纤维的性能

纤维的性能决定了其制品的价值，体现生物基聚酰胺纤维性能的主要指标如下：

物理性能：线密度、密度、光泽、吸湿性、导热性。线密度反映纱线的粗细，越细的纤维对原材料加工性能的要求越高，越细的纤维越柔软。

力学性能：力学性能包括断裂强度、断裂伸长率、初始模量、应力—应变曲线、弹性回复性等。

稳定性：稳定性包括纤维结构稳定性，机械性能的低温、高温稳定性，紫外稳定性和老化性及耐酸碱性等。

加工性：加工性包括纤维制备的易加工性和易染色加工性等，聚酰胺产品是所有合成纤维中最容易上色的，可以用酸性染料、活性染料等进行染色。

使用性：使用性包括纤维及其制品的尺寸稳定性、可穿洗性、吸汗性、保温性等。

生物基 PA56 具有良好的耐磨性、弹性回复和耐疲劳性。同时生物基 PA56 具有高于 PA66 和 PA6 的吸湿性，意味着潮湿环境下静电小。PA56 的熔点较 PA6 高 30℃左右，所以 PA56 比 PA6 耐高温性也好。

PA56 与 PA6、PA66 长丝物性比较见表 6-8 和表 6-9。

1. 力学性能

聚酰胺纤维的初始模量较低，其抗弯刚性较低，织物柔软，但容易起皱，而涤纶和亚麻的初始模量大，织物相对挺括。

聚酰胺纤维的断裂性能因用途不同而有所差异，面料用途的聚酰胺纤维强度稍低，断裂伸长一般在 25%~60%；产业用途的聚酰胺纤维强度较高，断裂伸长率较低，一般为 10%~

25%。环境对聚酰胺纤维的断裂性能有一定的影响，一般湿强度为干强度的 90%，而湿断裂伸长则要比干断裂伸长高出 3%~5%。

表 6-8 PA56 与 PA6、PA66 长丝物性比较（一）

项目	PA56	PA6	PA66
产品规格	40/24 BR	40/34 BR	40/34 BR
线密度（tex）	4.42	4.46	4.66
旦	39.8	40.1	41.9
断裂强度（cN/dtex）	5.20	5.05	5.44
断裂强度变异系数（%）	2.4	2.0	1.3
断裂伸长率（%）	46.1	44.2	42.5
断裂伸长率变异系数（%）	5.3	3.6	3.5
条干不匀率 *CV*（%）	0.95	0.83	1.35
沸水收缩率（%）	12.1	10.6	7.3
网络度 N/M	22	25	23
含油率（%）	1.16	1.26	1.29

表 6-9 PA56 与 PA6、PA66 长丝物性比较（二）

项目	PA56	PA6	PA66
产品规格	70/48 BR	70/34 BR	70/34 BR
线密度（tex）	7.78	7.82	7.76
旦	70.0	70.4	69.9
断裂强度（cN/dtex）	5.50	5.30	6.32
断裂强度变异系数（%）	1.2	2.1	1.4
断裂伸长率（%）	45.6	45.6	30.1
断裂伸长率变异系数（%）	3.3	3.4	4.2
条干不匀率 *CV*（%）	1.46	0.72	0.77
沸水收缩率（%）	12.1	10.6	8.5
网络度 N/M	24	20	23
含油率（%）	1.48	1.43	1.61

2. 染色性

染色性是纺织纤维重要性能之一。聚酰胺纤维末端有氨基、羧基，分子链中还有很多酰胺基，比其他纤维更容易上色，可以用酸性染料、活性染料、直接染料等染色。

酸性染料染色工艺简单，得色简单，是聚酰胺织物的主要染料，酸性染料主要上染端氨基。生物基 PA56 由于奇数碳效应释放分子间氢键和具有低的玻璃化转变温度，染色温度较

PA66 和 PA6 低 10~20℃，对于能源的节约具有很大的意义。

（1）低温染色性。PA56 具有低温染色性能，在低温条件下，就具有非常高的上染率，随着温度的升高，上染率变化不大；而 PA6 以及 PA66 上染率随着温度的升高逐渐增加，并趋于平衡，见图 6-8。

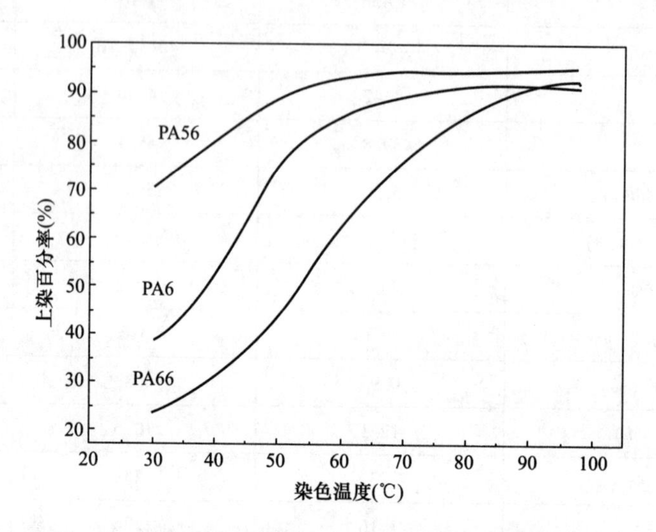

图 6-8　染色温度对 PA56、PA6、PA66 上染率的影响

（2）深染性。与 PA6 相比，PA56 具有更好的染色提升性能，相同染色条件下，得色量更高。见图 6-9。

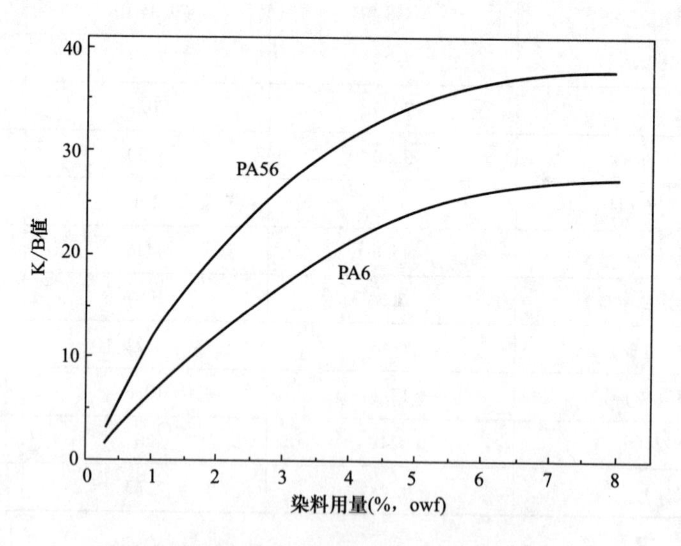

图 6-9　染料浓度对 PA56、PA6 上染率的影响

（3）上染速率快。与 PA66 相比，PA56 具有更高的上染速率，相同染色条件下，染色速率更高。见图 6-10。

3. 吸湿性

聚酰胺纤维的吸湿性比天然纤维低，在合成纤维中仅次于聚乙烯醇缩甲醛，而高于其

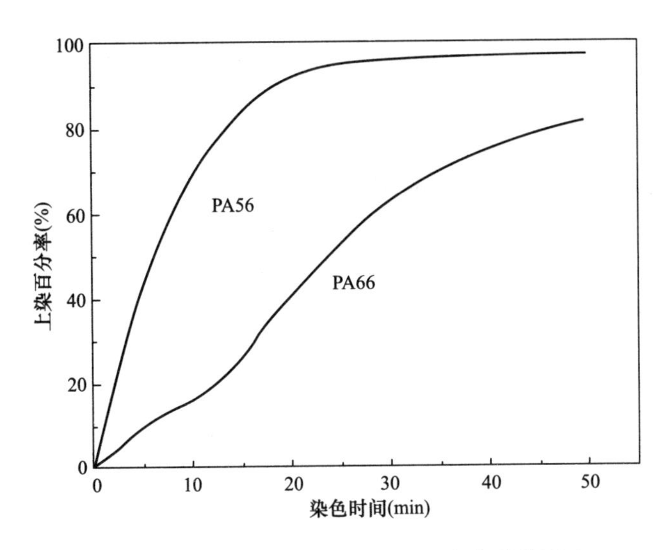

图 6-10　染色时间对 PA56、PA66 上染率的影响

他纤维。需要特别指出的是，生物基 PA56 分子由于奇数碳效应使得分子间氢键部分释放，能与外界水分子形成氢键，加上其高于 PA66 和 PA6 的分子中聚酰胺键密度，使得生物基 PA56 纤维具有高于 PA66 和 PA6 的吸湿性，更亲肤，同时静电小，具有很好的服用舒适性。

PA56 的回潮率比 PA6 和 PA66 要高，按照公定回潮率数值比较，PA56 约为 6.0%，而现有 PA6、PA66 约为 4.5%。具体见图 6-11。

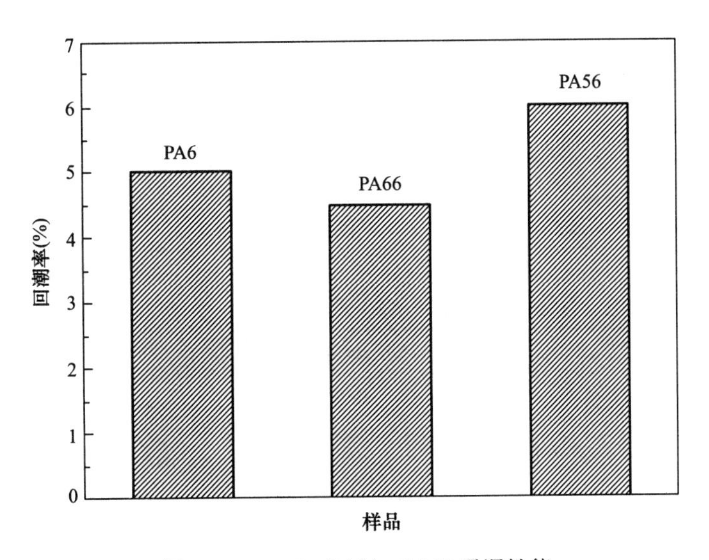

图 6-11　PA6，PA56，PA66 吸湿性能

4. 耐磨性

纤维的耐磨性是纤维制品在使用过程中经受摩擦而磨损的性能。强度降低越小或失重越少，则使用过程中的耐摩擦稳定性越好。纤维的耐摩擦性和纺织品的使用寿命密切相关，耐

摩擦性能的好坏是纺织用品的重要指标之一。纤维的耐磨性与大分子结构、超分子结构、断裂伸长率、弹性等因素有关。常见纤维的耐摩擦性能的高低顺序是：聚酰胺纤维>维纶>涤纶>丙纶>乙纶>腈纶>毛>丝>棉>麻>铜氨纤维>黏胶纤维>玻璃纤维。

聚酰胺纤维的耐磨性是所有纤维中最好的，相同条件下，其耐磨性为棉花的10倍。生物基PA56具有良好的耐磨性、弹性回复和耐疲劳性，这使得PA56产品在对耐磨性和耐疲劳性高的户外装备、户外服装以及地毯上有了广阔的应用前景。

相同规格PA56膨体变形纱制备的地毯耐磨性能较PA6、PA66地毯好，而且测试周期约长，耐磨性优势越明显。

三者耐磨性比较见表6-10和表6-11。

表6-10 转轮椅测试

周期	产品名称	等级
300	PA6	4
	PA66	4
	PA56	4
600	PA6	3
	PA66	3.5
	PA56	3.5
900	PA6	2
	PA66	2.5
	PA56	2.5
1200	PA6	1.5
	PA66	2
	PA56	2
1500	PA6	1.5
	PA66	2
	PA56	2

表6-11 六足测试

周期	产品名称	等级
1.5K	PA6	4.5
	PA66	4.5
	PA56	4.5
3K	PA6	4
	PA66	4
	PA56	4
4.5K	PA6	4
	PA66	4
	PA56	4

续表

周期	产品名称	等级
6K	PA6	3
	PA66	3.5
	PA56	4
8K	PA6	2.5
	PA66	3
	PA56	3.5

注 此数据来源于国内某地毯企业的行业相关标准测试。

5. 阻燃性

为减少纺织品易燃引起的火灾事故，减少对生命财产造成的伤害，纺织品的阻燃性尤为重要。目前国际上通用极限氧指数来评估纺织品的阻燃性。LOI（极限氧指数）是用样品在氮气、氧气混合气体中保持烛装燃烧所需氧气的最小百分数来评估。LOI 值越高说明阻燃性越好。LOI<20%为易燃；LOI 在 20%~26%为可燃，LOI 在 26%~34%间为难燃；LOI>35%为不燃。

PA56 的 LOI 为 30.1%，属于难燃类。加上 PA56 的熔点较 PA6 高 30℃左右，所以 PA56 比 PA6 耐高温性好，这也是 PA56 产品在地毯领域应用的优势。

可以用燃烧方法鉴别生物基聚酰胺纤维的阻燃性。聚酰胺纤维遇火燃烧比较缓慢，同时纤维强烈收缩，容易滴熄，近火焰迅速卷缩成白色胶状，离开火焰难燃烧，散发出芹菜味道，冷却后的熔体不易碾碎。涤纶易燃，近火焰冒黑烟，味芳香，灰为黑色易碎。

相同规格 PA56 膨体变形纱织造的地毯阻燃性能较 PA6、PA66 地毯好（表 6-12）。

表 6-12 PA 地毯阻燃性能指标

产品名称	检测项目	单位	标准指标	实测数据	结果评定
簇绒-PA56-1200	燃烧长度	mm	B1 fs≤150	70	合格
	燃烧临界热辐射通量	kW/m^2	CHF≥4.5	7.0	合格
簇绒-PA6-1200	燃烧长度	mm	B1 fs≤150	57	合格
	燃烧临界热辐射通量	kW/m^2	CHF≥4.5	6.4	合格
簇绒-PA66-1200	燃烧长度	mm	B1 fs≤150	64	合格
	燃烧临界热辐射通量	kW/m^2	CHF≥4.5	5.2	合格

注 此数据来源于国内某地毯企业的行业相关标准测试。

6. 耐化学品性

聚酰胺纤维的耐化学品稳定性好，对一般的油剂溶剂如烃、醇、醚、酮等稳定。聚酰胺纤维不耐酸，可溶解在甲酸、乙酸、苯酚等溶液中，但聚酰胺纤维耐碱，在洗涤中不会受到严重的损害。例如，聚酰胺纤维在 10%的 NaOH 溶液中，85℃处理 10h，其强度仅降低 5%，比羊毛、蚕丝和涤纶要耐碱得多。一般条件下，锦纶可以耐 7%的盐酸溶液，20%的硫酸，10%的硝酸，50%的烧碱溶液。因此，锦纶比较适合做耐腐蚀性工作服。另外，聚酰胺纤维还耐海水腐蚀，可以用作渔网，使用寿命比一般渔网高 3~4 倍。

长链生物基PA610和PA410具有低的吸水性、良好的耐磨性、良好的耐酸性。PA610相对于其他长链聚酰胺价格低，而PA410耐高温性比PA610好。

7. 耐热性

聚酰胺分子链中的C—N是最弱的键，因此聚酰胺纤维的耐热性不佳，在热的作用下C—N键很容易发生裂解，加上酰胺键的吸水性使其很容易发生水解。但聚酰胺的耐低温性好，即使在-70℃使用，其弹性回复率也变化不大。几种常见纤维耐热性比较见表6-13。

表6-13　几种纤维的熔点

聚合物	熔点（℃）	聚合物	熔点（℃）
PE	130	PA6	220
等规PP	180	PA66	260
PTT	228	PA56	254
PET	267	PA610	224
PBT	225	PA612	217
PA510	220	PA512	210

8. 耐光性

聚酰胺的耐光稳定性不好，在日光，空气、氧气、热、水汽的长期共同作用下，会发生光化学裂解并伴随氧化过程，相对分子质量逐渐降低，使得聚酰胺纤维的综合性能逐渐下降，特别是断裂强度和断裂伸长。可以通过在聚酰胺分子中引入氰基的方法提高聚酰胺的耐光性，这也是聚酰胺抗老化改性的方向。也可在聚酰胺中加入少量的光稳定剂，特别是加入紫外光稳定剂或紫外光吸收剂，可以一直聚酰胺的光化学降解，从而提高聚酰胺纤维的耐光性。对PA6和PA66耐光性改性的原理同样适用于生物基PA56。

三、生物基纤维的应用

生物基聚酰胺纤维开发的领域包括服装、装饰、产业等领域。生物基聚酰胺纤维按照类型分可以分为民用长丝，工业长丝，BCF、短纤和单丝等。生物基聚酰胺纤维产品以长丝为主，短纤维用于与棉、毛、丝、麻的混纺及非织造布等领域。

1. PA56的应用

PA56是一个生物质碳含量高达45.5%的生物基聚酰胺。PA56纤维产品的应用正处于开发期。

（1）PA56全牵伸丝（FDY）。PA56 FDY是采用纺丝牵伸一步法生产的长丝，可直接用于纺织加工。PA56 FDY断裂强度在4.0cN/dtex以上，断裂伸长率为25%~55%。PA56 FDY也可以按照生产时消光剂TiO_2加入量的不同分为有光、半消光、全消光等产品，也可以按照截面形状分为圆形和非圆多种截面形状。典型的圆形截面PA56 FDY力学性能见表6-14。

表 6-14　PA56 的 FDY 性能项目和指标

项目		优等品	一等品	合格品
线密度偏差率（%）		±2.0	±2.5	±4.0
线密度变异系数（CV_b,%）	≤	1.00	2.00	2.80
断裂强度（cN/dtex）	≥	4.00	3.80	3.60
断裂强力变异系数（CV_b,%）		8.00	10.00	15.00
断裂伸长率（%）		M_1±4.0	M_1±6.0	M_1±8.0
断裂伸长率变异系数（CV_b,%）		9.00	12.00	17.00
热收缩率（%）		M_2±1.5	M_2±2.5	M_2±3.0
染色均匀度（灰卡）（级）	≥	4	3-4	3
条干不匀率（CV,%）		2.00	—	—
M 为中心值				

PA56 FDY 可用于服装领域，如运动服、冲锋衣、羽绒服、游泳衣、体操服、袜品、女士套裙、休闲夹克、休闲装和童装等；家纺领域，床品、雨伞窗帘等。

（2）PA56 DTY。典型的圆形截面 PA56 DTY 与同规格的 PA6 和 PA66 的 DTY 性能比较见表 6-15。从表中看出，PA56 DTY 性能指标与 PA66 和 PA6 并无明显差异。

表 6-15　PA56 的 DTY 与 PA6 和 PA66 的 DTY 性能比较

项目		dpf>2.2dtex			dpf<2.2dtex		
		PA56	PA66	PA6	PA56	PA66	PA6
断裂强度（cN/dtex）	≥	3.90	3.80	3.70	3.50	3.50	3.50
断裂强度变异系数（%）	≤	8.00	8.00	8.00	8.00	8.00	8.00
断裂伸长率（%）		M_1±4	M_1±4	M_1±4	M_1±4	M_1±4	M_1±4
断裂伸长率变异系数（%）	≤	8.00	8.00	8.00	8.00	8.00	8.00
卷曲收缩率（%）	≥	52	52	52	30	30	30
染色均匀度（灰卡级）（级）		4	4	4	4	4	4
M_1 为断裂伸长率中心值							

PA56 DTY 可以用于生产高档服装面料、成衣面料、高尔夫服装面料、高档羽绒服面料、高档的防水透气面料，多层复合面料和功能性面料。

（3）PA56 工业长丝。典型的 PA56 工业丝性能见表 6-16。PA56 工业丝具有强度高、抗冲击性能好、耐疲劳、耐腐蚀等特点，原则上可以用于帆布、产业用布、绳索、降落伞、热气球、安全绳索等。还可开发 PA56 工业丝传送带、国防、安全绳网、体育材料、水产养殖材料等方面的应用。我国汽车工业近几年发展很快，对尼龙安全气囊、帘子线及汽车装饰物等的需求大增。

另外，PA56 中强丝还可以用于生产缝纫线，具有耐磨性好、强度高、光泽度好、弹性好等特点，可用于比较结实的织物缝纫。

表 6-16 PA56 工业丝性能指标（233dtex/36f）

项目	性能
断裂强度（cN/dtex）	≥7.6
断裂伸长（%）	15~30
干热收缩（180℃，2min%）	≤8
4.7cN/dtex 定负荷伸长率（%）	12±1.5

（4）PA56 短纤。PA56 短纤可用于与天然或其他纤维进行混纺，如棉、毛、丝、麻等，用于服装面料的开发，也可以与羊毛混纺用于地毯的生产，或用于非织造布和造纸毛毡等，PA56 短纤的性能见表 6-17。

表 6-17 PA56 短纤性能指标

项目	性能
线密度偏差率（±）（%）	6.0
长度偏差率（±）（%）	6.0
断裂强度（cN/dtex）	3.5~5.2
断裂伸长率（%）	30~60
回潮率（%）	4.5~5.5

（5）PA56 连续膨体长丝（BCF）。聚酰胺具有优良的耐磨性和良好的弹性回复性，是生产地毯的组要原材料之一。聚酰胺 BCF 具有良好的耐磨性、回弹性和阻燃性，是高端商用地毯和家用地毯的主要原料。PA56 的短纤可以用于生产高端的机织地毯，如阿克明斯特地毯和威尔顿地毯；PA56 的 BCF 还可以用于生产簇绒毯、满铺毯和簇绒方块毯等，应用于汽车脚垫的生产，PA56 的 BCF 性能指标见表 6-18。

表 6-18 PA56 膨体长丝性能指标

项目	性能
断裂强度（cN/dtex）	1.9~4.0
断裂伸长率（%）	40±15
沸水收缩率（%）	9~11
公定回潮率（%）	4.5~5.5
耐磨性能	优良

目前市面上主要的 BCF 产品有 PA6、PA66、PA56、PP、PET 和 PTT 等，其性能见表 6-19。

表 6-19　PA6、PA66、PA56、PET 和 PTT 的性能对比

性能	PTT	PET	PA6	PA66	PA56
蓬松行和弹性	优	中	中	良	优
耐磨性	优	差	良	优	优
抗皱性	优	优	中	良	良
静电性	低	低	高	高	高
拉伸回复性	优	差	良	优	优
吸水性	差	差	中	中	良
耐候性	优	良	差	差	差
尺寸稳定性	良	良	良	良	良
染色性	优	优	良	良	优
阻燃性	差	差	中	良	优
耐污性	优	优	中	中	中
加工和后处理费用	低	高	中	中	中

2. 单丝领域的应用

长链聚酰胺 PA610 分子结构中含有较长的亚甲基团，降低了极性基团酰胺键的密度，材料的吸水性大大降低，在干态和湿态下单丝具有足够的挺度和柔软度。具有良好的耐低温韧性、回弹性、耐磨性。在实际使用角度上来讲，PA610 不仅价格实惠，而且吸水性低，回弹性、耐磨性性好，适应性广，广泛用作牙刷、石材刷、工具刷、刷辊等刷丝的基料，PA610 单丝的性能指标见表 6-20。

表 6-20　PA610 牙刷单丝的性能指标

性能	测试方法	目标值	+/-RANGE
强度（kpsi）	WW—3844	53	25
伸长（%）	WW—3844	37	18
模量（kpsi）	WW—3844	495	120
密度（g/cc）	T 950. 320	1. 067	0. 005

此外，还有 PA410，是由全球唯一拥有丁二胺工业化生产方案的 DSM 公司于 2015 年联手 Hahl-Pedex 开发出一种新系列以 PA410 为原料的磨料单丝，该原料的熔点比 PA610 和 PA612 的熔点高出近 30℃，具有更好的热稳定性、抗磨损性，更高的抗弯刚度和耐化学性。PA56 由于具有优良的耐磨性能与力学性能。可以广泛应用于单丝，如割草丝、钓鱼线、牙刷丝等。

四、生物基聚酰胺纤维展望

随着石油资源的日益匮乏，尤其是伴随着石油资源带来的环境问题，生物基聚酰胺的研究得到研究者和生产商的青睐，生物基聚酰胺的工业化生产已经吸引了国际传统化工巨头的注意力，我国在生物基聚酰胺领域的进步十分惊人。但生物基聚酰胺的发展也面临着亟待解

决的问题，如生物的来源、生产过程的碳中和、生产过程中副产物和综合利用、生物基聚酰胺的性能稳定性以及价格过高等问题，需要在生物催化、产品纯化等方面加大研发投入力度。有理由相信，可以通过生物技术生产出更具价格竞争力的生物基聚酰胺工业产品，从而为生物基聚酰胺纤维的开发提供更多选择来满足市场的多元化需求。

参考文献

[1] Kind S, Kreye S, Wittmann C. Metabolic engineering of cellular transport for overproduction of the platform chemical 1, 5-diaminopentane in Corynebacterium glutamicum [J]. Metab Eng, 2011, 13: 617-627.

[2] 李志军. 食品中生物胺及其产生菌株检测方法研究 [D]. 青岛：中国海洋大学，2007.

[3] 秀崎友则，夏地明子，中川俊彦，等. 1,5-戊二胺的制造方法、1,5-戊二胺、1,5-戊二异氰酸酯、1,5-戊二异氰酸酯的制造方法、聚异氰酸酯组合物、及聚氨酯树脂 [P]. 中国，20118001077. 8. 2011-02-25.

[4] 朱建民，何建辉，宋新，等. 聚酰胺纤维 [M]：北京：化学工业出版社，2014.

[5] Thielen M. Bio-Polyamides for automotive applications [J]. Bioplastics Magazine, 2010, 1: 10-11.

[6] Hashimoto M, Eda Y, Osanai Y, et al. A novel decarboxylation of a-amino acids. A facile method of decarboxylation by the use of 2-cyclohexen-1-one as a catalyst [J]. Chem Lett, 1986, 6: 893-896.

[7] 李崇，陈立宇，雷涛. 非晶态镍催化剂上戊二腈催化加氢制备戊二胺 [J]. 石油化工，2010，(39) 5：524-527.

[8] Tabor CW, Tabor H. Polyamines in microorganisms [J]. Microbiol Rev, 1985, 49: 81-89.

[9] Nishi K, Endo S, Mori Y, et al. Method for producing cadaverine dicarboxylate [p]. US, 7189543. 2007-03-13.

[10] Qian Z G, Xia X X, Lee S Y. Metabolic engineering of Escherichia coli for the production of Cadaverine: a five carbon diamine [J]. Biotechnol Bioeng, 2011, 108: 93-103.

[11] Na D, Yoo S M, Chung H, et al. Metabolic engineering of Escherichia coli using synthetic small regulatory RNAs [J]. Nat Biotechnol, 2013, 31: 170-174.

[12] Ikeda M, Nakagawa S. The Corynebacterium glutamicum genome: features and impacts on biotechnological processes [J]. Appl Microbiol Biotechnol, 2003, 62: 99-109.

[13] Kinoshita S, Kiyoshi N, Shoei K. L-lysine production using microbial auxotroph [J]. J Gen Appl Microbiol, 1958, 4: 128-129.

[14] Kelle R B, Laufer C, Brunzema D, et al. Reaction engineering analysis of L-lysine transport by Corynebacterium glutamicum [J]. Biotechnol Bioeng, 1996, 51: 40-50.

[15] Kalinowski J, Cremer J, Bachmann B, et al. Genetic and biochemical analysis of the aspartokinase from Corynebacterium glutamicum [J]. Mol Microbiol, 1991, 5: 1197-1204.

[16] Kind S, Kreye S, Wittmann C. Metabolic engineering of cellular transport for overproduction of the platform chemical 1, 5-diaminopentane in Corynebacterium glutamicum [J]. Metab Eng, 2011, 13: 617-627.

[17] Mimitsuka T, Sawai H, Hastu M, et al. Metabolic Engineering of Corynebacterium glutamicum for Cadaverine Fermentation [J]. Biosci Biotechnol Biochem, 2007, 71 (9): 2130-2135.

[18] 李东霞，黎明，王洪鑫，等. 生物法合成戊二胺研究进展 [J]. 生物工程学报，2014，30 (2)：161-174.

[19] Tateno T, Okada Y, Tsuchidate T, et al. Direct production of Cadaverine from soluble starch using Coryne-

bacterium glutamicum coexpressing a-amylase and lysine decarboxylase [J]. Appl Microbiol Bio, 2009, 82: 115-121.

[20] Kind S, Jeong W K, Schröder H, et al. Systems-wide metabolic pathway engineering in Corynebacterium glutamicum for bio-based production of diaminopentane [J]. Metab Eng, 2010, 12: 341-351.

[21] Kind S, Jeong W K, Schröder H, et al. Identification and elimination of the competing N-acetyldiaminopentane pathway for improved production of diaminopentane by Corynebacterium glutamicum [J]. Appl and Environ Microb, 2010, 76: 5175-5180.

[22] 牛涛，黎明，张俊环，等. 一步法生产1,5-戊二胺谷氨酸棒杆菌基因工程菌的构建 [J]. 中国生物工程杂志，2010，30 (8): 93-99.

[23] Völkert M, Zelder O, Ernst B, et al. Method for fermentively producing 1, 5-diaminopentane [p]. US, 20100292429. 2010-11-18.

[24] 蒋丽丽，吴晓燕，刘毅，等. 赖氨酸脱羧酶发酵工艺及其酶学性质 [J]. 精细化工，2006，23 (11): 1060-1067.

[25] 王建玲，张建昌朱婧，等. 响应面优化赖氨酸脱羧酶产酶培养基 [J]. 生物技术，2009，19 (4): 46-49.

[26] 陈可泉，马伟超，曹伟佳，等. 一种表达重组载体及其应用 [P]. 中国，201410799948. 8. 2014-12-19.

[27] Yamamoto Y, Miwa Y, Miyoshi K, et al. The Escherichia coli ldcC gene encodes another lysine decarboxylase, probably a constitutive enzyme [J]. Genes Genet Syst, 1997, 72 (3): 167-172.

[28] Neely M N, Olson E R. Kinetics of expression of the Escherichia coli cad operon as a function of pH and lysine [J]. J Bacteriol, 1996, 178 (18): 5522-5528.

[29] Sabo D L, Boeker E A, Byers B, et al. Purification and physical properties of inducible Escherichia coli lysine decarboxylase [J]. Biochem, 1974, 13 (4): 662-670.

[30] Ozgul F, Ozgul Y. Formation of biogenic amines by gram-negative rods isolated from fresh, spoiled, VP-packed and MAP-packed herring (Clupea harengus) [J]. Eur Food Re Technol, 2005, 221: 575-581.

[31] Gale E F, Epps H M. The effect of the pH of the medium during growth on the enzymic activities of bacteria (Escherichia coli and Micrococcus lysodiekticus) and the biological significance of the changes produced [J]. Biochem J, 1942, 36: 600-619.

[32] Auger E A, Redding K E, Plumb T, et al. Construction of lac fusions to the inducible arginine- and lysine decarboxylase genes of Escherichia coli K12 [J]. Mol Microbiol, 1989 , 3: 609-620.

[33] Usheer K, Irina G, Eftichia A, etal. Linkage between the bacterial acid stress and stringent responses: the structure of the inducible lysine decarboxylase [J]. EMBO J, 2011, 30, 931-944.

[34] Goldemberg S H. Lysine decarboxylase mutants of Escherichia coli: Evidence for two enzymes [J]. J Bacteriol, 1980, 141: 1428-1431.

[35] Kicuchi Y, Kojima H, Tanaka T, et al. Characterization of a second lysine decarboxylase isolated from Escherichia coli [J]. J Bacteriol, 1997, 179: 4486-4492.

[36] Lemmonier M, Lane D. Expression of the second lysinedecarboxylase gene of Escherichia coli [J]. Microbiol, 1998, 144: 751-760.

[37] Krithika G, Arunachalam J, Priyanka H, et al. The two forms of lysine decarboxylase; Kinetics and effect of expression in relation to acid tolerance response in E. coli [J]. J experimental science, 2010, 11 (12): 10-21.

[38] Limsuwun K, Jones P G. Spermidine acetyltransferase is required to prevent spermidine toxicity at low temper-

atures in Escherichia coli [J]. Bacteriol, 2000, 182 (19): 5373-5380.

[39] Fritz G, Koller C, Burdack K, et al. Induction kineticsof a conditional pH stress response system in Escherichia colil [J]. J Mol Biol, 2009, 393 (2): 272-286.

[40] Lapujade P, Goergen J L, Engasser J M. Glutamate excretion as a major kinetic bottleneck for the thermally triggered production of glutamic acid by Corynebacterium glutamicum [J]. Metab Eng, 1999, 1 (13): 255-261.

[41] Kelle R, Laufer B, Brunzema C, et al. Reaction engineering analysis of L-lysine transport by Corynebacterium glutamicum [J]. Biotechnol Bioeng, 1996, 51 (1): 40-50.

[42] Morbach S, Sahm H, Eggeling L. L-isoleucine production with Corynebacterium glutamicum: further flux increase and limitation of export [J]. Appl Environ Microbiol, 1996, 62 (12): 4345-4351.

[43] MIMIZUKA TAKASHI, SAWAI HIDEKI, YAMADA MASANARI, et al. カダベリンの製造方法：日本 2004000114A [P]. 2004-01-08.

[44] M 弗尔克特，O 策尔德尔，B 恩斯特，等. 发酵生产 1,5-二氨基戊烷的方法：中国 200980110562.9 [P]. 2013-09-11.

[45] NAKAGAWA TOSHIHIKO, MEJIKA IZUMI, KUWAMURA GORO, et al. ペンタメチレンジアミンまたはその塩、および、その製造方法：日本 2011201864A [P]. 2011-10-13.

[46] NISHI KIYOHIKO, ENDO SHUICHI, MORI YUKIKO, et al. Method for producing cadaverine dicarboxylate and its use for the production of nylon：欧洲 1482055A1 [P]. 2004-12-01.

[47] 耳塚孝，澤井秀樹，山田勝成，等. カダベリン・ジカルボン酸塩およびその製造方法：日本 2004208646A【P】. 2004-07-29.

[48] NISHI MASAHIKO, ENDO SHUICHI, MORI YUKIKO, et al. カダベリン・ジカルボン酸塩の製造法：日本 2005006650A [P]. 2005-01-13.

[49] 宮奥康平，山岸兼治，人见达也，等. 尸胺盐、尸胺盐水溶液、聚酰胺树脂和成型品、以及尸胺盐和尸胺盐水溶液的制造方法：日本 200880001874.1 [P]. 2014-09-10.

[50] SATO MASAKAZU C O AJINOMOTO CO. METHOD FOR PRODUCING CADAVERINE CARBONATE. AND METHOD FOR PRODUCING POLYAMIDE USING THE SAME: WO 2006123778A1 [P]. 2006-11-23.

[51] SATO MASAKAZU. カダベリンの製造法：日本 2008193898A [P]. 2008-08-28.

[52] SATO MASAKAZU. リジン炭酸塩を用いたカダベリンジカルボン酸塩の製造法：日本 2008193899A [P]. 2008-08-28.

[53] 人见达也，草野一直，横木正志，等. 五亚甲基二胺的制造方法和聚酰胺树脂的制造方法：中国 200980121108.3 [P]. 2016-01-20.

[54] 山岸兼治，宮奥康平，小林倫子. ペンタメチレンジアミンの製造方法：日本 2010178672A [P]. 2010-08-19.

[55] HITOMI TATSUYA, KUSANO KAZUNAO, YOKOKI MASASHI, et al. 精製ペンタメチレンジアミンの製造方法及びポリアミド樹脂の製造方法：日本 2010275516A [P]. 2010-12-09.

[56] 人見達也，山本正規，西田裕一，等. 精製ペンタメチレンジアミンの製造方法及びポリアミド樹脂の製造方法：日本 2012-201817A [P]. 2012-10-22.

[57] 人見達也，山本正規，西田裕一，等. 精製ペンタメチレンジアミンの製造方法及びポリアミド樹脂の製造方法：日本 2012-188407A [P]. 2012-10-04.

[58] 横木正志，山本正規，人見達也，等. 精製ペンタメチレンジアミンの製造方法：日本 2009155284A [P]. 2009-07-16.

[59] 草野一直，山本正規，人見達也，等. 精製ペンタメチレンジアミンの製造方法：日本 2009195202A

[P]. 2009-09-03.

[60] 人見達也，藤本英司，草野一直，等. ペンタメチレンジアミンの製造方法：日本 2009096796A [P]. 2009-05-07.

[61] 草野一直，山本正規，人見達也，等. ペンタメチレンジアミンの製造方法：日本 2009131239A [P]. 2009-06-18.

[62] 横木正志，山本正規，人見達也，等. 精製ペンタメチレンジアミンの製造方法：日本 2009155284A [P]. 2009-07-16.

[63] 邓如生，魏运方，陈步宁. 聚酰胺树脂及其应用 [M]. 化学工业出版社，2002.

[64] 秦兵兵，刘驰，郭善师，等. 一种去除尼龙盐中杂质 2,3,4,5-四氢吡啶的方法及纯化的尼龙盐. CN105753718A [P]. 2014.

[65] 杨晨，秦兵兵，郑毅，等. 一种尼龙盐的制备方法. CN106555250A [P]. 2014.

[66] 郑毅，刘驰，秦兵兵，等. 一种尼龙的制备方法. CN201310049401. 1 [P]. 2013.

[67] Dasgupta S, Hammond W B, Goddard W A. Crystal structures and properties of nylon polymers from theory [J]. Journal of the American Chemical Society, 1996, 118 (49): 12291-12301.

[68] Puiggalí J, Franco L, Alemán C, et al. Crystal structures of nylon 5, 6. A model with two hydrogen bond directions for nylons derived from odd diamines [J]. Macromolecules, 1998, 31 (24): 8540-8548.

[69] Skrovanek D J, Howe S E, Painter P C, et al. Hydrogen bonding in polymers: infrared temperature studies of an amorphous polyamide [J]. Macromolecules, 1985, 18 (9): 1676-1683.

[70] Kinoshita Y. An investigation of the structures of polyamide series [J]. Macromolecular Chemistry & Physics, 1959, 33 (1): 1-20.

[71] Schroeder L R, Cooper S L. Hydrogen bonding in polyamides [J]. Journal of Applied Physics, 1976, 47 (10): 4310-4317.

[72] Coleman M M, Skrovanek D J, Painter P C. Hydrogen bonding in polymers: III further infrared temperature studies of polyamides [C]. Macromolecular Symposia. Hüthig & Wepf Verlag, 1986, 5 (1): 21-33.

[73] Morales-Gámez L, Soto D, Franco L, et al. Brill transition and melt crystallization of nylon 56: An odd-even polyamide with two hydrogen-bonding directions [J]. Polymer, 2010, 51 (24): 5788-5798.

[74] Magill J H. Spherulitic crystallization. Part I. "odd - even" polyamides: Nylon 56 and nylon 96 [J]. Journal of Polymer Science Part A: Polymer Chemistry, 1965, 3 (3): 1195-1219.

[75] Li Y L, Hao X M, Guo Y F, et al. Study on the acid resistant properties of bio-based nylon 56 fiber compared with the fiber of nylon 6 and nylon 66 [C] //Advanced Materials Research. Trans Tech Publications, 2014, 1048: 57-61. Tsutsumi C, Nakagawa K, Shirahama H, et al. Enzymatic degradations of copolymers of L-lactide with cyclic carbonates [J]. Macromolecular Bioscience, 2002, (5): 223-232.

[76] Tsutsumi C, Nakagawa K, Shirahama H, et al. Enzymatic degradations of copolymers of L-lactide with cyclic carbonates [J]. Macromolecular Bioscience, 2002, (5): 23-232.

[77] 马艳丽. 聚丁二酸丁二醇—共—对苯二甲酸丁二醇共聚酯（PBST）纤维的热定型研究 [D]. 上海：东华大学，2010.

[78] 牵伸作用对尼龙 6 纤维晶型结构及力学性能的影响 [J]. 高分子学报，2012. 12：1643-1647.

第七章 PTT纤维

第一节 概述

聚对苯二甲酸丙二醇酯（PTT）是继聚对苯二甲酸乙二醇酯（PET）和聚对苯二甲酸丁二醇酯（PBT）之后开发的另外一种聚酯高分子材料。PTT具有优异的回弹性、异染性、抗污性，并且具有可生物降解特性[1]。

PTT树脂是1941年首先在实验室合成，但由于其合成原料1,3-丙二醇（1,3-PDO）价格高昂，PTT一直没有得到很好的商业化生产。1995年德国Degussa公司工业化生产出聚合级质量的1,3-PDO。Degussa公司与Zimmer工程公司共同研发了PTT生产工艺。美国Shell公司采用环氧乙烷生产低成本的1,3-丙二醇，并于1995年宣布了PTT的商业化，向市场推出商品名为“Corterra”的PTT树脂。美国Du Pont公司和Genencor公司构建了高效率基因工程菌，以葡萄糖为原料，采用生物发酵方法制造1,3-丙二醇实现了商业化[2]，并生产出商品名“Sorona”的PTT树脂。张家港美景荣化学工业有限公司于2008年2月建成投产PTT装置。2012年4月，盛虹集团下属中鲈科技发展股份有限公司宣布PTT装置开车成功。

PTT树脂商业化的成功，引起了化纤和纺织工业的关注。英威达、旭化成、日本帝人、东丽等公司，台湾华隆、台湾南亚等公司，韩国晓星、韩国合纤等公司，以及西班牙Antex公司都对PTT纤维、织物和服装等下游产品进行了开发。

国内的上海华源股份有限公司与Shell化学公司在2000年达成合作开发协议，将PTT纤维的产业化开发引入国内。美国Du Pont向泉州海天轻纺集团提供PTT短纤加工技术和技术支持，并授权海天轻纺使用“Sorona”聚合物开发、生产和销售PTT短纤维、纱线及其织物。厦门翔鹭与Du Pont也建立了合作伙伴关系。仪征化纤股份有限公司、方圆化纤有限公司也与国外企业合作，开展PTT纤维生产的产业化工作。随着国内自主知识产权PTT技术的发展与成熟，美景荣、盛虹、仪征化纤等都陆续创造了自己的PTT树脂品牌和纤维品牌。

第二节 PTT的制备

一、1,3-丙二醇的生产

1,3-丙二醇（CAS：504-63-2），可以用化学法生产，也可以用生物法生产。国际市场主要由Degussa公司、Shell公司和Du Pont公司三家垄断[3]。Degussa采用的生产方法是丙烯醛法，通过水合作用将丙烯醛转换成3-羟基丙醛（3-HPA），对3-羟基丙醛加氢生成1,3-丙二醇；Shell公司采用环氧乙烷法生产1,3-丙二醇。Du Pont公司采用生物法生产1,3-丙二醇，主要是以葡萄糖为原料，通过高效率基因工程菌发酵生产1,3-丙二醇。

化学法生产1,3-丙二醇需要在高温、高压下进行，还生成有毒物质3-羟基丙醛，生产条件苛刻，反应选择性差，副产物多。用微生物发酵法生产1,3-丙二醇，反应条件温和、环境友好，被以为是最有前途和最有指望的生产方法。生物基PTT是指1,3-丙二醇，是用可再生资源为原料、生物法得到的。微生物法生产1,3-丙二醇的技术瓶颈有几点，比如微生物制造1,3-丙二醇的效率，包括产率和原料到1,3-丙二醇的转化率。最大的技术难点是如何用成本可行的纯化工艺得到满足PTT聚合要求的高质量产品。

1. 生产1,3-丙二醇的菌株改造

早在19世纪80年代，August Freund就发现了Clostridium pasteurianum能代谢甘油生成1,3-丙二醇[4]。

一个世纪以前，人们就发现了自然界中的微生物可以利用甘油来合成1,3-丙二醇。能够发酵甘油合成1,3-丙二醇的微生物大多是厌氧或兼性厌氧细菌，主要有肺炎克雷伯氏菌、产酸克雷伯氏菌[5]、柠檬酸杆菌[6]、短乳杆菌[4]、梭状芽孢杆菌、丁酸梭状芽孢杆菌[7] 等。肠杆菌属和梭状芽孢杆菌属的菌株利用甘油为唯一碳源，乳酸杆菌属的菌株主要利用发酵糖和甘油共发酵，甘油是最终电子受体。梭状芽孢杆菌属的菌株则只能在严格厌氧环境下代谢甘油，但是肠杆菌和乳酸杆菌能够在厌氧或兼性厌氧环境下代谢甘油。自然界中1,3-丙二醇产生菌都是采用甘油作为底物的，不能直接利用葡萄糖来合成1,3-丙二醇。

微生物代谢甘油分为氧化和还原两个途径[8]。氧化途径是甘油脱氢酶将甘油氧化为2-羟基丙酮（DHA），DHA进一步生成磷酸二羟丙酮、丙酮酸，丙酮酸进而再代谢生成乙酸、乳酸等副产物。丙酮酸代谢过程同时产生ATP和NADH，提供能量和还原力。还原途径是甘油在甘油脱水酶作用下脱水生成3-羟基丙醛，自然界中，有的甘油脱水酶需要在辅酶维生素B12的辅助下才能进行有效催化，可以通过对酶进行分子定向进化和定点突变或者选择不依赖辅酶维生素B12的甘油脱水酶，降低生产成本。丁酸梭菌的甘油脱水酶并不依赖辅酶维生素B12。3-羟基丙醛进一步在1,3-丙二醇氧化还原酶作用下消耗还原力NADH或NADPH形成1,3-丙二醇。在底物限制条件下，甘油脱水酶是产物生成的限速酶；底物过量时，1,3-丙二醇氧化还原酶是限速酶[9]，造成3-HPA的累积，从而抑制细胞生长和代谢。

用甘油为原料合成1,3-丙二醇研究较多的微生物是肺炎克雷伯氏杆菌和丁酸梭菌。肺炎克雷伯氏杆菌在有氧、微氧或厌氧的条件下都能以甘油为底物较快速地生长，但副产物较多，副产2，3-丁二醇、乙酸、乙醇以及乙偶姻（3-羟基-2-丁酮）、乳酸、琥珀酸等；丁酸梭菌需要严格厌氧，生长较慢，副产丁酸和乙酸。近几年，也有研究者用微生物菌群来利用甘油生产1,3-丙二醇。

自然界微生物合成1,3-丙二醇的效率远远不能满足工业化需要，需要通过基因工程、酶工程和代谢工程来提高微生物合成1,3-丙二醇的效率。主要的方向可以从以下几个方面入手：一是强化产物代谢流，解决限速反应所带来的负面影响，提高关键酶的表达量；二是副反应的阻断，通过敲除或者弱化副反应的酶活性或者表达量，减少副反应，提高发酵转化率；三是优化次级代谢途径，加强能量代谢和增加必需的酶活辅助因子；四是通过转基因技术利用葡萄糖或者更廉价碳源直接发酵得到甘油。

以甘油为底物合成1,3-丙二醇的微生物改造主要涉及对甘油氧化途径和还原途径的一些酶进行改造，主要是阻断一些副产物的生成，强化代谢流流向目的产物。如 2009 年，Seo 等人通过对甘油氧化途径中的甘油脱氢酶基因敲除，可以消除代谢副产物[10]。2010 年，Horng 等人通过敲除甘油脱氢酶基因和二羟丙酮激酶，副产物乳酸的含量大大降低[11]。在还原途径中过量表达甘油脱水酶和 1,3-丙二醇氧化还原酶可以提高 1,3-丙二醇的合成。甘油脱水酶被发现是一种关键限速酶，甘油脱水酶是以维生素 B12 为辅酶的复合酶。在正常的甘油催化代谢循环中，维生素 B12 某一时期会处于失活状态，失活的维生素 B12 牢牢地束缚在甘油脱水酶上，从而终止催化反应。只有在甘油脱水酶复活酶（GDHtreactivase）的帮助下，维生素 B12 才脱离甘油脱水酶恢复活性[12]。提高甘油脱水酶的表达和活性或者构建不依赖维生素 B12 的甘油脱水酶将有利于 1,3-丙二醇的生产。丙酮酸激酶是甘油氧化代谢途径的限速酶，丙酮酸的裂解是限速步骤，裂解速度会限制还原当量的产生，提高该酶的活性对 1,3-丙二醇的生产也将会非常有利。

微生物用甘油为原料合成 1,3-丙二醇理论摩尔转化率为 0.72，因此该方法工业可行性依赖于甘油的价格，用代谢工程对菌种进行改造，改造的微生物可以利用葡萄糖为碳源来生产 1,3-丙二醇，从而解决精制甘油为原料的成本高的问题。野生型大肠杆菌不具备将葡萄糖转化为甘油和 1,3-丙二醇的能力，需要将葡萄糖到 1,3-丙二醇合成的酶系通过在大肠杆菌的异源表达来实现。比较有代表性的工作是 Du Pont 和杰能科公司合作，从 20 世纪 90 年代开始至今不断地对微生物进行改造，构建以葡萄糖为原料生产 1,3-丙二醇的高效率基因工程菌。WO9635796 公开了 Du Pont 构建的大肠杆菌具有甘油脱水酶活性可以将以葡萄糖合成 1,3-丙二醇。WO992480 公开了类似的方法，在大肠杆菌异源表达该 3-磷酸甘油脱氢酶和 3-磷酸甘油磷酸化酶的一种或两种，并且破坏内源表达的甘油激酶和甘油脱氢酶的一种或两种；WO9821339 公开了构建的大肠杆菌异源表达 3-磷酸甘油脱氢酶、3-磷酸甘油磷酸化酶、脱水酶和 1,3-丙二醇氧化还原酶。WO9821341 公开了构建的菌株具有脱水酶活性和 X 蛋白。WO2001012833 公开了非特异性催化 3-羟基丙醛到 1,3-丙二醇可以大幅度提高 1,3-丙二醇的产率，该催化区别于 1,3-丙二醇氧化还原酶的特异性催化。U. S. Ser No. 10/420587（2003）公开了用于产 1,3-丙二醇基因工程菌的载体和质粒。US7371588B2 公开了高产 1,3-丙二醇的基因工程菌构建方法，包括消除葡萄糖磷酸丙酮酸转运系统，对半乳糖质子转运体的 galP 基因上调，对 3-磷酸甘油醛脱氢酶下调等工作，大幅度提高了 1,3-丙二醇的产率和葡萄糖到 1,3-丙二醇的转化率。US2011/0136190 公开了构建的微生物具有转化蔗糖合成 1,3-丙二醇的能力，构建的菌株具有蔗糖激酶和蔗糖水解酶活性。通过系统的基因工程、代谢工程改造，Du Pont 构建的菌株可以高效率生产 1,3-丙二醇，并且投入到商业化生产。

2. 1,3-丙二醇的发酵工艺优化

基于所用的微生物和原料的不同，微生物生产 1,3-丙二醇的发酵工艺有以下几种。

（1）以甘油为原料，纯种微生物生产 1,3-丙二醇。Menzel K 等人通过控制发酵过程中的甘油浓度的策略，1,3-丙二醇的浓度达到 48g/L，摩尔转化率达到 0.63[13]。利用甘油为原料生产 1,3-丙二醇，为了提高发酵效率，往往添加葡萄糖或者采用微氧发酵来提高发酵强度。添加葡萄糖可以为细胞生长提供碳源，提供还原力，可以提高甘油到 1,3-丙二醇的转化率。如甘油和葡萄糖的共底物发酵的化学计量分析，甘油可以 100%转化为 1,3-丙二醇[14]。相对于厌氧发酵，微氧发酵更利于 ATP 的合成，可以提高生产强度[5]。此外为了降低成本，人们还开发了以废甘油为原料的微生物和发酵工艺。

（2）以甘油为原料，混菌发酵生产1,3-丙二醇。Temudo等筛选出利用甘油生产1,3-丙二醇的混合菌群，主产物为乙醇，1,3-丙二醇的摩尔转化率为0.16[15]。

大连理工大学从海泥中筛选出兼性微生物菌群，可以将甘油转化为1,3-丙二醇，1,3-丙二醇产量达到81.40g/L，甘油到1,3-丙二醇的摩尔转化率为0.63mol/mol[16]。

（3）以葡萄糖为原料，利用构建的高效率基因工程菌纯种发酵生产1,3-丙二醇。典型代表是Du Pont开发的菌株和发酵工艺，发酵强度高，转化率高。Du Pont还构建了具有高的蔗糖转运能力、高的果糖激酶活性和高的蔗糖水解酶活性的基因工程菌，该菌株可以利用蔗糖为原料生产1,3-丙二醇。

（4）以葡萄糖为原料，混菌培养生产1,3-丙二醇。混合培养酵母等甘油产生菌和肠道细菌等1,3-丙二醇产生菌，从而实现由葡萄糖转化为1,3-丙二醇，解决原料问题。如Ma等人[17]利用两种微生物将葡萄糖转化为1,3-丙二醇，浓度达到了15.2g/L。这种发酵方式由于两种菌培养条件的差异，导致终产物浓度低，很难达到高的生产效率。

综上工艺，目前商业化最成功的还是Du Pont开发的以葡萄糖为原料，纯种微生物发酵生产1,3-丙二醇的工艺，该工艺依赖于高效率基因工程菌的构建。

3. 生物法1,3-丙二醇的纯化

1,3-丙二醇发酵液成分复杂，除了1,3-丙二醇外，还含有菌体、蛋白、糖、有机酸、氨基酸以及盐类等杂质。另外，产物浓度低，产物在水相体系，使得蒸发、精馏等工段能耗高，而且采用高温纯化的过程，一些杂质变性可能会造成体系的复杂性。进一步需要了解的是1,3-丙二醇在下游应用的质量要求，在纯化的每个步骤考虑可能影响产品质量的因素。如何用经济高效的纯化方法得到满足PTT聚合要求的高质量产品是1,3-丙二醇产业化的重要瓶颈问题。

从1,3-丙二醇发酵液纯化产品，需要考虑几个步骤。首先将发酵液的菌体进行分离，得到不含菌体的1,3-丙二醇水相体系，这个过程可以通过过滤、离心等方式得到；其次是将1,3-丙二醇从水相体系中分离出来，这可能涉及过滤、蒸发、萃取、结晶等物理过程。最后通过进一步精制，将少量杂质去掉，得到满足需求的1,3-丙二醇产品。

Du Pont专利US8183417公开了用微滤、超滤和纳滤结合去除大分子物质和盐类物质，并且可见颜色减少了90%，可以减少后续离子交换和蒸馏的负担。Du Pont将脱盐浓缩后的1,3-丙二醇发酵液先分别经过精馏，脱除其中的轻组分和重组分，1,3-丙二醇料液再经过加氢过程脱除其中的醛、酮等容易产生颜色的物质，再经进一步精馏脱除加氢过程转化成的轻组分、重组分，最终得到1,3-丙二醇，产品质量符合制备高性能PTT的要求。

采用合适的纯化工艺将发酵液中的盐分去除可以减少后续的提取步骤的负担，从而可以提高产品质量。文献中报道的常用脱盐方法有离子交换、电渗析、盐析法、酸析法、双水相萃取及有机溶剂萃取等。不同的脱盐方法都有各自的优缺点，如离子交换过程需频繁再生，消耗酸碱，产生大量的废水，造成环境污染；电渗析存在着膜污染影响效率以及膜价格昂贵的问题；多级萃取工艺无机盐的回收需浓缩萃余相，回收困难，成本高。

超临界萃取可以替代传统精馏过程，来纯化1,3-丙二醇，流程简单、能耗低。但是超临界萃取多为高压设备，设备处理量小、设备投资高。

专利 US6361983 公开了在发酵液中加碱，提高发酵液的 pH 到 7.0 以上，可以减少在高温处理下而导致的醇、酸、醛类的相互反应、醇脱氢反应和产品颜色问题。特别是用氢氧化钙调节发酵液 pH 导致的副反应比用其他碱处理和不用碱处理产生的杂质少。

二、PTT 的聚合

PTT 是由 1,3-丙二醇和对苯二甲酸或对苯二甲酸酯熔融缩聚而成。同 PET 和 PBT 一样，PTT 是半结晶的热塑性芳香族聚酯，它们的合成方法主要有两种，一种是对苯二甲酸二甲酯（DMT）的酯交换法（DMT 路线），另一种是对苯二甲酸（PTA）的直接酯化法（PTA 路线）。这两种工艺路线的差别仅在于合成对苯二甲酸丙二醇酯（BHTT）的酯化阶段的过程不同，而在后面合成 PTT 的缩聚阶段的过程是相同的。

（1）酯交换法（DMT 路线）。DMT 法是用摩尔比为 1.2～2.2 的对苯二甲酸二甲酯（DMT）与 1,3-丙二醇为原料，以 Ti 或 Sb 或其化合物为催化剂，按表 7-1 所示的条件分三个阶段完成反应。

表 7-1 DMT 路线工艺条件

条件	酯交换	预缩聚	缩聚
摩尔比	1.2～2.2	—	—
温度（℃）	155～245	246～260	260～290
压力（MPa）	0.1	≤0.01	<0.0002
时间（min）	180～240	40～60	120～210

在催化剂的作用下，DMT 中的甲氧基与 1,3-丙二醇发生交换，生成酯化产物（BHTT），同时 1,3-丙二醇中的氢和被取代的甲氧基互相结合，生成副产物甲醇，反应式如图 7-1 所示：

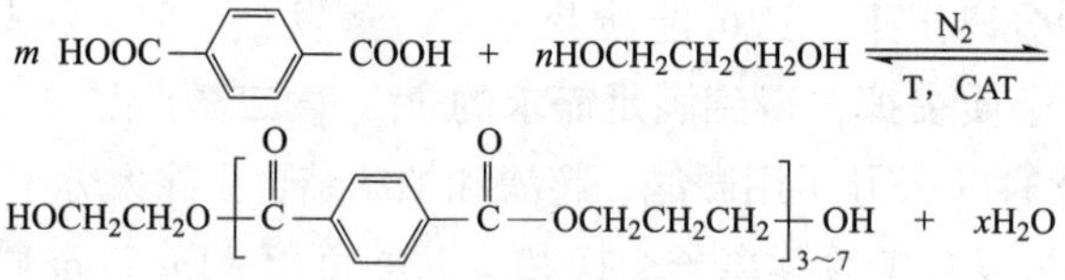

$$m\ \mathrm{HOOC{-}C_6H_4{-}COOH} + n\,\mathrm{HOCH_2CH_2CH_2OH} \xrightleftharpoons[\mathrm{T,\ CAT}]{\mathrm{N_2}} \mathrm{HOCH_2CH_2O}{\left[\overset{\mathrm{O}}{\overset{\|}{\mathrm{C}}}{-}\mathrm{C_6H_4}{-}\overset{\mathrm{O}}{\overset{\|}{\mathrm{C}}}{-}\mathrm{OCH_2CH_2CH_2}\right]}_{3\sim7}\mathrm{OH} + x\mathrm{H_2O}$$

图 7-1 酯交换法 DMT 反应式

在实验室条件用酯交换法合成 PTT 具有操作相对简便、容易控制等优势，但也有很大的缺陷，如设备投资大、生产流程长、生产过程中有副产物甲醇的生成，会对环境造成很大污染，同时，DMT 原料的市场价格也比 PTA 昂贵。因此，在目前 PTT 的工业化生产中一般不采用酯交换法。

（2）直接酯化法（PTA 路线）。直接酯化法是指 PTA 和 1,3-丙二醇直接进行酯化反应，一步合成得到酯化产物对苯二甲酸丙二醇酯（BHTT），然后在低真空条件下进行预缩聚，最后在高真空条件下进行缩聚反应合成 PTT，其工艺条件见表 7-2。因为在常态下，PTA 呈现无定形粉末状，其升华温度（300℃）远低于其熔点（425℃），而 PTA 的升华温度又远高于

1,3-丙二醇的沸点（215℃）。所以，直接酯化反应中既存在液相的1,3-丙二醇又存在固相的PTA，使得反应体系是个多相共存的体系。只有当PTA溶解到1,3-丙二醇中去才能与1,3-丙二醇发生酯化反应，反应式如图7-2所示：

表7-2 PTA路线工艺条件

条件	酯化	预缩聚	缩聚
摩尔比	1.4~1.6	—	—
温度（℃）	260~275	255~270	255-270
压力（MPa）	0.1~0.3	≤0.01	<0.0002
时间（min）	100~140	30~45	120~210

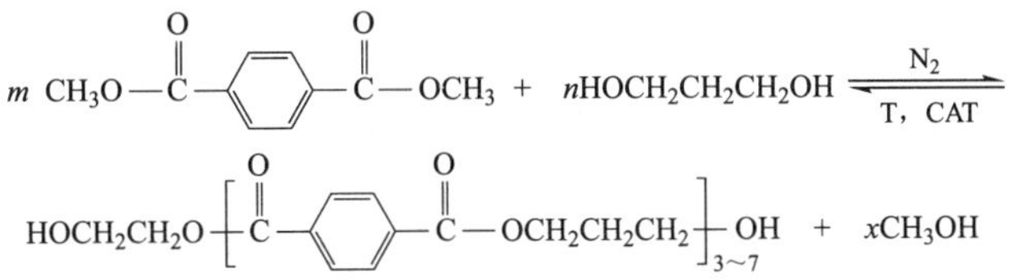

$$m\ CH_3O-\overset{O}{\overset{\|}{C}}-C_6H_4-\overset{O}{\overset{\|}{C}}-OCH_3 + nHOCH_2CH_2CH_2OH \xrightleftharpoons[T,\ CAT]{N_2}$$

$$HOCH_2CH_2O\left[\overset{O}{\overset{\|}{C}}-C_6H_4-\overset{O}{\overset{\|}{C}}-OCH_2CH_2CH_2\right]_{3\sim7}OH + xCH_3OH$$

图7-2 直接酯化法PTA反应式

直接酯化法的优点是生产效率高，流程短，工艺相对合理，生产过程中生成水，不需要回收甲醇，减少了污染，能耗低，PTA原料成本相对较低，使PTT生产成本降低，优势明显。因此，工业化生产中主要采用直接酯化法。

直接酯化法或者酯交换法最后都需要经过相同的缩聚反应才能得到PTT，反应式如图7-3所示：

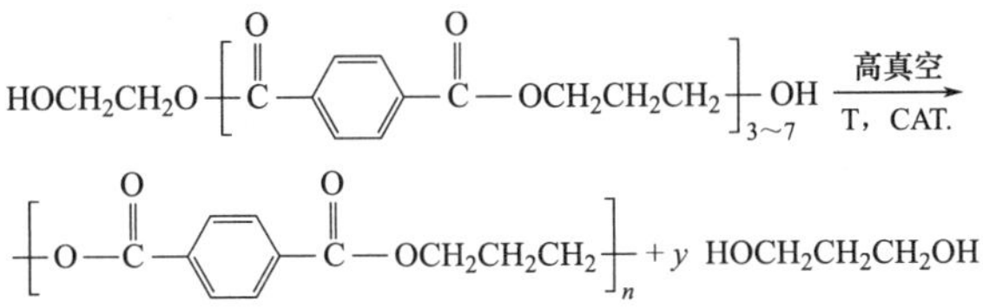

$$HOCH_2CH_2O\left[\overset{O}{\overset{\|}{C}}-C_6H_4-\overset{O}{\overset{\|}{C}}-OCH_2CH_2CH_2\right]_{3\sim7}OH \xrightarrow[T,\ CAT.]{\text{高真空}}$$

$$\left[O-\overset{O}{\overset{\|}{C}}-C_6H_4-\overset{O}{\overset{\|}{C}}-OCH_2CH_2CH_2\right]_n + y\ HOCH_2CH_2CH_2OH$$

图7-3 缩聚反应反应式

在PTT的高真空缩聚阶段，酯交换产生的小分子1,3-丙二醇要比PET缩聚中产生的小分子EG的相对分子质量要大，使得PTT的脱挥要比PET更加困难，要达到满足工业化生产要求的聚合度，就必须加快界面更新，从高黏度的聚合物中脱除小分子，这就需要更高的真空度以提供脱挥的动力。而且PTT合成一般采用卧式反应釜，增加反应釜的搅拌速率和比表面积，都能够明显改善脱挥效果。

1. PTT聚酯催化剂技术

催化剂是PTT聚酯合成技术的关键。目前，PTT生产的催化剂主要是，以Ti或Sb或其化合物为主。而应用复合催化剂更是PTT聚酯生产技术发展的一个重点，如碱金属与钛催化剂的复合、常规聚酯催化剂的复合等。总体来说，制备环保、高效的新型催化剂特别是新型钛系催化剂是今后发展的主要方向。国内外各公司的PTT聚酯催化剂技术见表7-3。

表7-3 PTT催化剂技术

公司名称	催化剂技术
Dupont公司	无机钛-硅复合或有机锡—有机钛复合催化体系
Shell公司	无机钛及常规锑催化体系
上海石化股份有限公司	无机钛—硅—钼复合催化体系
仪征化纤公司	钛—锑—钴—磷复合催化体系
辽阳石化分公司	钛—锗—钴复合催化体系

2. 副反应

由于PTT缩聚过程是在较高温度下进行的，所以除了生成PTT的主反应外，还会发生大分子链端基（如羧基、羟基等）和大分子链中酯键裂解等副反应，生成副产物，造成产物发黄和熔体黏度降低，影响纺丝性能和后加工性能。PTT的副产物主要有挥发性副产物和二缩丙二醇醚类化合物。在PTT制备过程中，会产生少量烯丙醇和丙烯醛等挥发性副产物，它们以溶解状态存在于馏出液中。烯丙醇产生的机理为：PTT热裂解首先产生羧基和丙烯基酯，丙烯基酯通过与羟端基的酯交换反应，生成挥发性的副产物烯丙醇，其生成量约为参与反应的1,3-丙二醇的0.1%~0.2%。丙烯醛估计是由烯丙醇脱氧而生成的，由于这类副产物的沸点较低。所以可以通过精馏的方法除去。

降低烯丙醇和丙烯醛含量的一个关键因素是在酯化结束后预缩聚开始前，使酯催化剂失活或将其封闭，即在预缩聚前加入含磷化合物，包括磷酸、次磷酸、亚磷酸、羧基磷酸及其化合物等，其用量最好为20~60mg/kg，同时也可以根据需要加入常规的着色剂。

另一种对PTT树脂的质量有明显影响的副产物是二缩丙二醇醚类，它与PET中的二甘醇类似。少量二缩丙二醇醚的存在会明显影响PTT的性能，比如使PTT树脂的熔点降低，并能明显影响聚合物的热和光稳定性。

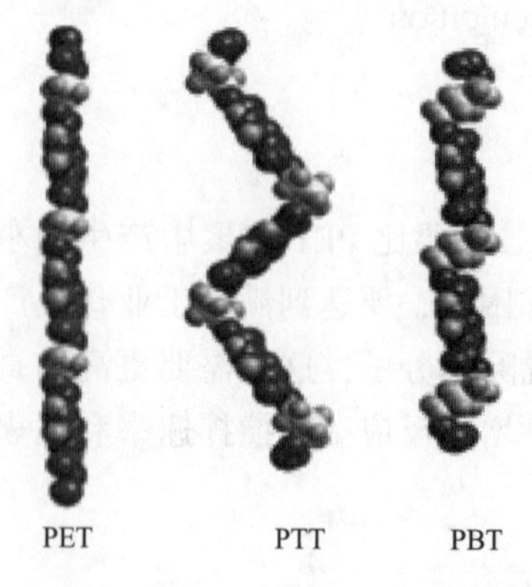

图7-4 PET、PTT和PBT的分子构象

三、PTT树脂的结构与性能

1. 大分子构想

图7-4为PTT、PET和PBT的大分子构象。明显可见，PTT聚合物的分子构象由于重复单元中三亚甲基重复单元奇数原子的作用是锯齿螺旋状的，锯齿螺旋状的分子构象意味着在受到外力作用时，PTT分子可以通过碳链的弯曲、扭转实现外力在分子水平上的传导，而不是简单的拉伸。因而具有良好的拉回复性和较低的模量，这两项性能是非常令人满意的，可以制成手感柔软的可拉伸纺织品和弹性回复好的地毯产品。

2. 热性能

PTT 聚合物是透明的，但随着结晶度的发展切片会变得不透明，结晶度和结晶形态决定了 PTT 的性能。T_c 结晶峰在 160~185℃，当聚合物中含有成核剂时，T_c 也可以高达 200℃。PTT 在 71℃处有一个冷结晶峰，由于冷结晶峰的存在，PTT 切片在进行熔融纺丝的过程中不需要预结晶，PTT 切片不预结晶也不会黏在一起。如图 7-5 所示。

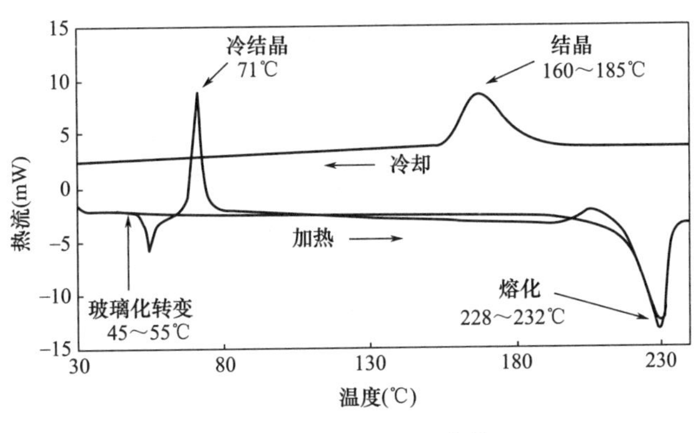

图 7-5 PTT 的 DSC 曲线

3. 半结晶时间

DSC 做出的关于 PTT、PET 和 PBT 的非等温结晶动力学曲线如图 7-6 所示，PTT 的半结晶时间介于 PET 和 PBT 之间，结晶速度的大小依次是 PBT>PTT>PET。

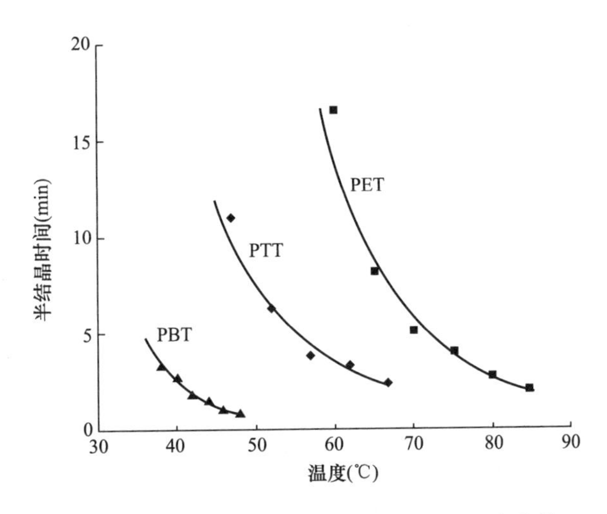

图 7-6 PTT&PBT&PET 的半结晶时间—温度曲线

第三节 PTT 纤维的典型生产工艺

根据不同的应用领域，PTT 聚合物需要在生产过程中，通过调整聚合工艺条件制备并向市场提供不同特性黏数的聚合物，以适应后道用户产品开发的需求，PTT 聚合物典型的特性黏数 0.92～1.02dL/g，其值看上去比典型的 PET 聚酯切片的 0.64dL/g 高出很多，实际 0.92dL/g 的 PTT 切片与 0.64dL/g 的 PET 切片的数均和重均分子量是相近的，M_w 约为 40000（表 7-4）。

表 7-4　PTT 主要物性指标

项目		指标
特性黏度（dL/g）		0.92～1.02
熔点（℃）		228
玻璃化温度（℃）		45～65
熔体黏度	100（s^{-1}）下（Pa·s）	260
	1000（s^{-1}）下（Pa·s）	180

纤维级 PTT 的熔点 228℃，与 PA6 的熔点相近，比 PET 和 PA66 要低，几种常用聚合物熔点的比较，PTT 聚合物的熔点是其中比较低的，在纺丝过程中采用的熔融挤压温度也相对要低些，PTT 切片一般的熔融温度在 255～270℃之间。在该纺丝熔融温度下，PTT 聚合物的熔体黏度与 PET 在它的相应工艺温度下的挤出和流动情况基本相当，为此 PTT 可以应用工业化中大量采用的紧凑式螺杆挤压机进行切片的熔融挤压纺丝。见表 7-5。

表 7-5　几种聚合物的熔点

聚合物	熔点（℃）	聚合物	熔点（℃）
PTT	228	PA6	220
PET	260	PA66	260
PBT	225	PA56	254

研究表明，PTT 聚合物的结晶结构同 PET 和 PBT 类似，均属于三斜晶系。纺丝生产购得的 PTT 聚合物是半结晶状态，与无定形状态的 PET 切片在干燥前必须实施预结晶处理不同，可以无须对 PTT 切片预结晶而直接送入干燥塔。

PTT 聚合物熔体是典型的非牛顿流体，它在熔融状态下的切力变稀现象比 PET 聚合物熔体更为明显，它的非牛顿指数随着温度升高而增大，随着相对分子质量增加而降低，而且，PTT 聚合物熔体的黏流活化能较高，熔体表观黏度对温度的敏感性较大，所以 PTT 聚合物在熔融纺丝过程中，严格控制温度参数对于纺丝工艺的正常实施显得更加重要。

对纺丝工艺而言，成纤聚合物的玻璃化转变温度在纺丝工艺的众多方面都起到重要的影响。丝束的拉伸过程必须在聚合物材料的玻璃化转变温度之上进行。

PTT 纤维和织物采用分散染料染色时，纤维必须在膨化和软化状态下，以便于染料粒子渗入丝束的表层以至内部，纤维得以染色。PTT 聚合物的玻璃化转变温度大大低于 100℃，因此分散染料可以在常压下进行常压无载体沸染。

除了像聚酰胺等纤维，在分子链上存在有活性基团，通过对染料或污物的吸附或结合的方式得以上染或沾污的情况，一般聚合物只能是染料或污物对纤维的渗入而发生作用。PTT

聚合物的玻璃化转变温度明显高于室温，在日常应用环境中，污物难以渗入纤维，所以其纤维和织物具有抗污染的特点。

PTT 聚合物是具有独特的热学和力学性能的聚酯材料，也是性能优良的热塑性有机高分子材料，可以广泛应用于工程塑料和薄膜、片材等包装材料，更可以用来纺制化学纤维。PTT 聚合物可以通过纺丝，进一步织造服用面料并加工成运动与休闲等用途的服装，也可进一步织造地毯和应用于制造非织造布等产品。

PTT 纤维的纺制和生产可以直接利用现有工业化通用的熔融纺丝生产设备，通过纺丝、牵伸、卷曲和切断等工序环节生产 PTT 短纤维；或者通过纺丝、牵伸定型加工成服用全牵伸丝和牵伸假捻丝及喷气变形丝等；也可直接纺制地毯用连续膨体长丝等。

PTT 切片进行熔融纺丝前，与 PET 聚合物的熔融纺丝类同，切片必须充分干燥至水分小于 50mg/kg 以避免由水解导致的降解反应。PTT 聚合物熔点低，玻璃化转变温度也约比 PET 低 30℃，因此 PTT 聚合物的纺丝温度设置要比 PET 纺丝更低的工艺温度。

另外，PTT 的热稳定性较 PET 差，热降解时产生丙烯醛，纺丝时应做好相应的防护和通风。当 PTT 与 PET 复合生产双组分长丝和短纤时，有采用新型主副箱体的复合箱体结构能够较好地满足高低温聚合物的熔融和挤出成型及良好的复合性能。

一、PTT 长丝

所有聚酯在纺丝过程中都会有低聚物的挥发，PET 中低聚物含量约 1.7%，PBT 中低聚物含量为 1.0%，PTT 中低聚物含量为 2.8%左右，PTT 聚合物中会含有较多的低聚物，特别是当有较多的环状二聚体物存在时，纺丝过程会产生较多的纺丝粉尘，使得喷丝板板面的清洁周期缩短，因此熔融加工过程中抽吸装置或是必须的。通常 PTT 聚合物的纺丝工艺与 PET 相比，需要降低生产速度来控制和调整纤维的弹性和回缩性能，相对 PET 纺丝难度有所增加，或者说实际生产效率会稍低。由于 PTT 中的低聚物含量比 PET 高得多，另外由于 PTT 的弹性比 PET 大得多，因此 PTT 纺丝速度低直接影响 PTT 的生产制成率和生产效率。

1. PTT 的 FDY 长丝

通过对 PTT 聚合物成纤性能的研究和纺程上超分子结构形成和发展的研究，PTT 的 FDY 的典型生产速度在 2800~3300m/min 范围内，需要考虑 PTT 固有的拉伸回复和高速牵伸后丝束卷绕内应力的平衡和消除等因素，应该适当提高丝束的牵伸定型效果和卷绕超喂率，除此之外的其他工艺设定方法基本与 PET 的 FDY 的类似。PTT 纤维的双折射率随卷绕速度的增加而增加，强度与双折射率之间的关系见图 7-7，因此纤维强度的关键因素是建立起纤维的取向度。

2. PTT 的 POY 与 SAY 长丝

PTT 纤维的 POY 的生产与 PET 纤维的 POY 的生产相似，随着纺丝速度的增加，纤维的强度增加，伸长率降低。但是在相同的纺丝速度下，PTT 的断裂强度和断裂伸长率都要比 PET 小得多。PTT 的 POY 的另外一个典型特征是丝束在室温或者较高温度下有着收缩和老化的倾向，这种现象依赖于纺丝速度和丝形态的熵松弛和冷结晶共同作用结果，这种变化是不期望的，因此必须对生产环境进行严格的控制。典型的 PTT 的 POY 的生产速度在 2600~3000m/min，卷绕张力控制在 0.53~0.62cN/tex（0.06~0.07gf/旦），POY 平衡温度低于 31℃。如图 7-8 所示。

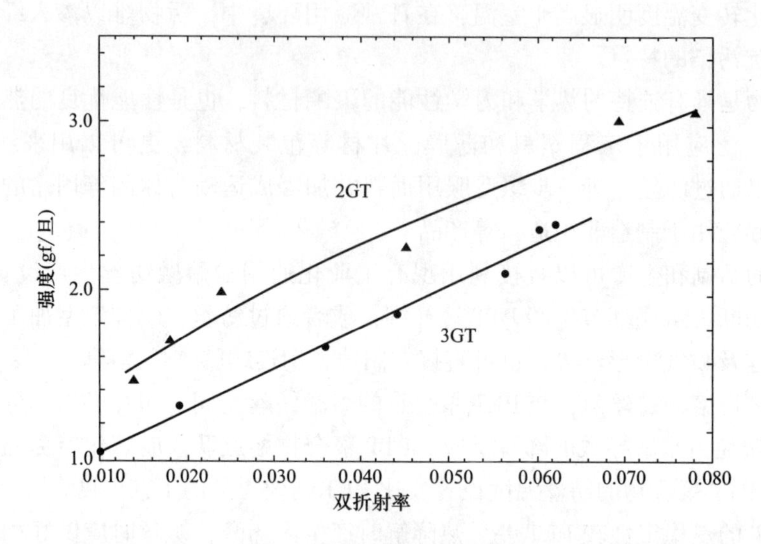

图 7-7　PTT 的纤维双折色率与力学性能的关系

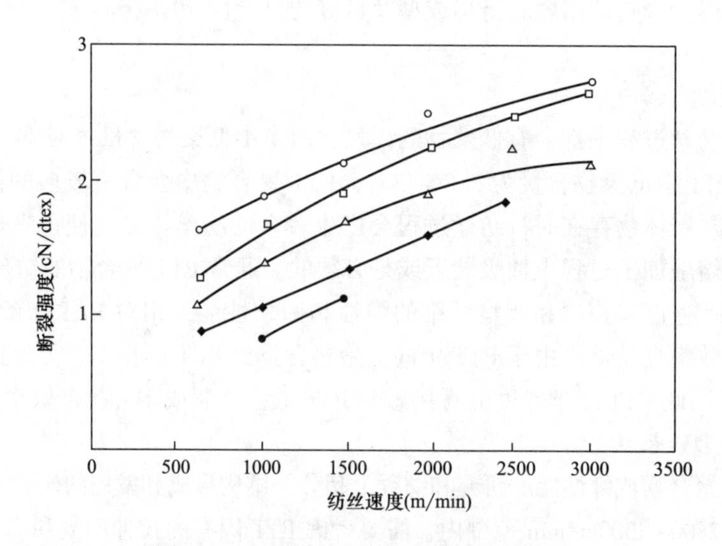

图 7-8　PTT 纺丝速度与力学性能的关系

为克服 PTT 的 POY 在加工和存放过程中的老化问题，可对其在卷绕前进行热稳定处理从而生产 SAY（Spin Annealed Yarn）。SAY 的生产设备类似于 POY 的生产设备，只是丝束喂入辊由一个或一对热辊替代，典型的喂入辊温度为 110～150℃之间，具体需依据纺制的纤维总纤度、卷绕速度和单丝 dpf 来综合考虑。典型的 SAY 的生产工艺图见图 7-9。SAY 是 PTT 长丝的一个中间产品，类似于 PTT 的 POY，被用于后道进一步加工成 DTY 或牵伸丝等。

3. PTT/PET 的并列双组分复合长丝

PTT/PET 的并列双组分复合长丝是采用双组分复合纺丝机，通过特殊的喷丝板和组件设计来实现的，如并列、皮芯、裂片、海岛、橘瓣型等。目前市场上较为流行，且具有良好自然卷曲和拉伸回复性能的 PTT/PET 的并列双组分复合长丝的截面图如图 7-10 所示。

PTT/PET 并列复合长丝因加工工艺的不同所得纤维的弹性回复能力也存在较大差异，如

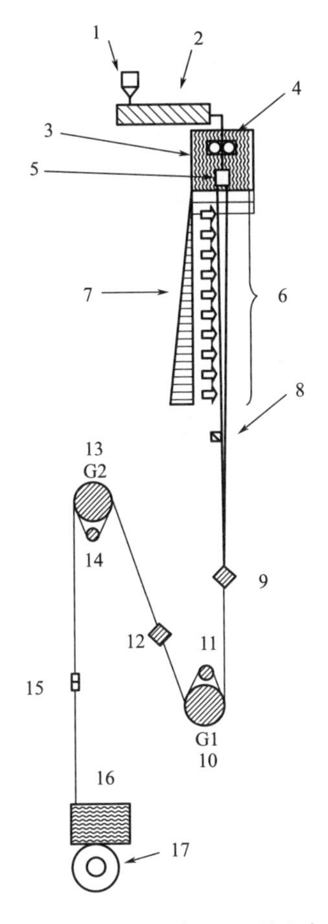

图 7-9　PTT 的 SAY 与 FDY 的生产工艺

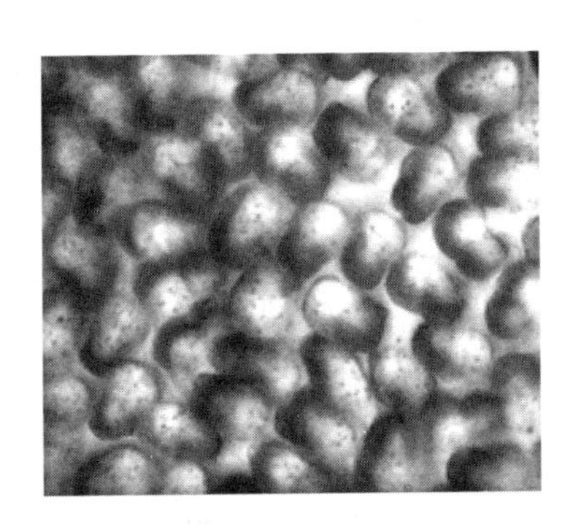

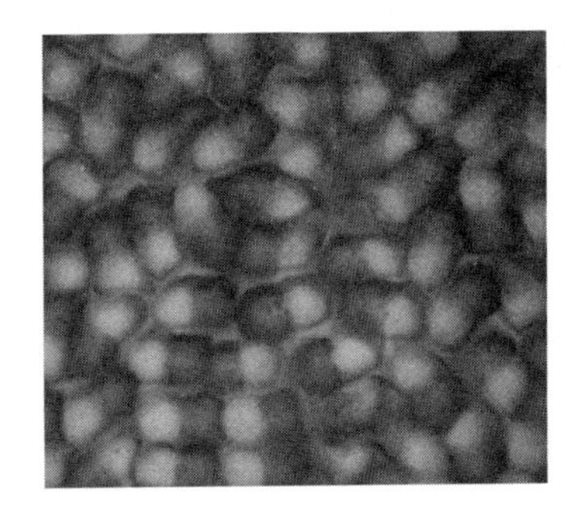

图 7-10　PTT/PET 的并列双组分复合长丝的截面图

纺丝—牵伸定型一步法 FDY 工艺和两步法的纺丝、牵伸定型工艺在产品的性能指标上还是存在较大的不同。经过热处理后的复合纤维的外观见图 7-11。

PTT/PET 的并列双组分复合长丝的永久性卷曲和拉伸—回复性是利用了两种不同聚酯性能上的差异，PET 和 PTT 两者之间的热处理时收缩率不同形成了三维自然卷曲的特性，杜邦公司最早开发的该类产品的商品名为 T-400。目前也有国内企业开发了 PTT/PET 的并列型双

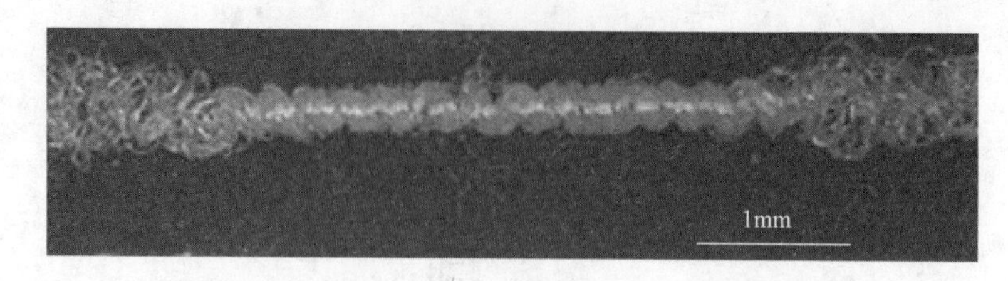

图 7-11 PTT/PET 的并列双组分复合长丝的外观图

组分短纤维产品，商品名为“舒弹丝”。

PTT/PET 的并列双组分复合长丝的手感柔软、拉伸—回复性好、色牢度高、耐日晒、耐污免烫。PTT/PET 的并列双组分复合长丝已广泛用于运动休闲、风衣外套、运动服等服装领域。

近年来，国内企业也纷纷相继开发和生产该类型双组分并列复合纤维，更有企业采用高低黏 PET 原料生产加工并列复合双组份纤维等。

二、PTT 短纤

PTT 的短纤产品可以在现有的 PET 短纤的生产设备上进行生产，所生产的纤维成品也可以适用现有的各种纺织加工设备。典型的 PTT 短纤维其断裂强度 2.6~3.0cN/dtex，断裂伸长率较高 40%~70%；纺制 PTT 短纤时的单喷丝孔产量比纺制相同线密度 PET 短纤时要低 20%~30%，为此需要从熔体停留时间等方面考虑尽可能的减少熔体的降解，设定合理的生产工艺温度；PTT 短纤的前纺纺丝速度一般在 800~1200m/min，已得到工业化验证丝束的冷却成型采用侧吹风和环吹风形式都能满足要求，PTT 短纤维生产后纺加工也会遇到 PTT 的 POY 生产过程的老化问题，因此控制好进入卷取辊与落桶前的喂入轮之间的超喂条件，对于生产稳定显得更为重要。前纺的丝束冷却并储存在 25℃或者更低的温度条件下，可以尽量降低存丝桶中未取向丝可能存在的收缩行为。另因 PTT 的玻璃化转变温度低，后纺时应适当降低定型温度以保持 PTT 纤维柔软的手感等。

PTT 短纤维的应用除了和常规的棉、麻、毛混纺制成各种面料，赋予面料柔软的手感、蓬松及舒适的穿着性外，还可以用作填充料，比如枕头填充料、棉服的填充料等，产品具有良好的蓬松性、耐久性和保暖性。

三、PTT 连续膨体长丝

PTT 的一个主要优点是可热空气变形形成高度蓬松的 BCF，典型的纺丝熔融温度在 250~275℃范围内，牵伸可用一步法或阶段增进式多级牵伸法，160~200℃温度范围内的热空气卷曲变形工艺容易制得高度蓬松的 BCF 地毯纱，BCF 的蓬松性可以通过改变纱线喂入辊温度、卷曲工艺的热空气温度和压力以及卷曲工艺的喷嘴来控制和实现，通过调整上述工艺参数可以使得纱线的卷曲度超过 45%。如表 7-6 所示。

采用聚酯长丝加工织造的地毯，具有抗污染的特性，以 PTT 的 BCF 为原料生产的地毯可以满足天然内在抗污和兼具优异的保持地毯原型特性。

表 7-6　螺杆挤压机纺制 PTT—BCF 温度设置

1 区（℃）	2 区（℃）	3 区（℃）	4 区（℃）	熔体温度（℃）
235	250	260	260	260

PTT—BCF 生产合适的喷丝头拉伸比在 100～150 之间，牵伸卷绕速度一般在 2200～2600m/min，丝束变形膨化温度 170～200℃。

PTT 纤维除了具有尼龙产品的高耐摩性、高弯曲回复性、高膨化度外，还保持了聚酯的低静电性和高的耐污性。因此 PTT 连续膨体长丝用以生产地毯可以提高尼龙毯地毯的部分性能。但 PTT 的 BCF 必须加入阻燃剂才能达到商业地毯的应用标准，而阻燃剂的加入不但影响了地毯的光泽，也直接影响到成本，这限制了 PTT 在商业地毯上的应用。

PTT 的 BCF 的生产可以在现有的尼龙产品的 BCF 纺丝机上进行，可以通过调节 BCF 的膨化率和截面形状来实现毯面的覆盖率，与其他原料的 BCF 一样进行后续的并丝、加捻、热定等处理。

第四节　PTT 纤维的结构性能与应用

一、PTT 纤维的结构性能

PTT 纤维是纺织产业中的一种新型的、性能优异的聚酯化学纤维，性能优于传统的 PET 和 PBT，具有广阔的市场空间。

表 7-7 是 PET、PBT、PTT 纤维的主要性能指标。PTT 纤维的柔软度明显优于 PET 和 PBT，而且 PTT 纤维具非常好的弹性回复性能，20%形变时的弹性回复率高达 90%，而 PET 只有 30%左右。

表 7-7　PET、PBT、PTT 纤维的主要性能指标

性能指标	PET	PBT	PTT
密度（g/cm^3）	1.38	1.32	1.33
杨氏模量（cN/dtex）	97	50	23
断裂强度（cN/dtex）	3.2～6.8	3.0～3.6	3.0～3.6
断裂伸长（%）	20～30	20～30	20～30
干湿强度比（%）	100	100	100
干湿伸率比（%）	100	100	100
弹性回复	差	一般	非常好
20%形变时的弹性形变（%）	30	40	90
熔点（℃）	265	225	228
玻璃化转变温度（℃）	45～55	70～80	25～35
导热系数	7.3	7.3	7.0
回潮率（%）	0.45	0.45	0.45

1. 纤维的弹性回复性

纤维与纱线的伸长变形可分为：急弹性变形、缓弹性变形和塑性变形。急弹性变形程度越大，塑性变形程度越小，回弹性就越好。有资料表明：PTT 的急弹性变形程度明显高于 PET，与尼龙 66 相近；而塑性变形程度明显低于 PET，也和尼龙 66 差不多，所以 PTT 的回弹性显著高于 PET（是 PET 的 2 倍）[18]（表 7-8）。

表 7-8　定伸长弹性恢复测试[1]

项目	3%定伸长		5%定伸长		10%定伸长	
	急弹性恢复值（%）	总弹性恢复值（%）	急弹性恢复值（%）	总弹性恢复值（%）	急弹性恢复值（%）	总弹性恢复值（%）
PTT Ⅰ	98	90	88	86.6	65	76
PTT Ⅱ	90	87	83	80	63.5	73.9
PTT Ⅲ	98	90	90	88	77	80

注　试样为 1.67dtex×38mm PTT 短纤维。实验仪器为 YG（B）003A 电子单纤维强力机，夹持距离为 20mm，下夹持器速度为 20mm/min，分别测 30 次。

2. 染色性

PTT 的玻璃化转变温度（45～55℃），PET 的玻璃化转变温度约为 80℃，所以 PTT 的玻璃化转变温度比 PET 低近 30℃，所以 PTT 的染色性能优于 PET 纤维。PTT 纤维可在常温常压下可染。PTT 在 100℃时的染深性可以与 130℃的 PET 的染深性相比。PTT 的典型染色工艺见图 7-12。

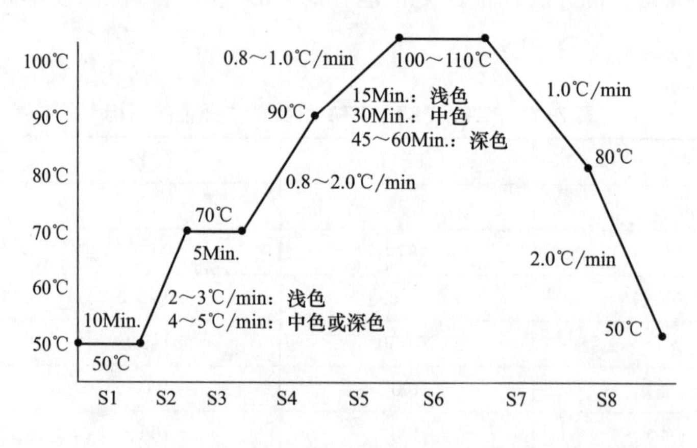

图 7-12　PTT 纤维典型染色工艺曲线

3. 抗污性

PTT 归属于聚酯类聚合物的特性决定了 PTT 的耐污性能要优于尼龙产品，抗污性能与纤维的拒油性和易去污性有关。研究表明，大分子链的化学结构对其表面张力影响很大，亚甲基为奇数的比偶数的临界表面张力低，所以 PTT 纤维具有较好的抗污性，具有优异的抗酸性和抗分散性污物污染的性能，不必施加助剂，纤维本身的分子结构赋予其天然的抗污性，在一定程度上可以节约后整理成本[19]。

4. 热性能

PTT 纤维的熔点 T_m 在 230℃ 左右，低于 PET（265℃）和 PA66（256℃）和 PA56（254℃），其玻璃化转变温度 T_g 与 PA6 相似。玻璃化温度 T_g 与软化点温度 T_c 的差值（AT_g）是高分子加工的一个重要参数，PTT 纤维的 AT_g 很小，仅为 15℃，而 PET 纤维为 70℃左右，因此 PTT 纤维在拉伸过程中要严格控制温度。表 7-9 列出了几种主要合成纤维的热学性能[19]。

表 7-9　几种合成纤维的热学性能比较

项目	熔点温度 T_m（℃）	玻璃化温度 T_g（℃）	软化点温度 T_c（℃）
PET	265	68	132
PTT	230	45~65	65
PBT	256	25	44
PA6	220	40~80	65
PA66	256	50~90	

5. 卷曲性

由图 7-13 PTT/PET 并列纤维的卷曲形态可以看到，羊毛纤维单位长度的卷曲数少，而且与 PTT/PET 并列复合纤维相比卷曲幅度不大。

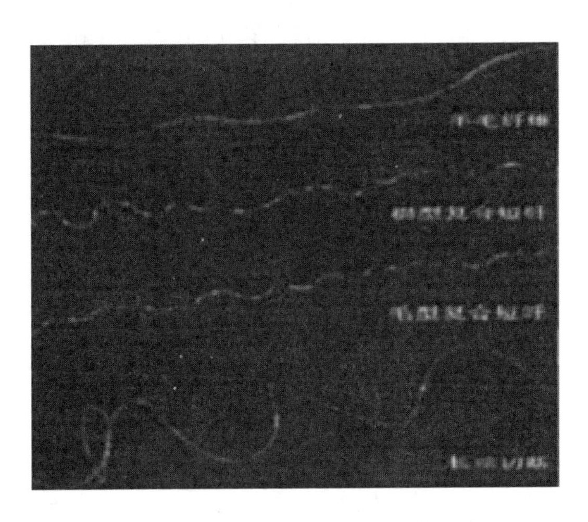

图 7-13　热处理前的纤维卷曲形态

棉型复合短纤的卷曲曲率比毛型复合短纤稍大，但远小于复合纤维长丝切断后的纤维的卷曲半径。复合长丝切断得到的短纤，卷曲整齐的纱段与卷曲杂乱的纱段的间隔排列，卷曲形态比较清晰，单位长度上卷曲数较少，但卷曲半径比前面两种短纤都大。从图 7-14 中可以看到，热处理后羊毛纤维的卷曲形态变化不明显。而复合纤维单位长度上的卷曲数增加、卷曲幅度变大。长丝经过热处理后，由稀疏的大卷形态变为细密规整的小卷形态，单位长度的卷曲数急剧增多，卷曲半径变小，三维螺旋卷曲的外形十分规整[20]。

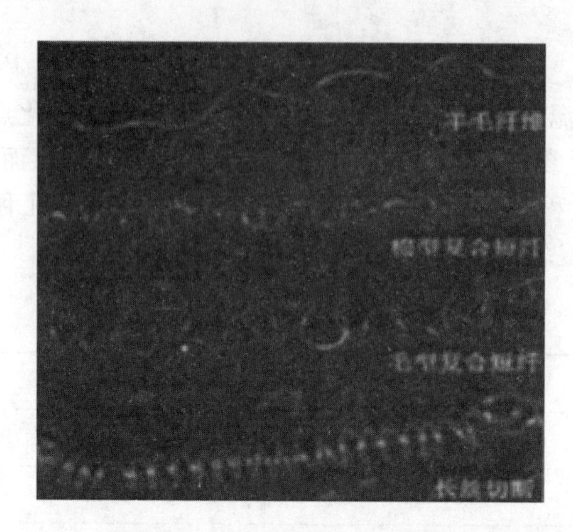

图 7-14　热处理后的纤维卷曲形态

二、PTT 纤维的应用

1. 地毯

PTT 纤维优异的回弹性、抗污性、低静电性、化学稳定性及玻璃化温度高于室温可定型处理等，使 PTT 在地毯工业中有着广泛的用途。目前的地毯丝主要是 PA（聚酰胺）和 PP（聚丙稀）等，而 PTT 有着它们无法比拟的优异性能（表 7-10）[21]。PTT 作为化纤地毯的原料，其蓬化度和弹性与 PA 地毯相近，PTT 地毯在频繁的摩擦和洗涤后仍具有较好的弹性。铺地性能和抗污性优异使得 PTT 在地毯领域中具有一定的竞争力[22]。

表 7-10　合成地毯纤维的性能比较

特性 \ 纤维	PTT	PET	PA	PP
蓬松性	优	较优	优	良
回弹性	优	良	优	差
染色性	良	较优	优	很差
染色方法	分散染料常压无载体沸染	分散染料高温高压载体	酸性染料常压	分散染料高压
抗污性	优	优	差-良	优
耐腐蚀性	优	优	优	良
耐磨性	优	优	优	良
抗静电性	优	优	差-良	优
手感	优	优	良	良
柔韧性	优	良	优	差
形状	优	良	优	差

2. 服装

PTT 纤维在服装领域，尤其是紧身衣和运动服的生产上可以部分替代尼龙产品，作为纤维材料，PTT 纤维具有优异的耐化学品性以及耐紫外线、臭氧及抗静电性。

PTT 纤维的最终用途包括以下几个方面：

（1）长纤维制造的各种服装：纤维良好的拉伸回复性、柔软性和柔软的手感是这种应用的关键。

（2）短纤混纺织造的各种服装以及短纤做的各种填充料：纤维的蓬松性和低的导热系数是这种应用的关键。

（3）PTT 膨体长丝在地毯上的应用：纤维及其织物的耐磨性、回弹性、抗污性和低的静电性是这方面应用的关键。

PTT 面料有以下优点：色牢度高；舒适性好，并具有良好的拉伸性和抗静电性，适合人们对弹性面料的需求；手感柔软，仿棉手感；外观悬垂性好；容易护理，耐用性好。

3. 非织造

目前 PTT 纤维的应用还集中在非织造布领域。PTT 基非织造布以 PTT 短纤维（纯纤或混纤）通过针刺或水刺缠结技术制得，也可以采用纺粘法或熔喷法直接制得。壳牌公司开发的 PTT 纺粘法非织造布做地毯背衬，实现了生产一种极易回收的全 PTT 基的地毯新品种。由于高速工艺加工非织造布，手感柔软，而且悬垂性好，同时具有显著的抗 γ 辐射性，在医疗用品领域比较 γ 辐射差的 PP 和柔软性低的 PET 更有竞争力[23]。

4. 其他

PTT 纤维的其他其在应用领域还包括单丝和非织造布等。

三、展望

PTT 纤维在拉伸回复性、柔软性、蓬松性、耐磨性、回弹性、抗污性和低的静电性等方面具有优异特性。随着 1,3-丙二醇生产工艺的日趋成熟和生产成本的不断降低，PTT 聚合物或切片产量和生产规模将得到快速的发展，也将会带来 PTT 纤维应用的新热潮。

参考文献

[1] Kurian JV. A New Polymer Platform for the Futre-Sorona® from Corn Derived 1,3-Propanediol [J]. J Polym Environ, 2005, 13 (2): 159-167.

[2] Nakamura CE, Whited GM. Metabolic engineering for the microbial production of 1,3-propanediol [J]. Curr Opin Biotechnol, 2003, 14 (5): 454-459.

[3] 郭立群. 生物合成 1, 3-PDO [J]. 精细与专用化学品, 2001, 24: 25-27.

[4] Freund. Ubcr die Bildung and Darstellung von Trimethylenalkohol aus Glycerin [J]. Monatsh Chem, 1881 (2): 636-642.

[5] Jun SA, Moon C, Kang CH, et al. Microbial fed-batch production of 1, 3-propanediol using raw glycerol with suspended and immobilized Klebsiella pneumonia [J]. Appl Biochem Biotechnol, 2010, 161 (161): 491-501.

[6] Yang G, Tian JS, Li JL. Fermentation of 1, 3-propanediol by a lactate deficient mutant of Klebsiella oxytoca

under microaerobic condition [J]. Appl Microbiol Biotecnol, 2007, 73 (5): 1017-1024.

[7] Maervoet VET, Beauprez J, Maeseneire SLD, et al. Citrobacter werkmanii, a new candidate for the production of 1, 3-propanediol: strain selection and carbon source optimization [J]. Green Chem, 2012, 14 (8): 2168-2178.

[8] Jolly J, Hitzmann B, Ramalingam S, et al. Biosynthesis of 1, 3-propanediol from glycerol with Lactobacillus reuteri: effect of operating variables [J]. J Biosci Bioeng, 2014, 118 (2): 188-194.

[9] Chatzifragkou A, Papanikolaou S, Dietz D, et al. Production of 1, 3-propanediol by Clostridium butyricum growing on biodiesel-derived crude glycerol through a non- sterilized fermentation process [J]. Appl Microbiol Biotechnol, 2011, 91 (1): 101-102.

[10] Moon C, Lee CH, Sang BI, et al. Optimization of medium compositions favoring butanol and 1, 3-propanediol production from glycerol by Clostridium pasteurianum [J]. Bioresour Technol, 2011, 102922: 10561-10568.

[11] Gungomusler M, Gonen C. 1, 3-propanediol production potential of Clostridium saccharobutylicum NRRL B-643 [J]. N Biotchnol, 2010, 27 (6): 782-788.

[12] Metsoviti M, Zeng AP, Koutinas AA, et al. Enhanced 1, 3-propanediol production by a newly isolated Citrobacter freundii strain cultivated on biodiesed-derived waste glycerol through sterile and non-sterile bioprocess [J]. J Biotechnol, 2013, 163 (4): 408-418.

[13] Saxena RK, Anand P, Saran S, et al. Microbial production of 1, 3-propanediol: Recent developments and emerging opportunities [J]. Biotechnol Adv, 2009, 27 (6): 985-913.

[14] Sun Y, Ye J, Mu X, et al. Nonlinear mathematical simulation and analysis of dha regulon for glycrol metabolism in Klebsiella pneumonia [J]. Chin J Chem Eng, 2012, 20 (5): 958-970.

[15] Seo MY, Seo JW, Heo SY, et al. Elimination of by-product formation during production of 1, 3-propanediol in Klebsiella pneumonia by inactivation of glycerol oxidative pathway [J]. Applied Micro Biotech. 2009, 84 (3): 527-534.

[16] Horng YT, Chang KC, Chou TC, et al . Inactivation of dhaD and dhaK abolishes by-product accumulation during 1, 3-propanediol production in Klebsiella pneumonia [J]. Inds Micro Biotech. 2010, 37 (7): 707-716.

[17] Daniel R, Bobik TA, Gottschalk G. Biochemistry of coenzyme B12-dependent glycerol and diol dehydratases and organization of the encoding genes [J]. Fems Microb Rev, 1998, 22 (5): 553-566.

[18] O' Brien JR, Raynaud C, Croux C, et al. Insight into the mechanism of the B12-independent glycerol dehydratase from Clostridium butyricum: preliminary biochemical and structural characterization. Biochemistry. 2004, 43 (16): 4635-4645.

[19] Menzel K, Zeng AP, Deckwer WD. High concentration and productivity of 1, 3-propanediol from continuous fermentation of glycerol by Klebsiella pneumonia [J]. Enzyme Microb Technol, 1997, 32 (20): 82-86.

[20] Xiu ZL, Chen X, Sun YQ, et al. Stoichiometric analysis and experimental investigation of glycerol-glucose cofermentation in Klebsiella pmneumoniae under microaerobic conditions [J]. Biochem Eng J, 2007, 33: 42-45.

[21] Temudo MF, Poldermans R, Kleerebezem R, et al. Glycerol fermentation by (open) mixed cultures: a chemostat study [J]. Biotech Bioeng, 2008, 100 (6): 1088-1098.

[22] 修志龙，刘会芳，陈洋，等. 一种混菌发酵甘油生产1，3-丙二醇的方法 [P]. 中国，CN104774897A. 2015-07-15.

[23] Ma Z, Shen TX, Bian Y, et al. 1, 3-propanediol production from glucose by mixed-cluture fermentation of

Zygosacharomyces rouxii and Klebsiella pneumonia [J]. Eng Lie Sci, 2012, 12 (5): 553-559.

[24] Manisha R. MATHUR, Sanjeev R. SHUKLA, Prafulla B. SAWANT. Heat Setting of Poly (butylenes terePhthalate) [J]. Polymer Journal, 1996 (3), 189-192.

[25] 任永花，俞建勇，张一心. PTT 纤维及其制品的应用特性分析 [J]. 纺织技术，2005，33 (11)：1-4.

[26] 林文静，罗锦，王府梅. PTT/PET 并列复合短纤维的卷曲和拉伸性能研究 [J]. 合成纤维，2010，01：27-31.

[27] 林玲. PTT 短纤维可纺性研究及产品开发 [D]. 上海：东华大学，2003.

[28] 秦贞俊. 弹力纤维及喊弹力纤维的纱和织物 [J]. 国外纺织技术，2000，第 2 期，21-23.

第八章 蛋白改性纤维

第一节 概述

蛋白改性纤维是指在化学纤维制备过程中，通过共混、接枝等方法加入大豆、牛奶、羊毛和丝素等蛋白质而得到的改性化学纤维。以氨基酸为单元的蛋白质是生物体中最丰富的高分子，现在整个生物界已知的蛋白质已逾百万种，可以提供作为纤维原料的蛋白质如牛乳蛋白、蚕丝蛋白、胶原蛋白、蜘蛛丝蛋白、大豆蛋白、玉米蛋白、蓖麻蛋白等。蛋白改性纤维包括大豆蛋白纤维、牛奶蛋白纤维、胶原蛋白纤维、羊毛角蛋白纤维、羽毛蛋白纤维、蚕蛹蛋白纤维等。蛋白改性纤维除了原有纤维的性能特点外，还具有某些蛋白纤维的特性，如纤维模量较高及吸湿性、舒适性较好，可以广泛用于内衣、服装面料和非织造布产品等，特别适合和人体皮肤接触多的服饰用品，如床上用品、女性专用的卫生品等，特别是通过蛋白质的引入，可赋予纤维材料某些生物功能特性，如生物相容性、渗透性、pH 响应性和脂肪吸附性等，不仅可用作纺织材料，还可用于生物、医学等特殊领域。

世界上的蛋白质资源十分丰富，并且许多蛋白质属于再生资源，因此，再生蛋白质纤维的发展具有可持续性、可循环性。从原料供应方面看，再生蛋白质纤维作为纺织品的新型原料，其发展前景十分可观，具有相当大的竞争力。将低附加值的农副产品加工制造成具有高附加值的纺织原料，符合世界纺织业发展的趋势，并且对资源的利用和保护也起到一定的作用。

蛋白改性纤维研究开发的历史较早，1930 年，Todtenhaupt 公司用从牛乳中提炼的酪素进行纺丝制得酪素纤维[1,2]，意大利 SNIA、英国 Courtauldes 公司也相继开发了酪素纤维[3]，1969 年，日本东洋纺公司生产了牛奶蛋白纤维，取名为 Chinon，它是由牛奶蛋白与聚丙烯腈接枝共聚制得。1938 年英国 ICI 公司制备了花生蛋白质纤维，商品名为 Ardil，该纤维吸水率为 14%（质量分数）左右，断裂强度为 0. 7cN/dtex[4]。1938 年，日本油脂公司开发了以大豆为原料的纤维。1939 年，Core Product refining 公司将从玉米中提炼的蛋白质用碱溶解纺丝制得玉米蛋白纤维，1948 年美国维吉尼亚-卡里罗来纳化学公司 Vaiginia Carolina Chemical Crop 公司开始工业化生产，商品名为 Vicara，该纤维相对密度为 1. 25，吸水率为 10%（质量分数）左右，断裂强度为 1. 0～1. 2cN/dtex[5]。1945 年，美国、日本研究了大豆蛋白纤维，美国商品名为 Soylon，吸水率为 11%（质量分数）左右。

由于早期研制的再生蛋白质纤维因强力低、纤维粗、力学性能差、技术难度大等原因而未能实现工业化生产。后来，由于石油化学工业的发展，合成纤维成为工业化纺织材料研究与发展的重点。随着石油等能源紧缺问题的出现，以及人们对纺织产品舒适性和保健等功能的要求提高，世界范围环保和可持续发展的要求越来越高，20 世纪 90 年代以后，国内外对再生蛋白质纤维的研究又重视起来。日本东洋纺公司重新开始研究牛奶蛋白纤维，并实现了工业化生产，它具有天然丝般的光泽和柔软手感，有较好的吸湿性、导湿性、极好的保暖性，穿着舒适。1994年以来，美国杜邦公司对玉米蛋白纤维的制造和性能进行了研究。日日本的K. Matsumoto等和美国的O. Liivak等本进行了丝素/聚乙烯醇复合纤维、丝素/纤维素复合纤维的研究[6-8]。1999~2003年美国亚特兰大纺织学院进行了大豆蛋白/聚乙烯醇复合和共混纤维（图8-1、图8-2）的纺丝及结构、性能研究。Dupont公司还采用基因重组DNA技术，将蜘蛛蛋白基因注入山羊体内，再从山羊奶中提取蛋白质生产出的有“生物钢”之称的蜘蛛丝，蜘蛛丝纤维具有非常好的弹性和强度，且重量很轻，可用于生产防弹衣。

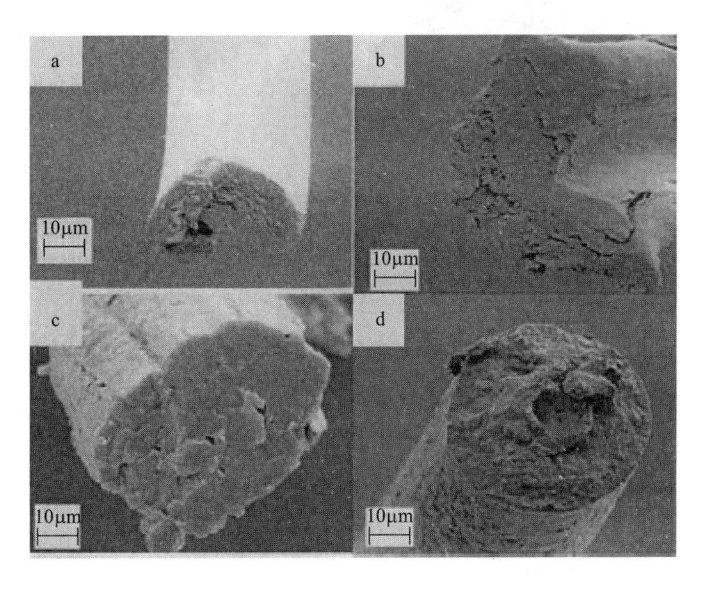

图8-1 大豆蛋白/聚乙烯醇共混纤维

a—PVA b—PVA/SPI：90/10 c—PVA/SPI：40/60 d—SPI

我国对再生蛋白纤维研究起步比较晚但发展迅速，直到20世纪末，上海正家牛奶丝科技有限公司和山西恒天纺织新科技有限公司分别以聚丙烯腈为单体，通过化学方法成功研制出牛奶蛋白纤维。2001年江苏红豆实业股份有限公司成功生产出用这种牛奶蛋白纤维织造而成的红豆牛奶丝T恤衫。1999年，河南李官奇先生成功工业化生产出大豆蛋白纤维（图8-3），该纤维是一种大豆蛋白20%左右与PVA或PAN（主要是PVA）的共混体，于2000年通过了国家经贸委工业试验项目鉴定[9-11]。

20世纪90年代，我国对蚕蛹蛋白质纤维进行研制，后来由四川宜宾丝丽雅股份有限公司生产成功。它是将蚕蛹蛋白提纯配制成溶液按比例与黏胶共混，采用湿法纺丝形成具有皮芯结构的含蛋白纤维。蚕蛹蛋白纤维呈金黄色，纤维富含18种氨基酸。这种蛋白纤维是由两种物质构成具有两种聚合物的特性，属于复合纤维中的一种[12,13]，现在市场上已有一定的销售。

2002年，天津人造纤维厂利用毛纺行业产生的下脚料或动物的废毛作原料，通过化学处理方法溶解成蛋白质溶液与纤维素黏胶溶液混合，经纺丝制成蛋白质纤维素纤维。

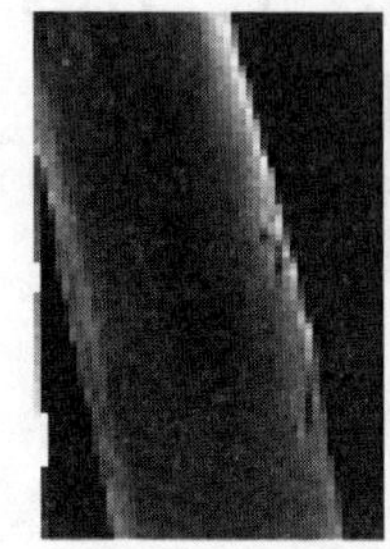
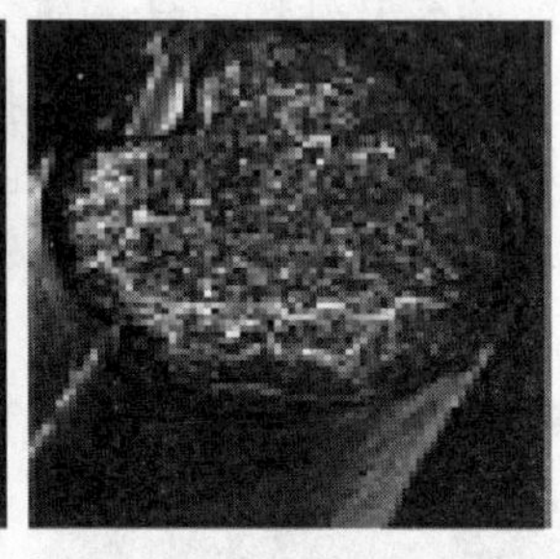

图 8-2 大豆蛋白/聚乙烯醇皮芯复合纤维

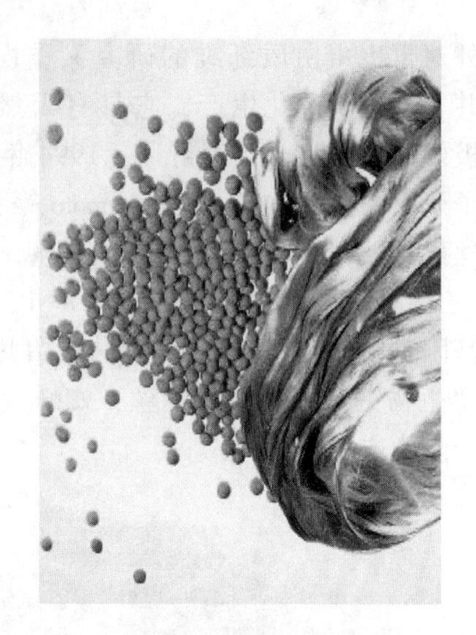

图 8-3 大豆蛋白纤维

第二节 大豆蛋白改性纤维

大豆蛋白是一种植物蛋白，可通过碱提酸沉法、膜分离法、双极膜电解法以及气泡法等提取方法从大豆豆粕中提取所得。大豆蛋白含有多种人体必需氨基酸，其比例均衡，是一种很重要的蛋白来源。因此大豆蛋白在食品、纺织方面都得到极大发展。

一、大豆蛋白的结构与组成

蛋白质是由多种氨基酸经缩合失水形成的含肽键线型高分子化合物，其分子结构可表示为：

$$\text{—}\underset{\substack{|\\ R_1}}{\text{HNCHCO}}\text{—}\underset{\substack{|\\ R_2}}{\text{HNCHCO}}\text{—}\underset{\substack{|\\ R_3}}{\text{HNCHCO}}\text{—}\underset{\substack{|\\ R_4}}{\text{HNCHCO}}\text{—}$$

其中，R_1、R_2、R_3、R_4 为氨基（$—NH_2$）、羧基（—COOH）、羟基（—OH）、苯基（$—C_6H_5$）和巯基（—SH）等极性或非极性基团。

蛋白质分子中各氨基酸的结合顺序称为一级结构。大豆蛋白质分子质量呈不均匀分布，大约 8000~600000 之间。蛋白质的同一多肽链中的氨基和酰基之间可以形成氢键，使得这一多肽链具有一定的构象，其分子构象呈 α 螺旋结构和 β 折叠结构，这些称为蛋白质的二级结构（图 8-4），此多肽链就是球蛋白分子的亚基。

由于分子中极性基团和非极性基团（如氢键、二硫键、疏水基团和离子键等）的相互作用，大豆蛋白质分子链易发生团聚，形成近似球状复杂结构，故称为球蛋白。这种特定形状的排列称为蛋白质的三级结构（图 8-5）。相同和不同球蛋白分子构成的聚合体为蛋白质四级结构。

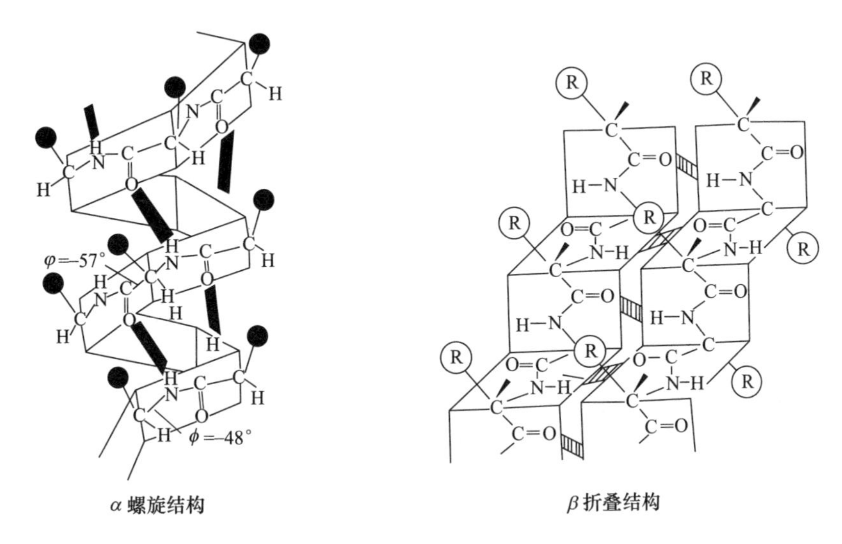

图 8-4　蛋白质的二级结构示意图

（●Ⓡ　基团，▬▨氢键）

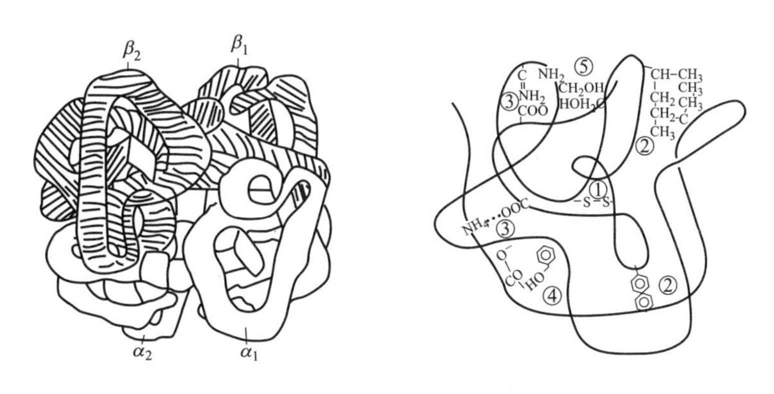

图 8-5　蛋白质的三级结构示意图

大豆蛋白主要由球蛋白组成，球蛋白的含量约占其蛋白总量的 90%（质量分数），另有 5%（质量分数）左右属清蛋白。球蛋白与清蛋白都能溶于水或者碱溶液中，但是球蛋白在 pH 为 4.5 左右时能够沉淀出来，而清蛋白不能沉淀，故又称球蛋白为酸沉蛋白，清蛋白为非酸沉蛋白。利用这一特性，可以把球蛋白从豆粕中分离出来。

按照蛋白质在离心机中的沉降速度来分，可分为 2s、7s、11s 和 15s（s 沉淀常数，是蛋白质超速离心机组分分离时的单位，$1s=1/10^{13}s$）4 个主要的组分，它们的比例成分为 9.4%（质量分数），43%（质量分数），43.6%（质量分数）和 4.6%（质量分数）。蛋白质主要成分是 11s 和 7s 球蛋白，一个分子的 11s 蛋白质有 6 个亚基、12 个多肽链，1 个分子的 7s 蛋白质有四个亚基、至少有 9 个多肽链。蛋白质在一定条件下能解离为亚基结构，例如，在 pH 和离子浓度都比较低的条件下，11s 能解离成 2s 组分，但在 pH 为 2 和 pH 为 11 的条件下，它们又通常会发生聚合作用，产生聚合物。球蛋白的缔合——解离反应，对功能性起着重要作用。大豆中的主要蛋白质成分如表 8-1 所示。

表 8-1 大豆中的主要蛋白质成分

组分	成分	相对分子质量
2s	胰蛋白酶抑制剂	8000~21500
	细胞色素 C	12000
7s	血球凝集素	110000
	脂肪氧化酶	102000
	β-淀粉酶	61700
	7s 球蛋白	180000~210000
11s	11s 球蛋白	350000
15s	15s 球蛋白	600000

所谓分离大豆蛋白（Soybean Protein Isolate，简称 SPI），从制品角度讲，就是一种高纯度的大豆蛋白制品。分离大豆蛋白质白质含量高达 90%（质量分数）以上。从生产过程讲，就是把低温脱脂豆粕中的可溶性非蛋白质低分子和不溶性非蛋白质高分子分离去除。目前，国内外生产分离大豆蛋白的方法主要是碱提酸沉法，也可用超滤膜法和离子交换法。后两种方法是近年发展的新型分离方法。

二、大豆蛋白变性与复性

蛋白质变性（Denaturation）就是在化学因素（如强酸、强碱、重金属盐、尿素、乙醇和丙酮等）或物理因素（如热、超声波、高压、射线和机械振荡等）的作用下，蛋白质的构象发生改变，从而导致蛋白质的理化性质和生物学特性发生变化，但并不影响蛋白质的一级结构，这种现象叫变性作用。变性和分解不同，变性的实质是次级键（氢键、离子键、疏水作用等）的断裂，形成一级结构的主键（共价键）并不受影响；而分解则意味着肽链的断裂。经过变性，蛋白质从紧密有序结构变成松散无序结构，分子链呈相对舒展状态。

一般认为，蛋白质的二级结构和三级结构有了改变或遭到破坏，都是变性的结果。蛋白质的变性是很复杂的过程，既有物理变化，也有化学变化。但要判断变性是物理变化还是化学变化，要视具体情况而定。如果有化学键的断裂和生成就是化学变化；如果没有化学键的断裂和生成就是物理变化。在强酸、强碱变性过程中伴随有化学键的断裂和生成，因此是一个化学变化。破坏蛋白质中原有的氢键，使蛋白质变性是一个物理变化。变性蛋白质的构象，因变性剂的性质和浓度的不同而存在不同的状态。浓脲变性的蛋白质肽链完全伸展，但对于有二硫键（—S—S—）存在的大豆分离蛋白，变性程度不完全；经过酸、碱以及热变性的蛋白质肽链不完全伸展，还保留一部分紧密的构象。不同的盐对蛋白质的构象也有不同的影响，有些盐能够拆开亚基，而不改变亚基的三级结构，降低蛋白质构象的稳定性，同时也能够提高蛋白质的溶解度，即盐溶作用。

对变性蛋白质功能性的研究一般着重于食品方面的应用，主要有溶解性、黏度、凝胶性、乳化性等方面的研究。近年来美国、日本等大豆加工业发达国家，在大豆蛋白质的功能特性及其变性修饰技术方面作了大量的工作，取得了很大进展，生产出具有各种功能特性的多种大豆分离蛋白品种。

除去变性因素之后，在适当的条件下，蛋白质构象可以由变性态恢复到天然态，称为可逆变性；除去变性因素之后，蛋白质构象不能由变性态恢复到天然态，称为不可逆变性。在温和的变性条件下，大多数蛋白质易发生可逆变性，而在较强烈的变性条件下（高温、强碱、强酸），许多蛋白质趋向于产生不可逆变性。当无活性的伸展的蛋白质进入有利于折叠的最适环境里，则伸展的肽链就会自动折叠成天然态，并恢复全部的活性，称为复性。

三、大豆蛋白改性纤维的性能与应用

1. 大豆蛋白改性聚乙烯醇纤维

我国河南濮阳华康生物化学工程联合集团公司李官奇先生于2000年3月试纺大豆蛋白改性聚乙烯醇纤维成功，并在国际上首次成功地进行了工业化生产，第一条生产线年生产能力达1500t左右，在国内已开发兴建的还有江苏常熟、浙江绍兴、山东安丘等多条大豆纤维生产线。在大豆蛋白纤维实现工业化生产前后，国内对该纤维进行了大量性能研究，并对纺纱、织造及染整工艺进行了探索性实验。

大豆蛋白改性聚乙烯醇纤维是以出油后的大豆废粕为原料，从中提取球蛋白，通过助剂的作用改变球蛋白的空间结构，与高聚物聚乙烯醇共混配制成一定浓度的纺丝液，用湿法纺制而成。纺丝液由计量泵打入喷丝头喷丝，丝条进入凝固浴凝固成丝条，然后，经牵伸、交联、水洗、上油、烘干、卷曲定型、切断得到各种长度规格的纺织用纤维。

该纤维兼有天然纤维和化学纤维的许多优点，由于该种纤维单丝纤度细，质地轻薄，强伸度高、耐酸耐碱性好等特点，而且具有羊绒般的手感和保暖性、蚕丝般的光泽、棉纤维的吸湿和导湿性等优良服用性能，被称为“人造羊绒”。织物手感特别柔软、光滑，透气保暖性，穿着非常舒适。大豆蛋白改性维纶截面和表面形态见图8-6。同时大豆蛋白纤维具有较强的抗菌性能，经上海市预防研究院检验，大豆纤维对大肠杆菌、金黄色葡萄球菌、白色念珠菌等致病细菌有明显抑制作用。

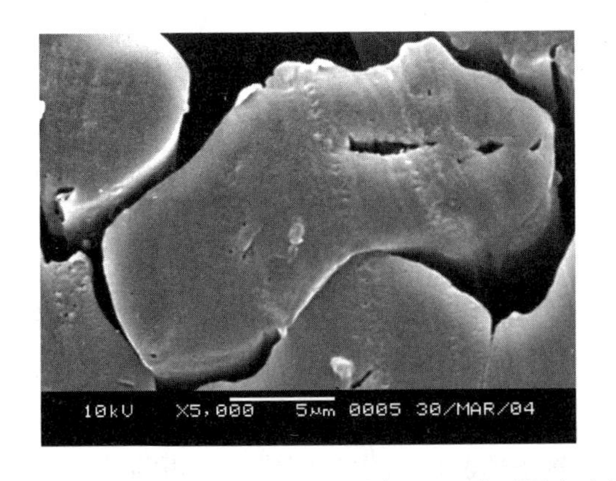

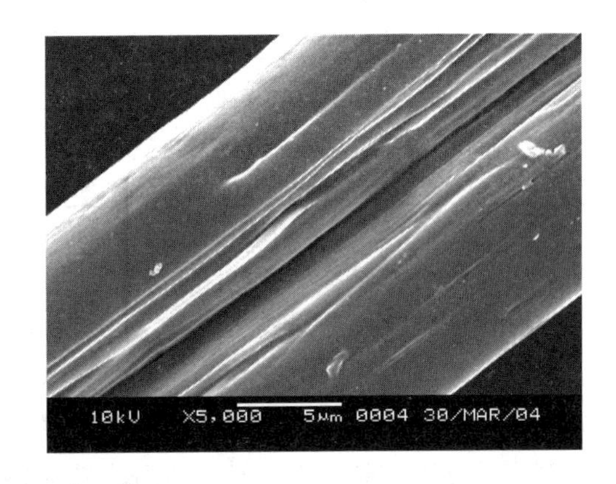

图8-6　大豆蛋白改性维纶截面和表面形态图

大豆蛋白改性聚乙烯醇纤维纯纺或与毛、丝、棉、麻、天丝、涤纶等各种纤维混纺、交织的新型面料是制作内衣、羊绒衫、高档休闲服装、西服、运动服装、针织保健内衣、高档T恤衫等理想材料[14-18]。

大豆蛋白质改性纤维的主要性能及几种纤维性能对比见表8-2、表8-3。

表8-2 大豆蛋白质改性纤维主要性能表

纤维性能 \ 纤维名称		大豆蛋白纤维	备注
线密度（dtex）		1.34	GB/T 14335—1993
长度（机切）（mm）		38	GB/T 14336—1993
断裂强力（cN）	干态	4.43~5.86	GB/T 14337—1993
	湿态	4.05~5.01	GB/T 14337—1993
	湿热处理	5.16	100℃沸水处理
断裂伸长率（%）	干态	17.6	GB/T 14337—1993
	湿态	19.46	GB/T 14337—1993
	湿热处理	22.4	100℃沸水处理
强力变异系数（%）	干态	17.15	GB/T 14337—1993
	湿态	17.5	GB/T 14337—1993
	湿热处理	11.4	100℃沸水处理
弹性恢复率（%）（伸长度3%）		72	定伸长法
比重（g/cm^3）		1.275	密度梯度法
回潮率（%）		5.32	GB/T 14341—1993

表8-3 大豆蛋白质改性纤维和几种常见纤维的性能对比

纤维性能 \ 纤维名称		大豆纤维	棉纤维	毛纤维	家蚕丝	涤纶	维纶
断裂强度（cN/dtex）	干态	4.34~5.86	2.6~4.3	0.88~1.5	3.0~3.5	4.2~5.7	4.0~5.7
	湿态	4.05~5.11	2.9~5.6	0.67~1.43	1.9~2.5	4.2~5.7	2.8~4.6
断裂伸长率（%）	干态	17.6	3~7	25~35	15~25	35~50	12~26
	湿态	19.46	—	25~50	27~33	35~50	12~26
密度（g/cm^3）		1.275	1.54	1.32	1.33~1.45	1.38	1.26~1.30
回潮率（%）（20℃，RH=65%）		5.32	7~8	15~17	9	0.4~0.5	4.5~5.0

2. 大豆蛋白改性黏胶纤维

大豆蛋白改性黏胶纤维是由大豆蛋白纺丝液与纤维素黄酸酯溶液（黏胶）共混纺丝制得。大豆分离蛋白先通过变性溶解制备成浓度为10%（质量分数）的大豆蛋白纺丝液，然后将大豆蛋白纺丝液以大豆蛋白与纤维素质量比为20：80的比例，用纺前注射装置混入以传统方法制取的黏胶纺丝液中，经含硫酸、硫酸钠、硫酸锌的凝固浴中凝固成型。再将成型后的丝饼经酸洗、水洗、上油、脱水、烘干后制得大豆蛋白改性黏胶长丝。

大豆蛋白改性黏胶纤维截面及表面形态见图8-7。

大豆蛋白改性黏胶纤维的断裂强度、断裂伸长与普通黏胶长丝相似，并与黏胶纤维同样具有很好的吸湿性、染色性、透气性，因而较之大豆蛋白改性聚乙烯醇纤维染色性有了很大

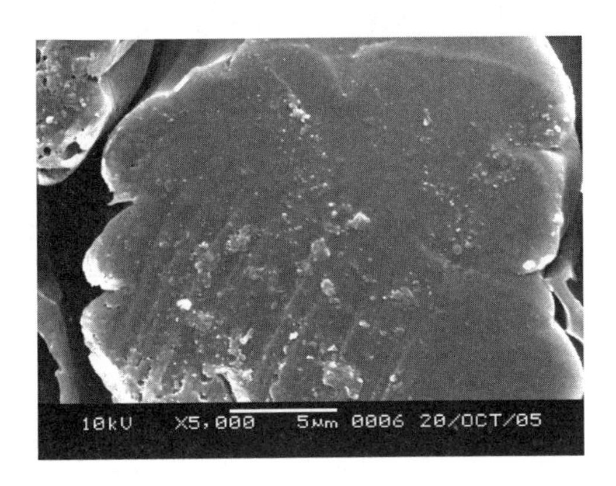

图 8-7　大豆蛋白改性黏胶纤维截面和表面形态图

的改善，且具有真丝般的光泽与人体皮肤亲和性。纤维初始模量增加，还可增加黏胶纤维的抗褶皱性。另外大豆蛋白和纤维素都具有原料的可再生性和可生物降解性的环保优势，符合国家可持续发展的产业政策。

3. 大豆蛋白改性聚丙烯腈纤维

蛋白质溶解在 17%（质量分数）的硫氰酸钠水溶液中，制备为蛋白质含量 25%（质量分数）的大豆蛋白纺丝液，再与腈纶纺丝原液共混，蛋白质与聚合物质量比为 1∶4，共混溶液经过滤、脱泡、计量，喷入凝固浴中进行湿法纺丝，凝固浴组成为 10%（质量分数）的硫氰酸钠水溶液，纺丝成形后的丝条经拉伸、水洗、上油、干燥后形成大豆蛋白改性聚丙烯腈纤维。

腈纶的一个重要用途是仿羊毛纤维，但它不含任何蛋白质。为了改善腈纶的人体亲和性，众多研究人员先后进行了丙烯腈与不同动物蛋白的接枝改性。但动物蛋白本身成本高昂，而且需从聚合开始着手，工艺路线长而复杂。而大豆蛋白/聚丙烯腈共混纤维生产工艺简单，而且产品能基本保持聚丙烯腈纤维的物理机械性能，对于拓宽腈纶的应用领域、提高我国腈纶产品的档次具有较大意义[19]。

第三节　丝素蛋白改性纤维

一、丝素蛋白的结构

1. 丝素蛋白的化学组成

蚕丝由丝胶、丝素、色素、蜡质、碳水化合物、灰分等组成的，其中主要成分是丝素、丝胶。丝素是蚕丝的主体，它是由巨原纤、原纤、微原纤、基原纤四级结构组成。丝胶是蚕丝外层的水溶性胶状蛋白质，有四层包覆层，其水溶性从内到外依次增强，结晶度依次较小。丝胶在精炼丝光、皱缩过程中有非常重要的作用，因此生丝上留有 20%左右的丝胶。蚕丝的种类不同，其中丝素的含量也不相同。柞蚕丝中丝素的含量在 85%左右，桑蚕丝中的含量为 70%~80%。桑蚕丝素与柞蚕丝素含有的氨基酸种类相同，共 18 种，其中含有 8 种必需的氨基酸。但氨基酸的含量差别很大。柞蚕丝素、桑蚕丝素中各氨基酸的含量见表 8-4。

表 8-4 柞蚕、桑蚕丝素蛋白中各氨基酸的含量[20,21]

名称	桑蚕丝素	柞蚕丝素	名称	桑蚕丝素	柞蚕丝素
天门冬氨酸	2.37	8.22	甲硫氨酸	0.11	0.50
丙氨酸	28.07	44.11	谷氨酸	1.84	2.12
缬氨酸	2.87	1.52	组氨酸	0.37	1.56
丝氨酸	11.59	12.89	苯丙氨酸	1.17	0.47
乙氨酸	36.07	25.85	赖氨酸	0.51	0.21
苏氨酸	0.47	1.13	脯氨酸	0.44	0.47
异亮氨酸	0.91	0.38	亮氨酸	0.70	0.40
胱氨酸	0.24	0.23	色氨酸	0.44	1.75
酪氨酸	13.05	9.01	精氨酸	0.93	5.31

从表中可以看出，柞蚕丝素中含有较多的精氨酸、天门冬氨酸，这两种氨基酸可以与乙氨酸形成 RGD 三肽序列，这种序列具有更强的肌肤亲和性。同时柞蚕丝素中碱性氨基酸、酸性氨基酸以及极性氨基酸残基的含量比较高，这些都是潜在的反应位点，从而使柞蚕丝素具有较强的化学活性。

2. 丝素蛋白的结构特征

蚕丝是昆虫加工的、没有细胞结构的纤维。图 8-8 为柞蚕丝和桑蚕丝的截面图[10]。由图可以看出，柞蚕丝的截面为三角形，里面有很多孔，桑蚕丝的截面为不规则的三角形。蚕丝由丝胶和丝素两部分组成，丝胶在外面包覆着丝素。

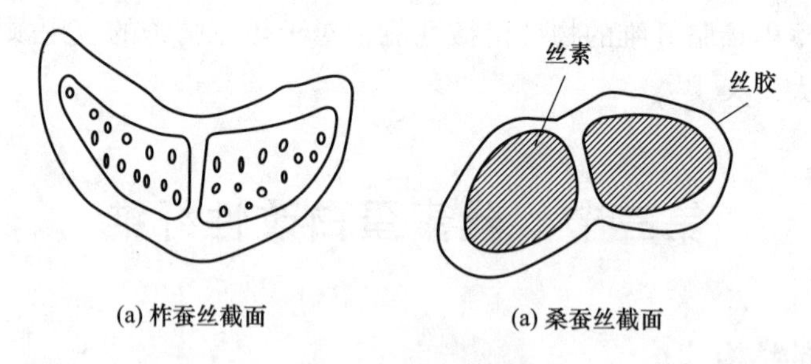

图 8-8 蚕丝截面形态

丝素蛋白是一种纤维状的蛋白，分子量非常高，大约为 350kDa。丝素蛋白由重链 H 链、轻链 L 链和糖蛋白 P25 组成的，分子比是 H : L : P25 = 6 : 6 : 1。P25 糖蛋白是以非共价的形式加入 H—L 复合体中，共同构成丝蛋白的结构单元。其中 H—L 复合体是由重链和轻链 C 末端的二硫键连接而成的。

一般来说丝素蛋白中存在三种二级构象，它们分别是 α-螺旋、β-片层以及无规线团。其中 α-螺旋结构是由大分子链内的氢键而引起的，β-片层结构则是由丝素分子链间的氢键而引起的。有研究表明，在丝素蛋白中还存在着发夹式的β-转角结构，它是四个氨基酸残基所构成的。在丝素蛋白的这四种构象中，含量最高的是β-片层。β-片层结构的高含量可能是造成蚕丝具有较高模量和较高强度的主要原因。

丝素为半结晶态的聚合物也就是说它是由结晶区、非结晶区组成的一个集合体，其结晶区占40%~50%。丝素结晶区中的氨基酸侧链较小，它们有序、整齐、紧密地排列在一起形成了丝素的结晶区；非结晶中氨基酸的侧链较大，它们无序、散乱、疏松地排列形成了丝素的非结晶区。因此，在丝素非晶区中链段的结合力比较小，柔软度比较高，易吸水膨胀，吸湿能力较大，抵抗外力、热、酸、盐、碱的能力较弱。

丝素的结晶区存在α型与β型二种空间构型，又叫做Silk Ⅰ和Silk Ⅱ。Silk的晶体模型是由B. Lot提出的，其为曲柄形分子链，结构中主要是无规线团（Random Coil），还有少量的α-螺旋（α-helix）和β-转角（β-turn）。晶胞参数是：$a=0.472$nm（4.72Å），$b=1.44$nm（14.4Å），$c=0.96$nm（9.6Å）。

Silk Ⅱ的结构模型是Marsh根据X-Ray结果提出的。它是斜方晶系，主要是反平行β-折叠（β-sheet）。晶胞参数是：$a=9.4$Å，$b=6.97$Å，$c=9.2$Å。肽链的排列较规整，链段间的分子间作用力及氢键使它们紧密结合在一起，具有较强的抵抗外力、热、酸、盐、碱的能力，难以溶解在水中[22]。

二、丝素蛋白改性液的制备及生产工艺

日本科学家Ishizaka[23]等用磷酸溶解丝素作为纺丝液，丝条在硫酸铵/硫酸钠的混合溶液中进行凝固在90%（体积分数）甲醇溶液中进行拉伸与后处理，最后得到断裂应力和断裂应变分别是250MPa、10.1%的RSF纤维。

Yao等[24]用六氟丙酮溶解丝素制得质量分数10%，黏度较适合纺丝的丝素蛋白纺丝液，然后在甲醇中凝固纺丝，得到结构较完善，断裂强度为180MPa的RSF纤维。

Um等[25]用磷酸/甲酸混合溶液作为丝素的溶解剂，甲醇为凝固浴，制得断裂强度为273MPa的RSF纤维。

邵正中[26]等首先将桑蚕茧在质量分数为0.5%的$NaHCO_3$溶液中脱胶，干燥备用；然后将脱胶丝素溶解在9.5mol/L溴化锂溶液中，制备出高浓度的再生丝素蛋白溶液，采用湿法纺丝技术用60℃30%（w/v）硫酸铵水溶液作为凝固浴，最后制断裂强度与断裂伸长分为0.5GPa和20%的RSF纤维。

Phillips[27]和Marsanoa[28]将丝素蛋白溶解于1-乙基-3-甲基咪唑氯盐和4-甲基吗啉-N-氧化物中得到丝素蛋白纺丝液，制备出丝素蛋白纤维，其聚集态结构与天然丝蛋白纤维相近。

三、丝素蛋白改性纤维的性能与应用

1. 丝素黏胶共混纤维的物理机械性能

纺织纤维在加工的过程中会受到各种外力的作用，所以要求其具有一定的抵抗外力作用的能力，且这种能力要保证在加工过程中尽量不要降低。对丝素黏胶共混纤维的力学性能进行测试，并与普通黏胶长丝及蚕丝作比较，结果见表8-5。

表 8-5　纤维物理机械性能列表

性能指标		丝素黏胶长丝	普通黏胶长丝	蚕丝
断裂强度（cN/dtex）	干态	1.63	1.60~2.70	2.64~3.53
	湿态	1.08	0.80~1.35	1.85~2.47
断裂伸长率（%）	干态	30.30	18~24	20
	湿态	52.02	24~35	30
回潮率（%）（20℃，65%）		11.69	13	9

由表 8-5 知，实验测得的丝素黏胶纤维的强力值与普通黏胶纤维强力值相比在偏小的一个范围，这是因为丝素分子结构复杂，加入到黏胶纤维中可对其成纤大分子的规整度产生影响，分子间力减弱，结晶度下降，从而对其强力产生不良影响，但由于实验所用丝素黏胶纤维中引入丝素纳米级粒子的量较小，所以强力影响并不大，仍然保持在黏胶纤维的强力值范围内。但是纤维的干态和湿态的断裂伸长率都有所提高，这说明丝素黏胶纤维的弹性有所增加。

2. 丝素黏胶共混纤维的热稳定性

为了了解丝素黏胶共混纤维的热稳定性，实验对其在不同温度下进行干热处理，处理后测定收缩率，结果见表 8-6。

表 8-6　纤维干热收缩率

温度（℃）	干热收缩率（%）
100	0.00
110	0.56
120	0.64
130	0.79
140	0.75
150	0.90

由表 8-6 知丝素黏胶共混纤维的相对热稳定性较好，收缩率较小。曾经有 Magoshi 小组系统地研究了丝素蛋白的热力学行为，发现无定形的丝素蛋白在 100℃附近开始脱水，其分子内和分子间的氢键在 150~180℃时被破坏，在温度大于 180℃时，由于氢键重新开始形成，无规线团向 β-折叠转变，并在 190℃时开始结晶，无论 α-螺旋还是 β-折叠的丝素蛋白，在加热到 100℃以上时均会脱水，在 175℃时晶区中的分子链开始运动，在 270℃时由于热诱导作用丝素蛋白由 α-螺旋结构转向 β-折叠结构。所以在 100~150℃时丝素蛋白只会发生脱水作用，其收缩程度不大；另外黏胶纤维的耐热性也是非常好的，因其不具有热塑性，不会因温度的升高而发生软化、粘连及机械性能的严重下降。

3. 丝素黏胶共混纤维的氨基酸组成

丝素蛋白有 18 种氨基酸，其中 8 种是人体所必需的，且无毒无污染，可生物降解。蚕丝素蛋白除了含有 C、H、O、N 元素外，还含有 K、Ca、Si、Sr、P、Fe、Cu 等多种元素。黏胶纤维的基本组成是纤维素（$C_6H_{10}O_5$）$_n$。为了了解丝素黏胶氨基酸含量，实验对纤维氨基酸组成进行了测定，结果见表8-7。

表8-7　丝素黏胶共混纤维中氨基酸含量

氨基酸	丝素黏胶中含量（%）
Tyr 酪氨酸	0.0786
Phe 苯丙氨酸	0.0557
Ser 丝氨酸	0.7611
Glu 谷氨酸	0.0735
Gly 甘氨酸	2.7146
Ala 丙氨酸	2.1418
Cys 半胱氨酸	0.1257
Val 结氨酸	0.1988
Met 蛋氨酸	0.0000
Ile 异亮氨酸	0.0385
Leu 亮氨酸	0.0171
Tyr 酪氨酸	0.5784
Phe 苯丙氨酸	0.0756
Lys 赖氨酸	0.0170
His 组氨酸	0.0125
Arg 精氨酸	0.0175
丝素黏胶纤维中氨基酸总量（%）	6.91

由表8-7发现，丝素黏胶共混纤维中的氨基酸大部分为甘氨酸和丙氨酸；测试采取的是盐酸水解法，甲硫氨酸（Met）易被氧化转变成甲硫氨酸砜，损失约20%，另外纤维中丝素含量本就少，所以Met的量更加少以致无法测得数值；脯氨酸的含量也是非常少，不易测定，故未列出；而色氨酸在酸水解时会被破坏，故未列出。

表8-8　丝素的氨基酸组成

氨基酸	丝素黏胶纤维中丝素部分含量（%）	纯丝素中含量（%）
Tyr	1.63	1.73
Phe	1.49	1.51
Ser	13.02	14.7
Glu	1.66	1.74
Gly	41.3	42.8
Ala	31.01	32.4
Cys	0.02	0.03
Val	2.97	3.03
Met	0	0.1
Ile	0.86	0.87
Leu	0.65	0.68
Tyr	11.37	11.8
Phe	1.09	1.15
Lys	0.45	0.45
His	0.28	0.32
Arg	0.85	0.9

由表 8-8 知，丝素黏胶纤维中丝素部分的氨基酸含量与纯丝素蛋白中氨基酸含量保持一致，说明在丝素粉末制备以及丝素黏胶纤维纺丝过程中丝素中的氨基酸基本无损失，保证了丝素黏胶共混纤维的可行性。

虽然纤维制取过程中氨基酸基本无损失，但在其染整加工过程中工艺条件更为苛刻，所以要特别注意使氨基酸损失量尽量的少，以便保持此新型纤维的亲肤性，健康性。

4. 纤维耐酸碱性能

丝素黏胶共混纤维所含成分为丝素蛋白以及纤维素纤维，丝素蛋白不耐碱，纤维素纤维不耐酸，所以探讨不同 pH 条件下的强力损失对后期漂染工艺很有必要。调节不同 pH 的溶液，加热到 80℃，将丝素黏胶纤维处理 60min，取出充分水洗、晾干后，测试干态强力的实验结果见图 8-9。

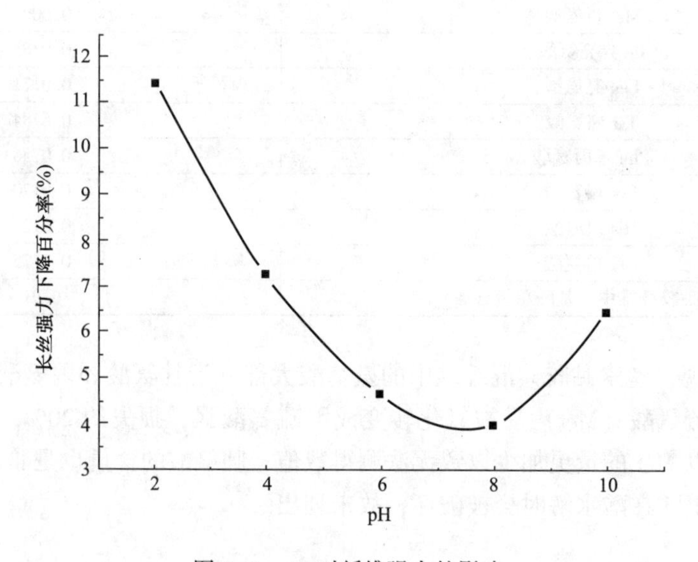

图 8-9　pH 对纤维强力的影响

由图 8-9 可知，近中性条件下处理时强力保留率是最高的。丝素黏胶纤维的断裂强力受 pH 的影响较大，与未处理的纤维相比，不同 pH 处理的丝素黏胶纤维的断裂强力均有所下降，且在强酸性条件下下降较大，这是因为该纤维的主体成分是纤维素，纤维素分子中的甙键在酸性条件下不稳定，特别是强无机酸溶液的作用下会发生水解，使大分子断裂，聚合度下降，导致断裂强力下降，反应过程为：

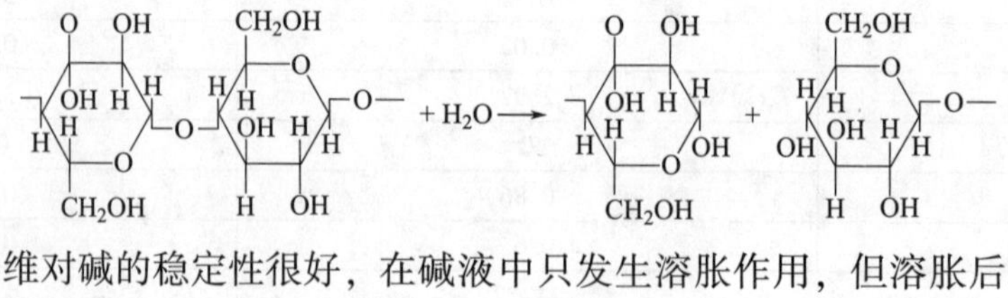

而纤维素纤维对碱的稳定性很好，在碱液中只发生溶胀作用，但溶胀后纤维素大分子的作用削弱，其结构变疏松，纤维弹性增加，延伸性提高，而强力会有所降低，只是下降幅度远没有在酸液中大。

5. 丝素蛋白的静电纺丝

对于丝素蛋白的静电纺丝研究开始较早，相关报道也比较多。选择不同的溶剂（有机溶剂或水）对电纺得到的丝素蛋白纤维的直径大小和直径分布有很大的影响。甚至对所得到的丝素蛋白超细纤维膜在组织工程支架中的应用也有一定的影响。Jeong 等[29] 用甲酸作为溶剂时，可以得到直径在 80nm 且直径分布呈单峰分布的丝素蛋白纳米纤维，当用六氟异丙醇作为溶剂时，得到的纤维直径为 380nm。纺得的丝素蛋白纳米纤维经甲醇水溶液处理后，以甲酸作为溶剂纺得的纤维有比以六氟异丙醇作为溶剂纺得的纤维有更高的 β 折叠含量。

Sukigara 等[30,31] 将丝素蛋白溶于甲酸中，研究了各种纺丝参数对丝素蛋白纳米纤维形成以及纤维形貌和直径的影响。结果表明，纺丝液质量分数是影响是否形成纤维，是否得到均一的、连续长度纤维的最主要的因素。由表面响应法模型可以得到，在纺丝液质量分数为 8%~10%，场强为 4.0~5.0kV/cm 时，完全可以静电纺得到直径小于 40nm 的丝素蛋白纤维。Kim 等[32] 则通过 X 射线衍射、红外光谱及核磁共振研究了电纺丝素蛋白纳米纤维的微观结构。

在 Sukigara 的基础上，Ayutsede 等[33] 可以通过静电纺丝得到直径在 100nm 以下，形态较好的纳米纤维。进一步地，Ayutsede 等[34,35] 以甲酸为溶剂，将碳纳米管分散于丝素蛋白甲酸溶液中，同样可以纺得形态较好的碳纳米管/丝素蛋白复合纳米纤维。

Park 等[36] 以甲酸为共同溶剂研究了丝素蛋白与壳聚糖的混纺，分别将丝素蛋白和壳聚糖溶于甲酸中制成质量分数分别为 12%和 3.6%的丝素蛋白甲酸溶液和壳聚糖甲酸溶液。再将两种溶液按不同质量比混合制成混合溶液，在纺丝电压为 16kV，纺丝距离为 8cm，挤出率为 1.0mL/h 时，对不同组成的混合溶液进行静电纺丝，通过扫描电镜观察可以看到，纯壳聚糖的甲酸溶液在上述的条件下无法形成纤维，纯丝素蛋白的甲酸溶液在上述条件下可以形成截面为圆形，表面光滑，平均直径为 450nm 的纤维。对于混合溶液，随着混合溶液中壳聚糖含量的逐渐增加到 30%，纤维的直径从 450nm 下降到 130nm，并且分布也变窄，这是由于随着混合溶液中壳聚糖含量的增加，溶液的电导率也增大。

Zarkoob 等[37]、Jeong 等[38] 及 Yutaka 等[39] 将丝素蛋白溶于六氟异丙醇中，再进行静电纺丝。研究表明，一定浓度的丝素蛋白六氟异丙醇溶液可以用于静电纺丝，纺得的丝素蛋白纤维的直径在 250~550nm。Park 等[40] 则分别将丝素蛋白六氟异丙醇溶液和甲壳素六氟异丙醇溶液按不同质量比混合制成混合溶液，这些溶液在相同的条件下进行静电纺丝，通过扫描电镜观察可以看到，随着甲壳素含量的增加，纤维的直径越细，这可能是由于随着混合溶液中甲壳素的增加，溶液的电导率增加。

Ohgo 等[41] 用丝素蛋白溶于水合六氟丙酮中，在溶液质量分数分别为 7%，5%和 3%时，在一定的场强下，可以得到细而圆的，直径在 100~1000nm 的纤维。

Wang 等[42] 用纯的丝素蛋白水溶液进行静电纺丝，在收集距离 12cm 时，电压为 20kV 时，质量分数为 17%的纯丝素蛋白水溶液由于电场力不能克服溶液的表面张力而不能纺得纤维，但当纺丝电压加到 40kv 时使电场力增大，可以纺得串珠状的纤维；当质量分数为 28%时，纺丝电压为 20kV 时，可以纺得截面为圆形，表面光滑，直径范围在 400~800nm 的纤维。当纺丝电压为 40kV 时，纺得的纤维变成带状。

Zhu 等[43] 将柠檬酸—NaOH—HCl 缓冲溶液与丝素蛋白水溶液以体积比 1∶3 混合，制备了 pH 为 6.9（与家蚕后部丝腺的 pH 相当）的丝素蛋白水溶液，通过设计正交实验来优化电纺丝素蛋白的工艺参数。正交实验结果表明，纺丝液质量分数是影响电纺纤维直径大小的最主要的因素，纺丝距离是影响电纺纤维直径标准偏差的最主要的因素，纺丝电压是影响电纺纤维形态最主要的因素。接着，Zhu 等进一步研究了丝素蛋白水溶液的 pH 以及纺丝液质量分数的变化对丝素蛋白水溶液静电纺丝的影响。实验结果表明，对应 pH 的逐渐降低，纺丝液质量分数逐渐降低的丝素蛋白水溶液可以电纺形成纤维，并且纺得的纤维直径变细，直径分布变窄。将丝素蛋白水溶液的质量分数固定在 33%，通过逐渐降低溶液的 pH，电纺纤维的形态由带状转变成圆柱状，在 pH 为 6.0 时，可以得到平均直径在 718nm，比较均一的、截面形态为圆形的纤维，但当 pH 进一步降低时，溶液容易凝胶而导致黏度太高，得不能直径更细的纤维，并且电纺纤维不能完全干燥，从而使得纤维间有黏结。Zhu 等认为全部以水作为溶剂来电纺再生丝素蛋白会开辟一个以丝素蛋白为基础的生物材料研究的新方向。

Chen 等[44] 通过静电纺丝得到带状丝素蛋白纤维，他们认为这是由于在电纺过程中纤维形成时，在空气压力的作用下，纤维形态逐渐由圆管状转变成椭圆状，再转变带状。

Jin 等[45-46] 通过用电纺丝素蛋白（SF）水溶液来制备丝素蛋白生物支架和生物膜。在丝素蛋白水溶液中加入一定量的加聚氧化乙烯（PEO），制成一系列浓度不同的 SF/PEO 混合水溶液都可以通过静电纺丝形成纤维，并且纤维的直径在 1μm 以下。

Yu 等[47] 通过同轴静电纺丝的方法，以水作共同溶剂，以丝素蛋白（SF）为核层，以 PEO 为壳层，制备出 SF/PEO 核壳结构复合纤维，Wang 等[48] 通过同样的方法先制备出 SF/PEO 核壳结构复合纤维，再通过水溶掉核壳结构复合纤维的壳层物质 PEO，最终可以得到丝素蛋白纳米纤维。Kang 等则将多壁碳纳米管（MWNTs）分散在丝素蛋白（SF）水溶液中，通过静电纺丝法制备出 MWNTs/SF/PEO 复合纳米纤维。Kang 等认为 MWNTs/SF/PEO 复合纳米纤维可以较好地用于制备伤口敷料等生物组织工程支架材料。

Li 等[49] 通过电纺添加了酸性的聚（L-天门冬氨酸）（poly-Asp）的 SF/PEO 混合水溶液，静电纺得直径约 350nm 的 SF/PEO/poly-Asp 纤维，并将经甲醇处理后的纤维作为矿化的模板进行矿化。通过扫描电镜观察矿化后的电纺纤维的形貌可以看到，磷灰石矿物能很好地沿着纤维轴向成核和生长，随着电纺纤维中聚（L-天门冬氨酸）的量的增加，矿化效果越好；在电纺纤维中加入的聚（L-天门冬氨酸）的量一定时，随着矿化重复次数的增加，矿化的效果也越好。Li 等认为通过这种矿化的方法制得的电纺丝素蛋白纤维的复合材料可以作为相关的骨组织生物材料。

6. 电纺丝素蛋白超细纤维在组织工程支架的应用

Min 等[50] 将丝素蛋白溶于甲酸中，可以纺得平均直径在 80nm，形态较好、截面呈圆柱形、表面光滑的纤维。在经过甲醇处理后的丝素蛋白纳米纤维上培养人角化细胞和纤维原细胞，通过对细胞培养过程观察和对细胞数的测定可以看出，丝素蛋白纳米纤维可以很好地促进人类角化细胞和纤维原细胞的黏附、增殖和扩散。Min 等认为这是由于电纺丝素蛋白纳米纤维的三维结构提供了很大的表面积可以让细胞黏附。

Park 等[40] 在以六氟异丙醇为共同溶剂纺得的丝素蛋白/甲壳素（SF/Chitin）共混纳米纤维支架上培养表皮角化细胞和纤维原细胞，结果表明，在复合纳米纤维支架中含甲壳素 75%、再生丝素蛋白 25%时，细胞在其上面增殖的效果最好。Yoo 等进一步研究了以六氟异丙醇作为共同溶剂，静电纺 SF/Chitin 复合纳米纤维支架和 SF/Chitin 混杂纳米纤维支架中的两组分在培养人类表皮角化细胞时的交互作用。研究表明，在两种纳米纤维支架上培养人类表皮角化细胞 1h 后，相比 SF/Chitin 混杂纳米纤维支架，SF/Chitin 复合纳米纤维支架显示了更好的生物相容性。但在进行细胞培养 7d 以后，发现 SF/Chitin 复合纳米纤维支架与含 25% 甲壳素和 75%丝素蛋白的混杂纳米纤维支架更有希望成为人类表皮角化细胞在其上黏附增殖的组织工程支架。Yoo 等认为这种细胞培养时细胞活性的不同可能是由纳米纤维基质支架中纤维形态、结晶结构以及化学组成不同而引起的。

Yeo 等[51] 则将丝素蛋白和胶原蛋白溶于六氟异丙醇中，通过静电纺丝得到直径 320nm 到 360nm 的丝素蛋白/胶原蛋白（SF/Collegen）共混纤维。在其上培养人类角化细胞和人类纤维原细胞，并以 SF/Collegen 混杂纤维膜、纯胶原纤维及纯丝素蛋白纤维作对比。结果表明，人类纤维原细胞在共混纤维上的增殖黏附性能与其在纯胶原纤维及纯再生丝素蛋白纤维上增殖黏附性能相似。人类角化细胞在共混纤维上的增殖黏附性能较其在两种纯物质纤维上的增殖黏附性能有明显的下降，但其在 SF/Collegen 混杂纤维膜上增殖黏附性能却明显好于其在共混纤维膜上的增殖黏附。文献认为，SF/Collegen 混杂纤维膜可能成为伤口敷料和组织工程等生物医药领域中较好的候选材料。

Jin 等[46-47] 在经甲醇处理去除 PEO 后的电纺丝素蛋白纤维上培养人类骨髓基质细胞（BMSCs），1~2 天后，在其上培养的 BMSCs 开始增殖，经过 14 天培养后，BMSCs 大量增殖，并覆盖了整个电纺纤维基质。由于 BMSCs 可以体外在电纺丝素蛋白纤维基质上黏附、扩散、生长，并且由于丝素蛋白本身的生物相容性和生物降解性，Jin 等认为，静电纺以水作为溶剂的丝素蛋白将会在生物支架上有很好的应用。

在 Jin 等的基础上，Zhang 等进一步研究了电纺丝素蛋白纤维支架在体外培养血管细胞的情况。在电纺丝素蛋白纤维支架上培养人类大动脉内皮细胞（HAEC）以及人类冠状动脉平滑肌细胞（HCASMC），以考查电纺丝素蛋白纤维支架在血管组织工程支架上应用的可能性。研究结果表明，HAEC 和 HCASMC 可以很好地在丝素蛋白纤维支架上增殖，并保持细胞显型和促进细胞重组。因此，Zhang 等认为丝素蛋白纤维支架可以开发应用在血管组织工程支架上。Soffer 等[5] 同样研究了以水为溶剂的电纺丝素蛋白纤维在血管组织工程支架上的应用，人类内皮细胞和平滑肌细胞可以在制备的支架上很好地生长。力学性能测试可以看出，所制备的支架的破裂强度足够承受动脉压力，支架的拉伸性能也可以比得上天然血管。文献认为，电纺丝素蛋白纤维支架可以用于小直径血管移植上。

Li 等以丝素蛋白水溶液电纺得到的纳米纤维支架为材料，研究了人骨髓间质干细胞（hM-SCs）体外培养骨组织的形成，并在丝素蛋白中加入骨成形蛋白 2（BMP-2）和羟基磷灰石纳米颗粒（HA），以考查其对骨组织的形成的影响。通过将 hMSCs 在电纺的 SF/PEO、SF/PEO（PEO 浸出）、SF/PEO/BMP-2、HA/SF/PEO、HA/SF/PEO/BMP-2 五种纳米纤维支架上于成骨介质中静态培养 31 天后，通过扫描电镜的观察、钙含量测定、DNA 含量测定以及转录水平的表征可以看出，电纺丝素蛋白基纤维支架能促进 hMSCs 在其上生长和分化，其中在电纺丝素蛋白纤维支架中同时加有 BMP-2 和 HA 两种物质后，支架明显促进了骨组织的形成。

第四节　酪蛋白改性纤维

一、酪蛋白的结构

酪蛋白是一种含磷蛋白质，酪蛋白中的丝氨酸羟基与磷酸根之间形成一个酯键。研究表明，酪蛋白不是单一的蛋白质，而是由 αs、β、κ、γ 四种类型构成，每类又有多种遗传变异体。酪蛋白的主要特征是它们具有高含量的磷酸丝氨酰残基和相当多的脯氨酸。它们的主要组成见表 8-9。

表 8-9　酪蛋白的主要组成

成分	g/100g 干品	成分	g/100g 干品
α_{s1}-酪蛋白	35.6	镁	0.1
α_{s2}-酪蛋白	9.9	钠	0.1
β-酪蛋白	33.6	钾	0.3
κ-酪蛋白	11.9	柠檬酸	0.4
灰分	2.3	乳糖	0.2
钙	2.9	半乳糖胺	0.2

αs-酪蛋白大约占牛乳总酪蛋白含量的一半，是酪蛋白胶粒结构中的基本组成部分。αs-酪蛋白由 199 个氨基酸组成，平均分子量在 27000Da，每个分子上结合 8 个磷酸根离子。β-酪蛋白由 209 个氨基酸组成，平均分子量在 24000Da，每个分子结合五个磷酸根离子。β-酪蛋白和 αs-酪蛋白容易受钙离子影响而凝聚形成沉淀。κ-酪蛋白是一个糖蛋白，平均分子量在 14100Da，在距离肽链的 C 端 1/3 处结合着一些碳水化合物，如唾液酸、半乳糖苷、岩藻糖。γ-酪蛋白在酪蛋白中只有很少一部分，平均分子质量在 21000Da。

乳中酪蛋白大部分以胶体状球形颗粒形式存在，直径约为 30~300nm，平均约 100nm，酪蛋白胶粒计数约为 5×10^{12}~15×10^{12} 个/mL，另外大约有 10%~20%的酪蛋白是以溶解形式或者非胶粒形式在乳中存在。酪蛋白胶粒是由 αs-酪蛋白和 β-酪蛋白定量结合成热力学稳定的大小一致的多个玫瑰花结构，形成胶粒的“核”；核的外面由 κ-酪蛋白排列在表面，形成“壳”保护胶粒。没有 κ-酪蛋白，其他酪蛋白与钙离子的复合物便沉淀出来[52]。

二、酪蛋白改性液的制备及生产工艺

牛奶蛋白纤维以牛乳作为基本原料，经过脱水、脱油、脱脂、分离提纯等化学处理和机械加工制得的再生蛋白纤维。目前，牛奶蛋白纤维的制造方法有两大类，即纯牛奶蛋白纤维和混合牛奶蛋白纤维。纯牛奶纤维是将牛奶经蒸发、脱脂、碱化后提取出蛋白质，将蛋白质收集后经揉合、过滤、脱泡、纺丝、拉伸后得到纯牛奶纤维，经干燥热处理后，蛋白质转化为变性蛋白质，成为永久的不溶性固化纤维。

但考虑到生产成本与实用性，纯牛奶蛋白纤维并没有市场，现在市场上所称的牛奶蛋白纤维大多是混合牛奶蛋白纤维。它们主要是通过提取牛奶中的酪蛋白，再与其他高聚物经物理或化学方法生产而成，制备过程见图 8-10。混合牛奶蛋白纤维制备的主要方法包括：

（1）共混法，以牛奶蛋白和高聚物（聚丙烯腈或黏胶）共混，通过常规纺丝工艺制成纤维。其特点是制备方法简单，没有发生化学反应。蛋白颗粒以直径 300~500Å，长度为 100nm（1000Å）圆柱状凝聚体分散，但是牛奶蛋白的分散较差并且分散不均匀，影响了纤维的

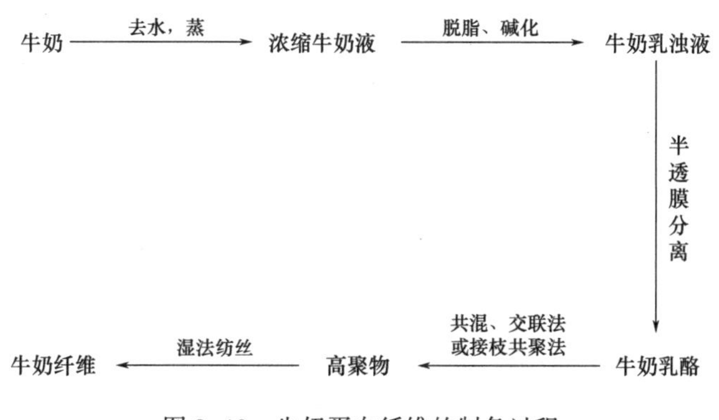

图 8-10　牛奶蛋白纤维的制备过程

质量。

（2）交联法，以酪蛋白和高聚物（一般为聚丙烯腈或乙烯醇）加入交链剂进行高聚物交联化学反应，制成纤维。牛奶蛋白的分散比较均匀，分散颗粒小于埃米。

（3）接枝共聚法，使酪蛋白和高聚物（聚丙烯腈）发生接枝共聚，制成纺丝溶液，再经过湿法纺丝成纤。其特点是牛奶蛋白质以分子状均匀地分散在高聚物中，并与之结合形成稳定的结构。缺点是该过程复杂，技术要求比较高。

三、酪蛋白改性纤维的性能与应用

1. 牛奶再生蛋白纤维性能

该纤维吸湿性和透气性好，染色性能优良，外观呈乳白色，有着真丝般柔和的光泽和滑爽手感，纤维中所含的蛋白质等成分为人体所必需，对人体皮肤有较好的营养和保护作用，当它接近人体皮肤表面时，有一种滑爽透气的感觉。牛奶纤维含有丰富的蛋白质，具有独特的抗菌性能，单纤强度大，纤维表面光滑，蓬松性佳，具有良好的衣着效果和保健功效。

2. 牛奶再生蛋白纤维的染色性能

牛奶再生蛋白质纤维的化学和物理结构不同于羊毛、蚕丝等蛋白质纤维，其染色所用染料、助剂也须作相应改变。牛奶再生蛋白质纤维适用的染色剂种类较多，上染率高且上染速度快，酸性、活性、直接和弱酸性染料均能对牛奶再生蛋白质纤维上染，在生产中应根据实际需要和颜色效果，选择合理的染料，染色时要严格控制温度，采用低温染色工艺。牛奶再生蛋白质纤维吸色均匀透彻，容易着色，所以在使用过程中不易褪色。

3. 牛奶再生蛋白纤维的应用及产品开发

用牛奶再生蛋白纤维与棉、细旦涤纶、黏胶等混纺纱加工的针织物，具有良好的透气性、延伸度、悬垂性，抗起毛起球性好，尺寸稳定性好，弹性强，柔软性佳，穿着舒适。用牛奶再生蛋白丝和涤纶长丝、黏胶长丝、蛹蛋白黏胶长丝交织加工的针织服装，强力高，耐磨性好，具有良好的吸湿性，其各项物理指标均达到要求。由于牛奶再生纤维独特的物理化学性能，使它集真丝和人造丝的优点于一身，具有柔软舒适、染色鲜艳等优点，且由于纤维中蛋白质的存在，其织物对人体皮肤有很好的保健功能。是制作各类高档针织内衣、睡衣、春夏季时装、贴身T恤衫的理想产品。

4. 牛奶再生蛋白质纤维加工面料的特点

（1）牛奶再生蛋白质纤维针织面料，外观华贵，悬垂性能良好，风格独特，光泽柔和，仿真丝感极强，质地轻柔，透气导湿性好，给人以爽身飘逸的感觉，织物手感柔软丰满，是符合生态环保要求的新型环保面料。

（2）牛奶再生蛋白质纤维针织面料，具有抗菌保健功效，牛奶纤维属于天然蛋白质纤维，其丰富的蛋白质与人体接触不会发生不良反应，具有独特的润肌养肤和抗菌消炎的保健功能，面料比羊毛防霉、防蛀性能好，不会发生霉变，不易滋生细菌，加工的针织面料吸水率高，兼有天然纤维和合成纤维的优点。

（3）牛奶再生蛋白质纤维与毛、麻、真丝等多种纤维交织加工的高档面料，织物色彩鲜艳、风格独特，具有顺滑柔软的手感，穿着舒适。

（4）牛奶再生蛋白质面料，染色性能好，弹性大，上染率高且上染速度快，适用的染料种类多，颜色鲜艳，色牢度强，稳定性好，防皱性佳，具有可洗性和免熨烫性，恢复性较好，尺寸稳定性好，抗皱性好，易洗快干和耐用[14]。

第五节　蚕蛹蛋白改性纤维

一、蚕蛹蛋白的结构

蚕蛹蛋白纤维是一种金黄色皮芯结构，集两种聚合物特性于一身的复合纤维。纤维切面显示纤维素呈白色略显浅蓝，而纤维中心蛋白质呈蓝色；通过扫描电镜观察蚕蛹蛋白表面形态与普通黏胶纤维形态相近，纤维表面光滑、纤维横截面近似圆形，呈明显的皮芯结构，见图8-11（a）；纵向不光滑，有明显的裂缝和凹槽，见图8-11（b）。之所以产生皮芯结构的原因是蚕蛹蛋白液与黏胶的理化性能不同，尤其是黏度相差极大（落球法测定的黏度蛹蛋白液<1s，黏胶≈35s），使得两种不同黏度的混合液凝固时蛋白质分布于黏胶表面形成皮芯结构。

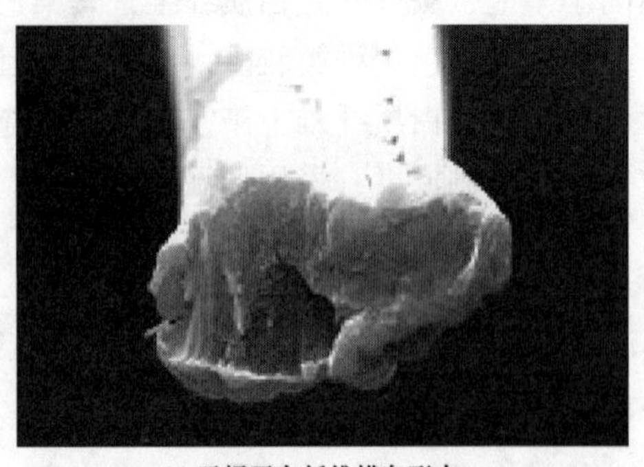

(a) 蚕蛹蛋白纤维横向形态

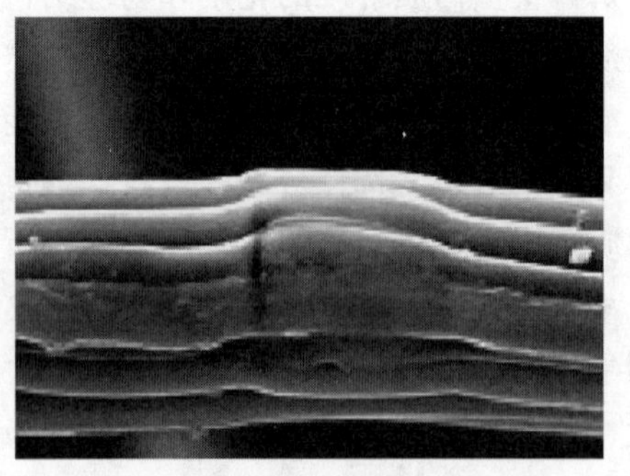

(b) 蚕蛹蛋白纤维纵向形态

图8-11　蚕蛹蛋白纤维形态

通过红外光谱图显示，见图8-12，蚕蛹蛋白纤维红外光谱图特征峰与资料所示黏胶纤维红外光谱相近，具有相同的光谱指纹区，峰位一致，说明两者主要成分都是纤维素[87]。

蚕蛹蛋白纤维与普通黏胶相似，主要由纤维素纤维构成。其纤维属于部分结晶的高分子物，截面结构不均，皮层结构比芯层结构紧密，皮层结晶度与取向度也比芯层高，其中芯层结构由于结晶尺寸较小，凭借电镜几乎看不到原纤组织，其聚态结构类似于缨状微胞结构，虽然纤维取向度偏低，但其取向度会随生产过程中拉伸变大而提高[53]。

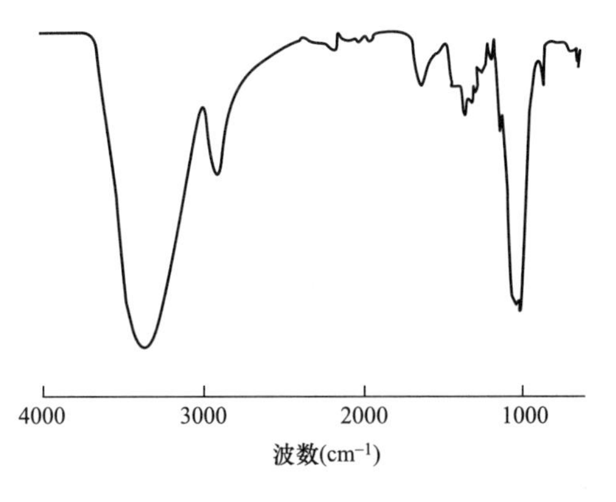

图 8-12　蚕蛹蛋白纤维红外光谱图

二、蚕蛹蛋白改性液的制备及生产工艺

蚕蛹蛋白黏胶纤维按其纺丝原理，其生产制备工艺流程为，具体过程如下：蚕蛹蛋白纤维是以缫丝后的蚕蛹为原料，经过脱脂、碱液溶解、过滤、加入硫酸得到蛹酪素，蛹酪素经水洗、烘干后用于纺丝。纺丝时蛹酪素溶解液和黏胶溶解液在喷丝口同时喷出，并发生化学反应，形成蛹蛋白黏胶纤维。蛹酪素也就是从蚕蛹中提纯的蚕蛹蛋白，其分子结构上有—COOH、—NH 以及—OH 基团，而黏胶溶液中的纤维素有—OH，两者均为亲水基团，因此，在蛹酪素大分子和纤维素大分子间，可以通过交联醛化反应使蚕蛹蛋白质牢固地结合在纤维素上，从而纺丝形成纤维。其工艺过程主要关键技术在于蚕蛹蛋白的提纯以及凝固浴纺丝液比例的控制，采用的湿法纺丝的基本路线是：

蛹酪素溶解液+黏胶原液→复合喷丝组件→纺丝→凝固→牵伸→清洗→干燥→卷绕[54]

三、蚕蛹蛋白改性纤维的性能与应用

蚕蛹蛋白纤维由于优越的光泽手感、保健舒适性能广泛应用于内衣、睡衣、夏季 T 恤等面料的开发。但该纤维物理机械性能不足使其应用于无缝运动面料存在一定难度，需要利于锦纶、氨纶、棉纱等纤维结合交织比例和组织结构进行交织改性，因此本课题针对这一问题，优化蚕蛹蛋白织物的物理机械性能，将其优越的保健舒适性能应用于无缝运动服面料，拓展蚕蛹蛋白纤维的应用领域。

1. 蚕蛹蛋白纤维物理机械性能

由电子纤维强力仪测试可知，蚕蛹蛋白纤维的干态、湿态断裂强度、断裂伸长率均低于蚕丝，接近普通黏胶纤维；蚕蛹蛋白湿强/干强比约为 40%～55%，因此在纺纱过程中应注意减少机械打击和摩擦，严格控制车间温度、湿度，可以选择涤纶等于与蚕蛹蛋白纤维交织或混纺以提高强度。

如表 8-10 所示，蚕蛹蛋白纤维的初始模量也比普通黏胶纤维小，织物的强力和保形性不如普通黏胶纤维。这是由于蛋白质主要分布于纤维无定型区，增大了黏胶分子链间的交连及分子间的间距，使得分子间作用力减小，分子链之间容易移动；另一方面可能由于蛋白质分子为亲水性分子，湿态下更有利于纤维溶涨，分子间距离变得更大，故蚕蛹蛋白纤维的干强和湿强较普通黏胶纤维小。

表 8-10 机械性能测试

项目	黏胶长丝	蛹蛋白长丝		蚕丝
		133dtex	33dtex	
干断裂强度（cN/dtex）	1.59	1.69	1.53	2.64~3.52
强度变异系数（%）	—	7.13	2.57	—
湿断裂强度（cN/dtex）	0.75	0.75	0.71	1.85~2.46
干断裂伸长率（%）	17.5	15.9	19.4	25
湿断裂伸长率（%）	20	20	27.88	30
3%定伸长弹性（%）	53.3	46.7	55.6	54~55

注 弹性测试是在单纱强力机上测得，初张力为 0.53cN/dtex。

表 8-11 蚕蛹蛋白纤维和普通黏胶的弹性

纤维	总伸长（mm）	急弹性（mm）	塑性（mm）	总弹性（mm）	弹性回复（%）
蚕蛹蛋白纤维	1	0.36	0.18	0.82	21.26
黏胶纤维	1	0.43	0.15	0.85	23.82

从弹性角度比较，由表 8-11 可知，蚕蛹蛋白纤维急弹性所占比例较小，弹性回复率小，弹性较普通黏胶纤维差，织物的尺寸稳定性差。纤维的弹性不仅影响织物的耐用性，还影响织物的外观抗皱性。

经过以上性能数据对比，显然蚕蛹蛋白纤维的物理机械性能较差，尤其是断裂强度、弹性、尺寸稳定性较差，故本课题主要解决的问题之一即为设计合理的无缝织造方案优化蚕蛹蛋白无缝运动织物综合性能。

2. 蚕蛹蛋白纤维保健性和舒适性

在保健性方面，蚕蛹蛋白主要是由 18 种氨基酸组成的蛋白质化合物，如表 8-12 所示。蚕蛹蛋白纤维中，氨基酸的含量达到了 65%，且这些氨基酸大多属于生物营养剂，与人体皮肤成分极为相似，对肌肤有很好的呵护作用。如表 8-12 所示，蚕蛹蛋白中的氨基酸如丝氨酸、亮氨酸、苏氨酸能够促进人体新陈代谢，加速伤口愈合，延缓皮肤衰老。

表 8-12 蚕蛹蛋白氨基酸种类及含量

名称	占比（%）	名称	占比（%）
谷氨酸	10.20	苏氨酸	3.79
天冬门氨酸	9.43	异亮氨酸	3.78
亮氨酸	6.04	甘氨酸	3.70
赖氨酸	5.83	丝氨酸	3.69
酪氨酸	5.06	蛋氨酸	3.31
精氨酸	4.66	脯氨酸	3.04
缬氨酸	4.38	色氨酸	1.50
苯氨酸	4.14	组氨酸	1.50
丙氨酸	4.04	胱氨酸	1.01

通过紫外线测试表明，280~320nm 中波紫外线对蚕蛹蛋白纤维的透过率比较低，在 320~400nm 范围内，随着波长的增加，透过率不断增加，透过率为 3.1031%。根据相关抗紫外线性能规定，UPF>30，UVA≤5%，就说明织物具有良好的抗紫外线性能，由此说明蚕蛹蛋白纤维本身就具有抗紫外线性能，这就是与蚕蛹蛋白中所含的色氨酸、酪氨酸有关，这类氨基酸具有抵御日晒侵害，吸收紫外线的优良功效。另外，蚕蛹蛋白中所含的丙氨酸还可以防止阳光辐射和血蛋白球减少，防止皮肤瘙痒。除此之外，蚕蛹蛋白纤维可在阳光和水的共同作用下自然降解，是一种纯天然的绿色环保纤维。在舒适性方面，蚕蛹蛋白纤维外观上色泽亮丽、光泽柔和，手感上滑爽如丝、亲夫如绒，外观及服用方面的舒适性极佳。且由于结构上的特殊性，该纤维兼具真丝和黏胶纤维的优良特性于一身，具有极优的吸湿性、透气性。

如表 8-13 所示，蚕蛹蛋白纤维的回潮率与普通黏胶长丝相似，接近于蚕丝；蚕蛹蛋白纤维的吸湿率为 11%~13%，黏胶长丝 12%~14%，蚕丝 8%~10%，棉花为 7%~9.5%，可见蚕蛹蛋白纤维的吸湿率与黏胶纤维相当，比蚕丝和棉花要高，说明该纤维的吸湿性能很好。另外，根据研究测试蚕蛹蛋白织物的透气性比同类组织的真丝织物高 20%-30%，因此该纤维被称作“会呼吸的纤维”显然当之无愧。

表 8-13　舒适性能对比

项目	蚕蛹蛋白纤维	普通黏胶	蚕丝
回潮率（%）	9.77	9.89	11.00
吸湿率（%）（20℃，RH65%）	11%~13%	12%~14%	8%~10%

蚕蛹由于具有特殊的异味，早前绝大多数工业废弃蚕蛹都用作家畜的饲料。随着国内外对蚕蛹蛋白营养价值的重视，开始拓展蚕蛹蛋白食品开发，如将去腥的蚕蛹蛋白粉作为食品添加剂用于制作面食产品、饼干（蚕蛹威化饼干）、调味品、营养饮料加工（如蚕蛹酸奶、蚕蛹蛋白浆液等）等；随后进一步将脱脂蛹用于生产医药及保健药物，如复合氨基酸、“舒乐康胶囊”、蚕蛹蛋白丸。如此之外，以蚕蛹蛋白为原料的氨基酸类表面活性剂具有杀菌去污作用，甚至已开发一系列化妆品（防皱面霜、洗发沐浴露、香水等）。深加工后的蛹蛋白经济价值均以几倍甚至几十倍递增，从而吸引了更多厂商的开发拓展，我国对于蚕蛹蛋白纤维的开发则是在国内外这一市场环境中应运而生。

伴随石油工业的蓬勃发展，合成纤维和再生纤维的研制成为新纤维研究的焦点，相继出现黏胶、锦纶、腈纶、氨纶等纤维。但合成纤维常具有吸湿性和透气性差、穿着不舒适等缺点，且随着消费者对于服装产品的需求转向健康、舒适、自然，天然纤维逐渐成为广大消费者的新宠。不过天然纤维生产也具有一定局限性，比如棉、麻、羊毛、蚕丝等受到种植养殖面积的限制，无法大量发展。因此，从 20 世纪 90 年代开始，对于再生蛋白质纤维的研究热潮又重新点燃。而蚕蛹蛋白纤维则是我国独创研发的一种双组分再生纤维，并已获得国家发明专利，其性能也逐渐得到优化。

蚕蛹蛋白纤维的开发始于 1991 年，最早由中国核动力研究院进行研究；随后，四川三线经济联合发展总公司在有关部门的协作下完成蛹蛋白同 PVA 共混纺丝技术[56]。

1998 年，四川宜宾化学纤维厂与四川联合大学、中国纺织大学等联合开发“蚕蛹蛋白黏胶长丝”[57]。上海丝绸集团技术中心与东华大学共同承担“JC 蚕蛹蛋白纤维新技术的开发研究”[58]。

2000 年，陈峰对蚕蛹黏胶长丝性能进行研究，并织出针织圆机产品和针织横机产品，证明该纤维性能优异，可用于内衣和运动服的开发[59]。

2003 年，张迎晨，吴红艳等对蚕蛹蛋白纤维在纺织加工中容易遇到的织造困难、长丝处理等问题进行研究，并对 4 组产品试样的撕裂强度、透气性、耐磨性进行测试，证明该纤维织物的风格和吸湿性能等优良，开发前景广阔[60]。

2004 年，李建萍、李文彦等将蚕蛹蛋白黏胶长丝与蚕丝的结构和性能进行对比，对蚕蛹蛋白纤维的新产品开发提出合理对策[55]。

2005 年，赵博、石陶然分析了蚕蛹蛋白黏胶长丝的性能，结合塞络菲尔纺纱生产实践，研究提高大豆蛋白纤维与蛹蛋白黏胶长丝混纺纱质量的技术关键。同年，郭正对蚕蛹蛋白黏胶长丝进行性能测试，得出该纤维强力较低，弹性好，摩擦系数较小，表面光滑，抗弯刚度较大，在性能分析基础上将该纤维与氨纶进行混纺改性，交织物在外观、尺寸稳定性和抗皱性等方面明显改善。2005 年，竺君亚，张佩华对蚕蛹蛋白黏胶长丝横机织物容易出现线圈歪斜现象，分析线圈歪斜的原因并给出相应对策[63]。

2006 年，李梅研究了蚕蛹蛋白纤维性能，并针对减少蛹蛋白黏胶长丝织物织造断头的问题提出有效措施[64]。同年，潘建军，孟家光以蚕蛹蛋白黏胶长丝为面纱原料开发纬编针织内衣，设计组织结构和工艺参数，开发具有保健功能的内衣面料[100]。2006 年，东华大学田鲁平、闵洁研究了蚕蛹蛋白纤维的断裂强力，分析了其断裂机理及与黏胶纤维断裂机理的异同点，指出了蛹蛋白在 PPV 的断裂中可能起到的作用。研究干热对 PPV 断裂强力的影响，并与黏胶纤维做了比较[66]。

2007 年，李文彦，李建萍探讨了蚕蛹蛋白黏胶长丝、彩棉、竹纤维及亚麻的性能，提出了蚕蛹蛋白黏胶长丝改性方案。同年，傅科杰，冯云等利用近代测试手段研究蚕蛹蛋白纤维的理化性能，为更准确、方便地鉴别蚕蛹蛋白纤维提供了参考[68]。

2011 年，王红、曹小红等证实蚕蛹蛋白黏胶长丝具有很好的织造性能和服用性能。同年，高晓春，雷力等进行蚕蛹蛋白精纺衬衫面料的试制与生产，有一定收获，但仍存在技术难点，如蚕蛹蛋白纤维本身的金黄色使漂白难度增加。

2012 年，刘慧娟，王琳等将蚕蛹蛋白纤维与普通黏胶进行性能对比，发现蚕蛹蛋白纤维的干态、湿态断裂强度、断裂伸长率和初始模量均低于普通黏胶纤维，回潮率与普通黏胶纤维相当，蚕蛹蛋白纤维的弹性和质量比电阻小于普通黏胶纤维[70]。2012 年，唐旭东，王可通过合理整经、浆纱以及织造各工序的工艺参数，成功开发以蚕蛹蛋白纤维/Modal 混纺纱为纬纱的宽幅缎条织物，织机效率达到 87%[71]。

2013 年，王美红、王文元等探讨了整经、浆纱、穿经、织造等关键技术，开发出蚕蛹蛋白纤维混纺缎条机织物[72]。2013 年，刘慧娟，吴宝平等测试了蚕蛹蛋白改性黏胶织物的 8 个服用性能：导湿性、透湿性、透气性、悬垂性、褶皱回复性、耐磨性、强力、抗起毛起球行，对试验数据进行对比分析，得出该纤维透湿性、透气性、褶皱回复性、耐磨性和强力等综合性能优良，适合高档衬衣、女装、床上用品开发[73]。同年，白莉红、刘慧娟又利用 origin 软件分析蚕蛹蛋白、天丝、彩棉等纤维的芯吸性及湿传递性能，结果表明具有皮芯结构的蛹蛋白纤维混纺纱芯吸性能最好，放湿性表现突出[74]。

2014 年，黄硕，王彩云等研究蚕蛹蛋白黏胶纤维与黏胶纤维性能的异同点，并探讨了两种纤维的定性、定量分析方法[75]。2014 年，刘慧娟，王伟等对比分析蛹蛋白改性黏胶与普通黏胶性能，综合考虑生产成本与物理机械性能，最终选定最优织造方案：蚕蛹蛋白改性黏胶/涤纶/棉 50/25/25 14.7tex 混纺赛络纱为织物经纬纱进行提花格织物生产，机制效率达到 90%[76]。

第六节　胶原蛋白改性纤维

一、胶原蛋白的结构

胶原蛋白（collagen）的分子结构与其他蛋白质一样可分为一级、二级、三级、四级结构（图 8-13）。其中一级结构是指氨基酸的组成及排列顺序等，是蛋白质最基本的结构；二级、三级、四级结构是蛋白质分子的三维空间结构，不同的构型，造成了蛋白质在性能和应用上的复杂和多样。

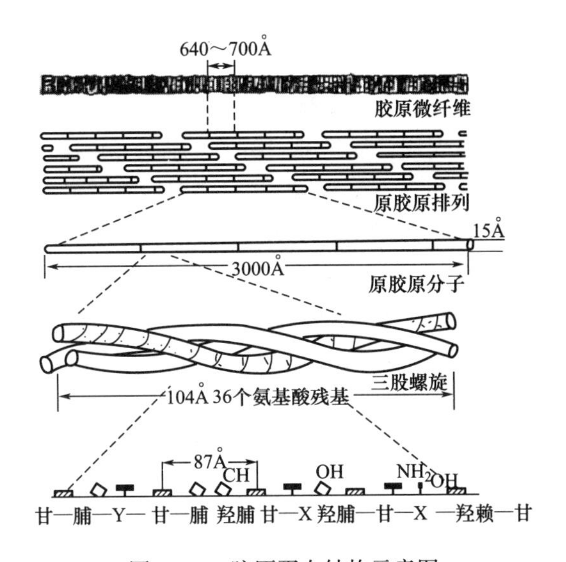

图 8-13　胶原蛋白结构示意图

三级结构：胶原蛋白分子内除氨基酸残基侧链的极性基团产生的离子键、氢键和范德瓦耳斯力以及非极性基团产生的疏水键、范德瓦耳斯力等作用力外，还存在着另外三种交联使得三条肽链牢固的连接起来：醇缩醛交联；醛胺缩合交联以及全醇组氨酸交联。四级结构：原胶原按规则平行排列成束、首尾错位 1/4，通过共价键形成稳定的胶原微纤维（Microfibril）并进一步聚集成束，形成胶原蛋白。

从理化性质来看：胶原蛋白是一种两性电解质，等电点一般为 7.5~7.8，密度为 1.4g/cm^3 左右。胶原蛋白在酸碱作用下，将破坏分子间和分子内的作用力，发生胶解作用变成明胶。中性盐将会使胶原蛋白发生膨胀，脱水作用，皮革加工中许多工序都利用了这一特性。另外，胶原蛋白对酶有较强的抵抗力，某些蛋白酶虽能将非螺旋区的胶原肽链水解，但对螺旋区则无任何影响。在湿热的作用下，三螺旋结构的稳定性会被破坏，极性基团被暴露，为趋于稳定，胶原蛋白自行交联，卷缩成稳定的弯链结构，从而会出现收缩或卷曲的现象[19]。

二、胶原蛋白改性液的制备及生产工艺

目前，较为常用的纤维成型工艺有：湿法纺丝、干法纺丝、熔融纺丝以及静电纺丝等方法。由于干法纺丝和熔融纺丝在成形过程中需要高温的工艺条件，会造成胶原蛋白的降解流失。因此，目前研究所采用的再生胶原蛋白的制备方法一般是湿法纺丝法和静电纺丝法。

1. 湿法纺丝

湿法纺丝是最早开发使用的纤维成型方法，一般是将纺丝原料溶解在适当的溶剂中，配制成具有一定浓度的纺丝液，经过过虑、脱泡后，由喷丝头挤出形成原液细流进入凝固浴，与凝固剂之间发生扩散和相分离等作用形成初生纤维，在经过后处理工序最终得到成品纤维。

湿法纺丝工艺中最为重要的就是纺丝原液的凝固，一般分为四个过程：首先，入口效应即纺丝液从直径较大的空间被挤压到直径很小的喷丝口处所发生的弹性形变，部分能量转变为弹性能；而后，纺丝液沿着孔壁流动，原液的弹性形变随着剪切速率的增加而增加；随之，到了喷丝口出口处，被孔道壁约束的纺丝液转化为没有约束的细流，使得原液在喷丝口出口处发生回弹，从而在细流上显示出体积胀大的现象；最后，细流在牵引力作用下被拉长拉细，直至固化为初生纤维[20]。

隋智慧等人在研究通过聚丙烯酸酯类单体对胶原蛋白/聚乙烯醇改性接枝时，就采用了湿法纺丝的方法，以硫酸铵作为凝固剂，制得复合纤维的强度和断裂伸长率分别为 3. 65cN/dtex 和 19%。华坚等采用了湿法纺丝制备出了胶原蛋白/壳聚糖复合纤维，发现饱和硫酸铵比饱和硫酸钠的凝固效果好，最终制得的纤维直径：60~70μm、断裂强力：0. 2~0. 3N/nm^2、断裂伸长 38%~45%。成立萍[117] 等湿法纺丝制备胶原蛋白中空纤维时采用了丙酮作为凝固液，研究了凝固液的温度和凝固时间的关系，发现随着凝固温度的提高，凝固时间逐渐减少。In Chul Um 等研究了在湿法纺丝时，凝固液温度和组成对丝素纤维蛋白形态的影响，对比了 DMAC、丙酮、脂肪醇、DMF 等凝固液在不同温度下得到的初生纤维，得出醇类凝固液对纤维的凝固效果较好，甲醇、乙醇凝固速率最快。姜晓等人在制备胶原蛋白/聚乙烯醇/碳纳米管复合纤维时选用了饱和硫酸钠为凝固剂[77-81]。

2. 静电纺丝

所谓静电纺丝（Electrospinning）就是采用高压的静电场使得纺丝液带电并产生形变，在喷丝口形成液滴，当其表面的电荷斥力超过其表面张力时，就会发生射流，通过电场力在较短距离内的对其进行高速拉伸，溶剂挥发与固化形成纤维。早在 1934 年福马斯发明了用静电力制备聚合物纤维的实验装置并申请了专利，被公认为静电纺丝技术制备纤维的开端，而后由于纳米技术的盛行，静电纺丝得到了越来越多的关注。

Matthews 等采用静电纺丝的方法，以六氟异丙醇为溶剂制备胶原蛋白膜，该膜中的胶原蛋白纤维直径与天然的细胞外基质中的胶原纤维直径接近，适合作为细胞培养支架，初步研究表明，该纤维支架对平滑肌细胞的生长和繁殖有促进作用，是一种很理想的组织工程支架材料。Kyong Su RhoE 等采用静电纺丝法研制胶原蛋白纳米纤维，并选用戊二醛作为交联剂，然后用甘氨酸阻断未反应的戊二醛，其纤维的空隙率达到 71%，弹性较好，有望在生物医疗

方面，尤其是伤口包扎和组织工程方面得到应用[82-85]。

三、胶原蛋白改性纤维的性能与应用

纯的胶原蛋白由于其本身的结构特点是很难制取并具备一定可用的力学性能的纤维，一般可采用以下两类方法：一种是将胶原蛋白的溶液和其他高聚物材料进行共混纺丝；另一种是将胶原蛋白与其他高聚物进行接枝共聚[86]。若要得到高蛋白含量的再生胶原蛋白纤维一般采用的是第一种方法。

1. 胶原蛋白与壳聚糖复合纤维

壳聚糖（chitosan）是甲壳素（chitin）脱乙酰后的产物，广泛存在于虾、蟹、藻类、真菌等低等动植物中，自然界中的产量是仅次于纤维素的第二大多糖。壳聚糖具有较大应用潜质是在于其具备以下几大生物学特点：生物可降解性、生物兼容性、抗菌活性、抗肿瘤及免疫增强作用、调节细胞增长等[87]。

将壳聚糖与胶原蛋白共混已经逐渐应用于生物、医疗、工业等领域，因而越来越受到相关科研人员的关注。余家会等人通过 IR、XRD、透光率、扫描电镜及吸水率的测试证实了壳聚糖与胶原蛋白之间存在强的相互作用。莫秀梅等人通过对壳聚糖/胶原蛋白共混体系相互作用参数的推算、可见光比色分析、相差显微镜观察，说明了壳聚糖/胶原蛋白形成的共混复合物是均相结构。A. Sionkowska 等人也研究了胶原蛋白与壳聚糖共混体系中的分子间作用，并通过 XRD、黏度、FT-IR 对胶原蛋白和壳聚糖共混体进行表征，发现共混相互之间产生的氢键力改变了胶原蛋白的三股螺旋结构，促使两者在分子水平上互溶，并预言了其将在生物医学领域的广泛应用。朱亮等采用 NXS-11A 旋转黏度计法研究了壳聚糖/胶原蛋白共混体系的流变性，讨论了温度、共混比、剪切速度等因素，证实了共混液为典型的切力变稀型流体，当温度升高时共混液具有转向牛顿型流体的趋势。卫华等人以胶原蛋白和壳聚糖为原料制备共混液，将其干燥成膜，通过物理相容性、相互作用以及生物相容性等的比较研究，找到了最佳的共混体系和此体系的最佳配比为胶原：壳聚糖=1：4。华坚等通过溶液最大细流长度 $X*$，分析了胶原蛋白/壳聚糖共混溶液可纺性能，发现可纺性随温度和质量分数的提高而提高，且质量分数为 6.5%、复配比为 30：1、温度为 50℃时溶液具有最大的 $X*$ 值[88-93]。

2. 胶原蛋白与聚乙烯醇复合纤维

聚乙烯醇（PVA）是一种有着广泛用途的水溶性高分子聚合物，分子式为：$[C_2H_4O]_n$，由于聚乙烯醇具有可纺性好、强度高、耐磨性高等优点，利用其与胶原蛋白在性能上的优势互补可获得性能优良的复合纤维，因而，近年来取得的相关成果也比较多。

丁志文等通过从废革提取胶原蛋白，加入烯类单体接枝改性后与聚乙烯醇均匀混合，经湿法纺丝、凝固、拉伸和缩醛化处理，制备出了与人体亲和力强、吸湿性高、穿着舒适且容易着色的胶原蛋白/聚乙烯醇复合纤维并申请了专利。林云周等人对不同配比的胶原蛋白/聚乙烯醇共混纺丝原液的流变因素进行了分析，并在此基础上利用正交实验设计得到最佳的纺丝原液配方条件，即反应温度 75℃、pH=3.5、聚乙烯醇/胶原蛋白的复配比为 6：4，交联剂 $AlCl_3$ 添加量 3.0%、消泡剂磷酸三丁酯添加量 1.0%。高波等人将胶原蛋白和聚乙烯醇溶解后共混通过湿法纺丝制得初生纤维，并进行热拉伸、定型、缩醛化处理。测得纤维的强度为 2.3cN/dtex、伸长率为 20.12%、结晶度达到 70.57%。吴炜誉[135] 等选用了金属离子作为交

联剂成功制备了蛋白含量高达45.17%的胶原蛋白/聚乙烯醇复合纤维，断裂强度和断裂伸长率分别为2.14cN/dtex和46.32%、结晶度为41.1%[94-97]。

3. 胶原蛋白与丙烯腈复合纤维

众所周知，丙烯腈通过与第二、三单体共聚制备的腈纶纤维，由于强度较高、色泽明亮、表面蓬松等优点，与维纶和涤纶一起成为化学纤维的三大支柱产业，深受消费者的喜爱。利用丙烯腈对天然蛋白质进行接枝改性可以显著提高天然蛋白质抵抗微生物的能力，同时由于疏水的丙烯腈侧链的引入可以大大改变胶原蛋白的水溶性。东华大学在利用丙烯腈和动物蛋白接枝共聚制备纤维上有比较深入的探索，他们利用氧化或还原的方法处理动物的毛发一定时间后水洗、烘干、再用$ZnCl_2$溶解过滤，在滤液中加入丙烯腈和引发剂接枝共聚后制的纺丝原液，再经脱泡、凝固后制具有突出吸湿性和优越手感的复合纤维。王艳芝等选用偶氮二异丁腈为引发剂，研究了丙烯腈与胶原蛋白在二甲基亚砜溶剂中的共聚合反应，结果发现影响聚合反应转化率的重要因素是反应温度，转化率随温度的升高而升高，但制得的聚合物的相对分子量降低，得到胶原蛋白和丙烯腈聚合反应的最佳条件：控制引发剂浓度和单体浓度分别为1%和20%，胶原蛋白和丙烯腈的复配比为2∶98，反应温度和时间分别为60℃、8h。另外，张昭环等分析了在NaSCN浓水溶液中对胶原蛋白进行丙烯腈接枝聚合改性，结果表明：复合纤维中的胶原蛋白主要是以无定形态存在，纤维的断裂强度随胶原蛋白含量的增加而下降[98,99]。

4. 胶原蛋白与海藻酸钠复合纤维

海藻酸钠是一种天然线性多糖，具有无毒、可生物降解、生物活性高等优点，用其制备的海藻酸钠纤维具有优异的高吸湿成胶性、高透氧性、生物降解吸收性等已应用于医用领域的纱布、敷料等。对于胶原蛋白与海藻酸钠复合纤维的制备也有许多相关的研究，中山大学的周煜俊等利用旋转黏度计考察了海藻酸钠/明胶的流变性能，发现复合原液为切力变稀的非牛顿型流体，黏性指数随复合液稠度系数的升高而降低，触变性能增强，复合溶液具有协同增效作用。哈尔滨工程大学的相关科研人员，通过物理和化学的方法将海藻酸钠固定在脂肪族聚酯电纺纤维的表面，再将胶原蛋白与海藻酸钠共价键结合，获得了既拥有脂肪族聚酯纤维的力学性能，又具有天然大分子细胞亲和力的双层天然大分子涂层的脂肪族聚酯纤维组织工程支架。武汉大学的杜予民等人采用湿法纺丝的方法制备了海藻酸钠/明胶共混纤维，断裂伸长率达到10%~30%。青岛大学的朱平等利用Ca^{2+}作为交联剂制备了一种高强度的海藻酸钠/明胶复合纤维[100-104]。

再生胶原蛋白纤维虽然有诸多的优点，在很多领域都有巨大的发展潜力，但由于相关研究还处于初级阶段，在力学性能、耐湿热性能等方面还有许多不足之处，从而限制了其在各个领域的发展。以目前研究来看，主要的应用领域涉及以下几个方面：纺织领域、造纸领域、食品包装领域、医学领域、污水处理领域等。

5. 在纺织领域的应用

采用湿法纺丝制得的再生胶原蛋白纤维编织而成的面料、服装，虽然保留了一部分天然胶原蛋白的性能：与人体皮肤有较好的亲和性、较强的保湿性能，但是胶原蛋白可纺性能差，由其制成的面料和服装强力不高、耐干湿热以及酸碱的能力差，造成了其难以满足日常穿着使用的要求。因而在纺织领域，胶原蛋白制得的面料并没有像大豆蛋白和牛奶蛋白那么常见。

目前，国内外研究的方向一般是将胶原蛋白作为助剂添加到内衣面料，对织物本身的力学性能和化学性能影响不大的同时还赋予纤维亲水保湿和护肤止痒的特性。与目前常用的有机硅柔软剂比较持久性较差。总之，在纺织领域上的研发及推向市场，还有待于国内外科研人员的进一步的努力。

6. 在医学领域的应用

胶原蛋白在医学领域的研究和应用，相比于其他领域是最为成熟的，手术缝合线、敷料、组织支架甚至是人体器官等方面都有很广泛的发展潜力。采用胶原制备的手术缝合线具有许多的优良特性：成纤性能好、挤压拉伸后仍具有良好的力学性能、可吸收、平滑性和弹性优良、缝合的结头不易松散、操作过程不易损伤机体组织等。但纯胶原的缝合线比较脆且降解过快，可采用聚乙烯醇、壳聚糖等复合材料来对其进行改进。张其清制备了的可降解胶原-聚乙烯醇纤维。周波研究发现可通过添加聚丙烯酰胺制备胶原—壳聚糖复合纤维来延长降解时间。美国弗吉尼亚州联邦大学将胶原纤维编织出直径为1mm的人工血管，通过培养内皮细胞几周后就长成了可供移植的血管，而这种血管移入体内后胶原质会降解吸收最终长出新的血管。

7. 在污水处理领域的应用

由于胶原纤维富含羟基、氨基、羧基等活性基团，因而对阳离子、阴离子、细菌等都能很好地吸附。陈爽等人将胶原纤维与在一定条件下反应后加入戊二醛，处理一定时间得到固化单宁的胶原纤维吸附材料，结果表明：此种材料在经过水、丙酮、乙醇浸泡后也未检测到单宁，且具有较高的热稳定性。陆爱霞等人制备胶原蛋白纤维固化材料，对革兰氏阴性细菌和革兰氏阳性细菌都具有吸附作用，经测试发现由于胶原纤维侧链的氨基与细菌表面的负离子发生了静电吸附作用，因而此种材料可用于水体中对细菌进行吸附去除。

参考文献

[1] Heineman K. Biotechnological production of spider silk protein and their processing to fibers [J]. Chemical fiber Intemational, 2000, 50 (2): 3-6.

[2] Lnoue M. Protein containing PAN (acrylic) fiber [J]. Textile Asia, 1989 (4): 56-60.

[3] J. Samuel Gillespie. Progeress in man-made protein fiber [J]. Textile Research Journal, 1956 (11): 881-888.

[4] BV Falkai 著，张书绅，陈政，林其棱译. 合成纤维 [M]. 北京：中国纺织出版社，1987，485.

[5] 官爱华，张建飞，张春娟. 新型再生蛋白质纤维 [J]. 合成纤维，2006，6：24-27.

[6] K. Matsumoto, H. Uejima, T. Iwasaki, etal. Studies on regenerated protein fibers [J]. Journal of Applied Polymer Science, 1996, 60: 503-511.

[7] J. Polym. Sci [J]. Part A: Polymer Chemistry, 1997, 35 (10): 1949-1954.

[8] OLiivak, A. Blye, N. Shah, L. W. Jelinshi. A microfabraicated wet-spinning apparatus to spin fibers of silk proteins: Structure-property correlations [J]. Macromolecules, 1998, 31: 2947-2951.

[9] 赵宙辉. 大豆蛋白纤维纬编针织物的开发 [J]. 纺织导报，2003，4：91-92.

[10] 苑晓红，唐巍华，陈芳. 大豆蛋白纤维与毛混纺产品的开发 [J]. 内蒙古科技与经济，2002，12：238-239.

[11] 田丽，李官奇. 与李官奇对话：大豆蛋白纤维市场分析报告 [J]. 中国纺织经济，2001，8：21-23.

[12] 盛家镛，朱盛国. 蚕蛹蛋白的开发与利用［J］. 丝绸，1990（6）：111-114.
[13] 谯续俊，徐发祥，刘忠. 蚕蛹蛋白复合长纤维及其制造方法［P］. CN118820，1996-03-20.
[14] 张岩昊，王学林. 新型环保纤维大豆蛋白纤维［J］. 毛纺科技，2000，6：15-20.
[15] 张岩昊. 大豆蛋白纤维及其产品开发［J］. 棉纺织技术，2002，6（1）：32.
[16] 王其，冯勋伟. 大豆纤维织物摩擦、弯曲和悬垂性能研究［J］. 棉纺织技术，2001，7：22-23.
[17] 张岩昊. 大豆蛋白纤维及其产品开发［J］. 棉纺织技术，2000，28（9）：29.
[18] 郝凤明. 大豆纤维针织物透气性能的测试研究［J］. 陕西纺织，2001，（7）：24-26.
[19] 郁兰. 大豆蛋白纤维机织物性能与结构的关系［D］. 苏州：苏州大学，2006.
[20] 毕可贤. 柞蚕丝素组成和构造的研究［J］. 丝绸，1982，（5）：36-40.
[21] 钱国坻，梅士英. 国产家蚕丝素的化学组成研究［J］. 丝绸，1982，（2）：2-9.
[22] 邵伟力. 再生丝素蛋白纤维的制备及机理研究［D］. 郑州：中原工学院，2013.
[23] Ishizaka H，Watanabe Y，Ishida K，Fukumoto O. Regenerated silk prepared from ortho phosphoric acid solution of fibroin［J］. Nippon Sanshigaku Zasshi，1989（58）：87-95.
[24] Yao J M，Masuda H，Zhao C H，Asakura T. Artificial Spinning and characterization of silk fiber from Bombyx mori silk fibroin in hexafluoroacetone hydrate［J］. Macromolecules，2002，35（1）：6-9.
[25] Um I C，Kweon H Y，Park Y H，Hudson S. Structural characteristics and properties of the regenerated silk fibroin prepared from formic acid［J］. International Journal of Biological Macromolecules，2001，29（2）：91-97.
[26] Chen X，Shao Z Z，Knight D P，Vollrath F. Conformation transition of silk protein membranes monitored by time-resolved ftir spectroscopy：Effect of alkali metal ions on nephila spidroin membrane［J］. Acta Chimica Sinica，2002，60（12）：2203-2208.
[27] Phillips DM，Drum my LF，Naik RR，etal. Regenerated silk fiber wet spinning from an ionic liquid solution［J］. Mater. Chem. 2005，15（1）：4206-4208.
[28] Marsano E，Corsini P，Arosio C，etal. Wet spinning of Bomby mori silk fibroin dissolved in N-methyl morphine N-oxide and properties of regenerated fibersc［J］. Int. J. Biol. Macromol. 2005，37（4）：179-188.
[29] Jeong L，Lee K Y，Park W H. Effect of solvent on the characteristics of electrospun regenerated silk fibroin nanofibers［J］. Key Engineering Materials 2007；（342-343）z：813-816.
[30] Sukigara S，Gandhi M Ayutsede J，et al. Regeneration of Bombyx mori silk by electrospinning—part 1：processing parameters and geometric properties［J］. Polymer，2003，44（19）：5721-5727.
[31] Sukigara S，Gandhi M，Ayutsede J，et al. Regeneration of Bombyx mori silk by electrospinning. Part 2. Process optimization and empirical modeling using response surface methodology［J］. Polymer，2004，45（11）：3701-3708.
[32] Kim S H，Nam Y S，Lee T S. Silk fibroin nanofiber. Electrospinning，properties，and structure［J］. Polymer Journal，2003，35（2）：185-190.
[33] Ayutsede J，Gandhi M，Sukigara S，et al. Regeneration of Bombyx mori silk by Electrospinning. Part 3：characterization of electrospun nonwoven mat［J］. Polymer，2005，46（5）：1625-1634.
[34] Ayutsede J，Gandhi M，Sukiraga S，et al. Carbon nanotube reinforced Bombyx mori silk nanofiber composites by the electrospinning process［C］. Materials Research Society Symposium Proceedings，2005，844（Mechanical Properties of Bioinspired and Biological Materials）：281-286.
[35] Ayutsede J，Gandhi M，Sukiraga S，et al. Carbon nanotube reinforced Bombyx mori silk nanofibers by the electrospinning process［J］. Biomacromolecules，2006，7（1）：208-214.
[36] Park W H，Jeong L，Yoo D，et al. Effect of chitosan on morphology and conformation of electrospun silk fi-

broin nanofibers [J]. Polymer, 2004, 45 (21): 7151-7157.

[37] Zarkoob S, Eby R K, Reneker D H, et al. Structure and morpholohy of electrospun silk nanofibers [J]. Polymer, 2004, 45 (11): 3973-3977.

[38] Jeong L, Lee K Y, Liu J W, et al. Time-resolved structural investigation of regenerated silk fibroin nanofibers treated with solvent vapor [J]. International Journal of Biological Macromolecules, 2006, 38 (2) 140-144.

[39] Yutaka K, Atsushi N, Noriaki M, et al. Structure for electro-spun silk fibroin nanofibers [J]. Journal of Applied Polymer Science, 2008, 6 (107): 3681-3684.

[40] Park K E, Jung S Y, Lee S J, et al. Biomimetic nanofibrous scaffolds: Preparation and characterization of chitin/silk fibroin blend nanofibers [J]. International Journal of Biological Macromolecules, 2006, 389 (3-5): 165-173.

[41] Ohgo K, Zhao C H, Kobayashi M, et al. Preparation of non-woven nanofibers of Bombyx mori silk, Samia cynthia ricini silk and recombinant hybrid silk with electrospinning method [J]. Polymer, 2003, 44 (3): 841-846.

[42] Wang H, Zhang Y P, ShaoH L, et al. Electrospun ultra-fine silk fibroin fibers from aqueous solutions [J]. Journal of Materials Science, 2005, 40: 5359-5363.

[43] Zhu J X, Shao H L, Hu X C. Morphology and structure of electrospun mats from regenerated silk fibroin aqueous solutions with adjusting pH [J]. International Journal of Biological Macromolecules, 2007, 41 (4): 469-474.

[44] Chen C, Cao C B, Ma X L, et al. Preparation of non-woven mats from all-aqueous silk fibroin solution with electrospinning method [J]. Polymer, 2006, 47 (18): 6322-6327.

[45] Jin H J, Fridrikh S V, Rutledge G C, et al. Electrospinning Bombyx mori Silk with Poly (ethylene oxide) [J]. Biomacromolecules, 2002, 3: 1233-1239.

[46] Jin H J, Chen J S, Karageorgiou V, Altman G H, et al. Human bone marrow stromal cell responses on electrospun silk fibroin mats [J]. Biomaterials, 2004, 25 (6): 1039-1047.

[47] Yu H J, Fridrikh S V, Rutledge G C. Production of submicrometer diameter fibers by two-fluid electrospiiming [J]. Advanced Materials, 2004, 16 (17): 1562-1566.

[48] Wang M, Yu J H, Kaplan D L. Production of submicron diameter silk fibers under benign processing conditions by two-fluid electrospinning [J]. Macromolecules, 2006, 39 (3): 1102-1107.

[49] Li C M, Jin H J, Botsaris G D, et al. Silk apatite composites from electrospun fibers [J]. Journal of Materials Research, 2005, 20 (12): 3374-3384.

[50] Min B M, Lee G, Kim S H, et al. Electrospinning of silk fibroin nanofibers and its effect on the adhesion and spreading of normal human keratinocytes and fibroblasts in vitro [J]. Biomaterials, 2004, 25 (7-8): 1289-1297.

[51] Soffer L, Wang X Y, Zhang X H, et al Silk-based electrospun tubular scaffolds for tissue-engineered vascular grafts [J]. Journal of Biomaterials Science, 2008, 5 (19): 653-664.

[52] 刘娟. 酪蛋白—葡聚糖接枝改性研究 [D]. 无锡: 江南大学, 2008.

[53] 刘慧娟, 王琳, 申鼎. 蚕蛹蛋白纤维性能研究 [J]. 印染助剂, 2012, 29 (09): 12-14.

[54] 黄硕. 蚕蛹蛋白黏胶纤维的定性和定量方法研究 [D]. 上海: 东华大学, 2016.

[55] 李建萍, 李文彦, 吴健康. 蛹蛋白黏胶长丝的性能测试 [J]. 丝绸, 2004, (5). 41-42.

[56] 郑仕远, 陈钢琴. 蚕蛹蛋白的开发进展 [J]. 重庆文理学院学报, 2006, 5 (4): 20-26.

[57] 四川丝绸, 199, (2): 75.

[58] 宋心远. 蚕蛹蛋白纤维过氧化尿素漂白研究 [J]. 丝绸, 2005, (4): 33-35.

［59］ 陈峰，张佩华. 蚕蛋白黏胶长丝的性能和在针织上的应用［J］. 上海纺织科技，2000，28（5）：41-43.

［60］ 张迎晨，吴红艳，王丽伟. 蛹蛋白黏胶长丝面料的开发及性能测试［J］. 棉纺织技术，2003，31（1）：31-34.

［61］ 赵博，石陶然. 大豆蛋白纤维/蛹蛋白黏胶长丝混纺纱产品开发［J］. 化纤与纺织技术，2005（1）. 7-9.

［62］ 郭正. 蛹蛋白黏胶长丝/氨纶交织针织产品性能研究［D］. 上海：东华大学，2005.

［63］ 竺君亚，张佩华. 蛹蛋白黏胶长丝的抗弯刚度对线圈歪斜现象的影响［J］. 国际纺织导报，2005，33（4）：48-49.

［64］ 李梅. 减少蛹蛋白黏胶长丝织物织造断头的有效措施［J］. 上海纺织科技，2006，34（10）：15.

［65］ 潘建君，孟家光. 功能性蛹蛋白黏胶长丝针织内衣面料的开发［J］. 上海纺织科技，2006，34（11）：95-97.

［66］ 田鲁平，闵洁. 干热对蚕蛹蛋白黏胶纤维丝线强力的影响［J］. 四川丝绸，2006（1）：14-15.

［67］ 李文彦，李建萍. 蛹蛋白黏胶长丝交织物的设计［J］. 四川丝绸，2007（4）：26-27.

［68］ 傅科杰，冯云，杨力生，等. 蚕蛹蛋白纤维定性分析方法研究［J］. 纺织科技进展，2007（6）：52-54.

［69］ 王红，曹小红，翁杨. 蚕蛹蛋白黏胶长丝的理化性能与应用［J］. 中国纤检，2011（5）：76-79.

［70］ 刘慧娟，王琳，申鼎. 蚕蛹蛋白纤维性能研究［J］. 印染助剂，2012，29（9）：12-14.

［71］ 唐旭东，王可. Tencel 与蚕蛹蛋白纤维/Modal 混纺纱交织宽幅缎条织物的开发［J］. 山东纺织经济，2012（10）：88-89.

［72］ 王美红，王文元，翟才新. 蚕蛹蛋白纤维混纺织物的开发［J］. 山东纺织科技，2013，54（4）：14-16.

［73］ 刘慧娟，吴宝平，齐瑞岭，等. 蚕蛹蛋白改性黏胶织物服用性能测试与分析［J］. 2013，41（12）：821-824.

［74］ 白莉红，刘慧娟. 几种环保型纤维混纺纱的芯吸与吸放湿性能［J］. 纺织学报，2013，34（9）：34-38.

［75］ 黄硕，王彩云，陈安城，等. 蚕蛹蛋白黏胶纤维与黏胶纤维定性定量分析探讨［J］. 质量技术监督研究，2014（4）：50-53.

［76］ 刘慧娟，王伟，张海霞. 蚕蛹蛋白改性黏胶混纺提花格织物的生产［J］. 棉纺织技术，2014，42（3）：66-69.

［77］ 隋智慧，黄涛. 利用革屑制备胶原蛋白复合纤维［J］. 毛纺科技，2011，39（4）：58-63.

［78］ 华坚，王坤余. 胶原蛋白/壳聚糖的溶液纺丝［J］. 皮革科学与工程，2004，14（6）：7-10.

［79］ 成立萍，张倩. 可促进神经再生的胶原蛋白中空湿法纺丝成形研究［J］. 东华大学学报（自然科学报），2006，32（2）：102-107.

［80］ In Chul Um，et al. Wet spinning of silk polymer L Effect of coagulation conditions on the morphological feature filament［J］. International Journal of Biological Marcomolecules，2004（34）：89-105.

［81］ 姜晓，吴炜誉. 胶原蛋白/PVA/碳纳米管复合纤维的结构与性能［J］. 合成纤维工业，2009，32（5）：9-10.

［82］ 王进美，冯国平. 纳米纺织工程［M］. 北京：化学工业出版社，2009：234-235.

［83］ 丁彬，俞建勇. 静电纺丝与纳米技术［M］. 北京：中国纺织出版社，2011：8-26.

［84］ 沈新元. 生物医学纤维及其应用［M］. 北京：中国纺织出版社，2009：181-182.

［85］ Kyong Su Rho. Electrospining of collagen nanofibers：Effects on behavior of nomoral human keratinocytesand-

early-stage wound healing [J]. Biomaterials，2007（20）：1452-1461.
[86] 于伟东. 纺织材料学 [M]. 北京：中国纺织出版社，2006：23-25.
[87] 魏毅东. 壳聚糖在生物医学领域中的应用 [J]. 中国询证心血管医学 2010，02（4）：241-242.
[88] 余家会，杜予民. 壳聚糖—明胶共混膜 [J]. 武汉大学学报，1999（04）：440-444.
[89] 莫秀梅. 甲壳胺/明胶共混物的研究 [J]. 高分子学报，1997（2）：222-224.
[90] Sionkowaska A Molecular interaction in collagen and chitosan blends [J]. Biomaterials，2004（25）：795-801.
[91] 朱亮，闻荻江. 壳聚糖/胶原蛋白共混溶液的流变性能研究 [J]. 中国皮革，2009（2）：12-15.
[92] 但卫华，周文常. 胶原—壳聚糖共混纺丝液的制备 [J]. 中国皮革，2006，35（7）：35-38.
[93] 华坚，王坤余. 胶原蛋白/壳聚糖共混溶液黏度与可纺性能 [J]. 皮革科学与工程，2004，14（02）：12-14.
[94] 丁志文. 胶原蛋白复合纤维及其制作方法 [P]. 中国专利：02145941，2002-10-25.
[95] 林云周，高波，陈武勇等. 皮胶原蛋白/PVA 复合纤维的研制—提高初生纤维中蛋白质含量的研究 [J]. 中国皮革，2006，35（11）：19-22.
[96] 高波，李守群. 胶原蛋白/聚乙烯醇复合纤维的初步探索 [J]. 合成纤维工业，2005，28（3）：10-12.
[97] 吴炜誉，王雪娟，等. 高含量胶原蛋白/PVA 复合纤维的结构与性能 [J]. 合成纤维工业，2009，32（3）：1-4.
[98] 王艳芝，王再学. 丙烯腈与胶原蛋白的溶液共聚 [J]. 中原工学院学报，2008，19（2）：8-11.
[99] 张昭环，孙润军. 硫氰酸钠浓水溶液中胶原蛋白的接枝改性及共混纺丝 [J]. 高分子材料科学与工程，2008，24（7）：136-139.
[100] 展义臻，赵雪. 海藻酸钠/明胶共混纤维的制备及其性能研究 [J]. 印染助剂，2007，24（8）：23-27.
[101] 周煜俊，张黎明. 海藻酸钠/明胶混合水溶液的流变性能 [J]. 胶体与聚合物，2005，23（4）：12-13.
[102] 郑卫，孟昭旭等. 海藻酸钠与明胶表面改性脂肪族聚酯电纺纤维的方法 [P]. 中国专利：CN201110129265.8，2011-05-18.
[103] 杜予民，樊李红等. 海藻酸钠/明胶共混纤维及其制备方法和用途 [P]. 中国专利：CN200510018615.8，2005-04-27.
[104] 朱平，展义臻等. 高强度海藻酸/明胶共混纤维的制备方法及用途 [P]. 中国专利：CN200610069979.3，2006-11-04.